Translating Writings of Early Scholars in the Ancient Near East, Egypt, Greece and Rome

Beiträge zur Altertumskunde

Herausgegeben von Michael Erler, Dorothee Gall, Ludwig Koenen und Clemens Zintzen

Band 344

Translating Writings of Early Scholars in the Ancient Near East, Egypt, Greece and Rome

Methodological Aspects with Examples

Edited by
Annette Imhausen and Tanja Pommerening

DE GRUYTER

ISBN 978-3-11-044704-0
e-ISBN (PDF) 978-3-11-044881-8
e-ISBN (EPUB) 978-3-11-044817-7
ISSN 1616-0452

Library of Congress Cataloging-in-Publication Data
A CIP catalog record for this book has been applied for at the Library of Congress.

Bibliografische Information der Deutschen Nationalbibliothek
Die Deutsche Nationalbibliothek verzeichnet diese Publikation in der Deutschen Nationalbibliografie; detaillierte bibliografische Daten sind im Internet über http://dnb.dnb.de abrufbar.

Druck und Bindung: Hubert & Co. GmbH & Co. KG, Göttingen
♾ Gedruckt auf säurefreiem Papier
Printed in Germany

www.degruyter.com

Vorwort

Der vorliegende Band ist ein weiteres Ergebnis der Beschäftigung der Herausgeberinnen mit der Problematik des Übersetzens von antiken (insbesondere auch altägyptischen und keilschriftlichen) wissenschaftlichen Texten und deren Folgen für Interpretation und Kommentierung.

Bereits 2010 erschien als Band 286 der *Beiträge zur Altertumskunde* bei DeGruyter ein Ergebnisband der im Juli 2009 von uns veranstalteten Tagung *Writings of Early Scholars in the Ancient Near East, Egypt and Greece: Zur Übersetzbarkeit von Wissenschaftssprachen des Altertums*. Aufgrund der guten Zusammenarbeit, die sich zwischen allen Kollegen und Kolleginnen bereits während der Erstellung des ersten Bandes abgezeichnet hatte, entstand der allseitige Wunsch, auf dem Gebiet gemeinsam weiter voranzuschreiten und die in den Beiträgen durchscheinenden Empfehlungen in die jeweilige Praxis umzusetzen. Ging es im ersten Band der *Writings of Early Scholars* vorwiegend um die Probleme, die sich bei der Übersetzung entsprechender Texte ergeben, schlägt der vorliegende Sammelband verschiedene Lösungswege vor. Das Buch richtet sich an alle, die sich mit frühen wissenschaftlichen Texten aus den Bereichen der Heilkunde, Rechenkunde und Himmelskunde beschäftigen wollen.

Da für die Arbeiten am vorliegenden Projekt eines Methodenbuchs wenigstens zwei Workshops ins Auge gefasst werden mussten und der Seitenumfang der Einzelbeiträge größer veranschlagt wurde, ist aus Kostengründen die Gruppe der Autoren gegenüber der des ersten Bandes etwas kleiner. Andererseits wurde sie um drei Wissenschaftshistoriker erweitert, die starkes Interesse geäußert hatten, sich dem Projekt anzuschließen.

Das Methodenbuch ist, wie schon sein Vorgängerband, *Writings of Early Scholars in the Ancient Near East, Egypt, Rome, and Greece. Translating Ancient Scientific Texts*, bewusst mehrsprachig gehalten. Dies spiegelt zunächst die Herkunft der Beiträger und deren akademische Situation wider. Zudem ist bereits die Übertragung eines vormodernen wissenschaftlichen Textes in die wissenschaftliche Muttersprache (oder auch Arbeitssprache) des Bearbeiters ein komplexes Unterfangen, so dass jeder Beitragende in die Lage versetzt werden sollte, den modernsprachlichen Text in der modernen Sprache seiner Wahl anzufertigen. Gleichzeitig gibt es trotz zunehmender Anglisierung insbesondere in der Ägyptologie, Assyriologie und Klassischen Philologie starke deutsche und französische Traditionen, die sich auch heute noch in entsprechend sprachigen Wissenschaftskulturen abbilden. Wir hoffen so, in der Mischung aus englischen und deutschen Beiträgen, den Lesern und Leserinnen auch einen

Einblick in diese Vielfalt zu geben, die er/sie auch in den wissenschaftlichen Publikationen dieser Fächer vorfinden wird.

Unser Dank gebührt an erster Stelle allen Mitautoren und Mitautorinnen dieses Methodenbuchs. In insgesamt drei Workshops haben wir gemeinsam ausgesprochen konstruktiv und gewinnbringend an den Zielen dieses Bandes und seiner Umsetzung gearbeitet. Da die Workshops öffentlich waren, konnten auch die von uns angesprochenen Zielgruppen die von den Autoren vorgelegten Beiträge mitdiskutieren. Hier sei den folgenden Teilnehmern und Teilnehmerinnen (und Nicht-Autoren) für ihre hilfreichen Impulse gedankt: den inzwischen magistrierten Studierenden der Mainzer Ägyptologie und Altorientalistik Jessica Kertmann, Tobias Konrad und Christian Teichmann sowie der Frankfurter Wissenschaftsgeschichte Nadine Eikelschulte, den Ägyptologen und Ägyptologinnen PD Dr. Dagmar Budde (Mainz), Dr. Peter Diels (Leipzig), Dr. Mohamed Gamal (Kairo), Nadine Gräßler (Mainz), Dr. Khaled Hassan (Kairo), Dr. Amr El Hawary (Bonn), Jessica Janczіak (Mainz), Andrea Kilian (Mainz), Hanna Knіß (Mainz), Dr. Lutz Popko (Leipzig), Barbara Reichenbächer (Mainz), Dr. Monika Zöller-Engelhardt (Mainz), den Mitarbeitern und Mitarbeiterinnen des Mainzer Graduiertenkollegs „Frühe Konzepte von Mensch und Natur" Dominik Berrens, Imke Fleuren, Sonja Gerke und Valeria Lupo sowie dem Mediziner Dr. Uwe Bartels (Lübeck).

Darüber hinaus danken wir Susanne Bernhart und Nadine Gräßler, die nicht nur die Organisation der Workshops tatkräftig unterstützt, sondern auch bei der Redaktion und beim Korrekturlesen geholfen haben. Nadine Gräßler gebührt außerdem unser Dank für die Erstellung der Druckvorlage und des Index. Dem Verlag de Gruyter und den Herausgebern der Reihe *Beiträge zur Altertumskunde* danken wir für die Aufnahme in ihr Programm. Der Thyssen-Stiftung und dem Exzellenzcluster Normative Orders schließlich möchten wir für die finanzielle Unterstützung danken, ohne die das vorliegende Projekt nicht hätte durchgeführt werden können.

Frankfurt und Mainz im Mai 2016

Annette Imhausen & Tanja Pommerening

Teilnehmer und Teilnehmerinnen des dritten Workshops zur Abfassung des vorliegenden Methodenbuchs; Bad Homburg, Forschungskolleg Humanwissenschaften, 3.–4. Oktober 2014

(Vordere Reihe hockend von links nach rechts: Serafina Cuomo, Nadine Gräßler, Annette Imhausen, Tanja Pommerening, Jochen Althoff; mittlere Reihe stehend von links nach rechts: Alexander Jones, Jim Ritter, Dominik Berrens, Jessica Kertmann, Tobias Konrad, Sara Symons, Nils Heeßel, Friedhelm Hoffmann, hintere Reihe stehend von links nach rechts: Stephan Heilen, Amr El Hawary, Mathieu Ossendrijver)

Contents

Section III: **Ancient Greece and Rome**

Annette Imhausen & Tanja Pommerening

Ein Methodenbuch zur Übersetzung von Wissenstexten: Gründe, Ziele, Wege und Ausblick

Gründe: Warum ein „Methodenbuch"?

In der Einleitung des Tagungsbandes *Writings of Early Scholars in the Ancient Near East, Egypt, Rome, and Greece*[1] wurden Desiderata angesprochen, die sich bei der Diskussion von Übersetzungspraktiken früher Wissenstexte während der gleichnamigen Tagung ergeben hatten. So hatten wir unter anderem dafür plädiert, die Übersetzung von Wissenstexten der von uns untersuchten Räume (Ägypten, Vorderer Orient, Griechenland, Rom) und Sparten (Heilkunde, Rechenkunde, Himmelskunde) für den breiten Leserkreis möglichst frei von moderner Terminologie zu halten, dafür aber ausführliche, voneinander unabhängige Kommentare zu bieten, in denen die Übersetzung einerseits kulturimmanent kontextualisiert, andererseits mit der heute gängigen Fachterminologie kritisch verbunden werde.[2] Zu den bereits im ersten Band behandelten Problemen der Übersetzung früher wissenschaftlicher Texte kamen damit für den Bearbeiter weitere Herausforderungen hinzu. In den Beiträgen dieses Folgebandes soll daher die Frage beantwortet werden, *wie* Übersetzungen und Kommentare von Wissenstexten im konkreten Fall gestaltet sein können, wenn man sich dieser Forderung anschließt. Dazu werden Quellen der oben genannten Räume und Sachgebiete beispielhaft und unter verschiedenen methodischen Herangehensweisen für ein breites Lesepublikum erschlossen und die damit verbundenen Problematiken diskutiert.

Warum ist das nötig? Wissenschaftsgeschichte ist ein transdisziplinäres Fachgebiet. Ein Verständnis ihrer Quellen lässt sich nur durch die Verbindung von profunden Kenntnissen der zu untersuchenden Wissenschaft und ihres historischen Kontextes (im Falle der hier untersuchten Kulturen durch ein umfassendes philologisches sowie kulturhistorisches Studium) erzielen. Die Transdisziplinarität der Wissenschaftsgeschichte bringt es aber mit sich, dass ein

---

1 Imhausen und Pommerening (2010a): 1–10.
2 Imhausen und Pommerening (2010a): 4.

Wissenschaftshistoriker[3] in der Regel nicht auf eine standardisierte Laufbahn zurückblicken kann. Nur im Idealfall verfügt er über eingehende Kenntnisse in den beiden genannten Bereichen. Und die Auseinandersetzung mit wissenschaftshistorischen Fragestellungen in der Ägyptologie und Altorientalistik bringt die zusätzliche Herausforderung mit sich, dass ihre Quellensprachen ausgestorben sind und nach jahrtausendelanger Tradierungslücke erst im 19. Jh. wissenschaftlich neu erschlossen werden konnten; hier sind philologische Erfahrung und wissenschaftlicher Spürsinn also besonders gefragt.[4] Dass eine entsprechende Kenntnisakkumulation für den Umgang mit den ‚Wissenschaften'[5] früher Kulturen wünschenswert wäre, aber bei weitem nicht bei jedermann vorliegt, ist den Herausgeberinnen unter anderem bei ihren Tätigkeiten als *peer reviewer* wissenschaftshistorischer Beiträge für unterschiedliche akademische Zeitschriften klar geworden.

Insbesondere die für die Beschäftigung mit historischen Befunden unabdingbare Quellenarbeit stellt Historiker der frühen Wissensgeschichte vor das konkrete Problem des *Übersetzens*[6] antik-fremdsprachlicher Texte. Von den im ersten Band dazu bereits angesprochenen und des Weiteren in den Translationswissenschaften diskutierten Problemen[7] bereiten im Bereich der frühen Wissenstexte vor allem die jeweilige Fachterminologie und die sich diachron

3 Wir verwenden im Folgenden die männliche Form als Sammelbezeichnung beider Geschlechter.

4 Siehe bereits Imhausen und Pommerening (2010a): 1–2. Diese und weitere Anforderungen in der Übersetzungsarbeit von Quellen in den hier behandelten Bereichen wurden im Tagungsband *Writings of Early Scholars* bereits thematisiert, siehe bes. Imhausen und Pommerening (2010a): 7f.

5 Auseinandersetzungen mit dem Begriff „Wissenschaft" in historischer und nicht-eurozentrischer Perspektive sind noch selten, siehe z. B. Cancik-Kirschbaum (2010). Zu diesem Thema planen wir bereits ein Anschlussprojekt, das eine größere Vielfalt an Disziplinen umfasst. Wenn wir hier von Heilkunde, Rechenkunde und Himmelskunde als Wissenschaften sprechen, dann deshalb, weil wir aus erkenntnistheoretischer Perspektive feststellen, dass die von uns behandelten Texte als abgetrennte Fachtextsammlungen mit spezifischen Sprachmustern und Tradierungsgeschehen vorliegen und bei weitem nicht nur praktische oder empirische Aspekte überliefern.

6 Wir fassen in Imhausen und Pommerening (2010a) wie auch hier den Begriff „übersetzen" weit auf und verstehen darunter den gesamten Vorgang der Übertragung eines Textes von einer Ausgangssprache in eine Zielsprache mitsamt aller zur Verfügung stehenden Mittel der Relationierung, d. h. auch eines Kommentars. Für einen kritischen Blick auf die Grenzen von Übersetzungen vgl. zum Beispiel Vermeer (2012).

7 Siehe bereits die in Imhausen und Pommerening (2010a): 9, Anm. 11, genannten Werke. Siehe zudem z. B. Buden u. a. (2009): 196–219, Kovtyk, Meiser und Solms (2002) sowie Kovtyk und Wendt (2002).

unterscheidenden dahinter verborgenen Konzepte Schwierigkeiten. Auch wenn diese Problematik für alle Epochen relevant ist, trifft sie doch den Umgang mit den frühesten Wissenstexten in besonderem Maße, da Konzepte in der Regel nicht ausformuliert überliefert sind. So ergeben sich aus gegenwärtiger Sicht bei der Lektüre zum einen scheinbar Bereiche, in denen uns das Vorgehen der frühen Experten vertraut vorkommt, da wir glauben, ein Problem und seine Lösung so wiederzuerkennen, wie wir es auch heute noch in ähnlicher Weise behandeln. Zum anderen gibt es Teile, die uns völlig fremd anmuten. Damit besteht aus diachroner Perspektive die Gefahr, die uns vertraut scheinenden Elemente unkritisch als Parallelen oder Vorläufer zu modernen Aspekten zu verstehen und nach evolutionistischer Fasson das uns nicht Vertraute als ‚primitiven' Irrweg abzutun, der in der weiteren Entwicklung dieses Wissensgebietes zurückgelassen wurde. Die Aufgabe eines Wissenschaftshistorikers ist indes komplexer. Wir sehen sie darin, das gesamte Quellenmaterial zu berücksichtigen und zugrunde liegende Systematiken mit ihren je eigenen Konzepten zu erschließen und dem modernen Leser zu vermitteln. Daraus ergibt sich auch der gebotene zurückhaltende und vorsichtige Umgang mit moderner wissenschaftlicher Fachterminologie in Übersetzungen mit dem Ziel, beim Leser Assoziationen mit den heutigen Konzepten zunächst zu vermeiden und Raum für andersartige Denkweisen zu erhalten.

Mit der Erkenntnis, dass Entwicklungen innerhalb einer Wissenschaft in nicht unerheblichem Maße auch von der Gesellschaft und den sozialen und kulturellen Umständen, in denen Wissenschaft praktiziert wird, abhängig sind, ist die Beschäftigung mit der Geschichte von Wissenschaften vielfältiger und komplexer geworden.[8] Während die einzelnen hier untersuchten Fachgebiete Himmelskunde, Rechenkunde und Heilkunde wissenschaftshistorisch mit grundlegend ähnlichen Problemen zu kämpfen haben, gibt es zusätzliche

8 Während dies grundlegend wohl nicht mehr bezweifelt wird, ist der Umfang, in dem diese Beeinflussung erfolgte, nach wie vor umstritten. In einzelnen Bereichen sind hier wissenschaftshistorische Auseinandersetzungen entflammt, welche zumindest teilweise nach wie vor nicht als gelöst angesehen werden können, vgl. z. B. das „Strong Programme" der Sociology of Scientific Knowledge und dessen Kritik, siehe hierzu den Beitrag von Martin Kusch (1998) im Research Guide des Department of History and Philosophy of Science der Cambridge University. Für nicht europäische Wissenschaften (Mathematik, Astronomie, Medizin) vgl. die von Helaine Selin mit wechselnden Co-Herausgebern bei Kluwer Academic publizierte Reihe „Science across Cultures" mit „Astronomy across Cultures: the History of non-Western Astronomy" (2000); „Mathematics across Cultures: the History of non-Western Mathematics" (2000); „Medicine across Cultures: History and Practice of Medicine in non-Western Cultures" (2003). Für die klassische Antike vgl. z. B. die Arbeiten von Geoffrey Lloyd und Markus Asper.

Einzelaspekte, die sich fachspezifisch entwickelt haben, wie im Folgenden an drei Beobachtungen demonstriert werden soll. Die erste bezieht sich auf die Korrelation der antiken Texte mit einem zu genauen Datenbestand. So ist es heute möglich, den antiken Himmel mit Hilfe von Computerprogrammen zu rekonstruieren. Wesentlich schwieriger gestaltet sich dagegen die Zuordnung von Aufzeichnungen antiker Himmelsbeobachtungen zu den so rekonstruierten Himmelserscheinungen. Für die antike Astronomie stellt sich grundsätzlich die Frage, wie die damaligen Aufzeichnungen von Beobachtungen zu interpretieren sind. Dies hat zur Folge, dass Identifizierungen von konkreten Himmelskörpern und Himmelserscheinungen aus antiken Beobachtungsaufzeichnungen oft umstritten sind.[9]

Die Mathematik kann man einerseits abstrakt universell und andererseits unter historisch-kulturwissenschaftlicher Sicht betrachten. Obwohl inzwischen eine soziale und kulturelle Dimension überzeugend nachgewiesen worden ist, lässt sich feststellen, dass die Einbindung kulturwissenschaftlicher Strömungen sich erst langsam etablieren musste.[10] Für die mesopotamische Mathematik hat bspw. Jens Høyrup belegt, dass selbst so elementare Dinge wie arithmetische Operationen kulturgebunden sind und sich nicht ohne Weiteres in einen „äquivalenten Ausdruck“ einer modernen Sprache übertragen lassen. Dies gilt entsprechend umso mehr für alles, was auf einem solchen Fundament aufbaut und hat Auswirkungen auf Übersetzungen und Interpretationen antiker mathematischer Texte.[11]

Eine dritte Beobachtung lässt sich auf alle Disziplinen übertragen und gilt den Folgeinterpretationen, die sich aus der Vermittlung eines Textes an verschiedene Lesergruppen, d. h. durch Übersetzung und Kommentierung, ergeben können. Ein Ägyptologe bspw. setzt für eine ägyptologische Zielgruppe grundlegende Kenntnisse der kulturellen Gegebenheiten und Denkweisen voraus. Fertigt er indes eine Übersetzung von heilkundlichen Texten an, ist die Wahrscheinlichkeit hoch, dass das Werk auch zu Lesern außerhalb der primär adressierten Zielgruppe gelangt; hier sollte der Kommentar daher zusätzliche Informationen enthalten. Es zeigt sich, dass insbesondere Wissenschaftler mit

---

9 Vgl. hierzu zum Beispiel Leitz (2002) gegen von Spaeth (2000). Diskussionen, die diese Problematik behandeln, finden sich z. B. in Schaefer (2000) und Stephenson (2008).

10 Beispiele für Arbeiten in dieser Richtung für die antike Mathematik sind z. B. Cuomo (2001) und Netz (1999) (klassische Antike), Robson (2008) und Høyrup (2002) (Mesopotamien) sowie Rossi (2007) und Imhausen (2016) (Ägypten).

11 Zur Diskussion von Beispielen solcher Auseinandersetzungen vgl. die Beiträge der Abschnitte III–V in Imhausen und Pommerening (2010b).

medizinischem, pharmazeutischem und naturwissenschaftlichem Hintergrundwissen daran interessiert sind, die in den Texten beschriebenen Sachverhalte in größere wissenschaftshistorische und mitunter auch moderne heilkundliche Kontexte einzubinden.[12] Verfügen neuere Textausgaben nicht über entsprechend angelegte Kommentare oder sind in der Übersetzung allzu moderne Übertragungen der Ausgangssprache in eine heutige Zielsprache erfolgt, darf es nicht verwundern, wenn daraus Interpretationen abgeleitet werden, die aus kulturwissenschaftlicher Sicht weniger tragfähig erscheinen, weil sie semantisch mit dem überlieferten Sachverhalt kaum übereinstimmen.[13]

In den letzten fünfzig Jahren waren beeindruckende Entwicklungen innerhalb der Wissenschaftsgeschichte zu beobachten, die zu einem breiteren Interesse an den Fachinhalten geführt haben. Daher ist der Wunsch der Herausgeberinnen entstanden, eine Publikation vorzulegen, die sich an einen breiten wissenschaftshistorisch interessierten Leserkreis richtet.

Ziele

Ein Ziel des hier vorgelegten Bandes ist es, den Leser durch die Lektüre des Methodenbuches zu einem reflektierten Umgang beim Konsumieren und Bewerten vorhandener Übersetzungen aus den hier besprochenen Bereichen anzuregen und Hilfestellungen für das selbstständige Übersetzen früher wissenschaftlicher Texte zu bieten. Dabei fiel die Auswahl der Wissensgebiete auf solche Disziplinen, die heute als eigene Fachdisziplinen an Universitäten gelehrt, den ‚exakten' Natur- oder den Lebenswissenschaften zugeordnet werden und bei der Suche Fachgelehrter der Moderne nach den Wurzeln ihrer Disziplinen immer wieder in den Blick geraten: Astronomie-Astrologie/Himmelskunde,

---

12 Dies hatte bereits in den 1950er Jahren zur Folge, dass die damals zugänglichen ägyptischen heilkundlichen Texte neu übersetzt und umfangreich sowie sorgfältig durch das neunbändige Werk „Grundriß der Medizin" (GdM) erschlossen wurden. Dem Interesse der Mediziner will hingegen der Neurochirurg Brawanski (2001): 7 und 10, mit seiner Übersetzung einiger Fälle aus dem Papyrus Edwin Smith entgegenkommen: „Andererseits sind die philologisch orientierten Übersetzungen zwar unter ihrer Zielsetzung perfekt, für das medizinische Verständnis aber nur bedingt hilfreich. Deshalb ist es Ziel der vorliegenden Arbeit, die ersten acht Fälle des Pap. Smith mit dem Wissen eines „modernen" Neurochirurgen im Zusammenhang zu übersetzen und auszulegen. Oberstes Ziel ist den überlieferten Text so zu präsentieren, daß er beim Lesen klinisch Sinn macht und daß ein Neurochirurg – und natürlich auch ein Arzt ganz generell – mit der vorhandenen Information eine Diagnose stellen könnte."

13 Siehe zu dem hier beschriebenen Sachverhalt ausführlich Pommerening (2010).

Medizin-Magie/Heilkunde und Mathematik/Rechenkunde. Dieser aus der Moderne kommende Transfer widerspricht auf den ersten Blick einer emischen Sicht, doch zeigt sich, dass die genannten Gebiete auch in den von uns behandelten Kulturen als eigenständig wahrgenommen wurden. Es versteht sich von selbst, dass sie mit einer vollkommen anderen Weltsicht kontextualisiert und damit anders gefasst und ausgefüllt wurden, so dass die Textauswahl für die genannten Gebiete selbstverständlich nicht dem engen Blick der Moderne folgt.[14]

Die Zielgruppen für unser Methodenbuch sind also vielfältig: Das Buch richtet sich erstens an Studierende, insbesondere der Ägyptologie, Altorientalistik, Gräzistik und Latinistik, die einen Einstieg in die Beschäftigung mit Wissenstexten suchen und sich mit einer Flut überalterter Literatur zu einzelnen Aspekten konfrontiert sehen. Zweitens richtet sich das Buch an Wissenschaftshistoriker und Studierende der Wissenschaftsgeschichte, die oft nicht selbst übersetzen, aber Übersetzungen nutzen und daher zwangsläufig methodisch einschätzen können müssen. Ein dritter Adressatenkreis sind schließlich philologisch versierte Wissenschaftler, darunter auch Mediziner, Mathematiker und Astronomen, die Texte der hier versammelten Gebiete für ein spezifisches Zielpublikum übersetzen und zugänglich machen wollen. Gleichermaßen hoffen wir, dass das Buch Spezialisten einzelner der behandelten Fachgebiete und Kulturen durch die vergleichende Darbietung in die Themenfelder anderer Wissensgebiete und Kulturen einzuführen vermag und somit einen informativen Blick über den eigenen Tellerrand bietet, so wie wir selbst ihn während der Workshopdiskussionen genossen haben.

Unsere Hoffnung ist dabei, dass wir hiermit auch dem modernen Naturwissenschaftler, für den sowohl der Bereich der frühen Wissenschaften (die er zunächst nur aus seiner modernen wissenschaftlichen Perspektive [gerade nicht] versteht) als auch die jeweiligen Kulturen fremd sind, eine Brücke anbieten können.

Übersetzungen sind stets Interpretationen auch vor dem jeweiligen eigenen kulturellen Hintergrund, den man nie ganz ausschalten kann; eine zu hundert Prozent emische Sicht ist unerreichbar. So existieren in einzelnen Bereichen derzeit mehrere Ausrichtungen, die eine wissenschaftshistorische Berechtigung

14 Darüber hinaus hat die Forschung der letzten Jahre gezeigt, dass es sinnvoll ist, den Blick auch auf andere Wissensgebiete, wie zum Beispiel die Rechtslehre oder Ritualanweisungen, die über einen tradierten Bestand an normativen Texten verfügen, auszuweiten, da sich dort ähnliche Fragen stellen wie in den hier besprochenen Bereichen. Vgl. hierzu etwa die Beiträge in Bawanypeck und Imhausen (2014).

beanspruchen, wie sie z. B. in der Historiographie der mesopotamischen Mathematik durch Jens Høyrup und Jim Ritter vertreten sind.[15] Auch in den Historiographien der antiken Heilkunde und Himmelskunde gibt es unterschiedliche Ansätze, die sich u. a. in den Anteilen der Gewichtung von emischer und etischer Perspektive unterscheiden, was sich z. B. in der Auswahl des von einem Bearbeiter behandelten Quellenkorpus ausdrücken kann. Daher kann diese Publikation kein ‚Handbuch' sein, das nur einen Weg aufzeigt. Es ist ganz explizit *nicht* unser Wunsch, eine bestimmte Art und Weise der Übersetzung eines vormodernen wissenschaftlichen Textes vorzugeben und den Leser dazu zu animieren, dem vorgeschlagenen Übersetzungsweg möglichst getreu zu folgen. Stattdessen verfolgen wir das Ziel, anhand einer Sammlung von Beispielübersetzungen und Erläuterungen, die einschlägige Wissenschaftshistoriker der Fachgebiete Medizin-Magie/Heilkunde, Mathematik/Rechenkunde und Astronomie-Astrologie/Himmelskunde der Kulturen Ägyptens, Mesopotamiens und der griechisch-römischen Antike vorgenommen haben, verschiedene Wege aufzuzeigen, wie Übersetzungen angefertigt werden und welche Reflexionen dabei eine Rolle spielen können. Die jeweiligen Einleitungen und Kommentierungen sollen die Konsequenzen für Folgeinterpretationen verdeutlichen, die sich aus Entscheidungen des Übersetzers ergeben. Wir erhoffen uns, dass der Leser dieser Beiträge sich nach der Lektüre der jeweiligen Übersetzungen und Kommentare bei seiner zukünftigen Arbeit mit frühen wissenschaftlichen Texten der Weiterungen bewusst ist, die seine Entscheidungen haben können.

Wege

Das vorliegende Buch ist durch eine enge Zusammenarbeit mit den daran beteiligten Autoren entstanden. Es fußt auf den Ergebnissen von insgesamt drei öffentlichen Workshops (2013 und 2014 an den Universitäten Mainz und Frankfurt), an denen die hier vertretenen Autoren sowie Gäste, insbesondere auch aus dem Nachwuchsbereich, teilgenommen haben. Ziel der Workshops war es, die Artikel bereits während ihrer Genese zu diskutieren. Durch die Zusammenkunft der disziplinär unterschiedlich ausgerichteten Autoren bestand das Publikum bei der Besprechung von ersten Übersetzungs- und Kommentarversionen stets aus Spezialisten und aus fachfremden, aber philologisch geschulten Teilnehmern, die direkt auf Probleme mit den erstellten Übersetzungen und

15 Vergleiche hierzu deren Beiträge in Høyrup (2010) und Ritter (2010).

Kommentaren hinweisen konnten. Da drei große Wissensfelder und drei Kulturbereiche abgedeckt waren, wurden vergleichende Perspektiven ermöglicht, was eine Vielzahl von Fragen aufwarf.

So entstand eine sehr gehaltvolle Auseinandersetzung darüber, welche Art der Übersetzung jeweils geeignet ist, das den Quellen je eigentümliche Wissen sachgerecht und verständlich zu transportieren. Wir hoffen, dass durch die breiten Diskussionen bereits einige Benutzungs- und Verständnisprobleme gelöst werden konnten, mit denen sich künftige Leser unseres Methodenbuches ansonsten konfrontiert gesehen hätten. Im Laufe der Diskussionen ergab sich auch, dass Hinweise auf gängige Hilfsmittel bei der Bearbeitung von Quellen, wie einschlägige Grammatiken und Wörterbücher, nützlich seien, ebenso wie eine Zusammenstellung der editorischen Konventionen der jeweiligen Fachgebiete. Beides findet sich in einem Anhang, der zudem auch einige übergreifende sprachbezogene Fachtermini erläutert.

Die Autoren, die wir für unser Projekt gewinnen konnten, wurden von uns gebeten, eine möglichst emische Sichtweise zu rekonstruieren und bei der Übersetzung und dem Kommentar bei Problemfällen bzgl. der Fachterminologie oder Konzeptionalisierung die jeweils getroffenen Entscheidungen offen anzusprechen und zu begründen. Dass jede Übersetzung dazu eines ausführlichen Kommentars bedarf, stand außer Frage, doch wie dieser im Einzelnen aussehen kann und wie übersetzt wird und was in den Kommentar kommt, war nicht immer einfach zu entscheiden. Ziel der Beiträge im Methodenbuch soll es daher sein, durch Beispiele gerade hierbei Hilfestellungen zu leisten.

Darüber hinaus wünschten sich die Herausgeberinnen, dass den individuellen Übersetzungen zusätzlich eine Art Metatext zum Übersetzen wissenschaftlicher Texte vorangestellt würde. Dieser Metatext soll u. a. das zur Verfügung stehende fachspezifische Handwerkszeug und die für die Textgattung spezifische Herangehensweise skizzieren. Dies kann eine Auseinandersetzung mit bereits vorliegenden Übersetzungen beinhalten und, falls gegeben, eine Hervorhebung dessen, was im jeweiligen Beitrag des Methodenbuchs, unabhängig vom emischen Blickwinkel, evtl. noch eine Besonderheit des jeweiligen Autors im Vergleich zum Mainstream ist.

Der vorliegende Band bietet eine Vielzahl unterschiedlicher Herangehensweisen und Ausführungsbeispiele für Übersetzungen und Kommentare. Allen Beiträgen gemein ist, dass für mindestens eine Textquelle eine emische Übersetzung mit ausführlichem Kommentar bereitgestellt wird. Zudem geht jedem Beitrag ein einführender Text voraus, der die für die jeweilige Disziplin und Textgattung spezifische Herangehensweise an das Übersetzen und mögliche Übertragungswege dokumentiert. In der Ägyptologie und Altorientalistik ist es darüber hinaus zu Recht geboten, Fotos der Quellen beizufügen. Die Altphilologen dagegen benutzen textkritische Editionen, die die vorhandenen Textzeugen zusammenführen und kommentieren. Insbesondere der Beitrag von Serafina Cuomo macht auf die Probleme aufmerksam, die durch unkritische Benutzung derartiger Editionen entstehen können, und plädiert für eine kritische Auseinandersetzung mit den Entscheidungen der Editoren textkritischer Ausgaben.

Wir sind mit diesem Band angetreten, um die Texte in ihrer kulturimmanenten, d. h. möglichst emischen Perspektive darzustellen. Das hat grundsätzlich zur Folge, dass alle Übersetzungen fremd anmuten und Kommentare notwendig sind. Für den Bereich der Rechenkunde und Himmelskunde führen mehrere Beiträge (Imhausen, Ritter und Ossendrijver) einen zusätzlichen Übersetzungsschritt nach dem von Jim Ritter vorgeschlagenen Modell vor, das den prozeduralen Charakter der von ihnen behandelten Texte hervorhebt.[16]

Die Kommentare der Beiträge gehen unterschiedlich mit dem wissenschaftshistorisch relevanten Wechselspiel von emischer und etischer Sicht um. Da sich die Texte im Spannungsfeld zwischen antikem Verständnis und moderner Betrachtung befinden, ist eine Auftrennung der Perspektiven angeraten. Während die Übersetzungen versuchen, ausschließlich die emische Perspektive herzustellen, werden die Kommentare zum Teil dazu genutzt, Brücken für moderne Wissenschaftler zu bauen, die sich bislang mit emischen Perspektiven noch nicht auseinandergesetzt haben. Eine ausschließliche Auseinandersetzung mit der emischen Perspektive erfolgt bei Ritter und Jones. Eine explizite Aufteilung in emische und etische Kommentare nimmt Pommerening vor, Mischformen in der Kommentierung findet man bei Althoff, Heeßel und Ossendrijver. Der Kommentar von Imhausen illustriert den in ihrer Einleitung skizzierten historiographischen Paradigmenwechsel im Umgang mit emischer und etischer Perspektive anhand von spezifischen Beispielen. Für den Bereich der ägyptischen Himmelskunde kann die Gegenüberstellung der beiden Beiträge von Hoffmann und Symons zwei unterschiedliche Zugänge zum gleichen Quellenmaterial demonstrieren; Symons bringt hier die durch den Computer simulierten Himmelsdarstellungen und damit ihr astronomisches Know-how ein, um astronomisch unmögliche Interpretationen auszuschließen.

Die Art und Weise der Kommentargestaltung liefert darüber hinaus vielfältige Möglichkeiten, die verschiedenen Zielgruppen konsequenter anzusprechen. Prinzipiell lässt sich der Kommentar in unterschiedliche Einheiten untergliedern: So werden üblicherweise Wörter, Phrasen, Sätze, Paragraphen/

16 Vgl. hierzu Ritter (2010). Die Idee der Wiedergabe dieser Texte in Form von numerischen oder symbolischen Algorithmen wurde bereits in Ritter (1989) vorgestellt.

Abschnitte, Texteinheiten oder der gesamte Text kommentiert. Inhaltlich lassen sich unterschiedliche Gesichtspunkte im Kommentar hervorheben: Neben der Auseinandersetzung mit emischer und etischer Sicht sollte eine Auseinandersetzung mit der Sekundärliteratur erfolgen. Ferner lassen sich editionsphilologische Aspekte (Varianten in Schreibungen bei verschiedenen Handschriften, Textauslassungen, Verderbtes, u. ä.), grammatikalische Phänomene, Wortbedeutungen, Etymologien, Orthographie und eigene Interpretationsansätze abhandeln. Nicht alles ist für alle Lesergruppen gleichermaßen relevant, so dass die meisten Beiträger ihre Kommentare inhaltlich aufgliedern. Beispielsweise können Wort-/Phrasenkommentare so aufgeteilt werden, dass sich Informationen in einem ersten Abschnitt an Nicht-Philologen richten und sprachwissenschaftliche Aspekte im zweiten Teil folgen (Pommerening). Heilen liefert für diesen Band neben der Übersetzung des von ihm gewählten Textes einen Kommentar, der sich explizit an Nicht-Philologen wendet, und verweist ergänzend auf seinen ausführlicheren, an Philologen gerichteten Kommentar (Heilen [2015]).

Die einzelnen Elemente Quellentext, Übersetzung, Kommentar lassen sich unterschiedlich anordnen. Damit der Kommentar in einer Textausgabe unmittelbar bei der Lektüre der Übersetzung herangezogen werden kann, bietet sich die Anlage auf gegenüberliegenden Seiten an (Beitrag von Serafina Cuomo). Fallen die Anmerkungen jedoch sehr ausführlich aus, lässt sich Derartiges nicht umsetzen. In solchen Fällen wurde, um den Lesefluss der Übersetzung aufrecht zu erhalten, der Kommentar hinter der Übersetzung angefügt (siehe Beitrag Althoff, Heilen, Heeßel, Ossendrijver, Pommerening, Ritter) oder dieser vorausgestellt (Abschnitt 11 bei Hoffmann).

Die Vielfalt der möglichen Interessengruppen, die wir uns für diesen Band erhoffen, spiegelt sich in den Möglichkeiten wider, seine einzelnen Kapitel anzuordnen. Während es innerhalb der Wissenschaftsgeschichte die Subdisziplinen der Medizin-, Mathematik- und Astronomiegeschichte gibt, deren Vertreter zu eigenen Tagungen zusammenkommen, ist die zweite offensichtliche Anordnung die entsprechend den jeweiligen kulturellen Disziplinen, d. h. der Ägyptologie, Altorientalistik und Klassischen Philologie. Während wir in den Workshops die Sitzungen nach inhaltlichen wissenschaftshistorischen Subdisziplinen organisiert haben, um so von einer wechselseitigen Befruchtung der verschiedenen Übersetzungstraditionen in den unterschiedlichen Philologien zu profitieren, schien es uns für die Publikation vorteilhafter, die Beiträge entsprechend den jeweiligen kulturellen Disziplinen anzuordnen, weil die Übersetzungen und Kommentare sehr stark von den Gegebenheiten der Ausgangssprache und den Konventionen der Fächer abhängen. Innerhalb der geographisch orientierten Gruppierung nach frühen Kulturen des Alten Ägypten, Vorderen Orients und des europäischen Raumes sind die Beiträge entsprechend den wissenschaftshistorischen Subdisziplinen angeordnet, beginnend mit der anwendungsbezogenen Heilkunde, über die praxisnahen Rechenkünste hin zur Ausdeutung von Himmelsphänomenen. Die Überschriften der Beiträge verweisen jeweils auf die behandelte Kultur und Subdisziplin.

Ausblick

Die Beispiele in diesem Band umfassen nur einen kleinen Teilbereich aus dem wissenschaftshistorisch relevanten Spektrum an überlieferten Disziplinen, Textgattungen und -inhalten und der eingeschränkte Platz machte es notwendig, dass jeder Autor sich im Vorfeld für einige repräsentative Texte aus seiner Disziplin entscheiden musste. Dabei zeigte sich innerhalb der Diskussionen, dass die Vorstellungen von dem, welche Texte als repräsentativ für ein anderes Fach gelten, durchaus divergierten. Doch macht gerade die hier vorliegende Mischung den Charme des Buches aus, denn die Quellentexte selbst waren bereits zur Zeit ihrer Genese an unterschiedlichste Zielgruppen gerichtet und eben dieses Faktum hat Auswirkungen auf jede einzelne Übersetzung. So kann es keine einzig gültige Übersetzungstechnik geben, sondern nur eine jeweils angemessene Übersetzungsweise. Und diejenige, die wir hier für Wissenstexte proklamieren, ist eine Übersetzung mit ausführlichem Kommentar, der den kulturellen Kontext für einen breiten Leserkreis erhellt. Es wird ein langer Weg sein, sich den frühen Kulturen weiter anzunähern, und wir hoffen, dass dieser Band einen kleinen Beitrag dazu leisten kann.

Literaturverzeichnis

Bawanypeck, Daliah und Annette Imhausen. 2014. *Traditions of Written Knowledge in Ancient Egypt and Mesopotamia: Proceedings of Two Workshops Held at Goethe-University*, Frankfurt/Main in December 2011 and May 2012 (Alter Orient und Altes Testament, 403). Münster: Ugarit-Verlag.

Brawanski, Alexander. 2001. „Die Fälle 1–8 des Papyrus Edwin Smith (‚Schädelhirntraumafälle')". *Studien zur altägyptischen Kultur* 29: 7–39.

Buden, Boris, Stefan Nowotny, Sherry Simon, Ashok Bery und Michael Cronin. 2009. „Cultural Translation: An Introduction to the Problem, and Responses". *Translation Studies* 2 (2): 196–219.

Cancik-Kirschbaum, Eva. 2010. „Gegenstand und Methode: Sprachliche Erkenntnistechniken in der keilschriftlichen Überlieferung Mesopotamiens“. In: Annette Imhausen und Tanja Pommerening (Hgg.), *Writings of Ancient Scholars in the Ancient Near East, Egypt, Rome, and Greece: Translating Ancient Scientific Texts* (Beiträge zur Altertumskunde, 286). Berlin/New York: de Gruyter: 13–45.

Cuomo, Serafina. 2001. *Ancient Mathematics*. London/New York: Routledge.

Heilen, Stephan. 2015. *„Hadriani genitura“ – Die astrologischen Fragmente des Antigonos von Nikaia. Edition, Übersetzung und Kommentar* (Texte und Kommentare, 43). Berlin/Boston: de Gruyter.

Høyrup, Jens. 2002. *Lengths, Widths, Surfaces. A Portrait of Old Babylonian Algebra and Its Kin*. New York: Springer.

Høyrup, Jens. 2010. „How to Transfer the Conceptual Structure of Old Babylonian Mathematics: Solutions and Inherent Problems. With an Italian Parallel“. In: Annette Imhausen und Tanja Pommerening (Hgg.), *Writings of Early Scholars in the Ancient Near East, Egypt, Rome, and Greece: Translating Ancient Scientific Texts* (Beiträge zur Altertumskunde, 286). Berlin/New York: de Gruyter: 385–417.

Imhausen, Annette. 2016. *Mathematics in Ancient Egypt: A Contextual History*. Princeton: Princeton University Press.

Imhausen, Annette und Tanja Pommerening. 2010a. „Introduction: Translating Ancient Scientific Texts“. In: Annette Imhausen und Tanja Pommerening (Hgg.), *Writings of Ancient Scholars in the Ancient Near East, Egypt, Rome, and Greece: Translating Ancient Scientific Texts* (Beiträge zur Altertumskunde, 286). Berlin/New York: de Gruyter: 1–10.

Imhausen, Annette und Tanja Pommerening (Hgg.). 2010b. *Writings of Early Scholars in the Ancient Near East, Egypt, Rome, and Greece: Translating Ancient Scientific Texts* (Beiträge zur Altertumskunde, 286). Berlin/New York: de Gruyter.

Kovtyk, Bogdan und Gabriele Wendt (Hgg.). 2002. *Aktuelle Probleme der angewandten Übersetzungswissenschaft. Sprachliche und außersprachliche Faktoren der Fachübersetzung*. Frankfurt u. a.: Peter Lang.

Kovtyk, Bogdan, Gerhard Meiser und Hans-Joachim Solms (Hgg.). 2002. *Geschichte der Übersetzung. Beiträge zur Geschichte der neuzeitlichen, mittelalterlichen und antiken Übersetzung* (Angewandte Sprach- und Übersetzungswissenschaft, 3). Berlin: Logos.

Kusch, Martin. 1998. *Sociology of Scientific Knowledge*. http://www.hps.cam.ac.uk/research/ssk.html. [Abgerufen am 18.09.2014]

Leitz, Christian. 2002. „Remarks about the Appearance of Mars in the Tomb of Senenmut in Western Thebes“. *Centaurus* 44: 140–142.

Netz, Reviel. 1999. *The Shaping of Deduction in Greek Mathematics: A Study in Cognitive History*. Cambridge: Cambridge University Press.

Pommerening, Tanja. 2010. „Von Impotenz und Migräne – eine kritische Auseinandersetzung mit Übersetzungen des Papyrus Ebers“. In: Annette Imhausen und Tanja Pommerening (Hgg.), *Writings of Early Scholars in the Ancient Near East, Egypt, Rome, and Greece. Translating Ancient Scientific Texts* (Beiträge zur Altertumskunde, 286). Berlin/New York: de Gruyter: 153–174.

Ritter, Jim. 1989. „Chacun sa vérité“. In: Michel Serres (Hg.), *Éléments d’histoire des sciences*. Paris: Bordas: 39–61.

Ritter, Jim. 2010. „Translating Rational-practice Texts". In: Annette Imhausen und Tanja Pommerening (Hgg.), *Writings of Early Scholars in the Ancient Near East, Egypt, Rome, and Greece. Translating Ancient Scientific Texts* (Beiträge zur Altertumskunde, 286). Berlin/New York: de Gruyter: 349–383.

Robson, Eleanor. 2008. *Mathematics in Ancient Iraq: A Social History*. Princeton: Princeton University Press.

Rossi, Corinna. 2007. *Architecture and Mathematics in Ancient Egypt*. Cambridge: Cambridge University Press.

Schaefer, Bradley E. 2000. „The Heliacal Rise of Sirius and Ancient Egyptian Chronology". *Journal for the History of Astronomy* 31: 149–155.

Stephenson, F. Richard. 2008. „How Reliable Are Archaic Records of Large Solar Eclipses?". *Journal for the History of Astronomy* 39: 229–250.

Spaeth, Ove von. 2000. „Dating the Oldest Egyptian Star Map". *Centaurus* 42: 159–179.

Vermeer, Hans J. 2012. „Vom Altern der Texte". In: Hartwig Kalverkämper und Larisa Schippel (Hgg.), *Vom Altern der Texte. Bausteine für eine Geschichte des interkulturellen Wissenstransfers*. Berlin: Frank und Timme: 17–37.

Section I: **Ancient Near East**

Nils P. Heeßel (Würzburg)

Medizinische Texte aus dem Alten Mesopotamien

1 Allgemeines

Die altorientalische Medizin kann von den frühesten heilkundlichen Texten ab der Mitte des dritten vorchristlichen Jahrtausends bis ans Ende der keilschriftlichen Überlieferung auf eine mehr als 2500 Jahre umfassende Überlieferung zurückblicken.[1] In dieser Zeit blieben die grundlegenden medizinischen Konzeptionen wie die ätiologischen Vorstellungen über die Entstehung von Erkrankungen sowie die Behandlung der Krankheitssymptome mit Kräutern, Pflanzenteilen, Mineralien und Tierprodukten bemerkenswert konstant, und erst in der Spätzeit während der Herrschaft der Achämeniden (538–331 v. Chr.) und Seleukiden (330–141 v. Chr.) lassen sich hier erste Veränderungen ausmachen.[2]

Nach den ätiologischen Vorstellungen im alten Mesopotamien wurde eine Erkrankung zumeist[3] auf einen bewussten oder unbewussten Tabubruch seitens des Betroffenen zurückgeführt. Solche Tabubrüche umfassten Delikte wie Mord, Diebstahl, illegitimen Geschlechtsverkehr oder nicht gehaltene Versprechen

1 Einführungen in die altorientalische Medizin bieten Attinger (2008), Geller (2010) und Haussperger (2012), wobei jeder für sich sehr unterschiedliche Schwerpunkte in der Darstellung wählt. Für kürzere Abhandlungen, die sich an ein breiteres Publikum wenden, siehe Heeßel (2008a), Maul (2001) und Scurlock (2005).

2 Zu diesen Veränderungen zählt zum einen der zunehmende Einfluss der astrologischen Neuerungen dieser Zeit auch auf die Medizin, die zu neuen Behandlungsformen führt, welche gerne unter dem Begriff der „astrologischen Medizin“ subsumiert werden, siehe hierzu Heeßel (2005), Heeßel (2008b) und Heeßel (2010b). Zum anderen weist ein einzelner Text auf ein verstärktes Interesse an pathogenetischen Fragen hin, bei denen der sonst so im Vordergrund stehende Verweischarakter auf die Götterwelt der medizinischen Texte keine Rolle mehr spielt. Auf diesen Text hat zuerst Köcher (1978): 22–25, aufmerksam gemacht, siehe dazu auch Heeßel (2004a): 112–114, und Heeßel (2005): 21, sowie, mit anderer Interpretation, Geller (2014).

3 Die hier dargestellten krankheitsätiologischen Vorstellungen im Alten Orient beruhen auf dem Bild, das sich anhand der verschiedenen medizinischen Texte sowie von Dokumenten des täglichen Lebens wie Briefen, Abrechnungen und dergleichen gewinnen lässt. Siehe hierzu ausführlich Heeßel (2000). Dies heißt jedoch nicht, dass bestimmte Erkrankungen und tatsächlich wohl die meisten Verletzungen infolge von Unfällen, Krieg etc. auch einfach auf „natürliche“ Ursachen zurückgeführt werden konnten und nicht notwendigerweise immer ein Bezug zur Götterwelt hergestellt wurde.

gegenüber einer Gottheit. Als eine mögliche Folge – neben finanziellem Ruin, sozialer Ausgrenzung und anderem mehr – konnte eine verärgerte Gottheit auch eine Krankheit im Körper des Menschen platzieren. Um diese Erkrankung zu heilen, war es deshalb nicht nur nötig, die Symptome durch therapeutische Maßnahmen zu lindern, sondern auch die kultische Reinheit des Menschen wiederherzustellen, indem die die Krankheit verursachende Gottheit mit dem Patienten versöhnt wurde. Erst wenn die Gottheit den Krankheitsherd, den sie durch eine physisch vorgestellte Berührung im Körper des Kranken hervorgerufen hatte, aus dem Körper des Erkrankten entfernte und somit seine Wirksamkeit unterband, bestand Aussicht auf vollständige Genesung. Doch hierzu musste die entsprechende Gottheit erst einmal identifiziert werden, damit sie direkt angesprochen und durch Rituale mit dem Patienten versöhnt werden konnte. Da die am Körper des Patienten auftretenden Symptome direkt auf die verursachende Gottheit verwiesen, konnte ein kundiger Heiler durch die diagnostische Untersuchung nun nicht nur die Krankheit benennen und eine Prognose über den Krankheitsverlauf stellen, sondern er konnte auch die verantwortliche Gottheit identifizieren. Aufgrund dieser grundlegenden kulturellen Vorstellungen über die Krankheitsätiologie nimmt die „Identifizierung des göttlichen Krankheitsverursachers“ einen breiten Raum in den diagnostischen Texten ein.

Die Therapeutik des Alten Orients nutzt wie alle frühen Kulturen verschiedene vegetabile aber auch mineralische und tierische Produkte als Heilmittel, die auf unterschiedliche Weise kombiniert, verarbeitet und zur Anwendung aufbereitet wurden. Das Wissen um ihre Heilwirkung wurde von alters her überliefert und über Generationen tradiert und erweitert. Beim Erscheinen der frühesten sumerischen und akkadischen therapeutischen Anweisungen ab der Mitte des dritten vorchristlichen Jahrtausends tritt uns dieses Wissen bereits weitgehend ausgebildet entgegen und wird dann mit wenigen Änderungen unter Aufnahme von neuen, oft durch Import aus weit entfernten Gebieten verfügbar gewordenen Heilmitteln bis ans Ende der Keilschriftkultur fortgeschrieben. Ein großes Problem bei der Übersetzung und Interpretation von medizinischen Rezeptbeschreibungen bleibt die Problematik der genauen Identifizierung dieser meist pflanzlichen Heilmittel, die nur zu einem sehr geringen Teil weitgehend zweifelsfrei identifiziert sind. Auch die in den therapeutischen Texten erscheinenden Handlungsanweisungen stellten für die ältere Forschung ein größeres Problem dar, da sie häufig „magische“ Elemente enthalten. Diese „irrationalen“ Teile der medizinischen Keilschrifttexte, die sich nicht mit Vorstellungen einer „rationalen“, rein auf Empirie beruhenden Medizin – wie sie einer als paradigmatisch angesehenen und konzeptionell bis heute wirksamen griechischen Medizin zugeschrieben wurden – vereinbaren lassen, enttäuschten oft die Erwartungen der Forscher, hier eine „wissenschaftliche“ Medizin griechischer Prägung zu finden.[4] Dies spiegelt sich auch in der Debatte um die beiden Heilberufe *asû* und *āšipu*, die zumeist mit „Arzt“ und „Beschwörer“ übersetzt werden. Diese tendenziösen Übersetzungen basieren auf frühen Versuchen, die mesopotamische Medizin streng in einen medizinisch-rationalen, vom *asû* „Arzt“ ausgeführten Bereich und einen magisch-irrationalen, vom *āšipu* „Beschwörer“ zu verantwortenden Bereich zu unterteilen. Auch wenn diese Sichtweise mittlerweile innerhalb der Altorientalistik weitgehend einheitlich als zu positivistisch abgelehnt wird, ist die genaue Abgrenzung und Einordnung der Aufgabenbereiche dieser beiden Heilberufe, die bei der Heilung häufig zusammenwirken, trotz zahlreicher Bemühungen nach wie vor umstritten.[5]

Es ist immer wieder die spezielle kulturelle Ausprägung der Darstellung, die unsere Interpretationen der antiken wissenschaftlichen Texte so schwierig macht und uns insbesondere bei der Übersetzung vor große Aufgaben stellt.[6] Auf die damit verbundenen Probleme sowie auf die aktuellen assyriologischen Debatten über Möglichkeiten und Grenzen der Identifizierung von Krankheiten sowie die Interpretation der sogenannten „Deck-“ oder „Alternativnamen“ von Ingredienzen wird im Kommentar zu den Übersetzungsbeispielen besonders eingegangen.

2 Grundsätze bei Übersetzungen von medizinischen Texten aus dem Alten Orient

Es ist wichtig, sich zu vergegenwärtigen, dass es „die“ eine, richtige Übersetzung nicht gibt. Übersetzungen bleiben notwendigerweise immer Interpretationen der Übersetzer. Beim Übersetzen ist deshalb von besonderer Wichtigkeit, sich selbst, aber auch dem Adressatenkreis Rechenschaft darüber abzulegen, für wen und mit welchem Ziel eine Übersetzung angefertigt wird.[7] Beim Übersetzen von medizinischen Texten aus dem Alten Orient ist es zudem erforderlich, nicht nur eine antike Kultur in ihren spezifischen Besonderheiten einem modernen Leser zu erklären, sondern ihm auch seine eigenen Vorverständnisse,

4 Siehe hierzu den wichtigen Beitrag von Cancik-Kirschbaum (2010): insb. 13–18.
5 Hierzu zuletzt Scurlock (1999), Abrahami (2003), Geller (2007) und Heeßel (2009).
6 Zum Problem der kulturellen Bedingtheit der medizinischen Texte siehe Heeßel (2010d).
7 Ausführlich hierzu bereits Heeßel (2010d).

die einem wirklichen Verstehen einer geografisch, zeitlich sowie kulturell so weit entfernten Kultur entgegenstehen, vor Augen zu führen.

Grundsätzlich werden mesopotamische medizinische Texte nicht anders bearbeitet und übersetzt als solche aus anderen altorientalischen Gattungen. Die altorientalistischen Transliterations- und Transkriptionskonventionen sind für alle Texte verbindlich und folgen den Umschriftregeln, wie sie in den Zeichenlisten festgelegt sind.[8] Für die Übersetzung der zumeist akkadischen medizinischen Texte stehen die beiden generellen Wörterbücher des Akkadischen[9] zur Verfügung, das *Akkadische Handwörterbuch* (AHw) und das *Chicago Assyrian Dictionary* (CAD), die beide auch medizinische Termini technici aufführen.[10] Spezielle Wörterbücher, die den aktuellen medizinischen Wortschatz aufarbeiten, gibt es bislang nicht;[11] hier ist grundsätzlich die gesamte Sekundärliteratur mit den einschlägigen Hilfsmitteln zu rezipieren.[12]

Dennoch stellen die wissenschaftlichen Texte des Alten Orients, und die medizinischen zumal, besondere Herausforderungen an die Herangehensweise des Bearbeiters, die grundsätzliche Entscheidungen bei der Übersetzung und Interpretation erfordert. Zu den generellen Prinzipien für das Übersetzen früher wissenschaftlicher Texte gehört das Vermeiden von modernen Fachbegriffen, die Bevorzugung von wörtlichen Übersetzungen, wobei diese in der Zielsprache grammatikalisch korrekt abgefasst werden sollten, sowie die Wiedergabe jeder semantisch distinktiven Bedeutung durch dasselbe Wort der Zielsprache.

---

8 Labat (1976), Borger (1988) und Borger (2010).

9 Nur wenige originär sumerische medizinische Texte sind bekannt. Siehe hierzu Civil (1960), Civil (1961), Römer (1995). Die vorliegende Darstellung beschränkt sich auf die viel zahlreicheren akkadischen medizinischen Texte. Zur mit der mesopotamischen Medizin verwandten hethitischen Medizin siehe Burde (1974) und Haas (2003).

10 AHw (1958–1981) und CAD (1956–2010). Das *Concise Dictionary of Akkadian* (Black u. a. [2000]) stellt eine englische Übersetzung des *Akkadischen Handwörterbuch* ohne Belege dar, bemüht sich jedoch auch um neuere Übersetzungen und Deutungen.

11 Zu den mittlerweile veralteten Wörterbüchern von R. Campbell-Thompson siehe unten.

12 Hierzu zählen zum einen die in der Zeitschrift *Archiv für Orientforschung* erscheinenden Register der Assyriologie, die nach Literatur, Realien und Wörtern angeordnet sind. Zum anderen ist die viele Jahre in der Zeitschrift *Orientalia* erschienene Keilschriftbibliographie ein unentbehrliches Hilfsmittel, das jetzt auch online zur Verfügung steht: http://vergil.uni-tuebingen.de/keibi/. Die Keilschriftbibliographie stellt auch jeweils im Register die speziellen Publikationen zur altorientalischen Medizin zusammen. Eine ausschließlich der altorientalischen Medizin gewidmete Zeitschrift ist das *Journal des Médicines Cunéiformes*, welches seit 2003 erscheint. In den Bänden 6 (2005) und 20 (2012) der Zeitschrift sind Bibliographien zur altorientalischen Medizin zusammengestellt worden.

Gerade moderne Fachbegriffe sind so weit wie möglich zu vermeiden, da hierdurch einerseits die kulturspezifische Idiomatik der Ausgangssprache verschleiert wird und andererseits bei der Zielgruppe der Übersetzung modernes Fachwissen vorausgesetzt werden muss sowie meist ungenaue bzw. die ausgangssprachlichen Vorstellungen verfälschende Assoziationen geweckt werden können. Hier ist es von großer Bedeutung, wörtliche Übersetzungen zu bevorzugen als vermeintlich identifizierte Parallelen in der modernen Medizin oder Pharmakologie in der Übersetzung hervorzuheben. Als Beispiel kann eine Anweisung in medizinischen Rezepten dienen, in der vorgeschrieben wird, man solle in Flüssigkeit eingeweichte Heilmittel „die Nacht unter den Sternen verbringen lassen", akkadisch: *ina kakkabī tušbāt*. Aus pharmakologischer Sicht ist es eindeutig, dass es sich hierbei auch um eine zeitliche Anweisung zur 'Mazeration' handelt, bei der die vorbereiteten Drogen abkühlen und ihre Wirkstoffe in die Flüssigkeit abgeben können. Jedoch würde es die babylonisch-assyrische Vorstellungswelt, die mit dieser Handlung verbunden ist, grotesk verzerren, würde man *ina kakkabī tušbāt* mit dem medizinisch-pharmakologischen Fachterminus mit „du lässt (die Ingredienzen) mazerieren" übersetzen. Für die Babylonier übten die Sterne einen direkten Einfluss auf das Geschehen auf der Erde aus und ihnen wurde die Kraft zugeschrieben, ein Medikament mit positiver Energie aufzuladen, es sozusagen zu 'besternen'. Insbesondere das Sternbild der Heilgöttin Gula (teilw. mit unserem Sternbild Lyra mit dem Hauptstern Wega identisch) wird hierbei gelegentlich explizit als Stern(bild) genannt, unter dem die Ingredienzen die Nacht verbringen sollen.[13] Daher ist die wörtliche Übersetzung der Wendung *ina kakkabī tušbāt* „du lässt (sie) die Nacht unter den Sternen verbringen", in der die akkadische Formulierung erhalten bleibt, überaus wichtig, um den in der Ausgangssprache damit verbundenen Vorstellungen Genüge zu tun. Das in der altorientalischen Denkweise erfolgende 'Besternen' von Heilmitteln sowie die aus heutiger Sicht vorgehende Mazeration sollten im Kommentar zum Text dargestellt werden. Für die medizinischen Keilschrifttexte müssen hier noch einige besondere Prinzipien angeführt werden, die sich aus den spezifischen Textgenres sowie dem derzeitigen Forschungsstand, insbesondere bei der Erforschung der Rezeptingredienzen, ergeben. Hierfür haben sich im Laufe der Erforschung der medizinischen Texte aus dem Alten Orient einige implizite Regeln eingebürgert, die von verschiedenen Bearbeitern immer auch etwas unterschiedlich gehandhabt werden.

---

13 Reiner (1995): 48–56, Heeßel (2015): 37–38.

Die folgende Darstellung beschreibt daher vor allem, welchen grundsätzlichen Regeln der Autor bei der Übersetzung von medizinischen Texten folgt.

- Es sollten so wenige Zusätze wie möglich vorgenommen werden, um nicht Interpretationen von außen an den Text heranzutragen, jedoch so viele wie nötig, um den Text zugänglich und lesbar zu machen.

- Eine gut begründete Identifizierung von Pflanzen, Kräutern, Hölzern oder Steinen in altorientalischen Texten ist nicht unmöglich, jedoch mit zahlreichen Schwierigkeiten verbunden. Obwohl es seit Langem spezielle Untersuchungen zur mesopotamischen Botanik, Chemie und Geologie gibt,[14] sind diese nicht nur längst veraltet, sondern auch als vollständig überholt zu betrachten, da die dort getroffenen Identifikationen allein auf der etymologischen Methode basieren, ohne weitere Evidenz hinzuzuziehen. Auch wenn etymologische Entsprechungen in anderen Sprachen allein keine ausreichende Begründung für eine Identifikation sind, so bleibt die Etymologie doch der Ausgangspunkt von Identifikationsversuchen, jedoch unter Berücksichtigung des Zeit- und Ortskontextes, der Geschichte der Flora einer Region und archäobotanischer Belege.[15] Eine umfassende Darstellung der alten vorderasiatischen Flora bleibt eines der wichtigsten Desiderata der Altorientalistik.

  Angesichts dieser Problematik erscheint es sinnvoll, die Namen von Pflanzen, Steinen, Hölzern, Kräutern oder anderen Ingredienzen auf drei verschiedene Weisen zu übertragen:

  a) Wenn die Identifikation mit einer modernen Bezeichnung eine sehr hohe Wahrscheinlichkeit aufweist, korrekt zu sein, dann wird die moderne Bezeichnung gebraucht (*bīnu* „Tamariske“).

  b) Wenn es keine sichere Identifikation mit einer modernen Bezeichnung gibt, bleibt die akkadische Bezeichnung unübersetzt. Mit einer Ausnahme:

  c) Wenn es keine sichere Identifikation mit einer modernen Bezeichnung gibt, der akkadische Name jedoch übersetzbar (‚sprechend‘) ist, wird das Akkadische, in einfache Anführungszeichen gesetzt, in die

14 Campbell-Thompson (1936) und Campbell-Thompson (1949).

15 Zur Problematik siehe grundlegend Powell (2003–2005): 15, und auch Jursa (1999/2000): 294, zu ‚exotischen‘ Produkten und Handelswegen. Zu Problematik der Benennung und Identifizierung von Steinen siehe Schuster-Brandis (2008): 4–6.

Zielsprache übersetzt. (*imḫur-līm* ‚sie wendet sich gegen tausend (Krankheiten)'; *ḫaṭṭi rē'î* ‚Schäferstab' etc.).

Bei b) und c) kann es insbesondere für eine nicht-assyriologische Leserschaft hilfreich sein, wenn die bei Ingredienzen häufig erscheinenden Determinative mitübersetzt werden, indem man sie an die akkadische Bezeichnung oder die Übersetzung anhängt (^{ú}*kur-ka-na-a* „*kurkanû*-Pflanze", ^{giš}LÚ-*a-nu* „*amēlānu*-Holz", ^{šim}GÚR.GÚR „*kukru*-Aroma" etc.)

- Die Deutung von Krankheiten und Krankheitsbezeichnungen in vormodernen Texten birgt verschiedene methodische und theoretische Probleme. Trotz immer wiederkehrender, mehr oder weniger reflektierter Versuche, die ‚retrospektive Diagnostik' zu legitimieren, bleibt sie aus medizinhistorischer Sicht äußerst problematisch und verfehlt in den allermeisten Fällen die wissenschaftlichen Standards, die hier anzulegen sind.[16] Akkadische Krankheitsnamen sollten daher generell unübersetzt bleiben. In seltenen Fällen kann eine (vor)moderne Krankheits- oder Symptombezeichnung an den akkadischen Krankheitsnamen angehängt werden, um den generellen Bereich, den die akkadische Krankheitsbezeichnung umfasst, zu verdeutlichen, wenn dieser sicher ist (*amurriqānu*-Gelbsucht, *bennu*-Epilepsie, *miqit šamê*-Epilepsie).
- Als synonym erachtete akkadische Wörter sollten mit verschiedenen, jedoch ebenso synonymen Übersetzungen wiedergegeben werden, wie z. B. *iballuṭ* „er wird genesen" und *ina'eš* „er wird sich erholen/gesund werden". Auf diese Weise erlaubt man den Lesern, die keine Kenntnisse der antiken Ausgangssprache haben und den Originaltext bzw. die Umschrift nicht konsultieren, die Unterschiede im Ausgangstext dennoch wahrzunehmen.

3 Textauswahl

Aus den einleitenden Bemerkungen zur kulturellen Gebundenheit der altorientalischen Texte wird deutlich, dass das Korpus der medizinischen Keilschrifttexte nicht so eindeutig umrissen ist, wie man vielleicht erwarten würde. Was

---

16 Siehe hierzu (in Auswahl) die Beiträge von Leven (1988), Leven (1997): 13–15, und Leven (2004), sowie Karenberg (2009) und Karenberg/Moog (2004). Aus altorientalischer Sicht siehe Heeßel (2004b); Coleman (2006) steht beispielhaft für die Sichtweise der Befürworter der Identifizierung von Krankheiten.

einen medizinischen Text aus dem Alten Mesopotamien ausmacht, hängt grundlegend von dem jeweiligen, individuellen Verständnis des Terminus ‚Medizin' ab. Einige Forscher verwenden den Begriff ‚Heilkunde', um eine Engführung auf den heutigen Medizinbegriff zu vermeiden, jedoch unterliegen auch sie der Problematik, das Textkorpus erst definieren zu müssen. Insbesondere der oft wahrgenommene Einfluss der ‚Magie' auf die ‚medizinischen' Texte lässt Genregrenzen verschwommen erscheinen, da es zumeist dem individuellen Ermessen obliegt, ob etwa eine ‚Symptom'beschreibung, die sehr allgemeine, kaum körperliche Probleme auflistet, samt zugehörigem Ritual unter den Bezeichnungen Medizin oder Magie subsumiert wird.[17] Ohne eine abschließende Beurteilung dieser Problematik vorzunehmen, werden hier unter ‚medizinischen' Texten solche Textgattungen verstanden, die dazu beitragen, körperliche und geistige Erkrankungen zu diagnostizieren und zu behandeln. Hierzu gehören vor allem die sogenannten diagnostischen, therapeutischen und pharmakologischen Texte.

Zahlreiche Texte aller drei Textgattungen wurden gegen Ende des zweiten oder zu Beginn des ersten vorchristlichen Jahrtausends jeweils zu Serien zusammengefasst: So wurden die diagnostischen Texte laut zweier Textzeugen aus dem 7. Jh. v. Chr. in der Mitte des 11. Jh.s v. Chr. von dem babylonischen Gelehrten Esagil-kīn-apli zur 40 Tafeln umfassenden Serie *sakikkû*(SA.GIG) geformt, die heute zumeist als das ‚Diagnosehandbuch' bezeichnet wird.[18] Die umfangreiche therapeutische Serie *šumma amēlu muḫḫašu umma ukāl* „Wenn die Schädeldecke eines Mannes fiebrig ist" ist erstmals in der sogenannten Bibliothek Assurbanipals aus dem 7. Jh. v. Chr. belegt, [19] ebenso wie die pharmakologische Serie uru.an.na : *maštakal*.[20]

---

17 Zu den grundlegenden Problemen, ein altorientalisches Korpus ‚wissenschaftlicher' Texte zu bestimmen, siehe Ritter (1998): 29–31, und zur problematischen Unterscheidung zwischen ‚medizinischen' und ‚magischen' Texten siehe die Ausführungen von Maul (2004), insbesondere S. 82f., am Beispiel der *māmītu*-‚Krankheit'. Zur grundsätzlichen Problematik, zwischen Medizin und Magie bzw. rationalen und irrationalen Aspekten in der altorientalischen Medizin zu unterscheiden, siehe Heeßel (2015): 36–42.

18 Finkel (1988), Heeßel (2000): 104–110, Heeßel (2010c). Die Nennung der Autoren von literarischen, wissenschaftlichen oder religiösen Texten ist im altorientalischen Schrifttum nicht üblich; der Fall des Esagil-kīn-apli ist eine Ausnahme. Die Kopisten der einzelnen Manuskripte eines Textes nennen sich selbst jedoch recht häufig in Kolophonen und sind uns mehr oder weniger gut bekannt.

19 Die erste Teilrekonstruktion der therapeutischen Serie anhand der Ninive-Texte nahm Köcher (1978) vor. Die leider nur fragmentarisch erhaltene Tafel aus Assur (Beckman/Foster [1988]: Nr. 9), die unter anderem einen Katalog der Serie *šumma amēlu muḫḫašu umma ukāl* enthält, wird derzeit von mehreren Altorientalisten in Berlin zur Publikation vorbereitet. Siehe

Den sehr unterschiedlichen medizinischen Texten aus dem alten Mesopotamien wird insofern bei der Auswahl der zu übersetzenden Texte Rechnung getragen, indem hier Ausschnitte aus vier verschiedenen Texten vorgestellt werden. In Textbeispiel 1 sind fast alle Elemente vereinigt, die für therapeutische Texte typisch sind: Symptombeschreibungen, Rezeptanweisungen, Rituale, Beschwörungen, Rubren, ja sogar am Anfang ein diagnostischer Eintrag. Textbeispiel 2 enthält weitere typische Symptom- und Krankheitsbeschreibungen sowie Rezeptanweisungen und rundet das durch das erste Textbeispiel gewonnene Bild ab. Dass der Text beider Beispiele nicht vollständig erhalten, sondern teilweise auch abgebrochen ist und zudem einige semantisch schwierige Passagen enthält, spiegelt die keilschrifttextliche Realität bestens wider. Das einleitendende Rezept einer umfangreichen Tafel mit therapeutischen Rezepten bildet Textbeispiel 3. Die in diesem Rezept enthaltenen therapeutischen Anweisungen wurden sehr unterschiedlich übersetzt und interpretiert und illustrieren hierdurch die besondere Übersetzungsproblematik bei medizinisch-therapeutischen Texten. In Beispiel 4 schließlich wird ein typischer Abschnitt aus einem diagnostischen Text vorgestellt. Auf die besondere Übersetzungsproblematik bei pharmakologischen Texten wird hier aus Platzgründen nicht gesondert eingegangen. Zahlreiche der die pharmakologischen Texte betreffenden Grundsätze lassen sich zudem auch an den therapeutischen Texten aufzeigen. Die besondere Struktur medizinischer Texte aus Mesopotamien, viele einzelne Einträge oder Rezepte auf einer oft großformatigen Tontafel zusammenzustellen und damit zu einem Text zu formen, lässt es aufgrund des textlichen Umfangs unpraktisch erscheinen, hier Texte in ihrer Vollständigkeit zu behandeln.

Die Texte werden hier, dem Zielpublikum des Bandes entsprechend, für fortgeschrittene Studierende und Wissenschaftler benachbarter Fächer, die antike Texte rezipieren möchten, transliteriert und übersetzt. Dies macht in den Übersetzungen grundlegende Zusätze und im Kommentar Erklärungen nötig, die in einer an eine rein assyriologische Leserschaft gerichteten Übersetzung, wie sie etwa bei Primäreditionen vorliegen, nicht nötig wären. Andererseits werden auch Erklärungen zur Textrekonstruktion und –interpretation angegeben, die wiederum in einer ohne Transliteration vorgelegten, an eine breite Leserschaft gerichteten Übersetzung von geringem Nutzen wären.

---

vorläufig die Edition von Scurlock (2014): 295–306, bei der jedoch ein wichtiges Fragment nicht berücksichtigt wurde.

20 Inwieweit die verschiedenen pharmakologischen Texte serialisiert wurden und wann dies geschah, ist noch weitgehend unbekannt, da hierzu entsprechende Studien fehlen.

Textbeispiel 1: Aus der 1. Tafel der Serie „Wenn die Schädeldecke eines Mannes fiebrig ist" (BAM 480 iii 48–iv 4)

Abb. 1: Fotos des Abschnitts iii 48–iv 4 von K. 2354+

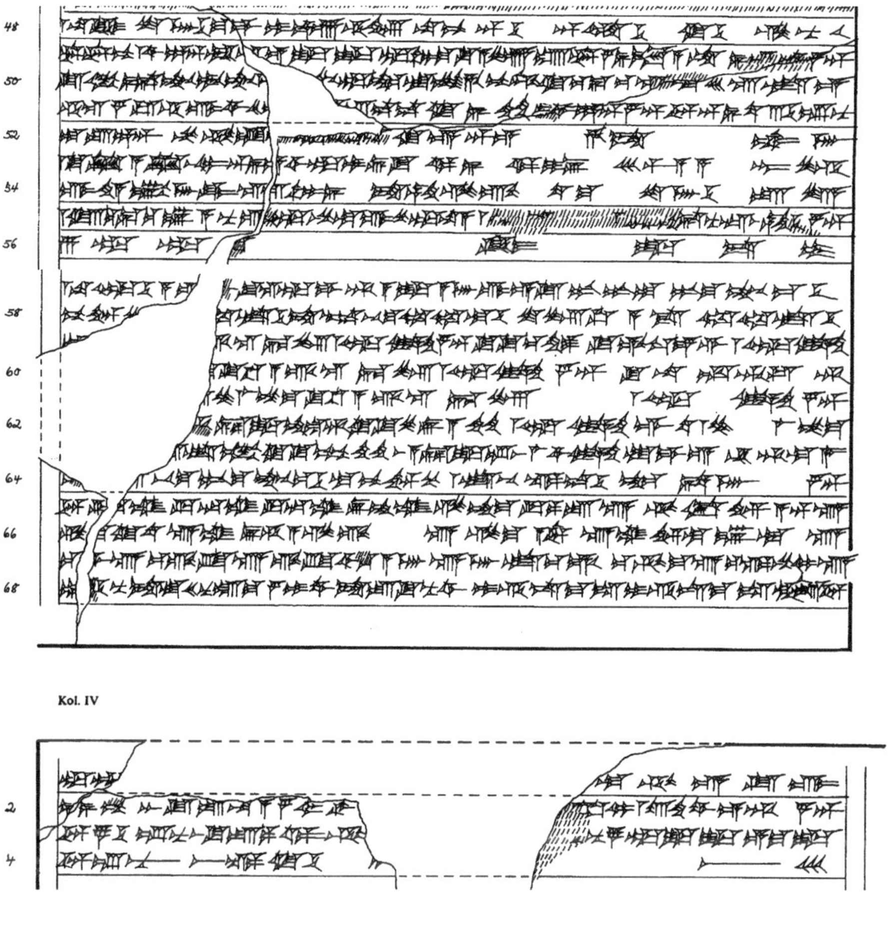

Abb. 2: Kopie des Abschnitts iii 48–iv 4 von K. 2354+

iii 48 DIŠ NA SÍK TE.MEŠ-*šú ma-gal i-šaḫ-ḫu-uḫ* NA BI DINGIR-*šú* ^{d}*Iš*$_{8}$*-tár-šú* KI-*šú ze-nu-u*

---

iii 49 KÌD.KÌD.BI *ana* IGI MUL *maḫ-*⸢*re*⸣*-e* KÉŠ KÉŠ ZÚ.LUM.MA ^{zì}EŠA DUB-*aK* NINDA.Ì.DÉ.A LÀL Ì.⸢NUN.NA⸣ GAR-*an*

iii 50 ^{udu}SISKUR DÙ-*uš* ^{uzu}ZAG ^{uzu}ME.[ḪÉ ^{uz}]^{u}KA.NE *tu-ṭaḫ-ḫa* KAŠ BAL-*qí* GIŠ.GAN GIŠ.MÁ.⸢ERIŠ$_{4}$⸣*-eš-má-le-e*

iii 51 U$_{5}$ ARGAB^{mušen} ^{ú}IGI-NIŠ ⸢^{ú}⸣[ŠE$_{1}$]$_{0}$ ⸢MÁ⸣.LAḪ$_{5}$ KI Ì ḪE.ḪE *ina* IGI MUL GAR-*an* ÉN *an-ni-tam* 3-*šú* ŠID-*nu*

---

iii 52 *at-ta* MUL *mu-nam-mir* ⸢x x x x⸣ *qé-reb* AN-*e ḫa-iṭ* UB.MEŠ

iii 53 *ana-ku* NENNI A NENNI *ina* GE$_{6}$ *an-né-*⸢*e*⸣ IGI-*ka kam-sa-ku di-ni di-in* EŠ.BAR-*a-a* KUD-*us*

iii 54 Ú.ḪÁ ŠEŠ.MEŠ *lip-si-su lum-ni* Á.GÚ.ZI.GA BABBAR-*ma* TE.MEŠ-*šú ta-kar*

---

iii 55 DIŠ KI.MIN GIŠ.GAN ^{giš}LÚ-*a-nu* [^{ú}]*eli-kul-la* ^{ú}*kur-ka-na-a ana* ⸢x x x SÍK$^{?}$ MUNUS.ÁŠ.GÀR⸣ GÌŠ.NU.ZU *ina* GÚ-*šú* GAR-*an*

---

iii 56 6 KA.INIM.[M]A SÍK MÚ-DA-KÁM

---

iii 57 DIŠ NA UGU-*šú* A ⸢*ú*⸣-[*kal i*]*na* ŠU.SI-*ka* GAL-*ti a-šar* A.MEŠ *ú-kal-lu* TAG.TAG-*at šum-ma* ^{uzu}GIŠ-*šú*

iii 58 *bé-ʾe-š*[*at* A *gul-g*]*ul-li-šú it-tar-du* BAD-*ma gul-gul-la-šú te-ser-rim* A *ša gul-gul-li-šú*

iii 59 *t*[*u-še-lam-ma* TÚG SIG A L]UḪ-*si* Ì.GIŠ SÙ *ana* UGU GIG GAR-*an* KU.KU GIŠ.KÍN ZÌ BÁḪAR SÚD *ana* UGU GIG

iii 60 [GAR-*ma* U$_{4}$ X-KÁM LAL DU$_{8}$-*m*]*a* TÚG SIG A LUḪ-*si* Ì.GIŠ SÙ *ana* UGU GIG GAR-*an* ^{túg}*na-al-ti-ip-ti*

iii 61 [U$_{4}$ (1+)$^{?}$]2-KÁM LAL DU$_{8}$-*ma* TÚG SIG A LUḪ-*si* Ì.GIŠ SUD *ana* UGU GIG GAR-*an*

iii 62 [-*t*]*i* GAZI^{sar} GIBIL-*ti* KI ZÌ ŠE.SA.A ḪE.ḪE *ana* UGU GIG MAR U$_{4}$ 1-KÁM LAL DU$_{8}$-*ma*

iii 63 [x x (x) ^{ši}]^{m}LI GAZ KI ZÌ.KUM ḪE.ḪE *ina* A GAZI^{sar} SILA$_{11}$-*aš* LAL IGI GIG *tu-gal-lab* EN TI.LA LÁL

iii 64 *t*[*u-la*]*p-pát-ma šum-ma* ^{uzu}GIŠ-*šú la bé-ʾe-šat ana li-mit* SAG.DU-*šú* DÈ NA$_{4}$.MEŠ GAR-*an*

---

iii 48 Wenn das Wangenhaar eines Mannes sehr schwindet: Über diesen Mann sind sein Gott (und) seine Göttin verärgert.

iii 49–51 Sein Ritual: Vor dem ersten? Stern richtest du ein Ritualarrangement her, Datteln (und) *saskû*-Mehl schüttest du hin, *mirsu*-Zubereitung aus Sirup (und) Butterschmalz stellst du hin. ^{iii50}Das Schlachtopfer führst du durch. Schulterfleisch, Fettgewebe (und) gebratenes Fleisch bringst du dar, eine Bierlibation gießt du aus, vermischst GIŠ.GAN, *merešmalê*-Holz, ^{iii51}‚Fledermauskot', ‚sie stellt sich zwanzig entgegen'-Pflanze, ‚Schifferko[t'-Pflanze] mit Öl, stellst es vor den Stern, (und) die folgende Beschwörung rezitierst du dreimal:

iii 52–54 Du, Stern, der beleuchtet ... , ... inmitten des Himmels, der die (Welt-) Gegenden übersieht, ^{iii53}ich, so-und-so, der Sohn des so-und-so, bin gebeugt vor Dir in dieser Nacht. Meinen Rechtsfall entscheide, mein Urteil fälle! ^{iii54}Diese Pflanzen mögen mein Übel tilgen. (Sobald) der Morgen hell wird, reibst du seine Wangen (mit den Ingredienzen) ab.

iii 55 Wenn dito, GIŠ.GAN, *amēlānu*-Holz, *elikulla*-[Pflanze], *kurkanû*-Pflanze, ..., das Haar eines unbesprungenen Zickleins hängst du um seinen Hals.

iii 56 Sechs Wortlaute (von Beschwörungen), um Haar wachsen zu lassen.

iii 57–64 Wenn die Schädeldecke eines Mannes Flüssigkeit enthält, (dann) berührst du immer wieder mit deinem großen Finger die Stelle, die Flüssigkeit aufweist. Wenn sein *Ohr* ^{iii58}schlecht riec[ht (und) die Flüssigkeit] seines [Sch]ädels herabgestiegen ist, dann öffnest du (es), indem du seinen Schädel abschabst. Die Flüssigkeit seines Schädels ^{iii59}[lässt] d[u heraustreten und dann] wäschst du [ein dünnes Tuch in Wasser], besprengst es mit Öl, auf die Wunde legst du es. Du zerstößt Pulver des *kiškanû*-Holzes, Töpfer-‚Mehl', auf die Wunde ^{iii60}[legst du es, und x Tage lang verbindest du (ihn so). Du löst es, und] dann wäschst du ein dünnes Tuch in Wasser, besprengst es mit Öl, auf die Wunde legst du es. Den Verband ^{iii61}[... ... x+]2 Tage lang verbindest du (ihn so). Du löst es, und] dann wäschst du ein dünnes Tuch in Wasser, besprengst es mit Öl, auf die Wunde legst du es. ^{iii62}[... ...] ... frisches *kasû* vermischst du mit Röstkornmehl, auf die Wunde reibst du es, einen Tag lang verbindest du (ihn so). Du löst es und dann ^{iii63}[...] Wacholder zerkleinerst du, mit *isqūqu*-Mehl vermischst du es, mit *kasû*-Wasser verknetest du es (und) verbindest (ihn damit). Die Oberfläche der Wunde rasierst du. Bis er gesund wird, verbindest du (ihn so). ^{iii64}D[u berüh]rst immer wieder und wenn dann sein Ohr nicht schlecht riecht, dann legst du Kohle? (und)? Steine um seinen Kopf herum hin.

iii 65 ÉN *u[r-b]a-tum ur-ba-tum ur-ba-tum sa-am-tum* ZI-*am-ma ur-pa-ta* SA$_5$ *ik-tùm* IM.ŠÈG SA$_5$

iii 66 ZI-[*m*]*a* KI-*tam* SA$_5$-*tum ir-ḫu* A.ZI.GA SA$_5$ ZI-*ma* ÍD SA$_5$-*tum im-la* ^{lú}ENGAR SA$_5$

iii 67 ^{giš}[MA]R SA$_5$ ^{giš}DUSU SA$_5$ ÍL-*ši-ma* A.MEŠ SA$_5$.MEŠ *li-is-kir* ^{giš}IG-*ma* SA$_5$ ^{giš}SAG.KUL-*mi* SA$_5$

iii 68 KÁ-*šú-nu it-tu man-nu-um-ma šá i-pe-et-ta-ku-nu-ši i-ri-iš ma-ra i-ri-iš ma-ra* TU$_6$.EN

---

iv 1 KA.IN[IM.MA] *la ik-kal-lu-ú*

---

iv 2 DÙ.DÙ.BI *ḫal-lu-*⸢*ta-na*⸣*-a šá* GÌR È[ME] NIGIN-*mi ana* ŠÀ *ḫi-pe-e-ti* GAR-*an*

iv 3 ÉN 7-*šú* ŠID-*nu ina* TÚG *ta-ḫad-di-iq* [ ] x-*nu* 7 KA.KÉŠ KÉŠ *e-ma* KÉŠ

iv 4 ÉN ŠID-*nu ina* SAG.KI-*šú* x [ ] *ina-eš*

Kommentar:

Das erste Textbeispiel besteht aus einem Abschnitt aus der 1. Tafel der therapeutischen Serie *šumma amēlu muḫḫašu umma ukāl* „Wenn die Schädeldecke eines Mannes fiebrig ist". Diese Serie ist uns insbesondere anhand von Manuskripten aus dem ersten vorchristlichen Jahrtausend aus Ninive bekannt, und auch der hier zitierte Abschnitt ist lediglich auf einem ninivitischen Manuskript erhalten. Diese aus zahlreichen Bruchstücken zusammengesetzte, zweikolumnige Tontafel wird heute im Britischen Museum, London unter der Nummer K. 2354+[21] aufbewahrt, wurde von Köcher (1980): Taf. 64–76, in Keilschriftkopie vorgelegt[22] und von Worthington (2005) bearbeitet.[23] Hier wird ein längerer Abschnitt von der Rückseite der Tafel (3. Kol. 48 bis 4. Kol. 4) bearbeitet, übersetzt und kommentiert, in dem verschiedene Rituale, Heilungsanweisungen und ein operativer Eingriff geschildert werden.

---

21 K. 2354 + K. 2412 + K. 2463 + K. 2491 + K. 3237 + K. 6447 + K. 7086 + K. 8356 + K. 8800 + K. 8842 + K. 9828 + K. 11868 + K. 13398 + K. 13399 + Sm. 637 + Sm. 1156 (+) K. 13417. Siehe dazu die Diskussion bei Worthington (2005): 6.

22 Bereits Campbell-Thompson (1906): Taf. 23–28 hatte größere Teile dieser Tafel publiziert. Zu weiteren früheren Keilschriftautographien einzelner Fragmente siehe Köcher (1980a): xxiii. Ein Foto der Tafel kann auf der Internetseite der Cuneiform Digital Library Initiative eingesehen werden (http://cdli.ucla.edu/dl/photo/P365742.jpg).

23 Eine ältere, überholte Bearbeitung und zwei Übersetzungen stammen von Campbell-Thompson (1907–1908; 1937).

iii 65–68	Beschwörung: Urbatum, o Urbatum, das rote Urbatum erhob sich und bedeckte die Wolke(n) mit Röte, der rote Regen [iii66]erhob sich und ergoss die Röte über die Erde, das rote Hochwasser erhob sich und der Fluss füllte sich mit Röte. Der rote Bauer [iii67]möge den roten Spaten (und) den roten Tragkorb aufnehmen und so das rote Wasser absperren, sagend: „Das sind die rote Tür und der rote Türverschluss“. [iii68]Ihr Tor ist das Losungswort. „Wer auch immer euch öffnen will, der verlangt einen *Spaten*, verlangt einen *Spaten*.“ Beschwörungsformel.
iv 1	Wortla[ut (einer Beschwörung), ...] nicht zurückgehalten wird.
iv 2–4	Sein Ritual: Schwarze Haarbüschel vom Fuß einer Es[elin, ...] wickle zusammen, auf den ... lege es. [iv3]Die Beschwörung rezitiere siebenmal, mit einem Tuch presse es zusammen [... ...] ... , sieben Knoten knüpfst du; jedes Mal, wenn du knüpfst, [iv4]rezitierst du die(se) Beschwörung. Auf seine Schläfe ... [... ...], er wird gesund werden.

In den vorhergehenden Rezepten und Heilungsanweisungen werden andere Symptome an der Schädeldecke eines Mannes abgehandelt wie verschiedene Formen von Fieber, stechende Schmerzen und ausfallendes Haar, in den folgenden Flüssigkeiten an anderen Stellen des Schädels, Schwellungen und wiederum stechende Schmerzen. Nach einer Stichzeile zur folgenden Tafel wird der Text im Kolophon als Teil der therapeutischen Serie *šumma amēlu muḫḫašu umma ukāl* bezeichnet, die Tafelnummer ist weggebrochen, jedoch besteht kein Zweifel, dass es sich um die erste Tafel dieser Serie handelt. Es folgt ein Kolophon des Assurbanipal (Assurbanipal q), der häufig nach medizinischen Texten erscheint und Assurbanipals Kenntnis der medizinischen Texte preist.[24]

iii 48 Die Übersetzung „Mann“ für *amēlu*(NA) in medizinischen Texten ist nicht unumstritten, teilweise wird auch „Mensch“ übersetzt. Die Problematik wurde von Schwemer folgendermaßen zusammengefasst:[25]

> „Alle heilkundlichen Texte, soweit sie nicht spezifischen Frauenleiden gewidmet sind, gehen in ihrer Formulierung von einem männlichen Patienten aus, der als *awīlum* (*amēlu*) „Mann“ bezeichnet wird. Das akkadische *awīlum* wird freilich – im Gegensatz zu dem auf das Geschlecht fokussierenden Wort *zikarum* „Mann“ – auch für „Mensch“ im Allgemeinen verwendet (genauso wie maskulines *ṣeḫrum* „(Klein)kind“), und aus Briefen wissen wir, dass Frauen von mesopotamischen Ärzten und Beschwörern ebenso behandelt

24 Siehe dazu Hunger (1968): 103, Nr. 329.
25 Schwemer (2010): 2.

> wurden wie Männer. In heilkundlichen Texten wird das Wort daher von jenen Übersetzern, die die innerhalb einer patriarchalisch geprägten Gesellschaft wenig überraschende androzentrische Konzeption der babylonisch-assyrischen Heilkunde auch im übersetzten Text reflektiert sehen möchten, als „Mann" übersetzt, während diejenigen, die von einer grundsätzlichen Übertragbarkeit der nicht klar geschlechtsspezifischen Texte auf beide Geschlechter ausgehen, einer Übersetzung als „Mensch" den Vorzug geben."

Die Gründe, warum hier der Übersetzung „Mann" der Vorzug gegeben wird, sind nicht nur die erwähnte grundsätzliche androzentrische Konzeption der heilkundlichen Texte, die etwa dazu führt, dass unkommentiert lediglich der Körper des Mannes in der diagnostischen und der therapeutischen Serie als Maßstab genommen wird. Darüber hinaus legen es einige Hinweise nahe, zwar von einer grundsätzlichen Übertragbarkeit der heilkundlichen Texte auch auf Frauen und (aus dem Säuglingsstadium herausgewachsene) Kinder auszugehen, jedoch nicht, ohne dass dies die Diagnose und womöglich auch die Therapie beeinflusst. So hat der Autor dieser Zeilen dargelegt (Heeßel [2006]: 19f.), dass im Diagnosehandbuch die Diagnose unterschiedlich ist, je nachdem, ob sich eine Symptombeobachtung auf einen Mann oder eine Frau bezieht. Formulierungen wie *ana zikari u sinništi ištēnma* „für einen Mann und eine Frau ist es das gleiche" oder *ana rabi u ṣeḫri ištēnma* „für einen Erwachsenen und ein Kleinkind ist es das gleiche", die vereinzelt nach Diagnosen erscheinen, illustrieren, dass dies nicht grundsätzlich für alle auf Symptombeobachtungen basierenden Diagnosen und Prognosen gilt. Dass solche Formulierungen jedoch überhaupt als nötig erachtet werden, zeigt die grundsätzlichen Unterschiede bei der Diagnose von männlichen und weiblichen Patienten. Aus diesem Grund wird hier *amēlu* mit „Mann" übersetzt.

iii 49 Die Lesung *kakkabi*(MUL) *maḫ-⸢re⸣-e* und Interpretation als „erster Stern" folgt Worthington.[26] Die Kopie Köchers in BAM 5, Taf. 72 ist in dieser Zeile und in iv 3 ungenau; statt der kopierten Zeichen SAR SAR hat die Tafel beide Male eindeutig KÉŠ KÉŠ. Die Umschrift DUB-*aK* zeigt an, dass unklar ist, ob die Lesung des Logogramms DUB hier *tasarraq*, *tašappak* oder *tatabbak* ist.

iii 50 Die akkadische Lesung der Ingredienz GIŠ.GAN ist unklar, daher erscheint diese wohl logographische Lesung unverändert in der Übersetzung.[27]

iii 51 Bei der Ingredienz *rikibti*(U$_5$) *arkabi*(ARGAB^{mušen}) „Fledermauskot" dürfte es sich um einen sogenannten ‚Decknamen' handeln.[28] Im Gegensatz zu Köcher,

26 Worthington (2005): 28.
27 Siehe die ausführliche Diskussion bei Worthington (2005): 28.

der in diesen Bezeichnungen Decknamen sehen möchte, die von babylonischen Heilern eingesetzt wurden, um das Wissen um diese Ingredienzen zu schützen, geht Kinnier Wilson (2005): 48f., davon aus, dass diese Namen nicht immer Decknamen, sondern oft auch einfach Alternativnamen waren, die Rätsel beinhalteten und die Gelehrsamkeit von Schreibern illustrieren sollten. Auch Stiehler-Alegria (2008) möchte hier Alternativnamen annehmen und hält ‚Decknamen' mit verschleierndem Charakter für wenig wahrscheinlich.

Nach der 3. Tafel von Uru-anna ist der ‚sprechende' Pflanzenname *zê malāḫi* „Schifferkot" kein eigener ‚Deckname'; als alternativer Name für *zê malāḫi* erscheint dort *binût agê* „Produkt der Strömung". Siehe das Manuskript KADP 19[29] 19, 10' (und das Duplikat KADP 12, 1. Kol. 83'): *zê*(ú ŠE₁₀) *malāḫi*(MÁ.LAḪ) AŠ *bi-nu-ut a-ge-e*.

iii 55 *šārat*(SÍK) *unīqi*(MUNUS.ÁŠ.GÀR) *lā petīti*(GÌŠ.NU.ZU), das „Haar eines unbesprungenen Zickleins", ist vielleicht, wie von Worthington (2005): 28,[30] vermerkt, ein ‚Deck'- oder Alternativname für die Pflanze *ṣaṣuntu*, auch wenn in dieser Pflanzenliste nicht ein Zicklein, sondern ein „unbesprungenes, aber geschlechtsreifes Schaf" (*laḫru*) genannt wird: gišṣ*a-ṣu-*⌜*un-tú*⌝ : AŠ *šārat*(SÍK) *laḫri*(U₈) *lā petīti*(GÌŠ.NU.ZU). Zur *ṣaṣuntu*-Pflanze siehe Böck (2014): 158–159.

iii 56 Diese Unterschrift bezieht sich auf sechs davorstehende Beschwörungen samt Ritualbeschreibungen, die wahrscheinlich von iii 32 bis iii 55 reichten.[31] Von diesen sechs Beschwörungen ist hier nur die letzte in iii 52–54 sowie das zugehörige Ritual in iii 55 bearbeitet.

iii 57–64 Der Abschnitt ist aufgrund der beschriebenen Operation mehrfach bearbeitet und besprochen worden.[32]

Bereits Thompson (1937) erkannte, dass es sich bei der Heilanweisung in diesem Abschnitt um die Beschreibung eines chirurgischen Eingriffs handelt. Während die meisten Kommentatoren diese Stelle als Behandlung eines Abszesses, der den Schädelknochen angegriffen hat, interpretieren und annehmen, dass der Schädel nur oberflächlich abgeschabt wird, hat Stol (2004): 75,

28 Siehe dazu Köcher (1995): 204.

29 Köcher (1955).

30 Nach Köcher (1955): Nr. 12 ii 20.

31 Siehe dazu Worthington (2005): 28f. zu 189'.

32 Siehe Thompson (1937): 234f.; Labat (1954): 212–214; Freydank (1972): 135; Goltz (1974): 89; Majno (1975): 52 und 59; Stol (2004): 75f.; Worthington (2005): 29f.; Scurlock/Andersen (2005): 65; Haussperger (2012): 68–70.

die vorliegende Anweisung als Beschreibung einer Trepanation gedeutet, dem hier gefolgt wird. Haussperger (2012): 70, hat diesen Abschnitt als Behandlung einer größeren, mit Flüssigkeit gefüllten Blase aufgefasst und das beschriebene Symptomgefüge mit der Hautkrankheit Pemphigus vulgaris „Blasensucht" gleichgesetzt. Sie selbst gibt jedoch in Bezug auf die von ihr angenommene Blase zu bedenken, „dass man diese öffnete, um das Sekret ablaufen zu lassen, ist verständlich, dass man dabei den Schädel stechen sollte, allerdings nicht."

iii 57 Die gewöhnliche und durchaus richtige Übersetzung des Verbums *kullu* + direktes Objekt wie *mû*(A) „Wasser, Flüssigkeit", *zu'tu* „Schweiß", *ummu* „Fieber" in medizinischen Texten ist die als Adjektiv in prädikativer Verwendung, also etwa „wässrig/schweißig/fiebrig sein". An der vorliegenden Stelle erscheint es jedoch sinnvoller, eine wörtlichere Übersetzung „Flüssigkeit enthalten" anzusetzen, da dies der medizinischen Indikation besser entspricht. *mû*(A) „Wasser" wird hier als Flüssigkeit übersetzt, da mit diesem Lexem insbesondere in medizinischen Texten verschiedene, nicht eindeutige definierte flüssige Substanzen bezeichnet werden können.

Unter der Wendung *ina ubānīka*(ŠU.SI-*ka*) *rabīti*(GAL-*ti*) „mit deinem großen Finger" wurde früher der Zeigefinger verstanden, mittlerweile geht man davon aus, dass dies den Daumen bezeichnet.[33] Das akkadische *taltanappat* (TAG.TAG-*at*) „du berührst immer wieder" entspricht medizinisch dem „Palpieren" der Stelle.

Die Lesung und Deutung von ^{uzu}GIŠ-*šú* ist nicht abschließend geklärt, es muss sich um einen zweiseitig vorhandenen Körperteil am Kopf handeln. Hier wird es provisorisch mit „Ohr" übersetzt.[34]

iii 58 Die von Labat (1954): 213 Anm. 2, diskutierte und danach eigentlich als geklärt erachtete Lesung *te-ser-rim* „abschaben/abkratzen" (Labat führt franz. „rogner, racler" an) ist von Worthington (2005): 29f., erneut diskutiert worden. Worthington votiert für die ältere, von Thompson (1907–1908): 326, vorgeschlagene Lesung *te-ser* für „du reibst" und interpretiert das folgende, von Labat *rim* gelesene Zeichen LAGAB dann mit der Lesung NÍGIN als *napḫaru* „Ganzes, Ganzheit" und bezieht es auf *me gulgullīšu*, das „Wasser seines Schädels". Hier wird jedoch der Lesung Labats der Vorzug gegeben, da Labat

---

33 Siehe dazu Worthington (2005): 29, und beachte, dass Haussperger (2012): 69, nach wie vor „Zeigefinger" übersetzt.

34 Siehe dazu die Diskussion bei Worthington (2005): 29.

mit seinem Hinweis auf den Text AMT 44 ii 13[35], in dem die Verben *petû* – *serēmu* – *šēlû* in derselben Reihenfolge erscheinen, ein sehr starkes Argument für seine Interpretation anführen kann. Die von Worthington (2005): 30, genannte ähnliche Stelle in BAM 3 ii 7[36] *qabal*(MURUB4) *qaqqadīšu*(SAG.DU-*šú*) *u nakkapātīšu*(SAG.KI.II-*šú*) *tulappataššu*(TAG.MEŠ-*šú*)[37] „du berührst immer wieder die Mitte seines Kopfes und seine Schläfen" lässt sich nicht unmittelbar mit der vorliegenden Stelle vergleichen, da *lupputu* hier nicht sicher als „to rub" übersetzt werden kann; weitaus besser erscheint ein Vergleich von BAM 3 ii 7f. mit dem *taltanappat* der vorhergehenden Zeile und nicht mit dem Verbum *te-ser*(*-rim*), weder von *serēmu*, noch von *sêru* abgeleitet, in dieser Zeile. Fraglich bleibt auch, ob TAG.MEŠ-*šú* in BAM 3 ii 7f. als D- oder doch eher als Gtn-Stamm angesehen werden sollte.

iii 63 Es bleibt unklar, was genau mit der Wendung *pān*(IGI) *simmi*(GIG) *tu-gal-lab*, wörtlich: „Du rasierst die Oberfläche der Wunde" gemeint ist. Dass tatsächlich die Oberfläche der Wunde, also der entstandene Schorf abrasiert werden soll, erscheint unwahrscheinlich. Vielleicht bezieht sich die Bemerkung auf das um die Wunde nachwachsende Haar.

iii 65–68 Diese Beschwörung des *urbatu* ist mehrfach bearbeitet worden.[38] Bereits Thompson sah den Zusammenhang der Beschwörung mit dem folgenden Ritual (iv 2–4) und dem vorhergehenden chirurgischen Eingriff (iii 57–64), dem alle späteren Bearbeiter – und auch die vorliegende Bearbeitung – folgen. Die Beschwörung bietet zahlreiche philologische Probleme, die zu sehr unterschiedlichen Übersetzungen und Interpretationen geführt haben. Angesichts von fehlenden Duplikaten und Parallelen ist auch nicht sicher auszuschließen, dass keine korrupten Textpassagen vorliegen. Im Einzelnen weicht mein Verständnis dieser Beschwörung deutlich von den vorhergehenden Bearbeitungen ab.

iii 65 Unter *urbatu*(*m*) wird gewöhnlich, etwa in AHw: 1428b und CAD U/W: 212b, in diesem Zusammenhang eine Wurmart verstanden; das Lexem bezeichnet jedoch auch eine Krankheit sowie den diese und ähnliche

35 = BAM 580 iii 25', siehe Köcher (1980b).

36 Köcher (1963).

37 Diese Transliteration und Transkription weicht von der Transkription durch Worthington (2005): 30 signifikant ab, vgl. dazu die Kopie in BAM 3 ii 7.

38 Siehe Thompson (1937): 235; CAD S 131b (teilw.); Finkel (1998): 81, Anm. 10; Collins (1999): 104–106, und Worthington (2005): 31.

Krankheiten verursachenden Dämon. Da nicht eindeutig sicher ist, was genau *urbatu*(*m*) hier bedeutet, bleibt es unübersetzt.

Alle vorhergehenden Bearbeiter sind sich darin einig, *sāmtu*(SA$_5$) hier und in der folgenden Zeile jeweils als Adjektiv zum vorhergehenden Nomen zu verstehen, und sie übersetzen entsprechend: „... rotes Urbatum erhob sich und bedeckte die rote Wolke, der rote Regen erhob sich und ergoss sich über die rote Erde, das rote Hochwasser erhob sich und füllte den roten Fluss." Im Gegensatz hierzu nehme ich an, dass *sāmtu* hier mehrfach nominal zu verstehen ist, die Verben *katāmu*, *reḫû* und *malû* folglich mit doppelter Akkusativrektion erscheinen, und ich übersetze dementsprechend „das rote Urbatum erhob sich und bedeckte die Wolke(n) mit Röte, der rote Regen [iii66]erhob sich und ergoss die Röte über die Erde, das rote Hochwasser erhob sich und der Fluss füllte sich mit Röte." Auf diese Weise ergibt sich eine kausale Reihenfolge, in der das rote Urbatum der Auslöser einer roten Färbung der Wolken ist, deren roter Regen wiederum die Erde rötet und das dadurch resultierende rote Hochwasser den Fluss anfüllt. Dem steht sicher nicht entgegen, dass ab dem Ende der Zeile iii 68 der Bauer, sein Spaten und sein Tragkorb allesamt als rot beschrieben werden, da hier der ätiologische Teil der Beschwörung beendet ist und eine prekativische Verbalform eine Handlungsanweisung einleitet. Ein solcher Ablauf der Ereignisse würde eine kurze Ätiologie des Aufkommens des roten Wassers darstellen und den Zeilen eine kausale Bedeutung geben, die bei einer Annahme, dass bereits alle Elemente der Abfolge von vorneherein rot sind, nicht gegeben ist.

Allerdings birgt diese Deutung ein philologisches Problem, das nicht verschwiegen werden darf: Statt des hier im Text stehenden G-Stamms *imla* „er ist gefüllt" würde man bei einer doppelten Akkusativrektion den transitiven D-Stamm *umalli* „er füllt (an)" erwarten. Aus diesem Grund wird hier nicht „das rote Hochwasser erhob sich und füllte den Fluss mit Röte" übersetzt, sondern „das rote Hochwasser erhob sich und der Fluss füllte sich mit Röte"; dieser Subjektwechsel durchbricht zwar die Kausalkette, doch könnte dies grade am Ende dieses Teils der Beschwörung ein literarisches Stilmittel darstellen.

iii 67 Der Bezug der „roten Tür" und des „roten Türverschlusses" ist nicht völlig sicher, da einfach anakoluthisch angehängt. Finkel (1998): 81, Anm. 10, hat diese beiden Nomina der folgenden Zeile zugeschlagen und „Red door and red bolt, they say, are their gate." übersetzt. Hier bleibt allerdings unklar, worauf sich das *-šunu* von *bābšunu* „ihr Tor" bezieht. Worthington (2005): 21, hat dies aufgrund des Fragepartikels *-mi* als direkte Rede des Bauern aufgefasst und „dam the red waters, saying '(I obstruct them with) red door and red bolt'" übersetzt. Hier wird der Deutung Worthingtons gefolgt, allerdings nehme ich hier einfach einen Nominalsatz an, statt eine ganze Verbalphrase zu ergänzen; die „rote Tür" und der „rote Türverschluss" der direkten Rede entsprechen dann dem „roten Spaten" und dem „roten Tragkorb" in der Beschreibung.

iii 68 Diese Zeile bleibt höchst enigmatisch, auch weil unklar ist, wie sie syntaktisch zu verstehen ist. Finkel (1998): 81, Anm. 10, schlägt *bābšunu*(KÁ-*šú-nu*) der vorherigen Zeile zu und übersetzt das folgende mit: „Who is the seeder plough who will open it for you? He irrigated the ..., he irrigated ... TU_6.EN". Worthington (2005): 31, übersetzt die Zeile dagegen: „*What sign is their gate*? The one who will open (it?) for you wants a spade, wants a spade. Recital of the charm." Die Schwierigkeiten liegen vor allem darin, dass offenbleibt, worauf sich *bābšunu*(KÁ-*šú-nu*) und *mannumma* beziehen und wie die Wörter *it-tu*, *i-ri-iš* und *ma-ra* zu deuten sind.

Hier wird *ittu*, Worthington folgend, dem Lexem *ittu* (II) „Zeichen" zugeschlagen und nicht mit Finkel dem Lexem *ittû* (I) „Saattrichter am Pflug", da zum einen die dann zu erwartende Längung bei *it-tu* fehlt und zum anderen der Saattrichter des Pfluges in diesem Zusammenhang unpassend erscheint. Collins hingegen emendiert *ittu* zu *edla*? „geschlossen", was in diesem Kontext einen hervorragenden Sinn ergibt, jedoch aufgrund des klaren Zeichens „tu" auf der Tafel höchst spekulativ bleibt. Das Bedeutungsspektrum von *ittu* "Zeichen" umfasst auch "Losung, Losungswort", was hier als Hinweis auf die Möglichkeit des Öffnens des verschlossenen Tores durch ein Losungswort verstanden wird. Allerdings nehme ich im Gegensatz zu Worthington an, der *manumma* in seiner Übersetzung auf *ittu* bezieht und hier einen Fragesatz „What sign is their gate?" erwägt, dass *manumma* „wer" sich auf das folgende *ša ipettâkkunuši* bezieht. Das Possessivsuffix *kunuši* deutet wiederum auf eine direkte Anrede der Tür und des Türverschlusses in diesem Satz hin. Die Übersetzung folgt der Deutung von *ma-ra* als Schreibung für *marru* „Spaten" durch Worthington (2005): 31, auch wenn die defektive Schreibung angesichts des sumerischen ^{giš}MAR äußerst ungewöhnlich ist. *i-ri-iš* wird mit Worthington von *erēšu* „verlangen, fordern" und nicht mit Finkel von dem homophonen „besäen, (Feld) bestellen" hergeleitet.

iv 1 Es bleibt problematisch, was in der Lücke zu ergänzen und wie die Beschwörungsunterschrift damit zu verstehen ist: Wird hier gesagt, dass die Beschwörung dazu da ist, den Blutfluss zu stoppen oder im Gegenteil zu ermöglichen? Worthington (2005): 21, ergänzt nach erster Vorstellung „Incan[tation: (if) a man's skull fluids] are not retained", während Collins

(1999): 104, nur das Wort *mû* in der Lücke annimmt und „inca[ntation so that water] will not be held back“ übersetzt. Die Ergänzung hängt natürlich auch damit zusammen wie man den chirurgischen Eingriff in iii 57–64 und die Beschwörung in iii 65–68 versteht. Wenn man in iii 57–64 die Beschreibung einer Trepanation sieht, könnte die Beschwörung gerade das Abfließen der problematischen Flüssigkeit aus dem Schädel beschreiben und die Unterschrift wäre so zu deuten, wie Collins dies getan hat. Geht man jedoch von der Beschreibung des Stillens der unvermeidlichen Blutung infolge eines operativen Eingriffs aus – und die Beschwörung kann durchaus auch so aufgefasst werden – dann sollte die Unterschrift gegenteilig verstanden werden. Da beide Deutungen weder zu belegen noch zu widerlegen sind, wird hier auf eine Ergänzung verzichtet.

iv 2 Die Deutung von *ḫi-pe-e-ti* bleibt unklar.[39]

iv 3 Die Übersetzung von Worthington (2005): 21: „set up seven ritual arrangements“ versteht KA.KÉŠ KÉŠ als *riksa tarakkis*. Das Logogramm KA.KÉŠ steht jedoch vorwiegend für *kiṣru* „Knoten“ und KÉŠ bedeutet *kaṣāru* „knoten, zusammenbinden“, nur in vereinzelten Fällen wird KA.KÉŠ auch für *riksu* verwendet. Ich gehe deshalb davon aus, dass hier die in Ritualen häufig anzutreffende Wendung *sebet kiṣrī takaṣṣar ēma takaṣṣaru šipta tamannu* „sieben Knoten knüpfst du; jedes Mal, wenn du knüpfst, rezitierst du die(se) Beschwörung“ vorliegt, siehe neben den Belegen in CAD K: 258a z. B. auch K. 7098 + K. 9004[40] i 5–6.

39 Siehe die Diskussion von Worthington (2005): 31.
40 Böck (2007): 47.

Textbeispiel 2: Aus einem therapeutischen Text auf einer neubabylonischen Tontafel aus Uruk (BAM 409 Vs. 14'–35')

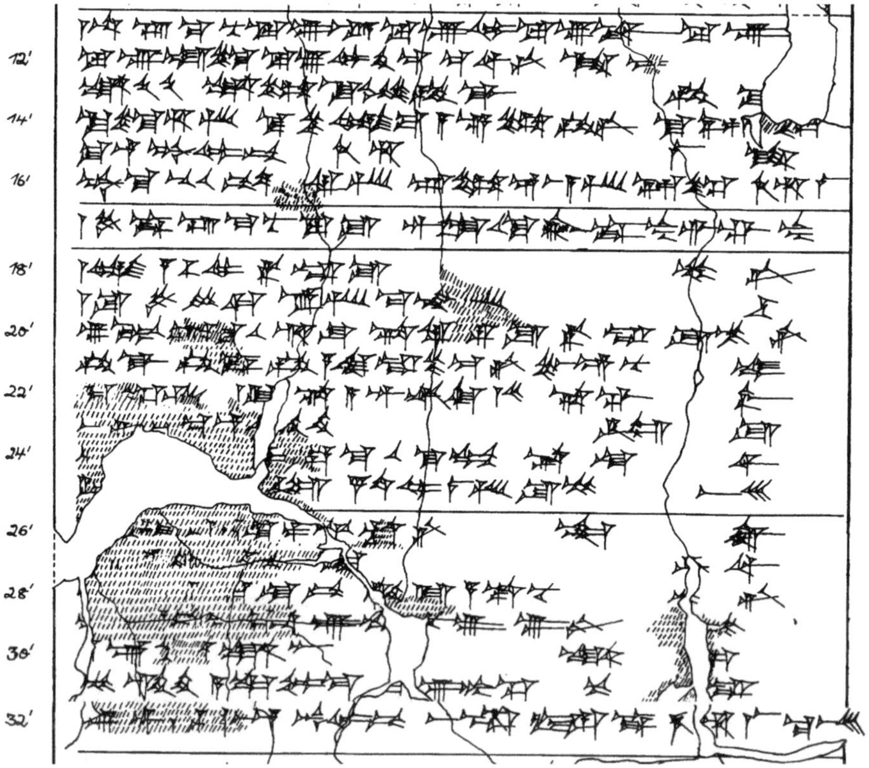

Abb. 3: Kopie des Abschnitts Vs. 14'–35'! von W. 21033

Vs. 14’ DIŠ NA *sa-ma-nu lu-ú* SA$_5$ *lu-ú* GE$_6$ *lu-ú* SIG$_7$ *lu-ú* [BABBAR]

Vs. 15’ *lu-ú ṣi-tu lu-ú mi-ḫi-iṣ* ^{giš}DÁLA *it-tab-*[*ši*]

Vs. 16’ ^{šim}GÚR.GÚR ^{šim}LI ŠE$_{10}$ MUNU$_4$ GÚ.GAL GÚ.T[UR]

Vs. 17’ ŠE$_{10}$ TU^{mušen}.MEŠ ZÌ ^{še}GÌB.BA ILLU LI.DUR ZÌ GAZI$^{\text{⌜sar⌝}}$

Vs. 18’ KI$^?$ *šur-šum-mi* KAŠ *tara-bak* LAL-*id*

Vs. 19’ *šum-ma* MÚD *u* LUGUD ŠUB.MEŠ *saḫ-le-e ina* A.MEŠ GAZI^{sar} *tara-bak* LAL

Vs. 20’ DIŠ ^{lú}TUR *sa-ma-nu* DAB-*su* ^{d}NIN.KILIM *tur-ár* SÚD MAR-<<*ár*>>

Vs. 21’ DIŠ GIG GAR-*šú* GE$_6$ *ḫa-ra-su* MU.NI

Vs. 22’ DIŠ SU LÚ *bir-di* SA$_5$.MEŠ-*ma* UZU.MEŠ-*šú*

Vs. 23’ *ú-zaq-⌜qa-tú⌝-šu u ri-šu-ta* ŠUB.ŠUB-*su ḫa-ra-su* MU.NI

Vs. 24’ GÚ.GAL GÚ.TUR GÚ.NÍG.ÀR.RA ŠE.GIŠ.Ì *bu-un-nu-tu*$_4$

Vs. 25’ ⌜Ú⌝ K[I]RI$_6$.MEŠ 1 GÍN.TA.ÀM TI-*qé* 1-*niš ta-mar-raq*

Vs. 26’ *ina* Ì.GIŠ ^{šim}ŠUR.MÌ[N] ḪE.ḪE ŠÉŠ-*su*

Vs. 27’ x [ ] x ma *u* ZÌ.KUM *ta-la-ši*

Vs. 28’ x [ ] x ŠÉŠ 4 *u*$_4$-*mi* LAL.MEŠ-*su-mu ina-eš*

Vs. 29’ [DIŠ G]IG [GAR-*š*]*ú ⌜a-na⌝ la-pa-ti da-ni* KÚM-*em*

Vs. 30’ [*ṣa-ri-iḫ* TÙ]N ⌜*ma-gal* ÍL-*šú*⌝ KÚM TUK-*ši*

Vs. 31’ [*a-k*]*a-la* KAŠ *muṭ-ṭu šá-da-nu* MU.NI

Vs. 32’ T[AG Š]U ⌜^{d}*Nin-geštin-an*⌝-*na* ^{ú}*ú*[*r*]-*nu-ú* ^{ú}ÁB.DUḪ

Vs. 33’ [IL]LU ⌜LI⌝ ^{šim}BULUḪ ^{šim}x

Vs. 34’ NUMUN GI.DÙG A ZÚ.LUM.MA ⌜^{šim}⌝KIŠI$_{16}$.ḪAB KUR.RA

Vs. 35’ ⌜ŠIM ^{d}*Nin-urta*⌝ *ina šur-šum-mi* KAŠ *ina* ^{urudu}ŠEN.TUR *tara-bak* LAL-*ma ina-eš*

Kommentar:

Die neubabylonische, wohl aus der Mitte des ersten vorchristlichen Jahrtausends stammende Tafel, aus der dieser Abschnitt stammt, wurde in Uruk/Warka in einem Doppeltopfgrab unterhalb des Armknochens des Skeletts gefunden und erhielt die Fundnummer W 21033. Sie enthält mehrere Rezepte zur Heilung verschiedener Hautkrankheiten und weist bislang keine direkten Duplikate auf.

Vs. 14'–19' Wenn bei einem Mann *sāmānū*(-Krankheit) entweder rote oder schwarze oder gelb-grüne oder [weiße] [Vs.15']oder Abszess oder Dornstich auftritt, [Vs.18']verrührst du [Vs.16']*kukru*-Aroma, Wacholder, ‚Malzabfall', Erbsen, Linsen, [Vs.17'] ‚Taubenkot', Weizenmehl, *abukkatu*-Harz, *kasû*-Mehl [Vs.18']*mit* dem Bodensatz von Bier, verbindest (ihn damit). [Vs.19']Wenn immer wieder Blut und Eiter austritt, verrührst du *saḫlû* in *kasû*-Wasser (und) verbindest (ihn damit).

Vs. 20' Wenn die *sāmānū*(-Krankheit) ein Kind packt, trocknest du einen ‚Mungo', zerstößt (und) streust (es).

Vs. 21'–28' Wenn der Befund der Krankheit schwarz ist, dann ist *ḫarāsu* ihr Name. [Vs.22']Wenn der Körper eines Mannes voller *birdu*-Male ist, dazu sein Fleisch [Vs.23']ihn stechend schmerzt und *rišūtu* ihn immer wieder befällt, dann ist *ḫarāsu* ihr Name. [Vs.24']Erbsen, Linsen, *kiššēnu*-Hülsenfrucht, guter Sesam. [Vs.25']Du nimmst je ein Schekel der Gartenpflanzen, zusammen mahlst du sie fein aus, [Vs.26']mit Zypressenöl vermischst du (es), du salbst ihn (damit), [Vs.27']... [... ...] ... und mit *isqūqu*-Mehl knetest du (es) zu einem Teig, [Vs.28']... [... ...] ... salbst du, vier Tage verbindest du ihn (damit) und dann wird er gesund werden.

Vs. 29'–35' Wenn der Befund der Krankheit beim Berühren hart und brennend heiß ist, [Vs.30']der Magen sehr aufgetrieben ist, er Fieber bekommt, [Vs.31']er keinen Appetit auf [...], Brot (oder) Bier verspürt, dann ist *šadânū* ihr Name. [Vs.32']Berührung der Hand der Ningeštinanna. *urnû*-Pflanze, Henna, [Vs.33']Wacholderharz, *baluḫḫu*-Pflanze, ...-Pflanze, [Vs.34']Süßrohrsamen, Dattelsaft, *dadānu*-Aroma des Berglandes, [Vs.35']*nikiptu*-Pflanze, verrührst du mit dem Bodensatz von Bier in einem kleinen Kessel, verbindest (ihn damit), und dann wird er gesund werden.

Die Tafel wurde von Köcher (1971): Taf. 103–105 in Keilschriftkopie publiziert und von Köcher (1995) bearbeitet.[41] Hier wird der Abschnitt Vorderseite 14'–35' bearbeitet und übersetzt, in denen wie im Diagnosehandbuch Symptombeschreibungen mit einem Krankheitsnamen versehen werden, dann jedoch

41 Ein gutes Foto der Tafel hat neben Köcher (1995): Taf. 270, auch Stiehler-Alegria (2008): 16, publiziert. Es ist zu beachten, dass die Zeilenzählung der Vorderseite der Bearbeitung in Köcher (1995) von der Kopie in Köcher (1971) abweicht, da Köcher später noch vier weitere Zeilen am beschädigten oberen Rand der Tafel entziffern konnte, die er in der älteren Publikation nicht kopiert hat. Die vorliegende Edition folgt der neueren Zeilenzählung.

zusätzlich Rezepte und Heilungsanweisungen bieten. Auf diese Weise werden in diesen Zeilen Rezepte gegen die *sāmānū*, *ḫarāsu* und *šadânū* genannten Krankheiten beschrieben, einmal im Falle, dass der Patient ein Kleinkind ist. Die vorhergehenden Zeilen sind nur sehr fragmentarisch erhalten und es ist unklar, gegen welche Krankheit sie sich richten. Die in Vs. 36'–Rs. 35 folgenden Rezepte, Beschwörungen und Heilungsanweisungen richten sich zunächst weiterhin gegen die *šadānû*-Krankheit und dann gegen eine ganze Reihe von verschiedenen Krankheiten. Der Kolophon des Textes ist nicht erhalten.

Vs. 14'–15' Diese Indikation ist durchaus kontrovers interpretiert worden. Während CAD S: 111b, die Stelle als „if (in the body of?) a man red or black or green *s.* occurs", wobei s. für *sāmānū* steht, übersetzt, hat Köcher (1995): 209, die Übersetzung „Wenn bei einem Menschen (die Anzeichen der) *sāmānu*-Krankheit (auftreten) oder rote oder schwarze oder gelbe oder weiße Flecken oder Exantheme oder (die Folgen) eines Dornstichs sichtbar werden" vorgezogen. Köcher (1995): 211b zu 14'–15', sieht in der Indikation verschiedene Krankheiten beschrieben; zum einen *sāmānū* und zum anderen Folgen von unbeachtet gebliebenen Verletzungen (*ṣītu* und *miḫiṣ ṣillî*). In CAD S: 111b, wird hingegen davon ausgegangen, dass hier farblich verschiedene Formen von *sāmānū* beschrieben werden.

Die Übersetzung bleibt hier, um nicht eine Interpretation von vorneherein zu präferieren, sehr wörtlich und gibt bewusst die Ambiguität des Originaltextes wieder, auch wenn ich mit dem CAD von einer farblichen Bestimmung der *sāmānū*-Krankheit ausgehe. Bei einer gleichartigen Auflistung verschiedener Krankheiten hätte dies ein weiteres *lū*(*lu-ú*) „entweder – oder" vor der Nennung von *sa-ma-nu* eindeutig gemacht, so jedoch erscheinen die nachgestellten Beschreibungen wie Varianten von *sāmānū*. Letztlich wird die korrekte Interpretation der Stelle nur mit weiterer Evidenz zu klären sein.

Vs. 17' Nach der 3. Tafel der Serie Uruanna ist 'Malzabfall' ein anderer Name für die Pflanze *zibû*, siehe KADP[42] 12, 1. Kol. 61': ^{giš}*zi-bu-u* AŠ ŠE$_{10}$ MUNU$_{4}$. Der im Text genannte Alternativ- oder ‚Deck'name wird hier übersetzt und nicht wie bei Köcher (1995): 205, Z. 16', durch den (vermeintlich) ‚normalen' Pflanzennamen *zibû*, der gemeinhin als „Schwarzkümmel" interpretiert wird, ersetzt. Der Alternativname *zê*(^{giš}ŠE$_{10}$) *summati*(TU^{mušen}) „Taubenkot" erscheint hier für *zēr ašāgi*, dem Samen der Akazienart *ašāgu*.

Zur Lesung GÌB.(BA) des Zeichens GIG des Logogramms für *kibtu* „Weizen" siehe Powell (1984): 56f., und zuletzt Marchesi (2013): 285.

42 Köcher (1955).

Vs. 18' Statt des ersten Zeichens in dieser Zeile, das Köcher (1971): Taf. 103, Vs. 15', wie ŠU kopiert hat, wäre die Präposition *ina* zu erwarten. Köcher (1995): 205, Vs. 18', hat dann auch ohne Kommentar zu *ina*(ÉŠ) emendiert, da in der neubabylonischen Schrift die Zeichen ŠU und ŠÈ(ÉŠ) sehr ähnlich aussehen. Allerdings ist die Verwendung von ÉŠ für *ina* extrem selten, sodass vielleicht eher von einem fehlerhaften ŠU statt KI für *itti* „mit" auszugehen ist.

Vs. 19' Die Identifikation von *saḫlû*, eine der am häufigsten in Rezepten genannten Ingredienzen, ist nach wie vor umstritten.[43]

Vs. 20' Es bleibt unsicher, ob *šikkû*(^{d}NIN.KILIM) „Mungo" hier das Tier oder einen Alternativnamen bezeichnet, siehe dazu oben die Diskussion zum Textbeispiel 1: iii 51.

Vs. 21'–28' Dieser Abschnitt wurde auch von Scheyhing (2011): 83, bearbeitet.

Vs. 21'–23' Diese beiden Einträge erscheinen identisch in den Zeilen 20–21 der 33. Tafel des Diagnosehandbuchs.[44] Köcher liest *ú-zaq-⸢qa-tu⸣-šu*, doch hierfür ist in dem beschädigten Raum nicht genug Platz, weswegen hier eine Lesung *ú-zaq-⸢qa-tú⸣-šu*, die sich mit den erhaltenen Spuren wesentlich besser vereinbaren lässt, angenommen wird.

Vs. 21' Die Interpretation und Lesung der Wendung *šumma*(DIŠ) *murṣu*(GIG) *šikinšu*(GAR-*šú*) ist umstritten. Während hier die Lesung *murṣu* für GIG bevorzugt wird, haben Köcher (1995) und Böck (2001/2): 231a, Anm. 28, die Lesung SIM$_{x}$ für das Zeichen GIG angesetzt und das Lexem *simmu* „Wunde, Krankheit" mit „kranke/befallene Stelle" übersetzt. Tatsächlich passt die Bedeutung „befallene Stelle" an einigen Stellen recht gut, ohne dass dort jedoch die Übersetzung „Krankheit" ausgeschlossen wäre; an anderen Stellen passt die Übersetzung „befallene Stelle" jedoch überhaupt nicht zur Wendung. Die Wendung *šikin murṣi* „Befund/Wesen der Krankheit" erscheint mehrfach in syllabischer Schreibung in Texten aus dem 1. Jahrtausend v. Chr.,[45] weshalb sie hier bevorzugt wird.[46]

Vs. 27' Die feminine Form *ta-la-ši* steht hier sicher fehlerhaft für *ta-la-aš*.

---

43 Siehe die Diskussion bei Köcher (1995): 212.

44 Siehe Heeßel (2000): 354, 359f. und 368.

45 Heeßel (2000): 75.

46 Siehe die ausführliche Diskussion der Wendung bei Heeßel (2000): 365f.

Vs. 29'-32' Diese Indikation erscheint identisch in der 30. Zeile der 33. Tafel des Diagnosehandbuchs.[47]

Vs. 31' Köcher liest am Beginn der Zeile nur [*a-k*]*a-la*, die Lücke ist jedoch sehr viel größer, sodass hier ein weiteres Wort angenommen werden muss.

Vs. 32' Die Übersetzung „Henna" für *kamantu*(^{ú}AB.DUḪ) folgt dem Übersetzungsvorschlag von Scurlock (2007).

Vs. 33' *burāšu* „Wacholder" wird hier mit dem Logogramm LI, jedoch ohne das zumeist übliche Determinativ šim (oder auch gelegentlich ú oder giš) geschrieben. Solche Schreibungen sind auf späten babylonischen Tontafeln jedoch auch sonst zu belegen, vgl. AO 6469[48] iii 3' und iv 15' (aber ^{šim}LI in iv 11').

Vs. 34' Das *dadānu*(^{šim}KIŠI$_{16}$.ḪAB)-Aroma – hier mit dem Zusatz KUR.RA „des Berglandes; (im) Bergland (gewachsen)" erscheinend – hat Thompson (1949): 184f., als „centaurea, star-thistle" gedeutet, was im Deutschen der Flockenblume entspricht, die Sterndistel ist die Unterart *Centaurea calcitrapa* L. Jedoch missverstand er das Zeichen ḪAB(RIM) als „Blume", wodurch seine Identifikation eher unwahrscheinlich wird. $^{\text{(giš)}}$KIŠI$_{16}$(Ú.GÍR), akk. *ašāgu* bezeichnet nach der Grundbedeutung der Zeichenbestandteile einen dornigen Strauch, vielleicht eine Akazienart. Mit dem Zusatz ḪAB, akk. *biʾšu* „stinkend", versehen, bezeichnet das Logogramm die *dadānu*-Pflanze, die somit eine dornige und übel riechende Pflanze ist. Thompsons ursprüngliche Deutung der *dadānu*-Pflanze als „Distel" hält sich bis heute, so übernimmt AHw: 148b die „Sterndistel" mit Fragezeichen, Köcher (1995): 209, übersetzt „stinkende Gebirgsdisteln"; Köcher liest dort ^{šim}KIŠI$_{16}$.ḪAB nicht *dadānu*, sondern *puquttu*, was wohl auf die Z. 21 des von Civil (1974): 337, Z. 21, publizierten Kommentars 11N-T4 aus Nippur zurückgeht, der diese Assoziation bietet. Hier wird jedoch die Lesung *dadānu* für dieses Logogramm angenommen, die sich auf eine lexikalische Gleichung aus Uru-anna I stützen kann, siehe CAD D: 17b. Attia und Buisson (2003): 20, übersetzen *dadānu* mit „faux caroubier" und verwechseln somit *ašāgu*, das mit der „falschen Karobe" identifiziert worden ist, mit *dadānu*.

Vs. 35' Köcher (1995): 206, liest am Beginn der Zeile ⌜Ú.LIGIDBA⌝, also ^{ú}ŠIM ^{d}*Nin-urta*. Hierfür reicht der Platz auf der Tafel nicht aus, sondern es ist nur ŠIM ^{d}*Nin-urta* zu lesen, das erste Zeichen ist zwar beschädigt, aber eindeutig ŠIM.

---

47 Siehe Heeßel (2000): 354, 360 und 368.

48 Thureau-Dangin (1922): no. 34.

Textbeispiel 3: Aus der 3. Tafel der Serie „Wenn ein Mann an der *suālu*-Krankheit leidet und sie sich zu *kīs libbi* wandelt“ (BAM 578 Vs. 1–13)

Abb. 4: Foto des Abschnitts Vs. I 1–13 von K. 61+

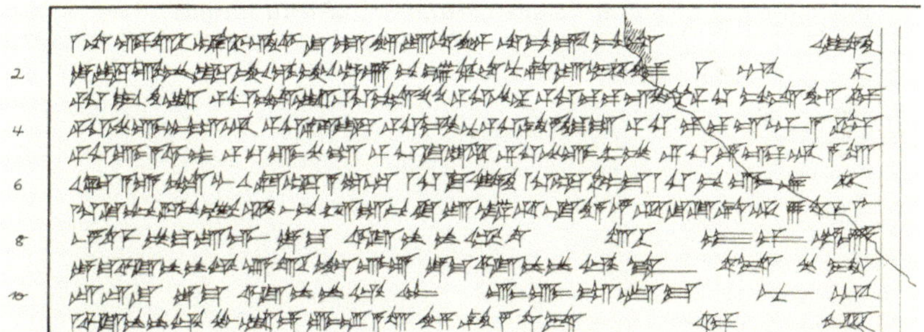

Abb. 5: Kopie des Abschnitts Vs. I 1–13 von K. 61+

Vs. 1 DIŠ NA SAG ŠÀ-*šú* GU$_7$-*šú ina gi-ši-šu* ZÉ *im-ta-na-ʾa* NA BI *qer-bé-*[*n*]*a* GIG

Vs. 2 SUM^{sar} GA.RAŠ^{sar} UZU GU$_4$ UZU ŠAḪ KAŠ ^{lú}KÚRUN.NA NU *uš-ta-maḫ-ḫar ana* TI-*šú*

Vs. 3 ½ *qa* ZÀ.ḪI.LI ½ *qa* ^{šim}LI ½ *qa* ^{šim}GÚR.GÚR ½ *qa* NUMUN GADA ½ *qa pa-pa-si* MUNU$_4$ ½ *qa* ^{šim}IM.DI

Vs. 4 ½ *qa* NUMUN ^{ú}*qud-ra-ti* ½ *qa* GAZI^{sar} ½ *qa* ^{giš}ŠE.NU ½ *qa* GÚ.NÍG.ÀR.RA ½ *qa pa-pa-si-*^{d}ÍD

Vs. 5 ½ *qa* ^{ú}*a-ši-i* ½ *qa* ^{ú}KUR.RA ½ *qa* ^{giš}ŠE$_{10}$ TU^{mušen} $^{1}/_{3}$ *qa* NUMUN ^{ú}ÁB.DUḪ $^{1}/_{3}$ *qa e-riš-ti* A.ŠÀ

Vs. 6 10 KISAL ILLU ^{šim}BULUḪ 10 KISAL KA-A.AB.BA 1 *qa* ZÌ GÌB 1 *qa* ZÚ.LUM.MA 1 *qa* DIDA SIG

Vs. 7 1 *qa* ZÌ.KUM TÉŠ.BI GAZ SIM *ina* KAŠ GIM *ra-bi-ki ta-rab-bak ina* TÚG.ḪÁ SUR-*ri šu-lu-uš-ti* 9 *u*$_4$-*me* LAL

Vs. 8 *ina* 4 U$_4$-*me* DU$_8$-*ma ta-mar šúm-ma* Ù.BÚ.BÚ.UL BABBAR ŠÀ-*šú i-pa-šaḫ*

Vs. 9 *šúm-ma* Ù.BÚ.BÚ.UL SA$_5$ ŠÀ-*šú* KÚM *ú-kal šúm-ma* ù.BÚ.BÚ.UL SIG$_7$ ŠÀ-*šú* UD.DA KUR-*id*

Vs. 10 GUR.GUR-*šu šúm-ma* Ù.BÚ.BÚ.UL GE$_6$ *ú-šam-ra-su-ma* NU TI

Vs. 11 *ana* Ù.BÚ.BÚ.UL *bu-le-e* ^{ú}LAG A.ŠÀ IM.GÚ *šá* UD.DA *di-kàt*

Vs. 12 GAZ SIM *ina* A GAZI^{sar} *ta-la-áš* LAL-*id* EGIR-*šú saḫ-lé-e ina* KAŠ NAG

Vs. 13 UD-*ma* NAG-*ú ina* A ^{giš}*šu-nu* ^{giš}ŠINIG ^{ú}*ak-tam* ^{ú}IN$_6$.ÚŠ *ir-ta-na-ḫaṣ*

Vs. 1 Wenn einen Mann der Oberbauch schmerzt, er beim Aufstoßen immer wieder Galle erbricht, dann ist dieser Mann im Inneren krank;

Vs. 2 Zwiebeln, Porree, Rindfleisch, Schweinefleisch und *kurunnu*-Bier darf er sich nicht darreichen lassen. Um ihn zu heilen –

Vs. 3 einen halben Liter *saḫlû*, einen halben Liter Wacholder, einen halben Liter *kukru*-Aroma, einen halben Liter Leinsamen, einen halben Liter Malzbrei, einen halben Liter *suādu*-Aroma,

Vs. 4 einen halben Liter Samen der *qudratu*-Pflanze, einen halben Liter *kasû*, einen halben Liter *šunû*-Holz, einen halben Liter *kiššēnu*-Hülsenfrucht, einen halben Liter *pappasītu*-Mineral,

Vs. 5 einen halben Liter *ašû*-Pflanze, einen halben Liter *nīnû*-Pflanze, einen halben Liter ‚Taubenkot', einen drittel Liter Samen der *kammantu*-Pflanze, einen drittel Liter ‚Feldsamenkorn',

Vs. 6 zehn *kisal*-Maß *baluḫḫu*-Harz, zehn *kisal*-Maß *imbu' tâmti*-Mineral, einen Liter Weizenmehl, einen Liter Datteln, einen Liter gutes *billatu*-Trockenbier und

Vs. 7 einen Liter *isqūqu*-Mehl zerkleinerst du zusammen, siebst es, mit Bier verrührst du es zu einem Brei, auf ein Tuch streichst du es, ein drittel von neun Tagen verbindest du (ihn).

Vs. 8 Am vierten Tag löst du (den Verband) und schaust nach: Wenn es weiße Bläschen gibt, dann wird sich sein Inneres beruhigen,

Vs. 9 wenn es rote Bläschen gibt, dann ist sein Inneres fiebrig; wenn es gelblich-grüne Bläschen gibt, dann ist sein Inneres befallen von Gluthitze;

Vs. 10 dann lege es ihm erneut an. Wenn es schwarze Bläschen gibt, dann wird es (= die Krankheit) ihn weiterhin krank sein lassen und er wird nicht genesen.

Vs. 11 Um (diese) Bläschen vergehen zu lassen – ‚Feldklumpenpflanze' (und) Bodensatz, der in der Sonnenhitze getrocknet wurde,

Vs. 12 zerkleinerst und siebst du, mit *kasû*-Flüssigkeit verknetest du es (und) verbindest (ihn damit). Danach trinkt er *saḫlû* in Bier.

Vs. 13 Sobald er (es) trinkt, badet er jedes Mal mit Keuschbaum-, Tamarisken-, *aktam*-Pflanze- und *maštakal*-Wasser.

Kommentar I

Das erste Rezept einer neuassyrischen Tafel aus der sogenannten Assurbanipal-Bibliothek (Mitte des 7. Jh.s v. Chr.) mit dem Text der 3. Tafel der therapeutischen Textserie *šumma amēlu suāla maruṣ* „Wenn ein Mann an Husten mit Auswurf leidet" bildet das dritte Textbeispiel. Die aus vielen Bruchstücken zusammengesetzte Tafel wird heute im Britischen Museum, London unter der Nummer K. 61+[49] aufbewahrt. Das hier vorgestellte erste Rezept auf dieser Tafel schildert eine umfangreiche Behandlung in dem Falle, dass „ein Mann im Inneren erkrankt ist". Der folgende Text der Tafel enthält weitere Rezepte für innere Krankheiten wie Gallen- oder Leberleiden und schließt mit einer Stichzeile zur folgenden 4. Tafel der Serie. Im Kolophon gibt es keinen Hinweis auf die Serienzugehörigkeit des Textes.

Die aus mindestens fünf Tafeln bestehende Serie *šumma amēlu suāla maruṣ*, die vor allem auf Manuskripten aus Ninive recht gut erhalten ist, hat schon früh das Interesse der Altorientalisten geweckt. Archibald H. Sayce publizierte bereits 1885 erste Auszüge der Serie und Friedrich Küchler edierte die ersten drei Tafeln 1904 in Keilschriftkopie, Umschrift und Übersetzung; dies war die erste monographische Behandlung einer medizinischen Serie aus dem alten Zweistromland. Im Jahr 1980 publizierte Franz Köcher neue Kopien der einschlägigen Texte (BAM 574, 575, 578, 579). Während Danielle Cadellis Edition und medizinische Beurteilung der Serie aus dem Jahr 2000 unpubliziert blieb, hat J. Cale Johnson eine Neubearbeitung angekündigt.[50] Das hier vorliegende Rezept wurde bereits mehrfach bearbeitet und übersetzt; die verschiedenen Übersetzungen von Küchler (1904), Stol (1983), Cadelli (2000), Scheyhing (2007), Böck (2010) und Scurlock (2014) werden einander gegenübergestellt und mit der hier vorgelegten verglichen, siehe unten S. 50–55.[51] Martha Haussperger hat das Rezept aus ärztlicher Sicht besprochen und angemerkt, dass sich die Indikation kaum exakt deuten lasse.[52] Die teilweise sehr unterschiedlichen Übersetzungen illustrieren einerseits den Fortschritt bei der Erforschung der medizinischen Texte und zeigen andererseits die Problematik der Übersetzung medizinischer Texte aus dem alten Mesopotamien auf.

---

49 K. 61 + K. 161 + K. 390 + K. 2476 + K. 3273 + K. 5032 + K. 16429 + K. 16459.

50 Siehe Johnson (2014) zum derzeitigen Stand der Rekonstruktion der Serie.

51 Diese Übersetzungen werden im Folgenden nur als: Küchler, Stol, Cadelli, Scheyhing, Böck oder Scurlock, ohne Jahreszahl und Seitenangabe zitiert.

52 Haussperger (2012): 236–238.

Das Rezept wird hier so verstanden, dass im Falle einer inneren Erkrankung mit Schmerzen im Oberbauch und dem Erbrechen von Galle zuerst bestimmte Speiseverbote genannt werden. Danach erfolgt eine Heilungsanweisung, nach der ein zur Heilung hergestelltes Medikament grundsätzlich neun Tage angewendet werden soll, jedoch wird nach drei Tagen der Verband gelöst und die Stelle inspiziert. Je nach Verfärbung der unter dem Verband an der Stelle entstandenen Bläschen fährt der Heiler fort: Sind die Bläschen weiß, dann ist das ein gutes Zeichen; sind sie rot oder gelblich-grün deutet dies auf Fieber bzw. Gluthitze im Inneren, man verbindet ihn erneut und fährt mit der Behandlung die noch fehlenden sechs Tage fort. Sind die Bläschen jedoch schwarz, dann wird auf diese Weise kein Behandlungserfolg erzielt und ein anderes Medikament soll hergestellt und der Patient damit verbunden werden, daneben soll er *saḫlû*-Pflanze in Bier trinken und jedes Mal dazu in einem mit bestimmten Pflanzen(wirkstoffen) angereicherten Wasser baden.[53]

53 Ein pharmakologisch sehr eng verwandtes Rezept findet sich in der 2. Tafel der Serie *šumma amēlu suāla maruṣ*, in BAM 575 iii 65–71. In diesem Rezept, das bei immer wieder auftretendem Stechen in der Brust, dem Gefühl der Obstruktion der Luftröhre, Erbrechen von Galle und Kurzatmigkeit beim Sprechen angewendet wurde, erscheinen ähnliche diätetische Vorschriften (*nūna šumâ šīr alpi* [*šīr šaḫî*] *u šikar sabî lā uštamaḫḫar uttašar* „ ... es wird ihn schwächen“) und ein ähnliche Ingredienzen verwendendes, leider recht beschädigtes Heilmittel: [½ *qa* Z]À.ḪI.LI ½ *qa* ^{šim}GÚR.GÚR ½ *qa* ^{giš}Š[E$^{?}$.NU$^{?}$ ½ *qa pa-pa-si* MUNU$_4$] ½ *qa* ^{giš}GIG ½ *qa* ^{giš}*en-di* ½ *qa* NUMUN ^{ú}[*qud-ra-ti* ½] *qa* GAZI^{sar} ½ *qa* NUMUN GA[DA$^{?}$ ½ *qa* GÚ NÍG.ÀR.RA] ½ *qa ba-ba-si-*^{d}ÍD ½ *qa* ^{ú}*ka-man-*[*tu* ...] 10 KISAL ILLU ^{šim}BULUḪ 10 KISAL KA-A.A[B.BA ...] 21 Ú.ḪÁ [.... .

Die verschiedenen Übersetzungen nebeneinander

Küchler (1904): 43	**Stol (1983): 302–303**	**Cadelli (2000): 225**
[Vs1](Wenn einen Menschen sein ..... frisst, bei seinem Rülpsen die Galle *sich verhält*, selbigem Menschen sein Inneres krank ist,	[Vs1]Indien de maagstreek van een man pijn doet (en) hij telkens bij zijn oprispen gal spuwt, dan is die man inwendig ziek;	[Vs1]Si un homme (présente) un épigastre (qui) le point (et) que, lorsqu'il éructe, il vomit de la bile, cet homme est malade de l'intérieur,
[Vs2]er Zwiebel(Kr.), Lauch(Kr.), Rindfleisch, Schweinefleisch, Rauschtrank des *Kelterers* nicht annimmt, sollst du zu seiner Genesung	[Vs2]hem aangeboden knoflook, prei, rundvlees, varkensvlees (en) brouwersbier accepteert hij niet. Om hem te genezen[Vs7]zul je bij elkaar fijnstoten:	[Vs2]il ne peut digérer l'ail, le poireau, la viande de boeuf, la viande de porc, la bière de cabaretier. Pour le guérir
[Vs3] ½ ḲA Dorn, ½ ḲA (imm. Pfl.) Cypresse, ½ ḲA (imm. Pfl.) Kukru, ½ ḲA Samen von Kitū, ½ ḲA *Gersten-Brei*, ½ ḲA (imm. Pfl.) IM.DI,	[Vs3]een halve liter waterkers, een halve liter jeneverbesolie, een halve liter *kukru*-hars, een halve liter lijnzaad, een halve liter moutbrij, een halve liter *emdu*-aroma,	[Vs3](tu prendras les ingrédients suivants :) ½ *qa* de cresson, 1/2 *qa* genévrier, 1/2 *qa* de *kukru*, 1/2 *qa* de semence de lin, 1/2 *qa* de gruau d'orge, 1/2 *qa* de *suâdu*,
[Vs4] ½ ḲA Samen von Tarratu(Pfl.), ½ ḲA Kasū(Kr.), ½ ḲA Šunū(B.), ½ ḲA TIG ŠA.HAR.RA, ½ ḲA Fluss-*schlamm*,	[Vs4]een halve liter zaden van de *kudratu*-plant, een halve liter beetwortel, een halve liter kuisboom, een halve liter *linzen*, een halve liter *gipsbrij*,	[Vs4]1/2 *qa* de *qudratu*, 1/2 *qa* de *kasû*, 1/2 *qa* de *šunû*, 1/2 *qa* de *kiššêna*, 1/2 *qa* de gypse[?],
[Vs5] ½ ḲA Ašū(Pfl.), ½ ḲA Ammi(Pfl.), ½ ḲA TU.ḪU-Mehl, 1/3 ḲA LID.GAB(Pfl.), 1/3 ḲA „Bewässrerin des Feldes“	[Vs5]een halve liter ‘hoofdpijnkruid’, een halve liter munt, een halve liter johannesbroodboom, een derde liter *kamantu*-zaad, een derde liter ‘veld-wens’,	[Vs5]1/2 *qa* de plante contre la (maladie) *ašû*, 1/2 *qa* *nīnû*, 1/2 *qa* de *zê summati*, 1/3 *qa* de graines de *kamantu*, 1/3 *qa* de *erišti eqli*,

Scheyhing (2007): 122f.	Böck (2010): 75	Scurlock (2014): 518
[Vs1]Wenn einen Menschen der Oberbauch schmerzt, er beim Aufstoßen ständig Galle erbricht: Dieser Mensch ist im Inneren erkrankt.	[Vs1]Wenn einem Menschen sein Epigastrium schmerzt, er immer wieder Gallenflüssigkeit erbricht beim Aufstoßen, leidet dieser Mensch unter der *qerbēnu*-Krankheit.	[Vs1]If a person's epigastrium hurts him and, when he belches, he continually produces bile, that person (has) "sick insides."
[Vs2]Zwiebeln, Porree, Rindfleisch, Schweinefleisch, und *kurunnu*-Bier darf ihm nicht gereicht werden. Zu seiner Heilung:	[Vs2]Er soll weder von Knoblauch und Porree, noch von Rinderfleisch, Schweinefleisch und Bier vom Brauer etwas einnehmen. Um ihn zu heilen:	[Vs2]He is continually unable to keep down garlic, leeks, beef , pork or *kurunnu* beer. To cure him,
[Vs3] ½ *qa* Kresse, ½ *qa* Wacholder, ½ *qa* Terebinthe, ½ *qa* Leinsamen, ½ *qa* Malzbrei, ½ *qa* Zypresse,	[Vs3] ½ Liter *saḫlû*-Pflanze, ½ Liter Wacholder, ½ Liter *kukru*-Pflanze, ½ Liter Leinsamen, ½ Liter Gerstenschrot, ½ Liter *suādu*-Pflanze,	[Vs3]you crush together (and) sift 1/2 *qû*-measure of *saḫlû*-cress, 1/2 *qû*-measure of *burāšu*-juniper, 1/2 *qû*-measure of *kukru*, 1/2 *qû*-measure of flax seed, 1/2 *qû*-measure of malt gruel, 1/2 *qû*-measure of *su'ādu*,
[Vs4] ½ *qa* Samen der *qudratu*-Pflanze, ½ *qa* Senf, ½ *qa* Keuschbaum, ½ *qa kiššenu*-Hülsenfrüchte, ½ *qa pappasītu*-Gips,	[Vs4] ½ Liter *qudrātu*-Pflanze, ½ Liter *kasû*-Pflanze, ½ Liter Keuschbaum, ½ Liter *kiššēnu*-Hülsenfrücht, ½ Liter *papasītu*-Mineral,	[Vs4]1/2 *qû*-measure of *qutrātu* seed, 1/2 *qû*-measure of *kasû*, 1/2 *qû*-measure of *šunû*-chasetree, 1/2 *qû*-measure of *kiššēnu*-bean, 1/2 *qû*-measure of *pappasītu*-sulphur,
[Vs5] ½ *qa ašû*-Pflanze, ½ *qa* Zahnstocherkraut, ½ *qa* ‚Taubendreck', 1/3 *qa* Samen der *kammantu*-Pflanze, 1/3 *qa* Samenkörner? vom Feld,	[Vs5] ½ Liter *ašû*-Pflanze, ½ Liter Minze, ½ Liter ›Taubenkot‹, 0,33 Liter *kamantu*-Samen, 0,33 Liter *erešti-eqli*-Pflanze,	[Vs5] 1/2 *qû*-measure of *šammi ašî*, 1/2 *qû*-measure of *nīnû*-mint, 1/2 *qû*-measure of "dove dung," 1/3 *qû*-measure of *kamantu*-henna(?) seed, 1/3 *qû*-measure of *erišti eqli*,

Küchler (1904): 43	Stol (1983): 302–303	Cadelli (2000): 225
Vs6und Öl, Speise von (imm. Pfl.) ḪAL und Öl von „Meerzahn“, 1 ḲA Kibtu-Mehl, 1 ḲA Datteln, 1 ḲA Rauschtrank von SA.SIK(Pfl.),	Vs6... gram *baluḫḫu*-hars, ... gram koraalkalk, een liter tarwemeel, een liter dadels, een liter *našpu* (?)-bier,	Vs610 kisal de résine de *baluhhu*, 10 kisal de *imbû tâmti*, 1 *qa* de farine de fèves, 1 *qa* de dattes, 1 *qa* de bière *billatu* légère,
Vs71 ḲA (fein)gemahlenes Mehl in eins mahlen, *durchseihen*, mit Rauschtrank wie ein Anrührer anrühren, auf Tücher streichen, 1/3 von 9 Tagen verbinden,	Vs7een liter schrootmeel. Je zult (dit) zeven, in bier als afkooksel afkoken, in stukken stof uitwringen (en) (met deze stukken stof) zul je (de patiënt) gedurende een derde van negen dagen verbinden.	Vs71 *qa* de farine *išqûqu*. (Ces ingrédients), tu (les) broieras ensemble, cribleras, (les) brasseras en bouillie dans de la bière, à la manière d'une bouillie ; tu appliqueras (la préparation) sur du tissu (et) tu (lui en) feras un pansement pendant 3 (écrit: un tiers de 9) jours.
Vs8in 4 Tagen losmachen und (nach)sehen; wenn *der Darm* weiss ist, erholt sich sein Inneres;	Vs8Op de vierde dag zul je (het verband) losmaken en kijken : indien de ontsteking (eronder) wit is, dan zal zijn ingewand tot rust komen;	Vs8Au quatrième jour, tu (le) déferas et tu observeras : si des vésicules blanches (se sont formées), son intérieur se calmera,
Vs9wenn *der Darm* rot ist, hält sein Inneres (noch) Feuer; wenn *der Darm* grün ist, ...	Vs9indien de ontsteking rood is, zal zijn ingewand koorts houden ; indien de ontsteking geel-groen is, is hij door *felle koorts* gepakt;	Vs9si (ce sont) des vésicules rouges, il aura de la fièvre, si (ce sont) des vésicules jaunes, il est atteint de *ṣêtu*.
Vs10ihm . . . .; wenn *der Darm* schwarz ist, macht er ihn kränker, und er wird nicht genesen;	Vs10... hem ... ; indien de ontsteking zwart is, zal hij ernstig ziek worden en niet genezen.	Vs10Tu répèteras cela (cette opération): si les vésicules (deviennent) noires, (sa maladie) le rendra de plus en plus malade et il ne guérira pas.

Scheyhing (2007): 122f.	Böck (2010): 75	Scurlock (2014): 518
[Vs6]10 *kisal* Galbanumharz, 10 *kisal* Algenschlamm, 1 *qa* Weizenmehl, 1 *qa* Datteln, 1 *qa našpu*-Mischbier,	[Vs6]zehn *kisal*-Maß *baluḫḫu*-Harz, zehn *kisal*-Maß Koralle, ein Liter Weizenmehl, ein Liter Datteln, ein Liter gutes *billatu*-Bier	[Vs6]10 shekels of *baluḫḫu*-aromatic resin, 10 shekels of *imbû tamtim*, 1 *qû*-measure of whaet flour, 1 *qû*-measure of dates, 1 *qû*-measure of winnowed beerwort
[Vs7]1 *qa isqūqu*-Mehl – alles zerstößt du zusammen, siebst du durch, machst einen Absud mit Bier (und) massierst mit Tüchern ein. (Zunächst) verbindest du 1/3 von 9 Tagen.	[Vs7]und ein Liter *isqūqu*-Mehl zerkleinerst du zusammen, siebst es, stellst mit Bier einen Brei her, streichst ihn auf ein Tuch, legst es ihm drei Tage an,	[Vs7](and) 1 *qû*-measure of *isqūqu* flour. You decoct (it) in beer till decocted. You massage (it) into cloth (and) bandage him (with it) for a third of nine days.
[Vs8]Am 4. Tag öffnest du und siehst nach. Wenn ein weißes Bläschen (da ist), kommt sein Leib zur Ruhe.	[Vs8]am vierten Tag nimmst du es ab und examinierst (den Kranken). Wenn sich ein weißliches Geschwür (gebildet hat) und sein Leib sich beruhigt,	[Vs8]On the fourth day, you take (it) off and have a look (at it). If the *bubu'tu*-blister is white, his stomach should calm down.
[Vs9]Wenn ein rotes Bläschen (da ist), enthält sein Leib Hitze. Wenn ein gelbes Bläschen (da ist), ist er von Gluthitze befallen.	[Vs9]wenn sich ein rotes Geschwür (gebildet hat) und sein Leib Fieber hat, oder wenn sich ein gelbliches Geschwür gebildet hat (und) er Fieber hat,	[Vs9]If the *bubu'tu*-blister is red, his stomach holds fever. If the *bubu'tu*-blister is yellow/green, he was "gotten" by *ṣētu* (enteric fever).
[Vs10]Du wiederholst dies, wenn (aber) das Bläschen schwarz wird, macht es ihn krank, und er wird nicht genesen.	[Vs10]so lege es ihm erneut an. Wenn sich ein schwarzes Geschwür gebildet hat, wird ihn (die Krankheit) weiterhin leiden lassen, und er wird nicht genesen.	[Vs10]It will keep coming back. If the *bubu'tu*-blister is black, it will make him so sick that he does not recover.

Küchler (1904): 43	Stol (1983): 302–303	Cadelli (2000): 225
Vs11(wenn) der Darm lang ist, sollst du Teig von „Feld ..."(Pfl.), Schlamm, der ... *geschlagen* ist,	Vs11Om de onstecking te 'doven', zul je 'veld-kluit' en 'droesem', die in de zonnehitte is doodgegann,	Vs11Pour apaiser les vésicules, tu broieras du *kirbân eqli*, de la boue exposée? à la chaleur externe,
Vs12mahlen, *durchseihen*, mit Saft von Kasū(Kr.) kneten, (ihn) (damit) (ver)binden; danach soll er Kidnū's in Rauschtrank trinken,	Vs12fijnstoten, zeven, in water van beetwortel kneden (en) (hem) verbinden;	Vs12tu (les) cribleras, tu pétriras dans une décoction de *kasû*, tu (en) feras un pansement.
Vs13nachdem er getrunken hat, soll er sich mit Saft von Šunū(B.), Tamariske(B.), AG.UT(Pfl.), DIL.BAT(Pfl.) abspülen.	Vs13vervolgens zal hij waterkers in bier drinken. Ten dage dat hij drinkt, zal hij telkens 'spoelen' met water van zoethout, tamarisk, *aktam*-plant (en) zeep-plant.	Vs13Après cela, il boira du cresson dans de la bière, lorsqu'il aura bu, il se baignera dans du jus de *šunû*, du tamaris, de l'*aktam* et du *maštakal*.

Kommentar II

Vs. 1 Ob man *rēš libbi* nun als „Oberbauch" oder „Epigastrium" übersetzt, liegt in der Entscheidung des Übersetzers, wie viel anatomische Fachkenntnis er bei seiner Leserschaft voraussetzt. Das am Ende der Zeile erscheinende *qer-bé-*[*n*]*a* GIG wird sehr unterschiedlich gedeutet. Küchler übersetzt „(selbigen Menschen) sein Inneres krank ist" und betrachtet damit diesen Teil als einziger der Übersetzer nicht als Diagnose, sondern als Teil der Indikation; zudem ergänzt er ein im Text nicht erscheinendes „sein" bei *qer-bé-*[*n*]*a*. Stol, Cadelli, Scheyhing und Böck beziehen GIG auf den genannten Menschen; *qerbēna* übersetzt Stol adverbial, Cadelli hingegen nominal. Scheyhing nimmt einen Akkusativ des Ortes an und Böck versteht *qerbēna* als Krankheitsbezeichnung. Scurlock übersetzt die Wendung als Nominalsatz und bezieht *marṣa*(GIG) adjektivisch auf das nominal verstandene *qerbēna*. Die Übersetzung „intestinally" von CAD Q: 211a konnte sich nicht durchsetzen. Mit Scheyhing und von Soden (GAG § 118h), der die vorliegende Stelle zitiert, verstehe ich *qerbēna* hier als Adverbium, übersetze statt „innen" aber das besser klingende „im Inneren".

Scheyhing (2007): 122f.	Böck (2010): 75	Scurlock (2014): 518
Vs11 Um die Bläschen vergehen zu lassen: Kamille, Schlamm, der der Sonnenhitze ausgesetzt war,	Vs11 Wenn das Geschwür verloschen ist, zerkleinerst du >Klumpen des Feldes< (und) Sediment, welches von Sonnenglut getrocknet wurde,	Vs11 To extinguish the *bubu'tu*-blister, you crush (and) sift *kirbān eqli* (and) mud that has been "killed" by the sun.
Vs12 zerstößt du, siebst du durch, machst mit Senfwasser einen Teig (und) verbindest. Danach gibst du Kresse in Bier zu trinken.	Vs12 filterst es, verknetest es mit *kasû*-Wasser, legst es ihm an. Danach gibst du *saḫlû*-Pflanze in Bier zu trinken.	Vs12 You make (it) into a dough with *kasû* juice (and) bandage (him with it). Afterwards, you have him drink *saḫlû*-cress (mixed) with beer.
Vs13 Sobald er getrunken hat, soll er sich mit einer Essenz von Keuschbaum, Tamariske, *aktam*-Pflanze (und) *maštakal*-Pflanze mehrfach abspülen.	Vs13 Wann immer er trinkt, spülst du ihn mit Keuschbaum-Wasser, Tamariske, *aktam*-Pflanze (und) *maštakal*-Pflanze.	Vs13 When he has drunk (it), he should continually bathe in "lone plant," *šunû*-chastetree infusion, *bīnu*-tamarisk, *aktam*, (and) *maštakal*.

Vs. 2 CAD M/I: 70b, gefolgt von Cadelli und Scurlock (auch [2005]: 132 no. 6.88) verstehen *lā uštamaḫḫar* in diesem Beleg als medizinischen Terminus mit der Bedeutung „he cannot digest/keep (food) down". Mit AHw: 579b interpretiere ich den Št-Stamm von *maḫāru* hier als „sich etwas gegenüberstellen", bzw. hier als Prekativ „er darf sich (die genannten Speisen) nicht darreichen (wörtl.: gegenüberstellen) lassen." Ähnlich interpretieren Küchler, Stol, Scheyhing und Böck die Stelle. Siehe auch die ähnliche Passage in BAM 574 iv 42[54]: *akāla u šikara libbašu tušamḫaršu* „du lässt ihn (seinen Bauch) Speise und Trank empfangen." Das ähnliche Rezept in BAM 575 iii 65–71 bietet dieselbe Vorschrift mit dem Zusatz *uttašar* „es wird ihn schwächen", siehe dazu oben Anm. 53. Allgemein zu diätetischen Vorschriften in mesopotamischen medizinischen Texten siehe Geller (2004) und ergänze dort die hier zitierten Belege.

54 Cadelli (2000): 167.

Vs. 3–7 Diese Rezeptanweisung ist nicht nur, wie CAD M/I: 276a sub *marāṣu* annimmt, ein Reizmittel („irritant"), um eine Veränderung hervorzurufen, die diagnostiziert werden kann, sondern, wie am Ende von Z. 2 auch explizit gesagt (*ana bulluṭīšu* „um ihn zu heilen"), ein Rezept zur Genesung.

Vs. 3 Die Schreibung ^{šim}E/IM.DI wurde früher, siehe etwa AHw: 211b, und hier von Küchler und Stol als „*emdu*-Aroma" interpretiert, seit der Diskussion solcher Schreibungen in CAD S: 339b werden diese und ähnliche Schreibungen jedoch als Schreibvarianten für das *suādu*-Aroma angesehen und in neueren Bearbeitungen durchgängig so übersetzt. Die *suādu*-Aromapflanze wird über die Etymologie tentativ als Zypresse identifiziert und so auch von Scheyhing übersetzt.

Vs. 4 Die Auslassung von *zēr*(NUMUN) „Same" bei der *qudratu*-Pflanze in den Übersetzungen von Cadelli und Böck ist wohl nur ein Versehen und kein intendierter Bedeutungsunterschied. Die Übersetzungen „beetwortel" („Zuckerrübe") von Stol und „Senf" von Scheyhing, während alle anderen *kasû* unübersetzt lassen, spiegeln die Unsicherheit bezüglich der Deutung dieser Ingredienz. Zu bisherigen Deutungen siehe Heeßel und Al-Rawi (2003): 236, zu i 2 und zu den Schwierigkeiten bei der Identifikation Powell (2003): 20.

Vs. 5 Zu *zê*(^{giš}ŠE$_{10}$) *summati*(TU^{mušen}) „Taubenkot" siehe die Anmerkung zu Textbeispiel 2, Vs. 17'.

Vs. 6 *imbu' tâmti* (KA-A.AB.BA) ist ein Mineral, das sich nach CAD I/J: 108f., am Meer gewinnen lässt wie etwa Korallen oder Korallenkalk. Schuster-Brandis (2008): 421f., folgt jedoch der Interpretation von AHw: 375b als „Alge(n)". Zur Lesung GÌB für *kibtu* „Weizen" siehe die Anmerkungen zu Textbeispiel 2, Vs. 17'.

Vs. 7 Die Problematik der Interpretation mancher Heilungsanweisungen illustriert beispielhaft die hier vorliegende Wendung *kīma*(GIM) *rabīki tarabbak*, für die es zwei verschiedene, sich gegenseitig ausschließende Deutungen gibt. Die eine, ältere, bereits von Küchler (1904):103, vorgeschlagene und hier präferierte Interpretation übersetzt die Wendung als „zu einem Brei verrühren" und nimmt an, dass ein Brei hergestellt, auf ein Tuch aufgestrichen und dann mit einem Verband appliziert wurde. Diese Deutung hat Benno Landsberger angezweifelt und stattdessen die Deutung „einen Absud herstellen", engl. „to decoct" für *rabāku* vorgeschlagen,[55] was dann von den

55 Landsberger (1951): 110.

Wörterbüchern aufgenommen (AHw: 933b und CAD R: 8a) und auch von Köcher (1953): 53, akzeptiert wurde. Landsbergers Übersetzung wurde wiederum von Dietlinde Goltz kritisiert,[56] die sich für Küchlers ältere Interpretation ausspricht. Sie weist darauf hin, dass „einen Absud herstellen" zum einen das Kochen von Substanzen in Flüssigkeiten voraussetzt, was nur sehr selten angegeben ist, und zum anderen die Herstellung eines Absuds, also eines Dekokts, bei Verbänden oder Umschlägen wenig sinnvoll erscheint.

In seiner Rezension zu Goltz' Buch bringt Walter Farber durch eine neue Deutung der hier und auch sonst oft erscheinenden Wendung *ina maški teṭerri*, die bis dahin „auf ein Leder streichst du es" (hier *ina lubārī*(TÚG.ḪÁ) *teṭerri*(SUR-*ri*) „auf ein Tuch streichst du es") übersetzt wurde, implizit auch ein neues Argument für die Übersetzung „einen Absud herstellen" vor, auch wenn Farber die Wendung *kīma rabīki tarabbak* in diesem Zusammenhang nicht diskutiert.[57] Farber interpretiert das Verb *ṭerû* aufgrund der ursprünglichen sumerischen Bedeutung des Logogramms SUR, mit dem das Verb *ṭerû* oft geschrieben wird, als „ausquetschen" und die Wendung *ina maški teṭerri* als „in/mit (einem Stück) Leder quetscht du aus."[58] Sollte dies zutreffen, dann würde die Übersetzung „einen Absud herstellen" für *rabāku* wohl doch passender erscheinen, da dies dann das Ausfiltern der Pflanzenreste mithilfe eines Stücks Tuch oder Leder beschreiben könnte. Nach dieser Diskussion standen sich die beiden Deutungen „du verrührst es zu einem Brei, auf ein Tuch/Leder streichst du es" und „du stellst einen Absud her, mit einem Tuch quetscht du es aus" für das Akkadische *kīma rabīki tarabbak ina lubārī/maški teṭerri* längere Zeit recht diametral gegenüber. Erst Jeanette Fincke (2000): 276f., diskutierte die Wendung *kīma rabīki tarabbak* erneut und wies hierbei auf die häufige Verwendung von Mehl in den Rezepturen hin, was eher auf einen Brei als auf einen Absud hindeute. Scurlock (2014): 336, Anm. 109, glaubt hingegen, das Mehl diene zum Eindicken des Absuds.

In letzter Zeit ist eine klare Tendenz auszumachen, dass die Mehrzahl der Altorientalisten wieder die ursprüngliche Deutung „du verrührst zu einem Brei" bevorzugt,[59] während einige wenige die Übersetzung „einen Absud/Dekokt herstellen" favorisieren.[60]

---

56 Goltz (1974): 47–48.

57 Farber (1976): 331–333.

58 Der Deutung Farbers schließt sich auch CAD Ṭ: 103a an, ohne die Diskussion darzustellen.

59 Auch Köcher (1995): 211, n. 11'; Attia und Buisson (2009): 18; Steinert (2013): 13, Anm. 31, mit Diskussion.

60 Haussperger (2012): 237; Scurlock (2014): 336, Anm. 109.

Sehr illustrativ ist auch der Umgang mit der Anweisung *šu-lu-uš-ti* 9 *u_4-me taṣammid*(LAL) „ein Drittel von neun Tagen verbindest du (ihn damit)". Die äußerst ungewöhnliche Wendung „ein Drittel von neun" lässt sich aus den weiteren Heilungsanweisungen erklären, da es hier darum geht, den Patienten grundsätzlich neun Tage lang zu verbinden, aber nach drei Tagen (einem Drittel der Zeit) den Verband zu lösen, um die betroffene Stelle zu inspizieren, da eventuell eine andere Therapie angewendet werden muss. Küchler, Stol, Scheyhing und Scurlock übersetzen die Wendung wörtlich, jedoch ohne dies weiter zu kommentieren. Cadelli übersetzt „3 jours", fügt aber noch in Klammern „écrit: un tiers de 9" hinzu, sodass klar ist, was im Text steht. Böck hingegen übersetzt nur „drei Tage" ohne jede Erklärung. Eine solche Übersetzung verschleiert den Originaltext und erlaubt es dem Leser nicht mehr, eine von der Deutung des Übersetzers abweichende Meinung einzunehmen, und sollte daher vermieden werden.[61]

Vs. 8–10 Klar ist in diesem Abschnitt, dass am vierten Tag der Behandlung der Verband gelöst werden soll, um die betroffene Stelle erneut zu inspizieren und die Verfärbung der unter dem Verband entstandenen *bubu'tu*-Bläschen festzustellen.[62] Die auf die Beobachtungen *šumma bubu'tu*(Ù.BÚ.BÚ.UL) *peṣât*(BABBAR) / *samât*(SA_5) / *arqat*(SA_5) / *ṣalmat*(SA_5) „Wenn die Bläschen weiß / rot / gelbgrün / schwarz sind" folgenden Deutungen werden jedoch recht unterschiedlich interpretiert. Küchler, Stol, Cadelli und Scurlock übersetzen das Folgende als Diagnosen, während Böck das Folgende als weitere Beobachtung ansieht und mit „und" an das Vorhergehende anbindet. Bei Böcks Deutung hätte man jedoch statt der Präsensformen (*ipaššaḫ, ušamrassuma*)[63] im *šumma*-Satz aus grammatikalischen Gründen ein Präteritum erwartet.

GUR.GUR-*šu*, für das eine Form von *târu* im Gtn- oder D-Stamm entweder mit einer Bedeutung „erneut tun/machen" oder „wieder an seinen Platz zurückstellen/an seinem Platz anbringen" anzusetzen ist, haben Cadelli, Scheyhing, Böck und Scurlock sehr unterschiedlich gedeutet. Cadelli und

61 Die Interpretation der Stelle von Haussperger (2012): 237, der „Verband mußte neun Tage lang dreimal täglich erneuert werden", ist grammatikalisch und lexikalisch völlig ausgeschlossen.

62 *bubu'tu*(Ù.BÚ.BÚ.UL) wird zumeist als Bläschen interpretiert. Küchlers fragende Übersetzung „Darm" ist veraltet, Stols „Entzündung" („ontsteking") lässt sich nicht anhand der Belege nachvollziehen. Cadelli, Scheyhing und Scurlock übersetzen „Bläschen" (bzw. „véscules", „blister"), während Böck *bubu'tu* mit „Geschwür" wiedergibt.

63 Bei *u-kal* kann nicht entschieden werden, ob Präsens *ukâl* oder Präteritum *ukāl* vorliegt; KUR-*id* ist eine Stativform (*kašid*).

Scheyhing übersetzen „Tu répèteras cela (cette opération):“ bzw. „Du wiederholst dies,“ und beziehen die Wendung damit auf das Folgende, während Böck die Wendung auf den vorher genannten Verband bezieht und „so lege es ihm erneut an“ übersetzt. Scurlock hingegen bezieht die Wendung auf die Krankheit und übersetzt „It will keep coming back“. Hier wird eine Bedeutung „du bringst es wieder an“ angenommen und der freien Übersetzung von Böck gefolgt, da diese im Kontext den besten Sinn ergibt.

Vs. 11 Die Übersetzung „Wenn das Geschwür verloschen ist“ für *ana bubu'tu*(Ù.BÚ.BÚ.UL) *bu-le-e* durch Böck ignoriert die hier vorliegende grammatische Form *ana*+Infinitv (GAG § 150h), die einen finalen Sinn hat, und „Um die Bläschen vergehen zu lassen“ übersetzt werden muss.

Die Lesung und Interpretation von *di-kàt* ist unsicher und die verschiedenen Übersetzungen spiegeln diese Unklarheit. Die meisten Übersetzer nehmen wie CAD D: 41b, einen femininen Stativ *dīkat* von *dâku* „töten“ an, der in derselben Schreibung *di-kàt* auch in historischen Texten belegt ist, siehe CAD D: 139b, und interpretieren dieses „Töten“ des Schlamms als „der Sonnenhitze aussetzen“ bzw. „Trocknen“. Johnson (2014): 25f., hat diese und ähnliche Passagen anlässlich einer Besprechung des medizinischen Begriffs UD.DA-SÁ.SÁ erneut diskutiert. Er weist darauf hin, dass *dâku* hier keinen guten Sinn ergibt und andererseits die Parallelität der Wendung IM.GÚ UD.DA SÁ.SÁ und IM.GÚ *ša ina* UD.DA *di-kàt* (siehe Worthington [2005]: 10, Z. 126') nicht für eine Herleitung von *dâku* spräche. Johnson schlägt stattdessen eine Herleitung von *dekû* „aufstehen“ und einen Bezug auf *ṣētu* „Sonnenhitze, Fieber“ vor und interpretiert die Wendung als „the mud that removes *ṣētu*-fever“. Jedoch enthält auch diese Deutung zahlreiche Probleme: Zum einen muss Johnson hier einen eher seltenen aktiven Stativ annehmen, zum anderen ist DI/SÁ weder als logographische Schreibung für *dâku* noch für *dekû* belegt. Entscheidender aber ist, dass *dekû* „aufstehen“ nie eine Krankheit als Subjekt aufweist und keine Bedeutung im Sinne von „eine Krankheit austreiben, verbannen etc.“ hat, wie es Johnson annimmt, sondern sich immer auf Personen oder reale Gegenstände bezieht.[64] Deshalb wird hier der älteren Interpretation gefolgt, auch wenn diese nicht völlig befriedigend ist.

64 Johnsons Aussage (2014: 26): „The verb *dekû* would make little sense with a human patient as its subject, so there is no reason to extend this interpretation to examples in which u_4.da.sá.sá refers to the patient above.“ steht im Widerspruch zu zahlreichen Belegen für *dekû* in den Wörterbücher, siehe CAD D: 125 sub *dekû* 2, und AHw: 186–187.

Textbeispiel 4: Aus der 13. Tafel des babylonischen Diagnosehandbuchs (A 3506 ii 9–32)

Abb. 6: Foto des Abschnitts der Zeilen 9–32 der 2. Kolumne von A 3506

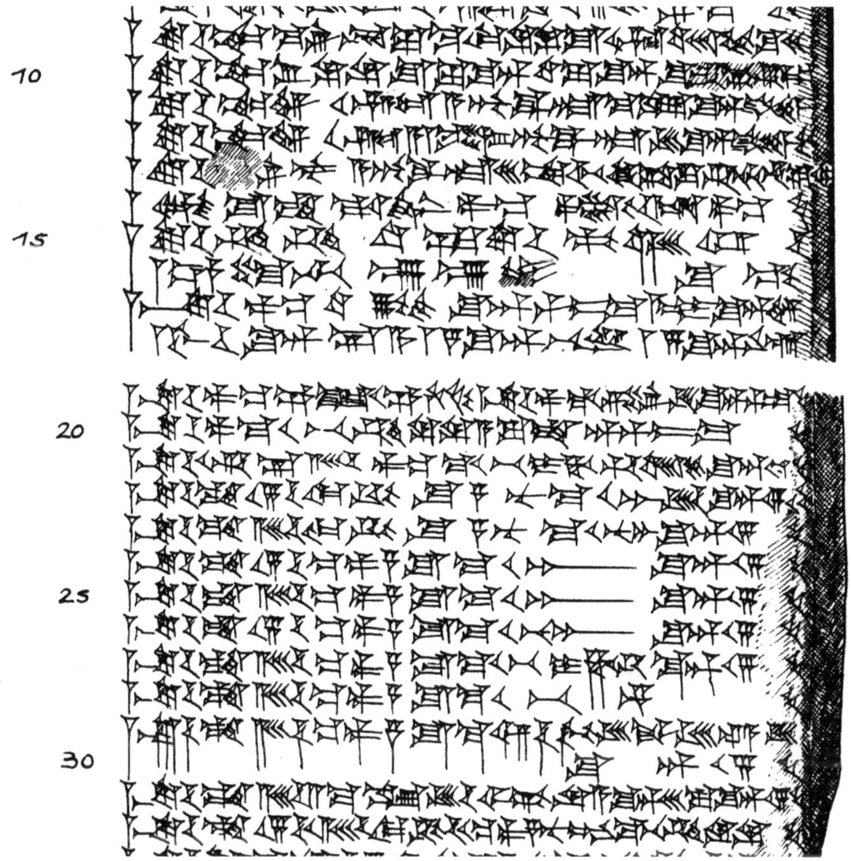

Abb. 7: Kopie des Abschnitts der Zeilen 9–32 der 2. Kolumne von A 3506

Vs ii 9 DIŠ ŠÀ-*šú* KÚM-*ma* IR GIM *lu-ba-ṭi* ŠUB.ŠUB-*su u* SED U$_4$ 31-KÁM ŠU XX

ii 10 DIŠ ŠÀ-*šú* KÚM IR ŠUB.ŠUB-*su lu* ŠU ^{d}UTU *lu* ŠU ^{d}*Šu-lak* GABA.RI SÌG-*iṣ*

ii 11 DIŠ ŠÀ-*šú* KÚM-*em u* SED A UL$_4$.GAL APIN-*ma* NAG ŠU ^{d}DÌM.ME

ii 12 DIŠ ŠÀ-*šú* KÚM-*em u* SED A *ana* TU$_5$ UL$_4$.GAL APIN.MEŠ ŠU ^{d}DÌM.ME TIN

ii 13 DIŠ ŠÀ-*šú* DIG-*ub* A UL$_4$.GAL APIN-*eš* KÚM-*šú mit-ḫur* TA *taš-ri-ti* EN SAG GE$_6$

ii 14 GIG-*su id-da-lip* SÌG-*iṣ* MAŠKIM : GIDIM SÌG-*iṣ* GAM

ii 15 DIŠ ŠÀ-*šú* MUD.MUD-*ud* SAG ŠÀ-*šú* GU$_4$.UD.MEŠ IGI.II-*šú*

ii 16 *ana e-ṭú-ti* NIR.NIR-*aṣ* ŠU GIDIM$_7$

ii 17 DIŠ *ina* ŠÀ-*šú* SÌG-*iṣ* U$_4$ 9-KÁM ŠU ^{d}MAŠ.TAB.BA *ana* 2-*i* ŠU ^{d}IŠKUR

ii 18 *ana šal-šú* ŠU ^{d}*É-a ana* 4 ŠU DINGIR.MAḪ *ana* 5 ŠU ^{d}*Pap-sukkal*

ii 19 DIŠ *ina* ŠÀ-*šú* SÌG-*iṣ e-mir u e-sil* GAM : DIŠ *ina* ŠÀ-*šú* SÌG-*ma u* ZI.IR.MEŠ ŠU ^{d}MAŠ.TAB.BA GAM

ii 20 DIŠ *ina* ŠÀ-*šú* SÌG-*ma u* MÚD MUD ŠUB.ŠUB-*a* DAB-*it* ^{d}MAŠ.TAB.BA GAM

ii 21 DIŠ *ina* ŠÀ-*šú u ri-bit* 150-*šú* SÌG-*iṣ-ma u* MÚD *i-ḫa-ḫu* U$_4$ 31-KÁM ŠU ^{d}U.GUR GAM

ii 22 DIŠ *ina* ŠÀ-*šú* Á 15-*šú di-ik-šu* GAR-*nu-ma u* ḪAL.MEŠ ŠU ^{d}XV TIN

ii 23 DIŠ *ina* ŠÀ-*šú* Á 150-*šú di-ik-šu* GAR-*nu-ma u* NU ḪAL ŠU ^{d}XV GAM

ii 24 DIŠ *ina* ŠÀ-*šú* Á 15-*šú* ^{giš}GIDRI GAR-*su-ma u* ḪAL ŠU ^{d}XV GAM

Vs ii 9 Wenn sein Bauch heiß ist, Schweiß wie bei der *lubāṭu*-Krankheit ihm immer wieder ausbricht und er (dann wiederum) kalt wird: 31 Tage (wird es dauern), Hand des (Sonnengottes) Šamaš.

ii10 Wenn sein Bauch heiß ist, Schweiß ihm immer wieder ausbricht: Entweder Hand des Šamaš oder Hand des (Dämons) Šulak, an der Vorderseite wurde er geschlagen.

ii11 Wenn sein Bauch heiß ist und (dann wieder) kalt, er sehr nach Wasser verlangt und es dann (auch) trinkt: Hand der (Dämonin) Lamaštu.

ii12 Wenn sein Bauch heiß ist und (dann wieder) kalt, er immer wieder sehr nach Wasser zum Waschen verlangt: Hand der (Dämonin) Lamaštu, er wird genesen.

ii13–14 Wenn sein Bauch weich ist, er sehr oft nach Wasser verlangt, sein Fieber gleichbleibend ist, vom Anfang (der Krankheit) bis zum Beginn der Nacht seine Krankheit (ihn) wach hält: Schlag des „Lauerer" (-Dämons) (oder alternativ) des Totengeistes, er wird sterben.

ii15–16 Wenn sein Bauch fortwährend zittert, sein Epigastrium beständig zuckt, er seine Augen immer wieder zur Dunkelheit ausrichtet: Hand des Totengeistes.

ii17–18 Wenn er an seinem Bauch betroffen ist: (Am) neunten Tag (ist es die) Hand der Zwillingsgötter, am Zweiten die Hand des Adad, am Dritten die Hand des Ea, am Vierten die Hand von Bēlet-ilī, am Fünften die Hand von Papsukkal.

ii19 Wenn er an seinem Bauch betroffen ist, er aufgetrieben und aufgebläht ist: Er wird sterben. : Wenn er an seinem Bauch betroffen und andauernd betrübt ist: Hand der Zwillingsgötter, er wird sterben.

ii20 Wenn er an seinem Bauch betroffen ist und dunkles Blut auswirft: Packen der Zwillingsgötter, er wird sterben.

ii21 Wenn er an seinem Bauch und an seiner linken Leistenbeuge betroffen ist und er Blut erbricht: 31 Tage (wird es dauern), Hand des Nergal, er wird sterben.

ii22 Wenn in seinem Bauch, auf seiner rechten Seite, ein durchdringender Schmerz sitzt und er sich erbricht: Hand der Ištar, er wird genesen.

ii23 Wenn in seinem Bauch, auf seiner linken Seite, ein durchdringender Schmerz sitzt und er sich nicht erbricht: Hand der Ištar, er wird sterben.

ii24 Wenn in seinem Bauch, auf seiner rechten Seite, ein brennender Schmerz sitzt und er sich erbricht: Hand der Ištar, er wird sterben.

ii 25 DIŠ *ina* ŠÀ-*šú* Á 150-*šú* ^{giš}GIDRI GAR-*su-ma u* ḪAL ŠU ^{d}XV GAM

ii 26 DIŠ *ina* ŠÀ-*šú* Á 15-*šú* ^{giš}GIDRI GAR-*su-ma u* MÚD ḪAL ŠU ^{d}XV GAM

ii 27 DIŠ *ina* ŠÀ-*šú* Á 150-*šú* ^{giš}GIDRI GAR-*su-ma u* MÚD *i-ḫa-ḫu* ŠU ^{d}IŠKUR GAM

ii 28 DIŠ *ina* ŠÀ-*šú* Á 150-*šú* ^{giš}GIDRI GAR-*su-ma u* MÚD SUR GAM

ii 29 DIŠ *ina* ŠÀ-*šú* Á 150-*šú* ^{giš}GIDRI GAR-*su-ma* IGI.II-*šú* GU.MEŠ SIG_7.MEŠ SA_5.MEŠ

ii 30 ŠU ^{d}XV GAM

ii 31 DIŠ *ina* ŠÀ-*šú* Á 150-*šú* MIN-*ma* NUNDUM.MEŠ-*šú ši-qá* ŠUB-*a* ŠU ^{d}XXX *lu* ŠU ^{d}XV GAM

ii 32 DIŠ *ina* ŠÀ-*šú* Á 15-*šú u* 150-*šú di-ik-šú u* ^{giš}GIDRI GAR-*nu-šum-ma* MÚD MUD ŠUB.ŠUB-*a*$^{!}$ GAM

Kommentar:

Der Abschnitt stammt aus der 13. Tafel des babylonischen Diagnosehandbuchs. Dieses akkadisch *sakikkû*(SA.GIG) „Symptome" (wörtl.: „kranke Stränge") genannte, 40 Tafeln umfassende Werk wurde der altorientalischen Überlieferung nach in der Mitte des 11. Jh.s v. Chr. von dem borsippäischen Gelehrten Esagil-kīn-apli für König Adad-apla-iddina geschaffen.[65] Manuskripte dieser diagnostischen Serie wurden in fast allen altorientalischen Bibliotheken gefunden und bezeugen damit, dass die Serie bis zum Ende der Keilschriftkultur tradiert wurde. Der hier bearbeitete und übersetzte Abschnitt der Einträge 58–78 der leider nicht vollständig erhaltenen 13. Tafel ist vor allem auf dem aus Uruk stammenden Textvertreter A 3506 erhalten, der diesen Abschnitt in den Zeilen 9–32 der zweiten Kolumne vollständig bietet und hier umschrieben wird.

65 Siehe dazu auch oben S. 24.

ii25 Wenn in seinem Bauch, auf seiner linken Seite, ein brennender Schmerz sitzt und er sich erbricht: Hand der Ištar, er wird sterben.

ii 26 Wenn in seinem Bauch, auf seiner rechten Seite, ein brennender Schmerz sitzt und er Blut erbricht: Hand der Ištar, er wird sterben.

ii 27 Wenn in seinem Bauch, auf seiner linken Seite, ein brennender Schmerz sitzt und er Blut erbricht: Hand des Adad, er wird sterben.

ii 28 Wenn in seinem Bauch, auf seiner linken Seite, ein brennender Schmerz sitzt und Blut (aus seinem Mund) fließt: Er wird sterben.

ii 29–30 Wenn in seinem Bauch, auf seiner linken Seite, ein brennender Schmerz sitzt und seine Augen voller gelber Fäden sind: Hand der Ištar, er wird sterben.

ii 31 Wenn in seinem Bauch, auf seiner linken Seite, dito (= ein brennender Schmerz sitzt) und an seinen Lippen ein Ekzem auftritt: Hand des Sîn oder Hand der Ištar, er wird sterben.

ii 32 Wenn in seinem Bauch, auf seiner rechten und linken Seite, ein durchdringender und brennender Schmerz sitzt und er dunkles Blut auswirft, er wird sterben.

Die geringen Varianten in den Duplikaten K. 1756+[66] aus Ninive, des babylonischen Manuskripts BM 40857+[67] und des kleinen Fragments aus Uruk W. 17360n[68] bleiben hier unberücksichtigt. A 3506 wurde von Labat (1951) in Keilschriftautographie publiziert und bearbeitet.[69]

Da die diagnostischen Texte wie Listen angeordnet sind und oft in jeder Zeile ein Eintrag erscheint, ist es wichtig, nicht nur bei der Umschrift, sondern auch bei der Übersetzung eine ebensolche Anordnung der Einträge vorzunehmen. Ein fortlaufender Fließtext würde nicht nur das Auffinden der Einträge erschweren, sondern auch die von den altorientalischen Schreibern für diagnostische Einträge bewusst gewählte Listenform verfälschen.

---

66 K. 1756 + K. 3693 + K. 6290 + Rm. 102, siehe Labat (1951): 110, Anm. 196, und Heeßel (2000): 144.

67 BM 40857 + BM 41180 ist unpubliziert.

68 Zu W. 17360n siehe Labat 1951: 110, Anm. 196.

69 Labat (1951): Taf. XXXII–XXXIV; Bearbeitung ebenfalls bei Labat (1951): 110–129. Dieser Abschnitt der 13. Tafel des Diagnosehandbuchs wurde auch von Heeßel (2010a): 21–23, und Scurlock (2014): 112f., übersetzt.

ii 9 Zur *lubāṭu*-Krankheit siehe Herrero (1975): 48. Unter *libbu*(ŠÀ) verstanden die altorientalischen Heilkundigen nicht nur das Herz als Organ im Speziellen, sondern den gesamten Bauchbereich im Allgemeinen. Im vorliegenden Abschnitt bezeichnet *libbu* ganz allgemein den Bauch. Die Ergänzung „(wird es dauern)" soll hier verdeutlichen, wie die Zeitangabe „31 Tage" zu verstehen ist. 31 Tage bezeichnen im mesopotamischen Idealkalender einen Monat und einen Tag.

Zu der Wendung *Hand der Gottheit so-und-so*, die die Identifikation der krankheitsverursachenden Gottheit bezeichnet, siehe Heeßel (2000): 76–81. Im Gegensatz zu anderen Übersetzungen wie beispielsweise von Labat (1951) werden die *Hand des Šamaš* und vergleichbare Wendungen im weiteren Text hier nicht in Anführungszeichen gesetzt, da hierdurch suggeriert werden würde, die Wendung könnte etwas Anderes bedeuten, als die akkadische Wortwahl nahelegt. Da die Wendung *Hand der Gottheit so-und-so* jedoch sehr genau die babylonisch-assyrischen Vorstellungen zur Krankheitsätiologie widerspiegelt, in denen durch Berührungen ausgelöste Erkrankungen eine wichtige Rolle spielen – siehe hierzu auch die Einleitung –, gibt es keinen Grund, hinter dieser akkadischen Wendung spezifische Krankheitsbezeichnungen zu vermuten, auf die mittels Anführungszeichen verwiesen wird.

ii 10–14 Die explizite Bezeichnung von Šulak, Lamaštu und dem Lauerer als Dämonen dient dazu, der Zielgruppe der Übersetzung das Textverständnis zu erleichtern. In einer an ein assyriologisches Fachpublikum gerichteten Übersetzung wären diese ergänzenden Angaben unnötig.

ii 10 Zur Wendung *miḫra*(GABA.RI) *maḫiṣ*(SÌG-*iṣ*) „an der Vorderseite/von vorne wurde er geschlagen" siehe Heeßel (2000): 165 zu Z. 30'.

ii 15–16 Fincke (2000): 103f., hat das Symptom, dass der Kranke seine Augen auf die Dunkelheit ausrichtet, als Beschreibung der Photophobie (Lichtscheu) gedeutet.

ii 17–18 Es ist nur schwer zu erklären, warum hier zuerst der neunte Tag und dann davorliegende Tage genannt werden. Labat (1951): 118, Anm. 212, hat deshalb diese Zahlen als Tage, die auf den neunten Tag folgen, gedeutet. Siehe auch Scurlock und Andersen (2005): 467f. zu 19.146. Eine andere Übersetzung, in der die folgenden Angaben als Alternativen gedeutet werden, lässt sich nicht ausschließen: „Neun Tage (wird es dauern), Hand der Zwillingsgötter, zum Zweiten die Hand des Adad, zum Dritten die Hand des Ea, zum Vierten die Hand von Bēlet-ilī, zum Fünften die Hand von Papsukkal." Diese Deutung hätte eine Parallele in den Diagnosen von ii 9 und 21.

Ein Tertium Comparationis zwischen den Zwillingsgöttern Lugalirra und Meslamta'ea, die astral Castor und Pollux [α und ß Geminorum] entsprechen, dem Sturm- und Wettergott Adad, dem Gott der Weisheit Ea, der Muttergöttin Bēlet-ilī und dem Wezirgott Papsukkal lässt sich nicht leicht ausmachen.

ii 22 Das in der Kopie erscheinende *-šú* in ḪAL.MEŠ-*šú* ist auf der Tafel nicht vorhanden.

ii 24 Das Wort *ḫaṭṭu* „Szepter" wird hier mit CAD D: 137b sowie Scurlock und Andersen (2005): 700, Anm. 83, als Schreibung für ein von *ḫamāṭu* „brennen" abzuleitendes Nomen, welches einen brennenden Schmerz beschreibt, angesehen.

ii 27 Statt des korrekten ŠU ^{d}IŠKUR des Originals erscheint in der Kopie hier wie in den vorhergehenden Zeilen fälschlich ŠU ^{d}XV.

ii 32 Am Ende der Zeile ist gegen die Kopie ŠUB.ŠUB-*a*$^{!}$ zu lesen.

Literaturverzeichnis

Abrahami, Philippe. 2003. „A propos des fonctions de l'*asû* et de l'*āšipu*: la conception de l'auteur de l'hymne sumérien dédié à Ninisina". *Journal des Médicines Cunéiformes* 2: 19–20.

AHw = *Akkadisches Handwörterbuch*, unter Benutzung des lexikalischen Nachlasses von Bruno Meissner, bearbeitet von Wolfram von Soden. 1965–1981. 3 Bde. Wiesbaden: Harrassowitz.

AMT = Siehe Thompson (1923).

Attia, Annie und Gilles Buisson. 2003. „Si le crâne d'un homme contient de la chaleur, deuxième tablette". *Journal des Médicines Cunéiformes* 1: 1–24.

Attinger, Pascal. 2008. „La médicine mésopotamienne". *Journal des Médicines Cunéiformes* 11/12: 1–96.

BAM = Köcher, Franz. 1961–1980. *Die babylonisch-assyrische Medizin in Texten und Untersuchungen*. 6 Bde. Berlin: de Gruyter.

Beckman, Gary und Benjamin R. Foster. 1988. „Assyrian Scholarly Texts in the Yale Babylonian Collection". In: Erle Leichty (Hg.), *A Scientific Humanist. Studies in Memory of Abraham Sachs* (Occasional Publications of the Samuel Noah Kramer Fund, 9). Philadelphia: University Museum: 1–26.

Black, Jeremy A., Andrew George und Nicholas Postgate. 2000. *A Concise Dictionary of Akkadian*. 2. (korrigierte) Auflage (SANTAG, 5). Wiesbaden: Harrassowitz.

BM = Tablet siglum of the British Museum (London).

Böck, Barbara. 2001/2. „Rezension zu: Daniel Schwemer, Akkadische Rituale aus Ḫattuša, 1998". *Archiv für Orientforschung* 48/49: 228–232.

Böck, Barbara. 2007. *Das Handbuch Muššu'u „Einreibung". Eine Serie sumerischer und akkadischer Beschwörungen aus dem 1. Jt. vor Chr.* (Biblioteca del Proximo Oriente Antiguo, 3). Madrid: Consejo Superior de Investigaciones Científicas.
Böck, Barbara. 2010. „Innere Krankheiten". In: Bernd Janowski und Daniel Schwemer (Hgg.), *Texte zur Heilkunde* (Texte aus der Umwelt des Alten Testamentes, Neue Folge, 5). Gütersloh: Gütersloher Verlagshaus: 69–78.
Böck, Barbara. 2014. *The Healing Goddess Gula. Towards an Understanding of Ancient Babylonian Medicine* (Culture and History of the Ancient Near East, 67). Leiden u. a.: Brill.
Borger, Rykle. 1988. *Assyrisch-babylonische Zeichenliste.* 4. Aufl. (Alter Orient und Altes Testament, 33/33A). Kevelaer: Butzon & Bercker.
Borger, Rykle. 2010. *Mesopotamisches Zeichenlexikon* (Alter Orient und Altes Testament, 305). 2. revidierte und aktualisierte Aufl. Münster: Ugarit-Verlag.
Burde, Cornelia. 1974. *Hethitische medizinische Texte* (Studien zu den Boğazköy-Texten, 19). Wiesbaden: Harrassowitz.
CAD = *Chicago Assyrian Dictionary*, bearbeitet von A. Leo Oppenheim, Erica Reiner, Martha T. Roth u.a. 1956–2010. 21 Bde. Chicago: Oriental Institute.
Cadelli, Danielle S. 2000. *Recherche sur la Médicine Mésopotamienne. La série šumma amêlu suâlam.* Unpublizierte Dissertation. Université de Paris 1 Panthéon-Sorbonne. UFR d'Historie. Histoire ancienne du Proche-Orient. Paris.
Cancik-Kirschbaum, Eva. 2010. „Gegenstand und Methode: Sprachliche Erkenntnistechniken in der keilschriftlichen Überlieferung Mesopotamiens". In: Annette Imhausen und Tanja Pommerening (Hgg.), *Writings of Early Scholars in the Ancient Near East, Egypt, Rome, and Greece. Translating Ancient Scientific Texts* (Beiträge zur Altertumskunde, 286). Berlin/ New York: de Gruyter: 175–188.
Civil, Miguel. 1960. „Préscriptions médicales sumériennes". *Revue Assyriologique* 54: 57–72.
Civil, Miguel. 1961. „Une nouvelle préscription médicales sumériennes". *Revue Assyriologique* 55: 91–94.
Civil, Miguel. 1974. „Medical Commentaries from Nippur". *Journal of Near Eastern Studies* 33: 329–338.
Coleman, Mary. 2006. „Lettre aux éditeurs: 'Reply to Nils P. Heeßel'". *Journal des Médicines Cunéiformes* 6. 43–48.
Collins, Timothy J. 1999. *Natural illness in Babylonian medical incantations.* Unpublizierte Ph.D. Chicago. UMI 9934038.
Farber, Walter. 1976. „Rezension zu Dietlinde Goltz: Studien zur altorientalischen und griechischen Heilkunde: Therapie – Arzneibereitung – Rezeptstruktur, 1974". *Bibliotheca Orientalis* 33: 228–333.
Fincke, Jeanette C. 2000. *Augenleiden nach keilschriftlichen Quellen. Untersuchungen zur altorientalischen Medizin* (Würzburger medizinhistorische Forschungen, 70). Würzburg: Königshausen und Neumann.
Finkel, Irving L. 1988. „Adad-apla-iddina, Esagil-kīn-apli, and the Series SA.GIG". In: Erle Leichty (Hg.), *A Scientific Humanist. Studies in memory of Abraham Sachs* (Occasional Publications of the Samuel Noah Kramer Fund, 9). Philadelphia: Univ. Museum: 143–150.
Finkel, Irving L. 1998. „A Study in Scarlet: Incantations against Samana". In: Stefan M. Maul (Hg.), *Festschrift für Rykle Borger zu seinem 65. Geburtstag am 24. Mai 1994: tikip santakki mala bas mu ...* (Cuneiform Monographs, 10). Groningen: Styx: 71–106.
Freydank, Helmut. 1972. „Chirurgie im alten Mesopotamien?". *Das Altertum* 18: 133–137.

GAG = Soden, Wolfram von. 1995. *Grundriss der akkadischen Grammatik*: samt Ergänzungsheft zum Grundriss der akkadischen Grammatik unter Mitarbeit von Werner R. Mayer (Acta Orientalia, 33). 3. ergänzte Aufl. Roma: Pontificium Institutum Biblicum.

Geller, Markham J. 2004. „Diet and Regimen in the Babylonian Talmud". In: Cristiano Grottanelli und Lucio Milano (Hgg.), *Food and Identity in the Ancient World* (History of the Ancient Near East: Studies, 9). Padua: Sargon: 217–242.

Geller, Markham J. 2007. „Médicine et magie : l'asû, l'âšipu et le mašmâšu". *Journal des Médicines Cunéiformes* 9: 1–8.

Geller, Markham J. 2010. *Ancient Babylonian Medicine. Theory and Practice*. Chichester u. a.: Wiley-Blackwell.

Geller, Markham J. 2014. *Melothesia in Babylonia. Medicine, Magic, and Astrology in the Ancient Near East* (Science, Technology, and Medicine in Ancient Cultures, 2). Berlin u. a.: de Gruyter.

Goltz, Dietlinde. 1974. *Studien zur altorientalischen und griechischen Heilkunde: Therapie – Arzneibereitung – Rezeptstruktur* (Beihefte/Sudhoffs Archiv, 16). Wiesbaden: Steiner.

Haas, Volkert. 2003. *Materia Magica et Medica Hethitica. Ein Beitrag zur Heilkunde im Alten Orient*. 2 Bde. Berlin/New York: de Gruyter.

Haussperger, Martha. 2012. *Die mesopotamische Medizin aus ärztlicher Sicht*. Baden-Baden: DWV.

Heeßel, Nils P. 2000. *Babylonisch-assyrische Diagnostik* (Alter Orient und Altes Testament, 43). Münster: Ugarit-Verlag.

Heeßel, Nils P. 2004a. „Diagnosis, Divination and Disease. Towards an Understanding of the *rationale* behind the Babylonian Diagnostic Handbook". In: Herman Horstmannshoff und Marten Stol (Hgg.), *Magic and Rationality in Ancient Near Eastern and Graeco-Roman Medicine* (Studies in Ancient Medicine, 27). Leiden/Boston: Brill: 97–116.

Heeßel, Nils P. 2004b. „Reading and Interpreting Medical Cuneiform Texts – Methods and Problems". *Le Journal des Médecines Cunéiformes* 3: 2–9.

Heeßel, Nils P. 2005. „Stein, Pflanze und Holz. Ein neuer Text zur ‚medizinischen Astrologie'". *Orientalia NS* 74: 1–22.

Heeßel, Nils P. 2006. „Der verschwiegene Unterschied. Die Geschlechterdifferenz in medizinischen Texten aus dem Alten Mesopotamien". In: Bernhard Heininger und Ruth Lindner (Hgg.), *Krankheit und Heilung. Gender – Religion – Medizin* (Geschlecht – Symbol – Religion, 4). Münster: Lit: 9–24.

Heeßel, Nils P. 2008a. „Babylonische Wissenschaft: Medizin und Magie". In: Joachim Marzahn und Günther Schauerte (Hgg.), *Babylon – Mythos und Wahrheit*. München: Hirmer: 413–422.

Heeßel, Nils P. 2008b. „Astrological Medicine in Babylonia". In: Anna Akasoy, Charles Burnett und Ronit Yoeli-Tlalim (Hgg.), *Astro-Medicine. Astrology and Medicine, East and West* (Micrologus' Library, 25). Florenz: SISMEL, Ed. del Galluzzo: 1–16.

Heeßel, Nils P. 2009. „The Babylonian Physician Rabâ-ša-Marduk. Another Look at Physicians and Exorcists in the Ancient Near East". In: Annie Attia und Gilles Buisson (Hgg.), *Advances in Mesopotamian Medicine from Hammurabi to Hippocrates* (Cuneiform Monographs, 37). Leiden/Boston: Brill: 13–28.

Heeßel, Nils P. 2010a. „Diagnostische Texte". In: Bernd Janowski und Daniel Schwemer (Hgg.), *Texte zur Heilkunde* (Texte aus der Umwelt des Alten Testamentes, Neue Folge, 5). Gütersloh: Gütersloher Verlagshaus: 8–31.

Heeßel, Nils P. 2010b. „Medizinisch-astrologische Texte“. In: Bernd Janowski und Daniel Schwemer (Hgg.), *Texte zur Heilkunde* (Texte aus der Umwelt des Alten Testamentes, Neue Folge, 5). Gütersloh: Gütersloher Verlagshaus: 168–172.

Heeßel, Nils P. 2010c. „Neues von Esagil-kīn-apli. Die ältere Version der physiognomischen Omenserie *alamdimmû*“. In: Stefan M. Maul und Nils P. Heeßel (Hgg.), *Assur-Forschungen. Arbeiten aus der Forschungsstelle „Edition Literarischer Keilschrifttexte aus Assur“ der Heidelberger Akademie der Wissenschaften*. Wiesbaden: Harrassowitz: 139–187.

Heeßel, Nils P. 2010d. „Rechts oder links – wörtlich oder dem Sinn nach? Zum Problem der kulturellen Gebundenheit bei der Übersetzung von medizinischen Keilschrifttexten“. In: Annette Imhausen und Tanja Pommerening (Hgg.), *Writings of Early Scholars in the Ancient Near East, Egypt, Rome, and Greece. Translating Ancient Scientific Texts* (Beiträge zur Altertumskunde, 286). Berlin/New York: de Gruyter: 175–188.

Heeßel, Nils P. 2015. „Magie in Mesopotamien“. In: Andrea Jördens (Hg.), *Ägyptische Magie und ihre Umwelt* (Philippika, 80). Wiesbaden: Harrassowitz: 33–53.

Heeßel, Nils P. und Farouk A. al-Rawi. 2003. „Tablets from the Sippar Library XII: A Medical Therapeutic Text“. *Iraq* 65: 221–239.

Herrero, Pablo. 1975. „Tablette médicale assyrienne inédite“. *Revue d'Assyriologie* 69: 41–53.

Hunger, Hermann. 1968. *Babylonische und assyrische Kolophone* (Alter Orient und Altes Testament, 2). Kevelaer: Butzon & Bercker.

Johnson, J. Cale. 2014. „Towards a Reconstruction of SUALU IV: Can we Localize K 2386+ in the Therapeutic Corpus?“. *Le Journal des Médecines Cunéiformes* 24: 11–38.

Jursa, Michael. 1999/2000. „Rezension zu Daniel T. Potts: Mesopotamian Civilization. The Material Foundations, 1997“. *Archiv für Orientforschung* 46/47: 290–295.

KADP: Siehe Köcher (1955).

Karenberg, Axel. 2009. „Retrospective Diagnosis: Use and Abuse in Medical Historiography“. *Prague Medical Report* 110: 140–145.

Karenberg, Axel und Ferdinand P. Moog. 2004. „Next Emperor, Please! No End to Retrospective Diagnostics“. *Journal of the History of the Neurosciences* 13: 143–149.

Kinnier Wilson, James. 2005. „Notes on the Assyrian Pharmaceutical Series URU.AN.NA: *Maštakal*“. *Journal of Near Eastern Studies* 64: 45–51.

Köcher, Franz. 1955. *Keilschrifttexte zur assyrisch-babylonischen Drogen- und Pflanzenkunde*. Berlin: Akademie-Verlag.

Köcher, Franz. 1963. *Die babylonisch-assyrische Medizin in Texten und Untersuchungen* I (BAM, 1). Berlin: de Gruyter.

Köcher, Franz. 1971. *Die babylonisch-assyrische Medizin in Texten und Untersuchungen* IV (BAM, 4). Berlin. de Gruyter.

Köcher, Franz. 1978. „Spätbabylonische medizinische Texte aus Uruk“. In: Christa Habrich (Hg.), *Medizinische Diagnostik in Geschichte und Gegenwart. Festschrift für Heinz Goerke zum sechzigsten Geburtstag* (Neue Münchner Beiträge zur Geschichte der Medizin und Naturwissenschaften: Medizinhistorische Reihe, 7/8). München: Fritsch: 17–34.

Köcher, Franz. 1980a. *Die babylonisch-assyrische Medizin in Texten und Untersuchungen* V (BAM, 5). Berlin/New York: de Gruyter.

Köcher, Franz. 1980b. *Die babylonisch-assyrische Medizin in Texten und Untersuchungen* VI (BAM, 6). Berlin/New York: de Gruyter.

Köcher, Franz. 1995. „Ein Text medizinischen Inhalts aus dem neubabylonischen Grab 405". In: Rainer Michael Boehmer u. a., *Uruk – Die Gräber* (Ausgrabungen in Uruk/Warka, Endberichte, 10). Mainz: Zabern: 203–217.

Küchler, Franz. 1904. *Beiträge zur Kenntnis der Assyrisch-Babylonischen Medizin* (Assyriologische Bibliothek, 18). Leipzig: J. C. Hinrichs.

Labat, René. 1951. *Traité akkadien de diagnostics et pronostics médicaux.* 2 Bde. Leiden: Brill.

Labat, René. 1954. „À propos de la chirurgie babylonienne". *Journal Asiatique* 242: 207–214.

Labat, René. 1976. *Manuel d'épigraphie akkadienne.* 5e édition. Nouv. éd. rev. et corr. par Florence Malbran-Labat. Paris: Geuthner.

Landsberger, Benno. 1951. *Die Serie Ur – e – a = naqû. Materialien zum sumerischen Lexikon.* Rom: Pontificium Institutum Biblicum.

Leven, Karl-Heinz. 1988. „Krankheiten – historische Deutung versus retrospektive Diagnose". In: Norbert Paul und Thomas Schlich (Hgg.), *Medizingeschichte: Aufgaben, Probleme, Perspektiven.* Frankfurt/New York: Campus-Verlag: 153–185.

Leven, Karl-Heinz. 1997. *Die Geschichte der Infektionskrankheiten. Von der Antike bis ins 20. Jahrhundert.* Landsberg/Lech: ecomed.

Leven, Karl-Heinz. 2004. „‚At Times These Ancient Facts Seem to Lie before me like a Patient on a Hospital Bed' – Retrospective Diagnosis and Ancient Medical History". In: Herman Horstmannshoff und Marten Stol (Hgg.), *Magic and Rationality in Ancient Near Eastern and Graeco-Roman Medicine* (Studies in Ancient Medicine, 27). Leiden/Boston: Brill: 369–386.

Majno, Guido. 1975. *The Healing Hand. Man and Wound in the Ancient World.* Cambridge/Mass.: Harvard University Press.

Marchesi, Gianni. 2013. „Of Plants and Trees. Crops and Vegetable Resources at Ebla". In: Paolo Matthiae und Nicolò Marchetti (Hgg.), *Ebla and Its Landscape. Early State Formation in the Ancient Near East.* Walnut Creek/California: Left Coast Press: 274–292.

Maul, Stefan M. 2001. „Die Heilkunst des Alten Orients". *Medizinhistorisches Journal* 36: 3–22.

Maul, Stefan M. 2004. „Die ‚Lösung vom Bann': Überlegungen zu altorientalischen Konzepten von Krankheit und Heilkunst". In: Herman Horstmannshoff und Marten Stol (Hgg.), *Magic and Rationality in Ancient Near Eastern and Graeco-Roman Medicine* (Studies in Ancient Medicine, 27). Leiden/Boston: Brill: 79–95.

Powell, Marvin A. 1984. „Sumerian Cereal Crops". *Bulletin on Sumerian Agriculture* 1: 48–72.

Powell, Marvin A. 2003–2005. „Obst und Gemüse. A. I. Mesopotamien". In: Dietz O. Edzard (Hg.), *Reallexikon der Assyriologie und Vorderasiatischen Archäologie.* Bd. 10. Berlin/New York: de Gruyter: 13–22.

Reiner, Erica. 1995. *Astral Magic in Babylonia* (Transactions of the American Philosophical Society, New Series, 85, No. 4). Philadelphia: The American Philosophical Society.

Ritter, Jim. 1998. *Reading Strasbourg 368: A Thrice-Told Tale* (Max-Planck-Institut für Wissenschaftgeschichte Preprint, 103). Berlin: Max-Planck-Institut für Wissenschaftsgeschichte. [= Ritter, Jim. 2004. "Reading Strasbourg 368: A Thrice-Told Tale." In: Karine Chemla (Hg.), *History of Science, History of Text* (Boston Studies in the Philosophy of Science, 238). Dordrecht: Springer: 177–200.]

Römer, Willem H. 1995. „Miscellanea Sumerologica III. Eine Beschwörung in sumerischer Sprache gegen die Folgen von Schlangen- und Hundebiß, sowie Skorpionenstich". In: Manfred Dietrich und Oswald Loretz (Hgg.), *Vom Alten Orient zum Alten Testament. Festschrift für Wolfram Freiherrn von Soden zum 85. Geburtstag am 19. Juni 1993* (Alter Orient und Altes Testament, 240). Kevelaer: Butzon & Bercker: 413–423.

Scheyhing, Hans. 2007. „Der Patient wird sterben! Tod in den medizinisch-therapeutischen Texten des Alten Orients“. *Welt des Orients* 37: 112–134.
Scheyhing, Hans. 2011. „Babylonisch-assyrische Krankheitstheorie. Korrelationen zwischen medizinischen Diagnosen und therapeutischen Konzepten“. *Welt des Orients* 41: 79–117.
Schuster-Brandis, Anais. 2008. *Steine als Schutz- und Heilmittel. Untersuchung zu ihrer Verwendung in der Beschwörungskunst Mesopotamiens im 1. Jt. v. Chr.* (Alter Orient und Altes Testament, 46). Münster: Ugarit-Verlag.
Schwemer, Daniel. 2010. „Übersetzungen mesopotamischer heilkundlicher Texte – Vorbemerkung“. In: Bernd Janowski und Daniel Schwemer (Hgg.), *Texte zur Heilkunde* (Texte aus der Umwelt des Alten Testaments, Neue Folge, 5). Gütersloh: Gütersloher Verlagshaus: 1–2.
Scurlock, JoAnn. 1999. „Physician, Exorcist, Conjurer, Magician. A Tale of Two Healing Professionals“. In: Tzvi Abusch und Karel van der Toorn (Hgg.), *Mesopotamian Magic. Textual, Historical, and Interpretative Perspectives* (Ancient Magic and Divination, 1). Groningen: Styx: 69–79.
Scurlock, JoAnn. 2005. „Ancient Mesopotamian Medicine“. In: Daniel C. Snell (Hg.), *A Companion to the Ancient Near East.* Malden u. a.: Blackwell: 302–315.
Scurlock, JoAnn. 2007. „A Proposal for Identification of a Missing Plant: Kamantu/$^{\acute{u}}$ÁB.DUḪ = Lawsonia inermis L./“henna””. *Wiener Zeitschrift für die Kunde des Morgenlandes* 97 (= Festschrift Hermann Hunger): 491–520.
Scurlock, JoAnn. 2014. *Sourcebook for Mesopotamian Medicine* (Writings from the Ancient World, 36). Atlanta/Georgia: Society of Biblical Literature.
Scurlock, JoAnn und Burton Andersen. 2005. *Diagnoses in Assyrian and Babylonian Medicine. Ancient Sources, Translations, and Modern Medical Analyses.* Urbana/Chicago: University of Illinois Press.
Steinert, Ulrike. 2013. „Fluids, Rivers, and Vessels: Metaphors and Body Concepts in Mesopotamian Gynaecological Texts”. *Le Journal des Médecines Cunéiformes* 22: 1–23.
Stiehler-Alegria, Gisela. 2008. „Führten die Geheimnamen antiker Pharmakopöen zur Dreck-Apotheke?“. *Geschichte der Pharmazie* 60: 15–24.
Stol, Marten. 1983. „Babylonische Medische Teksten over Galziekten“. In: Klaas R. Veenhof (Hg.), *Schrijvend Verleden. Documenten uit het oude Nabije Oosten vertaald en Toegelicht.* Leiden: Ex oriente lux: 301–307.
Stol, Marten. 2004. „An Assyriologist Reads Hippocrates“. In: Herman Horstmannshoff und Marten Stol (Hgg.), *Magic and Rationality in Ancient Near Eastern and Graeco-Roman Medicine* (Studies in Ancient Medicine, 27). Leiden/Boston: Brill: 63–78.
Thompson, Reginald C. 1906. *Cuneiform Texts from Babylonian Tablets in the British Museum.* Bd. 23. London: Trustees of the British Museum.
Thompson, Reginald C. 1907–1908. „Assyrian Prescriptions for Diseases of the Head“. *American Journal of Semitic Languages and Literatures* 24: 1–6; 323–353.
Thompson, Reginald C. 1923. *Assyrian Medical Texts from the Originals in the British Museum.* London: Milford.
Thompson, Reginald C. 1936. *A Dictionary of Assyrian Chemistry and Geology.* Oxford: Clarendon Press.
Thompson, Reginald C. 1937. „Assyrian Prescriptions for the Head”. *American Journal of Semitic Languages and Literatures* 53: 217–238.
Thompson, Reginald C. 1949. *A Dictionary of Assyrian Botany.* London: British Acadademy.
Thureau-Dangin, François. 1922. *Tablettes d’Uruk à l’usage des prêtres du Temple d’Anu au temps des Séleucides* (Textes Cunéiformes du Louvre, 6). Paris: Geuthner.

Worthington, Martin. 2005. „Edition of UGU 1 (= BAM 480 etc.)“. *Le Journal des Médecines Cunéiformes* 5: 6–43.

Abbildungsnachweis

Abb. 1: http://cdli.ucla.edu/dl/photo/P365742.jpg.
Abb. 2: Köcher (1980a): Taf. 72–73.
Abb. 3: Köcher (1971): Taf. 103–104.
Abb. 4: http://cdli.ucla.edu/dl/photo/P393735.jpg.
Abb. 5: Köcher (1980b): Taf. 103–104.
Abb. 6: Nils P. Heeßel.
Abb. 7: Labat (1951): Taf. XXXIII und XXXIV.

Jim Ritter (Paris)

Translating Babylonian Mathematical Problem Texts

Every translation is a partial translation. This is not only because the semantic range of any given word in the source language is never coterminous with the semantic range of the translated word in the target language. Even more importantly, it is so because a text is never an isolated artifact; it is necessarily embedded in a cultural matrix which shapes its meaning in an essential manner.[1] If the first of these two difficulties lies beyond the translator's – or any individual's – capacity to change, the second can be dealt with to some extent through a series of choices.

Firstly, it goes without saying, the translator must attempt to understand as far as possible the actual context(s) in which his or her text would have been read at the time of its composition. In our case here of Old Babylonian mathematics it is difficult to go beyond the simple fact that it seems to have taken place in an educational setting.

Secondly, in the absence of empirical knowledge of the societal context, one may turn to the *formal* characteristics of the text in the search for an informative Mesopotamian context. It is this approach which we adopt here, since it is particularly adapted to the case of mathematical texts. Then, as now, this genre is marked by a very rigid word order, a stereotyped and reduced verbal structure and a restricted vocabulary. These tight constraints on the rhetoric are not an arbitrary choice; they exist because of the need for maximal clarity and minimal ambiguity in the reasoning or the procedure being presented.

But naturally, the specific choices of these simplified, repetitive, and stereotyped structures cannot be the same in Akkadian and in English. The point is not to translate from the original's fixed technical language into the target language's contemporary equivalent (a Babylonian problem text cannot and should not sound like a published article in a modern mathematical journal or even a contemporary mathematical schoolbook) but rather to adopt a translation style which captures those aspects of the original style which play functional roles in the comprehension and utilization of the genre.

---

1 For a discussion of these issues in general, see the various contributions in Chemla (2004) and for the particular class of texts under discussion in this chapter, see Ritter (2004) in that same volume.

1 Mathematics in Mesopotamia

In one sense, mathematics has existed in Mesopotamia as long as writing has; long before writing was adapted for recording the spoken language, the first texts counted, measured, added and divided the economic, social and religious wealth of the community.[2] For a thousand years, from the middle of the fourth millennium BCE to the middle of the third, these accounting texts form the overwhelming majority of extant texts.[3] But from the Early Dynastic III period, around the middle of the third millennium, we start to find occasional texts which may be classified as mathematical in a stricter sense: metrological-mathematical tables and student exercises. Towards the end of that millennium, the use of a positional base-60 numerical system is in force for calculational purposes, though metrological systems resist to some extent this change. Finally, the beginning of the second millennium marks the appearance of mathematical problem texts, those which we will be treating in this chapter.[4]

Nonetheless, it should be remembered that of the several hundreds of thousands of cuneiform tablets known from Mesopotamia, only a few hundred are of a mathematical nature in the sense used here, that is that present a problem (with or without an explicit solution) or a table of a mathematical nature (inverses, squares, square roots, constants, ...) or a mathematical exercise. The vast majority of these tablets date from the Old Babylonian Period (roughly between 2000 and 1600 BCE) and we shall here be focused exclusively on texts from this period. In particular, we shall be looking at and translating mathematical *solved-problem texts*, that is, texts which pose a mathematical problem involving numerical data and ask for a numerical answer. The solution to the problem is then developed as a step-by-step procedure, each step invoking either an *arithmetic operation* (an operation which transforms one number into another) or a *control command* (an operation which operates a change in the information flow of the solution algorithm),[5] with the answer to the problem given as the final result.

---

2 Advances in the understanding of the origins of writing and mathematics in Mesopotamia are resumed and developed in Nissen, Damerow, and Englund (1990/1993).

3 Indeed, accounting and administrative texts play a dominant role for all periods of Mesopotamian history.

4 For an overall view of Mesopotamian mathematical texts see the detailed review article in the *Reallexikon der Assyriologie und Vorderasiatischen Archäologie* by Jöran Friberg (Friberg 1987–90).

5 We shall treat the terms 'command' and 'operation' as interchangeable synonyms.

2 Mathematical solved-problem texts

These texts were first really understood thanks to the pioneering work of Otto Neugebauer and François Thureau-Dangin in the nineteen-thirties,[6] who located such texts in museum collections and systematically published a large number of them.[7] We now know roughly one hundred of these solved-problem texts and the nearly 500 problems – completely or incompletely preserved – they contain. An individual tablet can contain anything from a single problem to over forty related or unrelated problems.

This class of texts is as well-defined by its formal structure as by its content. Solved-problem texts have four parts; in their order of appearance:

1° a title, usually a single word (optional)
2° the presentation of the problem
3° the question(s) to be answered (occasionally absent)
4° the method of solution of the problem

These four parts, well distinguished by their differing content, are equally so by their formal, grammatical structure, in particular the verbal tenses used.[8] In particular, part 4, the solution algorithm uses the Imperative or the Durative, while in the problem presentation, parts 2 and 3, when a finite verb is used it is generally in the Preterite.

Our translations will use English tensed forms to capture these distinctions with the following equivalences:

Akkadian verb form	**English verb form**
Preterite	Preterite
Durative	Future[9]
Imperative	Imperative

6 For a historical study of this early period in Assyriology see Høyrup (1996) and the various contributions in the proceedings of the Neugebauer Conference: Jones, Proust, and Steele (2015).

7 These classical compendia are Neugebauer (1935–1937), Thureau-Dangin (1938) and Neugebauer and Sachs (1945).

8 I shall use the somewhat inexact expression 'verbal tense' to refer to all the finite forms of the Akkadian verb: the three indicative inflected forms – Preterite, Durative and Perfect – as well as the two injunctive forms – Imperative and Precative.

9 We choose the English future rather than, say, the present for the solution procedure because the former tense 'you *will* do thus-and-so' carries a remnant of its modal past, quite appropriate to its role here as an instruction or command.

If the solution algorithm in the mathematical texts causes few difficulties in determining the main verbal tense, the frequent absence of finite verbs in the presentation part of the problem – which generally employs verbless nominal phrases, corresponding to English phrases construed with forms of the verb ‘to be’ – poses a difficulty. In the absence of a copula in Akkadian, there is no intrinsic way of determining the equivalent English form of ‘to be’ in such cases; parallelism with other finite verbs must then determine the English tense of ‘to be’ that should be used.

We will take these grammatical distinctions all the more seriously in that precisely the same distinctions reappear in the same relative positions in texts of quite different genres: medicine, divination and jurisprudence (domains which, with mathematics, I have called those of “rational practice”) of the same period.[10]

3 Abstract numbers

The numerical system used in the solution of the problems is, as is well-known, a sexagesimal (base 60) place-notational one. What is perhaps less appreciated is that this system is in many ways an artificial abstract one, distinct from, though related to, contemporary metrological systems.[11]

The convention used here for transcribing numbers in the abstract sytem is to use 2 decimal digits to represent each individual sexagesimal digit. A zero will be placed in front of sexagesimal 1 through 9, except when these sexagesimal digits occur in the first position of a number. Moreover, a blank space will be used to separate sexagesimal digits. Thus,

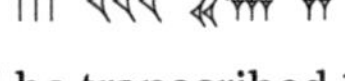

will be transcribed 3 30 56 04.

In the absence of an explicit zero, the actual value – I will call this the absolute value – of a given number written in cuneiform is ambiguous, thus, 1 30 might represent any of the following absolute values (here, the semicolon ‘;’

10 See Ritter (2010). Later, in the first millennium, such domains as numerical astronomy enter the picture with similar distinctions in their procedure texts; see the chapter by Ossendrijver in this volume.

11 For one discussion of the third-millennium development of this abstract system from the various metrological systems see Ritter (1999) and Ritter (2001).

represents the Mesopotamian decimal point, marking the division between the integer and fractional part of a number):

$$1\ 30;00 = (1 \times 60^1) + (30 \times 60^0) = 60 + 30 = 90$$

or

$$1;30 = (1 \times 60^0) + (30 \times 60^{-1}) = 1 + 30/60 = 1\tfrac{1}{2}$$

or

$$0;01\ 30 = (1 \times 60^{-1}) + (30 \times 60^{-2}) = 1/60 + 30/3600 = 1/40 = 0.025$$

or

$$1\ 30\ 00;00 = (1 \times 60^2) + (30 \times 60^1) = 3600 + 1800 = 5400$$

or any other pair of successive powers of 60. Note that non-contiguous powers of 60 are excluded here since something like

$$(1 \times 60^2) + (30 \times 60^0) = 3600 + 30 = 3630$$

would have been written 1 30 (𒁹 𒌍), with an empty space left between the two non-contiguous sexagesimal digits. Note that to indicate that a sexagesimal number is an integer, a sexagesimal zero (decimally indicated by 00) will be added after the semicolon: e.g., 27;00 is the sexagesimal integer 27.

Determining the absolute value of a number is deciding where in that number is to be found the unit's place, or in other words, where one should put the semicolon that divides the integer part of a number from the fractional part. There do exist, however, certain ways of signaling the absolute value of a number when necessary in the problem texts and we shall see one of them in our examples (Problem II).

Since often the absolute values can only be determined after the whole problem has been analyzed, we shall adopt the convention of writing in the transliteration and transcription only what is written on the tablet, e.g., in the case of the above number "1 30", leaving the question of the precise powers of 60 (i.e., the position of the semicolon) for the last step of the translation. The determination of absolute values will depend on the existence of certain arithmetic operators like addition, subtraction or square root in the problem, whose determination depends on the absolute values of its arguments whereas other operations, such as multiplication or inverse, are invariant under change of absolute value and thus of no help in this task.[12]

---

12 It should be borne in mind that in the absence of explicit metrological values in a given problem, a unique solution for the attribution of absolute values cannot be guaranteed (Problems I and III). The question of how the ancient readers of these texts understood the absolute values is unclear, perhaps through oral indications.

4 Metrological numbers and units

Unlike the abstract system used for performing the calculations in the solution-algorithm section of problem texts, the normal metrological systems were not in general sexagesimal, though there was a constant pressure throughout Mesopotamian history to reshape them in sexagesimal form.[13] As in American, Liberian and Burmese (Myanmar) elementary mathematical schoolbooks today, a not inconsiderable number of Mesopotamian problems involved the translation of metrological units given in the presentation of the problem into the abstract system for the calculational work in the algorithm, followed by the translation of the answer into real-life metrological units at the end of the calculation (see Problem II).

The situation is rendered still more complicated by the fact that the cuneiform writing of the quantitative metrological values depended on the particular metrological system in which one was working. The writing of 'numbers' for surfaces and volumes, for instance, differed from each other as well as from the writing of abstract numbers.

When dimensional values are used in mathematical problem texts there is a default choice of unit for each metrological system. For example, lengths are understood to be in *nindanum* and as such will normally not mention the unit explicitly. If another length unit is used the value will have the explicit unit name attached (Problem II). Similarly, the default units for area and ground-volume are *mušarum* and for weight *manûm*.

It is frequent in modern work to use the Sumerian names of metrological units, based, one supposes, on the fact that in the vast majority of cases it is the Sumerian logograms of these units which are used in the text. However, the occasional use of full writings of the Akkadian absolute form (Problem II) suggests that in fact these units were anciently read in that language. Thus, though we shall transliterate them following their Sumerian logographic form, we shall transcribe them by their Akkadian equivalents.

As for the question of the English version of these unit names, modern sources generally choose to translate them either into 1° contemporary metric system equivalents (e.g., **sìla**, *qûm* = "liter") or into 2° 'biblical' units (e.g., **kùs**, *ammatum* = "cubit") or into 3° literal translations of the Mesopotamian terms (e.g., **nindan**, *nindanum* = "rod"). The first choice is totally anachronistic and has the added disadvantage of the necessity of requiring a change in almost all

13 See Powell (1987–90) for a detailed study of these metrological systems.

numerical values as well; this is clearly unadvisable and is to be ruled out. The second choice is more defensible from a historic point of view (the units used in the Old Testament are after all historically derived from the Mesopotamian systems), but today, when an intimate knowledge of the Bible is no longer current among young Assyriologists, we face the situation where unknown Akkadian names are replaced by equally unknown anglicized Hebrew ones.[14] Finally, not all ancient metrological names are easily translatable or even known. Since the Old Babylonian metrological system must be learned in any case in order to understand Old Babylonian mathematical texts, we shall simply leave metrological terms in the original Akkadian, in an invariable nominative case.

The principal Old Babylonian units for length, area, volume, capacity and weight are given in the Metrological Diagram (see the Appendix, C., Fig. 1).

5 Termini technici

The question of the translation of 'technical' terms is to be decided on the basis of their functionality in the carrying-out of each step of the procedure. As we have already pointed out, every sentence of the solution procedure corresponds to a command ('do this' or 'you will do this') either arithmetic or control. The result of this command is then, in the arithmetic case, the determination (add, multiply, find the inverse, ...) of a number or, in the control case, its disposition (write down, store, ...). In all cases, what will interest us in our translations is strictly what is to be found on the tablet, that is the arithmetic determination of a number by an operation on one or more numerical arguments or the disposition of a value. Therefore, we shall 'flatten out' some of the distinctions made at times in the literature, translating for example the Akkadian verbs *kamārum* and *waṣābum* indifferently as "to add" (though of course these verbs will be distinguished by their distinctive use of *u* ("and") or *ana* ("to") respectively as the word linking their two arguments). We shall not try to go beyond the direct material evidence nor speculate on possible origins of the material.[15]

Enclitic particle *-ma*. The enclitic particle *-ma*, attached as suffix to finite verbs or to predicates in general, is normally to be translated as "and" or "then",

14 Though the two cases of "cubit" in length measure and "mina" as a weight measure have slightly more currency, the advantage to be gained by introducing them as exceptions hardly outweighs the inconsistency.

15 See the discussion in the following section 6: "'Translating' solved-problem texts".

occasionally "but". In mathematical problem texts it can appear in such a role in the problem presentation, in which case it will generally have the meaning "then" and will be so translated. However, more specific to mathematical texts, it is also used to set off a number, either a datum in the problem presentation or the numerical result of effecting an arithmetic operation in the solution algorithm. We shall translate this latter use by a dash "—".

Constants. The mathematical sciences of any culture use a series of constants which serve to aid in calculation or in conversion from one metrological system to another. Our own modern society uses a whole plethora of them: *mathematical* constants, such as the ratio of the circumference of a circle to its diameter, π (3.14159...) and the base of natural logarithms e (2.718281828...); as well as *physical* constants such as the speed of light, c (2.998×10^8 m/s) and the electron mass m_e (9.10938×10^{-31} kg); *chemical* constants such as Avogadro's number N_A (6.022141×10^{23} molecules/mole) and the heat of vaporization of water (540 cal/g); etc. The Mesopotamians also constructed tables for their numerical constants, known as *igigubbûm*.[16] These, like ours, contained values for mathematical, physical and other constants, though they were not the same as ours; for example, there is a Mesopotamian constant for the circle – not our π (3.14159...) but the number 5 (absolute value 0;05), since where we use π to calculate the area of the circle by multiplying it by the square of the radius, in Mesopotamia, the same calculation was effected by multiplying 0;05 times the square of the circumference (Problem II).[17]

6 'Translating' solved-problem texts

Mathematical problem texts pose a series of problems which, at first glance, seem specific to the domain and these must be faced before any decisions about the content of a translation can be taken. For what commonly counts as a 'translation' of a mathematical text differs considerably from that of say a royal inscription or a religious hymn or a personal letter. Unlike these last, a

16 The traditional translation of *igigubbûm* as "coefficient" is most unfortunate, as the various meanings of the English word all imply a specific relationship to algebra or algebraic formulations of physical laws, none of which applies to the Mesopotamian case. I shall only use the term "constant" for *igigubbûm*. For a detailed study of these constants see Robson (1999).

17 That is, the functional role of the Babylonian constant of the circle corresponds to our modern $(4\pi)^{-1}$.

straightforward replacement of the Akkadian words of a mathematical text by those of the target language is far from sufficient to render it comprehensible, something that can be seen by attempting to read one of the classics of the modern study of Babylonian mathematics: the *Textes mathématiques babyloniens.*[18] The author, arguably the greatest Assyriologist of his generation, had worked on and published solved-problem texts for almost a decade when he collected all the texts then available to him and published in book form their transliteration and French translation, but without any elaboration or commentary.[19] The problem lies in the fact that a purely verbal rendition remains essentially opaque to the modern reader, even a mathematically sophisticated one; standing alone such a translation is unusable.

Hence, in translating an ancient mathematical text it is necessary to go beyond a simple replacement of words. Some sort of 'interpretation' must be offered to the reader (and this includes the translator himself), a rewriting of the purely rhetorical text that will convey an understanding of the content of the text. Traditionally, since the earliest modern translation of a Babylonian solved-problem text – that of the then-unpublished Berlin text VAT 6598 by Ernst Weidner during the First World War[20] – it has been the recasting of this material in elementary algebraic form that has dominated the Assyriological literature. It was the 'natural' mathematical form for such an undertaking, be it by a professional mathematician like Otto Neugebauer or an amateur mathematician like François Thureau-Dangin. But there is no evidence that the manipulation of abstract symbols played any role in ancient Mesopotamian society and, although such a rewriting may be attractive for a contemporary audience, we shall pass it up here as overly anachronistic.

A second type of recasting has been put forward since 1984 by the Danish historian of mathematics, Jens Høyrup.[21] By means of a detailed analysis of the vocabulary used in the mathematical texts, he presented powerful arguments for understanding a certain class of these as geometrical 'cut-and-paste' constructions. Though compelling in a number of respects, we shall not adopt this approach here, in large part because it does not apply to all types of problems

18 Thureau-Dangin (1938).

19 Thureau-Dangin inserted references to his own detailed treatments of the problems, published from 1930 on in the *Revue d'Assyriologie et d'Archéologie orientale*, as well as to Otto Neugebauer's exhaustive analyses of these texts in his three-volume *Mathematische Keilschrift-Texte* that had appeared a few years earlier (Neugebauer 1935–37).

20 Weidner (1916).

21 See Høyrup (2002).

(our Problems I and II, for example, do not allow such an interpretation, though Problem III does).

A good interpretive level would be one which would use only the cognitive tools used in Ancient Mesopotamia, which would apply to all mathematical problem texts and which would remain as close as possible to the formal structure of the text. Such an approach was first suggested for Babylonian mathematical texts as early as 1972 by the pioneer of computer algorithmic, Donald Knuth,[22] an algorithmic approach based on sequences of arithmetic and control commands. Unfortunately, the paper was published in a computer science journal and so remained unknown to Assyriologists in general until this approach was independently rediscovered in the late 1980s.[23] The advantages in this approach are major. First of all, the problem texts as they have come down to us *are* algorithmic in nature. There is no need to move beyond what is actually written and the same approach applies to the whole corpus. Moreover, the dual nature of the commands in the text – calculational (arithmetic operations) and control (initialization, storage, parallel computing) – parallels exactly the dual nature of modern programming. Perhaps most importantly, this interpretation is minimal in the sense that it does not block an algebraic or geometric further development if the reader or translator so desires. It is therefore this algorithmic extension that will be used as an interpretive framework.

7 Presentation

In what follows we shall decompose our presentation of a mathematical text into six parts making up the *Principal Section*. The first three are conventional in all Assyriological publications:

---

22 Knuth (1972) and Knuth (1976).

23 Ritter (1989b). The algorithmic approach proposed there in the case of Egyptian and Babylonian mathematics was more consciously influenced by Karine Chemla (1987) and extended to Babylonian medical, divination and juridical texts in Ritter (1989a). Further work in this direction has been carried out by Annette Imhausen (2003) in Egyptian mathematics and Mathieu Ossendrijver (2013) in Babylonian mathematical astronomy. See also their chapters in this volume.

1° photograph
For those tablets in museum collections, a large (and increasing) number of excellent high resolution photographs are available online in the Cuneiform Digital Library Initiative (CDLI) project at http://cdli.ucla.edu.

2° hand copy
Such a copy should aid the reader in identifying signs, particularly for those which may be unclear in the photograph but which the copyist has been able to disambiguate by actual hands-on manipulation of the original tablet. For published texts, such a handwritten copy is normally available in the edition publication. A number of these are also available on the CDLI site mentioned above.

3° transliteration (see also the explanation in the Appendix, A.)
Since Old Babylonian solved-problem texts were written in Akkadian, this means that a phonetic sign is replaced by its Akkadian phonetic equivalent (in *italic*), and, in the rarer cases of a logogram or of a semantic determinative, by its Sumerian reading when known (in ***boldface italic***). For those few signs whose specific Akkadian or Sumerian reading is not known in the context in which it appears, the name of the sign will be given in SMALL CAPITALS.

Special Signlists should be consulted for the phonetic values. For these see the Appendix, D.

Special notation for indicating destroyed or illegible signs, scribal errors, etc., is listed in the Transliteration Conventions List, see the Appendix, B.

A fourth step, although commonly carried out by the modern scholar, is almost never actually included in the published edition of the text but is, it seems to me, an essential part of the translation process. Therefore, we will explicitly include:

4° transcription (see also the explanation in the Appendix, A.)
Here one reconstructs, as far as possible, the actual Akkadian words that the transliteration represents. Evidently, a good grasp of Akkadian grammar is necessary here. For the standard Akkadian grammars see the Appendix, D.

In the context of our algorithmic approach to mathematical problem texts an additional step is useful before coming to the translation proper:

5° algorithmic form
The Akkadian transcribed text is first divided up into its four parts – title, presentation, question, solution algorithm, and the last is then subdivided

into its constituent steps, normally one verbal sentence per step (including the result), guided by the grammar and sense of the problem.

The solution algorithm will generally, though not invariably [Problems I, III], be framed by an initial expression, generally *atta ina epēšīka* ("You, in your proceeding:") and terminated by a final expression, *kīam nēpešum* ("Such is the procedure.") or some parts of these phrases. Moreover, given the very stereotyped nature of mathematical texts, the division into steps is generally quite easy. A step will almost invariably be a complete sentence with the numerical result indicated following the sentence-final verb in the case of an arithmetic command or without a numerical final value in the case of a control command. Intermediate results are sometimes given names or commentaries and these can be accommodated in a given step by giving the command and the name or commentary, separated by a large spacing.

The numbering of the solution algorithm used here will be the symbol ▶ for the introductory *atta ina epēšīka* and ◀ for the final *kīam nēpešum*, and with boldfaced **1, 2, ..., N** for the N steps of the algorithm itself (but see Problem III for modifications to this basic numbering schema). The original tablet lines will be indicated by raised numbers to allow easy reference back to the transliterated text as it occurs on the tablet.[24] Note that any special notation signs [ ], < >, etc., are dropped at this stage.

Finally, there is:

6° the translation of the problem into English, keeping the algorithmic structure

It is at this point that the numerical values occurring in the text, relative up to this point, will be replaced by their absolute values, or, where several sets of such values are possible, by a choice of the simplest such set. For translation, the use of a good modern Akkadian dictionary is essential (for these see the Appendix, D.).

Words and expressions not in the original Akkadian text but necessary in the target language can be added at this stage, enclosed in parentheses '( )'.

24 The 'one sentence = one command' identity is often reflected in a general coincidence between beginnings of lines on the tablet and beginnings of steps in the solution algorithm section. Compare this to the lack of such conformity in the discursive Presentation and Question sections.

This Principal Section will be followed by:

7° the Commentary
Here, organized by parts of the problem and by step numbers in the solution part of the problem, will be placed the grammatical and syntactic details of the choices made in the English translation. Here, too, will be placed the preliminary indicators of organizational questions arising in the text; normally, further development of these questions will be taken up in the following Discussion. Here, finally, will be found the argument for the choice of absolute numerical values that appear in the translation.

The third and final section for each text will be:

8° the Discussion of the solution algorithm
The minimalist algorithmic interpretation will be developed here by looking at the way that information flows in the algorithm and pursuing a double rewriting in which this flow will be indicated in an abstract form that keeps to the structure of the text while revealing the information flow.

Problem I: YBC 6295

This tablet, in the Yale Babylonian Collection, was purchased on the market and its provenance is unknown.[25] It was first published by Neugebauer and Sachs in 1945.[26]

In its disposition this is a typical single problem tablet, with just the obverse inscribed. The reverse is blank, except for a short inscription: *a-na* ᵈ*Sîn*, "To (the moon-god) Sîn".

This is one of the rare problem texts which concern details of computation practices, though its practical applicability is in fact severely limited.[27] The point of the problem would seem to be to provide practice in working with cube roots and their tables as well as in handling the abstract number system.

---

25 I should like to thank Ulla Kasten of the Yale Babylonian Collection and its curator, Professor Ben Foster, for providing the new photograph of the tablet and permission to publish it here.

26 Neugebauer and Sachs (1945): 42 (Aa).

27 See the end of the Discussion for this tablet.

1. Photograph – YBC 6295

Fig. 1: Photograph – YBC 6295

2. Hand copy – YBC 6295

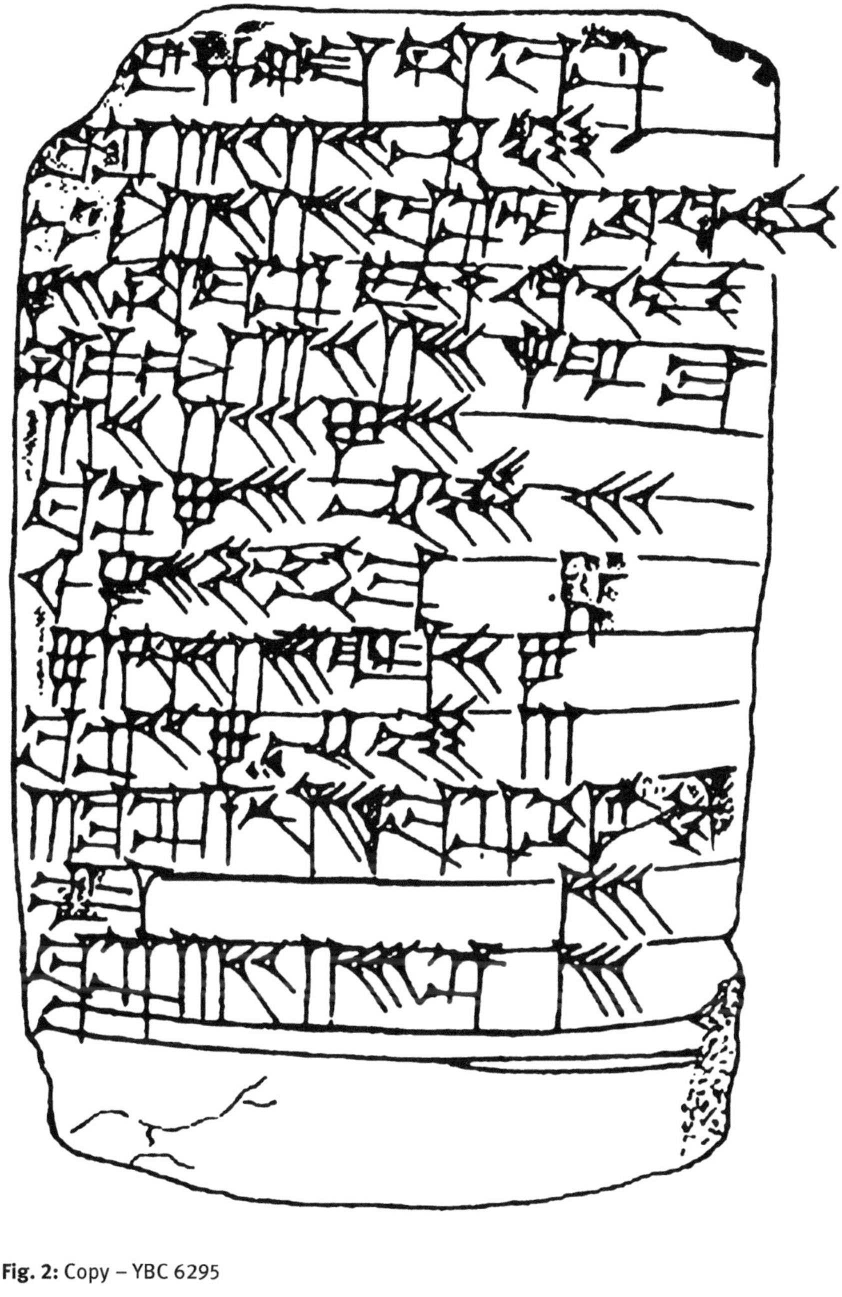

Fig. 2: Copy – YBC 6295

3. Transliteration – YBC 6295

obverse

[ma]-ak-ṣa-ru-um ša ***ba-si***
ba-si *3 22 30* ***en-nam***
aš-šum 3 22 30 ***ba-si*** *la id-di-nu-kum*
7 30 ša ***ba-si*** *i-na-di-nu-kum*
ša-pa-al 3 22 30 ***gar-ra****-ma*
3 22 30 7 30
ba-si *7 30* ***en-nam*** *30*
igi *7 30 pu-ṭur-ma 8*
8 a-na <3> 22 30 ***íl*** *27*
ba-si *27* ***en-nam*** *3*
3 ***ba-si*** *a-na 30* ***ba-si*** *ša-ni-im*
íl *1 30*
ba-si *3 22 30-****e*** *1 30*

4. Transcription – YBC 6295

obverse

[m]akṣarum ša basîm
basi 3 22 30 mīnum
aššum 3 22 30 basâm la iddinūkum
7 30 ša basâm inaddinūkum
šapal 3 22 30 šukunma
3 22 30 7 30
basi 7 30 mīnum 30
igi 7 30 puṭurma 8
8 ana <3> 22 30 iši 27
basi 27 mīnum 3
3 basâm ana 30 basîm šanim
iši 1 30
basi 3 22 30 1 30

5. Algorithm – YBC 6295

[1]*makṣarum ša basîm*

[2]*basi 3 22 30 mīnum*

    [3]*aššum 3 22 30 basâm la iddinūkum*
1 [4]*7 30 ša basâm inaddinūkum* [5]*šapal 3 22 30 šukunma*
    [6]*3 22 30   7 30*
2 [7]*basi 7 30 mīnum 30*
3 [8]*igi 7 30 puṭurma 8*
4 [9]*8 ana 3 22 30 iši 27*
5 [10]*basi 27 mīnum 3*
6 [11]*3 basâm ana 30 basîm šanim* [12]*iši 1 30*
    [13]*basi 3 22 30   1 30*

6. Translation – YBC 6295

The *makṣarum* of a (cube) root.

What is the cube root of 3 22 30?

▶ As for 3 22 30, the root has not been given to you.
1 Put 7 30, for which the root is given, below 3 22 30. –
    3 22 30   0 07 30
2 What is the root of 7 30? 30.
3 Find the inverse of 7 30 – 8.
4 Multiply 8 by 3 22 30: 27.
5 What is the root of 27? 3.
6 Multiply 3, the root, by 30, the second root: 1 30.
    The root of 3 22 30: 1 30.

7. Commentary – YBC 6295

Title:

makṣarum. This term is a nominal formation meaning a "bundle" or "bale" (from the verbal root *kaṣārum*). A technical term in a few mathematical texts; judging from its use here, it has a technical meaning something like "coupling (one value with another)" in the sense of our 'interpolation'.

basîm. Written using the Sumerian logogram ***ba-si***. The Akkadian *basûm* is clearly a loanword from the Sumerian.

(Presentation) Question:

No presentation is necessary in that the question contains all the information necessary for its resolution.

▶ *aššum*. A non-standard 'begin algorithm' indicator, the *aššum* – normally "because, since; as for" – plays the role of indicating the *reason* for the algorithm which follows. This use corresponds to the use of 'given that' in contemporary mathematical writing. (Compare the use of *aššum* in Old Babylonian letters to indicate the start of a new subject).

iddinūkum. G-Pret 3rd person masculine plural of *nadānum* "to give" + *-kum* dative of 2nd person sg pronoun "to you". Literally "They have (not) given you". The 3rd person masculine plural of verbs is used for the impersonal (von Soden [1995]: §75 i): '*man*' (German) or '*on*' (French). In English, it is usually preferable to translate with a passive.

1 *inaddinūkum*. G-Durative 3rd person plural of *nadānum* + *-kum*. Note the change of tense with respect to the same construction in ▶.

šapal. St. const. of *šaplum* "below". Though the meaning is "below", the positioning of the two signs resulting from this step is side by side. This use of a vertically oriented command and a horizontally oriented execution is standard in the mathematical texts and probably goes back to the third-millennium 90° shift in the direction of writing.

šukunma. G-Imp of *šakānum* "to put, place" + *-ma*. The verb is used as a control operation with the meaning of "assign the value", "initialize the algorithm with the following values: ...".

Note that the enclitic particle shows that the parallel writing down of the pair of values – 7 30 and 3 22 30 – is understood as the *result* of the operation of placement and thus, an enclitic *-ma* is used to introduce this result (compare the different situation in Step **1** of Problem II).

2 A nominal phrase in Sumerian logograms. Note the absence, as often, of *-ma* after the *mīnum* (***en-nam***) here and in the similarly constructed Step **5**.

3 *igi ... puṭurma*. "Find the inverse of ..." *puṭurma* = G-Imp of *paṭārum* "to loosen, release" + *-ma*. Used in mathematical texts, this is a technical expression for the calculation of an inverse $X^{-1} = 1/X$.

4 *iši* (***íl***). G-Imp of *našum* "to multiply". The construction is: X *ana* Y *našum* "to multiply X by Y" (X, Y numbers). Though *našum* usually has *-ma* attached when written phonetically, here the logographic writing does not.

5 See Step **2**.

6 See Step **4**. The two cube roots distinguished as the "(first) root", i.e., the most recently calculated root (Step **5**) and the "second root", that root calculated in a more distant step (Step **2**). The pair *basûm* and *basûm šanum* is an example of a common phenomenon in Akkadian, in which the first in an ordered sequence of objects is called simply by the name of the object; hence, simply *basûm* rather than a possible *basûm ištênum*. Similarly in Problem III, Steps **7a** and **7b**.

To determine the absolute values used in the problem, we focus our attention first on those arithmetic command steps which are sensitive to absolute value. Neither multiplication nor inverses are sensitive at all, but roots, addition and subtraction are. Now we have two steps with cube roots (**2** and **5**). Step **5** yields a set of possible pairs of values (27×60^{3n}, 3×60^{n}) for $n = ..., -2, -1, 0, 1, 2, ...$, and we adopt, as a first try, the simplest set (27;00, 3;00) ($n = 0$). Similarly in Step **2**, taking 0;30 (= ½) as the simplest possibility for the root yields $0;30 \times 0;30 \times 0;30 = (½)^3 = ⅛ = 7 \times 60^{-1} + 30 \times 60^{-2} = 0;07\ 30$ (as well of course as all other pairs of the form ($7 \times 60^{3n+2} + 30 \times 60^{3n+1}$, 30×60^{n}). $n = ..., -2, -1, 0, 1, 2, ...$). This fixes all the other steps:

3 $(0;07\ 30)^{-1} =$ **8;00**
4 $8;00 \times |3\ 22\ 30| = 27;00 \Rightarrow |3\ 22\ 30| =$ **3;22 30.**

6 $3;00 \times 0;30 =$ **1;30**

where we have used the convention that, in analogy with the symbolism for the (very different) mathematical sense of 'absolute value', we represent by |X| the absolute value (in our sense) of the relative number X. In addition, the determination of an absolute value of a number in a step is represented by putting that new absolute value in boldface.

We thus have one choice for absolute values for our problem, which we can now write as follows:

The *makṣarum* of a (cube) root.

What is the cube root of 3;22 30?

▶ As for 3;22 30, the root has not been given to you.

1 Put 0;07 30, for which the root is given to you, below 3;22 30.
3;22 30 0;07 30
2 What is the root of 0;07 30? 0;30.
3 Find the inverse of 0;07 30 — 8;00.
4 Multiply 8;00 by 3;22 30: 27;00.
5 What is the root of 27;00? 3;00.
6 Multiply 3;00, the root, by 0;30, the second root: 1;30.
The root of 3;22 30: 1;30.

Of course, it should be kept in mind that any other choice of absolute value in the permitted values in Steps **2** and **5** would have resulted in different absolute values in the above solution algorithm. For example, one might start with the hypothesis that the number whose cube root is demanded is an integer, namely 3 22 30;00 (= 12150 in decimal notation). Then, if 7 30 is also an integer by Step **2** it must be $30;00^3$ = 7 30 00;00 (= 27000 in decimal notation). Putting this into Step **3** gives the $(7\ 30\ 00;00)^{-1}$ = 0;00 00 08 and Step **4** implies the result 27;00 (just as we started with in our first fixing of the absolute values above). Finally, Step **6** has 1 30;00 as the final result. The whole algorithm would then look like this:

▶ As for 3 22 30;00, the root has not been given to you.
1 Put 7 30 00;00, for which the root is given to you, below 3 22 30;00.
3 22 30;00 7 30 00;00
2 What is the root of 7 30 00;00? 30;00.
3 Find the inverse of 7 30 00;00 — 0;00 00 08.
4 Multiply 0;00 00 08 by 3 22 30;00: 27;00.
5 What is the root of 27;00? 3;00.
6 Multiply 3;00, the root, by 30;00, the second root: 1 30;00.
The root of 3 22 30;00: 1 30;00.

And, of course, there are still other possibilities. In what follows we shall retain the first set of absolute values, with the number whose cube root is demanded as 3;22 30.

8. Discussion – YBC 6295

The question posed is to find the cube root of a certain number, 3;22 30, which "has not been given to you". The meaning of this rather enigmatic phrase is to be found in the way in which the arithmetic commands called for in solution algorithms were actually carried out: by the use of tables, the extensive use of which is a hallmark of Babylonian mathematical texts.[28] Among the mathematical tables we have from the Old Babylonian period are multiplication tables, tables of inverses, and tables of square and cube roots.[29] It is clearly one of this last category which was referenced here. Indeed, in the extant Old Babylonian cube root tables there is no entry for 3 22 30.

As has been pointed out in the Introduction, we adopt here a procedure in which, rather than seek a rewriting of the text in terms of elementary algebra or geometric manipulations, we attempt to follow as closely as possible the actual organization of the text; our understanding of the text will be advanced by following the flow of information within the text. To see this flow more clearly we will rewrite minimally the text in a two-step-procedure.

1° *Symbolic algorithm.* The first rewriting, which will allow us to see more clearly the nature of the commands which correspond to each step of the solution procedure, is simply to replace the verbal forms by a modern operational symbol, chosen among standard arithmetic and programming symbols:

Number = 3;22 30

▶

1	← 3;22 30	← 0;07 30	*Initialization*
2	$\sqrt[3]{0;07\ 30} = 0;30$		Cube root
3	$(0;07\ 30)^{-1} = 8;00$		Inverse
4	$8;00 \times 3;22\ 30 = 27;00$		Multiplication
5	$\sqrt[3]{27;00} = 3;00$		Cube root
6	$3;00 \times 0;30 = 1;30$		Multiplication

28 As opposed to Egyptian mathematical practice, for example, in which much of the calculational work was actually done on the spot and makes up part of mathematical problem texts from that culture, see Imhausen (2016) and her chapter in this book.

29 For these tables and others consult Proust (2005).

In addition to the symbols of the operations we have added the names of the operations represented in each step. The symbolism used here is as follows:

$\leftarrow$ *initialization*

As opposed to the *arithmetic* commands of all the other steps in this problem, this is an example of a *control* command.[30] Control commands will be distinguished from arithmetic commands by the use of italics in their name.

Initialization serves to set a number or numbers which will serve as the point of departure of all the calculations to follow. Often a first step, it is not restricted to this position (see Problem III, Step **6**). Its result is simply the argument itself.

$\sqrt[3]{}$ cube root

$^{-1}$ inverse

$\times$ multiplication

2° *Abstract algorithm.* The second rewriting will be to indicate the flow of information in the algorithm by replacing each numerical value used in the text by its source from within or without the text itself. This is particularly easy in this case since everything is carefully labeled in the text, a situation which is not always present in Babylonian problem texts. We shall first add to our symbolic rewriting the identifications of the various numbers appearing in the algorithm there where the text explicitly mentions them, with the names of the *arguments* of each operation next to their value and the names of a *result* of a step in a column to the right:

Number = 3;22 30

▶

1 $\leftarrow$ 3;22 30 $\leftarrow$ 0;07 30 root given
2 $\sqrt[3]{0;07\ 30}$ = 0;30
3 $(0;07\ 30)^{-1}$ = 8;00
4 8;00 × 3;22 30 = 27;00
5 $\sqrt[3]{27;00}$ = 3;00
6 3;00 root × 0;30 second root = 1;30 root of 3;22 30

30 There exists another control command, 'parallel initialization', with two or more arguments similar to the case here, but which introduces two or more series of independent calculations; that this is not an example of parallel initialization is clear from the fact that the calculations which follow use both arguments (3;22 30 and 0;07 30) right from the start. We will see this other type of initialization in Problem III.

In identifying the sources of our numbers we first consider those which are *not* explicitly labeled. These are by far the most numerous: they are numbers which simply repeat the result of the preceding step. Thus, the most general source for a value used in Step **N** is the result of the *preceding calculation* in Step **N–1** (and this default situation is the only one which is never explicitly mentioned). For example, in our text the 0;07 30 whose cube root is taken in Step **2** is simply the second of the assigned values in Step **1**, while the 27;00 whose cube root is taken in Step **5** is the result of the immediately preceding multiplication of Step **4**.

Our convention will be to replace each numerical value used in the algorithm (and its name if it has one) by its step number, written in boldface. Thus we will replace "$\sqrt[3]{27;00} = 3;00$" by "$\sqrt[3]{\mathbf{4}}$" for Step **5**, while for Step **2**, instead of "$\sqrt[3]{0;07\ 30} = 0;30$" we shall write "$\sqrt[3]{\mathbf{1b}}$" (the **b** here is to distinguish which of the two values serving as the result of **1** is in question, the other value in **1** being of course designated as **1a**). Moreover, the 3;00 of Step **6**, called "the root", is the immediately preceding result in Step **5**, and we shall replace both the value and its name in **6** by the step number from which it comes. There is no need to write down the numerical *result* of any calculation or control step since the symbol of the result is simply the step number itself. Our algorithm then looks like:

Number = 3;22 30

▶

1	← 3;22 30	← 0;07 30 root given	
2	$\sqrt[3]{\mathbf{1b}}$		
3	$(0;07\ 30)^{-1} = 8;00$		
4	**3** × 3;22 30 = 27;00		
5	$\sqrt[3]{\mathbf{4}}$		
6	**5** × 0;30 second root = 1;30		root of 3;22 30

In such a way, we can account for all the numbers occurring in the single-argument Steps **2** and **5**, and one of the pair of numbers occurring in Step **4**. Another source of numbers inside the problem resides in the *datum* given in the preliminary Question section, the number whose cube root is to be computed; we see that it intervenes in Step **1**, where it is used as one of the initialization values.

Calling the data of a given problem **D** (with indexes if necessary, see Problem III), we rewrite the first part of Step **1** as "← **D**".

D
▶
1 ← **D** ← 0;07 30 root given
2 $\sqrt[3]{\mathbf{1b}}$
3 (0;07 30)$^{-1}$ = 8;00
4 **3** × 3;22 30 = 27;00
5 $\sqrt[3]{\mathbf{4}}$
6 **5** × 0;30 the second root = 1;30 the root of 3;22 30

Then, there are those values that are neither the result of the immediately preceding step nor the data of the problem. In our problem one of them bears the name of a result that is not its immediate predecessor, namely, Step **3**'s "(0;07 30)$^{-1}$ = 8;00", where, as in Step **2**, the value is clearly the earlier assigned value of Step **1b**. We will thus replace the value in Step **3** by that value's step number, i.e., **1b**. In the same way, the 3;22 30 of Step **4** is recognizably the datum; however, we will not replace it by **D** but rather by the step number by which it has been introduced into the algorithm, namely as the assigned value of Step **1a**. Finally, the 0;30 called the "second root" in Step **6** is to be replaced by its origin, the result in Step **2**:

D
▶
1 ← **D** ← 0;07 30 root given
2 $\sqrt[3]{\mathbf{1b}}$
3 (**1b**)$^{-1}$
4 **3** × **1a**
5 $\sqrt[3]{\mathbf{4}}$
6 **5** × **2**

Finally, there is just one number remaining which does not come from within the problem, i.e., data or the result of some preceding step, namely the second initializing value 0;07 30, called the "root given (to you)". This is just a number that has been posited as an initializing value, whose explicit identification is that of a number whose cube root appears in the tables of cube roots (which is indeed the case). But why this cube root rather than any other in the table? As we shall see a bit later, given the way in which the problem is resolved, the number is subject to certain mathematical restrictions but otherwise can be freely chosen. We represent such constants and particularly the very important class known as *igigubbû* (Problem II), by the letter C in the preamble to the solution algorithm, with a brief identifying name in parentheses, and bring it in where it enters the algorithm. The final form of our abstract algorithm is thus:

D C (tabulated cube root)
▶
1 ← **D** ←C
2 $\sqrt[3]{\mathbf{1b}}$
3 $(\mathbf{1b})^{-1}$
4 **3** × **1a**
5 $\sqrt[3]{\mathbf{4}}$
6 **5** × **2**

where by 'tabulated' we mean 'exists as an entry in one of the standard tables'.

We can now make use of the information flow to see what is happening in the determination of the cube root of a number whose root is *not* in a table (but which is presumed to exist as a finite sexagesimal number). The unknown number (**D** = **1a**) is "coupled" (*makṣarum*) with another whose root *is* tabulated (C = **1b**) and the latter's root exhibited (**2**). Steps **3** and **4** compute the inverse of a number X then multiply the result by another number Y. This common sequence of operations is equivalent to our division Y/X; the role of X is here played by the tabulated number (**1b**) and Y by the untabulated datum (**D** = **1a**). The cube root of this number is now calculated (which supposes that **4** is to be found in the table as well as C) in Step **5**. Finally, the cube root desired is found (**6**) by multiplying the cube root just calculated (**5**) by the cube root of the tabulated number (**2**).

Note that the practicality of this method for the determination of an unknown cube root is very limited. First, the inverse of the coupled tabulated number must exist (for Step **3**) and this will be the case only for what in the Assyriological literature is called a "regular number", one whose prime factors are 2, 3 and 5 (the prime factors of 60, the base) and can thus be written in the form $2^a \times 3^b \times 5^c$ where *a*, *b*, *c* are (positive or negative) integers. Second, the cube root of **D**/C must be a tabulated number (for Step **5**). These are strong restrictions and few of the numbers generally met with in Old Babylonian mathematical texts would work.

Problem II: Haddad 104-1 (I 1–9)

During the Iraqi salvage excavations at Tell Haddād (Old Babylonian name: Mê-Turan)[31] in the early 1980s, an important solved-problem mathematical text was discovered and quickly published.[32] As in most of the texts from this region, the number of Sumerian logograms is reduced by comparison to the texts from further south, thus simplifying the task of recognizing their exact wording and grammatical structure.

The tablet contains ten problems, of which our selection is the first. Like this first problem, the majority treat the calculation of the capacity of granaries of various shapes and sizes, as well as other volume questions involving excavations and bricks.

A straightforward mathematical calculation, the point of the exercise lies rather in the transformation from standard metrological systems into the abstract number system and the inverse transformation at the end yielding an expression of an abstract result in terms of practical metrologically based units.

1. Photograph – Haddad 104-1

Fig. 3: Photograph – Haddad 104-1

31 In the Diyala Valley, to the north of the ancient major city of Ešnunna.
32 Al Rawi and Roaf (1987).

2. Hand copy – Haddad 104-1

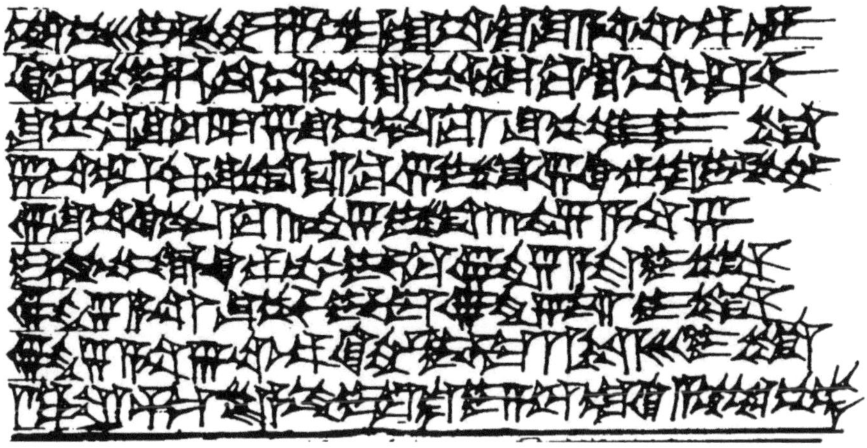

Fig. 4: Copy – Haddad 104-1

3. Transliteration – Haddad 104-1

obverse, col. I

ne-pé-eš i-ṣí-im 5 am-ma-at ta-la-šu a-na na-aš-pa-ak
ki ma-ṣí i-re-ed-du i-na e-pé-ši-ka ma-la ta-al-lim
šu-up-lam šu-ku-un 5 šu-pí-il-ma 1 šu-up-lum i-li
5 ta-al-lam šu-li-iš-ma 15 i-li 15 ki-pa-at i-ṣí-im
15 šu-ta-ki-il-ma 3 45 i-li 3 45 a-na 5
i-gi-gu-bé-e ki-pa-tim i-ši-ma 18 45 a-šà i-li
18 45 a-na 1 šu-up-lim i-ši-ma 18 45 ***saḫar*** *i-li*
18 45 a-na 6 na-aš-pa-ki-im i-ši-ma 1 52 30 i-li
*1 (**bariga**) 5 (**bân**) 2 ½* ***sìla*** *še-a-am i-ṣú-um i-ṣà-ba-at ki-a-am ne-pé-šum*

4. Transcription – Haddad 104-1

obverse, col. I

nēpeš iṣim 5 ammat tallašu ana našpak
kī maṣi ireddu ina epēšīka mala tallim
šuplam šukun 5 šuppilma 1 šuplum illi
5 tallam šullišma 15 illi 15 kippat iṣim
15 šutakīlma 3 45 illi 3 45 ana 5
igigubbê kippatim išīma 18 45 eqlum illi
18 45 ana 1 šuplim išīma 18 45 eperum illi
18 45 ana 6 našpakim išīma 1 52 30 illi
1 (pānum) 5 (sūtum) 2 ½ qûm še'am iṣum iṣabbat kīam nēpešum

5. Algorithm – Haddad 104-1

[1]*nēpeš iṣim*

5 ammat tallašu

ana našpak [2]*kī maṣi ireddu*

► *ina epēšīka*
1 *mala tallim* [3]*šuplam šukun*
2 *5 šuppilma 1 šuplum illi*
3 [4]*5 tallam šullišma 15 illi* *15 kippat iṣim*
4 [5]*15 šutakīlma 3 45 illi*
5 *3 45 ana 5* [6]*igigubbê kippatim išīma 18 45 eqlum illi*
6 [7]*18 45 ana 1 šuplim išīma 18 45 eperum illi*
7 [8]*18 45 ana 6 našpakim išīma 1 52 30 illi*
8 [9]*1 (pānum) 5 (sūtum) 2 ½ qûm še'am iṣum iṣabbat*
◄ *kīam nēpešum*

6. Translation – Haddad 104-1

Procedure for a log.

5, an *ammatum*, was its diameter.

For how much will it be suitable in capacity?

► In your proceeding:
1 Set down for the depth as much as the diameter.
2 Convert 5 — 1, the depth, will come up.
3 Triple 5, the diameter — 15 will come up. 15 will be the circumference of the log.
4 Square 15 — 3 45 will come up.
5 Multiply 3 45 by 5, the constant of the circle — 18 45, the area, will come up.
6 Multiply 18 45 by 1, the depth — 18 45, the ground-volume, will come up.
7 Multiply 18 45 by 6, the (constant of) capacity — 1 52 30 will come up.
8 The log will hold 1 *pānum* 5 *sūtum* 2 ½ *qûm* of grain.
◄ Such is the procedure.

7. Commentary – Haddad 104-1

Title:

nēpeš. The construct form of *nēpešum* (see line 9), this nominal form from the verb *epēšum* "to do" is the standard term for "procedure" in the sense of algorithm in the mathematical texts, but also is one of the terms for "prescription" in medical texts and (in its feminine form *nēpeštum*) for an "act of divination".

Presentation:

The use of a tenseless nominal phrase is typical of the pre-algorithmic part of a problem. For reasons mentioned in the Introduction, a preterite form of "to be" is used in the translation for this part.

5 ammat. Absolute form of *ammatum*, because a metrological unit. Not to be understood as "5 *ammatum*" but rather as "0;05 (*nindanum*, that is) an *ammatum*". The use of the phonetic writing of *ammat* rather than the logogram ***kùš*** is perhaps a way of signaling to the reader the correct reading. That this is the right way to read this expression is made clear in Step **2** below.

Question:

kī maṣi. Interrogative "how much?"; along with the pronoun *mīnum* "what? how much?", one of the two principal terms for introducing the question part of the problem.

našpak. Absolute form of *našpakum*. The word has the literal meaning of "granary" but has acquired the extended abstract meaning of "capacity", that is, a volume in units of grain. As such, it is assimilated to a metrological unit, whence the use of the absolute. See Steps **5** and **6** for similar technical terms.

ireddu. G-Durative of *redûm* "to be available for, suitable for". This is a rare use of a Durative finite verb form in a question.

▶ *ina epēšīka*. *ina* + G-Infinitive of *epēšum* + *-ka*, "in your doing, proceeding". Standard part of introductory phrase *attā ina epēšīka*, used either in its entirety or in the form *attā* alone or, as here *ina epēšīka* alone.

1 *šukun*. G-Imperative of *šakānum* "to place, set down". Again an initialization command (see Step **1** in Problem I above); here meaning to initialize the value of the depth *šuplum* as equal to the diameter *tallum*.

There is no numerical result, as in the case of an arithmetic command, nor a dispositional result, as in the similar control command in Problem I, so there is no need here of a final *-ma*.

2 *šuppilma*. Either Š-Imperative of *napālum* "to compensate, convert" or D-Imperative of the related verb *šupelûm* "to exchange, convert" + enclitic particle *-ma*. In either case, the meaning is roughly equivalent: "to convert (from one metrological unit to another)", here from *nindanum* to *ammatum*. This conversion of the depth is necessary since the unit of volume – the *mušarum* – is 1 *nindanum* × 1 *nindanum* × 1 *ammatum*.

illi. The verb *elûm* "to go up" is used to indicate the numerical result of each arithmetic operation in this text. The full structure of the marker of the numerical result of each step in this text is thus verb-*ma* X *illi*, where X is the numerical result.

The writing *i-li* is ambiguous between the G-Durative *illi* and the G-Preterite *īli* of the verb since consonant gemination is often not indicated in Old Babylonian cuneiform. That the Durative is meant here follows from the generalized use of the Durative in the solution procedure part of problem texts.

3 *šullišma*. D-Imperative of *šalāšum* "to triple" + *-ma*. Note that this is a specific arithmetic operation in Mesopotamia; the text does not say "multiply by 3", which would be *ana 3 iši*.

kippat. Construct form of *kippatum*, literally "circle"; also, as here, used to mean its essential attribute for Mesopotamians, its circumference.

15 kippat iṣim. An example of the marking of the meaning of an intermediate result. Here, the immediately preceding result, 0;15 (*nindanum*), is repeated with its significance: "the circumference of the log".

Note that the diameter, 0;15, is not converted from *nindanum* to *ammatum* since it is a horizontal measure and as such has *nindanum* as the default unit.

4 *šutakīlma*. Traditionally understood as the Št-Imperative of *akālum* "to eat" but more likely the Št-Imperative of *kullum* "to hold" + *-ma* (see the discussion in Høyrup [1996]: 48). The meaning in any case is clear: "to square". Note that this verb can take a single argument, as here: X *šutakūlum* "to square X", but also two identical arguments (see Problem III): X *u* X *šutakūlum*, "to multiply X by X".

5 *5 igigubbê kippatim*. The tables of constants list 5 (absolute value 0;05) as the constant (*igigubbûm*) of the circle, i.e., that constant by which the square of the circumference must be multiplied to yield the area. A similar use of these tables to be found in Step **7**.

išīma. G-Imperative *iši* of *našûm* "to multiply" + *-ma*. One finds the same verb and same operation in Steps **6** and **7**.

eqlum. The standard word for "area", the Akkadian word means literally "field".

6 *eperum*. This word for "dust, earth" has, by the same sort of extension as that undergone by *eqlum*, come to be used for "volume", principally of excavations, hence the specific translation of "ground-volume".

1 *šuplim*. "1 (*ammatum*), the depth". Recall that in the Babylonian volume system vertical measures are in *ammatum*, while horizontal measures are in *nindanum*.

7 *6 našpakim*. This sentence is parallel to the command in Step **5**, to be understood as 6 *igigubbê našpakim*, "6 (absolute value: 6 00 00;00, i.e., 6×60^3), the constant of capacity". This very large constant converts the ground-volume unit of *mušarum* into the capacity unit *qûm*. Thus, the number 1 52;30 represents the number of *qûm* in the abstract number system in which the calculations are done.

8 *1 (pānum) 5 (sūtum) 2 ½ qûm še'am*. This step is a conversion, though one without any calculation necessary. Since the problem asks for the answer in capacity units, the abstract response must be translated into the capacity metrological system. By the Old Babylonian period, the two were sufficiently coherent that the metrological values could be read directly off the abstract number. Thus, here the abstract 1 52;30 can be read as 1 — 5 — 2;30 giving the number of *pānum* (1), the number of *sūtum* (5) and the number of *qûm* (2;30 = 2 ½).

Since the writing of numerical values within the metrological systems is non-sexagesimal and often distinct from that used in the abstract system, the Assyriological convention is to write the appropriate Sumerian logogram of the implicit unit within parentheses. Thus for example here the transcription '5 *sūtum*' corresponds to the cuneiform , with no explicitly written unit and is transliterated '5 (***bán***)'. Note that the 2 ½ (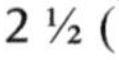) *qûm* has an explicitly written unit, which is treated just as any other word: Sumerian ***sìla*** (in the transliteration) and Akkadian *qûm* (in the transcription) with no parentheses.

◀ *kīam nēpešum*. "Such is the procedure", marking the end of the algorithm.

The absolute values in the translation of this problem are easily determined since the problem is embedded in metrological systems. We can thus fix some things directly. For example, consider the explicit statement in the problem presentation that the diameter is "5 (*nindanum*)". Since this is stated to be 1 *ammatum*, and there are 12 *ammatum* in a *nindanum* (see the Metrological Diagram in the Appendix, C., Fig. 1), this yields 1;00 *ammatum* = 1/12 = 5/60 = 0;05 *nindanum*.

With this value and the absolute values of the two *igigubbûm*:

> *igigubbûm* of the circle = 0;05
> *igigubbûm* of capacity = 6 00 00:00

doubtlessly known by the ancient readers of the text, all the absolute values in the problem can then be fixed by simply following the calculation.

> Procedure for a log.
>
> 0;05, an *ammatum*, was its diameter.
>
> For how much will it be suitable in capacity?
>
> ▶ In your proceeding:
> 1 Set down for the depth as much as the diameter.
> 2 Convert 0;05 – 1;00, the depth, will come up.
> 3 Triple 0;05, the diameter – 0;15 will come up. 0;15 will be the circumference of the log.
> 4 Square 0;15 – 0;03 45 will come up.
> 5 Multiply 0;03 45 by 0;05, the constant of the circle – 0;00 18 45, the area, will come up.
> 6 Multiply 0;00 18 45 by 1;00, the depth – 0;00 18 45, the ground-volume, will come up.
> 7 Multiply 0;00 18 45 by 6 00 00;00, the (constant of) capacity – 1 52;30 will come up.
> 8 The log will hold 1 *pānum* 5 *sūtum* 2 ½ *qûm* of grain.
> ◀ Such is the procedure.

8. Discussion – Haddad 104-1

The problem concerns a cylinder, as high as it is wide, called a "log". The question posed is to find the volume of this cylinder in units of capacity, i.e., grain measure.

The procedure, as in most mathematical texts dealing with 'real-world' problems, has a triple structure. The problem, given in terms of real metrologically-embedded quantities must first have its data transformed into the abstract number system; the mathematical procedure is then carried out on these abstract values; and the final result then translated back into the correct metrological value.

As usual, we begin with the ***symbolic algorithm*** for Haddad 104-1:

Diameter = 0;05 *nindanum*

▶

1	← 0;05	*Initialization*
2	0;05 ▷ 1;00	Conversion
3	③ 0;05 = 0;15	Tripling
4	⊠ 0;15 = 0;03 45	Squaring
5	0;03 45 × 0;05 = 0;00 18 45	Multiplication
6	0;00 18 45 × 1;00 = 0;00 18 45	Multiplication
7	0;00 18 45 × 6 00 00;00 = 1 52;30	Multiplication
8	(1 52;30) ▷ 1 *pānum* 5 *sūtum* 2 ½ *qûm*	Conversion

◀

The symbolism used here which has not already been introduced in Problem I is as follows:

③ tripling (see the Commentary for the distinction with multiplication by 3)

⊠ squaring (see Commentary)
The sign is a combination of the two equivalent uses of the verb *šutakūlum*: "to square X", or "to multiply X by X"; hence ⊠, a combination of □ and ×.

▷ conversion of one unit into another (of the same metrological structure)
In Step **2** it refers to a change of *nindanum* into *ammatum* (by multiplication by 12) and in Step **8** to a change from *qûm* to *pānum sūtum* and *qûm* (by reading off powers of 60). In the latter case, no verb is used and the result is simply stated.

Note that Step **7** could also be considered a metrological conversion (from ground-volume *mušarum* to capacity *qûm*) but that functionally it is treated as a multiplication with the verb *našûm* "to multiply" rather than the verb *šuppulum* "to convert"; perhaps because it is a transformation *between* metrological systems rather than *within* one.

2° *Abstract algorithm.* The flow of information in this algorithm is particularly easy since a great deal is carefully labeled in the text, a situation which is not always present in Babylonian problem texts:

D		
▶		
1	← **D**	depth
2	**1**▷	depth
3	③ **D**	circumference of the log
4	⊠ **3**	
5	**4** × 0;05 constant of the circle	area
6	**5** × 1;00 depth = 0;00 18 45	ground-volume
7	**6** × 6 00 00;00 (constant of) capacity = 1 52;30	
8	**7**▷	grain
◀		

Of those values which are neither the result of the immediately preceding step nor the data of the problem, we are helped out by the fact one of them bears the name of a result that is not its immediate predecessor, namely, Step **6**'s "1;00, depth":

D		
▶		
1	← **D**	
2	**1**▷	
3	③ **D**	
4	⊠ **3**	
5	**4** × 0;05 [constant of the circle] = 0;00 18 45	area
6	**5** × **2**	
7	**6** × 6 00 00;00 [(constant of) capacity] = 1 52;30	
8	**7**▷	
◀		

Finally, we have just two numbers which do not come from within the problem, i.e., data or the result of some preceding step, with the stated names:

Step **5** – 0;05 is the "constant of the circle",
Step **7** – 6 00 00;00 is the "(constant of) capacity".

Each number is called a "constant" (*igigubbûm*); they appear on tables of constants and are identified explicitly – "0;05, constant of the circle" (Step **5**) – or implicitly – "6 00 00;00, capacity" with "constant of" understood (Step **7**).

With our standard notation for constants, including now *igigubbûm* constants (see Problem I):

5 **4** × C_1
7 **6** × C_2

Hence, our complete abstract algorithm for this problem will be the following:

D C_1 (constant of circle) C_2 (constant of grain)
▶
1 ←**D**
2 **1**▷
3 ⓷ **D**
4 ⊠**3**
5 **4** × C_1
6 **5** × **2**
7 **6** × C_2
8 **7**▷
◀

The procedure followed is straightforward, all the more so in that the results of the steps are carefully named in the text; not only of that with the final answer (Step **8**) but also of most of the intermediate steps. The only exception is the squaring in Step **4** but this is an intermediate step in the calculation of the area of the cylinder's base and has no simple geometric referent.

After fixing the height in the right units (Steps **1**–**2**), that is, those which make up part of the abstract system, the area of the circular base is calculated in the standard Babylonian fashion; by calculating the circumference (Step **3**), then squaring it (Step **4**), and multiplying the result by the "constant of the circle" (Step **5**). This yields the area of the base and it is then multiplied by the height (Step **6**) to obtain the volume. But this will be in the ground-volume units employed in the abstract numerical system (*mušarum*) and the result must then be converted into units of grain (Steps **7**–**8**) using the "constant of capacity" (6 00 00;00 = $6 \times 60^2 = 21600$ *qûm*/*mušarum*).

The final answer, 1 *pānum* 5 *sūtum* 2½ *qûm*, is essentially directly read off the total number of *qûm* in the abstract sexagesimal system, 1 52;30, since the Old Babylonian capacity system is essentially sexagesimal itself (see the Metrological Diagram in the Appendix, C., Fig. 1). This explains the abbreviated form of the final conversion comprising Step **8**, with only a restatement of the abstract system result 1 52;30 in the preceding step.

Problem III: BM 13901-9 (II 3–10)

A large 4-column tablet of unknown provenance, purchased by the British Museum in the late nineteenth century. The purchase from a dealer without known place of origin is unfortunately typical of a large number of mathematical tablets.[33]

The tablet originally held 24 solved problems involving squares, very systematically and pedagogically arranged in increasing order of complexity. The question, though never explicitly stated, is always the same: to determine the side of one or more squares with the data consisting of the value of sums or differences of sides and areas, or of the difference or ratio of successive sides in problems treating more than one square.

This problem is a comparatively simple example of a large species of Old Babylonian mathematical problems involving areas and sides of squares. Their development and the algorithms developed for their solution mark one of the high points of sophistication in ancient mathematical literature.

1. Photograph – BM 13901-9

Fig. 5: Photograph– BM 13901-9

33 The original publications are to be found in Thureau-Dangin (1936) and Thureau-Dangin (1938): n° 1–21 and Neugebauer (1935–37): III 1–14.

2. Hand copy – BM 13901-9

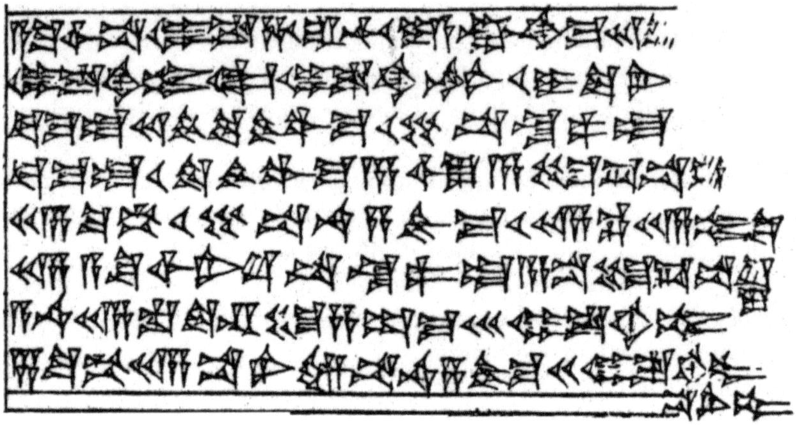

Fig. 6: Copy – BM 13901-9

3. Transliteration – BM 13901-9

obverse, col. II

(3) ***a-šà*** *ši-ta mi-it-ḫa-ra-ti-ia ak-mur-ma 21* ⌜*40*⌝
mi-it-ḫar-tum ***ugu*** *mi-it-ḫar-tim 10 i-te-er*
(5) *ba-ma-at 21 40 te-ḫe-pe-ma 10 50 ta-la-pa-at*
ba-ma-at 10 te-ḫe-pe-ma 5 ù 5 tu-uš-ta- ⌜*kal*⌝
25 ***šà-bi*** *10 50 ta-na-sà-aḫ-ma 10 25-****e*** *25* ***íb-si***$_8$
25 a-di ši-ni-šu ta-la-pa-at 5 ša tu-uš-ta-ki-lu
a-na 25 iš-te-en tu-ṣa-ab-ma 30 mi-it-ḫar-tum
(10) *5* ***šà-bi*** *25 ša-ni-im ta-na-sà-aḫ-ma 20 mi-it-ḫar-tum ša-ni-tum*

4. Transcription – BM 13901-9

obverse, col. II

(3) *eqlēt šitta mitḫarātīja akmurma 21 40*
mitḫartum eli mitḫartim 10 īter
(5) *bāmat 21 40 teḫeppēma 10 50 talappat*
bāmat 10 teḫeppēma 5 ù 5 tuštakāl
*25 ina libbi 10 50 tanassaḫma 10 25-***e** *25 basûm*
25 adi šinīšu talappat 5 ša tuštakīlu
ana 25 ištēn tuṣṣabma 30 mitḫartum
(10) *5 ina libbi 25 šanîm tanassaḫma 20 mitḫartum šanītum*

5. Algorithm – BM 13901-9

[3]*eqlēt šitta mitḫarātīja akmurma 21 40*
[4]*mitḫartum eli mitḫartim 10 īter*

1	[5]*bāmat 21 40 teḫeppēma 10 50 talappat*	
2	[6]*bāmat 10 teḫeppēma*	
3	*5 u 5 tuštakkal*	
4	[7]*25 ina libbi 10 50 tanassaḫma 10 25*	
5	*25 basûm*	
6	[8]*25 adi šinīšu talappat*	
7a	*5 ša tuštakīlu* [9]*ana 25 ištēn tuṣṣabma*	*30 mitḫartum*
7b	[10]*5 ina libbi 25 šanîm tanassaḫma*	*20 mitḫartum šanītum*

6. Translation – BM 13901-9

I added the surface of my two sides — 21 40.
One side exceeded the (other) side by 10.

1 You will fractionalize the half of 21 40 — you will write down 10 50.
2 You will fractionalize the half of 10 — (5).
3 You will multiply 5 by 5 (— 25).
4 You will subtract 25 from 10 50 — 10 25.
5 25 will be the square root.
6 You will write down 25 twice.
7a You will add the 5 that you multiplied to the first 25 — 30 will be the (first) side.
7b You will subtract 5 from the second 25 — 20 will be the second side.

7. Commentary – BM 13901-9

(Title):

No title is present in this or any other of the problems on this tablet.

Presentation:

The verb *akmur* (1st person singular of *kamārum*, "to add") is unambiguously the G-Preterite form while *īter* (3rd person singular of *watārum*, "to exceed, be greater than"), whose writing *i-te-er* might correspond to either *īter* (G-Preterite) or *itter* (G-Durative), is chosen to be the former by parallelism.

The two data values, one of area (21 40) and one of length (10), have no metrological units attached and thus should be interpreted as measured in *mušarum* and *nindanum* respectively. But the abstract nature of this and the other problems on this tablet indicate that such measures are not to be taken too seriously. This is really a problem concerned fundamentally with the abstract number system, like our Problem I.

(Question):

As indicated in the introduction to this text, there is no explicitly formulated question asked, though the answers provided by the solution algorithm, as in the other problems on this tablet, indicate clearly its nature: find the sides of the two squares.

(▶, ◀):

No explicit introductions or ends of the solution algorithms are marked anywhere on this tablet.

1 *bāmat* X *teḫeppēma*, literally "you will break the half of X", with the 2nd person singular of the G-Durative of *ḫepûm* + *-ma*. The expression 1/p X *ḫepûm* is the standard manner of taking a fraction 1/p of a number X, with the fractional part 1/p indicated by either a phonetic spelling (as here), or by one of the special status fractions (½, ⅓, ¼, ⅙)[34], or by a general fraction ***igi***-p-***gál***. To allow for this generalized use, the translation "to fractionalize the half, third, ... of X" is to be preferred to the customary "to halve X, to take a third of X, etc.".

talappat. 2nd person singular of G-Durative of *lapātum* "to write down". The use of the enclitic particle *-ma* followed by a verb announcing a result, standard in Problem I, is the only instance of this formulation in this Problem. Much more common in all the problems of this tablet is the formulation used in Step **2** *q.v.*

2 This second fractionalization employs the same verb as in Step **1** but is not followed by a phrase introducing the result of the operation. Instead, an abbreviated formulation is used in which for a Step **N** whose result is used as the first argument in the following Step **N+1**, no result is stated; the first argument of the Step **N+1** serves *simultaneously* as the result of Step **N**. This is possible in Akkadian since the verb of a sentence is sentence final. However, this is not the case in English; an explicit result must be supplied, hence the frequent use of "(X)" in the translation of this text to indicate the result of a step.

3 *tuštakkal*. 2nd person singular Št-Durative of *kullum* + *-ma* (see the commentary to Step **4** of Haddad 104-1 above). Note that this same verb used with a single argument (as in Haddad 104-1) must be translated "to square" whereas here, with two (identical) arguments, the English requires "to multiply".

Note that the operative verb here lacks not only the numerical result, as in Step **2** and for the same reason, but also the *-ma* enclitic particle that is generally present here.

4 X_1 *ina libbi* X_2 *tanassaḫma*. "you will subtract X_1 from X_2" with the 2nd person singular of the G-Durative of *nasāḫum*.

*10 25-**e***. The answer to the operation in this step has a suffixed ***-e*** (𒂊); this sign serves here, as elsewhere on this tablet, to separate two numbers

34 See Benoit, Chemla, and Ritter (1992): 8.

written next to each other, obviating the risk of them being read as a single, long number. This danger exists here because of the particular abbreviated manner of writing results (see Discussion).

5 *basûm*. This Akkadian reading of the Sumerian logogram ***íb-si₈*** is the conventional one, found in the dictionaries. It has been proposed that when used as a noun as here the logogram is to be read *mitḫartum* and translated "equalside".[35] The functional meaning in any case is "square root". Taking this step as a nominal phrase, our translation convention requires a future form of the (unexpressed) copula.

6 *talappat*. 2nd person singular of G-Durative of *lapātum* "to write down, record". The use is similar to that of *šakānum* as in Problem II, Step **1**, i.e., an initialization command, though here the preceding *adi šinīšu* indicates that the 25 is to be written 'twice'. This indicates the beginning of a computation *in parallel*.

7a *5 ša tuštakīlu*. "the 5 that you multiplied" with *tuštakīlu* in the 3rd person singular of the Št-Preterite, of *kullum* + *-u* for the subjunctive mood (as required after *ša*), that is, the 5 that served in the earlier multiplication (Step **3**). This is an example of a functional reference (see the Discussion) and is always of the form X *ša* Verb (Preterite + *-u*) "the X that you/was ...ed", in contrast to the use of the Durative tense everywhere else in a solution algorithm.

mitḫartum. "Side of the square", serving as the predicate of a nominal sentence: "will be the side of the square". For *mitḫartum* here and *mitḫartum šanītum* in the parallel Step **7b** see the Commentary to Problem I, Step **6**.

The numbering of this step as **7a** and the following as **7b** rather than the expected **7** and **8** respectively is explained in the Discussion.

7b X_1 *ina libbi* X_2 *tanassaḫma* "you will subtract X_1 from X_2" with 2nd person singular G-Durative of *nasāḫum* + *-ma*.

Absolute values are more difficult to fix here in the absence of both metrological values and of *igigubbûm*. As in Problem I, the only steps helpful here are those involving roots, addition and subtraction: Steps **4**, **5**, **7a**, **7b**. For the result of Step **1**, let us limit ourselves, at least at first, to one of the three 'simplest' choices: 10 25;00, 10;25 and 0;10 25. Then the root, Step **5**, rules out 10;25 as a

35 Høyrup (1990): 49–50 and Høyrup (2002): 26–27.

possibility for the result of Step **4**, since the square root of 10;25 would be 3;13.... This leaves 10 25;00 and 0;10 25. If we assume the first choice, the subtraction in Step **3** forces 25;00 as the absolute value for Step **2** which in turn yields 5;00 for the result of Step **2** which gives 10;00 for the second datum of the problem. Now Step **1** gives 21 40;00 for the value of the first datum. Using the calculated values for 10;25, the answers to the problem will be 30;00 (Step **7a**) and 20;00 (Step **7b**) and these two do indeed yield 10 25;00 for the sums of their areas. Thus, 10 25;00 fits the whole scheme of the problem and we adopt this choice. But note that, as is often the case, there are alternatives; indeed, our third choice, 0;10 25, is equally consistent with all the operations of the problem.

I added the surface of my two sides — 21 40;00.
One side exceeded the (other) side by 10;00.

1 You will fractionalize the half of 21 40;00 — you will write down 10 50;00.
2 You will fractionalize the half of 10;00 — (5;00).
3 You will multiply 5;00 by 5;00 (— 25;00).
4 You will subtract 25;00 from 10 50;00 — 10 25;00.
5 25;00 will be the square root.
6 You will write down 25;00 twice.
7a You will add the 5;00 that you multiplied to the first 25;00 — 30;00 will be the (first) side.
7b You will subtract 5;00 from the second 25;00 — 20;00 will be the second side.

8. Discussion – BM 13901-9

Here, the problem concerns the determination of the sides of two squares, given that the sum of their areas is 21 40 (1300 in decimal notation) and the difference of their sides is 10:

1° *Symbolic algorithm.*

$\text{Surface}_1 + \text{Surface}_2 = 21\ 40;00$		$\text{Side}_1 - \text{Side}_2 = 10;00$
(▶)		
1	½ 21 40;00 = 10 50;00	Fractionalization by ½
2	½ 10;00 = 5;00	Fractionalization by ½
3	5;00 ⊠ 5;00 = 25;00	Multiplication
4	10 50;00 – 25;00 = 10 25;00	Subtraction
5	√ 10 25;00 = 25;00	Square root
6	← 25;00 ← 25;00	*Parallel initialization*
7a	25;00 + 5;00 = 30;00	Addition
7b	25;00 – 5;00 = 20;00	Subtraction
(◀)		

New symbols introduced here are:

½ fractionalization (see Commentary)

– subtraction

√ square root

← ← *parallel initialization.*

This is a variant of the command operation of (simple) initialization seen in the previous Problems. Here two or more values are set as the initial values in a set of calculations to be carried out 'in parallel' in the following steps, that is, in a functionally *independent* manner. To distinguish the two values in what follows, we shall refer to them as **6a** and **6b**.

Here, the following two steps are an addition, resp. subtraction, of the result of Step **3** to, resp. from, one of the two values (of course, writing being a linear medium, the two calculations must be expressed in sequential form in the text). The fact that the two steps are in parallel leads to our (re)numbering them with the same value for **N**, distinguished by the letters **a**, **b**,...

2° ***Abstract algorithm.*** If Problem II used a large number of names for its various arguments and results as befits its straightforward metrological and elementary status, this problem on the other hand uses very few indeed. As always, however, the bulk of the numbers appearing in the text are results coming from the immediately preceding step and by simple inspection we can replace these numbers by the preceding step number:

$\mathbf{D_1}$ (21 40;00) $\mathbf{D_2}$ (10;00)		
(▶)		
1	½ 21 40;00 = 10 50;00	
2	½ 10;00 = 5;00	
3	**2** ⊠ **2**	
4	10 50;00 − **3**	
5	√ **4**	
6	**5** **5**	
7a	**6a** + 5;00 that you multiplied	(first) side
7b	**6b** − 5;00	second side
(◀)		

We have distinguished the dual values of the parallel initialization Step **6** by calling the first result **6a** and the second **6b**. The use of the data in the problem is clear from their values (21 40;00 and 10;00), even if, unlike Problems I and II, no explicit naming is used in the text to identify them; we substitute in the standard way:

$\mathbf{D_1}$ $\mathbf{D_2}$		
(▶)		
1	½ $\mathbf{D_1}$ = 10 50;00	
2	½ $\mathbf{D_2}$ = 5;00	
3	**2** ⊠ **2**	
4	10 50;00 − **3**	
5	√ **4**	
6	**5** **5**	
7a	**6a** + 5;00 that you multiplied	(first) side
7b	**6b** − 5;00	second side
(◀)		

Now, the only names used in this problem are for the two final results (Steps **7a** and **7b**), called "(first) side" and "second side", and for one argument (Step **7a**) in which the added number 5;00 is referred to as "the 5;00 that you multiplied". This last introduces another way of referring to a non-immediately preceding result, by creating a *functional reference*: if a name has not been attributed to a number when it is created as a *result* (as was the case for all the numbers in Problem II), the text can refer to the step in which the number was first *used*. Here, the phrase following 5;00 in Step **7** – which had no name attached when it was created in Step **2** – refers to the use of that number in being multiplied by itself in Step **3**. Note that our conventions call for the step number to be that in which it was *formed* (thus, we substitute **2**, not **3** in this case).

The first argument in Step **4** is of a similar kind but as the 10 50;00 – which is the result of Step **1** – has not been used as an argument in a calculation before this step, there is no way to give it a functional reference. Nevertheless, it is quite recognizable from its value and once again we can substitute in the standard way:

D_1 D_2		
(▶)		
1	**½ D_1**	
2	**½ D_2**	
3	**2 ⊠ 2**	
4	**1 – 3**	
5	**√ 4**	
6	**5**	**5**
7a	**6a + 2**	
7b	**6b – 2**	
(◀)		

As a final step in our abstract rewriting, we show more clearly the parallel nature of Steps **7a** and **7b** by writing them on the same line. This yields the final form of our abstract algorithm for Problem III:

D_1 D_2		
(▶)		
1	**½ D_1**	
2	**½ D_2**	
3	**2 ⊠ 2**	
4	**1 – 3**	
5	**√ 4**	
6	**5**	**5**
7	**6a + 2**	**6b – 2**
(◀)		

One can now follow the procedure through the steps in the following way. Step **1** computes a sort of average area, that of a square whose area would lie halfway between the two given squares, $\bar{A}$. Step **2** computes one-half of the difference between the lengths of the sides of the two squares $\frac{1}{2}\,\Delta S$. Step **3** then gives the area of a square whose side would have the length of this half-difference and **4** calculates the difference between the area of the average square $\bar{A}$ and the square built on the half-difference; this is in fact the area of a square $A_{1/2}$ the length of whose side is halfway between the lengths of the two given squares. It is then sufficient to find the side of this new square by taking the square root of its area (Step **5**) and, in two parallel calculations **6**–**7**, add and subtract the half-length difference $\frac{1}{2}\,\Delta S$ from this side, which establishes the lengths of the original large square (**7a**) and small square (**7b**).

Bibliography

Al-Rawi, Farouk N., and Michael Roaf. 1987. “Ten Old Babylonian Mathematical Problems from Tell Haddad, Himrin”. *Sumer* 43: 175–218.

Benoit, Paul, Karine Chemla, and Jim Ritter (eds.). 1992. *Histoire de fractions, fractions d'histoire* (Science Networks, 10). Basel: Birkhäuser.

BM = Tablet siglum of the British Museum (London).

Chemla, Karine. 1987. “Should They Read FORTRAN as if it Were English?”. *Bulletin of Chinese Studies* 1: 301–316.

Chemla, Karine (ed.). 2004. *History of Science, History of Text* (Boston Studies in the Philosophy of Science, 238). Dordrecht: Springer.

Friberg, Jöran. 1987–90. “Mathematik”. In: Dietz Otto Edzard (ed.), *Reallexikon der Assyriologie und Vorderasiatischen Archäologie*. Vol. 7. Berlin: de Gruyter: 531–585.

Høyrup, Jens. 1990. “Algebra and Naive Geometry. An Investigation of Some Basic Aspects of Old Babylonian Mathematical Thought”. *Altorientalische Forschungen* 17: 27–69; 262–354.

Høyrup, Jens. 1996. “Changing Trends in the Historiography of Mesopotamian Mathematics: An Insider's View”. *History of Science* 34: 1–32.

Høyrup, Jens. 2002. *Lengths, Widths, Surfaces: A Portrait of Old Babylonian Algebra and Its Kin*. New York: Springer.

Imhausen, Annette. 2003. *Ägyptische Algorithmen. Eine Untersuchung zu den mittelägyptischen mathematischen Aufgabentexten* (Ägyptologische Abhandlungen, 65). Wiesbaden: Harrassowitz.

Imhausen, Annette. 2016. *Mathematics in Ancient Egypt: A Contextual History*. Princeton: Princeton University Press.

Jones, Alexander, Christine Proust, and John M. Steele (eds.). 2015. *A Mathematician's Journeys: Otto Neugebauer and Modern Transformations of Ancient Science* (Archimedes, 45). New York: Springer.

Knuth, Donald E. 1972. "Ancient Babylonian Algorithms". *Communications of the ACM* 15: 671–677.

Knuth, Donald E. 1976. "Reciprocal Table of Inakibit-Anu Incorrectly Rendered". *Communications of the ACM* 19: 108.

Neugebauer, Otto. 1935–37. *Mathematische Keilschrift-Texte I–III* (Quellen und Studien zur Geschichte der Mathematik, Astronomie und Physik: Abt. A, Quellen, 3). Berlin: Springer.

Neugebauer, Otto, and Abraham Sachs. 1945. Mathematical Cuneiform Texts (American Oreintal Series, 29). New Haven: American Oriental Society.

Nissen, Hans J., Peter Damerow, and Robert K. Englund. 1990. *Frühe Schrift und Techniken der Wirtschaftsverwaltung im alten Orient*. Hildesheim: Verlag Franzbecker. [English Translation: 1993. *Archaic Bookkeeping: Early Writing and Techniques of Economic Administration in the Ancient Near East*. Chicago: University of Chicago Press]

Ossendrijver, Mathieu. 2013. *Babylonian Mathematical Astronomy: Procedure Texts*. New York: Springer.

Powell, Marvin. 1987–90. "Maße und Gewichte". In: Dietz O. Edzard (ed.), *Reallexikon der Assyriologie und Vorderasiatischen Archäologie*. Vol. 7. Berlin: de Gruyter: 457–517; 527–530.

Proust, Christine. 2005. "À propos d'un prisme du Louvre: aspects de l'enseignement des mathématiques en Mésopotamie". *SCIAMVS* 6: 3–32.

Ritter, Jim. 1989a. "Babylone – 1800". In: Michel Serres (ed.), *Éléments d'Histoire des Sciences*. Paris: Bordas: 16–37. [English translation: 1995. "Babylon – 1800". In: Michel Serres (ed.), *A History of Scientific Thought*. Oxford: Blackwell: 17–43]

Ritter, Jim. 1989b. "Chacun sa vérité: les mathématiques en Égypte et en Mésopotamie". In: Michel Serres (ed.), *Éléments d'Histoire des Sciences*. Paris: Bordas: 38–61. [English translation: 1995. "Measure for Measure". In: Michel Serres (ed.), *A History of Scientific Thought*. Oxford: Blackwell: 44–72]

Ritter, Jim. 1999. "Metrology, Writing and Mathematics in Mesopotamia". In: Jaroslav Folta (ed.), *Calculi 1929–1999*. Prague: Prague Studies in the History of Science and Technology: 215–241.

Ritter, Jim. 2001. "Les nombres et l'écriture". In: Yves Michaud (ed.), *Université de tous les savoirs*. Vol. 14: *Qu'est-ce que l'Univers?* Paris: Odile Jacob: 114–129.

Ritter, Jim. 2004. "Reading Strasbourg 368: A Thrice-Told Tale". In: Karine Chemla (ed.), *History of Science, History of Text* (Boston Studies in the Philosophy of Science, 238). Dordrecht: Springer: 177–200.

Ritter, Jim. 2010. "Translating Rational Practice Texts". In: Annette Imhausen and Tanja Pommerening (eds.), *Writings of Early Scholars in the Ancient Near East, Egypt, Rome, and Greece. Translating Ancient Scientific Texts* (Beiträge zur Altertumskunde, 286). Berlin/New York: de Gruyter: 349–383.

Robson, Eleanor. 1999. *Mesopotamian Mathematics, 2100–1600 BC. Technical Constants in Bureaucracy and Education* (Oxford Editions of Cuneiform Texts, 14). Oxford: Clarendon Press.

Serres, Michel (ed.). 1989. *Éléments d'Histoire des Sciences*. Paris: Bordas. [English translation: 1995. *A History of Scientific Thought*. Oxford: Blackwell]

Soden, Wolfram von. 1995. *Grundriss der akkadischen Grammatik* (Analecta Orientalia, 33). 3rd ed. Rome: Pontificum Institutum Biblicum.

Thureau-Dangin, François. 1936. "L'Équation du deuxième degré dans la mathématique babylonienne d'après une tablette inédite du British Museum". *Revue d'Assyriologie* 33: 27–48.
Thureau-Dangin, François. 1938. *Textes mathématiques babyloniens* (Ex Oriente Lux, 1). Leiden: Brill.
VAT = Tablet siglum of the Vorderasiatisches Museum (Berlin).
Weidner, Ernst F. 1916. "Die Berechnung rechtwinkliger Dreiecke bei den Akkadern um 2000 v. Chr.". *Orientalistische Literaturzeitung* 19: 257–263.

Figures

Fig. 1: Courtesy Yale Babylonian Collection.
Fig. 2: Neugebauer and Sachs (1945): pl. 22.
Fig. 3: Al-Rawi and Roaf (1987): 217.
Fig. 4: Al-Rawi and Roaf (1987): 213.
Fig. 5: © Trustees of the British Museum.
Fig. 6: Thureau-Dangin (1936): 29.

Mathieu Ossendrijver (Berlin)

Translating Babylonian Astronomical Diaries and Procedure Texts

Babylonian astronomical texts pose unique challenges and opportunities for the modern translator. Their technical vocabulary abounds with logograms and abbreviations that are not found outside the astronomical corpus. Each of them may have several different technical meanings, some not mentioned in dictionaries and sign lists, that must be disentangled by the translator. Even more challenging than the terminology is the complexity of the mathematical algorithms for predicting astronomical phenomena. These difficulties are at least partly compensated by opportunities not offered by other Mesopotamian scholarly texts. For instance, tabular texts are a complementary source of information about the same algorithms that are contained in the procedure texts. Furthermore, unlike medical texts astronomical texts usually deal with datable and relatively well-defined phenomena that can be accurately reconstructed for ancient dates with the help of modern computations. The modern translator is therefore often in the position of knowing more or less exactly what the Babylonian astronomer was reporting or computing. However, the use of modern astronomical knowledge also carries its risks, because the translator may, consciously or unconsciously, impose a modern conceptual framework on the ancient text. It may be difficult to completely avoid this, but every effort should be made to do so. These challenges and opportunities are exemplified here by three tablets from two different groups of Babylonian astronomical texts from the first millennium BCE. Text A is an astronomical diary, the most common type of observational report, Texts B and C are procedure texts with mathematical astronomy. They were chosen because they are well preserved and do not pose significant interpretative problems. In view of the philosophy of this book the translations are more literal than it is usually the case. Only by exposing the reader to the Babylonian formulation can various issues at stake in translating these difficult texts be discussed in a meaningful way. However, it will not be possible to fully justify the translations within the framework of this chapter. As is true for any ancient scholarly text, Babylonian astronomical tablets can be translated only by analyzing a significant number of related texts and by utilizing the accumulated results of previous research. This constitutes a body of tacit knowledge that must be acquired by the translator. The rest of the chapter is structured as follows. Due to the technical nature of the texts, they cannot be approached without some background knowledge about Babylonian astral science, its concepts and cultural context. After introducing these topics, the conventions and principles underlying the translations are explained. This is followed by translations and commentaries of the texts. The translations are based on an interplay of philological analysis, astronomical interpretation and, for Texts B and C, algorithmic interpretation. For Text A, a choice was made to incorporate these different aspects in a single commentary, but for Texts B and C separate interpretative commentaries with more extensive, although necessarily still incomplete explanations of various operational and astronomical aspects are provided. Readers with some knowledge of Babylonian cuneiform wishing to follow the process of translation from the original texts can consult the photographs and transliterations.

1 Babylonian astral science in the first millennium BCE

All three texts date from the first millennium BCE, a period of profound change in the astral sciences. Between 750 BCE and 250 BCE, several new textual genres concerning the observation, prediction and interpretation of celestial phenomena emerged in Babylonia. These developments occurred against the background of a longstanding textual tradition of celestial omens and simple quantitative schemes for lunar and planetary phenomena that can be traced back to the Old Babylonian period (1900–1600 BCE).[1] With more than one thousand tablets and fragments, astronomical diaries and related texts form the largest coherent group among the new genres. They are the fruits of systematic observations that were probably initiated in Babylon near 750 BCE and continued without major interruptions until about 100 CE. The majority of them originate from Babylon, much smaller numbers from Uruk and Nippur. Most of these texts are diaries, six-monthly compilations of astronomical, meteorological, economic and historical data.[2] They are end products of an elaborate data management operation in which short-term reports written by different scholars were

1 For an overview of Mesopotamian astral science from its beginnings see Hunger and Pingree (1999).

2 For a complete edition of the datable diaries see Sachs and Hunger (1988–1996). For other compilations with selected phenomena covering longer intervals of time see Hunger and Sachs (2001); for other texts related to the diaries see Hunger (2006; 2014). A remaining volume by Hunger with undatable or overlooked fragments is upcoming.

collected and compiled into the desired format. By about 600 BCE, a functioning predictive method had been discovered for most of the lunar and planetary phenomena reported in the diaries. This so-called Goal-Year method, as it is nowadays called, exploits that lunar and planetary phenomena repeat near the same celestial position and calendar date after a characteristic period which is different for each planet, e.g. 18 years for the Moon and 59 years for Saturn.[3] Henceforth, their phenomena could be predicted by adding the appropriate period to a recorded date of the same phenomenon. Since the Goal-Year method operates with recorded phenomena, it partly explains why diaries continued to be written in a roughly identical fashion for many centuries. Regarding the purpose of the predictions note that only some of the astronomical phenomena were of immediate practical or astrological importance to the Babylonians. Eclipses were viewed as ominous signs of concern to the king and, as will be explained, the first appearance of the lunar crescent played a role in the calendar. However, the systematic inclusion in the diaries of terrestrial data such as market prices and river levels, evident already in the earliest known diary from 652 BCE, suggests that they were also meant to be predicted. This impression is confirmed by procedure texts[4] in which market prices and weather are correlated with synodic and other phenomena of the planets. Hence, these astronomical phenomena appear to have been observed and predicted mainly because they were instrumental for predicting various terrestrial phenomena. This new, more or less mechanical approach to the prediction of terrestrial phenomena differs subtly from traditional celestial divination in which the future was inferred by interpreting signs as they occurred.[5]

Mathematical astronomy developed after about 400 BCE, when Babylonian astronomers introduced the zodiac by dividing the path of the Sun into 12 sections of 30 degrees and naming each one after a nearby constellation. Approxymately 330 tablets with mathematical astronomy are tables (Akkadian: *tērsītu* = "computed table") with computed data arranged in columns and rows. The remaining 110 tablets are procedure texts (Akkadian: *epūšu* = "procedure") with instructions for computing or verifying the tables. In these texts, the zodiac is used as a coordinate system for computing lunar and planetary positions.

---

3 For the Goal-Year method see Brack-Bernsen and Hunger (2002). For evidence that this method existed by 600 BCE see Huber (2007).

4 See Hunger (1976a): Text 94, and Hunger (1976b).

5 The main tablet series with celestial omens, comprising about 70 tablets, was named "When Anu and Enlil" (Enūma Anu Enlil) after the catchline of its first tablet. For an introduction to Mesopotamian celestial divination see Koch-Westenholz (1995).

Various new forms of astrology that emerged near 400 BCE also employ the zodiac. Among them are Babylonian horoscopes, which contain computed positions of the planets for the date of birth, precisely the kind of data that are provided by daily-motion tables, a small group within the corpus of mathematical astronomy. However, a far larger number of tablets with mathematical astronomy are concerned with planetary synodic phenomena. As was mentioned in connection with the diaries, they may have been instrumental for predicting weather and terrestrial phenomena.

All three tablets probably originate from the city of Babylon, the main Babylonian center of scholarship during the first millennium BCE. Babylonian astral science is also attested in Uruk and, sparsely, in a few other cities. Little is known about the astronomers who wrote the diaries during the Neo Babylonian era (750–538 BCE). In the following Late Babylonian period, when Babylonia was successively ruled by the Achaemenids (538–331 BCE), Alexander the Great and his dynasty (330–312 BCE), the Seleucids (311–146 BCE) and the Parthians (145 BCE–100 CE), most astronomers are known to have been employed as temple priests. In Babylon they were associated with the Esagila, temple of the supreme god Bēl (Marduk), in Uruk with the Rēš, temple of the skygod Anu.

2 Planetary and lunar phenomena

Babylonian astronomers were primarily interested in the Moon, the planets Mercury, Venus, Mars, Jupiter and Saturn, and the Sun. The stars mainly served as reference objects in the diary-type texts for reporting the motion of the wandering bodies. A more or less fixed group of 32 stars, known by the modern term 'Normal Stars', was used for that. In mathematical astronomy, stars were not considered at all. Apart from lunar and planetary positions, a lot of effort was spent on synodic phenomena, which are conspicuous events during the apparent motion of a planet or the Moon around the Earth. They form a periodically repeating sequence which is distinct for inner planets (Mercury, Venus) and outer planets (Mars, Jupiter, Saturn). For an inner planet, the synodic cycle comprises evening first (EF), evening station (ES), evening last (EL), morning first (MF), morning station (MS) and morning last (ML). Between EF and EL the setting of the planet can be observed daily near the western horizon, between MF and ML its rising can be observed near the eastern horizon. Between EL and MF and between ML and EF the planet is invisible due to its proximity to the

Sun.[6] At the stations the planet comes to a standstill. Between MS and ES it moves in the normal, eastward direction, between ES and MS it moves in the retrograde, westward direction. For an outer planet, the synodic cycle comprises the first appearance (FA), first station (S1), acronychal rising (AR), second station (S2) and last appearance (LA).[7] From LA to FA the planet is invisible due to its proximity to the Sun. From FA to LA the planet is visible for a fraction of the night that increases until the opposition with the Sun, after which it decreases again. Instead of the opposition, which is not directly observable, Babylonian astronomers reported the acronychal rising, the last visible rising of the planet after sunset, which happens at most a few days before the opposition. The Babylonian terms for these phenomena are as follows:[8]

Tab. 1: Synodic phenomena of the inner planets

synodic phenomena of the inner planets[9]		
Akkadian term	translation	synodic phenomenon
ina $ŠU_2$ *nanmuru*(IGI)	to appear in the west	evening first (EF)
ina $ŠU_2$ *nenmudu*(UŠ)	to be stationary in the west	evening station (ES)
ina $ŠU_2$ *rabû*($ŠU_2$)	to set in the west	evening last (EL)
ina NIM *nanmuru*(IGI)	to appear in the east	morning first (MF)
ina NIM *nenmudu*(UŠ)	to be stationary in the east	morning station (MS)
ina NIM *rabû*($ŠU_2$)	to set in the east	morning last (ML)

6 The precise astronomical interpretation of the last appearances (EL, ML, LA) is still debated. At least for some planets and in some contexts they do not denote the day of last visibility, but that of first invisibility, one day after the former, see Huber (1982).

7 In some publications, the synodic phenomena are represented by Greek letter symbols, a notation introduced by Neugebauer (1955) and Neugebauer (1975). For the inner planets they are Γ=MF, Φ=MS, Σ=ML, Ξ=EF, Ψ=ES, Ω=EL; for the outer planets Γ=FA, Φ=S1, Θ=AR, Ψ=S2, Ω=LA.

8 The Akkadian terms are listed here in their most common and complete form, but some elements, e.g. "in the west/east" and "at the first/second station" are regularly omitted, e.g. in Text A.

9 The most common logograms for west and east in Babylonian astronomy are $ŠU_2$ and NIM, respectively, replacing the older ^{d}UTU.$ŠU_2$.A = *ereb Šamši*, literally "sunset", and ^{d}UTU.E_3.A = *ṣīt Šamši*, literally "sunrise". However, it is not clear how they were read in Akkadian in this function.

Tab. 2: Synodic phenomena of the outer planets

synodic phenomena of the outer planets		
nanmuru(IGI)	to appear	first appearance (FA)
nēmetta(UŠ) *maḫrīta*(IGI) *nenmudu*(UŠ)	to be stationary at the first station	first station (S1)
ana ūmi(ME) *elû*(E, E_{11})	to rise to daylight	acronychal rising (AR)
nēmetta(UŠ) *arkīta*(EGIR) *nenmudu*(UŠ)	to be stationary at the second station	second station (S2)
rabû($ŠU_2$)	to set	last appearance (LA)

The Moon was studied more intensely than any other celestial body. In the astronomical diaries its position was reported from day to day. Around the synodic phenomena of New Moon, when Moon and Sun are in conjunction, and Full Moon, when they are in opposition, eclipses were observed and so-called Lunar Six intervals were measured. The latter are six time intervals between the rising or setting of the Moon and that of the Sun; for their precise definition see below. They are designated by logographic abbreviations, some of which have several other astronomical meanings as well. As Lunar Six intervals these logograms are conventionally not translated.[10] There are two distinct intervals NA, one measured near New Moon and another one near Full Moon; in order to avoid confusion the former is usually called NA_1 or NA_N in the literature (here NA_1). All six were routinely reported in the astronomical diaries and, in the course of time, two sophisticated methods were developed for predicting them. In the case of NA_1 the reason for these efforts is readily identified, since this interval marks the beginning of the Babylonian month (see below). By computing NA_1 for successive sunsets after New Moon and comparing it with some minimum value required for visibility, the day on which the first crescent will appear can be predicted.[11] Some of the other Lunar Six intervals are also used for predicting NA_1, but a full explanation of the Babylonian preoccupation with Lunar Six intervals remains to be found.

10 The Akkadian reading of the logograms is unclear, cf. Sachs and Hunger (1988): 21; Neugebauer (1955): 229, with the exception of NA, which is to be read *manzāzu*, literally "presence" (Ossendrijver [2012]: 596–7).

11 Due to the variable lunar and solar velocities, the duration of the month varies irregularly between 29 and 30 days, with a mean value 29.53 days. If New Moon occurs at sunset then $NA_1 = 0$, i.e. there is no crescent; the longer the interval between New Moon and sunset, the larger NA_1 and the wider the crescent.

Tab. 3: Lunar Six intervals

Lunar Six	time interval between	and	near
NA_1	sunset	first visible moonset after sunset	New Moon
$ŠU_2$	last moonset before sunrise	sunrise	Full Moon
NA	sunrise	first moonset after sunrise	Full Moon
ME	last moonrise before sunset	sunset	Full Moon
GI_6	sunset	first moonrise after sunset	Full Moon
KUR	last visible moonrise before sunrise	sunrise	New Moon

3 The calendar, coordinates and units

The Babylonian calendar that was in use during the first millennium BCE can be characterized as follows. Dates were expressed as a year number, month name and day number (1–30). Before the beginning of the Seleucid Era (SE year 1 = 311/310 BCE), year numbers are regnal years of the ruling king. The beginning of the year, day 1 of Nisannu (month I), always fell within about 30 days of the vernal equinox (near 21 March in the Julian calendar). Hence, the year was linked to the course of the Sun in an average sense. The remaining months are Ajjaru (II), Simānu (III), Dûzu (IV), Abu (V), Ulūlu (VI), Tašrītu (VII), Araḫsamna (VIII), Kislīmu (IX), Ṭebētu (X), Šabāṭu (XI) and Addaru (XII). The Babylonian day began at sunset. Day 1 of the new month was declared at the first appearance of the lunar crescent after sunset, which occurs at most a few days after New Moon. Hence, the months were strictly tied to the lunar phases. The only attested month lengths are 29 days and 30 days, because day 1 was declared no later than the sunset at the end of day 30, irrespective of whether the crescent was then observed or not. A normal year contained 12 months, which add up to a total of about 354 days, 11 days short of the solar year. In order to prevent the months from drifting through the seasons, an intercalary 13th month, either a second Ulūlu (VI_2) or a second Addaru (XII_2), was occasionally inserted. Originally this was done at irregular intervals, but near 475 BCE a 19-year cycle was introduced for this. Henceforth, a 13th month was inserted in 7 out of 19 years according to a fixed pattern, resulting in a cycle of 235 months. Modern equivalents of Babylonian dates are expressed in the Julian calendar. Since the Julian day begins at midnight, a Babylonian date covers parts of two successive Julian dates. Note that in publications on ancient astronomy, the BCE year count, which omits the year 0, is often replaced by negative Julian year numbers, such that 1 BCE is counted as 0 and, analogously, *n* BCE as –(*n*–1).

Time intervals shorter than one day were usually expressed in UŠ, where 360 UŠ correspond to 1 day, i.e. 1 UŠ = 4 min. This unit must usually be inferred from the context, because the sign UŠ was rarely written after the number. Its Akkadian reading and literal meaning are unknown. In the literature the UŠ is also referred to as the "time degree", but in the present chapter it is left untranslated. The next larger unit of time is the *bēru*(DANNA), equivalent to 30 UŠ (2 hrs). It is sometimes translated as "double hour", but here left untranslated. Both the *bēru* and the UŠ were originally units of geographical distance.[12] In mathematical astronomy, dates and time intervals of planetary phenomena were usually computed in an artificial unit corresponding to 1/30 of the mean synodic month (29.53 days). In the literature this unit is referred to as the (mean) 'tithi', a term borrowed from Indian astronomy, but the Babylonian astronomers simply called it "day" (*ūmu*). By using mean tithis instead of days the astronomers circumvented the computation of the varying lengths of future months, which would be required if predicted dates were to be expressed in the actual calendar. Two different systems of units existed for expressing celestial distance. In the astronomical diaries a system based on cubits (Akkadian: *ammatu*) and fingers (*ubānu*) was used, where 1 cubit = 24 fingers. Like the UŠ, they are ancient units of length that were transferred to astronomy from daily life.[13] A modern analysis of the positional data in the diaries has revealed that 1 cubit ≈ 2.2° and that the directions "in front of", "behind", "above" and "below" are to be understood roughly parallel and perpendicular to the path of the Sun (Jones [2004]; Graßhoff [1999]). No instrument has been identified with which these measurements were made. In mathematical astronomy celestial distances along the ecliptic were expressed in UŠ; hence, after 400 BCE the UŠ denotes two distinct units. The full circle of the Sun's orbit contains 360 UŠ, so that this usage of the UŠ is more or less equivalent to the modern degree.[14] The coordinate of a body along the ecliptic was called "position" (Akkadian: *qaqqaru*). It was expressed as a zodiacal sign and a number of UŠ within it between 0 and 30. The

12 As a unit of time, the UŠ is not attested before about 1200 BCE, but as a unit of geographical distance, corresponding to about 360 m, it can be traced back at least to the Ur III period (2100–2000 BCE), as is true for the *bēru*(DANNA), "mile".

13 As units of length, the cubit and the finger are used in the diaries (e.g. Text A) for reporting the river level.

14 One remaining difference is that distances in UŠ always pertain to a direction parallel or perpendicular to the path of the Sun (ecliptic), whereas the modern degree can be measured along any great circle.

perpendicular coordinate, its distance above or below the ecliptic, was called "height" (Akkadian: *šūqu*) and "depth" (*šuplu*). Its value was sometimes also expressed in UŠ but usually in "barleycorns" (*uṭṭatu*), where 1 UŠ = 72 barleycorns.[15] Note however, that the cubit system continued to be used in the astronomical diaries after 400 BCE.

4 Numbers and computational practices

Babylonian astronomical texts employ the sexagesimal place-value notation,[16] which functions in a manner very similar to our decimal notation. This system dates back to the Ur III period (2100–2000 BCE) and was primarily used for computation. Numbers are represented as sequences of digits, each having a value between 0 and 59. Every digit is associated with a power of 60 that decreases by one in the rightward direction. In the 5th c. BCE a special sign, here transliterated as 0, was introduced for indicating vanishing intermediate digits.[17] As opposed to our decimal system, which is an absolute notation, the Babylonian notation is relative, because vanishing initial or final digits were usually not written and there is no equivalent of our decimal point. Hence, the power of 60 corresponding to each digit can only be inferred from the context. Only little is known about Late Babylonian computational practices. Compared to the Old Babylonian period, only very few auxiliary tables for multiplication and other elementary arithmetical operations have been found. This supports the widely accepted view that an abacus-type device was used for adding, subtracting and multiplying sexagesimal numbers.

5 Transliterations and translations

Regarding the transliteration of cuneiform texts it suffices to mention a few important features.[18] All three texts are written in a version of the cuneiform script and a dialect of the Akkadian language that can be characterized as Late

15 In sexagesimal notation: 1,12 barleycorns = 1 UŠ, i.e. 1 barleycorn = 0;0,50 UŠ.

16 An exception are non-astronomical data in the diaries such as market prices.

17 In some older publications the sign for vanishing digits is transliterated as a colon (:).

18 For more details on the transliteration of Akkadian cuneiform texts see the relevant handbooks in the Appendix, D.

Babylonian. Even in this late period, the cuneiform script remained essentially bilingual, i.e. the Akkadian words could be written either with Akkadian phonetic sign values or Sumerian logograms. In the latter case the reader must replace the logogram with an Akkadian word in the appropriate case, number or declination. Quite often both usages are combined and a logogram is followed by a phonetic sign representing the final syllable of the Akkadian word. The process of transliteration thus begins by selecting for each cuneiform grapheme the appropriate phonetic or logographic reading. Logographic signs are conventionally transliterated in capitals, Akkadian phonetic signs in italics.[19] If two or more signs form a composite logogram they are connected by dots, while phonetic signs are connected by hyphens (-). For the brackets used in Assyriology see the Appendix, B. In transliterations the original layout of a tablet is maintained to the extent that each line begins near the left edge. Turning to the translations, here lines may be broken up or merged into meaningful units of text. Original line numbers can be placed in a raised position before the first word of the line.[20] Missing text is rendered as [...]. Words enclosed by parentheses, ( ), are explanatory insertions. The translation ideally proceeds from a normalized Akkadian text in which all words are fully reconstructed in accordance with the established grammar.[21] In some published editions normalized Akkadian readings are incorporated into the transliteration, but this is not done here. As will become apparent, normalization is not always possible for logograms that represent technical terms. However, they can usually be translated without knowing the Akkadian reading. Normalized Akkadian words are occasionally provided in the commentary at their first appearance in the text. In this connection note that the astronomical texts employ a limited set of verb forms compared to literary texts. In the diaries nearly all verbs are in the third person of the preterite or the perfect, both translated as past tenses. Some stenographic remarks by the observers are assumed to be phrased in the first person singular (e.g. "I did not observe it"; see Text A). In the procedure texts of mathematical astronomy nearly all verbs are in the second person of the present/future, the appropriate tense for instructions.

19 A few sign values found in astronomical texts but not included in the standard sign lists are mentioned in Neugebauer (1955) and Ossendrijver (2012).

20 Due to the different word order of Akkadian and English, some words appear on the wrong side of the line number.

21 For a concise introduction to Akkadian and the main dictionaries see the publications listed in the Appendix, D.

When transliterating numbers, the relativity of the Babylonian notation is preserved by separating all digits by the same separator, here chosen to be the period (.).[22] When assembling the digits from the numerals, ambiguities may arise if a multiple of 10 is followed by a numeral 1...9 (e.g. 20 9), since they may either be treated as a single digit (29) or as separate ones (20.9). Usually the context and sometimes the orthography[23] help in resolving this ambiguity. In transliterations, numbers are thus interpreted only to the extent that the digits are identified and dots placed between them, analogous to the joining of phonetic and logographic signs into words. If the absolute value of a number is known it is conventionally represented by placing a semicolon (;) between the digit pertaining to 1 and the next digit pertaining to 1/60, and commas between all other digits. Opinions vary on when to use the absolute notation. When translating Babylonian mathematical texts the relative notation is usually maintained, because its ambiguity is arguably an essential and productive feature of Babylonian mathematics. This is hardly the case in the astronomical texts, which nearly always provide sufficient context for determining the absolute value of each number. Hence, they are commonly translated using the absolute notation. Since initial and final vanishing digits were usually not written, fully interpreted absolute numbers may have more digits than were actually written down; an example of this can be seen in Text C (obv. 4). Converting the sexagesimal notation to a decimal one should be avoided, since it distorts and obscures the Babylonian computational methods, which are essentially sexagesimal. For instance, a multiplication by 0;20, in cuneiform a single-digit number (20), would become a multiplication by 0.33333...., an infinite sequence of digits.[24]

The following rules have guided the translations: (1) Modern technical terms are avoided as much as possible. (2) Literal translations are preferred and important features of the Akkadian formulation are preserved. (3) Each semantically distinct meaning of an Akkadian word is translated by the same English

---

22 For transliterations the dot has certain advantages over other separators that are used in the literature, e.g. blanks (see the contribution by Ritter in this volume) or commas. Blanks are somewhat less satisfactory because the legibility suffers in the absence of a visible separator and numbers are not treated in the same manner as other cuneiform signs. Commas are avoided here because they are also used for representing fully interpreted, translated numbers. For a discussion of these issues see Proust (2009).

23 Sometimes a larger than usual space or a 0 are used for separating such digits.

24 It would also be misleading to 'translate' 0;20 as 1/3 because this suggests a different operation, namely division instead of multiplication. However, divisions are in fact virtually absent from Babylonian astronomy, because they were reformulated as multiplications by a reciprocal number.

word or phrase. (4) Translations are rendered in grammatically correct English. This point may appear to be superfluous, but it is violated in some modern translations of Babylonian mathematical texts. There is obviously a tension between rules 2 and 4, and between rules 3 and 4, so that they cannot always be applied strictly.

By avoiding modern terminology, the risk of anachronistic interpretations is minimized. One class of terms where this can be especially important are the arithmetical operations. For instance, the Babylonians maintained a rather strict terminological distinction between additions that conserve the identity of the operand and those that do not.[25] A common example of the former kind is the addition of a displacement to a celestial position, resulting in an updated position, i.e. the identity of this quantity, 'position', is conserved.[26] The price to be paid for a more literal approach is that the technical meaning may no longer be immediately obvious from the translation. A possible compromise would be to include a modern term or symbol in parentheses after the first occurrence of a Babylonian technical term, but this is not implemented here. One example of a feature not maintained in the translations concerns the manner in which numbers are associated with named quantities. In the Akkadian formulation, the number is always put in first position, while we use the opposite order, e.g. '5 NA' is translated as "NA was 5". The following conventions are adopted for various classes of technical terms.[27]

5.1 Names of planets, stars, constellations, zodiacal signs and months

The names of planets and zodiacal signs are commonly rendered by modern equivalents, the Babylonian month names by Roman numerals (see above). It can be argued that these well-established conventions are at least potentially anachronistic because they may obscure religious, astrological or other connotations, even if these are not apparent to the modern translator. In view of the

25 On these issues see Høyrup (2002): 18–20, and Ossendrijver (2012): 19–24.

26 Additions in which the sum obtains a different identity from the summands can be found, for instance, in some lunar procedures in which a time interval defined with respect to sunset (identity 1) is converted into an interval defined with respect to sunrise (identity 2) by adding to the former the duration of the night.

27 For an overview of the technical terminology of the astronomical diaries see Sachs and Hunger (1988): 11–38; for a glossary of technical terms in mathematical astronomy see Ossendrijver (2012): 595–601.

methodology underlying this volume, the Babylonian terms are maintained. The names of the planets are as follows:

Tab. 4: Babylonian names of the planets

Akkadian reading (translation)	transliteration	modern name
Sîn	*sin*(30)	Moon
Šamaš	*šamaš*$_2$(20)	Sun
Šiḫṭu	GU$_4$.UD	Mercury
Dilbat	*dil-bat*	Venus
Ṣalbaṭānu	AN	Mars
Sagmegar	SAG.ME.GAR	Jupiter
Kakkabu peṣû ("White Star")	MUL$_2$.BABBAR	Jupiter
Kajjamānu ("Steady One")	^{d}SAG.UŠ, ^{d}GENNA	Saturn

Origin and meaning of these names are only partly understood.[28] All planets were viewed as astral manifestations of major deities. The names of the Moon and the Sun coincide with those of the major deities associated with them, but for the other planets this connection is not expressed directly.[29] Instead, the names of Mercury, Venus, Mars, Jupiter and Saturn are descriptive epithets or names of obscure deities that have some connection to the major deity. Šiḫṭu is not a regular Akkadian word but might be translated "jump", perhaps an epithet inspired by Mercury's rapid motion. Dilbat derives from Sumerian dili-bad, "shining", an obvious epithet for Venus. The meaning of Ṣalbaṭānu (Mars) and Sagmegar (Jupiter) is not clear. The latter name appears in Text A, but in later diaries and in mathematical astronomy Jupiter is usually called "White Star" (see Text B). Kajjamānu, literally "the Steady One", is an appropriate epithet of Saturn, the slowest planet.[30] The names of stars and constellations are likewise not replaced by modern ones but translated literally if possible, e.g. *alap*(GU$_4$)

28 For a systematic overview of the Mesopotamian names for the planets see Brown (2000): 54–74.

29 In Babylonia, the planets were associated with the following major gods: Mercury – Nabû, god of writing, Venus – Ištar, goddess of war and sexual love, Mars – Nergal, god of pestilence, Jupiter – Marduk (Bēl), the Babylonian supreme god, Saturn – Šamaš, the sungod. As far as known there is not a single example in the Babylonian astronomical corpus of any of these names being used for designating the planet.

30 It is probably not a coincidence that steadiness was also ascribed to Šamaš, the major deity associated with Saturn.

šamê(AN) = "Bull of Heaven". It would be especially problematic to translate the names of constellations with modern names, because Babylonian and modern constellations are in general not equivalent.

The Babylonian names of the zodiacal signs are shown in the following table. They more or less coincide with the modern ones, but there are some exceptions.[31] In this chapter they are translated literally (see Text C).

Tab. 5: Babylonian names of the zodiacal signs

transliteration	ḪUN	MUL_2	MAŠ	ALLA	A	ABSIN
Akkadian reading	*agru*	*zappu*	*māšu*	*alluttu*	*nēšu*	*šer'u*
literal translation	Hired Man	Stars/Brush	Twins	Crab	Lion	Furrow
modern equivalent	Aries	Taurus	Gemini	Cancer	Leo	Virgo
transliteration	RIN_2	GIR_2.TAB	PA	$MAŠ_2$	GU	*zib*.ME
Akkadian reading	*zibānītu*	*zuqaqīpu*	*Pabilsag*	*suḫurmāšu*	*Gula*	*zibbātu*
literal translation	Scales	Scorpion	Pabilsag	Goat-fish	Gula	Tails
modern equivalent	Libra	Scorpius	Sagittarius	Capricorn	Aquarius	Pisces

5.2 Technical terms that are common Akkadian words

If possible, these terms are translated with the literal, non-technical meaning enclosed in quotation marks. For instance, "height" and "depth" are literal translations of *šūqu* and *šuplu*, Akkadian terms used in mathematical astronomy for a planet's distance above or below the ecliptic, respectively. They replace the anachronistic, modernizing translations "positive latitude" and "negative latitude" used in the older literature.[32] The presence of quotation marks around

31 Most of the abbreviations derive from the logographic names of constellations, e.g. ḪUN < $^{mul.lu2}$ḪUN.GA_2 = *agru*, "Hired Man" (see Ossendrijver [2012]: xxv). Gula is not the goddess of healing but an obscure male deity associated with Enki/Ea, the god of wisdom and subterranean water. Some of the Akkadian names are not translations of the logogram. For instance, MUL_2 derives from MUL.MUL, "Stars", but *zappu* means "Brush" (both are also names of the Pleiades, a group of stars near Taurus). It is not clear which of the two meanings, if any, is relevant here. This might speak in favor of translating the zodiacal signs with modern equivalents, i.e. MUL_2 = "Taurus".

32 See for instance Neugebauer (1955). The main problem with the older translation is that negative numbers do not exist in Babylonian calculus, hence, translating *šuplu* as "negative latitude" in contexts where something is added to or subtracted from this can lead to confusion.

a translated word or phrase signifies that the technical meaning differs from the literal translation. However, in some situations where one and the same common word has different technical meanings a distinct translation is adopted for each distinct meaning.

5.3 Technical terms of which the literal meaning is unknown

In these situations a literal translation is impossible. If the Akkadian reading is known it is maintained and sometimes qualified by the category to which it belongs. For example, Text B mentions a disease called *su'ālu*, which is translated as "*su'ālu* disease". If the Akkadian reading is unknown then the effective, technical meaning inferred from the context is adopted as a pragmatic translation. An example from mathematical astronomy is LA_2, which can mean "duration", e.g. in the phrase LA_2 *$ša_2$ ūmi*(ME), "duration of daylight". This meaning of LA_2 is not mentioned in the published sign lists, nor has the Akkadian reading been identified.

5.4 Logograms with a complex technical meaning

As mentioned earlier, the Lunar Six intervals, $ŠU_2$, NA, ME, GI_6, NA (in two distinct meanings) and KUR, are designated by logographic abbreviations. They have a well-established but rather complex technical meaning that cannot be rendered in English by a single word or a simple phrase. It is common practice to maintain them in the translation.

5.5 Technical terms of which the meaning could not be determined from the context

For some logograms and abbreviations, especially in the astronomical diaries, no precise technical meaning has been established (e.g. PISAN and ZI IR in Text A). Sometimes an Akkadian reading is known, e.g. PISAN = *pisannu*, "drainpipe", but this is insufficient for determining the technical meaning. It is common practice to maintain these logograms and abbreviations in the translations.

6 Formulaic and graphical representations

Along with verbal translations, formulaic and graphical representations are commonly included in modern publications in order to clarify the Babylonian algorithms. These modernizing 'translations' can be useful in that they enable one to analyze the algorithms with modern tools and explain them to mathematically trained readers. However, it must be kept in mind that they are all to some extent anachronistic. With regard to modern formulas, note that there is no Babylonian equivalent of symbolic manipulation. Secondly, since Babylonian calculus does not know negative numbers a quantity can be subtracted only as long as the result is positive, but this restriction does not apply in a modern equation. Thirdly, the arithmetical operations are usually represented in a unified manner, with + for addition, – for subtraction, etc., but the Babylonian scholars used various different verbs for each of these operations. Potentially significant semantic distinctions between them are lost in the modern formulaic translation. Finally, a Babylonian algorithm is usually formulated as a sequence of operations, which cannot be adequately rendered in equations. Modern graphical representations in which a quantity is plotted against its argument have also profoundly shaped the discourse about Babylonian astronomy, as is apparent from the terms 'zigzag function' and 'step function' (see below). However, there is no evidence that these algorithms were conceptualized in graphical terms. Compared to formulas and modern plots, flow charts more closely correspond to the Babylonian way of presenting an algorithm because they can visualize a sequence of operations and the associated flow of information.

A. VAT 4956, an astronomical diary for year 37 of Nebuchadnezzar II

The diary fragment VAT 4956 is kept in the Vorderasiatisches Museum (Berlin). It measures 77 × 80 × 18–24 mm[33] and partly preserves the left and upper (lower) edges of the obverse (reverse) of a tablet. The fragment was acquired from antiquities dealers and excavated unscientifically, most likely in Babylon, near the end of the nineteenth century.[34] It may well originate from a similar location as the bulk of the astronomical texts from Babylon, including Texts B and C. The obverse covers months I–III of year 37 of king Nebuchadnezzar II, the reverse months X–XII of that year (568/567 BCE).[35] Hence, the original tablet probably covered twelve months, which implies that its height was about twice that of VAT 4956. The curvature of the fragment (see Fig. 1) suggests that the original width was also about twice as large; this is not contradicted by anything in the text. Hence, VAT 4956 preserves about one fourth of an original tablet of approximate size 160 × 160 × 18–24 mm. A German translation by Paul V. Neugebauer, an astronomer, and Ernst F. Weidner, an Assyriologist, was published in 1915. Several decades later, Weidner (1952–3) separately published a hand-drawn copy of the tablet. An English translation by Abraham J. Sachs and Hermann Hunger appeared as Text −567 in Volume I of their complete edition of the datable diaries (Sachs and Hunger [1988–1996]). The present translation is, by and large, a modified version of that by Sachs and Hunger. VAT 4956 is the second oldest extant astronomical diary, dating 84 years after the oldest one (652 BCE) and predating the bulk of the later diaries by about 175 years. Neugebauer and Weidner (1915) already pointed out that it is not an original but a later copy. This follows from two instances of the remark 'broken' which indicate that the original was damaged there (rev. 15', 18'). The catchline at the end of the reverse confirms that VAT 4956 was a library exemplar.

33 Width and height as reported on the CDLI website, thickness estimated from the photograph. As far as known, the measures are not mentioned in any publication.

34 Handcopies of other tablets from the reign of Nebuchadnezzar II acquired by the Berlin museum in the 19th century were published in the series Vorderasiatische Schriftdenkmäler (1907–).

35 Year 37 of Nebuchadnezzar II is not known to have contained an intercalary month VI_2 and the astronomical data in this diary rule out that possibility. Modern computations of the first lunar crescent quoted by Sachs and Hunger (1988): 52, imply that this year began on 22/23 April 568 BCE (1 Nisannu) and ended on 11/12 April 567 BCE (29 Addaru). In general, these computed dates are accurate ±1 day.

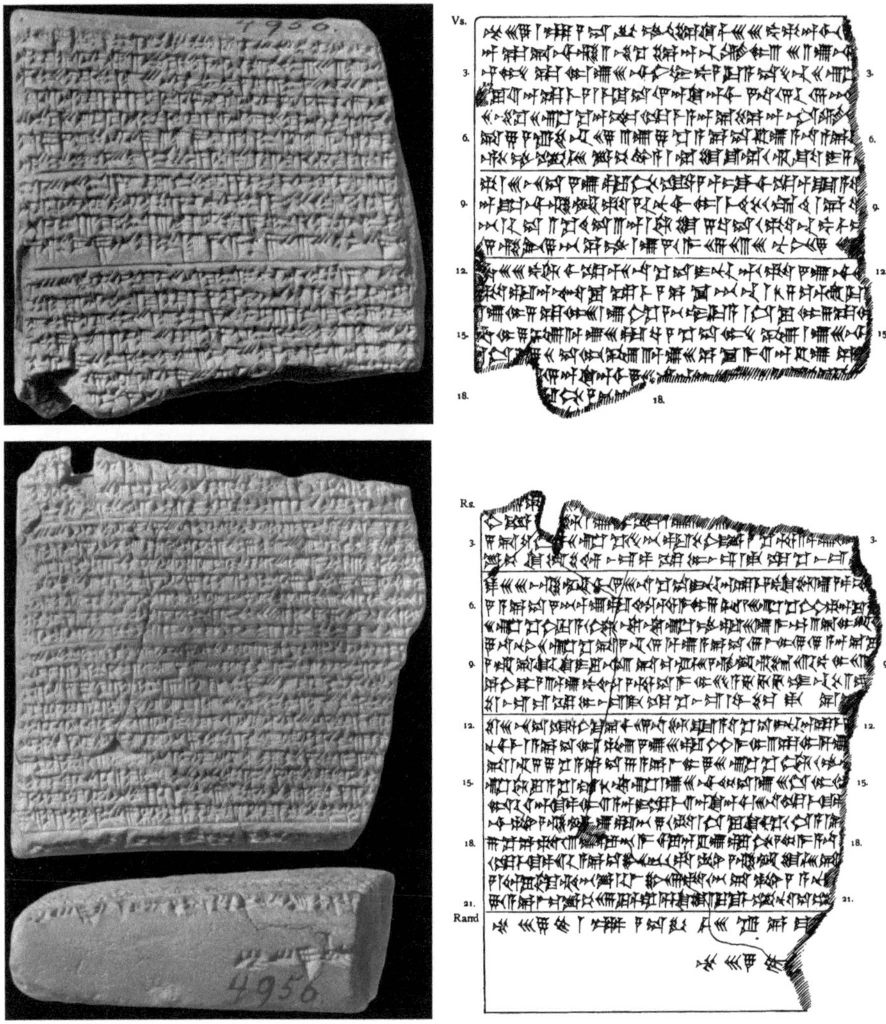

Fig. 1a+b: Photograph and hand copy of Text A (VAT 4956)

VAT 4956 deviates from the later diaries in several respects. As mentioned, it covers one whole year instead of half a year which became the later standard. Its monthly sections are shorter and some of the technical terms are different. The motion of the Moon and the planets is reported in a similar manner, but some of the reference stars are not among the later set of 32 Normal Stars. More significantly, whole constellations are sometimes used instead of individual stars, a practice that is increasingly rare in later diaries. Nevertheless, the overall similarity is striking, in particular regarding the selection of phenomena, which already include most of the terrestrial data known from later diaries.[36] Price data are partly preserved for the months Ṭebētu (X) and Šabātu (XI); for Nisannu (I), Ajjaru (II), Simānu (III) and Addaru (XII) they are not preserved, but they might have been present on the missing right half of the tablet. Later diaries always mention six standard commodities. In VAT 4956, five of them, barley, dates, *kasû* mustard, sesame and *saḫlû* cress, are included, but the sixth, wool, is not. Their prices are quantified in terms of the volume or weight that can be bought for 1 shekel of silver. Technically, these are therefore not prices but 'exchange values' (Akkadian: *maḫīru*, "equivalent"), as stressed by van der Spek, van Leeuwen, and van Zanden ([2015]: 6–7). A translation "price" would be misleading, since the exchange value is low when the price is high, and vice versa. Note that they are not expressed in the sexagesimal positional system but in traditional metrologies: weights in mina and shekel, where 1 mina (≈ 500 g) equals 60 shekels, and volumes in kur, pān, sūt and qa, where 1 kur (≈ 180 liters) = 5 pān, 1 pān = 6 sūt, and 1 sūt = 6 qa (1 qa ≈ 1 liter). All of these units are translated here in the conventional manner.[37] For some units there were special number signs. In accordance with common practice they are transliterated by the arabic number and a one-letter abbreviation of the unit in brackets, e.g. 2(g) = '2 kur', 2(p) = '2 pān' and 2(b) = '2 sūt'.[38] In the case of pān and sūt, number and unit form a single sign. By contrast, the number of kur units is usually followed by a logographic sign representing that unit, e.g. 1 GUR = '1 kur'. For months I, XI and XII a segment about historical events in Babylon is partly preserved. As in the later diaries, this segment is placed near the end of each section.

---

36 In diaries written after about 400 BCE, each monthly section also includes a summary of the positions of the planets in the zodiacal signs.

37 The translated volume units derive from the so-called absolute state of the Akkadian terms, a special form used for counting in which, essentially, the grammatical ending is omitted. Mina and shekel are conventional biblical renderings of *manû*(MA.NA) and *šiqlu*(GIN$_2$), respectively. The unit qa does not appear in Text A.

38 The anomalous abbreviation g for kur derives from the logogram for this unit, GUR. By the same token, the abbreviation b for sūt derives from the logographic reading of the sign for 1 sūt, which is BAN$_2$. The unit pān is sometimes made explicit by the logogram PI = *pānu* (Text A rev. 11').

Obverse

1	MU 37 ^{md}AG.NIG$_2$.DU.ŠEŠ LUGAL TIN.TIR^{ki} BAR 30 *sin ar$_2$* GU$_4$.AN IGI x [... NA ...]	Year 37 of Nebuchadnezzar, king of Babylon, Nisannu, the 30th, Sîn appeared behind the Bull of Heaven, [NA] was ... [...]
2	^{d}SAG.UŠ *ina* IGI SIM 2 *ina še-ri$_3$* TIR.AN *ina* ŠU$_2$ GIB GI$_6$ 3 *sin* 2 KUŠ$_3$ *ina* IGI [...]	Kajjamānu was in front of the Swallow. The 2nd, in the morning a rainbow stretched in the west. Night of the 3rd, Sîn was 2 cubits in front of [...]
3	ŠUR GI$_6$ 9 SAG GI$_6$ 1 KUŠ$_3$ *sin ina* IGI ^{mulx}GIR$_3$ *ar$_2$ ša$_2$* UR.A GUB 9 *ina* ŠU$_2$ *šamaš$_2$* TU[R$_3$ NIGIN$_2$ ... 11]	it rained. Night of the 9th, beginning of the night, Sîn stood 1 cubit in front of the Rear Foot of the Lion. The 9th, while setting Šamaš [was surrounded by] a 'fol[d' ... The 11th]
4	*lu* 12 ^{d}SAG.ME.GAR *ana* ME E$_{11}$ 14 DINGIR KI DINGIR IGI 4 NA 15 ŠU$_2$ 16 *dil-bat* [...]	or the 12th Sagmegar 'rose to daylight'. The 14th, one god was seen with the (other) god, NA was 4. The 15th, overcast. The 16th, Dilbat [...]
5	20 *ina še-ri$_3$ šamaš$_2$* TUR$_3$ NIGIN$_2$ AN.BAR$_7$ UGU.ME ŠEG$_3$ PISAN TIR.AN *ina* NIM GIB x [...]	The 20th, in the morning Šamaš was surrounded by a 'fold'. Noon, UGU.ME, rain, PISAN, a rainbow stretched in the east ... [...]
6	TA 8 *ša$_2$* DIRI.ŠE EN 28 3 KUŠ$_3$ 8 SI ILLU DU 2/3 KUŠ$_3$ *a-na* ILLU ⸢ŠU$_2$⸣ [LA$_2$ ...]	From the 8th of second Addaru until the 28th, the river level rose by 3 cubits 8 fingers; 2/3 of a cubit [were lacking] to the ⸢peak⸣ river level [...]
7	*ina a-mat* LUGAL GAZ.MEŠ ITI BI KA$_5$.A *ana* URU KU$_4$ *su-alu u ri-šu-tu$_2$ i-ṣa* [...]	were killed on the order of the king. That month, a fox entered the city. A little *su'ālu* disease and *rišûtu* disease [...]
8	GU$_4$ 1 *sin ina šamaš$_2$* GUB 4 KUŠ$_3$ *šap* MUL$_x$ KUR EGIR *ša$_2$* MAŠ.TAB GAL IGI *ka-bar* AGA *a-p*[*ir* ...]	Ajjaru, the 1st, while Šamaš was present Sîn appeared below the Rear Bright Star of the Large Twins. It was thick, covered with a 'crown' [...]

9	^{d}GENNA *ina* IGI SIM.MAḪ GU$_4$.UD *ša$_2$* ŠU$_2$ NU IGI GI$_6$ 1 *me-ḫi* KUR *u* ULU$_3$ ŠAR$_2$ 1 *kal* U$_4$ [… *ina* IGI]	Kajjamānu was in front of the Swallow. Šiḫṭu, which had set, was not visible. Night of the 1st, a ŠAR$_2$ storm from east and south. The 1st, all day […]
10	*dil-bat ana* ŠU$_2$ GUB 2 SI ŠAR$_2$ DU 3 AN *ana* ALLA KU$_4$ 5 E$_3$ 10 GU$_4$.UD *ina* ŠU$_2$ *ar$_2$* MAŠ.TA[B TUR …]	stood [in front of] Dilbat to the west. The 2nd, a ŠAR$_2$ north wind blew. The 3rd, Ṣalbaṭānu entered the Crab, the 5th it emerged. The 10th, Šiḫṭu [rose] in the west behind the [Little] Twins […]
11	15 ZI IR 18 *dil-bat e* LUGAL 1 KUŠ$_3$ 4 *u* LAL$_2$ 26 23 *sin* NU PAP 27 20[…]	The 15th, ZI IR. The 18th, Dilbat was 'balanced' 1 cubit 4 fingers above the King. The 26th (KUR) was 23, I did not observe Sîn. The 27th, [KUR] was 20[+x …]
12	SIG 30 *sin ar$_2$* ALLA IGI *ka-bar* 20 NA SI DU *i-nu-šu$_2$* AN *u* GU$_4$.UD 4 KUŠ$_3$ *ina* IGI L[UGAL …]	Simānu, the 30th, Sîn appeared behind the Crab, it was thick, NA was 20, the northwind blew. At that time, Ṣalbaṭānu and Šiḫṭu were 4 cubits in front of the K[ing …]
13	GU$_4$.UD *šap* AN *šer-tam* DIB SAG.ME.GAR *e* SI$_4$ *dil-bat ina* ŠU$_2$ *ana tar-ṣa* GIŠ.KUN UR.[A …]	In the evening, Šiḫṭu passed below Ṣalbaṭānu, Sagmegar was above Lisi, Dilbat was in the west, opposite the Tail of the Li[on …]
14	1 KUŠ$_3$ GI$_6$ 5 SAG GI$_6$ *sin* 1 KUŠ$_3$ ‹*e*/*šap*› MUL$_x$ KUR$_4$ *ša$_2$* TIL GIR$_3$ UR.A *ana* NIM DIB GI$_6$ 6 SAG GI$_6$ […]	by 1 cubit. Night of the 5th, beginning of the night, Sîn passed towards the east 1 cubit ‹above/below› the Bright Star at the Tip of the Lion's Foot. Night of the 6th, beginning of the night […]
15	SIG GI$_6$ 8 USAN 2 1/2 KUŠ$_3$ *sin šap* RIN$_2$ *ša$_2$* SI GUB GI$_6$ 9 USAN 1 KUŠ$_3$ *sin ina* IGI […]	was low. Night of the 8th, evening watch, Sîn stood 2 1/2 cubits below the Northern Part of the Scales. Night of the 9th, evening watch, Sîn was 1 cubit in front of […]
16	*ana* NIM DIB 9 *šamaš$_2$* GUB GI$_6$ 10 USAN 3 1/2 KUŠ$_3$ *sin e* SI$_4$ LAL$_2$ 12 AN 2/3 KUŠ$_3$ ⸢*e*⸣ [LU-GAL …]	passed towards the east. The 9th, Šamaš 'stood still'. Night of the 10th, evening watch, Sîn was 'balanced' 3 1/2 cubits above Lisi. The 12th, Ṣalbaṭānu was 2/3 of a cubit ⸢above⸣ [the King …]

17	[xxx] x 15 DINGIR KI DINGIR IGI 7.30 ⸢NA AN.MI *sin ša*$_2$ DIB⸣ [...]	[...] ... The 15th, (one) god was seen with the (other) god, NA was 7;30. ⸢An eclipse of Sîn which passed by⸣ [...]
18	[xxx *ša*]*p* MUL$_x$ KUR *ša*$_2$ TIL GI[R$_3$ UR.A ...]	[... bel]ow the Bright Star at the Tip of the [Lion's Foot ...]

Reverse

1'	[x] x US[AN ... *sin e*/*šap*]	[...] ... evening [watch, ... Sîn was above/below]
2'	MUL$_x$ MURUB$_4$ [*ša*$_2$ *ki*]-*ṣir* DIŠ.⸢KUŠ$_3$ *ša*$_2$ PA.BIL 1 KUŠ$_3$⸣ xx [...]	the Middle Star [of the El]⸢bow of Pabil-sag by 1 cubit⸣ ... [...]
3'	5 UŠ U$_4$ NIM.⸢A⸣ *šamaš*$_2$ TUR$_3$ NIGIN$_2$ 19 *dil-bat šap-lat* MUL$_x$ MURUB$_4$ *ša*$_2$ SI MAŠ$_2$ ⸢2 1/2 KUŠ$_3$ GI$_6$⸣ [...]	Daylight having risen by 5 UŠ, Šamaš was surrounded by a 'fold'. The 19th, Dilbat was below the Middle Star of the Horn of the Goat [...]
4'	ITI BI KI.LAM *še-im* 1 GUR 2(b) ZU$_2$.LUM 1 GUR 1(p) 4(b) *ka-si* 1 GUR x [...]	That month the exchange value of barley was 1 kur 2 sūt, of dates 1 kur 1 pān 2 sūt, of *kasû* mustard 1 kur ... [... for 1 shekel of silver.]
5'	ZIZ$_2$ 30 *sin ina* SIM.MAḪ IGI 14.30 NA SI DU *i-nu-šu*$_2$ ^{d}SAG.ME.GAR *ar*$_2$ *ki-ṣir* DIŠ.KUŠ$_3$ *ša*$_2$ PA.BI[L.SAG ...]	Šabātu, the 30th, Sîn appeared in the Swallow, NA was 14;30. The north wind blew. At that time, Sagmegar was behind the Elbow of Pabi[lsag by ... cubits ...]
6'	4 ILLU DU 4 *dil-bat* 1/2 KUŠ$_3$ *šap* SUḪUR.MAŠ$_2$ LAL$_2$ GI$_6$ 6 USAN *sin* TUR$_3$ NIGIN$_2$ MUL$_x$.MUL$_x$ GU$_4$.AN GIGIR [*ina* ŠA$_3$ TUR$_3$ ...]	The 4th, the river level rose. The 4th, Dilbat was 'balanced' 1/2 cubit below the Goat-Fish. Night of the 6th, evening watch, Sîn was surrounded by a 'fold', the Bristle, the Bull of Heaven, the Chariot [stood within the 'fold' ...]
7'	*sin* TUR$_3$ NIGIN$_2$ ^{mulx}UR.A *u* ^{mulx}ALLA *ina* ŠA$_3$ {*ina* ŠA$_3$} TUR$_3$ LUGAL *šap sin* 1 KUŠ$_3$ LAL$_2$ *ina* ZALAG$_2$ 3 UŠ GI$_6$ TAG$_4$ [...]	Sîn was surrounded by a 'fold'; the Lion and the Crab were inside {inside} the 'fold'. The King was 'balanced' 1 cubit below Sîn. Morning watch, 3 UŠ of night remaining, [...]

8'	7 NA NU PAP *šamaš*$_2$ TUR$_3$ NIGIN$_2$ TA 4 EN 15 1 1/2 KUŠ$_3$ ILLU DU 16 LA$_2$ GI$_6$ 18 18 ŠEG$_3$ PISAN DI[B ...]	NA was 7, I did not observe it. Šamaš was surrounded by a 'fold'. From the 4th until the 15th the river level rose by 1 1/2 cubit; the 16th it receded. Night of the 18th, the 18th: rain, PISAN DI[B ...].
9'	*ša*$_2$ ^{d}EN TA KI-*šu*$_2$ *ki-i ib-bat-qa* 2-*ta* ^{giš}MA$_2$.MEŠ *ša*$_2$ GI *maḫ-ri* SUD 22 ŠU$_2$-*up* GI$_6$ 23 [...]	of Bēl from its place when they were cut off. Two boats of old[?] reeds were unloaded. The 22nd, overcast. Night of the 23rd [...]
10'	*e* MUL$_x$ TUR *ša*$_2$ 3 1/2 KUŠ$_3$ *ar*$_2$ SUḪUR {*ša*$_2$} MAŠ$_2$ GUB LAL$_2$ GI$_6$ 29 *a-ku*$_6$-*ku*$_6$-{*ku*$_6$}-*tu*$_4$ *ina* ŠU$_2$ KUR 2 DA[NNA ... ITI BI KI.LAM]	was 'balanced' above the Small Star which stands 3 1/2 cubits behind the Goat-Fish. Night of the 29th, *akūkūtu*-glow flared in the west, 2 *bē*[*ru* ... That month, the exchange value]
11'	ŠE {1} 1 GUR {GUR} ZU$_2$.LUM 1 GUR 1(p) 4(b) *ka-si* 1 GUR 1 PI ŠE.GIŠ 4(b) *saḫ-l*[*e*$_{10}$ ...]	of barley was {1} 1 kur {kur}, of dates 1 kur 1 pān 4 sūt, of *kasû* mustard 1 kur 1 pān, of sesame 4 sūt, of *saḫl*[*û* cress ... for 1 shekel of silver ...]
12'	ŠE 1 *sin ina šamaš*$_2$ GUB EGIR ^{mulx}ḪUN.GA$_2$ IGI 25 NA MUŠ AGA *a-pir* SI DU *i-nu-šu*$_2$ ^{d}SAG.ME.GAR [... GU$_4$.UD *u* ^{d}SAG.UŠ *ša*$_2$ ŠU$_2$]	Addaru, the 1st, Sîn appeared behind the Hired Man while Šamaš was present, NA was 25, MUŠ, he was covered with a 'crown'. The north wind blew. At that time Sagmegar [... Šiḫṭu and Kajjamānu, which had set,]
13'	NU IGI.ME 1 ILLU DU GI$_6$ 2 USAN 4 KUŠ$_3$ *sin šap* MUL$_x$.MUL$_x$ LAL$_2$ GI$_6$ 3 SAG GI$_6$ 2 1/2 KUŠ$_3$ [...]	were not visible. The 1st, the river level rose. Night of the 2nd, the evening watch, Sîn was 'balanced' 4 cubits below the Stars. Night of the 3rd, beginning of the night, 2 1/2 cubits [...]
14'	TA 1 EN 5 8 SI ILLU DU 6 ILLU LA$_2$ GI$_6$ 7 *sin* TUR$_3$ NIGIN$_2$ ^{mulx}ALLA *u* LUGAL *ina* [ŠA$_3$ TUR$_3$ ...]	From the 1st until the 5th the river level rose by 8 fingers, the 6th it receded. Night of the 7th, Sîn was surrounded by a 'fold', the Crab and the King were within [the 'fold', ...]

15'	TUR$_3$ ALLA UR.A NIGIN$_2$ *ana* ULU$_3$ TAR *ina* ŠA$_3$ TUR$_3$ 1 KUŠ$_3$ *sin ina* IGI *ḫe-pi$_2$* GUB 1 KUŠ$_3$ *sin* NIM GI$_6$ 10 U[SAN ...]	The 'fold' surrounded the Crab, the Lion, it was split to the north. Within the 'fold', Sîn stood 1 cubit in front of - broken - Sîn being high by 1 cubit. Night of the 10th, evening wa[tch ...]
16'	GI$_6$ 11 ŠU$_2$ 11 AN DUL-*ḫat* GI$_6$ 12 ŠEG$_3$ *i* UGU.ME 12 DINGIR KI DINGIR IGI 1.30 NA UGU.ME DUL-*ḫat* [...]	Night of the 11th, overcast. The 11th, rain DUL. Night of the 12th, a little rain, UGU.ME. The 12th, one god was seen with the (other) god, NA was 1;30. UGU.ME, DUL [...]
17'	*ina* IGI DUR *ša$_2$* SIM.MAḪ 1/2 KUŠ$_3$ *šap dil-bat* 8 *u* GU$_4$.UD *ana* NIM DIB *ki* IGI KUR$_4$ *u* NIM.A 1 U[Š ... ^{d}SAG.UŠ/^{d}GENNA]	was in front of the Band of the Swallow, 1/2 cubit below Dilbat, Šiḫṭu passing 8 fingers to the east, when it appeared it was bright and high. 1 U[Š ... Kajjamānu]
18'	6 SI *e* GU$_4$.UD *u* 3 SI *šap dil-bat* LAL$_2$ *u$_3$* AN 2/3 KUŠ$_3$ *šap* MUL$_x$ KUR *ša$_2$ ḫe-pi$_2$* LAL$_2$ *a-na* [...]	was 'balanced' 6 fingers above Šiḫṭu and 3 fingers below Dilbat, and Ṣalbaṭānu was 'balanced' 2/3 of a cubit below the Bright Star of – broken – to [...]
19'	UGU.ME DUL-*ḫat* 21 ŠU$_2$ ILLU DU *in* 20 *dil-bat u* GU$_4$ *ana* DUR *ša$_2$* SIM.MAḪ KU$_4$.MEŠ TA [... SAG.ME.GAR]	UGU.ME DUL. The 21st: overcast. The river level rose. Around the 20th Dilbat and Šiḫṭu entered the Band of the Swallow. From [... Sagmegar,]
20'	*ša$_2$ ana* NIM DIB *nen-mud ina* TIL ITI *ana* ŠU$_2$ LA$_2$ *in* 26 GU$_4$.UD *u dil-bat* TA DUR *ša$_2$ A-nu-n*[*i-tu$_4$* E$_3$ ...]	which passed to the east, became stationary. At the end of the month it reversed to the west. Around the 26th Šiḫṭu and Dilbat [came] out of the Band of Anun[ītu ...]
21'	8 *u* ILLU LA$_2$-*is* ITI BI 26 UR.BAR.RA *ana bar-sip*^{ki} KU$_4$ 2 UR.KU.ME GAZ NU E$_3$ GA[Z ...]	The river level receded by 8 fingers. That month, the 26th a wolf entered Borsippa and killed two dogs. It did not come out, it was kill[ed ...]

Lower edge

1	MU.38.KAM ^{md}AG.NIG$_2$.DU.ŠEŠ BAR 30 DIRI KALAG-*ma* [*sin* NU IGI ...]	Year 38 of Nebuchadnezzar, Nisannu, the 30th, dense clouds, so that [Sîn was not visible ...]
2	[MU.37.KAM ^{md}AG.NIG$_2$].DU.ŠEŠ	[Year 37 of Nebucha]dnezzar.

Philological and interpretative commentary

Obverse

1 Nebuchadnezzar: conventional biblical rendering of *Nabû-kudurru-uṣur* (^{md}AG.NIG$_2$.DU.ŠEŠ). Nebuchadnezzar II ruled Babylonia from 605 to 562 BCE. “The 30th”: this stenographic notation, common to all astronomical diaries and related texts, is to be interpreted as follows: the new crescent was observed at the beginning of day 30 of the previous month, which was thereby declared to be day 1 of the present month (Nisannu), i.e. the previous month had 29 days. The alternative case, that the previous month had 30 days, is expressed as “The first” (e.g. in obv. 8). “Behind”: the Akkadian word, *arki*, is abbreviated to *ar*$_2$. The directions “behind” and “in front of” are defined in relation to the daily rotation of the sky which proceeds from east to west for an observer in the northern hemisphere, i.e. “behind” is “to the east of”, and “in front of” is “to the west of”. ‘...[..., NA]’: the damaged sign (x), perhaps 10, most likely belongs to the value of the Lunar Six interval NA$_1$ (written NA = *manzāzu*, literally “presence”), which represents the time between sunset and moonset. “Bull of Heaven”, *alap*(GU$_4$) *šamê*(AN): constellation corresponding approximately to Taurus. In later diaries, whole constellations are no longer used for reporting the motion of the Moon and the planets. Among the later Normal Stars, “Jaw of the Bull” (*is le*$_{10}$), identified with α Tauri, is the only one named after a Bull.

2 “Swallow”, *šinūnūtu*(SIM): a part of Pisces. In later diaries one of its stars, “the Bright Star of the Band of the Fish” (= η Piscium) features as a Normal Star. In some early diaries this constellation is still called “Band of the Swallow”. “Rainbow”: this technical meaning of the word *manzâtu*(TIR.AN) is well established (CAD M1: 230–232; Sachs and Hunger [1988]: 33). “Night of the 3rd”: the night part of day 3, as opposed to “the 3rd”, which denotes the following daytime part. “In front of”, *ina maḫar*(IGI): to the west of. “Cubit”, *ammatu*(KUŠ$_3$): unit of celestial distance (see introduction).

3 “It rained”, *iznun*(ŠUR): this was probably preceded by the word *zunnu*, “rain”, at the end of line 2. “Rear Foot of the Lion”, ^{mulx}*šēpu*(GIR$_3$) *arkītu*(*ar*$_2$) *ša*$_2$ *nēši*(UR.A): the Normal Star β Virginis. “Fold; cattlepen”: literal translation of *tarbaṣu*(TUR$_3$). In astronomical contexts it denotes a halo, a circular atmospheric phenomenon that can be seen around the Sun or the Moon.

4 “It rose to daylight”: literal translation of *ana ūmi*(ME) *īli*(E$_{11}$), which denotes the synodic phenomenon acronychal rising (AR). In later diaries it is usually rendered as *ana* ME E, with the same literal meaning. “(One) god was seen

with the (other) god", *ilu*(DINGIR) *itti*(KI) *ili*(DINGIR) *innamer*(IGI): technical term for Full Moon, i.e. opposition of Moon and Sun.

5 UGU.ME: meaning and Akkadian reading unknown; some meteorological phenomenon. PISAN: some rain-related phenomenon; precise meaning is unclear. The Akkadian reading of PISAN is *pisannu*, literally "drainpipe", but the reading PISAN is not wholly certain, since the sign may also be read differently (MAL, E$_2$). Arguments in favor of PISAN are summarized in Sachs and Hunger (1988): 31.

6 "Second Addaru": intercalary second Addaru (XII$_2$), which occurred in year 36 of Nebuchadnezzar II. "River level", *mīlu*(ILLU): outside the diaries this usually means "flood; high water". "Peak river level", *mīl*(ILLU) *kiššati*(ŠU$_2$): literally "the flood of all", frequently attested with the meaning "highest river level" (CAD K: 457–458). "3 cubits 8 fingers", 3 KUŠ$_3$ 8 SI: the river level is expressed in cubits and fingers, where 1 cubit = 24 fingers. They are to be distinguished from the cubit and finger as units of celestial distance. SI is a logographic abbreviation of *ubānu*(ŠU.SI), "finger".

7 "*Su'ālu* disease": coughing or a related affliction. "*Rišûtu* disease": a skin disease.

8 "The 1st": this notation signifies that the new crescent was observed at the end of the 30th day of the previous month (compare obv. 1). "While Šamaš was present": i.e. the lunar crescent was seen already before sunset. This phrase is only rarely attested in later diaries. It implies that the crescent was unusually bright, which is consistent with the following statement that it was "thick". "Below": the Akkadian preposition, *šapal*, is abbreviated to *šap*. "Rear Bright Star of the Large Twins", *kakkabu*(MUL$_x$) *ba'lu*(KUR) *arkû*(EGIR) *ša$_2$* *māšu*(MAŠ.TAB) *rabûtu*(GAL): the Normal Star β Geminorum, in later diaries usually called "Rear of the Twins". "Covered with a crown", *agâ*(AGA) *a-pir*: this denotes a circular or disk-like phenomenon seen on or near the Moon. In the context of the diaries it is interpreted as "earthshine", the dark part of the lunar disk which is faintly visible around New Moon due to illumination by the Earth (Sachs and Hunger [1988]). Some attestations of the term outside the diaries are inconsistent with this interpretation, since the Full Moon, the Sun or even stars are also said to "carry a crown" (CAD A: 153–7). There is no reason to doubt the interpretation "earthshine" here, but the literal translation is maintained.

9 "Šiḫṭu, which had set, was invisible", *šiḫṭu*(GU$_4$.UD) *ša$_2$* *irbû*(ŠU$_2$) *ul*(NU) *innamer*(IGI): this refers Mercury's invisibility between ML and EF. ŠAR$_2$: this

logogram represents some adjective qualifying winds, but the precise meaning and Akkadian reading are unknown. Sachs and Hunger (1988): 32, provisionally translated “gusty”.

10 “Šiḫṭu rose in the west”: Mercury’s evening first (EF). “The Crab”: a part of the constellation Cancer. As pointed out by Neugebauer and Weidner (1915): 73, it cannot denote the whole of Cancer in this passage because Mars is said to pass it in 2 days. They suggest that it refers to Praesepe, a cluster of stars in the center of Cancer (see also Sachs and Hunger [1988]).

11 ZI IR: meaning and Akkadian reading unknown; some meteorological phenomenon. “The King”, *šarru*(LUGAL): the Normal Star α Leonis (Regulus). “Was balanced”: literal translation of *šitqulat*(LAL$_2$), derived from the Gt stem of *šaqālu*, “to weigh”. A planet is said to be “balanced” above or below a Normal Star when the distance between the planet and the star measured along the belt of the Normal Stars is negligible; see Sachs and Hunger (1988): 52. “Above”: the Akkadian word, *eli*, is abbreviated to *e*. “Finger”, *u*: common phonetic abbreviation of *ubānu*. “I did not observe”, *ul*(NU) *attaṣar*(PAP): frequently occurring remark signifying that the phenomenon was not observed; hence, it must have been predicted. Conversely, phenomena not accompanied by this remark were actually observed and measured. Hence, the 23 UŠ (= 92 min.), probably to be interpreted as the Lunar Six interval KUR, was computed. The only predictive method known to have been available at the time of writing of Text A is the Goal-Year method (see the introduction and Lis Brack-Bernsen and Hermann Hunger [2002]). “The 27th, [KUR] was 20[+x]”: a rare example where the value of KUR appears to be reported for two successive days. On astronomical grounds the value for day 27 (20+x UŠ) should be about 12 UŠ less than that for day 26 (23 UŠ), which implies that there is an unresolved problem.

13 ‘Lisi’, SI$_4$: the Normal Star α Scorpii. SI$_4$ is an abbreviation of ^{d}*li*$_8$-*si*$_4$, an ancient, rather obscure Sumerian goddess. “Opposite”: this term is only rarely used in the diaries; its exact meaning is not clear. “Tail of the Lion”, *zibbat*(GIŠ.KUN) *nēši*(UR.A): the Normal Star θ Leonis. The word *zibbatu* is ambiguous and can also mean “rear part; rump”. Neugebauer and Weidner (1915) translated “tail”, but Sachs and Hunger (1988): 18, chose for “rump”. In later diaries, the logogram for Lion is usually abbreviated to A.

14 ‹Above/below›: the scribe omitted either “above” (*e*) or “below” (*šap*). “Bright Star at the Tip of the Lion’s Foot”, *kakkabu*(MUL$_x$) *ba'lu*(KUR$_4$) *ša*$_2$ *qīt*(TIL) *šēp*(GIR$_3$) *nēši*(UR.A): this star is not among the later Normal Stars, unless one assumes, with Neugebauer and Weidner (1915): 68–69, that it is an older name for the "Single Star in front of the Furrow", the Normal Star γ Virginis. Sachs and Hunger (1988): 49, do not offer an identification.

15 "Evening watch": in Babylonian astronomy, the night was divided into three watches (*maṣṣartu*), the first of which was called *barārītu*(EN.NUN.USAN), "evening watch", a word of uncertain etymology and attested only with this meaning. In the diaries, the logogram is usually abbreviated to USAN. "Northern part of the Scales", *zibānītu*(RIN$_2$) *ša$_2$* *iltāni*(SI): the Normal Star β Librae.

16 "The 9th, Šamaš stood still", 9 *šamaš$_2$* *izziz*(GUB): technical term for the solstice, in this case the summer solstice, i.e. the longest day, when the Sun has reached its greatest distance above the celestial equator. Solstices are difficult to observe and were probably always computed (Sachs and Hunger [1988]: 26). Indeed, 9 Simānu is the theoretical date of the summer solstice for this year according to the scheme reconstructed by John P. Britton (2002): 32.

17 "NA was 7;30", 7.30 *manzāzu*(NA): the Lunar Six interval NA near Full Moon, literally "presence", which represents the time between sunrise and moonset near Full Moon. The value 7;30 UŠ corresponds to 30 minutes. "Eclipse of Sîn which passed by", *attalû*(AN.MI) *sin ša$_2$* *ītiq*(DIB): this phrase implies that the possibility of a lunar eclipse was predicted for this date, but the eclipse did not occur. Indeed a lunar eclipse would be predicted for this Full Moon if the astronomers used the method based on the 223-month Saros cycle; see the references to the eclipse of 4 July −467 in John M. Steele (2000): 435, 441.

Reverse

2' "Middle Star of the Elbow of Pabilsag", *kakkabu*(MUL$_x$) *qablû*(MURUB$_4$) [*ša$_2$* *ki*]-*ṣir ammati*(DIŠ.KUŠ$_3$) *ša$_2$* PA.BIL: this star is not among the later Normal Stars and remains unidentified. It must be located in Sagittarius or Ophiuchius, modern constellations that roughly correspond to Pabilsag. According to Neugebauer and Weidner (1915): 50, it includes π Sagittarii. Note that the later diaries rarely employ Normal Stars from these constellations. None are listed in Sachs and Hunger (1988): 17–18, but, as shown by Norbert Roughton et al. (2004), two groups of stars in Pabilsag were occasionally used as Normal Stars.

3' "Daylight having risen by 5 UŠ", 5 UŠ *ūmu*(U_4) NIM.A: at 5 UŠ (= 20 min.) after sunrise. "Middle Star of the Horn of the Goat-Fish", *kakkabu*(MUL_x) *qablû*($MURUB_4$) *ša*$_2$ *qaran*(SI) *suḫurmāši*($MAŠ_2$): probably identical with the later Normal Star "Horn of the Goat-Fish", *qaran*(SI) *suḫurmāši*($MAŠ_2$), which is identified with β Capricorni.

4' "Exchange value", *maḫīru*(KI.LAM): the amount of a given commodity that can be acquired for 1 shekel of silver. "*Kasû* mustard": the precise identification of this plant is unclear.

5' "NA was 14;30", 14.30 NA: the Lunar Six interval NA_1 was 14;30 UŠ (= 58 min.).

6' "The Bristle", *zappu*(MUL_x.MUL_x): the Pleiades, a group of stars in the constellation Taurus. As a Normal Star in the later diaries, Sachs and Hunger (1988) identify it with η Tauri, which is a member of the Pleiades. In this early diary it may still denote the Pleiades as a group. "Bristle" is a translation of the Akkadian reading, but the sumerogram literally means "Stars". "Goat-Fish", *suḫurmāši*($MAŠ_2$): since Venus is said to be "balanced" below it, "Goat-Fish" must here denote a single star or small part of the constellation Goat-Fish. Neugebauer and Weidner (1915): 75, suggest γ+δ Capricorni, but they remark that, according to a modern computation, Venus is above these stars near this day (16 February 567 BCE) and, also, not "balanced" but significantly displaced along the Normal Star belt. Hence, the identification of the star remains unclear. "Chariot", *narkabtu*(GIGIR): commonly identified with the modern constellation Auriga. Two of its stars, identified with β and ζ Tauri respectively, are among the later Normal Stars (Sachs and Hunger [1988]: 17–18). Hence, the constellation Chariot included a part of Taurus.

7' "Morning watch", *šāt urri*($ZALAG_2$): the third part ("watch") of the night. The logogram is an abbreviation of EN.NUN.$ZALAG_2$. "3 UŠ of night remaining": the moment 3 UŠ (= 12 min.) before sunrise. "{inside}": erroneous repetition.

8' "NA was 7, I did not observe it", 7 NA NU PAP: here NA is the Lunar Six interval NA near Full Moon. As pointed out by Weidner and Neugebauer (1915): 70–71, the expected value for this date based on a modern computation is closer to 17 UŠ (68 min.). This suggests that 7 is a scribal error for 17 UŠ, which prompted Sachs and Hunger (1988) to correct the 7 to ‹1›7. However, the remark "I did not observe it" implies that NA was predicted (see the commentary to obv. 11), so that the value 7 might also be an artefact of that computation.

9' "They were cut off": a literal translation of *ibbatqā*, a passive N-stem of *batāqu*, a verb with numerous specific meanings. Due to a lack of context, it is impossible to determine the intended meaning. The passage most likely belongs to the segment with historical events. GI *maḫ-ri*: no translation offered in Sachs and Hunger (1988). Since GI usually represents *qanû*, "reed", it may denote a kind of reed. The photograph suggests that MAḪ, thus also copied by Weidner (1952–3): Fig. 2, is a possible reading of the next sign. Sachs and Hunger (1988) read it as *iš?*, but that does not yield a meaningful interpretation. The reading *maḫ-ri*, interpreted as *maḫrî*, "old", yields "a boat with (or: of) old reeds" as a tentative translation. "Were unloaded", *uštarīqā*(SUD): this new translation assumes that SUD is a Št passive of *râqu*, of which the Š-stem can mean "to unload" (said of ships; see CAD R: *râqu* 7, 178).

10' "The Small Star which stands 3 1/2 cubits behind the Goat-Fish", *kakkabu*(MUL_x) *ṣeḫru*(TUR) *ša*$_2$ 3 1/2 KUŠ$_3$ *ar*$_2$ SUḪUR {*ša*$_2$}$^?$ MAŠ$_2$ *izzizu*(GUB): this star is not identified in Sachs and Hunger (1988). It is not among the later Normal Stars, unless it is an older name for the "Rear Star of the Goat-Fish", a Normal Star identified with δ Capricorni. It is here assumed that the sign *ša*$_2$ in between SUḪUR and MAŠ$_2$ is an erroneous insertion; alternatively one would have to translate "Fish of the Goat", which is otherwise not attested. "*Akukūtu*-glow flared in the west": *akūkūtu* is some kind of reddish glow. For a discussion see Stephenson and Willis (2004), who assume that it means "aurora borealis". However, it seems questionable whether the few attestations in the diaries provide sufficient evidence for that interpretation. 2 *bēru*: interval corresponding to 60 UŠ (= 4 hrs), presumably the time until sunset during which the glow was visible.

11' "1 pān": in the second instance of this measure the unit is made explicit by the logogram PI = *pānu*.

12' "Hired Man", *agru*(^{mulx}ḪUN.GA$_2$): roughly the constellation Aries. Two of its stars, "Front Star" and "Rear Star of the Head of the Hired Man", feature as Normal Stars in the later diaries. "NA was 25", 25 NA: the Lunar Six interval NA$_1$ was 25 UŠ (= 1h 40 min). MUŠ: this sign, which often accompanies quantitative data in the diaries, is commonly assumed to be a phonetic abbreviation of *muššuḫ* (from the D stem of *mašāḫu*, "to measure") and translated as "measured" (i.e. not computed). According to Hunger ([2006]: xii), this translation is doubtful since it is not clear why only some of the measured phenomena would be qualified in this manner. "Šiḫṭu and Kajjamānu, which had set": thus restored by Sachs and Hunger (1988), the synodic phenomena evening or morning last of Mercury and last appearance of Saturn.

13' According to Sachs and Hunger (1988): 52, a reference to the Moon's passing of the Normal Star α Tauri is expected in the broken part at the end. In later diaries, this star is named "Jaw of the Bull" (*is le*$_{10}$).

15' "Broken", *ḫe-pi*$_2$: scribal gloss indicating that the original from which the tablet was copied is damaged at this location; see also rev. 18'.

16' "NA was 1;30", 1.30 NA: the Lunar Six interval NA defined near Full Moon. The value 1;30 UŠ corresponds to 6 min. DUL-*ḫat*: for this unresolved term, which occurs exclusively in connection with rain, see Sachs and Hunger (1988): 30. Following Sachs and Hunger, it is rendered as DUL in the translation. In this diary DUL is always followed by the phonetic (?) element *ḫat*(PA) which is usually absent in later diaries. "A little": translation of *i*, a phonetic abbreviation of *īṣi* that is common in the diaries.

17' "Band of the Swallow", *riksu*(DUR) *ša*$_2$ *šinūnūtu*(SIM.MAḪ): a cluster of stars forming a band that connects a swallow and a fish; see obv. 2. 'Kajjamānu': Sachs and Hunger (1988) point out that Saturn must have been mentioned at the end of this line, i.e. either ^{d}SAG.UŠ or GENNA (both logograms for Kajjamānu are used in the diary).

18' "Broken", *ḫe-pi*$_2$: see rev. 15'.

19' "Around": conventional translation of *in*. In the diaries this abbreviated form of the common preposition *ina*, "in; at", occurs mostly in date formulas, where it appears to have its own meaning, distinct from the full form. It is commonly assumed to mark approximate dates, but this interpretation has been called into question by Hunger (2006): x. However, nothing contradicts it in this diary. Sagmegar: Sachs and Hunger (1988) restore this planet at the end of the gap.

20' "It reversed to the west", *ana* ŠU$_2$ *iḫḫis*(LA$_2$): it moved in the retrograde direction, from east to west. "Band of Anunītu", *riksu*(DUR) *ša*$_2$ *A-nu-n*[*i-tu*$_4$]: this constellation is not mentioned in the later diaries. According to Hunger and Pingree (1999): 271, it covers a part of the band and eastern fish of Pisces.

Lower edge

1 This is the catchline of the diary for the next year. The function of a catchline was to indicate which tablet followed the present one in the tablet series or library.

B. BM 54120, a procedure for computing synodic phenomena of Jupiter

The procedure text BM 54120 measures 56 × 38 × 10–12 mm and is nearly intact, apart from a small amount of clay that is missing from the lower (upper) right corner of the obverse (reverse). Along with thousands of other tablets that were excavated unscientifically in the 19th century it belongs to the Babylon-Sippar collection of the British Museum. Very little is known about their findspots. The original registration number, 82–5–22, 241, implies that BM 54120 was acquired in 1882 as part of a consignment of tablets from Babylon, Sippar and Niniveh. Because of the astronomical content, Babylon is the most likely origin. The only astronomical tablets from Babylon that were excavated scientifically, by the archaeologist Robert Koldewey between 1899 and 1917, were found in a private house not far from the Esagila temple, presumably the living quarters of a scholar. BM 54120 might originate from the same area. It was first published by Hunger (2003/4) and then by Mathieu Ossendrijver (2012) as Text 37. The partly damaged or erased signs at the end of the tablet might belong to a colophon, but no date or name of a scribe can be read. Only a very rough date can be inferred from the content, since it lacks datable phenomena. The procedures were developed sometime between 400 and 200 BCE, but the tablet may be a later copy. Since most of the corpus dates from 300–100 BCE, Text B probably has a similar date.

Fig. 2: Photograph of Text B (BM 54120)

Obverse

1 IGI.MEŠ *ša*$_2$ MUL$_2$.BABBAR *ša*$_2$ *taš-pil-tu*$_2$ *ana* DU$_3$-*ka* KI.MEŠ **2** *ana* ŠU$_2$ IGI UŠ E.A UŠ *ar*$_2$ 1.48 TAB *u* LA$_2$ EN 50.07.15 GAL **3** *ša*$_2$ *al-la* 50.07.15 DIRI TA 1.40.14.30 E$_{11}$-*ma* GAR **4** EN 40.20.45 TUR *ša*$_2$ *al* 40.20.45 TUR **5** TA 1.20.41.30 E$_{11}$-*ma* GAR KI.MEŠ *ana* ŠU$_2$ IGI ⸢UŠ⸣ [E.A]	[obv.1]In order for you to ‘construct’ the appearances of the White Star by(?) the difference. Positions (error for ‘days’): [2]for setting, appearance, station, (daylight) rising, second station you add and subtract 1;48 until 50;07,15, the largest value. [3]That which exceeds 50;07,15 you deduct from 1,40;14,30 and put down. [4](Similarly) until 40;20,45, the smallest value. That which is less than 40;20,45 you deduct [5]from 1,20;41,30 and put down.	**a**
6 ⸢UŠ⸣ *ar*$_2$ 1.48 TAB *u* LA$_2$ EN 38.2 GAL *ša*$_2$ ⸢*al*⸣-[*la*] **7** [3]⸢8⸣.2 DIRI TA 1.16. ⸢4 E$_{11}$⸣-[*ma* GAR] ***Reverse*** **1** ⸢EN⸣ 28.15.30 TUR *ša*$_2$ *al*-⸢*la*⸣ [28.15.30 TUR] **2** TA 56.31 E$_{11}$-*ma* GAR-*an* MU$^?$ ⸢1 xxxxx⸣	Positions: for setting, appearance, ⸢station⸣, [(daylight) rising,] [6]second ⸢station⸣ you add and subtract 1;48 until 38;2, the largest value. That which ⸢exceeds⸣ [7][3]⸢8⸣;2 you ⸢deduct from 1,16;4⸣ [and put down.] [rev.1](Similarly) ⸢until⸣ 28;15,30, the smallest value. That which [is less than 28;15,30] you deduct [2]from 56;31 and put down. Year(?) ⸢...⸣	**b**

Philological commentary

Obverse

1 "Appearances", IGI.MEŠ: in this phrase the most plausible reading of IGI.MEŠ is *tāmarātu*, literally "appearances", often attested as a general term for synodic and other astronomical phenomena. Note that the synodic phenomenon of first appearance (FA) is also written IGI and translated literally as "appearance", but in that capacity IGI most likely represents *nanmurtu*, a different word of the same root. "By(?) the difference", *ša*$_2$ *taš-pil-tu*$_2$: "difference" (*tašpiltu*) denotes either the synodic arc or synodic time itself, or its difference (see the interpretative commentary). The formulation with *ša*$_2$ is unique and may be a scribal error, but the tentative translation "by(?)", suggested by Hunger (2003/4), finds support in the expression "per day", *ša*$_2$ *ūmi*, which frequently appears in mathematical astronomy. "Positions", *qaqqarū*(KI.MEŠ): error for "days", *ūmū*(ME.MEŠ), the technical term for the date of a planetary phenomenon (modern symbol: *T*). This quantity, though called "days", is actually expressed in mean tithis.

2 "Setting, appearance, station, (daylight) rising, second station": the five synodic phenomena of Jupiter in their empirical order (LA, FA, S1, AR, S2). "(Daylight) rising", E.A: this logogram for AR is a variant of the usual term (see introduction). The identification with AR is consistent with the occurrence of this phenomenon in between S1 and S2. The exact Akkadian reading of E.A is unclear, but it probably involves the verb "to rise", *elû*(E). "Second": *arkītu* is here abbreviated to *ar*$_2$. "Addition and subtraction", *ṭīpu*(TAB) *u mīṭu*(LA$_2$): technical term for the additive or subtractive difference of a zigzag function (modern symbol: *d*). The underlying verbs for addition, *ṭepû*(TAB), and subtraction, *muṭṭû*(LA$_2$), are called 'identity conserving', because they are only used in situations where the value of a quantity is modified ('updated') by a difference. 50.07.15: the 0 between 50 and 7 signifies that they are separate digits. "Largest value", *rabītu*(GAL): among the possible translations, which include for instance, "large value", this one is chosen because the algorithmic interpretation indicates that the maximum of the zigzag function is meant here (modern conventional symbol: *M*).

4 "Less than": *alla* is here abbreviated to *al*. "Smallest value", *ṣeḫertu*(TUR): minimum value of the zigzag function (modern symbol: *m*). "(Similarly) until 40;20,45, the smallest value": after having passed the maximum, the decreasing branch of the zigzag algorithm is reached, where the difference is

subtracted, until the minimum is reached (see the interpretative commentary).

5 “Positions”, *qaqqarū*(KI.MEŠ): technical term for zodiacal positions (modern symbol: *B*).

Reverse

2 “Year(?) ...”, MU? 1: this might be the beginning of a colophon with a year number; the 1 is followed by three more damaged signs, perhaps digits. Below rev. 2, there are two more lines that were nearly completely erased by the scribe; perhaps a continuation of the colophon.

Interpretative commentary

The tablet is inscribed with a single, continuous block of text which consists of two subprocedures: one for the time (**a**) and one for the zodiacal position (**b**) of Jupiter’s synodic phenomena. Both belong to Jupiter’s system B.[39] The focus of this commentary will be on operational aspects and not so much on the astronomical reasoning underlying the algorithms. In spite of their relative simplicity, they cannot be fully understood without consulting similar procedures and the synodic tables that were computed with them. As verbal representations of algorithms, procedure texts are often, strictly speaking, incomplete, in the sense that certain operations or bits of information are omitted or formulated ambiguously. Usually the combined analysis of procedure texts and tabular texts enables one to fill out this tacit knowledge and reconstruct the more or less complete sequence of operations that constitute the underlying algorithm. Nevertheless, some aspects cannot be fully clarified in this manner. For instance, the text provides instructions on how to update certain quantities from one to the next phenomenon, but it does not tell us how to determine the initial values that are needed for computing an actual table.

The tablet begins with an introduction in which the purpose of the entire text appears to be stated, namely to compute the synodic phenomena (“appearances”) of Jupiter, i.e. their dates and zodiacal positions. Two central concepts of the planetary algorithms are the synodic arc (modern symbol: σ) and the syn-

39 For Jupiter’s system B see Ossendrijver (2012): 100–101.

odic time (modern symbol: τ).[40] The former is the net displacement of the planet along the zodiac between two occurrences of the same synodic phenomenon, the latter the corresponding time interval. In the text, both are computed with the zigzag algorithm, which is a defining feature of type-B systems. The modern term zigzag algorithm denotes an algorithm whereby a quantity varies periodically between a minimum and a maximum with a constant difference. In the present case they reflect the empirical periodicities of Jupiter and the Sun in their apparent motion around the Earth. As mentioned at the beginning of each subprocedure (obv. 1–2, 5–6), they apply to all of Jupiter's five synodic phenomena, here called "setting" (LA), "appearance" (FA), "station" (S1), "(daylight) rising" (AR) and "second station" (S2). Both subprocedures are based on the same template or model procedure.[41] Their mathematical formulation is abstract in the sense that the quantity to be computed does not assume a concrete numerical value: the only numbers that appear are certain parameters that define the zigzag algorithm.

Part a contains instructions for updating the synodic time (τ) from one to the next occurrence of the same synodic phenomenon by means of the zigzag algorithm. Its defining parameters are the difference d=1;48, the minimum m=40;20,45 and the maximum M=50;7,15. All are expressed in mean tithis, but this is not mentioned. The zigzag algorithm operates by adding or subtracting the difference to the previous value of the synodic time, say τ_{i-1}, depending on whether the latter was increasing or decreasing, i.e. $\tau_i=\tau_{i-1}\pm d$. Here i is the event number, which labels successive occurrences of the same synodic phenomenon, corresponding to the rows of a synodic table. The updated value, τ_i, is final if it is between m and M. If the updated value turns out to be greater than M or less than m, then τ_i is modified in an additional step known as the 'reflection rule'. In the former case τ_i is replaced by 1,40;14,30$-\tau_i$, where we can identify 1,40;14,30 as $2M$. This identity is not accidental but reflects a meaningful operation that can be interpreted as follows: τ_i-M, the excess above M, is subtracted from M, which results in $2M-\tau_i$. In the latter case, when the updated value becomes less than m, τ_i is replaced by 1,20;41,30$-\tau_i$, where we can identify 1,20;41,30 as $2m$. In other words, $m-\tau_i$, the excess below m, is added to m. What is not mentioned is that this step also involves a reversal of the additive or subtractive sense of d. The algorithm for a single update of the zigzag function for the synodic time is summarized in the following flow chart:

---

40 The same symbols are used in Ossendrijver (2012), but in many other publications, the synodic arc is expressed by $\Delta\lambda$, the synodic time by $\Delta\tau$.

41 Template ZZ.B.1 (Ossendrijver [2012]: 43), which is also attested in lunar procedures.

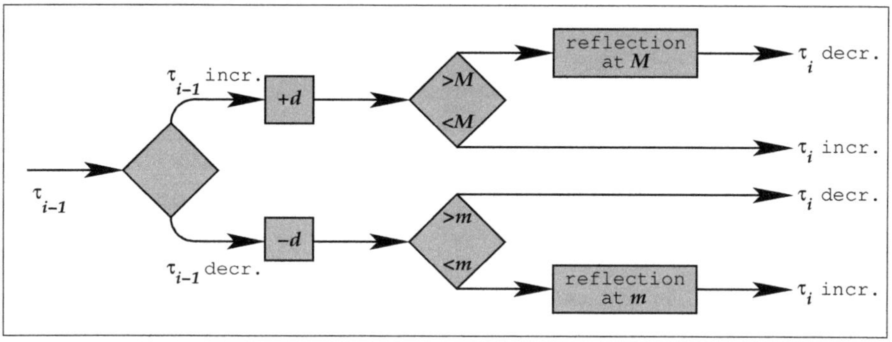

Fig. 3: Flow chart of the algorithm for updating the zigzag function for the synodic time. Rectangular boxes represent operations or subalgorithms, diamond-shaped boxes conditions. Arrows indicate the flow of data from one to the next operation

However, the procedure actually covers a sequence of updates, setting out from a value of τ_i on the increasing branch, proceeding from there to the maximum (*M*) where the reflection rule is triggered, after which the updating proceeds on the decreasing branch until the minimum (*m*) is reached, where the second reflection rule is triggered. The resulting sequence of values τ_i form a 'zigzag function' that can be visualized in a graph by plotting them against the event number (*i*):

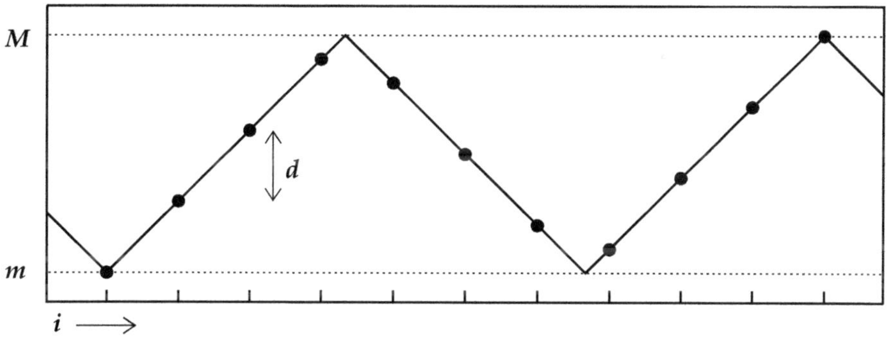

Fig. 4: Graphical representation of the zigzag function of the event number (not to scale)

As mentioned earlier, although this kind of graph is convenient for some modern readers and can be useful as an interpretative aid, it must be used with caution, because it conveys a wrong impression about the Babylonian methodology. In the procedure texts, the zigzag algorithm is always formulated entirely in arithmetical terms without any recourse to graphical concepts.

Having learnt how to update the synodic time, the dates of the synodic phenomena (modern symbol: *T*) are to be computed next, but the text does not offer any instructions for that. Other procedures and the synodic tables, which usually include τ and *T* in adjacent columns, prove that for Jupiter's system B, *T* is updated as $T_i=T_{i-1}+\tau_i+12$ mean synodic months, where 1 mean synodic month = 30 mean tithis. Hence, the actual synodic time is not τ_i but τ_i+12 mean synodic months, which is not mentioned in the text.

In part b, the zigzag function for the synodic arc is updated entirely analogously, with parameters d=1;48, m=28;15,30 and M=38;2, all expressed in the unmentioned unit UŠ (degree). Depending on whether σ_{i-1} is increasing or decreasing, *d* is added to or subtracted from it, i.e. $\sigma_i=\sigma_{i-1}\pm d$. The updated value is final if it is between *m* and *M*. If it is greater than *M* then σ_i is replaced by $2M-\sigma_i$, where $2M$=1,16;4 UŠ, i.e σ_i-M, the excess above *M*, is subtracted from *M*. If it is less than *m* then σ_i is replaced by $2m-\sigma_i$, where $2m$=56;31 UŠ, i. e. $m-\sigma_i$, the excess below *m*, is added to *m*. Again, this step also triggers a reversal of the additive or subtractive sense of *d*.

Having updated the synodic arc, the zodiacal position of the planet (modern symbol: *B*) is updated as $B_i=B_{i-1}+\sigma$. No corresponding instructions are provided, but this algorithm is confirmed by the synodic tables, in which σ and *B* are usually contained in adjacent columns.

C. BM 34245+41608, a procedure for computing the Moon's distance to the ecliptic

The tablet consists of two joined fragments and measures 68 × 50 × 20 mm. It is preserved to full width, but the lower (upper) part of the obverse (reverse) is missing. Apart from a single line with traces of numbers, the reverse is not inscribed. The tablet belongs to the Babylon collection of the British Museum and was excavated unscientifically in the 19th century.[42] It may well originate from the same archive or library as Text B. A first edition by Otto Neugebauer appeared in 1955 (ACT: 200c), a second one by Ossendrijver (2012) as Text 57. The partly preserved line on the reverse might belong to a colophon, but it cannot be read. Only a rough date can be inferred from the content, since it does not include datable phenomena. From the invocation (obv. 0) it follows that the tablet was written during the Seleucid or Parthian era (330 BCE–100 CE) by scholars associated with the Esagila temple. The algorithm underlying the procedure is known to have been developed sometime between 400 and 330 BCE, but the tablet may be a later copy. Since most tablets with mathematical astronomy date from 250–100 BCE, a similar range of dates is likely for Text C.

Fig. 5: Photograph of Text C (BM 34245+41608)

42 The original registration numbers of the fragments, Sp,352 and 81-6-25,223, respectively, imply that they were acquired from the dealer Spartali between 1879 and 1881.

Obverse

	Transliteration		Translation	
0	[ina a-mat] ^{d}EN u ^{d}GAŠAN-ia$_{2}$ liš-lim		$^{\text{obv.0}}$[By the command] of Bēl and Bēltija may it succeed.	
1	[NIM] *u* ⸢SIG *ša*$_{2}$ AB$_{2}$⸣ *ana* ⸢AB$_{2}$⸣ *ana* ⸢DU$_{3}$⸣-*ka* ⸢TA⸣ 2⸢7 *zib*⸣.ME EN		^{1}In order for you to ⸢‘construct’⸣ the [‘height’] and ⸢‘depth’, month⸣ by ⸢month⸣.	
2 **3** **4** **5**	13 ABSIN AB$_{2}$ *ana* AB$_{2}$ 1.58.⸢4⸣[5].42 TAB *u* ⸢LA$_{2}$⸣ *ša*$_{2}$ *al* 13 ABSIN DIRI 13 ABSIN [T]A ŠA$_{3}$-*šu*$_{2}$ NIM *ša*$_{2}$ TAG$_{4}$ GAM 15 DU KI 1.58.[45].42 TAB *ki-mu-u*$_{2}$ IGI-*u*$_{2}$ *ki-i* TAB TAB *ki-*⸢*i* LA$_{2}$⸣ LA$_{2}$ TA 13 ABSIN		⸢From⸣ 2⸢7 Tails⸣ until ^{2}13 Furrow, month by month, you add and ⸢subtract⸣ 1,58;⸢4⸣[5],42. That which exceeds ^{3}13 Furrow: you deduct 13 Furrow from it; what remains you multiply ^{4}by 0;15, add to 1,58;[45],42. As ^{5}before, if it is increasing you add, ⸢if it is decreasing⸣ you subtract.	**a**
6 **7** **8** **9**	EN 27 *zib*.ME AB$_{2}$ *ana* AB$_{2}$ ⸢2⸣.6.15.42 TAB *u* LA$_{2}$ *ša*$_{2}$ *al* 27 *zib*.ME DIRI 2⸢7 *zib*⸣.ME ⸢TA⸣ ŠA$_{3}$-*šu*$_{2}$ NIM *ša*$_{2}$ TAG$_{4}$ GAM 16 DU TA 2.6.15.42 ⸢LA$_{2}$⸣ *ki-mu* IGI-*u*$_{2}$ *ki* TAB TAB *ki* LA$_{2}$ LA$_{2}$ EN ⸢7.12⸣ [NIM x]		From 13 Furrow ^{6}until 27 Tails, month by month, you add and subtract ⸢2⸣,6;15,42. ^{7}That which exceeds 27 Tails: you deduct 2⸢7 Tails from⸣ it; ^{8}what remains you multiply by 0;16, ⸢you subtract⸣ from 2,6;15,42. ^{9}As before, if it is increasing you add, if it is decreasing you subtract, until [it is high] by ⸢7,12⸣ [...]	**b**

Reverse

1'	⸢xx 3$^{?}$7 x⸣ [xxxxxxxxxxxxx]	⸢... 3$^{?}$7 ...⸣ [...]

Philological commentary

Obverse

0 “May it go well”, *lišlim:* this can also be translated “may it (the tablet) remain intact”. Bēl (literally: “Lord”): name of the Babylonian supreme god Marduk; Bēltija is his spouse.

1 “In order for you to construct the height and depth”: this introductory statement explains the purpose of the procedure, namely to compute the “height and depth”, *šūqu* (NIM) *u šuplu*(SIG), technical term for the Moon’s distance above or below the ecliptic. “Month by month”, *arḫa*(AB$_{2}$) *ana* *arḫi*(AB$_2$): this refers to the interval of 1 synodic month across which the “height and depth” is updated. “Tails”, *zibbātu*(*zib*.ME): the zodiacal sign corresponding to modern Pisces. The number 27, which is measured in UŠ (degree), denotes the position within that sign.

2 “Furrow”, *šer'u*(ABSIN): the zodiacal sign corresponding to modern Virgo. “You add and subtract”, *teṭeppe*(TAB) *u tumaṭṭa*(LA$_2$): this abbreviated instruction is to be understood as follows: if the Moon’s distance above or below the ecliptic was increasing at the previous New Moon then you add, if it was decreasing then you subtract. “1,58;45,42”: this number is expressed in “barleycorns”.

4–5 “As before”, *ki-mu-u*$_2$ *maḫrû*(IGI-*u*$_2$): a reference to the instruction “you add and subtract” in obv. 2.

5 “If it is increasing you add”, *ki-i ṭepi*(TAB) *teṭeppe*(TAB): the verb *ṭepû*(TAB) can mean “to be increasing” and “to add”. The former meaning is expressed in the first instance of TAB, which is probably to be read as a stative; the latter meaning in the second instance, to be read as a present tense. “If it is decreasing you subtract”, *ki-*⸢*i maṭi*(LA$_2$)⸣ *tumaṭṭa*(LA$_2$): the G stem of *maṭû*(LA$_2$) means “to be lacking; to decrease”, its D stem, *muṭṭû*(LA$_2$) “to diminish; subtract”. The former meaning is expressed in the first instance of LA$_2$ (probably a stative), the latter in the second one (a present tense).

6 “2,6;15,42”: this number is expressed in “barleycorns”.

8 “You subtract from 2,6;15,42”, TA 2.6.15.42 ⸢LA$_2$⸣: in this phrase LA$_2$ is probably to be read *tanaḫḫis*, a present tense of *naḫāsu*. In Late Babylonian astronomical texts this verb can mean “to subtract”, apart from the common non-transitive meaning “to retreat; become retrograde”. A reading *tumaṭṭa*(LA$_2$), “you diminish; subtract” seems unlikely in this case because the preposition “from” (TA = *ina* or *ultu*) does not appear to be used in conjunction with that verb. For a discussion of these issues see Ossendrijver (2012): 22–24.

9 “7,12”: this number is expressed in “barleycorns”. It belongs to the instructions for step 3. Between obv. 9 and rev. 1' an unknown number of lines are missing. They may have contained the rest of step 3 and the missing step 2.

Reverse

1' No translation is possible; perhaps part of a colophon.

Interpretative commentary

As stated in obv. 1, the purpose of the procedure is to compute the Moon's "height and depth", i.e. its distance above or below the ecliptic, from month to month. The procedure belongs to lunar system A and is attested in several duplicates. Some of them employ an alternative formulation, but all represent the same algorithm.[43] The numerical results obtained with the algorithm are preserved in column *E* of the synodic tables. For this reason the Moon's "height and depth" is also referred to as "function" *E*. Furthermore, E_i will denote the value of *E* at New Moon *i*, corresponding to row *i* of column *E*. As will become apparent, the procedure assumes a lot of tacit knowledge, to the extent that it is difficult to understand without consulting the duplicates, variants and synodic tables. The following commentary is based on the complete algorithm as reconstructed by analyzing the various sources, but a full justification of that reconstruction cannot be provided here. Moreover, a further analysis of the algorithm has revealed that it incorporates a model for the motion of the lunar nodes, which is not immediately apparent from the procedure. These and other hidden aspects of the algorithm cannot be discussed here either.[44] Again, this commentary will focus on operational aspects and not on the astronomical reasoning underlying the algorithms.

In the procedure, the Moon's distance to the ecliptic is updated from the previous value E_{i-1} to the new value E_i to be written in the next row of column *E*. The successive rows of a synodic table either pertain to successive New Moons (conjunctions of Moon and Sun) or Full Moons (oppositions of Moon and Sun), which explains the phrase "month by month" (obv. 1). Hence, the updating proceeds either from one New Moon to the next New Moon, or from one Full Moon to the next Full Moon. As it turns out, Text C deals with New Moons, but this is not mentioned. In order to update *E* a difference, representing the distance by which the Moon moves away from or towards the ecliptic, is added or subtracted, respectively. This varying distance is computed in a sequence of operations that can be divided into three steps.

---

43 For a list of tablets preserving this procedure see Ossendrijver (2012): 133.

44 For a detailed discussion of this algorithm see Ossendrijver (2012): 133–139. The lunar nodes (ascending and descending) are the intersections of the lunar orbit with the ecliptic.

In Text C only the instructions for step 1 are fully preserved, while those for step 3 are partly preserved and those for step 2 are lacking completely. The Moon's distance to the ecliptic is expressed in "barleycorns" (Akkadian: *uṭṭatu*), where 72 barleycorns = 1 UŠ, but this is not explicitly mentioned.[45]

Step 1: Preliminary update of E with the step function algorithm

In step 1 a preliminary value for the monthly difference of E is computed with a so-called step function algorithm. This modern term denotes a class of algorithms whereby the zodiac is divided into a number of zones, each featuring a different constant value, resulting in a step-like appearance (Fig. 7). In lunar system A, the step function comprises two zones whose boundaries are located at 27 degrees (UŠ) of Pisces ("Tails") and 13 degrees of Virgo ("Furrow").[46] Part a of the procedure deals with the zone between 27 Pisces and 13 Virgo, part b with the complementary zone between 13 Virgo and 27 Pisces. What is not stated explicitly is that it is the Moon's zodiacal position at the previous New Moon that determines in which zone we are. The Moon's zodiacal position is tabulated in column B which is situated to the left of column E. As will become apparent, we must assume that column B has already been updated, so that not only the Moon's zodiacal position at the previous New Moon, B_{i-1}, but also its position at the current New Moon, B_i, are available to the user of Text C.[47] In each zone a different constant value, 1,58;45,42 or 2,6;15,42 barleycorns, respectively, is assumed for the monthly difference of E. However, this value is preliminary and may be modified subsequently.

45 In sexagesimal notation: 1,12 barleycorns = 1 UŠ, i.e. 1 barleycorn = 0;0,50 UŠ.

46 For the astronomical reasoning underlying this step function see Ossendrijver (2012): 133–139.

47 The algorithm for updating B is contained in separate procedures which are not discussed here, see Ossendrijver (2012): 128–130.

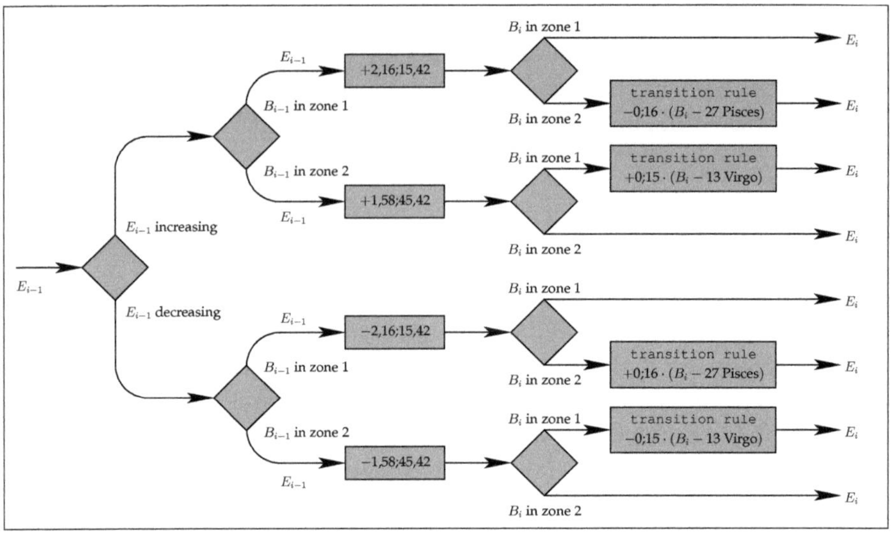

Fig. 6: Flow chart for step 1 of the algorithm for updating the Moon's distance to the ecliptic

A first possible modification occurs within step 1 in the next statement of part a, "That which exceeds 13 Furrow: you deduct 13 Furrow from it; what remains you multiply by 0;15, add to 1,58;45,42", and analogously in part b. What is not obvious from this formulation but proven by the synodic tables is that the subject of "That which exceeds 13 Furrow" is the updated zodiacal position of the New Moon, B_i. In other words, if the Moon passes the zonal boundary 13 Virgo in between B_{i-1} and B_i then the distance by which B_i exceeds that boundary is multiplied by 0;15 and the product is added to 1,58;45,42. An analogous transition rule is invoked in part b when the Moon crosses the other zonal boundary at 27 Pisces, in which case the excess distance is multiplied by 0;16 and subtracted from 2,6;15,42. Hence, the monthly difference increases or decreases in proportion to this excess distance. The entire algorithm for step 1 can be depicted in a flow chart (Fig. 6) and the resulting monthly difference for E, say w, can be expressed in the following modern formula:

$$w=\begin{cases} 1,58;45,42+0;15(B_i-13\text{ Virgo}) & (13\text{ Virgo}\leqslant B_i\leqslant 13\text{ Libra}) \\ 2,6;15,42 & (13\text{ Libra}\leqslant B_i\leqslant 27\text{ Pisces}) \\ 2,6;15,42-0;16(B_i-27\text{ Pisces}) & (27\text{ Pisces}\leqslant B_i\leqslant 27;7,30\text{ Aries}) \\ 1,58;45,42 & (25;7,30\text{ Aries}\leqslant B_i\leqslant 13\text{ Virgo}) \end{cases}$$

In this expression each of the four rules is invoked in a different part of the zodiac. The second and the fourth rule correspond to the originally assumed differences. The first one and the third one describe the effects of the transition rules, which are felt in narrow regions adjacent to the zonal boundaries 13 Virgo and 27 Pisces. In Fig. 7, *w* is plotted against the argument B_i in a modern fashion.[48] In this graph, the Moon's zodiacal position increases from left to right, but note that for an observer in Babylon or elsewhere on the northern hemisphere, the zodiac is laid out in the opposite direction and the Moon moves from right to left with respect to the stars and the zodiacal signs.

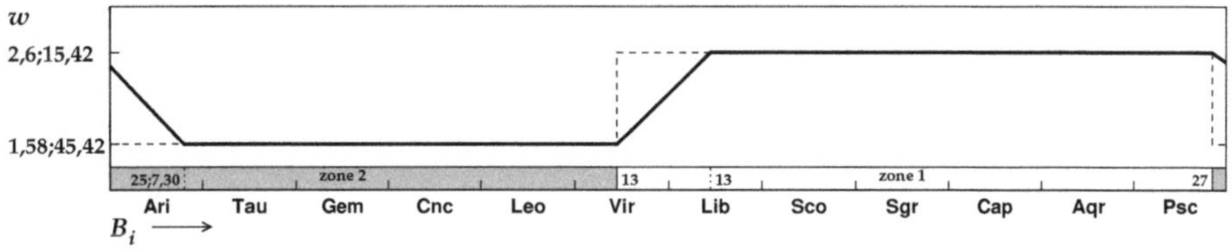

Fig. 7: Step function for *w*, the preliminary monthly difference of *E*, plotted against the argument B_i

Step 2. Modifying the monthly difference if the Moon is in the nodal region

Nothing remains of step 2 which is known to be invoked whenever the Moon's distance to the ecliptic is less than 2,24 (=144) barleycorns (= 2 degrees). This distance defines the outer boundary of the so-called nodal region. The effect of step 2 can be loosely summarized as follows:[49] inside the nodal region the Moon moves twice as fast with respect to the ecliptic as assumed in step 1. To be more precise: if it was within the nodal region at the previous New Moon (*i–1*) then *w* is doubled. The updating of *E* now proceeds with 2*w* instead of *w*. If the value of *E* thus updated exceeds 2,24 barleycorns, so that the Moon has left the nodal region, then the excess of 2*w* beyond 2,24 barleycorns is halved and *E* is corrected once more. Conversely, if the Moon entered the nodal region from a position above or below it then the excess of *w* below 2,24 barleycorns is doubled and the updated value is corrected accordingly. It can be assumed that the corresponding instructions were written below obv. 9 or above rev. 1'.

48 The dashed lines represent the shape of the step function before application of the transition rules.

49 For a detailed discussion of step 2 see Ossendrijver (2012): 135–136.

Step 3. Reflection rule at the extrema of E

In step 3 the Moon's "height and depth" is confined to values below 7,12 barleycorns (= 6 degrees) by applying a reflection rule similar to what is done in the zigzag algorithm (Text B). To be precise, if the Moon was moving away from the ecliptic at the previous New Moon (*i–1*) and the increment computed in steps 1–2 results in a value E>7,12 then the excess of E beyond 7,12 is subtracted from 7,12 and the outcome becomes the new value E_i. Furthermore, the Moon's direction of motion is reversed, so that the Moon will now move towards the ecliptic. All that remains of the corresponding instructions is the statement "until [it is high] by 7,12 ..." (obv. 9).

Bibliography

ACT = Neugebauer (1955).

BM = Tablet siglum of the British Museum (London).

Brack-Bernsen, Lis, and Hermann Hunger. 2002, "TU 11. A collection of rules for the prediction of lunar phases and of month lengths". *SCIAMVS* 3: 3–90.

Britton, John P. 2002. "Treatments of Annual Phenomena in Cuneiform Sources". In: John M. Steele and Annette Imhausen (eds.), *Under One Sky: Astronomy and Mathematics in the Ancient Near East* (Alter Orient und Altes Testament, 297). Münster: Ugarit-Verlag: 21–78.

Brown, David. 2000. *Mesopotamian Planetary Astronomy-Astrology* (Cuneiform Monographs, 18). Groningen: Styx.

CAD = *Chicago Assyrian Dictionary*, bearbeitet von A. Leo Oppenheim, Erica Reiner, Martha T. Roth u.a. 1956–2010. 21 Bde. Chicago: Oriental Institute.

Graßhoff, Gerd. 1999. "Normal Star Observations in Late Babylonian Astronomical Diaries". In: Noel M. Swerdlow (ed.), *Ancient Astronomy and Celestial Divination*. Cambridge, MA: MIT Press: 97–147.

Høyrup, Jens. 2002. Lengths, Widths, Surfaces: A Portrait of Old Babylonian Algebra and its Kin. New York: Springer.

Huber, Peter J. 1982. "Astronomical dating of Babylon I and Ur III". *Occasional Papers on the Near East* 1/4. Malibu: Undena Publications.

Huber, Peter J. 2007. "A Lunar Six Text from 591 B.C." *Wiener Zeitschrift für die Kunde des Morgenlandes* 97: 213–217.

Hunger, Hermann. 1976a. *Spätbabylonische Texte aus Uruk I* (Ausgrabungen der Deutschen Forschungsgemeinschaft in Uruk-Warka, 9). Berlin: Mann.

Hunger, Hermann. 1976b. "Astrologische Wettervorhersagen". *Zeitschrift für Assyriologie* 66: 234–260.

Hunger, Hermann. 2003/4. "A Procedure Text for Jupiter". *Archiv für Orientforschung* 50: 344–345.

Hunger, Hermann. 2006. *Astronomical Diaries and Related Texts from Babylonia*. Vol. VI: *Goal-Year Texts*. Wien: Verlag der Österreichischen Akademie der Wissenschaften.

Hunger, Hermann. 2014. *Astronomical Diaries and Related Texts from Babylonia.* Vol. VII: *Almanacs and Normal-Star Almanacs.* Wien: Verlag der Österreichischen Akademie der Wissenschaften.

Hunger, Hermann, and David Pingree. 1999. *Astral Sciences in Mesopotamia* (Handbuch der Orientalistik, Abt. I, 44). Leiden u. a.: Brill.

Hunger, Hermann, and Abraham J. Sachs. 2001. *Astronomical Diaries and Related Texts from Babylonia.* Vol. V: *Lunar and Planetary Texts.* Wien: Verlag der Österreichischen Akademie der Wissenschaften.

Jones, Alexander. 2004. "A Study of Babylonian Observations of Planets Near Normal Stars". *Archive for History of Exact Sciences* 58: 475–536.

Koch-Westenholz, Ulla. 1995. Mesopotamian Astrology : an Introduction to Babylonian and Assyrian Celestial Divination (CNI Publications, 19). Copenhagen : Museum Tusculanum Press.

Neugebauer, Otto. 1955. *Astronomical Cuneiform Texts.* New York: Springer.

Neugebauer, Otto. 1975. *A History of Ancient Mathematical Astronomy.* Berlin: Springer.

Neugebauer, Paul V., and Ernst F. Weidner. 1915. "Ein astronomischer Beobachtungstext aus dem 37. Jahre Nabukadnezars II. (–567/66)". *Berichte über die Verhandlungen der Königl. Sächsischen Gesellschaft der Wissenschaften zu Leipzig: Philologisch-Historische Klasse* 67, Heft 2: 29–89.

Ossendrijver, Mathieu. 2012. *Babylonian Mathematical Astronomy: Procedure Texts.* New York: Springer.

Proust, Christine. 2009. "Numerical and Metrological Graphemes: From Cuneiform to Transliteration". *Cuneiform Digital Library Journal* 2009:1.

Roughton, Norbert A., John M. Steele, and Christopher B. F. Walker. 2004. "A Late Babylonian Normal and Ziqpu Star Text". *Archive for the History of the Exact Sciences* 58: 537–572.

Sachs, Abraham J. 1955. *Late Babylonian Astronomical and Related Texts.* Providence: Brown University Press.

Sachs, Abraham J., and Hermann Hunger. 1988–1996. *Astronomical Diaries and Related Texts from Babylonia, I–III.* Wien: Verlag der Österreichischen Akademie der Wissenschaften.

Spek, R[obertus] J. van der, Bas van Leeuwen, and Jan Luiten van Zanden (eds.). 2015. *A History of Market Performance. From Ancient Babylonia to the Modern World* (Routledge explorations in economic history, 68). London: Routledge.

Steele, John M. 2000. "Eclipse Prediction in Mesopotamia". *Archive for the History of the Exact Sciences* 54: 421–454.

Stephenson, F. Richard, and David M. Willis. 2004. "The earliest datable observation of the Aurora Borealis". In: John M. Steele and Annette Imhausen (eds.), *Under One Sky: Astronomy and Mathematics in the Ancient Near East* (Alter Orient und Altes Testament, 297). Münster: Ugarit-Verlag: 421–428.

VAT = tablet siglum of the Vorderasiatisches Museum (Berlin).

Weidner, Ernst. 1952/1953. *Archiv für Orientforschung* 16: Taf. IX–XVIII.

Figures

Fig. 1a: http://www.cdli.ucla.edu/search/archival_view.php?ObjectID=P421595.
Fig. 1b: Weidner (1952–3): Taf. XVII.
Fig. 2: Converted to grayscale from Ossendrijver (2012): 554, fig. F.37.
Fig. 3: Mathieu Ossendrijver.
Fig. 4: Mathieu Ossendrijver.
Fig. 5: Converted to grayscale from Ossendrijver (2012): 568, fig. F.60.
Fig. 6: Mathieu Ossendrijver.
Fig. 7: Mathieu Ossendrijver.

Section II: **Ancient Egypt**

Tanja Pommerening (Mainz)

Heilkundliche Texte aus dem Alten Ägypten: Vorschläge zur Kommentierung und Übersetzung

Einleitung

Der folgende Beitrag richtet sich an zwei Zielgruppen. Den (angehenden) Ägyptologen[1] bietet er Vorschläge für Übersetzungs- und Kommentierungsweisen altägyptischer[2] heilkundlicher Texte mit Zuschnitt auf einen weitgefächerten und weiter forschenden Interessentenkreis. Dieser Interessentenkreis, bestehend aus Philologen anderer Disziplinen, Anthropologen, Wissenschaftshistorikern, Medizinhistorikern, Ärzten, Pharmazeuten, Biologen usw. ist gleichzeitig die zweite Zielgruppe. Für sie will der Beitrag ein Rüstzeug zur Beurteilung bereits vorliegender Übersetzungen bieten und gleichsam in Schwierigkeiten, Methoden und mögliche Lösungswege bei der Übertragung der Texte in eine heutige moderne Zielsprache einführen. Der Übersetzungs- und Kommentierungsvorschlag ist aus vielfältigen Erfahrungen mit derjenigen interpretierenden Sekundärliteratur zur altägyptischen Heilkunde erwachsen, die sich aufgrund fehlenden Primärquellenzugangs allein auf Übersetzungen stützt.[3]

Es wird sich schnell zeigen, dass die hier empfohlenen Übersetzungswege nicht immer zu leicht verständlichen deutschen Texten führen, was aber der Ausgangslage und Zielstellung geschuldet ist, über die die Einleitung zu diesem Band ausführlich aufklärt. Viele der derzeit in Umlauf befindlichen Übersetzungen sind für ein ägyptologisches Zielpublikum verfasst und für Nicht-Ägyptologen schwer nachzuvollziehen. Dieser Beitrag bietet somit Hilfestellung zu einem besseren Verständnis. Ziel der hier vorgeschlagenen Übersetzungen und Kommentierungen soll es sein, sich damit der Vorstellung von dem, wie ein Körperteil, ein Heilmittel oder ein Symptom aus altägyptischer Sicht aufgefasst worden sein könnte, möglichst gut anzunähern.

Der Artikel ist zweigeteilt. Im ersten Teil werden Verfahren vorgeschlagen, nach denen Übersetzungen mit Kommentaren erarbeitet werden könnten; im zweiten Teil werden die Vorgaben versuchsweise auf mehrere Beispieltexte angewendet. Dabei im Vordergrund stehen die Hervorhebung der damaligen Kontexte und eine angenäherte emische Sichtweise; dies im Kontrast zu einer Übertragung der Ausgangssprache in eine heutige Zielsprache, wie sie bspw.

---

1 Die männliche Form schließt im Folgenden die weibliche explizit mit ein.

2 Die Wörter „Altägyptisch“ und „Ägyptisch“ werden im Folgenden für die Sprachwelt der alten ägyptischen Sprachen (Alt-, Mittel-, Neuägyptisch, Demotisch) und, wenn nicht anders betont, nicht für die Sprachstufe Altägyptisch in Abgrenzung zum Mittel- und Neuägyptischen und Demotischen bzw. für das moderne Ägyptisch-Arabisch gebraucht.

3 Siehe dazu ausführlich die Darstellung der Rezeptionsproblematik bei Pommerening (2010a).

Brawanski[4] mit seiner Übersetzung der ersten acht Fälle des Papyrus Edwin Smith vorgenommen hat. Sein „oberstes Ziel ist den überlieferten Text so zu präzisieren, daß er beim Lesen klinisch Sinn macht und daß ein Neurochirurg – und natürlich auch ein Arzt generell – mit der vorhandenen Information eine Diagnose stellen könnte." Sein Verfahren bringt zwar den heutigen Leser – vor allem den Mediziner – leichter zu einem unmittelbaren Textverständnis, doch entfernt der neurochirurgische Blickwinkel gleichermaßen vom zu vermutenden Sachverhalt aus altägyptischer Sicht, wenn diese nicht gleichzeitig deutlich hervorgehoben wird. Letztlich handelt es sich bei einer Übersetzung um einen interkulturellen Transferprozess, in dem die Person des Übersetzers und Kommentators als Vermittler auftritt und damit Selektion und Rezeption beeinflusst.[5] Selbstverständlich ist es unmöglich, vollständig zu rekonstruieren, wie eine heilkundliche Gegebenheit sich damals dargestellt haben könnte, weil eine Insiderperspektive nicht vollends eingenommen werden kann. Ziel der hier vorgelegten Übersetzungen ist es aber, diese anzunähern und das *altägyptische* Verständnis in den Vordergrund zu rücken. Dies auch, weil Übersetzungen wissenschaftlicher Texte in moderne Zielsprachen den Rezipienten dazu verführen, nicht vorhandene Traditionslinien zu postulieren und das der altägyptischen Kultur Eigene im Bereich der Wissenschaft zu übersehen. Die dadurch entstehenden teilweise fremd anmutenden, weitaus schwieriger zu verstehenden Übertragungen[6] werden von einem ausführlichen Sachkommentar ergänzt, der das unmittelbar Fremde erläutert und unter Hervorhebung der altägyptischen Sichtweisen mit unserer heutigen Lebenswelt und Terminologie verbindet. Grundsätzlich ist die Verfasserin der Ansicht, dass heilkundliche Texte aus dem Alten Ägypten niemals ohne einen inhaltlichen „Insider"-Kommentar und damit eine breite Kontextualisierung veröffentlicht werden sollten.[7]

Doch was haben wir unter altägyptischen heilkundlichen Texten überhaupt zu verstehen? Man kann allein durch Betrachtung des Textverbundes auf einem Papyrus Kenntnisse davon erlangen, was aus altägyptischer Sicht ‚wissenstechnisch' heilkundlich relevant war. Denn es gibt spezifische Textsorten mit festgelegtem formalem Aufbau und einheitlicher ägyptischer Bezeichnung, wie

4 Brawanski (2001): 10.

5 Vgl. zum theoretischen Rahmen Lüsebrink (2012): 147–163; weitere Aspekte zu Transferprozessen und ihrer Analyse bei Werner (2009): 15–23.

6 Nach Munday (2012): 126, könnte man in diesem Zusammenhang von „Documentary translation" oder „exoticing translation" sprechen. Sie zeichnet sich durch kulturspezifische lexikalische Termini aus (S. 128) und ist „culture-bound to the S[ource]L[anguage] context".

7 Zur Auseinandersetzung mit Übersetzungen antiker wissenschaftlicher Texte allgemein siehe die Einführung zu diesem Band.

die heute so bezeichneten Lehrtexte (Textbeispiel II.1), „Prognosen" (Textbeispiel II.2) und Rezepte („Pharmaka") (Textbeispiel II.3), die sachlich ausschließlich auf das Gebiet der Heilkunde festgelegt sind. Lehrtexte vermitteln Erfahrungen in Diagnose und Behandlung; die sogenannten Prognosen testen auf Schwangerschaft, Geburt und Lebensfähigkeit, und Rezepte bündeln das Wissen um die Herstellung und Zusammensetzung von Pharmaka.[8] Es gibt nur wenige Papyri, die solche Textsorten mit Texten anderer Fach- oder Wissensgebiete oder verwaltungstechnischen Überlieferungen durchmengen.[9] Aufgrund dieser thematisch strikten Anordnung auf den uns hinterlassenen Textträgern,[10] lässt sich daher demonstrieren, welche Textsorten darüber hinaus den heilkundlichen zuzuordnen sind: Hierzu zählen Exzerpte, die heilkundlich relevantes theoretisches Wissen vermitteln, wie das sogenannte Rizinusbuch oder das sogenannte Gefäßbuch, magisches Spruchgut (Textbeispiel II.4) und seltener auch Schutzriten.[11] Aufgrund der Textzusammenstellungen in den Papyri lässt sich zeigen, dass das Gebiet der Heilkunde weiter gefasst war als nach heutiger Vorstellung und dass magische Beschwörungen zu den Standardanwendungen in der Heilkunde gehörten. So gibt es kaum eine Abhandlung, die völlig frei von Beschwörungen und Sprüchen ist.[12] Wissenschaftshistorisch fand dagegen bei der rückblickenden Betrachtung der Medizin der Alten Ägypter eine strikte Auftrennung der Einzeltexte in medizinische und magische unter Aussparung der magischen statt,[13] die darauf zurückzuführen ist, dass man die Definition, was Medizin sei, in der eigenen Zeit und Kultur kontextualisiert hat. Der Titel dieses Beitrags spricht bewusst von „Heilkunde", um einen der ägyptischen Ausübung angemesseneren und umfassenderen Begriff zu wählen. Zu den heilkundlichen

8 Zum jeweiligen Aufbau siehe Abschnitt I.2.5.

9 Als Beispiel kann die Kalendernotiz auf dem Verso des Papyrus Ebers genannt werden.

10 Diese wird dem Anwenderkreis der Texte geschuldet sein.

11 Als Ausgangspunkt kann Westendorf (1999): 6–79, dienen. Hinzuzufügen sind Texte konkret für den zu Schützenden wie Papyrusamulette (sogenannte „Oracular Amuletic Decrees", siehe Edwards [1960]) und Horusstelen (Sternberg-el Hotabi [1999]) mit Schutzsprüchen.

12 So macht z. B. die bestens strukturierte Abhandlung des sogenannten Wundenbuchs auf dem Papyrus Edwin Smith durch das Auftreten von Wenn-dann-Beziehungen, durch das Darlegen nüchterner Beobachtungen und die folgenden klaren Handlungsanweisungen zweifellos einen auch nach unseren Maßstäben sehr wissenschaftlichen Eindruck. Auf dem Papyrus Edwin Smith ist indes nicht nur das sogenannte Wundenbuch überliefert. Die Rückseite des Papyrus enthält acht Schutzsprüche, u. a. gegen Seuchen sowie fünf Rezepte. Hieran ist eindeutig zu erkennen, dass magische Schutzmaßnahmen und chirurgische Handlungen in den gleichen, nämlich heilkundlichen Tätigkeitsbereich fielen.

13 Westendorf (1999): 65, formuliert bspw. die Überschrift „medizinisch relevante Auszüge aus magischen Texten".

Texten gehören danach auch diejenigen, die bislang als „magisch" und „medizinisch-magisch" abgetrennt worden sind, also sämtliche Texte, die inhaltlich Heilmaßnahmen aus altägyptischer Sicht beschreiben.

Um das heilkundliche Material für diesen Beitrag in seiner Fülle zu erfassen, wurden Beispiele aus mehreren Textsorten ausgewählt: ein Lehrtext (Papyrus Edwin Smith, Fall 7 = Sm 7) inklusive seiner Glossen[14] (A bis J), eine Prognose (Papyrus Berlin 3038, Rs. I.3–4 = Bln 193), ein Rezept (Papyrus Ebers XIX.19–22 = Eb 63) und ein Spruch (Papyrus Ebers II.1–6 = Eb 3)[15]. Während beim Lehrtextbeispiel der Einzelwortkommentar sehr ausführlich gehalten ist, stehen bei Prognose und Rezept die Anlage und die Gegenüberstellung eines emischen und etischen Gesamtkommentares im Zentrum. Ein Spruch wurde ausgewählt, um diese ‚magische' Textsorte (der Beitrag wird zeigen, dass Rezepte und Prognosen aus heutiger Sicht nicht weniger ‚magisch' im Sinne der Nutzung analogisierender Prozesse und Denkweisen sind) im Beitrag nicht zu vernachlässigen. Da in der Ägyptologie magisches Textgut per se emisch kontextualisiert wird, gibt Textbeispiel 4 vor allem dem Nicht-Ägyptologen einen weiteren Einblick in das heilkundliche Denken im Alten Ägypten.

14 Glosse: Im Laufe der Tradierung waren der antiken ägyptischen Zielgruppe des Textes die Bedeutungen mancher Fachtermini nicht mehr klar, sodass zusätzliche Glossen angefügt wurden, um Begrifflichkeiten aufzuklären. Die Glossen im Papyrus Edwin Smith können aufgrund sprachlicher Kriterien in eine spätere Zeit datiert werden als der Ursprungstext, siehe dazu auch Pommerening (2014).

15 Sämtliche Abkürzungen für heilkundliche Papyri und Einzeltextnummern folgen Westendorf (1999): 808–831.

I. Vorschlag zur Übersetzung und Kommentierung heilkundlicher Texte

I.1 Vorbereitung: Beschaffung und Bereitstellung der Textzeugen, Ausgangswissen und Hilfsmittel

Für alle übergreifenden Informationen, die das ägyptische Schriftsystem, die verschiedenen Sprachstufen, die Systematik der Umschriften und die in der ägyptischen Philologie üblichen Hilfsmittel zur Bearbeitung und Übersetzung ägyptischer Texte betreffen, sei auf den Anhang (Appendix, D.) verwiesen.

Der folgende Abschnitt führt darüber hinausgehende fachspezifische Hinweise auf, die sich ausschließlich auf den Umgang mit heilkundlichen Texten beziehen.

I.1.1 Beschaffung der Textzeugen

Es versteht sich von selbst, dass jegliche Übersetzung auf einer transparenten wissenschaftlichen Textgrundlage beruhen muss. In der Regel ist das die neueste Textausgabe,[16] deren wissenschaftliche Qualität selbstverständlich vorher zu verifizieren ist. Die Übersetzung selbst sollte nicht nur einem möglichen, nach textkritischer Methode rekonstruierten Archetyp folgen, sondern die syn- und diachronen Abweichungen der Handschriften genauer auf ihr mögliches kontemporäres oder individuelles Eigenverständnis hin (d. h. redaktionskritisch) berücksichtigen, insbesondere dann, wenn nicht nur orthographische Schreibvarianten, sondern inhaltliche Differenzierungen vorliegen. D. h. dass alle Handschriften zugänglich sein sollten. In der Ägyptologie hat sich, weil bislang kein heilkundlicher Text durch mehr als drei Handschriften überliefert ist, die Erstellung einer Konkordanz, in der sämtliche Handschriften abschnittsweise in Hieroglyphen umgesetzt untereinander angeordnet werden, etabliert.

16 Zu erörtern, wie eine Textausgabe zu erstellen ist, führt in diesem Zusammenhang zu weit. Eine Übersicht über die bis 1999 vorliegenden Editionen heilkundlicher Texte bietet Westendorf (1999): 6–79.

Von zentraler Bedeutung bei der Übersetzung ist dann ein vorausgehender Vermerk, auf was genau die Übersetzung sich bezieht: einen in der Edition bereits möglichen rekonstruierten Archetyp oder eine Handschrift in ihrem möglichen jeweiligen temporären Eigenverständnis.[17]

I.1.2 Bereitstellung der Textzeugen in einer Publikation

Ob die Textzeugen dem ins Auge gefassten Leserkreis in einer Publikation mit zur Verfügung gestellt werden, hängt natürlich stets vom angenommenen Gebrauchsumfeld ab. In Seminaren und bei Ersteditionen ist die Bereitstellung und Nutzung aller Textzeugen selbstverständlich. Sind Ersteditionen erst einmal vorhanden, wird in der Regel auf sie verwiesen, ohne das Material erneut abzudrucken. Unkosten spielen bei diesen Erwägungen eine Rolle.

In der vorliegenden Publikation ist neben den Originaltexten eine Umsetzung des Hieratischen in Hieroglyphenschrift und eine Transkription ganz wesentlich, um der Breite des Leserkreises entgegenzukommen.

I.1.3 Ausgangswissen und Hilfsmittel

Eine Übersetzung und Kommentierung einzelner Fälle, bspw. des Papyrus Edwin Smith, ist ohne Hintergrundkenntnisse kaum möglich. Ein Übersetzer wird nicht umhinkommen, den gesamten Textbestand eines Papyrus zu berücksichtigen, um die richtigen Entscheidungen bei der Übertragung treffen zu können. Im Rahmen von Unterrichtsveranstaltungen kann hier der Dozent hilfreich zur Seite stehen. Unabdingbar ist auch eine tiefergehende Einarbeitung in die Geschichte der Heilkunde und ihre modernen Begrifflichkeiten.[18] Nur mit deren Kenntnis lässt es sich vermeiden, bei der Übersetzung Wörter zu wählen, die im jeweiligen Fachjargon vordefinierte nicht vergleichbare Tatsachen evozieren.

Für die Rekonstruktion möglicher Fehlstellen sind nicht nur Textkopien, sondern auch das Wissen um die Syntax der betrachteten Textsorte und ihrer

---

17 Einen „Urtext" kann man mit Hilfe der etablierten Methode der Textkritik herstellen. Siehe dazu Maas (1960); West (1973); Delz (1997).

18 Empfohlene einführende Werke in die Geschichte der Medizin/Heilkunde: Nutton (2012); Eckart (2004); Schmitz (1998); Goltz (1974); empfohlene Nachschlagewerke: Bautier (1980–1999); Schneider (1968–1975); Pschyrembel (1990).

Ausformungen wesentlich. Dieses Wissen gilt es sich ebenfalls anzueignen, bevor eine Übersetzung in Angriff genommen wird.

Ein wichtiges Hilfsmittel für die Übersetzung heilkundlicher Texte in ihrem engeren Sinn[19] ist der 1954 bis 1973 erschienene neunbändige Grundriß der Medizin der Alten Ägypter,[20] der 24 Papyri, Papyrusfragmente und Ostraka medizinischen Inhalts aus der Zeit des Alten bis einschließlich Neuen Reichs erstmals umfänglich durch Transliteration in Hieroglyphen, Übersetzung, Kommentar und Wörterbücher erschlossen hat. Hiermit war von ägyptologischer Seite ein Grundlagenwerk entstanden, das als Basis einer jeden weiteren Beschäftigung mit medizinischen Texten dienen konnte und heute in weiten, aber nicht allen Teilen immer noch dienen kann. Der Grundriß umfasst zwei Spezialwörterbücher: ein allgemeines (Grundriß VII) und ein Wörterbuch der Drogennamen (Grundriß VI). Hinzu kommen auswertende Hintergrundinformationen, in die Kenntnisse aus nicht-medizinischen Texten einbezogen sind (Grundriß I–II, IX). Vergleichbares für die späteren Epochen Ägyptens fehlt bislang.

Übersetzt man *nur* mit Hilfe der Wörterbücher des Grundrisses, wird man eine auf dem seinerzeitigen Stand des Wissens beruhende Übersetzung vorlegen können – wie sie uns mit Band IV des Grundrisses für die bereits edierten Texte allerdings bereits gegeben ist.[21] Wer heute eine Neuübersetzung der bereits in Übersetzung vorliegenden heilkundlichen Texte in Angriff nimmt, setzt sich in der Regel zum Ziel, wissenschaftlich über diejenige des Grundrisses oder des 1999 erschienenen Handbuchs der Medizin von Wolfhart Westendorf hinauszukommen, sei es, weil seit der Publikation des Übersetzungsbandes des Grundrisses mehr als 60 Jahre vergangen, unsere Erkenntnisse zu Wortschatz und heilkundlichen Konzepten gewachsen und die Diskussionen über die Textinhalte umfangreicher geworden sind, oder sei es, weil der Übersetzende über zusätzliches Fachwissen verfügt, das bisher nicht in die Interpretationen eingeflossen ist. Zu verbuchen ist aber auch eine Übersetzungstätigkeit im Rahmen des Studiums, bei der Edition neuer Texte oder die Bereitstellung von Anthologien für spezifische Zielgruppen. Je nach Zielstellung und Zielgruppe, die immer auch deutlich im Vorspann vermerkt werden sollten, wird sich die Aufbereitung eines Textes unterscheiden. Prinzipiell muss bedacht werden: Den Stand der

19 Die Werke haben nur den medizinischen Anteil versammelt, siehe dazu kritisch oben.

20 Grundriß I–IX.

21 Die Übersetzungen des Grundrisses selbst, werden von einer nicht-ägyptologischen Leserschaft nur selten zur Hand genommen, siehe Pommerening (2010a). Ein Problem liegt darin, dass sämtliche zum Verständnis notwendigen Erläuterungen so auf das Gesamtwerk verteilt sind, dass eine Benutzung ohne Kenntnisse der mittelägyptischen Sprache kaum möglich ist.

Forschung voranbringende Übersetzungen heilkundlicher Texte erfordern ein hohes Zeitaufkommen.

Mit einer Neuübersetzung auch heilkundlicher Texte ist inzwischen das von der Sächsischen Akademie der Wissenschaften zu Leipzig und der Berlin-Brandenburgischen Akademie der Wissenschaften getragene Projekt „Strukturen und Transformationen des Wortschatzes der ägyptischen Sprache. Text- und Wissenskultur im alten Ägypten“ betraut.[22] Hier wird versucht, die bislang vorgetragenen Kritikpunkte zu berücksichtigen[23], ohne das durch den Projektantrag anvisierte Übersetzungstempo aus den Augen zu verlieren. Die kommentierten Übersetzungen werden über den *Thesaurus Linguae Aegyptiae* (TLA) zur Verfügung gestellt; eine für einen breiteren Leserkreis kommentierte Variante wird auf einer gesonderten Homepage veröffentlicht.[24]

Der TLA ist ein wachsendes digitales Textkorpus altägyptischer Texte von derzeit ca. 1200000 Textwörtern.[25] Mit seiner Hilfe lassen sich die erfassten Wörter in ihrem derzeit abgebildeten Wortumfeld einsehen und angemessene Übersetzungen erschließen. Neben den bislang digitalisiert vorliegenden Texten sind bei der Bedeutungsfindung auch die gescannten Wörterbuchzettel heranzuziehen. Zudem ist bei der Bearbeitung einzelner Fachtermini die neueste Literatur zu berücksichtigen, die zusammenfassend durch die Baseler Wortdiskussionen erschlossen wird.[26] Ein annotiertes Korpus neuägyptischer Texte ist ferner über die Textdatenbank des *Projet Ramsès* verfügbar; auch hier lässt sich die Verwendung einzelner Wörter in unterschiedlichen Kontexten recherchieren.[27]

Ein innovatives Hilfsmittel für die Rekonstruktion von Rezeptinhalten (z. B. Drogenbezeichnungen, Arzneiformen sowie Verben der Herstellung und Verabreichung) sind Nachkochversuche. Sie ermöglichen es, sich der Stoffeigenschaften von Ingredienzien und Heilmitteln sowie der konkreten Praktiken bewusst zu werden und somit einer emischen Sicht näherzukommen. Im Rahmen eines Forschungsprojekts[28] konnte die Verfasserin durch die erstmalige Anwendung

---

22 Erste Übersetzungen sind bereits über den TLA im Internet zugänglich, siehe http://www.saw-leipzig.de/forschung/projekte/strukturen-und-transformationen-des-wortschatzes-der-aegyptischen-sprache; http://www.bbaw.de/forschung/aew/uebersicht [07.2016].

23 Pommerening (2010a) und Einleitung.

24 Science in Ancient Egypt: http://sae.saw-leipzig.de/startseite/ [09.2016].

25 http://aaew.bbaw.de/tla/index.html [07.2016].

26 http://aegyptologie.unibas.ch/werkzeuge/wortdiskussionen/ [07.2016].

27 http://ramses.ulg.ac.be/ [07.2016].

28 Projekttitel: „Die medizinischen Rezepte Altägyptens in ihrem transdisziplinären Kontext philologisch, kulturhistorisch und pharmakologisch betrachtet.“ (2008–2010).

einer emischen versus etischen Perspektive eine wesentliche neue Erkenntnis zu den Prognosen und Rezepten erschließen: Deren Ingredienzien stehen mit dem erkrankten Organ bzw. den Krankheitssymptomen oder -erregern und deren Widersachern in sympathetischer Beziehung (häufig optische Bezüge; Eigenschaften wie Geruch, Geschmack, Härte, Temperatur etc. sind ebenfalls von Belang). Im Herstellungsprozess übernimmt mindestens eine Droge die Stellvertretung des erkrankten Organs/der Krankheit. Aus dem Herstellungsvorgang und der Auswahl der Ingredienzien lassen sich somit ‚physiologische' und ‚pathophysiologische' Vorstellungen ablesen. Umgekehrt können die Analogieschlüsse zur Wiedergewinnung von Wortbedeutungen beitragen, sei es, dass der Bereich der Herstellung und Anwendung klarer wird oder bislang uns unbekannte körperliche Veränderungen oder Ingredienzien fassbarer werden. Anhand der Beispiele 2 und 3 wird das Potenzial dieser Methode für Übersetzung und Interpretation ausführlicher vorgeführt.

I.2 Übersetzungs- und Kommentierungsvorgang: Fachsprache heilkundlicher Texte und Methoden der Übertragung

Auf die allgemeinen Regeln und Methoden des Übersetzens soll an dieser Stelle nicht eingegangen werden, dafür aber auf die Spezifika bei der Übersetzung heilkundlicher Texte. Werfen wir also einen Blick auf die größte Schwierigkeit: die Fachterminologie. Die heutige Medizin verfügt über eine ausgefeilte Terminologie, deren Wörter in der Regel griechischen oder lateinischen Ursprungs sind.[29] Ihre Bedeutungsinhalte haben sich im Laufe der Zeit gewandelt; heute sind sie im deutschsprachigen Raum dem Nichtfachmann kaum verständlich. Er hat ein eigenes Vokabular entwickelt. In anderen Ländern, wie Italien oder Amerika, greift auch der Laie mangels Alternativen auf fachsprachliche Ausdrücke zurück. Ägyptische heilkundliche Texte verwenden hingegen in der Regel keine Fremd- oder Kunstwörter. Die meisten Wörter sind der Gemeinsprache entlehnt. Allerdings wird aus späteren Glossierungen, bspw. im Papyrus Edwin Smith (Text II.1), erkenntlich, dass auch hier eine Fachsprache zugrundeliegt, d. h. die Wörter tragen im heilkundlichen Kontext vielfach andere Bedeutungen als im gemeinsprachlichen, was bereits durch die sprachliche Umgebung sichtbar werden kann. Ob heilkundliche Termini immer gegenüber der

29 Zur Fachsprache in frühen Texten siehe Riecke (2004); Fögen (2002); Kollesch (1999): 2271–2177. Zur Fachsprache allgemein siehe Albrecht und Baum (1992).

Gemeinsprache präzisiert sind, ist noch zu untersuchen. Für den hier eingeschlagenen Übersetzungsweg ist das zunächst wenig relevant.

Als Ausgangspunkt wird vorgeschlagen, alle Wörter eines ägyptischen heilkundlichen Textes daraufhin zu überprüfen, ob ihre Bedeutungen mit denjenigen in anderen Kontexten übereinstimmen. Dieser Überprüfungs- und der folgende Übersetzungsvorgang sei für die Wortgruppen, deren Wörter die heutige medizinische Fachterminologie bilden, vorgeführt, da sich besonders in diesem Bereich die größten Schwierigkeiten bei der Übertragung abzeichnen.

Ausgangspunkt für die folgenden Gruppierungen ist das, was wir *heute* als Fachterminologie der Texte ansehen würden, d. h. Bezeichnungen aus den heutigen Bereichen Anatomie, Physiologie, Pathologie und Pharmazie. Entsprechendes Vokabular für Körperteile, Krankheitszustände oder Heilmittel bildet den größten Anteil in altägyptischen heilkundlichen Texten.

Vorausgesetzt wird hier, dass der jeweilige Autor zum Zeitpunkt der ersten Niederschrift Bezeichnungen ausgewählt hat, die das, was er bezeichnen wollte, am treffendsten charakterisiert haben. Solche Termini können, wie in anderen Sprachen auch, Wortneuschöpfungen oder Entlehnungen aus der Gemeinsprache sein, die dabei fachlich terminologisiert oder metaphorisiert wurden. Wie bereits angemerkt, sind sie im Falle der ägyptischen Heilkunde zum größten Teil aus der Gemeinsprache übernommen.[30] Daher möchte die Verfasserin davon ausgehen, dass ein in der altägyptischen Heilkunde gebrauchtes Wort in den Anfängen, als es zur möglichst prägnanten Bezeichnung[31] eines vorliegenden Sachverhaltes oder einer Sache dienen sollte, im Falle der Entlehnung aus der kontemporären Gemeinsprache oder bereits ähnlichen fachlichen Kontexten zunächst einen sehr ähnlichen Bedeutungsumfang aufgewiesen hat. Sodann, so ist im Sprachvergleich zu vermuten, hat sich die Bedeutung auf den Sachkontext – in Bezug auf Körperteile und Drogen im Sinne einer weitergehenden Spezifität – eingeengt.[32]

Aufgrund der Metaphorik der Fachtermini gehe ich davon aus, dass Analogievorstellungen in der Begründung von Heilwirkungen einen besonders

---

30 Dies geschieht durch Einschränkung oder Ausdehnung der Wortbedeutung wie z. B. an den Glossen des Papyrus Edwin Smith sichtbar wird, siehe unten.

31 Inwiefern man voraussetzen darf, dass Präzision zu erwarten ist, ist noch nicht weiter behandelt. Folgt man Westendorf (1999), liegt in der Heilkunde gar keine Fachsprache vor. Betrachtet man dagegen die Drogenbezeichnungen kann man ohne weiteres von einer Fachterminologie sprechen, siehe Pommerening (2016).

32 Bsp. *s.t-ᶜ* „Stätte des Armes“ hat im Kontext der Applikation von Heilmitteln die Bedeutung „Einwirkungsstelle“ und im Verbund mit Verben der Beseitigung von Leiden bedeutet es „Einwirkung“, siehe Grundriß VII: 701–703.

großen Raum eingenommen haben. Im Rahmen des emischen Kommentars lassen sich diese mit Blick auf Drogeneigenschaften und Benennungsmotive der Fachtermini rekonstruieren.

Um die hinter dem heilkundlich verwendeten Wort stehende Sache oder das mit dem Sachverhalt verbundene Konzept sowie dessen Bedeutungsumfang möglichst weiträumig zu erfassen und in Übersetzung bzw. Kommentar einzubringen,[33] scheint es hilfreich, sich nicht nur mit dem unmittelbaren Kontext des Wortes, sondern auch mit seiner Morphologie, Etymologie und der Gesamtbeleglage zu befassen, letzteres mit Blick auf den Zeitpunkt der Textentstehung.[34] Insbesondere wenn man von einer neu geschaffenen Bezeichnung ausgeht – d. h. man findet keine Belege aus früheren heilkundlichen und nichtheilkundlichen Quellen – ist es für den Leser eines Wortkommentars hilfreich, die Wurzel und deren mögliche Bedeutungen mitgeteilt zu bekommen, um die Benennungsmotivation zu hinterfragen. Stets zu berücksichtigen ist, dass im Laufe der Zeit, wie in allen Sprachen nachzuweisen, Bedeutungsverschiebungen stattgefunden haben.[35] Für die Übersetzung selbst bietet sich daher eine Übertragung an, die sich an der für die Abfassungszeit angenommenen Bedeutung im vorliegenden Kontext orientiert.

Es ist durchaus möglich, dass auch im Fachsprachenkontext ein altägyptisches Wort mit zwei unterschiedlichen Wörtern in die Zielsprache übersetzt werden muss: einerseits, wenn Homonyme (gleiche Schreibung und Lautung, keine etymologische Beziehung) vorliegen, andererseits, wenn durch den jeweiligen Kontext und/oder durch die Syntax synchron eindeutige Gebrauchsnuancen zu erkennen sind (Polysemie).[36] Gleichermaßen können zwei unterschiedliche ägyptische Termini in der Zielsprache zu nur einer einzigen Übertragung führen, weil man davon ausgeht, dass in dem betrachteten Zeitraum Synonyme

---

33 Eine übersichtliche Zusammenstellung und kritische Bewertung der Methoden und Theorien zur lexikographischen Analyse, hier im Bereich der Germanistischen Linguistik und mit Blick auf Begriffswörter, findet sich bei Brückner (2003).

34 Da die Texte eine lange Überlieferungsgeschichte aufweisen, ist dieser Zeitpunkt oft nicht klar zu bestimmen. Zu einem Versuch der Datierung von Entstehungszeiten der Diagnosetexte siehe Pommerening (2014).

35 Siehe z. B.: Annotation (2) zu Text II.4 zu *ib* / *ḥꜣty*.

36 Als Beispiele für Polyseme können gelten: Bsp. 1) *mtw.t*: „Same" (im Sinne von Sperma), siehe Wb II, 169, 1–4; „Gift", siehe Wb II, 169, 5–8. Für Belege in der Heilkunde siehe Grundriß VII: 412. Der TLA setzt inzwischen ein übergeordnetes Lemma (WCN 854515) mit der Übersetzung „Flüssigkeit" als gemeinsame Kernbedeutung an; Bsp. 2) *nh.t n.t ꜥntw* „Baum der Myrrhe"; *nh.t* „Sykomore", zur möglichen Entwicklung siehe Pommerening (2015a): 128–131.

vorliegen.[37] In all diesen Fällen ist es sinnvoll, das ägyptische Wort in runden Klammern hinter das übersetzte Wort zu stellen, um die Beziehung zwischen Ausgangs- und Zielsprache eindeutig zu machen. Zudem wird ein Wortkommentar erforderlich, der auf die sprachliche Entwicklung dieser Wörter eingeht und die Bedeutungsnuancen vermittelt.

In einer Übersetzung wird man nur selten Äquivalente innerhalb der Zielsprache finden, die den altägyptischen Sachverhalt vollends widerspiegeln. Im nächsten Schritt gilt es daher, die Beziehung zwischen den beiden Wortbedeutungen näher zu beschreiben. Sinnvollerweise geschieht dies durch Erläuterung des Kontexts in einem Wortkommentar, und zwar so, dass der Sachverhalt aus ägyptischer Perspektive verdeutlicht wird. Im letzten Schritt empfiehlt sich die Auseinandersetzung mit bisherigen Übersetzungen und Kommentaren.

Innerhalb der Übersetzung selbst (das muss für den Kommentar nicht gelten) sollte ein Rückgriff auf Bezeichnungen aus der antiken bis hin zur modernen heilkundlichen Fachsprache nur stattfinden, wenn tatsächlich in etwa gleichgeartete Bedeutungsinhalte angenommen werden können; dies wäre selbstverständlich nach sorgfältiger Prüfung im Kommentar zu vermerken. Entsprechende fachliche Vorkenntnisse sind daher unabdingbar.

Aus dem oben Gesagten ergibt sich, dass die Übersetzung nicht einfach mit Hilfe der Äquivalente in vorliegenden Wörterbüchern erfolgen kann. Vielmehr ist bei jedem Fachwort der Bedeutungsumfang durch textinterne und darüber hinaus textexterne Belege zu prüfen. Das Studium der im TLA angeführten Lemmata in ihrer weit über heilkundliche Texte hinausführenden Wortumgebung kann als wichtiger Schlüssel zum Verständnis gelten. Die dort angegebenen Wortbedeutungen sind selbstverständlich auf ihre Sinnhaftigkeit in Bezug auf den heilkundlichen Kontext hin zu überprüfen.

Warum dieser Aufwand? Unabhängig von der Ausrichtung auf spezifische Zielgruppen und formale Aspekte der Darbietung ist jede Übersetzung das Ergebnis eines wissenschaftlichen Prozesses, in den neueste Quellen, Erkenntnisse und Sichtweisen einfließen. Das Ergebnis spiegelt den Stand der Forschung und den eigenen Beitrag dazu wider und trägt zur fortlaufenden Diskussion bei.

37 Bsp *ˁr.ty* / *wgy.ty* „Unterkiefer“, siehe Annotation (23) zu Text II.1.

I.2.1 Anatomische Terminologie

In heilkundlichen Texten spielen anatomische Termini eine besondere Rolle, da sie zur Lokalisation von Verletzungen und Beschwerden dienen. Die mittelägyptische Sprache kennt rund 250 Wörter für Körperbestandteile, von denen ein großer Teil auf Mensch und Tier gleichermaßen angewendet wird.[38] Ausführliche Auseinandersetzungen mit dem anatomischen Wortschatz liefern Hermann Grapow, das Wörterbuch des Grundrisses der Medizin (Bd. VI und VII), Gustave Lefebvre (1952), Pierre Lacau (1970), Kent Weeks (1970) und James Walker (1996).

Lacau zeigt in seiner Studie zu Körperteilbezeichnungen – wie für einen Zeitraum von 4000 Jahren bis hin zum Koptischen vorhersehbar – Veränderungen im Wortschatz auf.[39] Untersuchungen Walkers haben gezeigt, dass die Terminologie aber sehr viel spezifischer und konsistenter verwendet wird als bislang angenommen, und dass, wie für Fachsprachen typisch, nur sehr wenige Synonyme existieren.[40]

Da Teile von Tieren in Ägypten seit jeher eine wichtige Rolle einerseits als Nahrungsmittel und andererseits als Opfergaben eingenommen haben, ist davon auszugehen, dass die Ursprünge einer größeren Zahl spezifischer anatomischer Termini im Schlachtereiwesen zu suchen sind und Begrifflichkeiten von dort auf die menschliche Anatomie übertragen wurden. Deutlich wird das am Hieroglypheninventar, das aus einer Reihe von Darstellungen von Tier- und Menschenbestandteilen besteht, wobei insbesondere innere anatomische Strukturen mit Hilfe von Hieroglyphen aus der Tierwelt abgebildet wurden.[41]

Der in der Heilkunde genutzte Wortschatz wird zum größten Teil auch in anderen Kontexten gebraucht. Es finden sich zudem aber auch Termini, die bis zur Abfassungszeit der heilkundlichen Texte andernorts nicht belegt sind,[42] was zu der Annahme verleitet, dass solche Bezeichnungen im Rahmen der Wissensvermittlung neu geprägt worden sein könnten.

---

38 Vgl. Walker (1996): 259f.

39 Siehe Lacau (1970): 3f.

40 Vgl. Walker (1996): 259; er widmet sich in seiner Studie auch den sogenannten Gliedervergottungslisten, in denen einzelne Körperteile mit einer Gottheit assoziiert werden.

41 Vom Tier bspw. Ohr, Unterleib mit Zitzen, Uterus mit Eileitern, Zunge, Herz, Lunge; vom Menschen der Kopf, das Gesicht, Arm, Bein, Hand und Finger. Vgl. dazu auch Nunn (1996): 53.

42 Bsp. *ḏnn.t*, „Schädel, Kopf" nach Wb V, 576, 13–17, siehe auch meinen Kommentar (6) zu Text II.1; *wḫnn*, „Scheitel des Kopfes" nach Wb I, 346, 1–2.

Es werden sowohl einzelne Organe und Körperglieder namentlich unterschieden als auch bestimmte Stücke (wie sie vor allem im Schlachtwesen anfallen) mit einem Namen versehen.[43] Einzelteile wurden vor allem dann benannt, wenn sie ‚handhabbar' waren (Gebrauchsaspekt), sich optisch hervorhoben oder funktionell hervorstachen.[44] Es gibt keine systematische Näherbestimmungen von einzelnen Knochen, Sehnen, Adern, Venen, Muskeln, Hautpartien o. ä., sondern oberbegriffsartige Bezeichnungen: Knochen (*ḳs*), Fleisch (*iwf*),[45] Haut (*inm*). Alle strangartigen Körperteile (Adern, Venen, Muskeln, Sehnen etc.) werden mit dem Wort *mt* bezeichnet. Ich halte es für angebracht, dieses Wort nicht, wie teilweise üblich, je nach Gebrauchskontext durch „Muskel" oder „Gefäß" oder „Sehne" zu übersetzen[46], sondern entscheide mich für die einheitliche Übertragung „Strang", da aus ägyptischer Sicht eben keine weitere Klassifizierung erfolgte.[47] Ein solcher Strang scheint hohl, mit der Möglichkeit der Erschlaffung und Erstarkung sowie als verbindende Leitung zwischen Innen und Außen oder zwei inneren Körperteilen gedacht worden zu sein.

In der anatomischen Terminologie sind Dualbildungen zahlreich vertreten, weil vieles paarweise auftritt. Im anatomischen Konzept nimmt das Nichtfunktionieren im Sinne einer Störung der Dualität einen besonderen Platz ein. Es wird terminologisch daher häufig durch attributive Näherbestimmung zwischen linker und rechter Seite (z. B. linkes Auge, rechtes Auge) unterschieden.

Eine große Schwierigkeit besteht nun darin, wie man Körperteilbezeichnungen übersetzen kann, denn es ergeben sich mehrere Möglichkeiten:

Ausgehend von der Frage, wie im Ägyptischen ein Körperteil warum bezeichnet wurde, kann man, sofern möglich, eine etymologisierende Übersetzung wählen. So ergäbe sich für *pḥwi.t* etwa „das hinterste (Körperteil)" oder für *ḳʿḥ* „die (Körper)ecke". Solche Übersetzungen verwässern allerdings den m. E.

---

43 Unterschenkel inkl. Fuß (*ins.t*), Auge (*ir.t*), Haut (*inm*), Kinnlade (*ʿr.ty*); vgl. meinen Kommentar (23) zu Text II.1.

44 Bsp. für optische Auffälligkeit: *ꜣmʿ.t* „Greifknochen", zur Übersetzung siehe meinen Kommentar (22c) zu Text II.1.

45 Dieses Wort hat in der Heilkunde sehr konkrete unterschiedliche Verwendungsweisen und kann je nach Kontext das Fleisch des Körpers (im Gegensatz zum Knochen) oder die Scheide meinen (Metonym).

46 WCN 77310: *mt* „Gefäß (des Körpers); Band; Sehne".

47 Bereits im Grundriß VII: 400: „*mt* – Gefäß; Strang"; siehe insb. S. 407, wobei hier das Wort „Strang" allerdings nur auf Muskeln und Sehnen und nicht auf Hohlgefäße bezogen wird. Ich verbinde mit dem Wort „Strang" auch hohle Leitungsbahnen. Andere bislang genutzte Übersetzungen lauten: „conduit-met" (Bardinet [1995]: 63) und „Gefäß" (Westendorf [1999]: 119–138).

vorhandenen fachterminologischen Aspekt, denn man würde sachlich heute darunter unterschiedliche Körperteile verstehen können, z. B. beim „Hintersten“ das Hinterteil im Ganzen oder auch einzelne innere Bestandteile oder den Rücken, den Hinterkopf o. ä., bei „Ecke“ die Schulter, die Hüfte, die Gelenke o. ä. Die präzise konkrete Sache, die durch das Textumfeld erschlossen werden kann und klar auf der Hand liegt, geht aus einer solchen Übersetzung nicht hervor. Beide Termini sind nämlich im anatomischen Kontext im Ägyptischen für jeweils nur eine Sache reserviert, sofern sie nicht durch Genitivverbindungen auf einen völlig anderen Ort verweisen. *pḥwi.t* meint bspw., wie sich aus den Kontexten der Belege ergibt, nicht das „Hinterteil“, auch nicht nur den „After“, sondern die Region Analkanal + Mastdarm. *ḳꜥḥ* ist allein die „Schulter“ – wird eine andere Körperecke bezeichnet, dann mithilfe eines Genitivkompositums: *ḳꜥḥ n ir.t* = „Winkel des Auges“ = „Augenwinkel“. Wie soll man solches Wissen in eine Übersetzung packen? Im Falle klarer Abgrenzungen schlage ich vor, bereits in der Übersetzung den angenommenen Körperbereich so gut wie möglich zu umreißen und im Wortkommentar näher zu definieren, z. B. *pḥwi.t* = „Mastdarm-Afterkomplex“. Im Kommentar sollten dann auch die Benennungsmotive erläutert werden. Insofern scheint es mir sinnvoll, eine Übersetzungsvariante zu wählen, die sachbezogen dasjenige Körperteil oder diejenige Region in heutiger Sprache wiedergibt, die durch das jeweilige ägyptische Wort bestimmt wird, sofern hier im heilkundlichen Kontext eine eindeutige Benennung vorzuliegen scheint.

Für die Umsetzung ins Deutsche stehen verschiedene Sprachregister zur Verfügung: die heutige wissenschaftliche anatomische Terminologie sowie Bezeichnungen aus der Gemeinsprache. Um Assoziationen mit den vollkommen anders systematisierten modernen anatomischen Terminologien zu vermeiden, empfiehlt es sich dringend, in der Übersetzung ägyptischer Texte vollständig auf die heutige medizinische Fachsprache zu verzichten; sie kann im Wortkommentar erscheinen, um das ägyptische Konzept vom modernen abzugrenzen. Doch auch mit Wörtern der Gemeinsprache innerhalb der Übersetzungen ist Vorsicht geboten, denn man findet eher selten, wie das *pḥwi.t*-Beispiel bereits zeigt, die gleichen Abgrenzungen anatomischer Termini vor. Eine Denkweise in Regionen und „handhabbaren“ Schnitten scheint den ägyptischen Vorstellungen eher nahe zu kommen und lässt sich mitunter am besten mit Verbindungen wie „xy-Region“ oder „xy-Komplex“ übertragen.

I.2.2 Altägyptische Bezeichnungen für Leiden

Am Beispiel altägyptischer, griechischer und moderner migräneartiger Leiden hat die Verfasserin (2010) dargelegt, wie sich Einteilungen von Krankheiten aufgrund der Zuschreibung von diagnostischen Zeichen im Laufe der Zeit verändern.[48] Eine heutige Migräne nach fachmedizinischer Kategorisierung hat wenig mit dem ägyptischen Symptom des „halben Kopfes" zu tun, das als *Hemikrania* sprachlich zwar auch im Griechischen auftritt, aber jeweils anders aufgefasst wird. Bereits dies zeigt, dass heute geläufige Krankheitsbezeichnungen in einer die kulturelle Sicht bewahrenden Übersetzung viel Verwirrung stiften können.[49] Nachdem Ebbell (1938) versucht hatte, altägyptische Symptome mit Krankheitsnamen aus der modernen griechischen und lateinischen medizinischen Nomenklatur zu übersetzen und sich damit an der modernen medizinischen Fachsprache und der Idee, dass Symptomenkomplexe erfasst wurden, orientierte[50], war der Grundriß zurückhaltender und übersetzte Symptome und Leiden, soweit möglich, wörtlich. Dieses Verfahren wird auch im Folgenden empfohlen, da der Wortschatz der Leiden auffälligerweise Symptome und Krankheitserreger umfasst, was bereits deren Konzeptionalisierung hervorscheinen lässt: eine Klassifizierung von Krankheiten im Sinne der Bündelung von Symptomen unter einer konkreten Bezeichnung existiert nämlich nicht. Wird in den Lehrtexten eine Diagnose gestellt, werden entweder, in älteren Textfassungen, die Symptome wiederholt, oder, in jüngeren Texten, Hauptsymptome ggf. mit ihren Urhebern verknüpft.[51] Zu den Symptom-/Urheberbezeichnungen, die darauf hinweisen, dass pathologische Konzepte vorlagen (hierzu sind auch Texte überliefert), zählen auch *wḫd.w* und *ꜥꜣꜥ*, die keine wörtliche Übersetzung zulassen. Daher werden sie in ihrer Transkription am besten sprachlich belassen, erhalten aber, um die altägyptische Klassifizierungsweise zu verdeutlichen, ein Beiwort, das den Klassifikator am Wortende in den heilkundlichen Kontext überträgt: *wḫd.w*-Symptom/Urheber, *ꜥꜣꜥ*-Giftsame, usw.[52] Die Anzahl verschiedener Klassifikatoren hinter Leiden, Symptomen und ihren Ursachen ist gering. Vor allem folgende Determinative sind häufig:

---

48 Pommerening (2010a), vgl. auch Fleck (1935).

49 In diesem Zusammenhang sei das große Problemfeld der retrospektiven Diagnose angeführt, siehe dazu Leven (1998): 153–185.

50 Bspw. *st.t* = „Rheuma"; *špn* = „Gonorrhoe"; *šꜥ.t Ḫnsw* = „Lepra"; *gḥw* = „Asthma"; *nḏꜣw* = „Hämorrhoiden"; *ḥrrw* = „Bilharziose"; *ꜣd.t* = „Pterygium" etc.

51 Siehe dazu Pommerening (2014): 31.

52 Bardinet (1995): 121–138, hat in seiner Monographie zur altägyptischen Medizin die wichtigsten Krankheitskonzepte ausführlich dargelegt.

Tab. 1: Klassifikatoren hinter Leidenserscheinungen und Vorschlag zur Übertragung nicht zu übersetzender Fachtermini in heilkundlichen Texten

Klassifikator	Gardiner-Zeichennummer	Klassifizierungsvor-schlag	Beispiel
	Aa2	-Symptom/Urheber[53]	*wḫd.w*-Symptom/Urheber
	Aa3	-Verfall	*wḫd.w*-Verfall
	A14	-Dämon	*nsi.t*-Dämon
	G37	-Leiden(szustand)	*šs*-Leidenszustand
	D26	-Ausfluss	*wiꜣ.t*-Ausfluss
	D53	-Giftsamen	*ꜥꜣꜥ*-Giftsamen

Gibt das Determinativ keinen expliziten Hinweis, wird aber aus dem Kontext deutlich, dass ein Leiden gemeint ist, macht es Sinn, dass nicht nur die Transkription des nicht identifizierten Leidens erscheint, sondern das Wort „-Leiden" angehängt wird. Erläuterungen zu den Charakteristika der Leiden, wenn nicht gänzlich unbekannt, sind von besonderer Wichtigkeit für den Kommentar, da in der Regel bereits eine umfangreiche Diskussion aus moderner medizinischer Perspektive stattgefunden hat, die man unter angenäherter altägyptischer Perspektive möglicherweise neu bewerten kann.

I.2.3 Altägyptische Drogennamen

Die Deutung von Drogennamen ist sachlich ein schwieriges Unterfangen. Pommerening (2016) befasst sich hiermit ausführlich und stellt bisherige Methoden kritisch vor. Prinzipiell ist jeder der bisherigen Übersetzungsvorschläge im Grundriß VI, im TLA und in Germer (2008) genauso kritisch zu prüfen, wie das für die andere Fachterminologie gilt. Doch bedarf es hierzu sehr umfangreicher Untersuchungen, deren Zeitaufwand es gesondert einzuplanen gilt. Mangelnde Zeit und/oder Sachkenntnis führen häufiger dazu, dass bei Übersetzungen heilkundlicher Texte der Nach-Grundriß-Ära auf die in den Wörter- und Handbüchern verzeichneten Einträge oder bereits vorliegende Studien zu einzelnen Drogenbezeichnungen zurückgegriffen werden muss. Zumindest sei empfohlen,

53 Die Hieroglyphe Aa2 wird üblicherweise als „schlechtes Paket" (Hannig [1995]: 1101, s. v. Aa2), „Bindenpaket" (Westendorf [1999]: 329) oder „Pustel (?)" (Hannig [2006]) gedeutet.

bei jeder Droge zu erarbeiten, wie bisherige Übersetzungen zustande kamen, und zu reflektieren, ob das bisherige Ergebnis sachlich korrekt sein kann. Dazu können v. a. folgende Werke konsultiert werden: Aufrère (1983–1989); Baum (1988); Beaux (1990); Charpentier (1981); Germer (2008); Germer (1985); Harris (1961); Keimer (1924); Westendorf (1999).

Doch was macht eine ‚korrekte' Drogenübersetzung überhaupt aus? Bei den Ingredienzien der Rezepte handelt es sich um konkrete Gegenstände/Objekte, die man präzise bezeichnen kann. Die Übersetzungen tendieren in der Regel dazu, auf Basis einer ins Deutsche übertragenen Artbezeichnung nach botanischer Nomenklatur die Droge zu identifizieren, bspw. „Holz des Christdorns" (*ẖt n nbs*) oder „Frucht des Johannisbrotbaumes" (*pr.t nḏm*). Hier gibt es kaum andere Möglichkeiten. Denkbar wäre auch, sofern das Kompositum ein Benennungsmotiv enthält, eine wörtliche Übersetzung zu wählen, bspw. für *pr.t nḏm* „das, was herauskommt, des Süßen". Diese Methode empfiehlt sich allerdings m. E. nur in zwei Fällen: Erstens für solche Drogen, die man noch nicht identifizieren konnte, die aber wenigstens eine übersetzbare Benennungsmotivation liefern, und zweitens für solche Drogen, bei denen eindeutige und wesentliche Unterschiede der Klassengrenzen aus altägyptischer und moderner Sicht vorliegen könnten. Beides bedarf näherer Erläuterungen im Wortkommentar. Dort sollte das Benennungsmotiv dagegen auch diskutiert werden, wenn es der Übersetzung nicht zugrundeliegt, weil es mit großer Wahrscheinlichkeit den erdachten Wirkmechanismus mitbestimmt hat und damit eine wesentliche Information zum altägyptischen Wirkkonzept der gesamten Rezeptur liefern kann.[54]

Sofern eine Droge nicht identifiziert ist, wird sie gewöhnlich in Transkription belassen; aufgrund der Klassifikatoren ist es wenigstens möglich, sie einer Objektgruppe zuzuordnen.

Im Bereich der Materia medica lassen sich zahlreiche Kategorien unterscheiden; Tab. 2 zeigt die häufigsten:

---

54 Hierauf gehen die Textbeispiele und Kommentare in den Abschnitten II.2 und II.3 ausführlicher ein.

Tab. 2: Häufigste Klassifikatoren hinter Drogenbezeichnungen und Vorschlag zur Übertragung nicht zu übersetzender Fachtermini in heilkundlichen Texten

Klassifikator	Steht hinter:	Gardiner-Zeichennr.	Klassifizierungsvorschlag	Beispiel
	Mineralien, Früchten, Samen, Drogen	N33	-Droge	*kmw*-Droge
	Pflanzen	M2	-Pflanze	*rkrk*-Pflanze
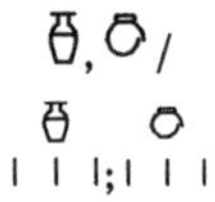	Flüssigkeiten, Salben, Harzen	W22/W24	-Flüssigkeit	*sḫp.t*-Flüssigkeit
	Körperbestandteilen	F51	-Körperbestandteil	*sṯr.t*-Körperbestandteil
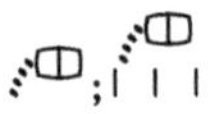	gemessenes Erntegut, z. B. Getreide	U9	-Siloprodukt	*mimi*-Siloprodukt
	Zähflüssigem, Ovalem	?	-Harz	*ꜥꜣgi.t*-Harz

Kenntnisse, die sich über die bislang nicht identifizierte Droge aus dem Rezeptkontext oder auch anderen Kontexten ergeben, sind im Wortkommentar willkommen.

I.2.4 Technische Verfahren

Im Bereich der Therapie wie auch bei der Herstellung von Heilmitteln erscheint ein breites Spektrum an Verben zur näheren Spezifizierung der Handlungen. Die meisten sind der Gemeinsprache entlehnt, manche davon abgeleitet, andere wiederum so spezifisch, dass sie wohl zur Bezeichnung neuer Techniken entwickelt wurden. Die in den Texten überlieferten Techniken können über den Kontext aus heutiger Sicht relativ gut erfasst werden, sofern man mit den Eigenschaften der eingesetzten Stoffe und Geräte vertraut ist. So werden bei der Arzneizubereitung in verschiedenen Nuancen bspw. Verfahren des Trennens, des Vereinigens, des Erhitzens und der Zerkleinerung angewendet. Die Nuancen sind derzeit in den Wörterbüchern noch wenig sorgfältig abgebildet, hierzu sind weitere Studien notwendig und in Arbeit. Doch selbst wenn man einen genauen Eindruck vom Vorgang hat, bleibt die Frage, wie man übersetzt. *sḫꜣk* heißt bspw. wörtlich übersetzt „hinterlistig machen", bezeichnet aber den technischen Vorgang des „Durchseihens" (siehe hierzu II.3 [7]). Was macht die Sicht eines altägyptischen Heilers aus? Liegt der Blick auf dem Heilmittel, dem durch den Vorgang eine Eigenschaft zugefügt wird, oder auf der Technik? Was kommt in die Übersetzung, was in den Kommentar? Tatsächlich tendiere ich hier, wie bisherige Übersetzer, den technischen Vorgang zu betonen und zwar deshalb, weil die Rezepte gerade dazu eine Anleitung liefern. Im Gegensatz zu anderen Übersetzern halte ich es allerdings für unabdingbar, die wörtliche Übersetzung und damit die metaphorische Ausdrucksweise im Kommentar zu erläutern. Erst so erhält die breite Zielgruppe eine Vorstellung davon, wie ein Herstellungsprozess die Ebene der Analogiebildungen berührt hat. Und hier sehe ich den Schlüssel zur Rekonstruktion der Wirkkonzepte aus emischer Sicht.

I.2.5 Textsorten und ihre spezifische Syntax

Zur Fachsprache der heilkundlichen Texte gehört neben der Terminologie auch eine spezifische Syntax, mit der es in der Übersetzung sinnvoll umzugehen gilt. Da die Syntax eng mit den Textsorten zusammenhängt, werden im Folgenden die prägnantesten Textsorten der Heilkunde und ihre spezifischen syntaktischen Eigenheiten inklusive Übersetzungsvorschlägen erläutert. Prinzipiell bietet es sich an, für die Wiedergabe einen Duktus zu finden, der die formalen Strukturen der Textsorten klar widerspiegelt.

a) Lehrtext

Lehrtexte informieren eine mit ‚du' angesprochene Person – einen potenziellen Heiler – über die Art und Weise der Untersuchung und Behandlung von leidenden Personen. Ihr Aufbau folgt einer vorgegebenen Struktur, wobei sich bislang aufgrund der Reihenfolge, Wahl und Ausformung der in den Texten gewählten Syntagmen fünf Typen unterscheiden lassen.[55]

Im Folgenden werden die charakteristischen Merkmale ausgehend von Typ 1 in ägyptischer Sprache und Übersetzung vorgestellt, da dieser Typ alle Varianten syntaktischer Spezifika enthält und ferner dem Wundenbuch, aus dem unser Beispieltext stammt, zugrundeliegt (siehe auch Tab. 3).

I. Überschrift: Lehrtexte enthalten in der Regel eine Überschrift. Sie ist durch rote Schrift hervorgehoben und charakterisiert die folgende Textsorte durch das stets vorhandene Wort *šsꜣ.w* „Erfahrungen" (früher als „Diagnostik" oder

55 Vgl. ausführlich zu den Lehrtexten Pommerening (2014).

„Heilkunde" übersetzt[56]). Wie in heutigen Überschriften auch, liegt syntaktisch kein vollständiger Satz vor. Auf das Substantiv *šsȝ.w* folgt in den Überschriften im direkten oder indirekten Genitiv das zu behandelnde Wesen (Mann, Frau, Tier) bzw. das zu behandelnde Phänomen, das im Deutschen mit „für" angeschlossen wird: „Erfahrungen für (...)". Anschließend ist häufig die Lokalisation des Leidens vermerkt.

II. Untersuchung: Es folgt ein Abschnitt zur Untersuchung. Er beginnt üblicherweise mit der Einleitungsformel „Wenn du einen Mann untersuchst mit (Phänomen) A" (*ir ḫȝi=k si n* A). Dieser Protasis muss an irgendeiner Stelle eine Apodosis im Muster einer wenn-dann-Beziehung folgen. Dafür kommt in den Lehrtexten durchgängig nur der Befund in Frage, der auffälligerweise sogar durch rote Schrift hervorgehoben ist (siehe III). Alle Sätze des Untersuchungsabschnitts müssen sich daher entweder an die Bedingung anschließen oder bilden Einschübe. Fortsetzungen der Bedingung sind entweder durch gleiche Syntagmen (*ir*-Markierung + prosp. *sḏm=f*) oder durch substantivische Präsensformen gekennzeichnet. In den Lehrtexten lauten sie stets *ir gmi=k* B, C oder *gmm=k* B, C „(und) wenn du findest (Phänomen) B, C, etc.". Dahinter werden alle weiteren erfassten Symptome des Erkrankten durch kurze, zum Teil unvollständige Sätze aufgereiht. Grammatikalisch auffällig ist dabei die Aneinanderreihung prädikativer Verbalformen (Präsens *sḏm=f*) ohne Erweiterungen: „er gibt Blut ..., er erleidet ..., er kann nicht ...". Die Passagen machen dadurch einen stichpunktartigen Eindruck; einige dieser Phrasen werden später in den Glossen zitiert und näher erläutert.

Ein Einschub, der sehr häufig vorliegt, bezieht sich auf die Untersuchungstechnik und kann sowohl als Apodosis zur Bedingung als auch als eigenständiger Satz aufgefasst werden: „so legst du folglich deine Hand auf ihn" (*wdi.ḫr=k ꜥ=k ḥr=f*). Die darin verwendete Form ist stets ein sogenanntes kontingentes *sḏm.ḫr*-Tempus, d. h. eine Verbform, die in Abhängigkeit zum Vorherigen steht. Sie ist typisch für wissenschaftliche Texte und leitet eine zwangsläufige oder „notwendige Folge" ein. Es geht nur so oder es ist so und nicht anders. Um innerhalb der Übertragung sowohl die Abhängigkeit zum Vorherigen als auch den Zwang zu markieren, schlage ich die Übertragung mit „so – Prädikat – Subjekt – folglich –" vor.

III. Befund: Der Befundabschnitt ist dreigeteilt. Zunächst wird die Apodosis zum Bedingungssatz aus dem Untersuchungsabschnitt geliefert. Dafür gibt es zwei Möglichkeiten: *ḏd.in=k r=f* „daraufhin sagst du in Bezug auf ihn" oder

56 Siehe dazu Pommerening (2014): 9.

ḏd.ḫr=k r=s „so stellst du folglich in Bezug auf sie fest".[57] Die *sḏm.in*-Form wird gewählt, um den zeitlichen Ablauf zu betonen. Erst nachdem sich der Untersuchende versichert hat, nennt er die Symptome beim Namen und macht sie dadurch behandelbar. Die *sḏm.ḫr*-Form hingegen fordert die eindeutige Diagnose heraus. Interessanterweise kommt die *in*-Form im Befund ausschließlich vor, wenn die weiter oben genannten Symptome sprachlich noch einmal zusammengefasst werden und eine Einschätzung über den Krankheitsverlauf gegeben wird; das ist durchgängig im Wundenbuch der Fall. Es wird keine Diagnose in dem Sinne gestellt, dass die Symptome mit einem eigenen Namen kombiniert würden. Die *ḫr*-Form hingegen wird verwendet, wenn eine Ursache abgeleitet, d. h. wissenschaftlich etwas Neues eingeführt wird.

Im Wundenbuch werden nach der *in*-Form einige oder alle Symptome aufgegriffen. Die Formulierung lautet: „einer der unter den Symptomen A, B, C,... leidet", ein „*ḫry* (Phänomen) A, B, C". Schließlich wird in der 1. Person ein Urteil bekannt gegeben. Der Heilkundige stellt fest: „ein Leiden, das ich behandeln werde" (*mr*[58] *iry=i*) oder auch „ein Leiden, mit dem ich kämpfen werde" (*mr ꜥḥꜣ=i ḥnꜥ*) bzw. als dritte Möglichkeit „ein Leiden, das nicht behandelt werden kann" (*mr n ir.iw.ny*).

IV. Behandlung: Allen Lehrtexten ist gemein, dass sie mit einer Behandlung fortfahren. Diese ist üblicherweise mit einer *sḏm.ḫr=k*-Form eingeleitet, zum Beispiel „so machst du ihm folglich Mittel" (*iri.ḫr=k n=f sp.w)*.

Im Wundenbuch können sich weitere Untersuchungen anschließen (siehe Textbeispiel II.1). Eine Besonderheit sind ferner die bereits erwähnten Glossen am Ende von 29 der 48 Fälle.

V. Glossen: Sämtliche Glossen werden mit *ir* („was anbetrifft") eingeleitet. Dem folgt ein Zitat der erklärungsbedürftigen Passage, in der Regel in roter Schrift, und die Erklärung selbst. In der folgenden Tabelle[59] (Tab. 3) ist die formale Struktur der Lehrtexte im Wundenbuch des Papyrus Edwin Smith mit allen Varianten aufgeführt. Fett unterlegt sind die üblicherweise in roter Schrift markierten Bestandteile.

---

57 Siehe Pommerening (2014): 13–16. Zu einem anderen Ergebnis für Gebrauch und Übersetzung von *sḏm.in*-Formen kommt Wolfgang Schenkel (2012): 303–308. Seine Beobachtungen anhand von Erzähltexten, dass Hintergrundinfomationen vorliegen und benannt würden, sind mit den heilkundlichen Texten nicht in Übereinstimmung zu bringen.

58 Lesung *mr* statt *mḥr* nach Schweitzer (2011) und Schenkel (2012): 56 (Anm.).

59 Diese Tabelle ist bereits in ähnlicher Form in Pommerening (2014): 18, publiziert. Dort sind zusätzlich alle Belegstellen vermerkt.

Tab. 3: Struktur der Lehrtexte des Wundenbuchs

I.	**Überschrift**	***šsꜣw* zu Phänomen A**	**Erfahrungen zu Phänomen A**
II.	Untersuchung		
a	Einleitung	*ir ḫꜣi⸗k si n* A	Wenn du einen Mann untersuchst mit (Phänomen) A,
b	Technik	–	– [keine Angabe zur Technik]
		ḏꜥr.ḫr⸗k	so untersuchst du folglich
		var. *wdi.ḫr⸗k ꜥ⸗k ḥr⸗f*	*var.* so legst du folglich deine Hand auf ihn
		var. *rdi.ḫr⸗k ꜥ⸗k ḥr⸗f* …	*var.* so gibst du folglich deine Hand auf ihn …
		var. *mꜣꜣ.ḫr⸗k*	*var.* so betrachtest du folglich
		var. *ḏd.ḫr⸗k n⸗f*	*var.* so sagst du folglich zu ihm
c	Symptome	*gmm⸗k* B, C, …	(und wenn) du findest (die Phänomene) B, C, …
		var. *ir gm⸗k* B, C, …	*var.* (und) wenn du findest (die Phänomene) B, C, …
		var. uneingeleitet B, C, …	*var.* und Phänomen B, C, …
		var. sonst.	
[d]	Krankheitsursache	*in* xy *ḏd* D *pw*	es ist xy, das veranlasst *var.* das ist (Phänomen) D
III.	**Befund**		
a	**Einleitung**	***ḏd.in⸗k r⸗f***	**dann sagst du daraufhin in Bezug auf ihn:**
b	**Diagnose**	***ẖry* A (B, C, …)**	**ein mit A (B, C, …) Beladener**
c	**Urteil**	***mr iry⸗i***	**ein Leiden, das ich behandeln werde**
		var. *mr ꜥḥꜣ⸗i ḥnꜥ*	***var.* ein Leiden, mit dem ich kämpfen werde**
		var. *mr n ir.iw.ny*	***var.* ein Leiden, das nicht behandelt werden kann**
IIa+c	Wiederaufnahme der Protasis	*ir ḏr gmm⸗k* (A), B, …	Wenn du also findest (A), B, …
IV.	Behandlung		
	Verband	*wt.ḫr⸗k*	so verbindest du folglich
		var. *im⸗k wt*	*var.* so sollst du nicht verbinden
	Heilmittel	*srwḫ⸗k (m-ḫt)*	du mögest (danach) behandeln
		var. *iri.ḫr⸗k sp.w*	*var.* so machst du ihm folglich Mittel
	Sonst.	var. *srwḫ⸗f ḥmsi.t*	*var.* seine Behandlung ist Sitzen
		weitere Varianten	
II+ III+IV	Differenzial-diagnose(n)	*ir swt gm⸗k si pf* usw.	Wenn du aber jenen Mann findest usw.
V.	**Glossen**	***ir***	**Was anbetrifft**

b) Rezept

Unter den heilkundlichen Textsorten ist das Rezept mit rund 2000 edierten Belegen die am häufigsten überlieferte Form.[60] Die Struktur der altägyptischen und auch späterer Rezepte[61] erinnert an unsere heutigen Rezepturvorlagen, sodass zu fragen ist, ob sie sich prinzipiell aus der Notwendigkeit einer relativ kurz zu fassenden Aufzählung in Kombination mit einer Handlungsanweisung ergibt. Nach einer Überschrift mit Angabe der Indikation, z. B. „Pharmakon[62] für das Kühlen des Mastdarm-Afterkomplexes" (*pẖr.t n.t sḳbb pḥwi.t* [Eb 143]) oder einfach nur „Pharmakon" (*pẖr.t*) oder „ein anderes" (*k.t*), folgen eine Aufzählung der Zutaten mit oder ohne Mengenangabe, die Herstellungsanweisung und die Art und Weise der Anwendung. Sowohl Überschrift als auch Maßangaben sind in der Regel rot geschrieben. Abgesehen von der am häufigsten auftretenden Kurzform kann die Herstellung auch sehr ausführlich beschrieben sein mit den zur Hilfe genommenen Gerätschaften.[63]

Bislang wurden vom Grundriß und von Westendorf die Handlungsanweisungen in den Rezepten durchgängig als Passivformen gedeutet und entsprechend übersetzt: *psi* „werde gekocht", *iri m iḫ.t wꜥ.t* „werde zu einer Masse gemacht", *nḏ snꜥꜥ* „werde fein zerrieben", *wnm* „werde gegessen", etc.[64] Die ägyptischen Formen selbst sind allerdings nicht immer als futurische Passivformen markiert, was nicht ungewöhnlich ist. Tatsächlich könnte man manche Verbformen in solchen Fällen auch als Infinitive, sofern die Verbalklasse für den Infinitiv keine *t*-Endung vorsieht, oder Imperative deuten; die Schreibungen der genannten Verbalformen sind in einigen Fällen identisch. Besonders in spätzeitlichen und griechisch-römischen ägyptischen Papyri sind Infinitive eindeutig zu fassen.[65] Und immerhin verwendet das Griechische in Rezepten Infinitive, Imperative und Passivformen im Wechsel. Daher kann man sich fragen, ob die ägyptischen Rezepte syntaktisch so einheitlich sind, wie es vom Grundriß für die hieratischen Texte vorausgesetzt wird. Bevor keine neuen Studien zu dieser Thematik im Gange sind, scheint es am pragmatischsten, bei der Auffassung des Grundrisses zu bleiben und sämtliche Formen in den

---

60 Zum Rezept und seiner Entwicklung siehe Pommerening (2012).

61 Siehe zur Rezeptstruktur auch Goltz (1974).

62 Zur Übersetzung „Pharmakon" siehe Abschnitt II.4 (1).

63 Z. B. Bln 184; Bln 185; Eb 13; Eb 35; Eb 68; Eb 307; Eb 308; Eb 311; Sm Rs. XXI.9–XXII.10.

64 Siehe Grundriß VIII: 179–183: Westendorf kann eine Aufspaltung in perfektisches und prospektivisches Passiv *sḏm* nicht nachweisen; inzwischen bieten Grammatiken ein Futur Passiv *sḏmm=f*/*iri.w=f* an (z.B. Ockinga [2005]: §79, oder Zonhoven [1992]: §48), doch sind die Formen in der Heilkunde selten explizit gemacht.

65 Siehe dazu Hoffmann (2010): 208.

Handlungsanweisungen der älteren Papyri als Passivformen mit optativer Komponente aufzufassen. In Spätzeit und griechisch-römischer Zeit wurden die Formen hingegen aufgrund des Sprachwandels mit veränderter Passivbildung und Infinitivmarkierung sicherlich eher als Infinitive gedeutet, was eine entsprechende Übersetzung anzeigen kann.

Eine Besonderheit der Rezepte sind die häufig genannten und dann stets rot geschriebenen Maßangaben (Tab. 4a und b). Die normalen dyadischen Bruchzeichen von $^{1}/_{2}$ bis $^{1}/_{128}$ beziehen sich auf das sogenannte Dja-Maß. Wenn größere Mengen in Rezepten verlangt werden, sind sie mit Bruchzeichen des Getreidemaßes markiert und seit dem Neuen Reich auf das ^{4}Hekat-Maß (= Oipe) bezobezogen.[66]

Man findet folgende Bruchzahlvarianten in den Texten:

Tab. 4a: Maßzahlen in den heilkundlichen Texten

Hieratische Kornmaßbruchzahlen	Übliche hierogl. Umschrift	Empfohlene Übertragung
		*$^{1}/_{2}$ (Oipe)
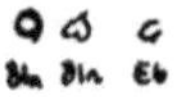		*$^{1}/_{4}$ (Oipe)
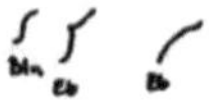		*$^{1}/_{8}$ (Oipe)
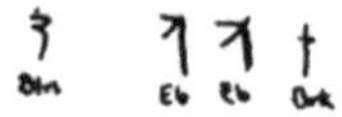		*$^{1}/_{16}$ (Oipe)
		*$^{1}/_{32}$ (Oipe)
		*$^{1}/_{64}$ (Oipe) = 1 Dja

Die erste und zweite Spalte der Tabelle 4a geben hieratische bzw. hieroglyphische Zeichen der sogenannten Horusaugenbrüche wieder. Diese Zeichen beziehen sich auf die Maßeinheit „^{4}Hekat“ = „Oipe“ mit $^{1}/_{64}$ Oipe als kleinstem Bruchteil. Es maß etwa 300 ccm. Transkriptions- und Übersetzungsempfehlungen für die Zeichen sind jeweils in Spalte drei angegeben.

66 Siehe dazu Pommerening (2005): 246.

Tab. 4b: Maßzahlen in den heilkundlichen Texten

Hieratische Dja-Bruchzahlen	Übliche hierogl. Umschrift	Empfohlene Übertragung
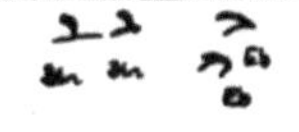		$^1/_2$ (Dja)
		$^1/_4$ (Dja)
		$^1/_8$ (Dja)
		$^1/_{16}$ (Dja)
		$^1/_{32}$ (Dja)
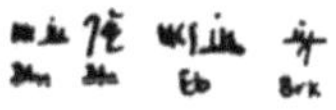		$^1/_{64}$ (Dja)
	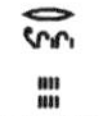	$^1/_{128}$ (Dja)

Spalte eins und zwei der Tabelle 4b verzeichnen die hieratischen und hieroglyphischen Bruchzeichen des Dja-Maßes. Der kleinste Bruchteil des Dja-Maßes $^1/_{128}$ Dja hatte ein Volumen von etwa 2,34 ccm. Oipe- und Dja-Maß hängen zusammen, denn der kleinste Bruchteil der Oipe, $^1/_{64}$ Oipe, ist gleich 1 Dja.

In manchen Rezepten findet man hinter den Ingredienzien anstelle der Maßzahlen jeweils einen Strich. Diese Striche sind nicht etwa Angaben dafür, dass von jedem Heilmittelbestandteil der gleiche Teil zu nehmen sei, wie üblicherweise angenommen wird.[67] Die Striche markieren die jeweils übliche und dem damals praktizierenden Heilkundigen bekannte Menge.

Die Rezeptform wird nicht nur zur Überlieferung von Pharmaka (*pẖr.t*) gewählt, sondern darüber hinaus auch, um Herstellung und Gebrauch apotropäischer Amulette und sonstiger Gegenstände anzuweisen. In diesen Fällen folgen die Herstellungsanweisungen aber üblicherweise einer Beschwörung, die über den Ausgangsmaterialien zu sprechen war, und Spruch und Anweisung können insgesamt mit „Spruch" (*rꜣ*) oder „Buch" (*mḏꜣ.t*) überschrieben sein; die Herstellungsanweisung trägt keine eigene Überschrift. Entsprechende Anleitungen finden sich auch im Totenbuch.[68]

67 Grundriß IX: 9.

68 Siehe bspw. Tb 151, pLondon BM EA 10477 (pNu), II.3–4; II.7–8; II.10–11; Tb 101, pLondon BM EA 10477 (pNu), Kol. 9–10; pKairo CG 51189 (pJuja), Kol. 408; Tb 156, pKairo CG 51189 (pJuja), Kol. 397–398; Tb 155, pKairo CG 51189 (pJuja), Kol. 404–405.

c) „Prognose“

Mit „Prognose“ wird seit dem Grundriß[69] eine Textsorte bezeichnet, die, wie auch Rezept und Lehrtext, durch Struktur und Inhalt von den anderen Textsorten abgegrenzt ist. Sie trägt allerdings keinen einheitlichen Namen in den ägyptischen Texten. Überschriften von Prognosen lauten üblicherweise „Erkennen“ (*siꜣ*), „Sehen“ (*mꜣꜣ*) oder „Erfahren“ (*rḫ*).

Die bislang bekannten Texte sind auf das Sachgebiet „Mutter und Kind“ beschränkt. Sie liefern Test- und Diagnoseverfahren zur Gebärfähigkeit, zum Verlauf von Schwangerschaft oder Geburt, zur Lebensfähigkeit eines Kindes sowie zu seiner Versorgung. Die Fragestellung geht jeweils aus der Überschrift hervor, z. B. „Ein anderes Sehen einer Frau, die nicht gebären wird“ (Bln 195). Jeder Test ist mit einer Beobachtung, teilweise nach der Verabreichung eines Testmittels oder einer Handlung verbunden. Dann folgen mindestens zwei Konditionalsätze, z. B.: „Wenn du x findest, dann wird ...“ (*ir gmi=k* x *iw=s r* ...); „wenn du aber y findest, dann wird nicht ...“ (*ir swt gmi=k* y *nn* ...).
Aus heutiger Sicht bemerkenswert: x und y müssen sich dabei sachlich nicht immer eindeutig ausschließen, und es werden nicht immer alle Resultate als Ergebnis angeführt, die im Bereich des Möglichen lägen.

d) Spruch/Beschwörung

Ein wesentliches Merkmal der altägyptischen Heilkunde ist das Vorkommen von Zaubersprüchen/Beschwörungen. Man kann sie innerhalb der heilkundlichen Texte als eigene Textsorte betrachten, da sie, wie auch die Rezepte, durch eine entsprechende Überschrift eingeführt werden: *šn.t* = „Beschwörung“ oder *rꜣ* = „Spruch“. Zaubersprüche können zudem auch auf Rezepte folgen und werden dann üblicherweise mit der Phrase: *ḏd.t m ḥkꜣ.w* = „was als Zauber gesagt wird“ eingeleitet.

Die Syntax der Sprüche ist im Gegensatz zu den bereits vorgestellten Textsorten sehr divergent, auch die Inhalte sind vielgestaltig.[70]

I.3 Bereitstellung des Kommentars

Üblicherweise wird jede Textedition mit einer Übersetzung und einem philologischen Kommentar versehen. Dieser greift unmittelbar einzelne Wörter oder Phrasen des Textes auf und kommentiert auffällige Schreibungen, Fehlstellen, Grammatik, Textkritik, Parallelen und informiert über Wortgeschichte,

69 Grundriß II: 81; so auch Westendorf (1999): 86f.
70 Für eine Einführung sei auf Fischer-Elfert (2005a) verwiesen.

Deutungen, etc. Ein solcher Kommentar ist im Bereich der Heilkunde aufgrund der in der Einleitung gemachten Ausführungen unabdingbar, auch wenn keine Neuedition vorgenommen wird. Um dem breiten Leserkreis entgegenzukommen, sollte besonderes Augenmerk auf die Kontextualisierung und insbesondere die Erläuterung der Fachtermini aus einer möglichst kulturimmanenten Sicht gelegt werden. Erwartet man, dass der Kommentar von zahlreichen Nicht-Ägyptologen gelesen wird, ist zu überlegen, ob er nicht ferner so aufgebaut sein kann, dass allgemeinverständliche Komponenten von fachspezifischeren abgehoben sind.

Es ist darüber hinaus zu sondieren, ob nicht nach der Übersetzung und philologischen Kommentierung längerer zusammengehöriger Passagen ein übergreifender, den Text zusammenhängend darlegender Kommentar folgen kann. Je nach Textsorte ergäbe sich hier die Möglichkeit, diesen in einen emischen und einen etischen Teil aufzuspalten. Ersterer versucht die Textpassage in der Lebenswelt der Ägypter zu situieren und die altägyptische Sichtweise zu rekonstruieren, der zweite schafft eine Verbindung zu den häufiger zitierten Interpretationen aus moderner Sicht, um diese mit der emischen Sicht abzugleichen. Für letzteres eignen sich vor allem Rezept- und Prognosetexte, da neben der Frage, warum welche Heilmittel aus altägyptischer Perspektive ausgewählt worden sind, die empirische Datenlage dazu einlädt, die Wirksamkeit nach heutigem Wissensstand zu hinterfragen. Dass zur Heilung nicht nur das Heilmittel selbst, sondern auch dessen überzeugend dargelegtes Wirkungsumfeld und die Wirkmacht der mit der Heilung betrauten Personen beitragen, ist unbestritten. Doch unabhängig davon vermögen die rein pharmakologischen Wirksamkeitsnachweise zu Heilmitteln aus traditioneller Heilkunde und Ethnopharmazie den hohen Stellenwert und Nutzen von Erfahrungswissen zu belegen. Eine Kommentierung aus pharmakologischer Sicht sollte allerdings den Fachleuten vorbehalten sein, weil bspw. Wechselwirkungen, Herstellungsprozesse, Bioverfügbarkeiten der Anwendungsformen und Herkunftsorte der Ausgangsstoffe einen beträchtlichen Einfluss auf die Bewertung haben.

Da insbesondere bei zusammenhängenden Deutungen der Lehrtexte und der Rezepte in den natur- und lebenswissenschaftlichen Disziplinen kulturfernere Interpretationen überwiegen, bietet sich durch die Auftrennung der Kommentare in emisch und etisch die Möglichkeit, ein Gegengewicht zu schaffen und dem Leser so tatsächlich die *altägyptische* Heilkultur näherzubringen.

I.4 Verfassen der Texteinführung

Standardmäßig gehört zu einer Texteinführung die Information über die Herkunft des Textes, seine Datierung, seine Überlieferung, Nennung der Textträger, des Fundkontexts, des möglichen Autors, der damaligen möglichen Zielgruppe, des inhaltlichen Kontexts, sowie Angabe der bisherigen Bearbeiter und Editionen sowie der relevanten Literatur.

Es ist immer damit zu rechnen, dass ein Leser der doch sehr eigentümlichen Übersetzung den philologischen Kommentar übergeht und sich frustriert solchen Übersetzungen zuwendet, die ihn mit der ihm bekannten modernen Fachterminologie versorgen. Möglicherweise hilft hier das Verfassen einer Texteinführung, die ihn bereits vor der Lektüre des altägyptischen Textes über bestimmte Kontexte informiert, Neugierde und Interesse weckt und einen anderen Blickwinkel vorbereitet. Bei der Darbietung heilkundlicher Texte könnte die Einführung daher Details über Spezifika der Textsorte und damit verbunden Hinweise zur Stilistik und zur Umsetzung von Stil und Syntax in der Übersetzung liefern. Noch bevor Transkription und Übersetzung bereitgestellt werden, sollten all jene grundlegenden inhaltlichen Kenntnisse oder Hilfsmittel vorausgeschickt werden, die notwendig sind, die folgende Übersetzung zu erfassen. Dass dies in sehr kurzer Form geschehen muss, mit Verweis auf ausführlichere Darstellungen oder erläuternde Abschnitte im folgenden philologischen Kommentar, versteht sich von selbst. Besonders sinnvoll erscheint bspw. der Verweis auf lexikographische Problemfälle – das wären solche Wörter, die später nicht übersetzt, sondern in der Ursprungsform (Transkription) belassen werden.

I.5 Last but not least

Egal für welche Zielgruppe man eine Übersetzung bereitstellt: das Übersetzen altägyptischer heilkundlicher Texte ist immer zeitaufwendig und mit den zur Verfügung stehenden Hilfsmitteln nicht zufriedenstellend zu leisten. Weil es zudem ein tiefes Eindringen in ein sehr breites, stark vernetztes Wissensfeld erfordert, wird jeder Übersetzungsvorgang in seinem Ergebnis automatisch zu einer wissenschaftlichen Abhandlung.

II. Beispiele

Vorbemerkungen

Die nun vorgestellten Beispielübersetzungen und -kommentierungen korrespondieren mit den Zielen des gesamten Bandes: es soll durch die vorgelegten Versionen ein, soweit überhaupt möglich, kulturnaher Blick in das durch den Text vermittelte Gebiet gestattet werden. Dazu folgt nach jeder Übersetzung und der Wort- und Satzkommentierung ein emischer Kommentar. Ein folgender etischer Kommentar setzt sich mit älteren Übersetzungen auseinander und fokussiert die kulturimmanente Sicht aus heutiger Perspektive, um die Brücke zwischen den Kulturen zu schlagen. Für das Verständnis der Beispielübersetzungen und -kommentare wird die Lektüre der Einleitung dieses Buches und des gesamten ersten Teils dieses Beitrags vorausgesetzt. Dort wird ausführlich in die Probleme bei der Übersetzung, mögliche Lösungswege und fachterminologische Aspekte eingeführt.

Alle im Folgenden übersetzten und kommentierten Texte sind durch jeweils nur einen ägyptischen Textzeugen (Papyrus) überliefert.[71] Bereitgestellt werden sowohl der hieratische Text als auch dessen Transliteration in Hieroglyphen. Bereits innerhalb der Transliteration wurde der Zeilenumbruch verändert;[72] er orientiert sich an ägyptischen Sinneinheiten, wie sie durch Rubren, Phrasen und Sätze vorliegen.[73] Innerhalb der Transliteration und Transkription wird die ursprüngliche Lokalisation auf dem Papyrus durch Angabe der Kolumnen und Zeilen in runden Klammern ergänzt. Durch hochgestellte Ziffern in Klammern wird auf den philologischen Kommentar (Annotationen) zu einzelnen Wörtern, Phrasen oder Sätzen verwiesen. Dieser Kommentar ist, soweit möglich, zweigeteilt: Im ersten Abschnitt werden inhaltliche Aspekte erläutert, die für eine Rekonstruktion der innerkulturellen Sichtweise und somit für den gesamten Leserkreis von Interesse sein dürften.

Die Lektüre des zweiten Abschnitts setzt ägyptologische und philologische Fachkenntnisse voraus; erläutert werden für das Verständnis der Übersetzung

71 Bln 193 ist zumindest verwandt mit ähnlich angelegten Prognosen desselben Papyrus und des Papyrus Carlsberg VIII. Zudem wurde der Text bis ins Corpus Hippocraticum (CH) überliefert. Zur Textgeschichte und Rekonstruktion siehe Pommerening (2010b).

72 Weil im „Wundenbuch" bereits Zeilentrennungen innerhalb einzelner Wörter auftreten.

73 Der Umbruch folgt zumindest bei den Rezepten altägyptischem System. Die Kolumnen II bis XXI des Papyrus Ebers liefern Rezepte in ähnlichem Format; erst ab Kolumne XXII werden die Informationen platzsparend hintereinander gereiht.

notwendige sprachliche Feinheiten. Die Verfasserin hat sich bemüht, auch die philologischen Passagen für Nicht-Ägyptologen nachvollziehbar zu formulieren.

II.1 Lehrtext und Glossen: Papyrus Edwin Smith – Fall 7

Übersetzte Stellen: Sm III.2–IV.4 (Fall 7)

Im Kommentar übersetzte relevante Glossen aus anderen Fällen:
Sm I.3–I.9 (Fall 1, Glosse A)
Sm I.25–II.1 (Fall 3, Glosse B–C)
Sm II.10–II.11 (Fall 4, Glosse C)
Sm VII.13–VII.14 (Fall 18, Glosse B)
Sm VIII.14–VIII.15 (Fall 22, Glosse A)

Erstedition und Kommentar: Breasted (1930)

Kommentierte Neuausgabe: Sanchez und Meltzer (2012) (Cave: Transliteration und Transkription fehlerhaft!)

Weitere Übersetzungen (Auswahl): Grundriß IV,1: 176–178; Westendorf (1966): 38–43; Bardinet (1995): 493–522; Westendorf (1999): 716–718; Brawanski (2001): 23–30; Allen (2005): 76–79; Stephan (2011): 98–102.[74]

Papyrus Edwin Smith und Fall 7

Der Papyrus Edwin Smith ist der unter Medizinern wohl bekannteste Papyrus heilkundlichen Inhalts. Er befasst sich hauptsächlich mit der Behandlung von Wunden. Heute befindet sich der 4,70 m lange und 33 cm hohe Papyrus, der 1862 in Luxor im Antikenhandel auftauchte und von Edwin Smith gekauft wurde, in der New Yorker Academy of Medicine.[75] Bis auf die sehr beschädigte erste Kolumne ist der Papyrus in tadellosem Zustand. Der ursprüngliche Fundkontext ist unbekannt; man vermutet ein thebanisches Grab.[76]

Aufgrund der Papyrushöhe, der sorgfältigen Handschrift und der geringen Gebrauchsspuren könnte es sich um ein ehemaliges Bibliotheksexemplar

74 Zusätzliche Übersetzungen sind bei Brawanski (2001) aufgeführt.
75 Westendorf (1999): 16.
76 Westendorf (1999): 22.

handeln. Die Handschrift lässt sich aus paläographischen Erwägungen ungefähr in die Zweite Zwischenzeit oder den Beginn des Neuen Reiches (1550 v. Chr.) datieren.[77] Die Vorderseite der Handschrift trägt auf 17 Kolumnen das heute so genannte „Wundenbuch“[78], das insgesamt 48 Lehrtexte (siehe dazu Abschnitt I.2.5a) und 69 Glossen überliefert. Die Fälle sind dabei anatomisch von oben nach unten, beginnend mit Verletzungen des Kopfes angeordnet. Der Text bricht mit Fall 48 unvermittelt im Bereich der Brustverletzungen ab. Innerhalb der Verletzungen desselben Körperteils findet eine abgestufte Anordnung nach deren Schwere statt, von einfacheren Fleischwunden zu komplizierten Brüchen.

Fall 7 des Papyrus Edwin Smith ist einer der am meisten diskutierten Fallbeispiele des sogenannten Wundenbuchs, denn aus dem Blickwinkel der medizinhistorisch zu Recht kritisch bewerteten retrospektiven Diagnose[79] hat bereits der medizinische Berater der Erstedition angenommen, dass hier ein Fall von Tetanus beschrieben sei.[80] Die Lektüre von Übersetzungen ohne Berücksichtigung des Kommentars und Kontexts brachte sodann die erste je überlieferte Schilderung dieses Krankheitsbildes in viele Lehrbücher und Notizen zur Geschichte der Medizin.[81]

Hier kann der Fall zeigen, wie bisherige Übersetzungen und Kommentare von der retrospektiven Diagnose abhängen und wie man im Gegensatz dazu eine angenäherte emische Perspektive erarbeiten könnte.

Fall 7 zeichnet sich durch die größte Zahl an angefügten Glossen (insgesamt zehn) aus. Die Sprachstufe der Glossen unterscheidet sich von der des Ursprungstextes. Ferner ist auffällig, dass einzelne Passagen möglicherweise später eingefügt worden sind, so bspw. der dritte Abschnitt des Falls.

---

77 Westendorf (1999): 16; Sanchez und Meltzer (2012): 12–15.

78 Der Begriff „Wundenbuch“ wurde von Grapow mangels einer fehlenden altägyptischen Bezeichnung der Schrift eingeführt, vgl. Grundriß II: 108.

79 Darunter wird die Identifizierung von durch historische Quellen belegten Symptomen und Syndromen mit Krankheiten aus modernem Blickwinkel verstanden. Moderne Krankheitsnamen samt den dahinterstehenden Krankheitsklassifikationen und Konzepten werden dabei überzeitlich angewendet; das innerkulturelle Bezugssystem wird somit verlassen. Zur retrospektiven Diagnose als inadäquatem Mittel, historische Sachverhalte wiederzugeben, siehe Leven (1998). Eine kritische Auseinandersetzung mit retrospektiven Diagnosen in Übersetzungen altägyptischer heilkundlicher Texte bietet Pommerening (2010a); weitere Belege sind im Abschnitt „etischer Kommentar“ zu Text II.1 versammelt.

80 Breasted (1930): 176.

81 Z. B. Miller (1997): 758.

Vergleichende Untersuchungen zu den Lehrtexten und ihrer Sprache lassen den Ursprungstext des Wundenbuchs etwa in die 5. Dynastie datieren, die zur Verbesserung der Verständlichkeit an vereinzelte Fälle angefügten Glossen etwa in den Zeitraum der Niederschrift.[82] So zeigt sich, dass zur Zeit der Glossierung im Urtext eine Fachsprache vorgelegen haben muss, die nicht (mehr) jedermann verständlich war. Heute verhelfen gerade diese alten Kommentare dazu, die Wortbedeutungen besser zu erfassen. Sie werden in dem vorliegenden Wortkommentar jeweils an der Stelle diskutiert, an der das entsprechende Wort oder die erklärungsbedürftige Phrase im Haupttext auftritt. Sofern Wörter und Syntagmen erwähnt sind, die an anderer Stelle im „Wundenbuch“ kommentiert werden, ist dies in den Annotationen ebenfalls berücksichtigt.

Fall 7 untergliedert sich in mehrere Abschnitte: Zwei Differenzialdiagnosen sind durch Rubren und die typische Einleitungsphrase voneinander getrennt, ein dritter Befund mit Behandlung ist nicht rubrifiziert. Der erste Abschnitt ist übergeordnet und umfasst erste Beobachtungen und eine erste Beurteilung des Verletzten. Anschließend werden zwei Komplikationen genannt[83], die unabhängig voneinander auftreten können. Die erste ist nicht zu behandeln, für die zweite, vermutlich erst in jüngerer Zeit ergänzte, wird eine Behandlung vorgeschlagen.

Die hier vorgelegte Übersetzung versucht die Stilistik der „Wundenbuch“-Texte beizubehalten. Anmerkungen zur Philologie und Grammatik sind gering gehalten,[84] mehr im Vordergrund steht die Rekonstruktion einer möglichst emischen Sicht.

---

82 Siehe Pommerening (2014).

83 Häufig als „Differenzialdiagnosen“ bezeichnet: Unter einer Überschrift werden Fälle vereint, die ähnliche Symptome aufweisen, aber unterschiedlich zu behandeln sind. Sie sind dem ersten Fall durch *swt* untergeordnet

84 Hier sei auf die Kommentare von Peter Diels zu seiner Übersetzung des Falles im TLA verwiesen [Stand: 04.2016].

Hieratische Quelle

Kol. III.2–21

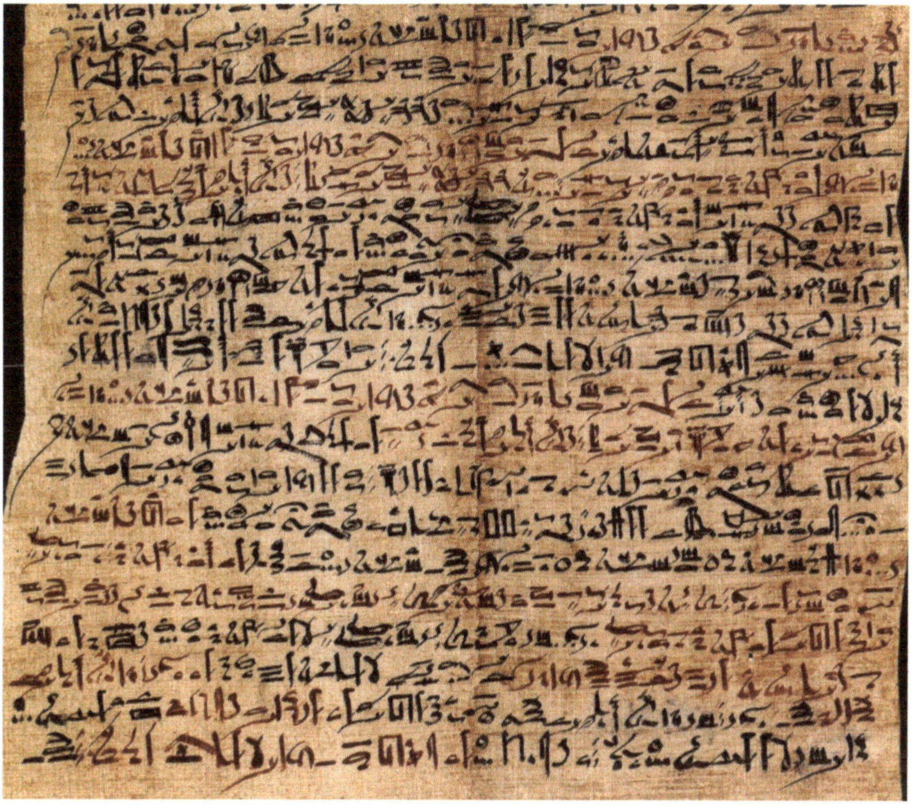

Kol. IV.1–4

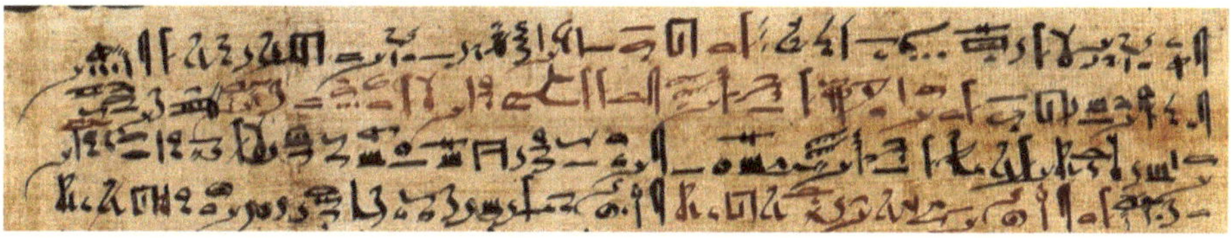

Abb. 1: Papyrus Edwin Smith Kol. III.2–Kol. IV.4

Transliteration

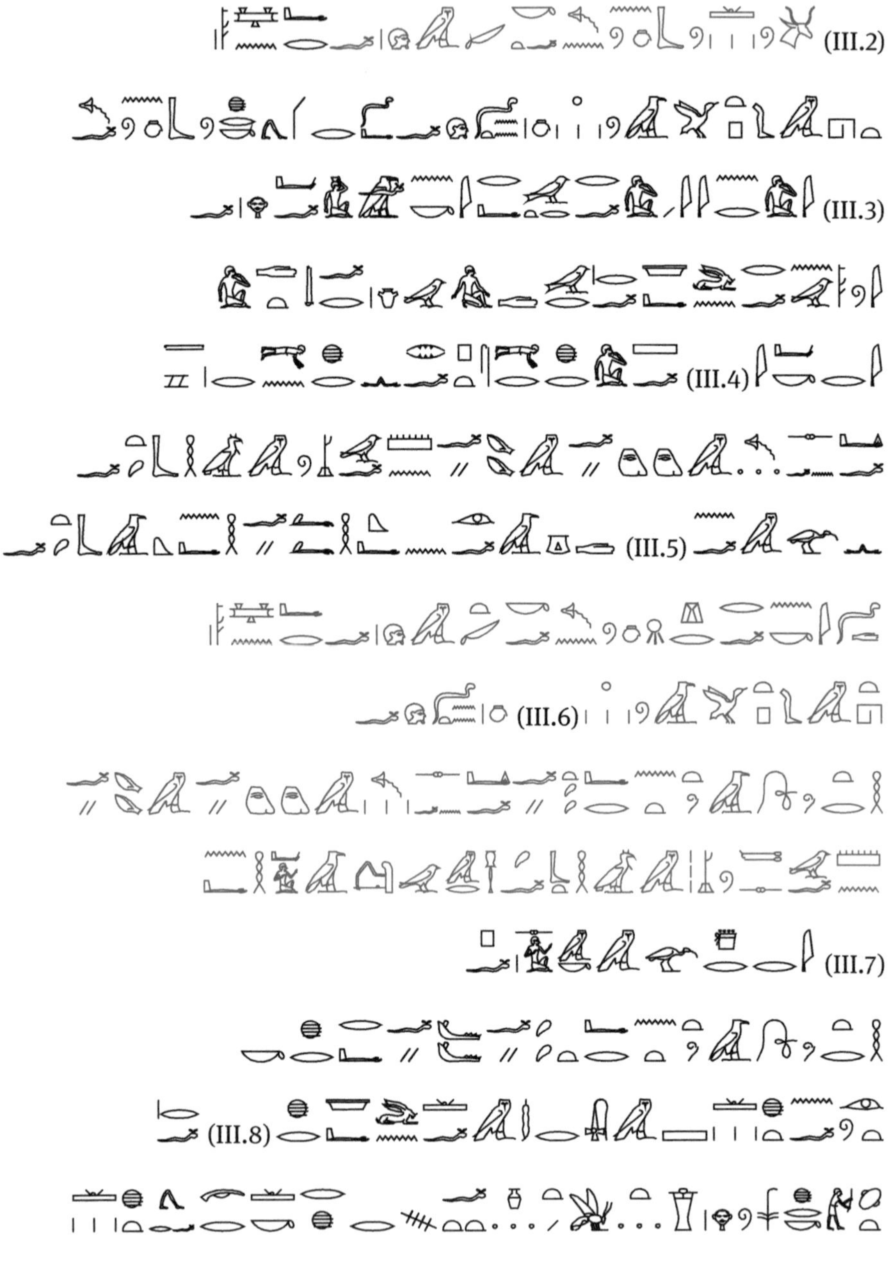

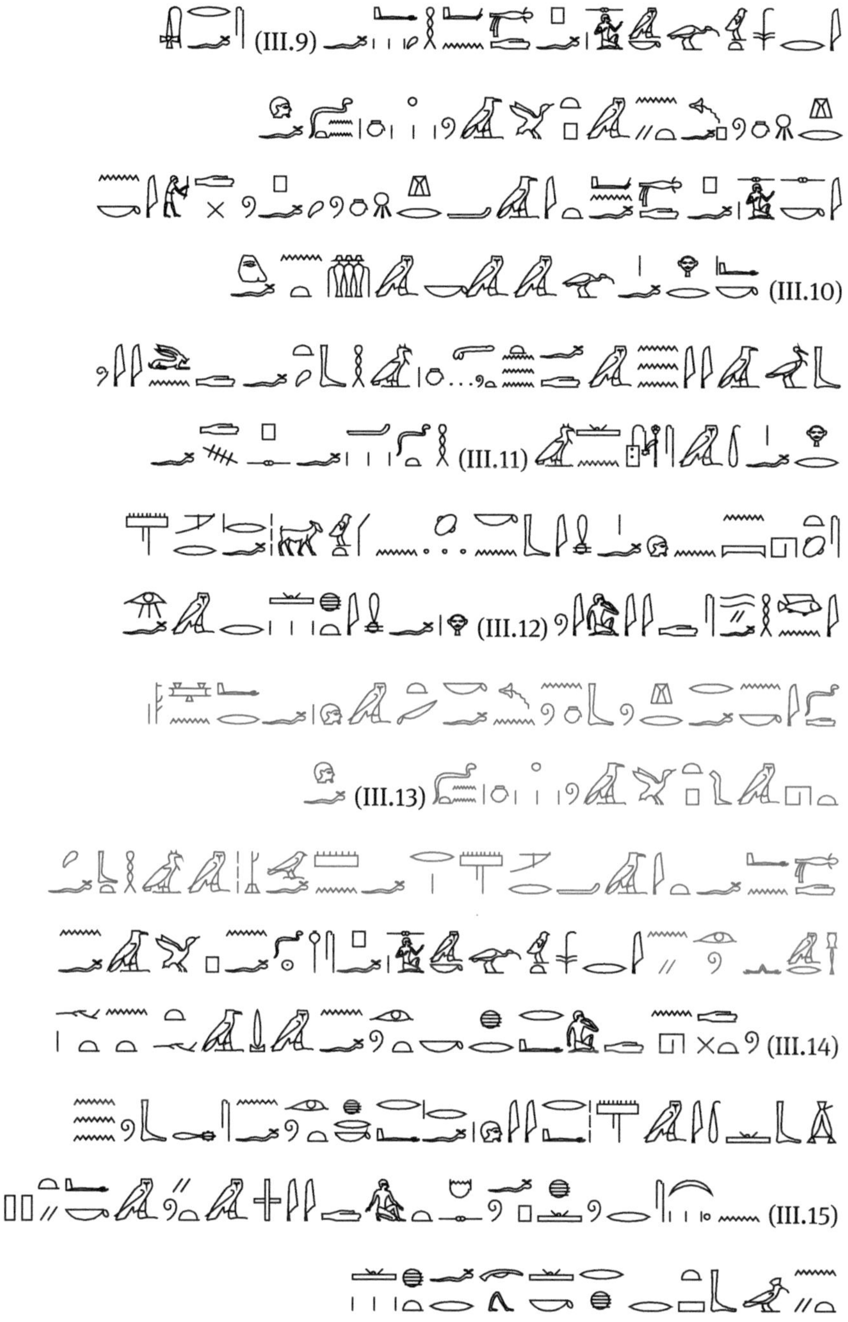
(III.9)
(III.10)
(III.11)
(III.12)
(III.13)
(III.14)
(III.15)

Glosse A (III.15–16)

Glosse B (III.16–18)

Glosse C (III.18)

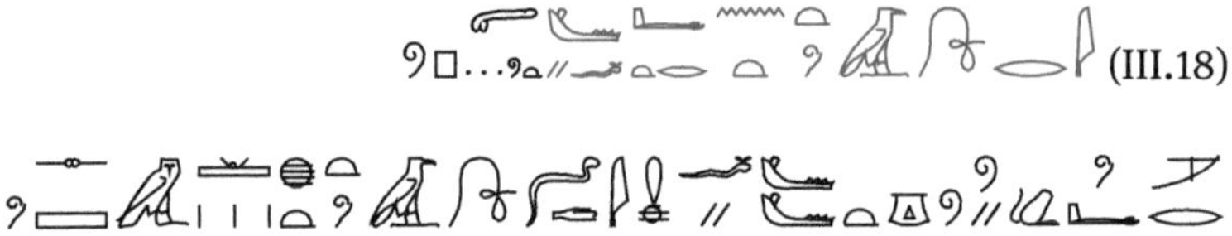

Glosse D (III.18–19)

Glosse E (III.19–20)

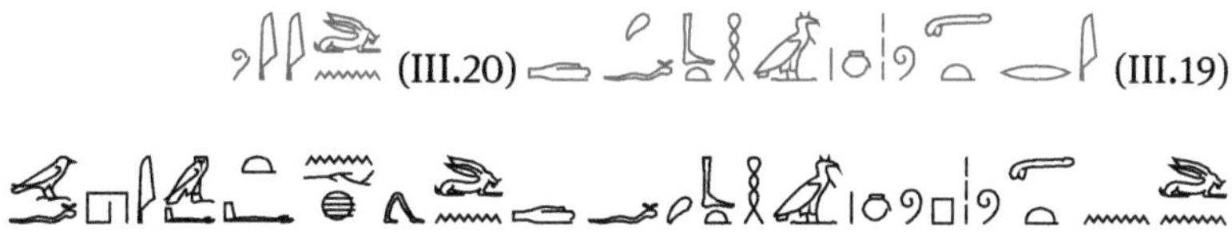

Glosse F (III.20–21)

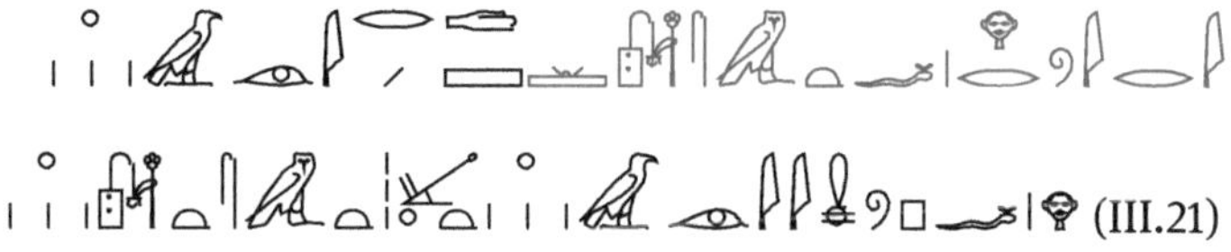

Glosse G (III.21–IV.1)

Glosse H (IV.1–2)

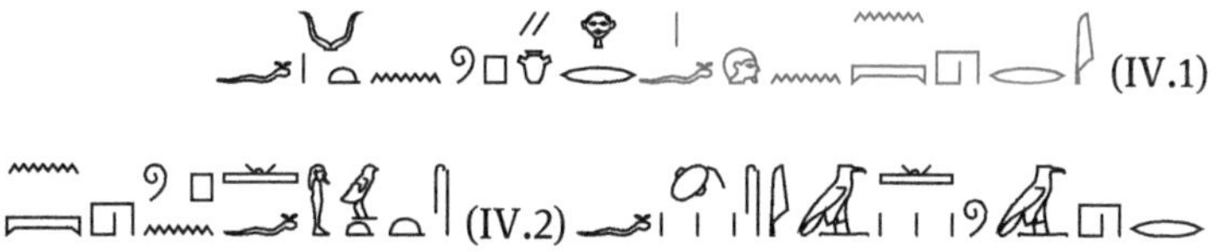

Glosse I (IV.2–4)

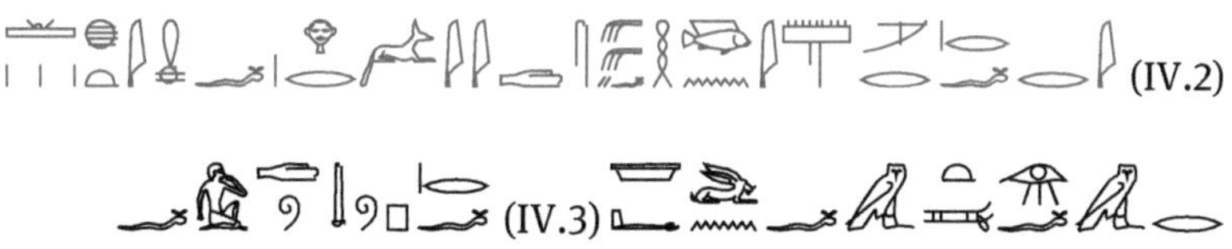

Glosse J (IV.4)

Transkription[85] und Übersetzung

(III.2) *šsꜣ.w wbn.w n kfi.t m tp=f*	Erfahrungen[(1)] zu einer Klaffwunde[(2)] in seinem Kopf[(3)],
(i)ꜥr n ḳs	die zum Knochen heranreicht[(4)]
thm tpꜣ.w n.w ḏnn.t=f	(und) die die Nebenhöhlenbereiche[(5)] seines Schädels[(6)] durchdringt.[(7)]
<ir ḫꜣi=k si n wbn.w n kfi.t m tp=f ꜥr n ḳs thm tpꜣ.w n.w ḏnn.t=f>	<Wenn du einen Mann mit einer Klaffwunde in seinem Kopf untersuchst (*ḫꜣi*), die zum Knochen heranreicht (und) die die Nebenhöhlenbereiche seines Schädels durchdringt>,[(8)]
ḏꜥr.ḫr=k wbn.w=f	so untersuchst (*ḏꜥr*) du folglich seine Wunde,[(9)]
(III.3) *i.nr.y r=f wrt*	die diesbezüglich sehr erschrecken/zurückweichen wird;[(10)]
rḏi.in=k fꜣi=f ḥr=f	dann veranlasst du daraufhin, dass er sein Gesicht emporrichtet:[(11)]

85 Obwohl der Ursprungstext des „Wundenbuchs" aus dem Alten Reich stammt, wird hier eine Transkription gewählt, die der Überlieferung aus der Zeit um 1550 v. Chr. entspricht, denn die Orthographie verändert sich im Laufe der Zeit und wird in späteren Überlieferungen üblicherweise angepasst. Vgl. dazu Pommerening (2014): 41.

iw ḳsn r=f wn rꜣ=f	(Symptome 1.) Es ist schwierig für ihn, seinen Mund zu öffnen,[12]
wrḏ ib=f r mdwi.t	(2.) (und) sein Herz (*ib*)[13] ist (zu) müde zum Sprechen.
ir ḫꜣi=k i(III.4)*š*(*w*)*=f ḫr*(*.w*) *r sp.t*(*y*)*=f*(*y*)	(3.) Wenn du seinen Speichel[14] untersuchst (*ḫꜣi*),[15] der auf seine beiden Lippen gefallen ist,
n ḫr.n<=f> r tꜣ	(so) kann <er> nicht zu Boden fallen
ḏi=f[16] *snf m msd.ty=fy m msḏr.wy=fy*	(4.) (und) er gibt Blut aus seinen beiden Nasenlöchern (und) aus seinen beiden Ohren,
mn=f ṯs.w m nḥb.t=f	(5.) (und) er erleidet Aufrichtungen[17] in seinem Nacken,
n gmi.n=f (III.5) *dgꜣ=f n ḳꜥḥ.wy=fy ḥnꜥ ḳꜣb.t=f*	(6.) (wobei) er nicht in der Lage ist, zu seinen beiden Schultern[18] (und) seinem Brustkorb[19] zu blicken,[20]
ḏd.in=k r=f	dann stellst du daraufhin in Bezug auf ihn fest:
ḫr(*y*) *wbn.w n kfi.t m tp=f*	(Diagnose) Ein mit einer Klaffwunde in seinem Kopf Beladener,[21]
(*i*)*ꜥr n ḳs*	die zum Knochen heranreicht,
thm tpꜣ.w (III.6) *n.w ḏnn.t=f*	(und) die die Nebenhöhlenbereiche seines Schädels durchdringt;
ḥtr(*.w*) *wꜣ.t n.t ꜥr.ty=fy*	(wobei) das Band seiner Kinnlade (*ꜥr.ty*) festgezurrt ist[22],
ḏi=f snf m msd.ty=fy m msḏr.wy=fy	(wobei) er Blut aus seinen beiden Nasenlöchern (und) aus seinen beiden Ohren gibt,
mn=f ṯs.w m nḥb.t=f	(und wobei) er Aufrichtungen in seinem Nacken erleidet.
mr ꜥḥꜣ=i ḥnꜥ	(Urteil) Ein Leiden, mit dem ich kämpfen werde.
(III.7) *ir ḏr gmm=k si pf*	(Behandlung I) Weil du jenen Mann findest,
ḥtr(*.w*) *wꜣ.t n.t ꜥr.ty=fy wgy.ty=fy*	(mit dem Leiden) „festgezurrt ist das Band seiner Kinnlade“ (*ꜥr.ty*), (i. e.) seines Unterkiefers (*wgy.ty*)[23],
rdi.ḫr=k iri.tw n=f (*i*)*ḫ.t šm r nḏm=f*	so veranlasst du folglich, dass ihm etwas Heißes gemacht wird, damit er froh[24] wird.
wn.ḫr (III.8) *rꜣ=f*[86]	So öffnet sich folglich sein Mund.

86 Die Passage III.7–8 könnte später eingeschoben worden sein, sodass im Urtext auf die Prognose direkt der Satz der Behandlung „So verbindest du folglich“ (*wt.ḫr=k*) anschloss. Dafür

wt.ḫr=k sw ḥr mrḥ.t bi.t ftt r rḫ=k spr=f r (i)ḫ.t	(Behandlung II) So verbindest du ihn folglich mit Salbe[25], Honig (und) Fasern[26], bis du erkennst, dass er zur Sache gelangt ist.[27]
ir swt gmi=k si pf	Wenn du aber jenen Mann findest,
šdi.n ḥꜥ.w=f (III.9) *srf ẖr wbn.w pf n.ty m tpꜣ.w n.w ḏnn.t=f*	nachdem sein Körper Wärme ergriffen hat[28] infolge[29] jener Wunde, die in den Nebenhöhlenbereichen seines Schädels ist,
isk si pf šdi.n=f tiꜣ ẖr wbn.w pf	weil[30] jener Mann *tiꜣ*[31] ergriffen hat infolge jener Wunde,
wdi.in=k (III.10) *ꜥ=k* <*ḥr*> *ḥr=f*	dann legst du daraufhin deine Hand <auf> sein Gesicht.[32]
gmm=k mḫnt=f bꜣ.y m fd.t	(Symptome 1.) (Und) wenn du sein Antlitz findest, feucht von Schweiß,[33]
mt.w n.w nḥb.t=f dwn.y	(2.) die Stränge seines Nackens sind gespannt,[34]
ḥr=f tms(.w)	(3.) sein Gesicht ist rotgefärbt,[35]
n(.y) n{ḥ}(III.11)*ḥḏ.wt=f psd=f*	(4.) seine Eckzähne[36] gehören zu seinem Rückgrat (?),[37]
sti hn n tp=f mi bkn n ꜥw.t	(5.) der Geruch des Hirnkastens ist wie (der einer) Absonderung von Kleinvieh,[38]
rꜣ=f mr(.w)	(6.) sein Mund ist gebunden,[39]
inḥ.wy=fy sd.y	(7.) seine beiden Augenbrauen sind verzogen (?),[40]
iw (III.12) *ḥr=f mi iḫ.t rmi=f*	(8.) es ist sein Gesicht so, wie wenn es weint,[41]
ḏd.in=k r=f	dann sagst du daraufhin in Bezug auf ihn:
ẖr(y) wbn.w n kfi.t m tp=f	(Diagnose) ein mit einer Klaffwunde in seinem Kopf Beladener,
(i)ꜥr n ḳs	die zum Knochen heranreicht,
thm tpꜣ.w n.w ḏnn.t=(III.13)*f*	(und) die die Nebenhöhlenbereiche seines Schädels durchdringt,
šdi.n=f tiꜣ	nachdem er (der Mann) *tiꜣ* ergriffen hat,
mr rꜣ=f	(wobei) sein Mund gebunden ist,

spricht die Konstruktion *ir ḏr* sowie die *.tw*-Passiv-Form, ferner die Erläuterung der *ꜥr.ty*-Kinnlade durch *wgy.ty*.

mn=f wṯs.w m nḥb.t=f	(und) er Aufrichtungen in seinem Nacken erleidet.
mr n ir.iw.ny[(42)]	(Urteil) Ein Leiden, das nicht behandelt werden kann.
ir swt gmi=k si pf	Wenn du aber jenen Mann findest,
sḥḏ.n=f pꜣ.n=f (III.14) *wdi.t nhd*	nachdem er erblasst ist, nachdem er zuvor ein Zittern angerichtet hatte.[(43)]
rḏi.ḫr=k iri.tw n=f mḏꜣ.t n.t ḫt ḏbꜣ.ti m ḥbsw	(Behandlung) So veranlasst du folglich, dass ihm ein Meißel aus Holz gemacht werde, bekleidet mit Stoff.[(44)]
rḏy tp rꜣ=f	Werde oben auf seinen Mund gegeben.
rḏi.ḫr=k iri.tw n=f sḫb.w (III.15) *n wꜥḥ*[87]	So veranlasst du folglich, dass ihm ein Schlürftrank aus Erdmandeln[(45)] gemacht werde.
srwḫ=f pw ḥmsi.t	Sitzen ist seine Behandlung.[(46)]
(w)dy imy.tw mk.ty n.ty ḏb.t r rḫ=k spr=f r (i)ḫ.t	Werde gesetzt zwischen zwei Schutzstützen aus Ziegel[(47)], bis du erkennst, dass er zur Sache gelangt ist.

Glosse A (III.15–16)

ir thm tpꜣ.(III.16)*w n.w* <*ḏnn.t=f*>	Was anbetrifft „durchdrungen sind die Nebenhöhlenbereiche[(5a)] <seines Schädels>“:
imy.t(w) pꜣḳ.t pw r pꜣḳ.t n.t ḏnn.t=f	Das ist das, was sich zwischen Schale[(5b)] und Schale seines Schädels befindet.
wnn tpꜣ.w n dḥr	Die Nebenhöhlenbereiche gehören zum Leder.[(5c)]

Glosse B (III.16–18)

ir ḥtr(.w) wꜣ.wt n.t ꜥr.t(y)=fy	Was anbetrifft „die Bänder seiner Kinnlade (*ꜥr.ty*) sind festgezurrt[(22a)]“:
(III.17) *nḫt pw in mt.w pḥ.wy ꜣmꜥw.t=f ny mn m gmꜣ=f*	Das ist die Kraftausübung[(22b)] durch die Stränge der Enden seines Greifknochens,[(22c)] die deswegen in seinem Schläfenstück[(22d)] bleiben,
– pḥ.wy wgy.t(y)=fy pw –	– das sind die Enden seines Unterkiefers (*wgy.t(y)*)[(22e)] –,
nn iṯi.t ini.t	ohne zu ziehen und zu bringen.

87 Die Passage III.13–15 könnte wie auch III.7–8 (Anm. 86) später an den Urtext angefügt worden sein (*tw*-Passiv).

n nḏm.n n=f wn (III.18) *r3=f m-ꜥ ih=f*	Das Öffnen seines Mundes kann ihm nicht angenehm sein aufgrund[22f] seines Schmerzes.

Glosse C (III.18)

ir w3.t n.t ꜥr.t(y)=fy	Was anbetrifft „das Band[22g] seiner Kinnlade (*ꜥr.t(y)*)“:
mt.w pw mr pḥ.wy wgy.ty=fy mi ḏd w3.t <r> (i)ẖ.t m sš	**Das sind die Stränge, die die Enden seines Unterkiefers gebunden haben, so wie „Band“ gesagt wird (zu) etwas Bindengarn[22h].**

Glosse D (III.18–19)

ir <m>ẖ(III.19)*nt=f b3i.w m fd.t*	Was anbetrifft „sein Antlitz ist feucht mit Schweiß“:
wnn tp=f pw ***fd nḏs mi b3i (i)ẖw.t***	Das bedeutet, dass sein Kopf **geringfügig verschwitzt** ist, **so wie wenn Dinge feucht sind.**

Glosse E (III.19–20)

ir mt.w n.w nḥb.t=f d(III.20)*wn.y*	Was anbetrifft „die Stränge seines Nackens sind gespannt“:
wnn mt.w pw n.w nḥb.t=f dwn nḫt m-ꜥ ih=f	**Das bedeutet, dass die Stränge seines Nackens ausgestreckt und stark sind aufgrund seines Schmerzes.**

Glosse F (III.20–21)

ir iw ḥr=f tms(.w)	Was anbetrifft „es ist sein Gesicht rotgefärbt[35a]“:
dšr irt.iw **(III.21)** ***ḥr=f pw mi irt.iw pr.t tms.t***	**Das bedeutet, dass die Farbe seines Gesichtes rot ist, so wie die Farbe der Früchte der Rotfärbepflanze[35b].**

Glosse G (III.21–IV.1)

ir sti rn n tp=f mi bk<n> n ꜥw.t	Was anbetrifft „der Geruch seines Hirnkastens[38a] ist wie Absonderung[38b] des Kleinviehs“:
wnn **(IV.1)** ***sti wp.t=f pw mi wsš.t n.t ꜥw.t***	**Das bedeutet, dass der Geruch seines Scheitelstücks[38c] wie die Ausscheidung[38d] von Kleinvieh ist.**

Glosse H (IV.1–2)

ir hn n tp⸗f	Was anbetrifft den „Kasten seines Kopfes“:
ḥr.y-ib pw n wp.t⸗f r-hꜣw ꜣis⸗f	Das bedeutet das (was) inmitten seines Scheitelstücks ist, nahe seines Hirns[(38e)].
(IV.2) *stwt⸗f pw n hn*	Das bedeutet, dass er einem Kasten ähnlich gemacht ist.

Glosse I (IV.2–4)

ir rꜣ⸗f mr(.w)	Was anbetrifft „sein Mund ist gebunden“,
inḥ.wy⸗fy sd.y	„seine beiden Augenbrauen sind verzogen (?)“,
ḥr⸗f mi (i)ẖ.t rmi⸗f	„sein Gesicht ist so, wie wenn er weint“:
tm⸗f wn (IV.3) *rꜣ⸗f pw mdw⸗f*	Das bedeutet, dass er seinen Mund nicht öffnet, wenn er spricht,
iꜣṯ inḥ.wy⸗fy iri(.w) sp n sfr.t n ḥrw sp n kꜣp n ẖrw mi n.ty ḥr ṯrm	(wobei) seine beiden Augenbrauen verzogen (?) sind, die einmal ein Ziehen für Oben und einmal ein Bedecken für unten gemacht haben, so wie einer, der am Zwinkern ist,
ḥr⸗f (*ḥr*) (IV.4) *rmi.t*	(wobei) sein Gesicht (am) Weinen ist.

Glosse J (IV.4)

(IV.4) *ir sḥḏ.n⸗f pꜣ.n⸗f wdi.t ꜣht*	Was anbetrifft „nachdem er erblasst ist, nachdem[(43a)] er zuvor einen Schwächeanfall[(43b)] hingelegt hatte“:
sḥḏ.t <pw> nt.t sw {pw} m ꜥḳ	Das bedeutet: ein Erblassen[(43c)], das am Eintreten[(43d)] ist,
m bṯ.w ḫft-ḥr ꜣht	in den Zustand des Aufgebens[(43e)] angesichts der Schwäche.[(43f)]

Annotationen

(1) Erfahrungen (*šsꜣ.w*) Das Substantiv *šsꜣ.w* leitet sich vom Verb *šsꜣ* „erfahren sein, kundig sein“ ab. Es ist in verschiedenen Kontexten belegt und wird inzwischen außerhalb der Lehrtexte durch die Wörter „Erfahrung, Geschicklichkeit“[88] übersetzt. Im Zusammenhang der die Lehrtexte einleitenden Überschriften hat man für die deutsche Zielsprache bislang hingegen die Übersetzung „Heilkunde“[89] oder „Diagnostik; Heilkunde“[90] gewählt. Dadurch wird ein disziplinäres Wissen in seiner Gesamtheit betont, weniger aber der unmittelbare Prozess der Wissensaneignung und Weitergabe. Mir scheint sowohl das, was empirisch erfahren worden ist, als auch das, was durch die Niederschrift erfahrbar wird, gemeint zu sein. Um dem zugrundeliegenden Verb *šsꜣ* weiterhin nahe zu bleiben, übersetze ich deshalb mit „Erfahrungen“. Im englischsprachigen Raum kursieren die Übersetzungen „instructions“[91], „practices“, erläutert mit „knowledge gained from practical experience“[92] und „necessary knowledge and skills“[93].

(2) Klaffwunde (*wbn.w n kfi.t*) *wbn.w*, abgeleitet von *wbn* „aufgehen“, wird im heilkundlichen Kontext mit einem Leidensklassifikator (Aa2/D26) versehen und sinnvollerweise mit „Wunde“ übersetzt. *wbn.w n kfi.t* bedeutet dann wörtlich „Wunde des Entblößens“[94]. Die m. E. angemessene Übersetzung „Klaffwunde“ findet man erstmals im Grundriß.[95] Im Papyrus Edwin Smith werden bereits in einer Glosse zum 1. Fall zwei Arten von Wunden unterschieden, erstens die „Wunde“ (*wbn.w*) – auch allgemeiner für Verwundung gebraucht – und zweitens die „Klaffwunde“ (*wbn.w n kfi.t*). Das Aussehen einer „Wunde“ (*wbn.w*), die explizit keine „Klaffwunde“ ist, wird in Glosse A des 18. Falls (VII.11–13) genauer beschrieben. Demnach ist die einfache „Wunde“ eng. Sie ist klein, kann tief reichen, hat aber keine Wundränder in Form von Lippen und entblößt nichts. Dagegen zeichnet sich die „Klaffwunde“ (*wbn.w n kfi.t*) durch ein Entblößen/Öffnen aus; die Wundränder liegen weiter auseinander.

88 Vgl. WCN 157090.
89 Grundriß VII: 867; Westendorf (1999).
90 WCN 157100.
91 Breasted (1930): 79f.
92 Allen (2005): 70.
93 Sanchez und Meltzer (2012): 33f.
94 WCN 164200: *kfi* „entblößen; entfernen“; WCN 858347: *kfi* „öffnen“.
95 Vgl. auch Breasted (1930): 81–84.

Heute unterscheidet man Wunden u. a. ätiologisch (z. B. Biss-, Schnitt-, Quetschwunde) und nach ihrer Komplexität (einfach, komplex).

(3) Kopf (*tp*) Dieses Wort ist in allen Textsorten gebräuchlich. In Fall 7 benennt „Kopf" zunächst grob den Ort, an dem die Verletzung lokalisiert wird.

Die nur durch die Kopfhieroglyphe als Bildzeichen vorliegende Schreibung wird im heilkundlichen Kontext gewöhnlich *tp* gelesen, obwohl man weiß, dass die sprachliche Bezeichnung des Kopfes im Laufe der Zeit durch das Synonym *ḏ3ḏ3* – ebenfalls häufig nur durch die Kopfhieroglyphe geschrieben – ersetzt wurde[96]; die Glossen des Papyrus Edwin Smith, die ja später hinzugefügt wurden, enthalten an mehreren Stellen die ausführliche Schreibung *ḏ3ḏ3* für den Kopf. Bislang konnten weder sachliche[97] noch – zumindest innerhalb der Sargtexte – konzeptionelle[98] Unterschiede zwischen den Bedeutungen der beiden Termini *tp* und *ḏ3ḏ3* aufgedeckt werden. Walkers Annahme, bei *ḏ3ḏ3* handele es sich im Gegensatz zu *tp* um den Kopf ohne Gesicht,[99] ist übergreifend nicht belegbar.

(4) die zum Knochen heranreicht ((*i*)*ʿr n ḳs*) *ʿr*, das sich auf *iʿr* zurückführen lässt, hat die Hauptbedeutung „aufsteigen"[100]. In Glosse A des 18. Falls (VII.11–13) wird die Phrase (*i*)*ʿr n ḳs* näher erläutert und mit „zum Knochen gelangen" (*spr r ḳs*) erklärt (vgl. [2]). Gemäß dem Wundenbuch können sowohl einfache „Wunden" als auch „Klaffwunden" zum Knochen heranreichen.

(5) Nebenhöhlenbereiche (*tp3.w*) → siehe dazu **Glosse A (III.15–16):**

„Was anbetrifft ‚durchsetzt sind die Nebenhöhlenbereiche[(5a)] <seines Schädels>': Das ist das, was sich zwischen Schale[(5b)] und Schale seines Schädels befindet. Die Nebenhöhlenbereiche gehören zum Leder.[(5c)]"

(5a) Nebenhöhlenbereiche (*tp3.w*) Durch die erste Glosse wird der Ort der Verletzung näher erörtert. Schlüsselbegriff ist das Wort *tp3.w*, das hier eindeutig einen Teil im Schädel markiert, der sich zwischen zwei knöchernen Schädelteilen [*p3ḳ.t*, siehe (5b)] befindet, von der Wunde durchsetzt werden kann und zum Leder gehört (5c). Als Determinativ von

96 Grundriß VII: 944; Westendorf (1999): 138f. Nach Werning (2004) ist das Zeichen nicht *tp*, sondern prinzipiell *dp* zu lesen; siehe dazu aber Schweitzer (2011).
97 Grundriß VII: 944; Westendorf (1999): 138f.
98 Nyord (2009): 153.
99 Walker (1996): 279.
100 WCN 21770.

tpꜣ.w fungiert das Sandkorn mit Pluralstrichen – üblicherweise werden auf diese Weise feste kleinteilige Substanzansammlungen klassifiziert, wie z. B. Drogen, Pulver oder Sand.

Breasted war aufgrund der Glosse davon ausgegangen, dass mit *tpꜣ.w* die *sutures*, die Nahtstellen zwischen den Schädelteilen (vgl. Abb. 2), gemeint seien[101]. Der Grundriß hielt sich bei der Übersetzung ebenfalls ausschließlich an die Informationen der hier vorliegenden Glosse und folgerte, „wahrscheinlich ist die Hirnsichel (*falx cerebri*) gemeint“[102], weil sie zwischen den beiden Hirnhälften läge und bei einem Stich durch die Nahtstellen verletzt werde. Die Autoren des Grundrisses gehen ebenso wie Stephan von einer lederartigen Konsistenz der *tpꜣ.w* aus. Stephan vermutet dahinter die *dura mater*.[103]

Andere Ergebnisse erhält man, wenn man, wie Chapman[104], Belege aus anderen heilkundlichen Kontexten mit in die Deutung einfließen lässt: Das Wort zeigt sich einerseits als am Kopf sichtbare Krankheitserscheinung, die es zu vertreiben gilt, andererseits ist *tpꜣ.w* die Bezeichnung für eine Droge. Geht man davon aus, dass alle drei Belegbereiche, d. h. 1) Teil des Schädels, 2) Krankheitserscheinung am Kopf und 3) Drogenbezeichnung einem gemeinsamen Lemma angehören, das seine Konnotationen aufgrund einer gemeinsamen Struktur, eines bestimmten Aussehens, gewonnen hat, ergibt sich für alle drei die Deutung „mit Haut und Knochen umschlossene Körperausweitung“.

Im Kontext der Materia medica tritt *tpꜣ.w* als ein Bestandteil des Wacholders auf[105]; Westendorf nimmt an, dass die gallartigen Auswüchse auf der Oberfläche des Baumes gemeint sein könnten,[106] wobei „gallartig“ eine sehr unspezifische Bezeichnung ist, da damit jegliche abnormen Auswüchse an Bäumen gemeint sein können. Dies lässt sich mit der im Ägyptischen gleichgenannten Krankheit, die eine an der Kopfhaut sichtbare Erscheinung, die als unschön galt, bezeichnet, verbinden. Gemeint sein könnten z. B. die am Kopf bisweilen entstehenden Fettgeschwülste und parallel dazu im Bereich der Materia medica die

101 Breasted (1930): 185.
102 Grundriß VII: 948.
103 Stephan (2011): 100.
104 Chapman (1992): 35–42.
105 *tpꜣ.w n wꜥn*: Eb 655 (LXXXII.6).
106 Westendorf (1999): 509.

verdickten Auswüchse des Wacholderstammes oder -blattes, die man absammeln konnte.[107]

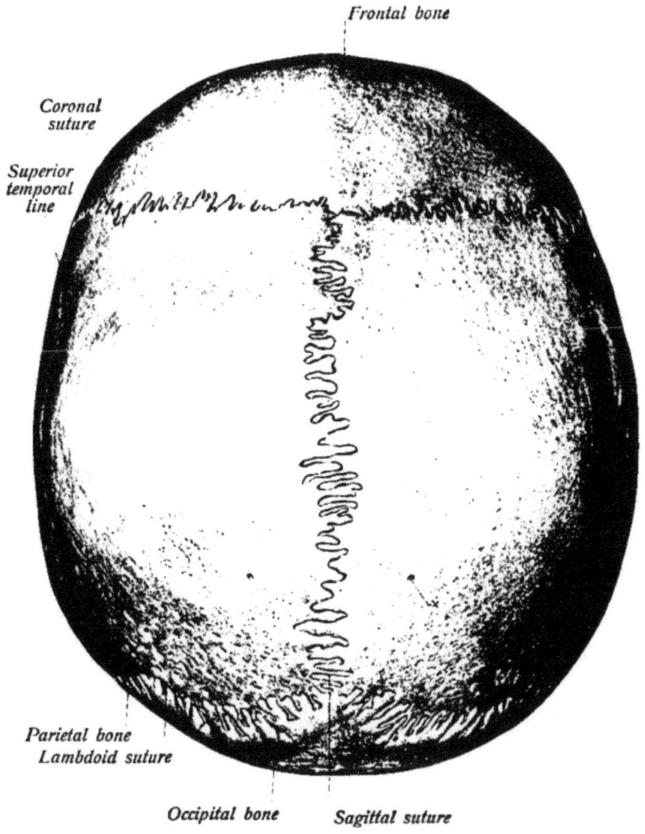

Abb. 2: Schädel mit Schädelnähten von oben

107 Gegen die ebenfalls naheliegende Deutung „Borke" für die Droge (siehe WCN 171390) und „Kopfgrind" für die krankhafte Erscheinung spricht, dass die Bezeichnung Borke auch in Verbindung mit anderen Bäume zu erwarten wäre und Kopfgrind insbesondere bei Säuglingen in Erscheinung tritt, wohingegen die beschriebene Krankheitserscheinung gerade nicht innerhalb der Texte für Mutter und Kind vorkommt, sondern sich in der Gruppe von Schönheitsmitteln zeigt.

Überträgt man das durch die anderen Belege gewonnene Bild auf den Schädel, gilt es, nach einer Ausweitung zwischen natürlichen Häuten zu suchen. *tpꜣ.w* ist sodann die Bezeichnung einer Ausweitung samt ihrem Inhalt. Bislang hat die Mehrzahl der Übersetzer den unter (5c) erklärten Satz anders gedeutet, nämlich so, dass die *tpꜣ.w* aus Leder seien. Daher kommt bei aller Kontextualisierung zunächst Chapman zu der Deutung, dass *tpꜣ.w* „the skin-like membranes which line the sinus cavity" wären.[108] Ihm folgt Walker[109] mit der Übersetzung „membranes lining sinus cavities". Bereits Bardinet[110] erweitert aber das Konzept auch auf die Inhalte der Membranen und denkt an „Taschen", Westendorf an „Höhlungen" (siehe Tab. 5a).

Nebenhöhlen sind mit Schleimzellen ausgekleidet, luftgefüllt, in den ausgeweiteten Schädelknochen eingebettet und werden von Hirnhäuten umschlossen (zur Lage siehe Abb. 3). Zu den Nebenhöhlen gehören beim Menschen Stirnhöhle, Siebbeinhöhle, Keilbeinhöhle und Kieferhöhle.

Aufgrund der Anordnung der Fälle im Wundenbuch lässt sich nach Ansicht Chapmans das Wort *tpꜣ.w* präziser auf die Membranen der „Stirnhöhle" (sinus frontalis) beziehen.[111]

Hier muss man sich nun fragen, ob das *tpꜣ.w*-Benennungsmotiv im anatomischen Kontext nur für diese eine lokale Struktur galt, also nur den Stirnhöhlenbereich meint, oder alle gleichartigen Strukturen umfasste. In der Glosse gibt es keinerlei Präzisierung hinsichtlich der Lokalität. Es spricht auch nichts dafür, dass nur die Struktur der Stirnhöhle, nicht aber die der anderen Nebenhöhlen bekannt gewesen sei, zumal die Stirnhöhle in der Regel am kleinsten ausgeprägt ist. Insofern scheint mir auch Brawanskis Übersetzung „Stirnhöhlenbereich"[112] zu konkret, der damit zwar die *dura mater* mit einbeziehen, aber auch die Verletzungsfolgen mitbedenken wollte. Westendorfs Übersetzung „Höhlungen (*tpꜣ.w*)"[113] scheint mir demnach angemessener, trägt aber nicht der

108 Chapman (1992): 42.

109 Walker (1996): 278.

110 Bardinet (1995): 237.

111 Chapman (1992): 35–42. Ihm folgen Sanchez und Meltzer (2012): 73, denken aber dabei ganz konkret an alle „membranous lined sinus cavities of the braincase". Dies passt hervorragend zu meiner andersartigen Deutung der Grammatik von (5c).

112 Brawanski (2001): 26–28.

113 Westendorf (1999): 716.

membranösen Umschließung und der konkreten anatomischen Definition in der Glosse Rechnung.

Die *tpꜣ.w* des Schädels scheinen mir alle von Membranen und Schalen umschlossenen Nebenhöhlen samt ihres schleimzellartigen Inhalts zu sein, also „Nebenhöhlenbereiche" (siehe Abb. 3).

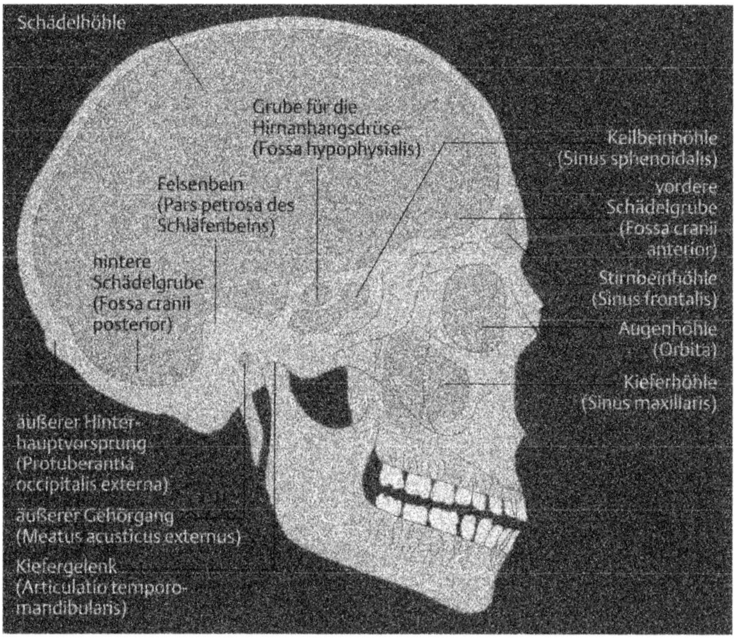

Abb. 3: Lage der Nebenhöhlen und weiterer Höhlungen

(5b) Schale (*pꜣḳ.t*) Das Wort *pꜣḳ.t* wird im Wundenbuch für die Gehirnschale verwendet. Es bezeichnet ferner die Eierschale und den Schildkrötenpanzer; als Droge benennt es Bruchstücke von bestimmten Gefäßen, die eine rundliche Form aufwiesen (Hin-Gefäße).[114]

(5c) Die Nebenhöhlenbereiche gehören zum Leder (*wnn tpꜣ.w n dḫr*) *n* sehe ich hier als Präposition zur Angabe der Zugehörigkeit und des Besitzes an.[115] Damit erübrigt sich die Diskussion um die Beschaffenheit

114 WCN 59350.
115 Vgl. Grundriß VII: 420.

der *tpꜣ.w*, denn sie sind nicht aus Leder, wie durch frühere Übersetzungen impliziert, sondern gehören zum Leder (hier: *dura mater* = Hirnhaut). Prinzipiell werden die *tpꜣ.w* somit als Auswüchse der lederartigen Haut gesehen, was bei einer Deutung als Nebenhöhlen durchaus möglich ist.

(6) Schädel (*ḏnn.t*) Die Übersetzung von *ḏnn.t* mit „Schädel" trifft die Sache nicht ganz. Das Wort bezeichnet im Papyrus Edwin Smith den knöchernen Teil des Kopfes zusammen mit dem Gehirn.

(7) durchdringt (*thm*) In Fall 18 des Wundenbuchs werden drei Erscheinungen am Knochen nebeneinandergestellt: Der Knochen ist unversehrt, wenn weder *pšn* noch *thm*, noch *sḏ* darin sind. *thm* ist das hier zu klärende Wort, doch ist es sinnvoll, die drei Phänomene gemeinschaftlich zu betrachten. Alle drei Wörter leiten sich von zugehörigen Verbalwurzeln ab.

pšn bedeutet „(sich) spalten"[116]. Betrachtet man die Belege außerhalb der Heilkunst, zeigt sich, dass bspw. Holz, Metall, Eier, Stränge, Köpfe und kämpfende Personen gespalten werden, wobei häufig die Konnotation von „abtrennen" vorliegt. Zu denken ist im heilkundlichen Kontext an ein Beil, das Stränge durchtrennt oder einen Spalt im Knochen verursacht. Das davon abgeleitete Substantiv kann man mit „Spalt" übersetzen.[117]

sḏ/sd bedeutet „zerbrechen"[118] und wird außerhalb der Heilkunde auf Töpfe (Hauptmasse der Belege), Schreibgeräte, Knochen, Amulette, Siegel, Bögen, aber auch das Herz angewendet. Im heilkundlichen Kontext kann das Wort in Verbindung mit Rippen, Knochen, Fingern (hier abgekürzt geschrieben), dem Schädel, Scherben und Wunden, aber auch Schwellungen verwendet werden.[119] Breasteds Beobachtung, dass im Papyrus Edwin Smith das Wort nur auf den Schädel bezogen sei, ist m. E. nicht allzu großer interpretativer Wert beizumessen, da der Papyrus nur Fälle oberhalb des Brustkorbs erhalten hat. Im Gegensatz zum Spalt, scheint ein vorherrschendes Merkmal des mit *sd* bezeichneten Bruchs der Verlauf mehrerer Risse, abgeschlagener Splitter oder unregelmäßiger Bruchkanten, wie sie entstehen, wenn ein Gefäß abgenutzt ist. Die bisherige Übersetzung „Splitterbruch"[120] ist möglicherweise zu konkret; ich übersetze zunächst „Bruch (*sd*)" und

116 WCN 62610.
117 Grundriß VII: 300.
118 WCN 150110.
119 Grundriß VII: 827f.
120 Westendorf (1999).

fasse für die Zukunft eine Neubearbeitung des Wortfeldes unter Einbeziehung sämtlicher Belege ins Auge.

thm bedeutet gemäß TLA „durchstoßen; eindringen; treiben; mobilisieren“[121]. Das davon abgeleitete Substantiv wird üblicherweise mit „Loch“ übersetzt.[122] Mir scheint im heilkundlichen Kontext die Übersetzung „eindringen“, „durchdringen“ und „Eindruck“ angemessener. Unter den drei „Bruchtypen“ ist *thm* der einfachste, nach Glosse A des dritten Falls handelt es sich um einen kleinen „Bruch (*sd*)“ ohne Brüchigkeit (*nʿš*).

(8) Texteinschub: Eine Gegenüberstellung aller Lehrtexte des Papyrus Edwin Smith zeigt,[123] dass hier eine Passage ausgefallen ist. Der Text lässt sich aufgrund des üblichen Schemas wie angegeben rekonstruieren.

(9) so untersuchst du folglich (*ḏʿr.ḫr=k*) Frühere Übersetzungen des hier zu diskutierenden Wortes *ḏʿr* lauten „abtasten“, was im vorliegenden Kontext auch zutrifft. Ich lehne mich bei der Übersetzung stärker an die Hauptbedeutungen von *ḏʿr* „suchen; untersuchen“[124] an.

Die Übersetzung der *sḏm.ḫr=k*-Form als zwangsläufige Folge ergibt sich aus einer ausführlichen Gegenüberstellung sämtlicher Lehrtexte.[125]

(10) die diesbezüglich sehr erschrecken/zurückweichen wird (*i.nr.y r=f wrt*) Aus neurologischer Sicht scheint es Brawanski[126] nicht möglich, ein „Erschrecken“ oder auch „Zittern“ einer Kopfwunde anzunehmen. Dabei geht er von der Reaktion der Wunde aufgrund einer Berührung aus. Er schlägt vor, das Wort *nri* besser mit „wackeln/nachgeben“ wiederzugeben, folglich: „die wirklich sehr wackelt/nachgibt“. Diese Bedeutung wäre allerdings recht weit von der Hauptbedeutung „(sich) erschrecken“[127] entfernt. Im Kontext anderer Belege scheint mir dagegen „zurückweichen“ eine sinnvolle Übersetzung, da dieser Vorgang dem „Erschrecken“ unmittelbar angehört. Aus emischer Sicht dürfte das von Brawanski angenommene „Wackeln“ in der Wunde durchaus als „Erschrecken“ oder „Zurückweichen“ gedeutet worden sein; rein sachlich muss ein „Nachgeben“ gemeint sein.

---

121 WCN 172980.
122 Grundriß VII: 959.
123 Siehe Pommerening (2014).
124 WCN 854589.
125 Siehe genauer Pommerening (2014).
126 Brawanski (2001): 18.
127 WCN 85070.

Die Passage wurde bislang etwa mit „es schaudert ihn sehr“[128] übersetzt, ohne die somit angenommene dahinterstehende Grammatik zu erörtern. Jedenfalls lassen sich ägyptische Syntax und Übersetzung nicht übereinbringen. Ich möchte *i.nr.y* als Partizip Futur Aktiv deuten und schließe es attributiv an die Wunde an; möglich ist auch die Annahme eines Pseudopartizips, denn das *i*-Augment ist im Altägyptischen u. a. Merkmal eines Partizips und eines Pseudopartizips.[129] Zudem lässt sich das Vorliegen eines eigenständigen Adverbialsatzes mit dem substantivierten Partizip in Subjektsfunktion annehmen: „Der Schrecken ist diesbezüglich groß.“

(11) Gesicht emporrichten (*fꜣi ḥr*) Explizit wird eine Reaktion des Gesichtes (*ḥr*) und nicht des Kopfes (*tp*) erwartet. Hier geht es demnach um die Aufmerksamkeit des Verletzten. Es wird getestet, ob er ansprechbar ist.[130]

(12) Die Konstruktion ist ungewöhnlich. Es liegt *iw* + Adjektivalsatz vor,[131] *r=f* entspricht syntaktisch *n=f*, da *r* gewöhnlich anstelle von *n* nach *ḳsn* steht.[132]

(13) Herz (*ib*) Das ägyptische Herz (*ib*) entspricht nicht nur dem organischen Herzen, sondern auch den am gleichen Ort befindlichen Gefühlen samt Geist und Psyche.[133] Der Patient ist stark mitgenommen und in einem Dämmerzustand.

(14) Speichel (*iš.w*) Das Wort *iš.w* leitet sich vom Verb *išš* „ausspeien“[134] ab und bezeichnet als Partizip Perfekt Passiv „das Ausgespuckte“[135]. Hier ist es eindeutig der Speichel, der fließt, ohne dass der Patient Einfluss darauf hat. Dass der Speichel nicht zu Boden fallen kann, spricht für seine zähflüssige Konsistenz.

(15) untersuchst (*ḫꜣi*) Das verwendete Wort *ḫꜣi* hat als Hauptbedeutung „(ver)messen“, geht aber im Kontext der Heilkunde darüber hinaus. Die Bedeutung des entsprechenden Fachterminus wird ausführlich in Glosse A des ersten Falls (I.3–I.9), die sich auf die in fast allen Lehrtexten vertretene

---

128 Z. B. Westendorf (1999): 716.
129 Siehe Edel (1955): § 451.
130 Möglicherweise repräsentiert *ḥr* hier auch das Auge (*ir.t*). Siehe zur Gleichsetzung Gräßler (2016).
131 Siehe dazu Edel (1955): § 949.
132 Vgl. Grundriß VII: 510.
133 Walker (1996): 147–186.
134 WCN 32070.
135 WCN 31970.

Phrase „Wenn Du einen Mann untersuchst" (*ir ḫꜣi=k si*) bezieht und gleichlautend eingeleitet ist, erklärt. Das Wort *ḫꜣi* wird darin zunächst mit dem Messen mit einem Messgefäß und dem Synonym „zählen" (*ip*) in Verbindung gebracht[136]. Zählen und Messen, letzteres in der erweiterten Bedeutung „untersuchen" (*ḫꜣi*) werden als notwendige Handlungen dargestellt, das Leiden zu ergründen. Wissenschaftstheoretisch von Belang scheint mir, dass die Termini stets einen Vergleich implizieren. In der Heilkunde wird gegen einen „Normalzustand" gemessen. Glosse A legt dazu u. a. die Methode dar, den „Gang" des Herzens zu erfassen, indem die Finger auf verschiedene Körperstellen gelegt werden. Die lange Glosse endet mit den Worten „[Er] sagt ‚einen Mann messen/untersuchen', um zu erkennen, was in ihm entstanden ist (*ḏd[=f] ḫꜣi.t si r rḫ ḫpry.t im*)."

(16) *ḏi=f* Uneingeleitete präsentische Verbformen treten innerhalb der Symptomaufzählungen gehäuft auf, im Altägyptischen nichts Ungewöhnliches. Eine Unterordnung der Sätze ist in diesem Fall möglich: *iw* geht voraus, sodass sich alle Sätze darauf beziehen können. Übersetzt man entsprechend, kann man die Aufzählung gut betonen. Betrachtet man das Wundenbuch insgesamt, ist eine Unterordnung nicht immer markiert.

(17) er erleidet Aufrichtungen in seinem Nacken (*mn=f ṯs.w m nḥb.t=f*) Der hier mit „Aufrichtungen" übersetzte Terminus (*ṯs.w*) leitet sich vom Verbum *ṯsi* „aufrichten; hochheben; hinaufsteigen"[137] ab.

Der Sachverhalt wird in Glosse C des dritten, diese Symptomatik ebenfalls aufführenden Falls erläutert.[138]

In physiologischer Hinsicht ist sicherlich eine Steilstellung des Nackens gemeint, die durch Muskelanspannung herbeigeführt wird.
Da die Aufrichtung als Leiden definiert wird, handelt es sich nicht um eine bewusste Anspannung, sondern um eine nicht gewollte Verspannung/Steifheit.

Das Wort *mn*[139] übersetze ich bevorzugt transitiv mit „erleiden", um einerseits der Bildung mit direktem Objekt Rechnung zu tragen und andererseits dadurch das Krankheitsverständnis besser zu erfassen.

---

136 Vgl. auch Pommerening (2005): 68.

137 WCN 854581.

138 „Was anbetrifft: ‚er erleidet Aufrichtungen seines Nackens' ([I.26] *ir mn=f ṯs.w* [II.1] *m nḥb.t=f*). Das bedeutet, dass das Aufrichten sein Leiden ist (*ṯsi.t pw m pꜣ(y)=f ih*). Diese Abweichungen sind in seinem Nacken (*nw nnm(.w) m nḥb.t=f*). So leidet sein Nacken folglich deswegen (*mn.ḫr nḥb.t=f ḫr=s*)."

139 WCN 69660: „krank sein; leiden (an); verletzen".

(18) Schulter (*ḳˁḥ*) Das Wort *ḳˁḥ* bezeichnet üblicherweise die „Ecke“ oder den „Winkel“. Das zugehörige Verbum lautet *ḳˁḥ* „beugen“. Kennzeichnend ist der Arm mit Hand und Oberarm als Determinativ. Insofern könnte man ebenso annehmen, dass *ḳˁḥ* die „Ellenbeuge“ meint oder sowohl „Schulter“ als auch „Ellenbeuge“ als die Ecken/Beugen des Armes, was zu einer Übersetzung wie „(Arm)beuge“ führen könnte. Die im TLA verzeichneten Belege sprechen indes eindeutig für die „Schulter“, wenn auch manche Übersetzer davon abweichen. Unterstützung für die Deutung „Schulter“ bieten auch ikonographische Belege: Sind Beugungen des Ellenbogens dargestellt, ist hierbei von gebeugten Unterarmen („Beugen der (Unter)arme“ *ḳˁḥ ˁ.wy*) oder Oberarmen („Beugen der Oberarme *ḳˁḥ rmn*) die Rede, d. h. es wird jeweils ein spezifizierendes Substantiv benötigt.[140]

(19) Brustkorb (*ḳ3b.t*) Das Wort für Brustkorb *ḳ3b.t* ist mit dem Verbum *ḳ3b.t* „zusammenfalten; winden; verdoppeln; vermehren“[141] verbunden. Die übliche Übersetzung „Brust“[142] scheint mir zu unpräzise. Tatsächlich dürften die gewundenen Rippen und damit die Knochen Namensgeber gewesen sein.

(20) er ist nicht in der Lage zu blicken (*n gmi.n=f dg3=f*) Glosse B von Fall 3 (I.25f.) macht deutlich, dass es um einen Blick geht, der üblicherweise mit einer Kopfbewegung einhergeht und nicht nur um eine Augenbewegung. Es wird damit also die Beweglichkeit des Nackens geprüft. Der Patient ist nicht in der Lage, den Kopf frei zu bewegen.

gmi wird hier als Hilfsverb verwendet, siehe dazu Vernus (2012).

(21) ein mit einem Leiden Beladener (*ẖr(y)*) Wörtlich ist der Kranke „unter etwas befindlich“ (*ẖr(y)*). Dieser Ausdruck wird allgemein als Synonym für das „Tragen“ von Dingen verwendet. Ich halte es für wichtig, dies in den Übersetzungen zum Ausdruck zu bringen, da es zu verstehen gibt, dass Erkrankungen metaphorisch als Last empfunden wurden.

(22) das Band (*w3.t*) seiner Kinnlade (*ˁr.ty*) ist festgezurrt → siehe dazu **Glosse B** (siehe S. 231) und **Glosse C** (S. 234) sowie die dortigen Erläuterungen. Syntaktisch ist der Satz Teil einer stichwortartigen Aufzählung, in der das zuvor Gesagte nochmals teils wörtlich wiederholt wird – ein übliches Prozedere innerhalb der Lehrtexte.[143] Erkenntnistheoretisch bildet der Satz aber

140 Dominicus (1994): 182f.

141 WCN 854562.

142 Grundriß VII: 877–879; Walker (1996): 276; WCN 159290.

143 Siehe Pommerening (2014).

eine Ausnahme innerhalb der stereotypen Wiederholungen, denn durch ihn werden die Ergebnisse der Untersuchung (die Punkte 1., 2. und 3.: Schwierigkeit, Mund zu öffnen, Dämmerzustand, zäher Speichel), von der symptomorientierten Aufzählung in eine anatomische Erklärung umgewandelt.

Glosse B (III.16–18)[144]

„Was anbetrifft ‚die Bänder seiner Kinnlade (*ʿr.ty*) sind festgezurrt(22a)‘: Das ist die Kraftausübung(22b) durch die Stränge der Enden seines Greifknochens,(22c) die deswegen in seinem Schläfenstück(22d) bleiben, – das sind die Enden seines Unterkiefers (*wgy.t(y)*)(22e) –, ohne zu ziehen und zu bringen. Das Öffnen seines Mundes kann ihm nicht angenehm sein aufgrund(22f) seines Leidens.“

(22a) festgezurrt (*ḥtr*) Für *ḥtr* gibt der TLA[145] „binden; zusammenbinden“ an; tatsächlich lassen alle Belegstellen auch die Übersetzung „festzurren“ zu, die m. E. den in Glosse B mitgeteilten Umstand besser trifft.

(22b) Das ist die Kraftausübung durch die Stränge der Enden seines Greifknochens (*nḫt pw in mt.w pḥ.wy ꜣmʿw.t=f*) Hier wird die Ursache der „Mundsperre“ näher erörtert. Wie aus der Beschreibung der Symptome weiter oben hervorgeht, lässt sich der Mund nicht mehr selbstständig öffnen. Hier wird die Sperre auf eine Verkrampfung der Kiefermuskulatur zurückgeführt, die nicht mehr fähig ist, ihre Arbeit („ziehen und bringen“) zu verrichten. Der anatomische und physiologische Sachverhalt wird recht ausführlich beschrieben: Am Ende des Unterkieferknochens, der wie die Kralle des *ꜣmʿ*-Vogels aussieht (vgl. dazu Abb. 4 und siehe [22c]), befinden sich Stränge, die Unter- und Oberkiefer miteinander verbinden.

144 Vgl. zum Sachverhalt Abb. 4.
145 WCN 111860.

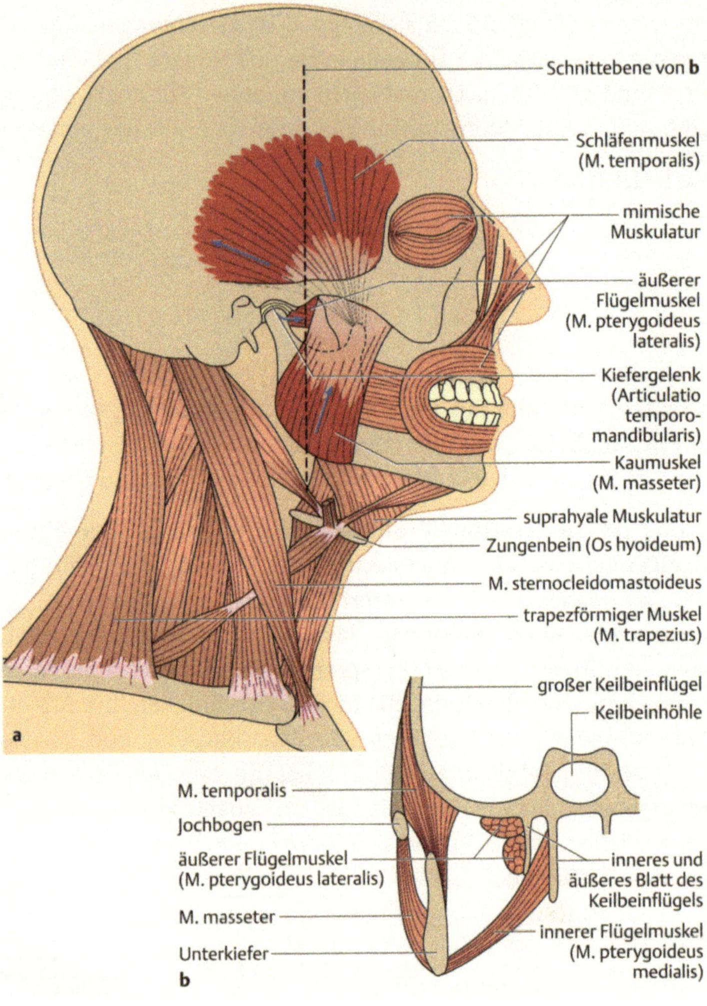

Abb. 4: Kaumuskulatur und Topographie des Kiefergelenks

(22c) Greifknochen (*ꜣmꜥ.t*) Üblicherweise findet man für *ꜣmꜥ.t* die Übersetzung „Krallenknochen". Sie leitet sich aus Glosse A des 22. Falls ab, in dem das Aussehen des Knochens mit der Kralle des *ꜣmꜥ*-Vogels verglichen wird.[146]

146 „Was das Ende seines Greifknochens angeht (*ir pḥ.wy ꜣmꜥ.t⸗f* [VIII.14]): Das ist das Ende seiner Kinnlade (*pḥ.wy.w ꜥr.t⸗f pw*). Der Greifknochen, er endet in seinem Schläfenstück, so wie

Eigentlich müsste man konsequent etymologisch *ꜣmꜥ.t*-Vogel-Knochen übersetzen, wenn man davon ausgeht, dass die Vogelbezeichnung zuerst da war. Die Übersetzung „Greifknochen" für *ꜣmꜥ.t* wird hier gewählt, um die Ausführungen in der Einleitung konsequent zu befolgen. Wenn das charakteristische Aussehen der Kralle des *ꜣmꜥ.t*-Vogels auf die Benennung des Knochens übertragen wurde, dann, um damit eine anatomische Struktur näher zu beschreiben. Einen *ꜣmꜥ.t* belegen die ägyptischen Texte auch im Schulterbereich, er ist also nicht einmalig für das Kiefergelenk. Eine geeignete Übersetzung ist daher „Greifknochen".

(22d) Schläfenstück (*gmꜣ*) Die Region, die mit *gmꜣ* bezeichnet ist, wird in Glosse B des 18. Falls näher beschrieben.[147] Gemeint ist der Bereich des Schädels plus Hautpartie und Bandapparat, der aus moderner Sicht das Joch- und Schläfenbein umfasst, also der seitliche Teil des Schädels oberhalb des Unterkiefers zwischen äußerem Augenwinkel, Ohr und Oberkieferende.

(22e) Das sind die Enden seines Unterkiefers (*wgy.t*) Diese Erläuterung scheint nachträglich eingeschoben zu sein und gilt wiederum der Erklärung, was mit *ꜣmꜥ.t*, dem Greifknochen, hier genau gemeint ist. Die Enden dieses Greifknochens werden mit den Enden des Unterkiefers (*wgy.t*) gleichgesetzt. Zu *wgy.t* siehe (23).

(22f) aufgrund (*m-ꜥ*) Die zusammengesetzte Präposition *m-ꜥ* heißt wörtlich „durch seine Hand" und wird in der Hauptbedeutung mit „durch" übersetzt. Für die heilkundlichen Texte hat der Grundriß[148] die Bedeutung „infolge" für diejenigen Fälle etabliert, in denen eine Krankheit oder ein Leiden folgt. Ich halte die Übersetzung „aufgrund" für angemessener, weil „infolge" eine zeitliche Abfolge einschließt, die m. E. nicht impliziert sein muss. Ferner wird durch die Übersetzung „aufgrund" die Kausalität stärker betont.

---

die Kralle des *ꜣmꜥ*-Vogels sich vollmacht mit etwas (*ꜣmꜥ.t pḫ=s m* [VIII.15] *gmꜣ=f mi mḥ ꜥn.t ꜣmꜥ m (i)ẖ.t*)."

147 Fall 18, Glosse B: „Was anbetrifft sein Schläfenstück ([VII.13] *ir gmꜣ=f*): Es ist das, was zwischen dem äußeren Augenwinkel befindlich ist und dem *gry.t*-Teil seines Ohres und dem Ende seines Unterkiefers (*wgy.ty*) (*imy.tw*[VII.14]-*ny sꜥnd pw n ir.t=f r gry.t n.t msḏr=f r pḥ.wy wgy.t=f*)."

148 Grundriß VII: 342f.

Glosse C (III.18)

„Was anbetrifft ‚das Band(22g) seiner Kinnlade (*ʿr.t(y)*)‘: Das sind die Stränge, die die Enden seines Unterkiefers gebunden haben, so wie ‚Band‘ gesagt wird (zu) etwas Bindengarn(22h).“

(22g) Band (*wꜣ.t*) Alle Belegstellen für *wꜣ.t*, das üblicherweise mit „Strick; Band“[149] übersetzt wird, könnten einen anatomischen Terminus meinen, weshalb die Übersetzung „Strick“ im TLA noch zu überprüfen wäre. Eine geeignetere Übersetzung scheint mir „Sehne; Band (des Körpers)“. In Glosse B wird anstelle des Singulars Band (*wꜣ.t*) der Plural Bänder (*wꜣ.wt*) zitiert, was sinnvoller erscheint: „die Bänder seiner Kinnlade sind festgezurrt“.

(22h) Bindengarn (*sš*)[150] Inhaltlich ist die Stelle klar. Probleme bereitet das Wort *sš*. Ob hier eine Ableitung aus *sšn* „drehen; spinnen; weben“[151] bei Verlust des *n* vorliegt?

(23) seiner Kinnlade (*ʿr.ty*), (i. e.) seines Unterkiefers (*wgy.ty*) ( *ʿr.ty=fy wgy.ty*) *ʿr.t* meint wörtlich „das, was aufsteigt“, gemeint ist eine Unterkieferhälfte. Die Dualschreibung macht aus den zwei Hälften unseren Unterkiefer. Sie scheint sich daraus zu ergeben, dass man das Gesicht mittig in zwei Hälften geteilt hat und so ebenso wie zwei Nasenlöcher, zwei Augen und zwei Ohren auch zwei Unterkiefer existieren. Insbesondere tierische Unterkieferschlachtreste betonen diese Sichtweise aufgrund der seitlich sitzenden Zähne und der langgestreckten Form, wie sie auch beim zweiten Wort bildlich zum Ausdruck kommt. Schlangen haben sogar geteilte und voneinander unabhängig bewegliche Unterkieferhälften. Die zwei Unterkieferhälften, die hinter dem Wort *ʿr.ty=fy* erscheinen, könnten als spätere Erläuterung (ebenfalls dual gedacht) in die vorliegende Textfassung eingeflossen sein. Sie sind *wgy.ty=fy* zu lesen, wörtl. „seine Kauer“, abgeleitet von *wgi* „kauen“ und ersetzen in späterer Zeit das gleichbedeutende ältere Wort *ʿr.t*.[152] Für die Übersetzung ergibt sich das Problem, dass zwei Synonyme vorliegen, die auch als solche übersetzt werden sollten. Damit deutlich wird, dass sich die zugrundeliegenden ägyptischen Wörter unterscheiden, sind sie in Klammern ergänzt. Ferner werden zwei unterschiedliche Übersetzungen

149 WCN 42470.

150 Nicht *mss*, sondern *sš*: WCN 144380. Vgl. dazu Meeks (1978): 78.3818.

151 WCN 145240.

152 Zu *wgy.t* siehe Grundriß VII: 225f., s. v. (*wgj.t*).

gewählt, die auch im Deutschen synonym gebraucht werden können, aber aus verschiedenen Sprachregistern stammen: Kinnlade und Unterkiefer.

(24) dass ihm etwas Heißes gemacht wird, damit er froh wird (*r nḏm=f*) Auch wenn nicht näher beschrieben ist, wie das „Heiße“ verabreicht werden soll, darf man wohl davon ausgehen, dass es in Form eines Umschlages auf die verkrampfte Muskulatur zu geben war. Wäre es innerlich zu verabreichen gewesen, wäre nachfolgend die Phrase „werde getrunken durch den Mann“ (*swr in si*) zu erwarten.

Die Hauptbedeutungen von *nḏm* sind „süß sein; angenehm sein; froh sein“[153]. *nḏm=f* folgt nach der Präposition *r*, sodass man einen Infinitiv mit direktem Objekt oder ein prospektivisches *sḏm=f* annehmen kann.

(25) Salbe (*mrḥ.t*) Das Wort *mrḥ.t* lässt sich prinzipiell je nach Kontext mit „Öl“, „Fett“ oder „Salbe“ übersetzen; im Ägyptischen wird nomenklatorisch nicht zwischen dem flüssigen und dem festen Aggregatzustand einer fettigen Substanz unterschieden, doch wird in den meisten Fällen die Herkunft von *mrḥ.t* näher spezifiziert, z. B. *mrḥ.t ꜥšꜣ*: „Eidechsenfett“[154], *mrḥ.t ꜥḏw*: „Meeräschenfett“[155], *mrḥ.t pnw*: „Mäusefett“[156].

Im Papyrus Edwin Smith liegt an keiner Stelle eine Herkunftsbestimmung von *mrḥ.t* vor. Im Vordergrund scheint mir daher die etymologische Bedeutung „Salbe“ zu liegen, denn *mrḥ.t* kann als *Nomen instrumenti* von *wrḥ* „salben“ aufgefasst werden. [157]

(26) Fasern (*ftt*) Es steht außer Frage, dass es sich bei *ftt* um ein Produkt handeln muss, das saugfähige Eigenschaften aufweist. Lürings Deutung „Baumwolle“[158] wurde schon frühzeitig verworfen, da Baumwolle erst um 200 v. Chr. in Ägypten bekannt war.

(27) bis du erkennst, dass er zur Sache (*iḫ.t*) gelangt (*r rḫ=k spr=f r (i)ḫ.t*) „zur Sache gelangen“ wird durch Glosse C des vierten Falls eindeutig definiert: „Was anbetrifft ‚du erkennst, dass er zur Sache gelangt‘. Das bedeutet, dass gesagt wird, dass du erkennst, ob er sterben wird oder ob er leben wird, denn er ist in einem Leiden, mit dem gekämpft wird.“[159]

153 WCN 500020.
154 Ram V Nr. 3 (III.21).
155 Eb 656 (LXXXII.9); Ram V Nr. 2 (II.9).
156 Eb 658 (LXXXII.15); Ram V Nr. 3 (III.20).
157 Osing (1976): 209, und Anm. 907.
158 Lüring (1888): 18.
159 (II.10) *ir rḫ=k spr=f r (i)ḫ.t.* (II.11) *ḏd pw rḫ=k mt=f r ꜥnḫ{.t}=f ḏr-nt.t sw m mr ꜥḥꜣ ḥnꜥ.*

Der Heiler hat erkannt, ob es noch lohnt gegen das Leiden anzukämpfen, da die Weichen zwischen Tod oder Leben sich unwiderruflich gestellt haben.

iḫ.t wird hier gerne mit „Krise" übersetzt; besser würde „bis er zur Entscheidung zwischen Leben und Tod gelangt ist" passen. In dem Moment, in dem klar wird, dass der Patient sterben wird, ist die Behandlung abzubrechen.

(28) nachdem sein Körper Wärme ergriffen hat (*šdi.n ḥʿ.w=f srf*) Das Wort *ḥʿ.w* wird gewöhnlich mit „Körper; Leib; Fleisch; Selbst"[160] übersetzt. Im heilkundlichen Kontext ist stets der stoffliche Aspekt des Körpers gemeint. Der Einsatz dieses Wortes zeigt, dass die Wärme den ganzen Körper umfasst und nicht nur eine lokale Reaktion ist.

Das Wort *šdi* „herausholen; ergreifen" weist auf den aktiven Part des Körpers hin. Es wird hier gemäß seiner Hauptbedeutung übersetzt und nicht, wie ausnahmsweise für allein den hier genannten Kontext vom Grundriß vermutlich aufgrund moderner Konzepte empfohlen, mit „(eine Krankheit) bekommen"[161]. Denn die Übersetzung des Grundrisses verschleiert die emische Sicht, indem sie die Akteure vertauscht. Der Körper agiert und wird nicht „befallen". Er holt sich die Wärme so, wie wir uns heute bestimmte Krankheiten „holen" können.

Das hier mit „Wärme" übersetzte Wort *srf* hat gemäß Grundriß und Westendorf[162] an einigen Stellen, so auch an dieser, die Bedeutung „Hitze". Tatsächlich wählen sie diese Übersetzung aber nur, wenn sie davon ausgehen, dass es sich um eine Krankheitserscheinung handelt. Auch hier möchte ich bei der Hauptbedeutung des Wortes „Wärme" bleiben. Die Belege zeigen, dass mit *srf* verschiedene Wärmegrade bezeichnet werden, bspw. „Fingerwärme" (*srf ḏbʿ*) oder „angenehme Wärme" (*srf nḏm*). Für die spezifische Wärmestufe „Hitze" dagegen verwenden die Texte das Wort *šmm/šm*.[163]

(29) infolge (*ẖr*) Die Übersetzung der Präposition *ẖr* mit „infolge" geht auf den Grundriß[164] zurück und lässt sich aus mehreren Belegstellen in heilkundlichen Texten ableiten. Die ausführliche Form ist m. E. *ḫpr ẖr* „entstanden infolge".

160 WCN 101950.
161 Grundriß VII: 875.
162 Grundriß VII: 779–781; Westendorf (1999): 317f.
163 Zu den Belegen, siehe Grundriß VII: 853f.
164 Grundriß VII: 689.

Auf diese Weise werden z. B. in Lehrtexten über Geschwülste (Eb 857–859) diese Krankheitserscheinungen einer bestimmten Ursache zugeordnet.

(30) weil (*isk*) Die einleitende Partikel *isk*, die hier mit „weil" wiedergegeben wird, ist kennzeichnend für das Altägyptische. Sie leitet Haupt- und Nebensätze ein und hat koordinierende Funktion.[165] Was folgt, ist also ein Sachverhalt, der als bekannt vorausgesetzt wird. Er könnte daher im Zusammenhang mit dem stehen, was bereits im Abschnitt zuvor beschrieben wurde. Die Wärme wird darauf zurückgeführt, dass der Patient sich *tἰꜣ* geholt hat. Grundübel ist dabei die Wunde.

(31) *tἰꜣ* Das Wort *tἰꜣ* bleibt hier unübersetzt. Ihm ist keine Glosse zugewiesen, was darauf hindeutet, dass es zur Zeit der Kompilation des Textes keine Deutungsprobleme für *tἰꜣ* gab. Immerhin ist seit dem Neuen Reich ein Verb *tἰꜣ* mit der Bedeutung „stöhnen; schreien; jubeln"[166] belegt, das identisch wie *tἰꜣ* hier mit einem Stoßzahn determiniert ist.

Der älteste Beleg für *tἰꜣ* kommt aus einem Lehrtext im frauenheilkundlichen Papyrus Kahun[167]. Dort wird bei einer Frau, die an ihren Schneide- und Eckzähnen leidet und ihren Mund nicht öffnen kann, „*tἰꜣ* infolge des Gebärmutterkomplexes" (*tἰꜣ ẖr id.t*) diagnostiziert. Auch hier wird also die Eigenart, den Mund nicht öffnen zu können, mit einer entfernter liegenden Ursache korreliert.

Aufgrund des Kontextes kann man davon ausgehen, dass es sich um eine Erscheinung handelt, die aufgrund der Wunde vorliegen kann, aber nicht muss. Sie wird aktiv vom Mann „geholt", vergleichbar mit der heutigen Formulierung, dass man sich einen Infekt holt. Unmittelbar mit *tἰꜣ* ist eine Temperaturerhöhung durch den Körper assoziiert (der Körper ergreift Wärme, weil der Mann *tἰꜣ* ergriffen hat).

Neben der Erwärmung infolge von *tἰꜣ* werden später noch Symptome wie Gesichtsverzerrung, Nackenaufrichtung und Geruchsentwicklung genannt. *tἰꜣ* selbst erscheint als Auslöser, der, fängt man ihn sich ein, zu mehreren Symptomen führt.

Versuche der retrospektiven Diagnose führten einen medizinischen Berater Breasteds[168] dazu, dass *tἰꜣ* „convulsions" oder das „delirium" meine.

---

165 Edel (1955): 852–857.
166 WCN 169890.
167 Kah 5 (I,16).
168 Breasted (1930): 182.

Der Grundriß übersetzt mit „Zahnschmerzen haben“[169], Bardinet sieht in *tỉꜣ* einen „Kaumuskelkrampf“ (siehe auch Tab. 5a).[170] Letztere Übersetzung sah er, wie weitere Autoren, darin bestätigt, dass dieser infolge einer Tetanus-Infektion entstehen könne, die hier beschrieben sei. Das charakteristische Symptom der Tetanuserkrankung wurde so mit dem unbekannten Wort kombiniert und begründete eine Übersetzung, der somit ein modernes Krankheitskonzept zugrundeliegt.

Da *tỉꜣ* aber die Ursache eines Symptomkomplexes aus den oben nummerierten Symptomen 1–8 darstellt, scheint mir eine Übersetzung mit „Kieferklemme“ oder wie häufig angewendet „Kaumuskelkrampf“ irreleitend. Besonders der „gebundene Mund“ war bereits ohne *tỉꜣ* allein aufgrund der Wunde aufgetreten, ist also nicht das einzige Charakteristikum der *tỉꜣ*-Erscheinung. *tỉꜣ* aus altägyptischer Sicht ist kein Einzelsymptom, sondern ein komplexes Geschehen, das Ursache und den folgenden Symptomenkomplex gleichermaßen bezeichnet und von Wunden oder vom Gebärmutterkomplex ausgehen kann. Siehe auch den emischen und etischen Kommentar. Benennungsmotiv kann das damit verbundene „Stöhnen“ (vor Schmerzen) sein.

(32) dann legst du daraufhin deine Hand <auf> sein Gesicht (*wdỉ.ỉn⸗k ꜥ⸗k* <*ḥr*> *ḥr⸗f*) Die Formulierung ist eine Variante zu „so untersuchst du folglich“ (9)[171] und meint also synonym den Untersuchungsvorgang. Auffällig ist die grammatikalische Form: aufgrund der Tempusbetonung wird eine *sḏm.ỉn⸗f*-Form und nicht die *sḏm.ḫr⸗f*-Form für eine zwangsläufige Folge gewählt. Dies drückt eine gewisse Distanz des Autors aus und lässt die Möglichkeit, es nicht zu tun.

(33) sein Antlitz, feucht von Schweiß (*mḫnt⸗f bꜣ.y m fd.t*) → siehe dazu **Glosse D (III.18–19):**

> „Was anbetrifft ‚sein Antlitz ist feucht mit Schweiß‘: Das bedeutet, dass sein Kopf geringfügig verschwitzt ist, so wie wenn Dinge feucht sind.“

Der Grundriß übersetzt Antlitz (*mḫnt*), wörtlich das „vorne Befindliche“, mit „Stirn“[172], doch scheint mir die Übersetzung des TLA[173] treffender, insbesondere bei dieser Passage. Denn zum einen wird *mḫnt* in dieser Glosse durch

169 Grundriß VII: 937.

170 Bardinet (1990): 169; so auch in der Folge Westendorf (1999): 168; 430.

171 Eine Gegenüberstellung aller Varianten findet sich in Pommerening (2014): 42f.

172 Grundriß VII: 387.

173 WCN 74410 nach Wb.

„Kopf“ aufgegriffen und zum anderen muss sich ein Schwitzen nicht nur auf der Stirn abzeichnen. Das Verbum *bꜣi*[174], das hier mit „feucht sein“ übersetzt wird, ist nur im Papyrus Edwin Smith belegt.[175]

(34) gespannt (*dwn*) Das Wort *dwn* bedeutet laut TLA „ausstrecken; sich erstrecken“[176]. Eine Durchsicht der Belege scheint mir indes für eine weitere Hauptbedeutung „spannen“ zu sprechen; so findet man Phrasen wie „Bogen spannen“, „eine Fläche spannt sich“, „ein Messstrick spannt sich“. Eine derartige Übersetzung passt sehr gut zu den „Strängen“ des Nackens, die m. E. „gespannt“ sind. Die gesamte Passage wird zudem in → **Glosse E (III.19–20)** dieses Falls aufgegriffen:

> „Was anbetrifft ‚die Stränge seines Nackens sind gespannt‘: Das bedeutet, dass die Stränge seines Nackens ausgestreckt und stark sind aufgrund seines Leidens.“

Das Wort *dwn* erscheint in Glosse E mit zwei unterschiedlichen Determinativen, einerseits dem Seil, andererseits den gehenden Füßen.[177] Man könnte zwei unterschiedliche Lemmata annehmen bzw. muss in jedem Fall von zwei Konnotationen ausgehen, nämlich „spannen“ (Klassifikator Seil) und „ausstrecken“ (Klassifikator gehende Füße). Beide Vorgänge zeigen sich sowohl beim Bogenspannen als auch beim Anspannen anderer Stränge.

(35) sein Gesicht ist rotgefärbt (*ḥr=f tms(.w)*) → siehe dazu **Glosse F (III.20–21)**:

> „Was anbetrifft ‚es ist sein Gesicht rotgefärbt[(35a)]‘: Das bedeutet, dass die Farbe seines Gesichtes rot ist, so wie die Farbe der Früchte der Rotfärbepflanze[(35b)].“

(35a) rotgefärbt (*tms*) Dass mit *tms* eine Rotfärbung gemeint ist, ergibt sich aus der Glosse, in der die Farbe als *dšr* eingeordnet und näher als die Farbe der Früchte der gleichnamigen *tms.t*-Pflanze definiert wird. Da Gesicht und Lippen (siehe [35b]) die Farbe einnehmen können, wird es sich um einen Rotton handeln, der ins Violette übergeht.

(35b) Rotfärbepflanze (*tms.t*) Die *tms.t*-Pflanze wird auch in der Glosse von Fall 41 des Wundenbuches zum Vergleich herangezogen: „Was anbetrifft ‚seine Lippen sind rotgefärbt‘: Das bedeutet, dass die Farbe seiner Lippen rot ist, so wie die Farbe der Rotfärbepflanze“.[178]

---

174 WCN 53170.

175 Für *bꜣw* „Feuchtigkeit“, siehe Ward (1978): § 278; Meeks (1978): 78.1218.

176 WCN 178160.

177 Gardiner D 56.

178 *ir tms sp.ty=fy dšr irt.iw sp.t=f pw mi irt.iw tms.t.*

Ich sehe in der Pflanze nicht nur den Aspekt, dass es sich um eine Pflanze mit Früchten eines definierten Rot-Tons handelt, sondern, dass die Früchte selbst als Färbemittel genutzt wurden. Daher übersetze ich nicht, wie üblich, „Rot-Pflanze/-Strauch/-Baum“[179], sondern „Rotfärbepflanze“. Der Färbeaspekt ergibt sich aus der Kombination zweier Klassifikatoren: „Schreibpalette“ und „Körnerdeterminativ mit Pluralstrichen“. M. E. war dieser Aspekt neben der Farbe das Benennungsmotiv. Um welche Pflanze es sich im botanischen Sinne handelt, ist unklar.

(36) Eckzähne (*nḥḏ.t*) Nach der umfangreichen Untersuchung von Bardinet[180] sind *nḥḏ.t* „Reißzähne“ bzw. auf den Menschen bezogen die „Eckzähne“.

(37) seine Eckzähne gehören zu seinem Rückgrat (*n(.y) nḥḏ.wt=f psḏ=f*) Die Übersetzung der Passage ist schwierig. Bislang ging man davon aus, dass sie korrupt ist. Brawanski übersetzt „Zähne und Rückgrat <sind verkrampft>“[181]. Bardinet fasst das hier mit „Rückgrat“ übersetzte Wort *psḏ* als Verbum auf, eliminiert das Suffix-*f* und übersetzt: „ses crocs sont luisants, brillant, se découvrent, se dévoilent“ (*nḥḏ.wt=f psḏ(.ti)*), was Westendorf mit „seine Zähne sind bloßgelegt“ aufgreift.[182] Ich möchte vorschlagen, das von allen Übersetzern ignorierte *n* am Satzbeginn ernst zu nehmen und als Possessivmarker *n(y)* aufzufassen. Inhaltlich würde damit eine Verbindung zwischen Eckzähnen und Wirbelsäule hergestellt, die aufgrund von Farbe, Form und Konsistenz vielleicht ohnehin schon gesehen wurde. Hier rücken die Eckzähne aufgrund der im vorherigen Abschnitt beschriebenen Steilstellung des Nackens räumlich näher in Richtung Wirbelsäule. Dass Verkrampfungen der oberen Wirbelsäule aus einer Kiefergelenksproblematik resultieren können, ist heute zahnärztliches Know-how.

(38) der Geruch des Hirnkastens ist wie Absonderung von Kleinvieh (*sti hn n tp=f mi bkn n ʿw.t*) → siehe dazu **Glosse G** und **H:**

Glosse G (III.21–IV.1)

„Was anbetrifft ‚der Geruch seines Hirnkastens(38a) ist wie Absonderung(38b) des Kleinviehs‘: Das bedeutet, dass der Geruch seines Scheitelstücks(38c) wie die Ausscheidung(38d) von Kleinvieh ist.“

179 Westendorf (1999): 718, Anm. 20.

180 Bardinet (1990): 171.

181 Brawanski (2001): 24.

182 Bardinet (1990): 170f.; Westendorf (1999): 716 und Anm. 14.

Glosse H (IV.1–2)

„Was anbetrifft den ‚Kasten des Kopfes': Das bedeutet das (was) inmitten seines Scheitelstücks ist, nahe seines Hirns(38e). Das bedeutet, dass es einem Kasten ähnlich gemacht ist."

(38a) Kasten des Kopfes (*hn n tp*) Die Bezeichnung dürfte entstanden sein, weil ein Schädel, wenn man ihn von vorne und oben betrachtet, an einen aufklappbaren Kasten erinnert (Abb. 2). Gemeint ist aber der Innenraum, in dem sich das Gehirn befindet, ohne das Gehirn mit einzuschließen, denn gemäß Glosse H liegt der Kasten des Kopfes zwischen Scheitelstück und Gehirn.

(38b) Absonderung (*bkn*) Das Wort *bkn* ist ausschließlich hier belegt. Im Haupttext wird *bkn* mit dem Determinativ „schlechtes Paket" geschrieben. Die Bedeutung ist aus der Glosse zu erschließen: ein geruchsintensiver Stoff, der von Kleinvieh (das sind Schafe und Ziegen) produziert wird und wie die „Ausscheidung" von Kleinvieh riecht. Geht man davon aus, dass „Ausscheidung" ein Synonym für *bkn* ist, sollte man ein gleichbedeutendes Wort für die Übersetzung im Haupttext wählen.

Der unangenehme Geruch von Ziegenböcken, der gerne mit ihrem Urin in Verbindung gebracht wird, wird aus Drüsen im Hornbereich am Kopf ausgeschieden. Der Urin wird zwar von Laien gerne mit einem unangenehmen Geruch in Verbindung gebracht, ist aber selbst in der Brunftzeit im Gegensatz zu der Drüsenabsonderung relativ geruchfrei.

Daher wähle ich die weniger konkrete Übersetzung „Absonderung". Bisher wurde das Wort mit „Mist" übersetzt.[183]

(38c) Scheitelstück (*wp.t*) Das Wort *wp.t* ist ein aktives Partizip zu *wpi*, dessen Hauptbedeutung „trennen" ist[184]. Die Wortwurzel *wp* wird hieroglyphisch durch zwei miteinander verbundene Stierhörner dargestellt. Das Wort ist ausführlich bei Walker[185] besprochen, der unter *wp.t* die zentrale obere Region des Schädels mitsamt Haut und Haar versteht (siehe auch Abb. 2). Das Wort wird in Glosse G mit dem „Kasten seines Kopfes" gleichgesetzt (siehe [38a]).

Chapman sieht in *wp.t* nicht den Scheitelbereich, sondern die Braue; den Hirnkasten setzt er mit den Höhlungen der Stirnhöhle

183 Grundriß VII: 254; WCN 57920.
184 WCN 45640.
185 Walker (1996): 57–69; siehe auch Grundriß VII: 182.

gleich.[186] Sanchez und Meltzer[187] gehen den tieranatomischen Aspekten weiter nach und stellen fest, dass Rinderhörner aus dem Stirnbein hervorgehen und, was besonders zu betonen ist, die Höhlungen des Horns in die Stirnhöhlen übergehen. Geht man davon aus, dass sich die anatomische Terminologie vorwiegend durch Schlachtereiwesen und Tierkunde entwickelt hat, dürfte auf die menschliche Anatomie übertragen *wp.t* ein Scheitelstück bezeichnen, das bis zur Nasenwurzel verläuft, also das Stirnbein mitumfasst.

(38d) Ausscheidung (*wsš.t*) *wsš.t* ist Partizip Passiv des Verbums *wsš*: „harnen; ausscheiden"[188] und wird üblicherweise mit „Harn"[189] übersetzt. Bereits der Grundriß hat indes festgestellt, dass das Wort eine breitere Bedeutung hat und für Ausscheidungen aller Art (Kot, Urin, etwas aus der Mutterbrust) gebraucht wird. Daher wird entgegen der damals angenommenen Bedeutung „Harn" die allgemeinere Übersetzung „Ausscheidung" vorgeschlagen.[190]

(38e) Hirn (*ꜣis*) *ꜣis* wird auch als Droge verwendet. Im Grundriß[191] schwankt die Übersetzung in diesen Fällen zwischen „Gehirn" und „Gekröse", mit letzterem ist der Darm gemeint. Die Annahme des Grundrisses, dass zwei unterschiedliche Drogen (Hirn und Darm) durch nur ein Wort bezeichnet sind, basiert auf Überlegungen zur Verwendung analoger Mittel: Hirn für den Kopf, Gedärm für den After. Doch hätte es für die Eingeweide und Gedärme ein eigenes Wort gegeben (*mḫt.w*), sodass ich dazu tendiere, in *ꜣis* nur das Hirn zu sehen. Daher benötige ich auch nicht den Oberbegriff „Gekröse".

(39) sein Mund ist gebunden (*rꜣ=f mr(.w)*) Die Übersetzung bereitet keinerlei Problem. Was damit inhaltlich gemeint ist, wird in → **Glosse I (IV.2–4)** erläutert: Er öffnet seinen Mund nicht, wenn er spricht.

---

186 Chapman (1992): 42.
187 Sanchez und Meltzer (2012): 77.
188 WCN 49950.
189 WCN 49970.
190 Grundriß VII: 220f.
191 Grundriß VI: 1f.; Grundriß VII: 2.

„Was anbetrifft ‚sein Mund ist gebunden‘, ‚seine beiden Augenbrauen sind verzogen (?)‘, ‚sein Gesicht ist so, wie wenn er weint‘: Das bedeutet, dass er seinen Mund nicht öffnet, wenn er spricht, (wobei) seine beiden Augenbrauen verzogen (?) sind, indem sie einmal ein Ziehen für Oben und einmal ein Bedecken für unten gemacht haben, so wie einer, der am Zwinkern ist, (wobei) sein Gesicht (am) Weinen ist.“

(40) verzogen (?) (*sd.y*) Die Etymologie des Verbums *sd.y* ist unklar. Der Grundriß[192], der *sdi* als „[krankhafte Tätigkeit der Augenbrauen]“ verzeichnet hat, schlägt eine Verbindung mit *sd* „zittern“ vor, die ich für wenig realistisch halte. Denn die üblichen Schreibungen von *sd* differieren und zudem gibt es inhaltliche Bedenken. *sd.y* wird in Glosse I näher erläutert. Hier wird der Vorgang der Augenbrauenbewegung näher beschrieben: Demnach ziehen die Brauen nach oben und drücken ein anderes Mal nach unten, wie wenn man zwinkert. Ein rasches Tempo der Auf- und Abbewegung der Augenbrauen wird nicht beschrieben.

(41) so, wie wenn er weint (*mi iḫ.t rmi=f*) Die Erläuterung der Passage findet sich in → **Glosse I** (siehe oben): sein Gesicht ist am Weinen.[193]

(42) Ein Leiden, das nicht behandelt werden kann (*mr n ir.iw.ny*) Beschrieben werden Symptome, die insgesamt ein Krankheitsbild ergeben, das durch Behandlung keinen anderen Ausgang aufweist. Im Vergleich dazu hätte es auch zwei Krankheitsprognosen geben können, die den Arzt eingreifen lassen: „eine Krankheit, die ich behandeln werde“, bzw. „eine Krankheit, mit der ich kämpfen werde“ (siehe Papyrus Edwin Smith III.6).

Wenn auch die Aussage relativ klar ist, so bleibt die grammatikalische Bestimmung des Wortes *ir.iw.ny* schwierig und hat zu unterschiedlichen Ergebnissen geführt.[194]

In den beiden positiven Vergleichsfällen liegt jeweils ein Substantiv mit folgender attributiver prospektivischer Relativform ohne bzw. mit Rückverweis oder auch eine Rang IV-Topikalisierung mit folgendem prospektiven *sḏm=f* vor. Weder die eine noch die andere Variante treffen auf die verneinte Passage zu. Ich möchte sie als Rang IV-Topikalisierung mit negierter Generalis/Aorist-Form auffassen, bei der anstelle des *.n* + Suffix der dritten Person ein *ny* tritt, d. h. als *n sḏm.ny*,[195] und bevorzuge die passive Übersetzung.

192 Grundriß VII: 824.

193 Zu *mi iḫ.t* + *sḏm=f* für „so, wie wenn“ siehe Grundriß VII: 103.

194 Eine Zusammenfassung einiger Auffassungen findet sich jetzt bei der Übersetzung des Papyrus Edwin Smith (II.15) von Peter Dils im TLA (04.2016).

195 Vgl. Schenkel (2012): 194 und 196.

(43) nachdem er erblasst ist, nachdem er zuvor Zittern angerichtet hatte (*ḥḏ.n=f pꜣ.n=f wdi.t nhd*) → siehe dazu **Glosse J (IV.4):**

> „Was anbetrifft ‚nachdem er erblasst ist, nachdem[(43a)] er zuvor einen Schwächeanfall[(43b)] hingelegt hatte‘: Das bedeutet: ein Erblassen[(43c)], das am Eintreten[(43d)] ist, in den Zustand des Aufgebens[(43e)] angesichts der Schwäche.[(43f)]“

(43a) nachdem er (*pꜣ.n=f*) Durch das Hilfsverb *pꜣ* wird der Vorgang der Schwäche eine Zeitstufe weiter in die Vergangenheit gerückt: Die Blässe tritt daher nach dem Zittern ein. Genau diese Abfolge wird in der Glosse nochmals erläutert.

(43b) Schwächeanfall (*ꜣht/nhd*) Im Zitat ersetzt das Wort *ꜣht* das Wort *nhd*. Beide werden wohl das Gleiche meinen. *nhd* lässt sich von „zittern; wütend sein“[196] ableiten. *ꜣht* lässt sich mit *ꜣhd* verbinden, das „Schwäche“ meint.[197]

(43c) Erblassen (*sḥḏ.t*) Das zugrundeliegende Verb bedeutet wörtlich „weiß werden lassen“ bzw. „veranlassen, dass er weiß wird“, oben übersetzt mit „erblassen“. Hier liegt ein Partizip vor.

(43d) eintreten (*ꜥḳ*) Die Lesung ist unsicher. Das *ḳ* könnte auch als *t* transkribiert, das Determinativ als Doppelstrich aufgefasst werden. Die Variante *ꜣtj* wird von Ebbell gewählt und mit „Zustand“ übersetzt.

(43e) in den Zustand des Aufgebens (*m bṯ.w*) Die Phrase *m bṯ.w* kommt auch in Lehrtexten des Papyrus Ebers vor.[198] Die hier gewählte Auflösung entspricht nicht der üblichen,[199] scheint mir aber inhaltlich angemessener. *bṯ.w* kann als unheilbares Leiden aufgefasst werden (WCN 58330) oder als der aufgegeben habende Kranke (DZA 22.953.250).

(43f) angesichts der Schwäche (*ḫft-ḥr ꜣht*) Das Wort *ꜣht* (nachträglich durch den Schreiber aus *hꜣt* korrigiert) ist andernorts nicht belegt, lässt sich aber mit *ꜣhd* „Schwäche“ verbinden.[200]

---

196 WCN 85810.

197 Grundriß VII: 470.

198 Zu den Belegen siehe Grundriß VII: 254, s. v. *bṯ*.

199 Grundriß IV,1: 178: „Das ist: Blasswerden. Denn er ist <ein Fall> von: tritt [gegen sie (die Krankheit) auf], gehe [ihr] nicht aus dem Wege, angesichts der Schwäche.“

200 Grundriß VII: 9.

(44) Meißel aus Holz, bekleidet mit Stoff (*mḏꜣ.t n.t ḫt ḏbꜣ.ti m ḥbsw*) Die Übersetzung bereitet keine Probleme, und auch inhaltlich ist die Passage klar: Mit Hilfe des Meißels wird der Mund, der aufgrund der Verspannung geschlossen ist, geöffnet. Erst dann ist es möglich, ein Trankmittel zu verabreichen – ein Verfahren, das heute ebenso angewendet wird, wobei die Holzmeißel („Birnen") nicht mit Stoff verkleidet werden müssen. Dies könnte in Ägypten aufgrund der üblichen minderen Qualität des Holzes notwendig gewesen sein.

(45) Schlürftrank aus Erdmandeln (*sḫb.w n wꜥḥ*) Die Übersetzung „Schlürftrank" folgt dem Grundriß[201]. Aufgrund des Determinativs und der stellenweisen Paarung mit *swr* „trinken" ist deutlich geworden, dass es sich um ein Trankmittel handeln muss. Das zugehörige Verbum *sḫb* wird mit „verschlingen; einschlürfen; (Heilmittel) einnehmen"[202] übersetzt. Die Übersetzung von *wꜥḥ* mit „Erdmandel" ist gesichert.[203] Um aus Erdmandeln einen Trank zu bereiten, sind mehrere Verfahrensschritte notwendig, die der Heiler interessanterweise nicht selbst vornimmt, sondern vornehmen lässt. Aus heutiger Sicht handelt es sich bei der Zubereitung um ein Stärkungsmittel; dies dürfte auch damals der Grund der Anwendung gewesen sein, die ja nach einem Schwächeanfall und Erblassen erfolgen sollte.

(46) Sitzen ist seine Behandlung (*srwḫ=f pw ḥmsi.t*) Dies ist eine typische Behandlungsform im Wundenbuch, wobei die Art und Weise des Sitzens an mehreren Stellen, so auch hier, genauer beschrieben wird: dem Leidenden dienen zwei Ziegel als stützender Unterbau, siehe (47).

(47) Schutzstützen aus Ziegel (*mk.ty n.ty ḏb.t*) Die Stützen aus Ziegeln tragen interessanterweise eine Bezeichnung, die mit dem Wort „schützen" (*mki*) in Zusammenhang steht, es sind „die zum Schutz Gehörigen". Es ist durchaus anzunehmen, dass keine ‚einfachen' Ziegel zur Anwendung kamen, sondern solche, die vor ihrer Verwendung im Heilwesen eine magische Aufladung erfuhren.

---

201 Grundriß VII: 793.

202 WCN 143480.

203 Pommerening (2016).

Emischer Kommentar

Die 48 Fälle des Wundenbuchs sind nach Verletzungen geordnet, beginnend mit dem Kopf bis hin zur Brust – dann bricht der Papyrus ab – und innerhalb gleicher Verletzungslokalitäten nach Schweregrad, ausgehend von Leiden, die behandelbar sind, über solche, mit denen der Heiler kämpfen muss, hin zu solchen, die nicht behandelt werden können. Letzteres heißt nicht, dass der Tod immer eintreffen muss, vielmehr hat ein Arzt auf den Ausgang der Verletzung keinerlei Einfluss. Nach einer einfachen Kopfwunde (Fall 1) betreffen die folgenden sechs Fälle Klaffwunden am Kopf, die bis zum Knochen reichen. Im zweiten Fall ist der Schädel unversehrt, im dritten von der Wunde durchsetzt, im vierten liegt ein Spalt vor, im fünften ein Bruch. Im fünften Fall ist eine Behandlung genauso unmöglich wie im sechsten, bei dem zusätzlich das Hirn aufgebrochen ist. Auch für Fall acht, der einen Bruch unter der Haut beschreibt, erzielt eine Behandlung keinen Effekt.

Der siebte Fall bietet zusätzlich eine Unterteilung nach mehreren Verlaufsarten an (III.2–8; III.8–13; III.13–15), was bereits auf die Komplexität der gestellten ersten Diagnose verweist. Hierunter sind Verläufe, für die sich noch lohnt zu kämpfen (III.2–8; III.13–15), und solche, bei denen eine Einflussnahme aussichtslos ist (III.8–13). Allen gemeinsam ist die Gesamtüberschrift des Falls: eine Klaffwunde, die zum Knochen reicht und die *tpꜣ.w* des Schädels durchdringt. Wie dem Wortkommentar (siehe [5a]) zu entnehmen ist, handelt es sich bei den *tpꜣ.w* offensichtlich um Nebenhöhlenstrukturen, wie sie im oberen Kopfbereich sowohl in der Stirn- als auch bspw. in der Keilbeinhöhle vorkommen. Wesentlich aus kulturimmanenter Sicht ist, dass eine dieser Höhlungen durch die Verletzung angegriffen ist. Aufgrund der Anordnung der Fälle von oben nach unten wird es wohl die Stirnhöhle sein, doch ist diese Frage aus altägyptischer Sicht nicht relevant. Die genaue Lokalisation der Verletzung wird nicht näher beschrieben. Die Vorstellung, dass eine *Höhlung* betroffen ist, scheint vielmehr die Folgehandlungen und die Berücksichtigung möglicher Krankheitsfolgen zu bestimmen.

Urteil und Behandlung werden aufgrund weiterer Symptome abgeleitet. Dazu wird die Wunde näher inspiziert, die nachgibt. Danach wird getestet, ob der Patient möglicherweise reagiert, also aufmerksam ist. Fällt es ihm schwer, den Mund zu öffnen und zu sprechen, fließt ferner zäher Speichel aus dem Mund, liegen Nackenversteifung und Blutungen aus Nase und Ohr vor, so gehört das Leiden in die Kategorie derjenigen, mit denen gekämpft wird. Die Diagnose greift neben dem, was aus der Überschrift bereits bekannt war (nämlich eine Klaffwunde am Schädel, die zum Knochen reicht und die Nebenhöhlen durchdringt) 1) die Kieferklemme, 2) die Blutungen aus Nasen und Ohren und 3) die Nackensteifigkeit auf. Die Behandlung betrifft 1) die Kieferklemme und 2) die Versorgung der Wunde. Das ist mehr als üblich, denn in der Regel wird bei Leiden, mit denen gekämpft wird, der Leidende sitzend gelagert, bis sich entscheidet, ob er überlebensfähig ist. Aus sprachhistorischer Sicht scheint die Passage der Behandlung der Kieferklemme (III.7–8) später eingeschoben, d. h. der Urtext empfiehlt nur das Versorgen der Wunde; der Verletzte wird solange mit Salben, Honig und Fasern behandelt, bis sich zeigt, ob er überleben wird oder ob er todgeweiht ist. Die Kieferklemme wird durch heiße Umschläge behandelt, was (durch Entspannung der entsprechenden Bänder) die Öffnung des Mundes zur Folge hat.

Auf dem Weg zur möglichen Genesung können zwei Komplikationen auftreten. Die erste (III.8–13) zeigt sich an sich einstellender Wärme, die mit *tiꜣ* in Verbindung stehen soll und ursächlich auf die Wunde zurückgeführt wird. Die Verifizierung dieser hypothetisch angenommenen Erkrankung zeigt sich durch Schweiß, Rückbiegung des Nackens, Rotfärbung des Gesichts, Verkrampfung der Wirbelsäule, strengen Geruch des Scheitels, Kieferklemme und Verkrampfungen der Gesichtsmimik. Die Diagnose greift hier neben dem, was aus der Gesamtüberschrift bereits bekannt war, 1) *tiꜣ*, 2) die Kieferklemme und 3) die Nackensteifigkeit auf. 2) und 3) sind mit dem ersten Fall identisch, hier aber ist *tiꜣ* an die erste Stelle gerückt, und hat damit die zusätzlichen Symptome verursacht, die die *tiꜣ*-Bezeichnung gleichzeitig zu subsumieren scheint. Die Diagnose hat zur Folge, dass das Urteil gefällt wird: „Ein Leiden, das nicht behandelt werden kann". Infolgedessen wird auch nichts unternommen.

Bei der zweiten Komplikation (III.13–15) sollte der Arzt hingegen eingreifen. Der Verletzte beginnt zu zittern und wird blass. Dies wird darauf zurückgeführt, dass er aufgrund der Kieferklemme nicht essen kann, was gleichzeitig bedeutet, dass die anfangs empfohlene Wärmebehandlung nicht erfolgreich gewesen sein kann. Der verschlossene Mund wird nun mit Hilfe eines Meißels geöffnet und dem Erkrankten wird ein flüssiges Stärkungsmittel verabreicht. Zudem wird er mit Hilfe vermutlich magisch aufgeladener Ziegel in eine aufrechte Sitzposition gebracht, bis der Arzt zu erkennen vermag, ob er todgeweiht ist oder genesen wird. Der Text der zweiten Komplikation weist auf eine jüngere Sprachform hin und gehört somit nicht zur früheren Version. Dies wird auch durch die Anordnung deutlich, die untypischerweise einen nicht zu behandelnden Verlauf (III.8–13) vor den behandelbaren stellt.

Etischer Kommentar

Der unter *tiꜣ* subsummierte Ursachen-/Symptomkomplex bildet aus altägyptischer Sicht ein Spezifikum, das es wert war, mit einem eigenen Ausdruck bezeichnet zu werden.

Die genauen Symptombeschreibungen in Abschnitt III.10–III.12 haben bei medizinisch versierten Kollegen unweigerlich zur Spekulation über zugrundeliegende Krankheitsbilder gesorgt. Gleichermaßen versuchte man, den ursächlichen Verletzungsort, d. h. die Lage der Wunde, herauszufinden, um *tpꜣ.w* übersetzen oder zumindest lokal eingrenzen zu können. Dies hat zu einer umfangreichen Sekundärliteratur geführt. In Tab. 5a und b sind einige Beispiele für Übersetzungen/Interpretationen der beiden zentralen Begriffe *tiꜣ* und *tpꜣ.w* mit Verweisen auf entsprechende Literatur angeführt.[204]

Die Übersetzungen sind durch unterschiedliche Herangehensweisen geleitet. Häufig erfolgt ein implizierter Vergleich mit der eigenen Medizin ohne den Versuch, fremdes Denken zu berücksichtigen. Hinzu kommt eine evolutionistische Perspektive mit dem Ergebnis, dass „schon die alten Ägypter" Tetanus gehabt hätten.

Im folgenden Abschnitt werden die Besonderheiten zu Fall 7 aufgegriffen. Dabei wird allerdings immer wieder eine emische Perspektive eingenommen, um die bisherigen Ergebnisse in anderem Licht zu diskutieren.

Der erste Abschnitt des Falls birgt als größtes, sich in der Sekundärliteratur spiegelndes Problem die Lokalisation der Wunde. Was sind *tpꜣ.w* und wo liegen sie? Aufgrund der neurologischen Symptome lässt sich nach Brawanski (2001) die Lokalisation der Wunde nicht rekonstruieren. Traumatische Kopfverletzungen sind so komplex, dass ihre Symptome nicht mit den sichtbaren Verletzungen in Verbindung stehen müssen. Die Blutung aus Nase und Ohren spreche ebenso wie die Bewusstseinstrübung für eine Verletzung der Schädelbasis.[205]

Eine solche muss nicht sichtbar sein. Hinzu kommt das Symptom der Nackenversteifung. Relevant für eine korrekte Einschätzung ist, dass all diese Symptome auch in anderen Fällen des Papyrus Edwin Smith angeführt werden und uncharakteristisch für die offenkundige Lage der Verletzung sind. Da aber die *tpꜣ.w* in der Überschrift genannt werden, müssen sie eine besondere Rolle spielen. Im Altägyptischen beschreibt das Wort *tpꜣ.w* an keiner Stelle eine genaue Lokalisation, sondern eine charakteristische Struktur (siehe Annotation [5a]).

204 Eingeklammerte Zahlen in der Tabelle = Seitenzahlen im zitierten Werk.
205 Siehe Brawanski (2001): 24.

Chapman untersuchte 1992 in einer philologischen Analyse den Bedeutungsumfang von *tpꜣ.w* und konnte überzeugend darlegen, dass es sich wohl um Nebenhöhlenstrukturen handelt.[206] Deren Verletzungen gehen mit erhöhter Infektionsgefahr einher, was im nächsten Abschnitt als Komplikation tatsächlich beschrieben erscheint. Berücksichtigt man die von oben nach unten angeordneten Fälle, mag in den Augen des Kompilators hier möglicherweise der Stirnhöhlenbereich verletzt worden sein.

Tab. 5a: Bisherige Übersetzungen der zentralen Wörter von Fall 7

Autor	***tpꜣ.w*-Übersetzung // Interpretation**	***tiꜣ*-Übersetzung // Interpretation**
Breasted (1930)	„sutures“ (= Schädelnähte) (185)	*tiꜣ*
Ebbell (1939)	„*tpꜣw*“ (24) // *Tentorium cerebelli* (Kleinhirnzelt) (26)	„Zähneknirschen (d. h. Trismus)“ (25)
Grundriß IV,1	„*tpꜣ.w*“ (1.176) // „sehnige Membran zwischen den Hemisphären des Großhirns (*falx cerebri*, Hirnsichel)“? (2.142)	„Zahnschmerz“ (177)
Grundriß VII	„Kopfschwarte (Galea)?“ (948)	–
Westendorf (1966)	„*tpꜣ.w*-Region“ (39) // sehnige Membran zwischen den Hemisphären des Großhirns (*falx cerebri*, Hirnsichel) (42)	„Zahnschmerzen“ (39)
Chapman (1992)	„*tpꜣw*“ (36) // „the skin-like membranes which line the sinus cavity“ (42)	„jaw pain“ (37)
Bardinet (1990)	„sutures du crâne“ (169)	„trismus (*tiꜣ(w)*)“ (169)
Bardinet (1995)	„poches (tepaou) du crâne“ (498)	„crispation des mâchoires“ (498)
Westendorf (1999)	„Höhlungen (*tpꜣ.w*)“ (716)	„Kaumuskelkrampf (*tiꜣ*)“ (716)
Brawanski (2001)	„Stirnhöhlenbereich (*Glabella*)“ (23)	„Kaumuskelkrampf“ (24)
Stephan (2011)	„*tpꜣ.w*“ (98) // Dura mater ? (100)	„Kaumuskelkrampf (*tiꜣ*)“ (98)
Allen (2005)	„sutures“ (77)	toothache (77)
Sanchez und Meltzer (2012)	„membranous lined sinus cavities“ (73)	„*tiꜣ*“ (74) // *tiꜣ*-trismus; *tiꜣ*-tetanus (84)

206 Diese waren vermutlich auch aus der Rinderzucht bekannt, denn eine Verletzung der Hörner legt beim Rind die Stirnhöhlen frei, die dadurch sehr infektionsgefährdet sind.

Tab. 5b: Bisherige Interpretationen von Fall 7

Autor	Interpretation III.2–8	Interpretation III.8–13	Interpretation III.13–15
Breasted (1930)	–	Tetanus (176)	–
Ebbell (1939)	„Läsion der Gehirnschale", wahrscheinlich „Fraktur des Kraniums" (26)	„unzweideutige und ausgezeichnete Beschreibung von Starrkrampf"; Infektion durch Tetanus-Bacillen (26)	milder Verlauf von Tetanus (27)
Grundriß IV,1	–	–	–
Grundriß VII	–	–	–
Westendorf (1966)	–	„ob an Wundstarrkrampf zu denken ist?" (43, Anm. 16)	–
Chapman (1992)	„penetrating injury of the frontal sinus" (42)	„wound infection"; „fatal sepsis" (42); „infection with meningitis, reminiscent of what has been described in case seven" (41)	–
Bardinet (1990)	„traumatisme cranien" (177)	„tétanos céphalique" (173) complication infectieuse (178)	évolution pas trop défavorable (178)
Bardinet (1995)	–	„tétanos" (237)	–
Westendorf (1999)	–	–	–
Brawanski (2001)	„Schwere Verletzung mit eindrücklichen neurologischen Symptomen" (24); „Blutung aus Nase und Ohren spricht für ausgedehnte Schädelbasisverletzung", „Verletzung des Stirnhöhlenbereichs (*tpꜣ.w*)" (24)	Tetanus nicht eindeutig; möglich ist auch „eine eitrige Wundinfektion mit Bildung eines Hirnabszesses im Rahmen einer offenen Hirnverletzung" „fortschreitende Meningitis" (25)	–
Stephan (2011)	Fraktur im Mandibulargelenk oder im temporalen Bereich des Schädels (101)	Wundinfektion oder Wundstarrkrampf (101)	Tonisch-klonische Krämpfe? (101)
Allen (2005)	–	–	–
Sanchez und Meltzer (2012)	„Frontal cutting wound with compound skull fracture penetrating the Frontal air sinus" (301)	„Infection-*tiꜣ* Tetanus" (301)	subakute Phase, Stabilisierung, aber Schwäche; Unterstützung durch Nahrung (85)

Unter den Symptomen der Verletzung sticht bereits im ersten Abschnitt das Mund-nicht-Öffnen-können hervor. Stephan[207] nimmt an, dass demnach eine Frakturlinie im Kieferbereich vorliegen könne oder die Schwellung durch die weiter oben befindliche Verletzung so stark sei, dass die Bewegung des Kiefers eingeschränkt sei. Er denkt auch an die Möglichkeit eines Kaumuskelkrampfes infolge eines Verletzungsschocks. Es muss an dieser Stelle betont werden, dass es im ersten Abschnitt des Textes gemäß den üblichen Anordnungen der Fälle zunächst um eine häufig beobachtete Grundsymptomatik einer Verletzung geht. Insofern mag das Mund-nicht-Öffnen-können durch die Schädelbasis-Fraktur und/oder weitere Frakturen bedingt sein. Aus altägyptischer Sicht bewirken festgestellte Bänder am Kauapparat die Bewegungseinschränkung.

Die im zweiten Abschnitt (III.8–13) beschriebenen Symptome werden von manchen Autoren als ein eindeutiger Beleg für Tetanus gesehen,[208] manche sehen bereits im ersten Abschnitt diese Erkrankung sich anbahnen, andere führen an, dass es sich um eine Wundinfektion mit auch anderen Keimen handeln könne, die zu einer Meningitis oder einem Hirnabszess führe (siehe Tab. 5b).

Der Übersicht halber und um die differierenden Krankheitskategorisierungen zu verdeutlichen, seien im Folgenden kurz die heute für relevant gehaltenen Symptome von Tetanus und einer Meningitis gegenübergestellt (Tab. 6):

Tab. 6: Symptome von Tetanus und Meningitis nach aktuellem Diagnosehandbuch[209]

Tetanus	Meningitis
Stadium I: Rigor (Muskelstarre), Trismus (Kieferklemme), Risus sardonicus („Teufelsgrinsen“), Opisthotonus (Krampf der Streckmuskulatur des Rückens) (DD: Meningitis) Stadium II: zusätzlich allgemeine Reflexerregbarkeit stark gesteigert, generalisierte tonische Krämpfe, voll erhaltenes Bewusstsein Stadium III: zusätzliche Krämpfe von Bronchial- und Zwerchfellmuskulatur (flache Atmung, Zyanose, Erstickungstod)	Prodomi: Frösteln, Abgeschlagenheit, Gliederschmerzen, Schluckbeschwerden, rascher Temperaturanstieg Hohes Fieber, Meningeale Zeichen: Opisthotonus, starker Kopfschmerz, mitunter Hirnnervensymptome: Pupillenstarre, Gesichtslähmung

207 Stephan (2011): 101.

208 Tatsächlich tritt im ersten Abschnitt (III.2–8) der Ausdruck *tiꜣ* noch nicht auf. Es geht zunächst nur um die Schädelverletzung und die mit ihr einhergehenden Symptome.

209 Siehe Consilium Cedip practicum (1996): 1234, s. v. Tetanus; 776, s. v. Meningitis.

Hiernach zeigt sich, dass Fall 7 natürlich nicht überliefert wurde, um uns heute die erste Beschreibung sämtlicher charakteristischer Symptome von Tetanus im modernen Sinne zu nennen. Vielmehr zeigen sich Gemeinsamkeiten mit den Definitionen bei Hippokrates (*Von den kritischen Tagen*). So kann man sondieren, nach welchen Kriterien uns heute bekannte und damals gängige Krankheitsbilder aufgrund anderer Klassengrenzen miteinander verwoben und in einem Lehrtext aufbereitet wurden. Sowohl Tetanus als auch fortgeschrittene Meningitis weisen einzelne der im Papyrus Edwin Smith Fall 7 beschriebenen Symptome auf. Beide Erkrankungen waren seinerzeit durch eine Behandlung kaum zu beeinflussen und verliefen im Kontext mit der Schädelverletzung mit hoher Wahrscheinlichkeit tödlich.

Die Übersetzung des Wortes *tiꜣ* war in einigen Fällen von der Idee, dass das Krankheitsbild von Tetanus beschrieben sei, geprägt (Tab. 5a + b). *Trismus* = „Kaumuskelkrampf" ist das typischste Symptom dieser Erkrankung. Es wurde daher mit dem Wort *tiꜣ*, das ja auch ein Zahndeterminativ trägt, verbunden. Sanchez und Meltzer überlegen sogar, ob *tiꜣ* nicht bereits ein Tetanus-Krankheitskonzept sei.[210] Dafür trennen sie allerdings die im ägyptischen Text genannten acht Symptome in zwei Gruppen auf, solche die zu Tetanus (*tiꜣ*) gehören und solche, die einer allgemeinen Infektion ebenso zuzuordnen sind (*srf*-Wärmesymptome), was der Anordnung im Text völlig widerspricht.[211] *tiꜣ* stellt sich tatsächlich als Symptomenkomplex dar, verbindet aber aus heutiger Sicht mehrere der uns bekannten Komplikationen bei einem Schädel-Hirn-Trauma, bei dem Nebenhöhlenstrukturen offenliegen.

Auch wenn man anhand einiger geschilderter Symptome nachvollziehen kann, dass altägyptische Ärzte bereits mit Tetanusinfektionen konfrontiert waren, ist hier nicht ein Fall von Tetanus beschrieben, sondern eine Symptomatik, die auch Meningitis und schwere infektiöse Hirnverletzungen mit umfasst.

Die zweite Komplikation (III.13–15) muss keine Folge der ersten sein, wie Brawanski annimmt.[212] Denn es liegt eine getrennte Verlaufsbeschreibung vor und ein Urteil, das zum Kämpfen mit der Erkrankung animiert. Die Blässe kann durch den Blutdruckabfall in Folge von Blutverlust, Schmerzen, Schock und Nahrungsmangel verursacht sein. Die aufrechte Lagerung und die Gabe von Nahrung waren die seinerzeit einzigen möglichen Hilfestellungen.

210 Sanchez und Meltzer (2012): 85.

211 Sanchez und Meltzer (2012): 79.

212 Anders Brawanski (2001): 25, der den Schwächeanfall und die Blässe in den *tiꜣ*-Komplex mit aufnimmt. *tiꜣ* wird aber nicht behandelt und hat eine negative Prognose. Die zweite Komplikation kann dagegen behandelt werden.

II.2 Prognose: Papyrus Berlin 3038, Text 193 (= Rs. I.3–4)

Erstedition: Brugsch (1863): Taf. 85–107 und Text 101–120, hier 116f.

Erste Ausgabe mit Kommentar und Grundlage der Einzeltextzählung: Wreszinski (1909)

Weitere Übersetzungen (Auswahl): Grundriß IV,1: 274; Bardinet (1995): 451f.; Westendorf (1999): 435; Pommerening (2010b).

Papyrus Berlin 3038 und Prognose Bln 193

Der Papyrus wurde von Giuseppe Passalacqua in einem Topf bei Saqqara gefunden und gelangte 1827 zusammen mit weiteren Papyri nach Preussen in die Berliner Sammlung.[213] Er misst 5,16 m Länge – der Anfang der Rolle fehlt – und enthält auf der Vorderseite noch 21 Kolumnen zu 11–12 Zeilen sowie drei Kolumnen auf der Rückseite, allerdings in einer anderen Handschrift. Aufgrund paläographischer Kriterien wird die 20 cm hohe Handschrift in die 19. Dynastie (um 1200 v. Chr.) datiert.[214] Die Kompilation umfasst auf der Vorderseite 191 Einzeltexte, auf der Rückseite 13, darunter vor allem Rezepte, zudem einige verkürzte Lehrtexte und Sprüche. Genannt werden u. a. Heilmittel gegen Würmer, Husten, Geschwülste und ihre vermeintlichen Verursacher. Hervorzuheben ist die Überlieferung einer Version eines Buches, das das den Körper durchziehende Strangsystem (*mt.w*) und die Verbreitung der *wḫd.w*-Körpererscheinungen näher beschreibt. Eine Parallele dazu, wie auch zu einigen anderen Texten des Berliner Papyrus, findet sich im Papyrus Ebers.

Die Prognose Bln 193 befindet sich auf der Rückseite des Berliner Papyrus und ist die erste aus einer Gruppe von sieben Geburtsprognosen.[215] Weitere ägyptische Prognosen findet man auf der Rückseite des Papyrus Carlsberg VIII, der ebenfalls um etwa 1200 v. Chr. niedergeschrieben wurde. Zum Teil entsprechen die Carlsberger Texte den Berliner Prognosen oder sind ihnen sehr ähnlich. An Bln 193 ließ sich zeigen, dass die Berücksichtigung von Überlieferungen

213 Nunn (1996): 37; Westendorf (1999): 41.

214 Nunn (1996): 37; Westendorf (1999): 41.

215 Zur Prognose als Textform siehe Abschnitt I.2.5c.

auch in andere Sprachen – ein für Prognosen verbreitetes Phänomen –,[216] bei der Erschließung von Wortbedeutungen helfen kann.[217]

Die hier vorgelegte Übersetzung versucht die Stilistik der Prognose beizubehalten. Ein besonderes Augenmerk liegt auf der Anlage des emischen versus etischen Gesamtkommentars.

Hieratische Quelle

Abb. 5: Papyrus Berlin 3038 Rs. I.3–4

Transliteration

(Rs. I.3)

(Rs. I.4)

216 Siehe dazu ausführlich Iversen (1930).

217 Siehe Pommerening (2010b) und (2015b); auf einen entsprechenden Kommentar wird daher an dieser Stelle verzichtet.

Transkription und Übersetzung

(Rs. I.3) [...] *s.t ms<.tj> r s.t [nn ms]y=s*	[Erkennen (*siꜣ*)](1) einer Frau, die gebären <wird>, in Bezug auf eine Frau, die [nicht gebären] wird:
bdd.w-kꜣ.w	Flaschenkürbis(2),
nḏ(.w) ẖtm.w ḥr irṯ(.t) n.t msi ṯꜣi	werde zerrieben(3), werde in Milch einer, die einen Knaben geboren hat(4), eingeschlossen(5);
iri.w m sꜥm.w r	werde zu einem Schluckmittel gemacht;
(Rs. I.4) *ꜥm.w in s.t*	werde von der Frau geschluckt.
ir ḳ{r}i<s>=s msi=s{t}	Wenn sie erbric<ht>(6), wird sie gebären.
ir ḏꜥ=s n<n> msi=s{t} r nḥḥ	Wenn sie Winde lässt, wird sie bis in Ewigkeit nicht gebären.

Annotationen

(1) Erkennen (*siꜣ*) In Überschriften von Prognosen erscheinen üblicherweise die Infinitive „erkennen" (*siꜣ*), „sehen" (*mꜣꜣ*) oder „wissen" (*rḫ*). Zur Prognose allgemein, siehe Abschnitt I.2.5c. Da nur das Wort „erkennen" (*siꜣ*) gewöhnlich mit einem Mann mit Hand am Mund determiniert wird, wurde entsprechend emendiert.

(2) Flaschenkürbis (*bdd.w-kꜣ.w*) Eine wörtliche Übersetzung der Pflanze lautet „Kugeln (*bd.w*) des Stieres (*kꜣ*)".[218] *bdd.w-kꜣ* wurde früher als „Wassermelone" (*Citrullus vulgaris Schrad.*) gedeutet und ließ sich inzwischen unter anderem mit Hilfe einer ins Corpus Hippocraticum (CH) übertragenen griechischen Parallele des Textes genauer identifizieren:[219] Äg. *bdd.w-*(*kꜣ.w*) wird in das CH als βούτυρον entlehnt und erhält außerdem dort noch die Erläuterung σικύη, das den Flaschenkürbis (*Lagenaria siceraria* (Molina) Standley) bezeichnet. Dass eine *Lagenaria*-Art vermutlich auch im Ägyptischen gemeint war, ergibt sich aus dem mythologischen Hintergrund, der die Pflanzensaat mit dem ejakulierenden als Stier verwandelten Seth in Verbindung bringt, siehe dazu den emischen Kommentar.

(3) werde zerrieben (*nḏ(.w)*) Innerhalb von Rezepturen kommen verschiedene Zerkleinerungsverfahren zum Einsatz. Das am häufigsten Genannte ist das

218 Hier folge ich Westendorf (1999): 498.
219 Siehe dazu ausführlicher Pommerening (2010b) und (2015b).

„Zerreiben“ (*nḏ*) (mit dem Mahlstein). Das zugrundeliegende Wort *nḏ* dient auch als Bezeichnung für (Getreide-)Mehl (*nḏ*). Daneben gibt es die Technik des „feinen Zerreibens“ (*nḏ snꜥꜥ*)[220], die hier aber nicht zur Anwendung kommt.

(4) Milch einer, die einen Knaben geboren hat (*irṯ(.t) n.t msi ṯꜣi*) Diese Droge rekurriert in diesem Kontext auf Isis, die in mythischen Präzedenzfällen ihren Sohn Horus mit ihrer Milch geheilt hat.[221]

(5) werde eingeschlossen (*ḫtm.w*) Der Gebrauch eines Wortes, das die Hauptbedeutungen „siegeln“, „verschließen“, „umschließen“ (*ḫtm*)[222] aufweist, ist ein deutlicher Hinweis auf einen Prozess, den man heute magisch ausdenken könnte: Die Milch umschließt den Samen, metaphorisch ist er daher zunächst unsichtbar und inaktiv (gebannt).

(6) erbricht (*ḳ{r}i<s>*) Prüfmittel, die ein Erbrechen erwarten lassen (stets der positive Fall einer Schwangerschaft/Gebärfähigkeit), sind relativ selten Bestandteil von Testverfahren zur Schwangerschaft/Gebärfähigkeit.[223] Zumeist kommt dann die Kombination von Milch einer, die einen Knaben geboren hat, und Flaschenkürbis zum Einsatz.

Die Schreibung des ägyptischen Wortes für „erbrechen“ variiert üblicherweise zwischen *ḳis* und *ḳꜣs*[224].

Emischer Kommentar[225]

Die Wahl der Drogen und ihre Funktionen in der ägyptischen Prognose lassen sich in Kenntnis mythologischer Hintergründe verstehen. In einem mythologischen Handbuch des 17. und 18. oberägyptischen Gaus, dem Papyrus Jumilhac, wird die Existenz des Flaschenkürbisses damit erklärt, dass er aus dem Samen des Seth gewachsen sei.[226] Die Gottheit Seth ist in der Regel negativ besetzt. Gemäß dem mythologischen Handbuch verwandelt sich Seth in einen Stier, um

220 In 2263 ausgewerteten Rezepten wird das Verfahren *nḏ snꜥꜥ* 162 mal genannt, *nḏ* 146 mal.

221 Zu dieser Droge siehe ausführlich Pommerening (2015b).

222 WCN 121710.

223 Vgl. Clb V, Clb VII, Bln 194, Kah 27.

224 Grundriß VII: 880.

225 Siehe dazu bereits Pommerening (2015b).

226 pJumilhac III.5–6; übersetzt bei Vandier (1961): 114. Zwar stammt die Niederschrift aus späterer Zeit, doch lassen sich seine Inhalte mit vielen Texten früherer Zeit korrelieren.

seiner Schwester Isis nachzustellen, allerdings ejakuliert er im entscheidenden Moment nur auf den Boden. An dieser Stelle wachsen sodann Flaschenkürbisse. Die Pflanzenbezeichnung selbst, *bdd.w-kꜣ.w*, weist durch das Wort *kꜣ*, wörtlich „Stier", auf eine Assoziation mit einem Stier hin, und tatsächlich erinnert die Form des Flaschenkürbisses an einen Stierhoden.

Der Flaschenkürbis vertritt somit im Rezept den Samen des Seth. Er wird gemäß der Rezeptur zerrieben und in den zweiten Bestandteil des Rezeptes unsichtbar eingeschlossen.

Dieser zweite Bestandteil, „Milch einer Frau, die einen Knaben geboren hat", ist ebenfalls aus mythologischen Anspielungen bekannt. Er ist mit der Göttin Isis assoziiert, die häufig im heilkundlichen Kontext als Heilerin ihres Sohnes Horus auftritt; ihre Milch gilt als ausgezeichnetes Heilmittel.

Nach Auffassung des Papyrus Jumilhac[227] ist Milch ein dem männlichen Samen gleichwertiger Beitrag der Mutter zum Kinde und man darf wohl davon ausgehen, dass diese Vorstellung auch in der vorliegenden Prognose zugrundelag. Überträgt man nämlich dieses Wissen auf die Rezeptur, so werden bei der Herstellung zwei Drogen miteinander verbunden, die über Analogien nicht nur zwei Gegenspielern zuzurechnen sind, sondern die darüber hinaus nach altägyptischer Vorstellung im Zeugungsgeschehen eine Rolle spielen.

Die Verbindung des Seth'schen Samens mit der Milch der Isis ist aus damaliger Sicht ein mythologisches Fiasko. Der Patientin war nur zu wünschen, dass sie das verabreichte Produkt schnellstens wieder erbrach – ein Zeichen, dass sie bereits schwanger war oder der Körper sich der Gefahr eines Incubus entgegenzusetzen wusste. Sofern sie Winde ließ und nicht erbrach war die Frucht des Seth und der Isis für immer in sie eingedrungen, und es war ihr nicht mehr möglich schwanger zu werden.[228] Das „Winde lassen" (Aufblähen des Bauches) kommt dann einer Schwangerschaft mit Seth gleich.

Etischer Kommentar

Aus heutiger Sicht kann man sich fragen, ob das Prognostikon irgendeinen empirischen Hintergrund haben könnte. Führt Flaschenkürbis mit Milch zum Erbrechen bzw. kann es nach Verabreichung zur Unfruchtbarkeit kommen? Besitzt Flaschenkürbis (*Lagenaria siceraria* (Molina) Standley) also pharmakologisch relevante Wirkstoffe oder nachweisbare Wirkungen? Im Zusammenhang

227 pJumilhac XII.24–25; übersetzt bei Vandier (1961): 124.

228 Zum Fortleben des Rezeptes im Corpus Hippocraticum siehe Pommerening (2010b).

der Gebärfähigkeitsprognose wäre genauer nach brechreizfördernden oder auch schwangerschaftsverhindernden Wirkstoffen zu suchen. Tatsächlich wurde für die verwandte Art *Lagenaria breviflora* Robert (*Adenopus breviflorus* Benth) im Tierversuch bestätigt, dass sie die Einnistung der Eizelle hemmt; die Untersuchungen wurden durchgeführt, weil die Frucht in Nigeria als Abortivum eingesetzt wird.[229] Derzeit liegen allerdings keine archäologischen Nachweise dieser Spezies aus altägyptischer Zeit vor;[230] eine vergleichbare Wirkung für die nachgewiesene Frucht von *Lagenaria siceraria* (Molina) Standley ist bislang nicht bekannt.

Die Reaktion des „Winde lassens“ könnte physiologisch ihren Ursprung in einer dem afrikanischen Kulturkreis gemeinen Lactoseintoleranz haben; Milch wird nach der Stillzeit nicht mehr vertragen. Der darin enthaltene Milchzucker (Lactose) wird von den meisten Europäern nur deshalb verstoffwechselt, weil eine genetische Mutation die Aktivität des Enzyms Lactase ab dem Kindesalter nicht herabsetzt. Rund 90% der Weltbevölkerung können Lactose hingegen nicht verdauen, was sich unter anderem durch Blähungen und Bauchkrämpfe äußert. Neueste Studien sehen gar einen Zusammenhang zwischen Lactasepersistenz, d. h. Lactosetoleranz, und Kinderzuwachs.[231]

Einige ähnliche altägyptische Prognosemittel haben ihren Weg bis in die europäische Frühe Neuzeit gefunden,[232] ohne dass derzeit irgendeine pharmakologische Relevanz zu erkennen ist. Dies kann man damit erklären, dass in der Regel zwei Ereignisse geschildert werden, von denen jeweils ein Fall, wenn er eintraf, besonders wahrgenommen wurde und so die Korrelation augenscheinlich bestätigte. Das für Ägypten wirkmächtige mythologische Konzept war allerdings im nicht-ägyptischen Raum wohl nicht mehr bekannt. Dies wird bspw. bei der weiteren Tradierung dieses Prognostikons sichtbar, denn hier wird der aus dem Ägyptischen entlehnte Flaschenkürbis-Terminus im Laufe der Zeit als die gleichlautende „Butter“ missverstanden.[233]

229 Elujoba, Olagbende und Adesina (1985): 281–288.

230 Vartavan, Arakelyan und Asensi Amorós (2010): 139, zu *Lagenaria vulgaris* Ser.? (Synonym für *Lagenaria siceraria*).

231 Vgl. Hohmann (2007).

232 Siehe dazu Iversen (1930).

233 Siehe Anm. 228.

II.3 Rezept: Papyrus Ebers, Text 63 (= XIX.19–22)

Erstedition: Ebers (1875)

Grundlage der Einzeltextzählung: Wreszinski (1913)

Weitere Übersetzungen (Auswahl): Joachim (1890): 13; Ebbell (1937): 35; Grundriß IV,1: 112; Ghalioungui (1987): 25; Bardinet (1995): 259; Westendorf (1999): 557f.

Papyrus Ebers

Mit 20 m Länge ist der nach seinem Erwerber Georg Ebers benannte Papyrus Ebers die längste heilkundliche Handschrift aus Ägypten. Sie ist 30 cm hoch und verfügt über eine eigene Zählung der Kolumnen von 1 bis 110, wobei die Zahlen 28 und 29 vom Schreiber ausgelassen wurden. 1872 in Theben erworben, gelangte der Papyrus unbekannter Herkunft nach Leipzig, wo Georg Ebers ihn bereits 1875 als Faksimileedition veröffentlichte. Die Sammelhandschrift, die hauptsächlich Lehrtexte und Rezepte überliefert, befindet sich heute in der dortigen Universitätsbibliothek.[234] Die heute gebräuchliche Nummerierung der Einzeltexte von 1 bis 877 geht auf Walter Wreszinski zurück. Sämtliche Texte sind vom Schreiber thematisch geordnet zusammengestellt worden; neue Gruppierungen sind durch Überschriften wie etwa „Anfang der Pharmaka gegen ..." gekennzeichnet. Große Gruppen bilden bspw. Rezepte gegen Leibprobleme, Augenbeschwerden, Hautveränderungen, Salbmittel für Stränge (*mt.w*) und Frauenheilkundliches. Der Papyrus wird aufgrund paläographischer Eigenheiten und einer kalendarischen Notiz auf der Rückseite in die Zeit Amenophis' I. datiert; die darin enthaltenen Texte sind dagegen zum Teil älter.[235]

Die hier vorgelegte Übersetzung von Eb 63 versucht die Stilistik des Rezeptes beizubehalten. Anmerkungen zur Philologie und Grammatik sind gering gehalten,[236] mehr im Vordergrund steht die Bedeutung des emischen versus etischen Gesamtkommentars am Ende des Textes.

234 Zum Erwerb und den Grunddaten siehe Scholl (2002).
235 Zum vermutlichen Alter der Lehrtexte siehe Pommerening (2014).
236 Siehe dazu die Kommentare von Lutz Popko zu seiner Übersetzung des Rezeptes im TLA.

Hieratische Quelle

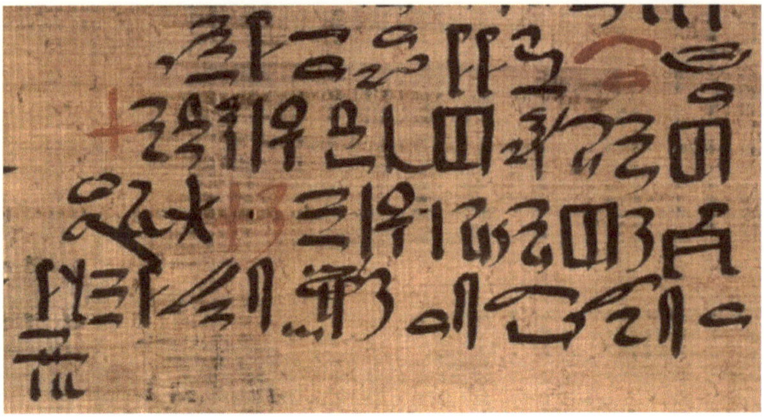

Abb. 6: Papyrus Ebers Kol. XIX.19–22

Transliteration

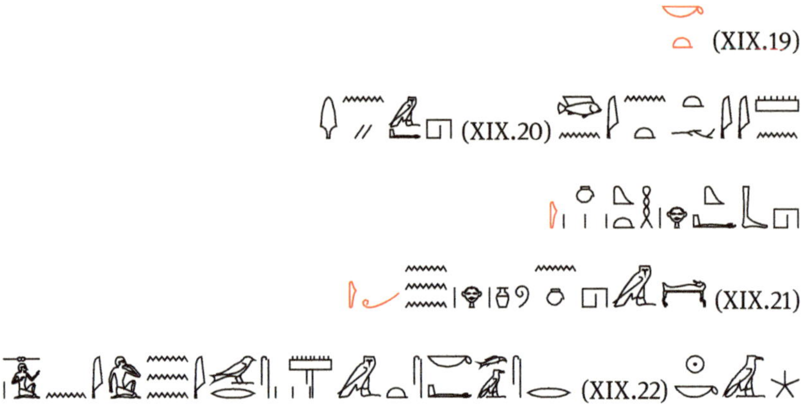

Transkription und Übersetzung

(XIX.19) *k.t* (*pẖr.t*)	Ein anderes (Pharmakon)[1]:
mny.t n.t in(XIX.20)*hmn*	Wurzel[2] des Granatapfelbaums[3],
hbḳ ḥr ḥnḳ.t * $^{1}/_{64}$	werde zerstoßen[4] in Bier $^{1}/_{64}$ (Oipe)[5],
(XIX.21) *sḏr m*	werde nachts liegen gelassen in einem
hnw ḥr mw * $^{1}/_{32}$ * $^{1}/_{64}$	Hin-Gefäß[6] mit Wasser $^{1}/_{32}$ $^{1}/_{64}$ (Oipe).
dwꜣ=k (XIX.22) *r sẖꜣk st m ḥbs.w*	Du mögest früh auf sein, um es durch Tücher zu seihen[7].
swr in si	Werde getrunken vom Mann.

Annotationen

(1) ein anderes (Pharmakon) (*pẖr.t*) Zu *pẖr.t* = Pharmakon siehe Abschnitt II.4, Annotation (1).

(2) Wurzel (*mny.t*) Das Wort für „Wurzel" (*mny.t*) ist ein aktives Partizip zu „bleiben", „fest an einer Stelle sein" (*mn*) und bezeichnet „das, was bleibt".[237]

(3) Granatapfelbaum (*inhmn*) Als Heilmittel wird ausschließlich die Wurzel (*mny.t*) des Granatapfelbaums verwendet, und zwar stets innerlich gegen den *ḥfꜣ.t*-Wurm.[238] Der Baum selbst ist in Ägypten nicht heimisch, wurde aber in der 18. Dynastie dort angesiedelt.[239]

Das syllabisch geschriebene Wort *inhmn* für Granatapfelbaum (*Punica granatum* L.) ist nicht-semitischer Herkunft und stammt möglicherweise, wie auch der Baum selbst, aus dem persischen Raum.[240] Die Übersetzung ist aufgrund semitischer und koptischer Parallelen gesichert: dem. *hrnt*; kopt. ^{S}ϩ(ⲉ)ⲣⲙⲁⲛ, ^{B}ⲉⲣⲙⲁⲛ, ^{A}ⲗⲉⲏⲙⲉⲛ: Granatapfelbaum oder Granatapfel.[241]

237 Es lebt über eine Nebenform bis ins Koptische fort: *mni.t* / *mn.t* > *nn.wt* > dem. *n*(*w*)*n.t* > kopt. ^{S}ⲛⲟⲩⲛⲉ, siehe Osing (1976): 139 und Anm. 620.

238 Zu den Belegen siehe Grundriß VI: 42f.

239 Keimer (1924): 47f.; Baum (1988): 149f.

240 Hoch (1994): 25, rekonstruiert eine ursprüngliche Bezeichnung *alhammān.

241 Erstmals von Loret (1892): 76–78 (131) angenommen, siehe auch CD 703a; CED 293; Hoch (1994): 25.

(4) werde zerstoßen in Bier (*hbḳ ḥr ḥnḳ.t*) Das Verfahren „zerstoßen“ (*h(ꜣ)bḳ*) wird ausschließlich bei Drogen angewendet, die von Natur aus sehr schwer zu pulverisieren sind.[242] Die Wurzel des Granatapfelbaums hat bspw. einen so festen Holzkörper, dass dieser, wie eigene Tests ergeben haben, mit einem kleinen Stößel im Porzellanmörser nicht zu pulverisieren war. Wie der Grundriß[243] aufgrund des kopt. ϩⲃⲟⲕ „Stachel“ und der Verwendung des Wortes *hꜣbḳ* für „harpunieren“ bereits mutmaßte, erfolgte das Zerstoßen offensichtlich unter Zuhilfenahme eines spitzen Gegenstandes. Dieser ist letztlich tatsächlich im hier vorliegenden Rezept notwendig, um die Drogenteile an einem Ausweichen vor dem Druck von oben zu hindern bzw. ein erstes Zerteilen zu vereinfachen.[244]

(5) 1/64 (Oipe) (*1/64) Das Rezept weist Maßzahlen aus der Reihe der sogenannten Kornmaßbruchzahlen auf, siehe dazu Abschnitt I.2.5b (mit Tab. 4a).

Da das Rezept aufgrund der Nennung des Granatapfels in das Neue Reich datieren muss, gehe ich davon aus, dass als Kornmaß die Oipe zugrundeliegt. 1/64 Oipe entspricht dem Heilmaß Dja, das mit dem geheilten Auge des Horus in Verbindung steht und ein Volumen von umgerechnet etwa 300 ccm aufweist.[245] Aufgrund des ähnlichen Parallelrezepts Eb 50 dürfte mit der Maßzahl die Menge an Granatapfel bezeichnet sein. Insofern wären hier 300 ccm Granatapfelwurzel in Bier anzustoßen und über Nacht in einem Hin-Gefäß mit Wasser zu versetzen. Die Maßzahlfolge *1/32 *1/64, die die zuzufügende Wassermenge bezeichnet, ist zu addieren[246] und liefert bei Bezug auf die Oipe ein Gesamtvolumen von etwa 600 ccm + 300 ccm = 900 ccm.

(6) Hin-Gefäß (*hnw*) Das Hin-Gefäß spielt eine besondere Rolle im Heilmittelkontext. Es kann als Herstellungsgefäß, Darreichungsgefäß, Messgefäß oder Droge dienen.[247] Dieser breite Einsatz speziell im heilkundlichen Kontext lässt erahnen, dass dem Gefäß mehr zugeschrieben wurde, als nur sein Gefäßcharakter oder sein spezielles Volumen.

---

242 Hölzerne Bestandteile von Bäumen, vor allem Wurzeln, Horn, Zähne, Mineralien, Elfenbein, usw.

243 Grundriß VII: 565.

244 Hannig (2006): 523, bringt *hꜣbḳ* mit arab. *habaǧa* „schlagen“ in Verbindung.

245 Pommerening (2005): 259.

246 Siehe bspw. Pommerening (2005): 127.

247 Zum Gefäß selbst und seiner Entwicklung vom Gebrauchsgefäß zum Messgefäß und schließlich zur gefäß-unabhängigen Maßeinheit, siehe Pommerening (2005): 195–223; zu den metrologischen Aspekten im Heilmittelkontext siehe oben Kapitel I.2.5b.

Eine Vorstellung von den Eigenschaften, die man einem Hin-Gefäß beimaß, ergibt sich aus der Anwendung seiner Bruchstücke. Genutzt wurden die „Scherben" (*pꜣḳ.t*), die „Lippen" (*sp.ty*) und der „Boden" (*pḥ.wy*) des Gefäßes, jeweils in pulverisiertem Zustand. Die applizierten Teile mussten stets von einem „neuen Gefäß" (*hnw mꜣ*) stammen.[248] Das rundliche Gefäß scheint einerseits mit dem Auge, aber auch mit der Geburtshöhle, der Blase und allgemein Schwellungen verbunden worden zu sein. Tatsächlich lässt sich in der Nutzung des Hin-Gefäßes als Arbeitsgerät[249] auch ein ‚Gebärmutteraspekt' ausmachen, sodass durch die besondere Erwähnung und Nutzung dieses Gefäßes eine zusätzliche Wirkkomponente mit in die Herstellung und Verabreichung[250] einfloss. Hier sehe ich im Hin-Gefäß ein Abbild des Bauchraums des Erkrankten.

(7) durch Tücher seihen (*sẖꜣk m ḥbs.w*) Das Wort, das hier mit „durchseihen" übersetzt wird (*sẖꜣk*),[251] scheint ein sehr spezifischer Fachterminus zu sein. Es ist nur in heilkundlichen Texten belegt und bildet eine präzise Handlung, das Durchseihen, ab.

sẖꜣk leitet sich als Kausativform von *ẖꜣk* ab, das die Bedeutung „hinterlistig sein" trägt. Wörtlich meint *sẖꜣk* daher „hinterlistig machen", sodass der Vorgang des „Durchseihens" nicht (nur) als einfache Stofftrennung verstanden wurde, sondern als etwas, das das Ausgangsgemisch hinterlistig machte. Möglicherweise steht die Vorstellung dahinter, dass die Ausgangsstoffe im Produkt nicht mehr zu erkennen, und damit umso wirksamer waren.

Emischer Kommentar

Das Rezept Eb 63 befindet sich innerhalb der Rezepturen gegen Leiberkrankungen in der Rubrik der Wurmerkrankungen. Die Gesamtüberschrift der Gruppe bietet Eb 55; sie lautet „Pharmakon für das Töten des Wurms" (*pẖr.t n.t smꜣ*

---

248 Eb 396 (LXI.18f.); Eb 621 (LXXVIII.16–18) ≈H 173a (XI.17); Eb 798; H 193 (XIII.2f.); Brk § 78a (V.2); Brk § 87b (V.21): „Scherbe eines neuen Hin-Gefäßes" (*pꜣḳ.t n.t hnw mꜣ*); Eb 426 (LXIII.18): Lippen eines neuen Hin-Gefäßes (*sp.ty n hnw mꜣ*); Eb 574 (LXXIV.12): Boden eines neuen Hin-Gefäßes (*pḥ.wy n.w hnw mꜣ*).

249 MuK K VII.5; Eb 63 (XIX.21); Eb 368 (LIX.7); Eb 642 (LXXX.16); pEdwin Smith vso, XXII.5–7.

250 Kah 4 (I.12–15); Kah 10 (II.1–5); Kah 11 (II.6f.); Ram III A 1–2; MuK J VII.4; Eb 185 (XXXV.18–21); Eb 272bis (XLIX.18–21); Eb 696 (LXV.14–16); Eb 750 (LXXXIX.16–18).

251 So bereits Grundriß VII: 793.

ḥf3.t). Alle folgenden Rezepte tragen jeweils die Überschrift „ein anderes" (*k.t*); wobei das Eb 63 vorausgehende Rezept Eb 62 durch seine Überschrift „ein anderes nützliches Pharmakon als etwas, das gemacht wird für den Leib" (*k.t pẖr.t 3ḫ.t m iri.wt n ẖ.t*) zusätzlich darauf hinweist, wo die Mittel wirken, was folgern lässt, dass der zu bekämpfende Wurm (*ḥf3.t*: wörtlich „das, was sich windet" oder „kleines Windendes")[252] ein Eingeweidewurm ist.

Die Einzelkommentare weisen bereits auf eine neue Sichtweise des Rezeptes hin, das bislang[253] nur im Zusammenhang der pharmakologisch plausiblen Anwendung von Granatapfel gegen Bandwürmer zitiert worden war (siehe etischer Kommentar).

Nachkochversuche führten im vorliegenden Fall zu der Erkenntnis, dass die Wurzel des Granatapfelbaumes auch bei stärkster Kraftaufwendung mit einem Pistill im Steinmörser, so wie in anderen altägyptischen Rezepten empfohlen, nicht vollständig zu zerstoßen war (Abb. 7.2), eine Erkenntnis, die Auswirkungen auf die Übersetzung des entsprechenden Wortes und dessen weitere Deutung hatte. Hier geht es nicht um ein „Zerstoßen" mit dem Ziel zu pulverisieren, sondern um eine Krafteinwirkung auf ein Objekt, das dadurch die Wurzelrinde zwar verliert – diese wird pulverisiert –, aber den gelblichen Holzkörper beibehält. Dabei wird sichtbar, dass die von der Rinde befreiten Wurzelstückchen Würmern ähnlich sehen (Abb. 7.2).

Der Zubereitungsvorgang der Arznei stellt sich dadurch als Imitationshandlung dar: Zwischen dem Heilmittel und dem Patienten wird über optische Analogien eine Verbindung geschaffen.[254]

Die Granatapfelwurzel scheint die Krankheitsverursacher zu repräsentieren, nämlich Würmer. Der optische Vergleich zwischen der Ausscheidung eines mit Würmern Geplagten und der Rezeptur ist mehr als auffällig (Abb. 7.3). Durch den Bearbeitungsprozess wird die Wurzel mit sehr großem Kraftaufwand und unter Zuhilfenahme von „Harpunen" in kleinere Stücke zerstoßen, d. h. der Wurm wird damit zerstört, so wie bspw. in Feindvernichtungsszenen die Apophisschlange durch Harpunierer vernichtet wird.[255]

---

252 Ich gehe davon aus, dass ein Partizip Aktiv zum Wort *ḥf3* „sich winden" vorliegt, wobei die *t*-Endung einem neutralen Ausdruck geschuldet ist. Behrens (1982) vermutet, dass das -*t* ein Diminutiv markiert: *ḥf3.t* = kleine Schlange = Wurm; vgl. auch Schenkel (1985).

253 Z. B. Germer (1979): 56; Germer (2008): 30.

254 Unter dem Aspekt der Analogiebildung bespreche ich dieses und weitere Rezepte auch an anderer Stelle: Pommerening (in Vorb.).

255 Dargestellt bspw. im Papyrus des Anchwahibre aus der 26. Dynastie (London, British Museum EA 10558), auf einer Stele aus der 19. Dynastie (Leiden, Rijksmuseum van Oudheden

Das Ruhen des Wurzelaufgusses in einem Hin-Gefäß lässt sich mit einem Aufenthalt im Bauchraum analogisieren. Der Vorgang des Durchseihens (Abb. 7.3–4) bewirkt wörtlich ein „hinterlistig machen". Die Wirkstoffe (getötete Würmer) sind nicht mehr sichtbar. Empirisch erfahrbare Wirkungen zeigen aber den Erfolg und somit ihre Wirkkraft im Arzneimittel. Mit der innerlichen Verabreichung des Produkts am Morgen – bestenfalls begleitet durch den in Abschnitt II.4 genannten Spruch – ergibt sich ein Übertragungszauber, gemäß dem der Wurm im Körper des Menschen durch die nach dem Durchseihen unsichtbare zerstörte Form endgültig ersetzt wird.

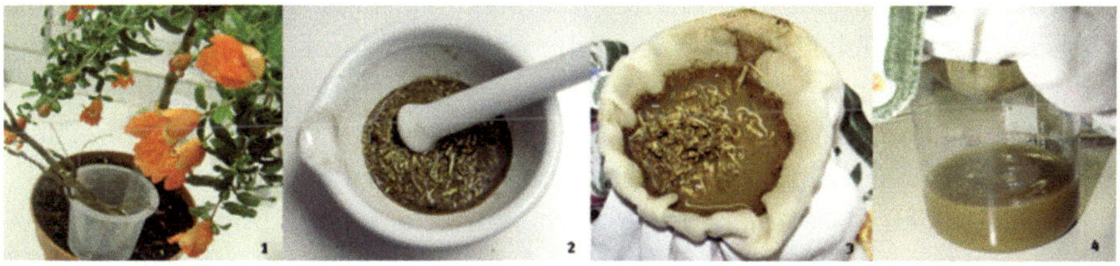

Abb. 7: Einzelne Schritte der Zubereitung des Rezepts Eb 63

Etischer Kommentar

Ganz unabhängig von der Rekonstruktion einer möglichen innerkulturellen Sichtweise, die u. a. gängigen Analogiemustern folgt, ist es zusätzlich möglich, aus heutiger Sicht zu überlegen, welche Wirkung das Arzneimittel im empirischen Sinne gehabt haben könnte und worauf man heute diese Wirkungen zurückführt. Eine Übertragung der Ergebnisse auf damalige Zeiten ist trotzdem schwierig, da das Umfeld und das Vertrauen in die Therapie einen großen Anteil am Heilprozess haben. Ferner wird heute immer deutlicher, dass genetische Dispositionen Einfluss auf Verträglichkeiten und Wirkungen haben. Umso mehr erstaunt der folgende pharmakologische Befund:

Die Indikation gegen Würmer wäre heute gleichermaßen zutreffend, denn der Granatapfelbaum enthält vor allem in der Rinde seiner Wurzel, seines Stammes und seiner Zweige, aber auch zu kleinen Teilen im Holzkörper der Wurzel an Gerbsäure gebundene Alkaloide, die vor allem Bandwürmer lähmen.

AP 60), im mythologischen Papyrus Kairo JE 31986 (21. Dynastie) und auf einem Relief an der nördlichen Westwand des Hypostyls des Amun-Tempels in Hibis (29. Dynastie).

Die in der altägyptischen Rezeptur und Parallelrezepten angewendeten Mengen entsprechen in moderne Maßsysteme umgerechnet denjenigen, die man heute noch bspw. in Indien für die Bereitung eines Heilmittels gegen Bandwürmer empfiehlt: Die heutigen Dosierungsempfehlungen liegen bei durchschnittlich 55 g Granatapfelwurzelrinde auf 300 g Wasser, das sind etwa 110 ccm Wurzelrinde auf 300 ccm Wasser.[256] Im vorliegenden Rezept wird die ganze Wurzel eingesetzt (300 ccm) und nicht nur die Rinde. Nur die Wurzelrinde aber lässt sich zerstoßen und in einer Flüssigkeit extrahieren. Der Anteil der Rinde an der Wurzel beträgt etwa $^1/_5$, was 60 ccm Wurzelrinde entspricht. Demnach wurden nach Eb 63 6 ccm Wurzelrinde in Bier auf 900 ccm Wasser verabreicht. Das sind etwa 30 g, was grob der in modernen pharmakologischen Werken empfohlenen Wirkstoffmenge gleichkommt, suspendiert und gelöst in einem höheren Betrag an Wasser. Die für den Menschen leicht toxische Menge von 80 g Wurzelrinde (etwa 160 ccm) wurde damit nicht erreicht; sie hätte zu anhaltendem Erbrechen, Schwindel, Fieber, Schüttelfrost, Sehstörungen und Kollaps geführt.

So zeigt sich, dass aus heutiger Sicht sinnvolle Anwendungen in angemessenen Dosierungen erschlossen wurden. Da es sich bei der Granatapfelwurzel um ein Importprodukt handelte, ist allerdings davon auszugehen, dass die Beobachtung der tatsächlichen Wirksamkeit *vor* der konzeptionellen Einbettung erfolgte, sodass man fragen muss, ob allein das Aussehen der Drogen hier zufällig der Krankheitssymptomatik gleicht. Die emische Sicht ergibt sich aber zusätzlich über die Wortmetaphorik im Herstellungsbereich sowie den Einsatz des spezifischen Hin-Gefäßes.

Das heutige Wissen darum, dass Granatapfelwurzel gegen Bandwurmbefall helfen kann, hat dazu geführt, dass man das Wort *ḥfꜣ.t* im Kontext, in dem es mit der Granatapfelwurzel auftritt (z. B. Eb 55), mit „Bandwurm" übersetzt hat.[257] Es gilt allerdings erst zu klären, ob einerseits in Ägypten vertretene Eingeweidewurmarten analog unseres heutigen Kategoriensystems lexikographisch voneinander abgegrenzt wurden (Bandwurm, Spulwurm, Madenwurm, etc.), andererseits, ob Granatapfel tatsächlich nur Bandwürmer tötet.[258] Beides lässt sich verneinen. So zeigt der ägyptische Wurmwortschatz völlig andere Klassengrenzen, die heute für Ägypten unterschiedenen Arten zu unterscheiden und so zeigt die Granatapfelrinde – wenn auch in geringerem Maße – Wirkung gegen den Befall mit Spulwürmern, Amöben und Leberegeln.

---

256 Siehe Hänsel u.a. (1994): 325–333; Berger (1949): 152; Sandison (1998); Nunn (1996): 68–73; Horne (2002).

257 Siehe etwa Westendorf (1999): 556.

258 Siehe dazu nun ausführlich Pommerening (in Vorb.).

Die Übersetzung von *ḥf3.t* mit „Bandwurm" ist somit aus moderner Perspektive entstanden und wird nicht unbedingt mit der innerkulturellen Sichtweise korrelieren.

II.4 Spruch: Papyrus Ebers, Text 3 (= II.1–6)

Erstedition: Ebers (1875)

Grundlage der Einzeltextzählung: Wreszinski (1913)

Weitere Übersetzungen (Auswahl): Joachim (1890): 2; Ebbell (1937): 30; Grundriß IV,1: 309; Ghalioungui (1987): 11f.; Bardinet (1995): 46; Westendorf (1999): 548; Quack (1999): 5–17; Fischer-Elfert (2005b): 143–145.

Einführung zum Papyrus Ebers → siehe Abschnitt II.3

Spruch Eb 3 ist der heutzutage vermutlich am häufigsten zitierte Spruch des Papyrus Ebers. Er ist bereits in sehr ausführlichem Maße von Joachim Friedrich Quack und Hans-Werner Fischer-Elfert kommentiert worden.[259] Dass er hier abermals vorgelegt wird, liegt an seiner zentralen Aussage um den Stellenwert eines Pharmakons (*pẖr.t*) und seiner zu vermutenden häufigen Anwendung in der ägyptischen Heilkunde.

Der hier bereitgestellte Wortkommentar fokussiert sich dementsprechend nur auf die fachterminologisch relevanten Wörter, der Gesamtkommentar fasst viele bereits vorliegende Erkenntnisse zusammen und bringt nur an wenigen Stellen einen abweichenden Blickwinkel.

259 Fischer-Elfert (2005b); Quack (1999); vgl. auch Borghouts (1978): 44f., Nr. 71 + 72 (Eb 1 + 3). Siehe nun auch Lutz Popko im TLA.

Hieratische Quelle

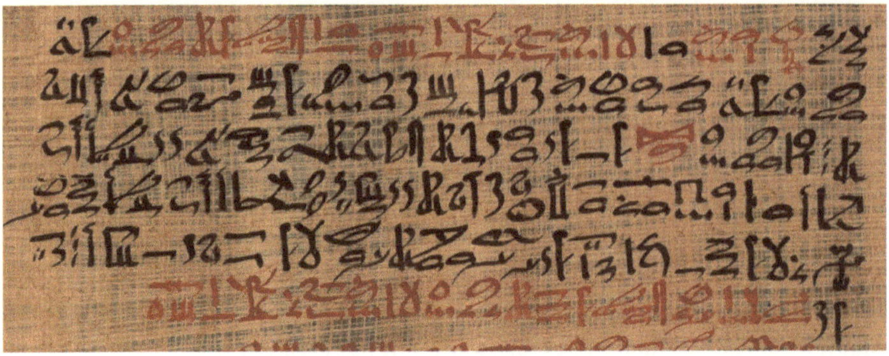

Abb. 8: Papyrus Ebers Kol. II.1–6

Transliteration

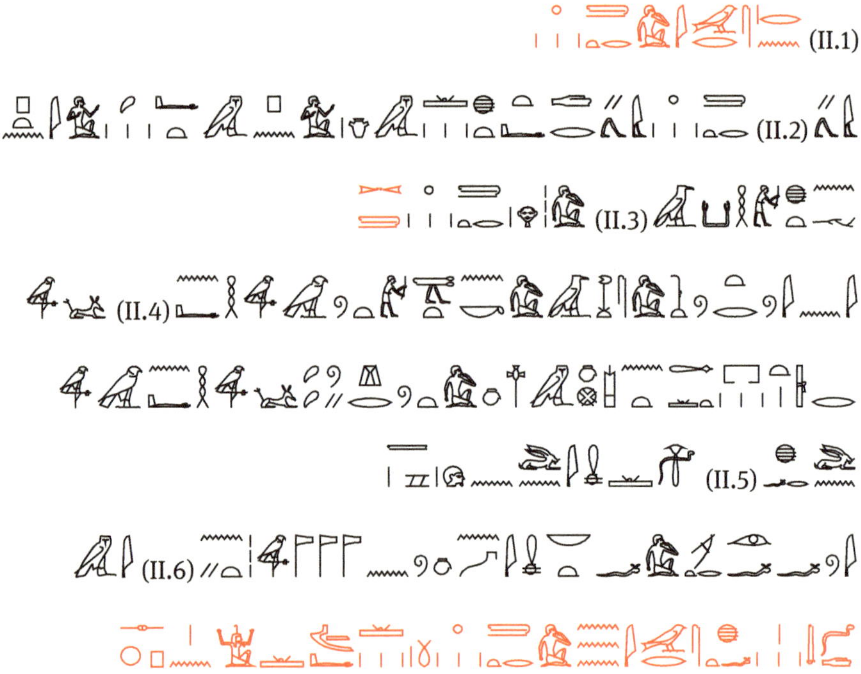

Transkription und Übersetzung

(II.1) *rꜣ n swr pẖr.t*	Spruch für das Trinken eines Pharmakons[1]:
ir (II.2) *pẖr.t iy dr.t (i)ẖ.wt m ib=i pn m ꜥ.wt=i iptn*	Wenn das Pharmakon kommen wird, so wird das kommen[2], was die Dinge aus diesem meinem Herzen (*ib*)[3] (und) aus diesen meinen Körperteilen[4] vertreibt.
nḫt ḥkꜣ(II.3)*.w ḥr pẖr.t ṯꜣs pẖr*	Stark ist der Zauber[4] zusammen mit[5] dem Pharmakon – werde umgekehrt verknüpft[6].
in-iw trw sḫꜣ.n=k iṯt.tw Ḥr.w ḥnꜥ (II.4) *Stš r is.wt ꜥꜣ.t n.t Iwnw*	Hast du daran gedacht, dass Horus und Seth zur Großen Ratskammer von Heliopolis verbracht wurden,
m nḏ.tw ḫr.wi Stš ḥnꜥ <ir.t> Ḥr.w	als über die beiden Hoden des Seth und <das Auge des> Horus beraten wurde?
wn.ḫr=f (II.5) *wꜣḏ mi wnn tp tꜣ*	So existiert er (Horus) folglich frisch wie einer, der auf der Erde ist.
iw=f iri=f mr<r>.t=f nb.t mi nw n nṯr.w n.ty (II.6) *im*	Er macht alles, was er will, so wie diese Götter, die dort sind.
ḏd mdw ḫft swr pẖr.t	Worte zu sprechen beim Trinken des Pharmakons.
šs mꜣꜥ ḥḥ n sp	Richtige Methode[7]; millionenmal (erprobt).

Annotationen

(1) Pharmakon (*pẖr.t*) wird im Deutschen zumeist mit „Heilmittel“ übersetzt.[260] Ein Heilmittel in der deutschen Fachterminologie meint Heilbehandlungen und nur im weiteren unspezifischen Gebrauch auch Arzneimittel, darüber hinaus zudem auch Hilfsmittel wie z. B. Krücken. In den altägyptischen heilkundlichen Texten liegt ein engeres Bedeutungsfeld vor. Das Wort *pẖr.t* bezeichnet das Produkt einer Rezeptur, ein Arzneimittel, nicht aber ein Hilfsmittel (z. B. Amulett) oder Behandlungsverfahren (z. B. Wärmeanwendung).

260 Westendorf (1999): passim.

pḫr.t kann man als aktives Partizip zu *pḫr* „umhergehen, umwenden, zirkulieren“[261] deuten. Somit ist *pḫr.t* „etwas, das umwendet/zirkuliert“. Ritner betont mehr das magische Einkreisen (encircling), – in allen Fällen kommt das Prozesshafte, ein Wirkmechanismus, zum Ausdruck. Dass hier der Übersetzung „Pharmakon“ der Vorzug gegeben wird, liegt daran, dass der Bedeutungsbereich von Pharmakon im Griechischen neben dem des Arzneimittels auch den einer Einzeldroge, der magischen Handlung und eines Giftes umfasst,[262] was sich mit dem *pḫr.t*-Begriff, dessen Bezeichnung samt Bedeutungen womöglich sogar ins Griechische übernommen wurde,[263] deckt.

(2) kommen (*iy*) Ganz unabhängig davon, ob man die Form von *iy* „kommen“ wie üblich als Präsens *sḏm=f* (dann unter Wegfall eines *iw*), als Imperativ[264] oder als prospektive *sḏm=f*-Formen im Wechselsatz deutet – letztere Annahme hier –, wird das Pharmakon stets gleichgesetzt mit dem, was die Dinge vertreibt.

(3) Herz (*ib*) Das Wort *ib* hat ein weites Begriffsumfeld, das sich, auch in Opposition mit einem weiteren Wort für das Herz, *ḥꜢty*, im Laufe der Zeit geschärft hat. *ib* meint seltener als *ḥꜢty* das organische Herz, sondern zumeist, weil das Herz auch der Sitz der Gefühle und des Geistes war (nicht das Gehirn), die Psyche, den Geist, das Ich.[265] Im Kontext dieses Spruches dürfte die letztere Vorstellung im Vordergrund stehen.

(4) Körperteile (*ꜥ.wt*) *ꜥ.t* kann jeden Teil des Körpers meinen.[266] Hier ist insbesondere die Zusammenstellung mit dem *ib*-Herzen interessant, das wie eine Opposition zu den Körperteilen erscheint. Ob eine Gegenüberstellung von Körper und Geist gemeint ist?

(5) Zauber (*ḥkꜢ.w*) Die Übersetzung des ägyptischen Wortes „Hekau“ mit „Zauber“ deckt das ägyptische Konzept nicht genau ab, weshalb man häufiger auch die Übertragung „Heka“ findet. Prinzipiell lassen sich Zauber und Magie in Ägypten nicht wie nach westlichem Konzept von Medizin und Religion trennen. Die Kraft durchwirkt alle Bereiche, ist jedermann, jedem Gott und jedem Ding zugänglich und war theoretisch bei entsprechenden

---

261 WCN 61900; siehe auch Osing (1976): 124; vgl. auch Ritner (1997): 57.
262 Siehe z. B. Dilg (2004): 89–97; Frisk (1954–1972): s. v. *phármakon*.
263 So Hannig (2006): 311; zuerst Jonckheere (1955): 147 und 157 No. 7, zitiert nach Ghalioungui (1973): 139.
264 Grundriß VIII: § 285 mit „(?)“.
265 Walker (1996): 147–186.
266 Walker (1996): 25.

Kenntnissen durch jeden anwendbar. Um einen adäquaten emischen Blick hat sich Ritner (1997) verdient gemacht und die Handlungen in den Vordergrund gestellt. In heilkundlichen Texten tritt das Wort Hekau in zwei Konnotationen auf, einerseits als Zauberspruch, der gesagt wird – diese Bedeutung kann auch hier angenommen werden –, andererseits als Krankheitserscheinung im Leib.[267] Letztere war möglicherweise geräuschvoll wie ein Zauberspruch.

(6) **wegen (*ḥr*)** Die Hauptbedeutungen der Präposition *ḥr* sind „auf" oder in koordinierender Funktion „und" bzw. „mit".[268]

(7) **werde umgekehrt verknüpft (*tꜣs pẖr*)** Der Rezitationsvermerk bewirkt, dass die Dinge in umgekehrter Richtung wiederholt werden, also „Stark ist das Pharmakon zusammen mit dem Zauber."

Der Abschnitt kann direkt als inhaltlich raffinierte Inszenierung dessen gesehen werden, was ein *pẖr.t* bewirken soll: Es kehrt die Dinge/Symptome um. Dabei ist der Zauberspruch stark, weil er den Mechanismus des *pẖr* anwenden kann[269], während das *pẖr.t* durch den Zauberspruch gestärkt wird.

(8) **richtige Methode (*šs mꜣꜥ*)** Diese beiden Wörter kann man gelegentlich nach Sprüchen (auch im Totenbuch und Jenseitsführern) oder Rezepten finden.[270] Sie bestärken die Wirksamkeit. Möglicherweise handelt es sich um Benutzerkritik, die bei der erneuten Abschrift in das Folgewerk eingeflossen ist. Vergleichbar wäre „es ist gut" (z. B. *iw⸗s nfr si*: Bln 180) oder „besser" (*nfr nfr*: Bt Rs. I.5). Angaben wie „gut" kann man als Marginale am Kolumnenrand u. a. des Papyrus Ebers finden.

Im TLA wird inzwischen anstelle von *šs* auf die Lesung *sšr* verwiesen und die Bedeutung „Arbeit; Handlung; Sache" zugrundegelegt, der Grundriß hatte noch „Vorzügliches" vorgeschlagen.[271]

---

267 Siehe auch Grundriß VII: 637, s. v. *ḥkꜣ.w*.

268 Grundriß VII: 614–626, führt sämtliche Gebrauchsweisen innerhalb der medizinischen Texte auf. Eine Bedeutung „wegen", die an dieser Stelle ebenfalls zu erwägen wäre, ist sekundär.

269 Beispiele dazu bei Ritner (1997): 57–67.

270 Für Belege in den heilkundlichen Texten, siehe Grundriß VII: 866; für weitere Belege siehe das digitalisierte Zettelarchiv des TLA unter *šs*; DZA 23.770.170ff.

271 Siehe TLA WCN 145520 versus Grundriß VII: 866.

Emischer Kommentar

Den Anfang des Papyrus Ebers nehmen drei Sprüche ein, die während spezifischer Heilbehandlungen anzuwenden waren. Eb 1 war beim Auflegen eines Pharmakons zu rezitieren, Eb 2 beim Lösen eines Verbandes und der hier übersetzte Spruch Eb 3 während des Trinkens eines Pharmakons.

Die Wirksamkeit des Pharmakons wird durch diesen Spruch, der bei der Verabreichung vom Leidenden zu rezitieren war, magisch verstärkt. Der Spruch gliedert sich in drei Abschnitte. Zunächst wird die Wirkweise des Mittels propagiert. Es vermag Dinge aus Körper und Geist zu vertreiben. Zauber – hier mit Sicherheit auf den Spruch zu beziehen – und Pharmakon stärken sich wechselseitig. Der Bezug auf den gesamten Körper macht den Spruch bei jeglichen Leiden anwendbar, ebenso die unspezifische Nennung von „Dingen" anstelle von konkreten Krankheitsverursachern. Sowohl sämtliche Körperstellen als auch Leidensverursacher sind in den beiden vorangegangenen Sprüchen (Eb 1 und 2) ausführlicher aufgereiht (einzelne Körperteile, einzelne Ursachen von Leiden, beides in der Summe vollzählig erfasst). Sodann folgt die Schilderung eines mythologischen Präzedenzfalls. Aufgerufen wird die Erinnerung an den Gerichtsprozess zwischen Horus und seinem Onkel Seth in Heliopolis, aus dem Horus als Sieger hervorging.[272] Schließlich wird durch den Prozess des Trinkens der „frische" Zustand des Horus, seine Macht und sein Wille so wie im Präzedenzfall evoziert, d. h. das Pharmakon bewirkt in Analogie dazu eine Entscheidung zwischen den zwei Gegenspielern Horus und Seth, die zugunsten des Horus ausgeht. Da Horus mit dem Leidenden identifiziert wird, verhilft das Heilmittel in Kombination mit der verbal zurückgeholten Erinnerung an Vergangenes mit gutem Ausgang, das Leiden zu besiegen.

Etischer Kommentar

Das Feld der Psychoneuroimmunologie hat Wechselwirkungen zwischen positiver Grundhaltung, Selbstwert und Entspannung und schnelleren Heilungsprozessen nachgewiesen; die Hypnotherapie macht sich das Wissen um positive Suggestionen ebenfalls für Heilungszwecke zu Nutze. Ein für den Leidenden überzeugendes Behandlungsumfeld wurde im altägyptischen Heilkonzept mit einer Synthese aus Heilmitteln, Sprüchen, Rückgriff auf Bild- und kulturelle

272 Anspielungen auf diesen Prozess sind in den ägyptischen Quellen (z. B. Sargtexte, Totenbuchtexte, literarische Quellen, Totenliturgien) zahlreich.

Erinnerungswelten, Analogien und Situierungen im Weltbild geschaffen und wird vermutlich das Maximum an damals möglicher Genesungsaussicht erzielt haben.

Literaturverzeichnis

Albrecht, Jörn und Richard Baum (Hgg.). 1992. *Fachsprache und Terminologie in Geschichte und Gegenwart* (Forum für Fachsprachen-Forschung, 14). Tübingen: Narr.

Allen, James P. 2005. *The Art of Medicine in Ancient Egypt*. New York: Metropolitan Museum of Art.

Aufrère, Sydney. 1983–1989. „Études de lexicologie et d'histoire naturelle I–XXVII". *Bulletin de l'Institut Français d'Archéologie Orientale* 83–89.

Bardinet, Thierry. 1990. *Dents et mâchoires dans le representations religieuses et la pratique médicale de l'Égypte ancienne* (Studia Pohl: Series Maior, 15). Roma: Pontificium Institutum Biblicum.

Bardinet, Thierry. 1995. *Les papyrus médicaux de l'Egypte pharaonique. Traduction intégrale et commentaire* (Penser la médicine). Paris: Fayard.

Baum, Nathalie. 1988. *Arbres et arbustes de l'Égypte ancienne. La liste de la tombe thébaine d'Ineni (n° 81)* (Orientalia Lovanensia Analecta, 31). Louvain: Dep. Oriëntalistiek.

Bautier, Robert-Henri. 1980–1999. *Lexikon des Mittelalters*. 9 Bde. und 1 Registerbd. München/Zürich: Artemis-Verlag.

Beaux, Nathalie. 1990. *Le cabinet de curiosités de Thoutmosis III: Plantes et animaux du „Jardin botanique" de Karnak* (Orientalia Lovaniensia Analecta, 36). Leuven: Peeters.

Behrens, Peter. 1982. „Das afroasiatische Diminutivphonem *t* im Ägyptischen". *Göttinger Miszellen* 57: 17–24.

Berger, Franz. 1949. *Handbuch der Drogenkunde*. Wien: Wilhelm Maudrich Verlag.

Borghouts, Joris. 1978. *Ancient Egyptian Magical Texts* (Nisaba, 9). Leiden: Brill.

Brawanski, Alexander. 2001. „Die Fälle 1–8 des Papyrus Edwin Smith (‚Schädelhirntraumafälle')". *Studien zur altägyptischen Kultur* 29: 7–39.

Breasted, James Henry. 1930. *The Edwin Smith Surgical Papyrus: Published in Facsimile and Hieroglyphic Transliteration with Translation and Commentary in Two Volumes* (Oriental Institute Publications, 3–4). Chicago: University of Chicago Press.

Brückner, Dominik. 2003. *Geschmack. Untersuchungen zu Wortsemantik und Begriff im 18. und 19. Jahrhundert. Gleichzeitig ein Beitrag zur Lexikographie von Begriffswörtern* (Studia Liguistica Germanica, 72). Berlin/New York: de Gruyter.

Brugsch, Heinrich. 1863. *Recueil de monuments égyptiens*, Bd. 2. Leipzig: [J. C. Hinrichs].

CD = Crum, Walter E. 1939. *A Coptic Dictionary*. Oxford: Clarendon Press.

CED = Černý, Jaroslav. 1976. *Coptic Etymological Dictionary*. Cambridge: Cambridge University Press.

Chapman, Paul H. 1992. „Case Seven of the Smith Surgical Papyrus: The Meaning of *tpꜣw*". *Journal of the American Research Center in Egypt* 29: 35–42.

Charpentier, Gérard. 1981. *Recueil de matériaux épigraphiques relatifs à la botanique de l'Égypte antique*. 2 Bde. Paris: Trismegiste.

Consilium Cedip Practicum. 1996. *Handbuch für Diagnose und Therapie*. 24. Auflage. München: PMSI Cedip Verlagsgesellschaft.
Delz, Josef. 1997. „Textkritik und Editionstechnik". In: Fritz Graf (Hg.), *Einleitung in die lateinische Philologie*. Stuttgart u. a.: Teubner: 51–73.
Dilg, Peter. 2004. „Der Pharmazeut als Sündenbock? Zur Bedeutung von „Pharmakos" und „Pharmakon" in der alten Kathartik". In: Klaus Meyer (Hg.), *Die Schelenz-Stiftung IV. 1989–2003* (Veröffentlichungen zur Pharmaziegeschichte, 4). Stuttgart: Wissenschaftliche Verlags-Gesellschaft: 89–97.
Dominicus, Brigitte. 1994. *Gesten und Gebärden in Darstellungen des Alten und Mittleren Reiches* (Studien zur Archäologie und Geschichte Altägyptens, 10). Heidelberg: Heidelberger Orientverlag.
Ebbell, Bendix. 1937. *The Papyrus Ebers: the Greatest Egyptian Medical Document*. Kopenhagen: Levin & Munksgaard.
Ebbell, Bendix. 1938. *Alt-ägyptische Bezeichnungen für Krankheiten und Symptome* (Skrifter utgitt av det Norske Videnskaps-Akademi i Oslo: II. Historisk-Filosofisk Klasse 1938, 3). Oslo: Dybwad.
Ebbell, Bendix. 1939. *Die alt-ägyptische Chirurgie. Die chirurgischen Abschnitte der Papyrus E. Smith und Papyrus Ebers* (Skrifter utgitt av det Norske Videnskaps-Akademi i Oslo: II. Historisk-Filosofisk Klasse 1939, 2). Oslo: Dybwad.
Ebers, Georg. 1875. *Papyros Ebers. Das Hermetische Buch über die Arzneimittel der alten Ägypter in hieratischer Schrift*. 2 Bde. Leipzig: Biblio-Verlag.
Edel, Elmar. 1955. *Altägyptische Grammatik* (Analecta Orientalia, 34). Rom: Pontificium Institutum Biblicum.
Eckart, Wolfgang U. 2004. *Geschichte der Medizin* (Springer-Lehrbuch). 5. Auflage. Berlin u. a.: Springer.
Edwards, Iorwerth. 1960. *Oracular Amuletic Decrees of the Late New Kingdom*. 2 Bde. (Hieratic Papyri in the British Museum, 4). London: British Museum Press.
Elujoba, A[nthony] A., S[tella] O. Olagbende und S[imeon] K. Adesina. 1985. „Anti-implantation Activity of the Fruit of Lagenaria breviflora Robert". *Journal of Ethnopharmacology* 13: 281–288.
Faller, Adolf. 1995. *Körper des Menschen. Einführung in Bau und Funktion*. 12. Auflage. Stuttgart: Thieme.
Fischer-Elfert, Hans-Werner. 2005a. *Altägyptische Zaubersprüche* (Universal-Bibliothek, 18375). Stuttgart: Reclam.
Fischer-Elfert, Hans-Werner. 2005b. „Pap. Ebers Nr. 1–3". In: Hans-Werner Fischer-Elfert (Hg.), *Papyrus Ebers und die antike Heilkunde. Akten der Tagung vom 15. – 16.3.2002 in der Albertina-UB der Universität Leipzig* (Philippika, 7). Wiesbaden: Harrassowitz: 133–147.
Fleck, Ludwik. 1935. *Entstehung und Entwicklung einer wissenschaftlichen Tatsache: Einführung in die Lehre vom Denkstil und Denkkollektiv*. Basel: Verlagsbuchhandlung Schwabe und Co. [Nachdruck: Frankfurt: Suhrkamp 1980]
Fögen, Thorsten. 2002. „Der Umgang mit griechischen Termini in lateinischen Fachtexten: Versuch einer Systematisierung". In: Bogdan Kovtyk, Hans-Joachim Solms und Gerhard Meiser (Hgg.), *Geschichte der Übersetzung. Beiträge zur Geschichte der neuzeitlichen, mittelalterlichen und antiken Übersetzung* (Angewandte Sprach- und Übersetzungswissenschaft, 3). Berlin: Logos: 259–276.
Frisk, Hjalmar. 1954–1972. *Griechisches etymologisches Wörterbuch*. 3 Bde. Heidelberg: Winter.

Germer, Renate. 1979. *Untersuchungen über Arzneimittelpflanzen im Alten Ägypten*. Diss. Hamburg.
Germer, Renate. 1985. *Flora des pharaonischen Ägypten* (Sonderschriften/Deutsches Archäologisches Institut, Abteilung Kairo, 14). Mainz: Zabern.
Germer, Renate. 2008. *Handbuch der altägyptischen Heilpflanzen* (Philippika, 21). Wiesbaden: Harrassowitz.
Ghalioungui, Paul. 1973. The *House of Life Per Ankh. Magic and Medical Science in Ancient Egypt*. 2. Auflage. Amsterdam: Israël.
Ghalioungui, Paul. 1987. *The Ebers Papyrus. A New English Translation, Commentaries and Glossaries*. Kairo: Academy of Scientific Research and Technology.
Goltz, Dietlinde. 1974. *Studien zur altorientalischen und griechischen Heilkunde. Therapie – Arzneibereitung – Rezeptstruktur* (Beihefte/Sudhoffs Archiv, 16). Wiesbaden: Steiner.
Gräßler, Nadine. 2016. *Konzepte des Auges im alten Ägypten*. Diss. Uni Mainz.
Grundriß = Grapow, Hermann, Hildegard von Deines und Wolfhart Westendorf. 1954–1973. *Grundriß der Medizin der Alten Ägypter*. 9 Bde. Berlin: Akademie-Verlag.
I: Grapow, Hermann. 1954. *Anatomie und Physiologie*.
II: Grapow, Hermann. 1955. *Von den medizinischen Texten*.
III: Grapow, Hermann. 1956. *Kranker, Krankheiten und Arzt*.
IV.1: Deines, Hildegard von, Hermann Grapow und Wolfhart Westendorf. 1958. *Übersetzung der medizinischen Texte*.
IV.2: Deines, Hildegard von, Hermann Grapow und Wolfhart Westendorf. 1958. *Erläuterungen*.
V: Grapow, Hermann. 1958. *Die medizinischen Texte in hieroglyphischer Umschrift autographiert*.
VI: Deines, Hildegard von, Hermann Grapow. 1959. *Wörterbuch der ägyptischen Drogennamen*.
VII: Deines, Hildegard von und Wolfhart Westendorf. 1961–1962. *Wörterbuch der medizinischen Texte*. 2 Bde.
VIII: Westendorf, Wolfhart. 1962. *Grammatik der medizinischen Texte*.
IX: Deines, Hildegard von, Hermann Grapow und Wolfhart Westendorf. 1973. *Ergänzungen*.
Hänsel, Rudolf u.a. (Hgg.). 1994. *Hagers Handbuch der pharmazeutischen Praxis. Drogen P–Z*. Berlin u.a.: Springer
Hannig, Rainer. 1995. *Die Sprache der Pharaonen. Großes Handwörterbuch Ägyptisch-Deutsch (2800–950 v. Chr.)* (Kulturgeschichte der antiken Welt, 64). 3. Auflage. Mainz: Zabern.
Hannig, Rainer. 2006. *Die Sprache der Pharaonen. Großes Handwörterbuch Ägyptisch-Deutsch (2800–950 v. Chr.)*. Marburger Edition (Kulturgeschichte der antiken Welt, 64). 4. überarbeitete Auflage. Mainz: Zabern.
Harris, John H. 1961. *Lexicographical Studies in Ancient Egyptian Minerals*. Berlin: Akademie-Verlag.
Hoch, James E. 1994. *Semitic Words in Egyptian Texts of the New Kingdom and Third Intermediate Period*. Princeton: Princeton University Press.
Hoffmann, Friedhelm. 2010. „Zur Neuedition des hieratisch-demotischen Papyrus Wien D 6257 aus römischer Zeit". In: Annette Imhausen und Tanja Pommerening (Hgg.), *Writings of Early Scholars in the Ancient Near East, Egypt, Rome, and Greece. Translating Ancient Scientific Texts* (Beiträge zur Altertumskunde, 286). Berlin/New York: de Gruyter: 201–218.

Hohmann, Christina. 2007. „Lactose-Toleranz. Wie Kultur die Gene beeinflusst". *Pharmazeutische Zeitung* 11/2007. URL: http://www.pharmazeutische-zeitung.de/index.php?id=2781 [Zugriff: 04/2016].
Horne, P. D. 2002. „First Evidence of Enterobiasis in Ancient Egypt". *Journal of Parasitology* 88: 1019–1021.
Iversen, Erik. 1930. *Papyrus Carlsberg No. VIII: with Some Remarks on the Egyptian Origin of Some Popular Birth Prognoses* (Historisk-filologiske meddelelser, 26,5). Kopenhagen: Munksgaard.
Jonckheere, Frans. 1955. „Le Preparateur de Remedies dans organisation de la pharmacie Égyptienne". In: Otto Firchow (Hg.), *Ägyptologische Studien. Hermann Grapow zum 70. Geburtstag gewidmet* (Veröffentlichungen/Deutsche Akademie der Wissenschaften, Institut für Orientforschung, 29). Berlin: Akademie-Verlag: 149–161.
Joachim, Heinrich. 1890. *Papyros Ebers – Das älteste Buch über Heilkunde*. Berlin: Reimer. [Photomechanischer Nachdruck Berlin: de Gruyter 1973]
Keimer, Ludwig. 1924. *Die Gartenpflanzen im alten Ägypten*. Hildesheim: Olms. [Nachdr.]
Kollesch, Jutta. 1999. „Medizin und ihre Fachsprache im Altertum: eine Übersicht". In: Lothar Hoffmann, Hartwig Kalverkämper und Herbert Ernst Wiegand (Hgg.), *Fachsprachen. Ein internationales Handbuch zur Fachsprachenforschung und Terminologiewissenschaft / Languages for Special Purposes. An International Handbook of Special-Language and Terminology Research*. 2 Bde. (Handbücher zur Sprach- und Kommunikationswissenschaft / Handbooks of Linguistics and Communication Science, 14). Berlin: de Gruyter: 2270–2277.
Lacau, Pierre. 1970. *Les noms des parties du corps en égyptien et en sémitique* (Mémoires de l'Académie, 44). Paris: Academie des Inscriptions et Belles-Lettres.
Lefebvre, Gustave. 1952. *Tableau des parties du corps humain mentionnées par les Égyptiens* (Supplément aux Annales du Service des Antiquités, 17). Kairo: Impr. de l'Institut Français d'Archéologie Orientale.
Leven, Karl-Heinz. 1998. „Krankheiten – historische Deutung versus retrospektive Diagnose". In: Norbert Paul und Thomas Schlich (Hgg.), *Medizingeschichte: Aufgaben – Probleme – Perspektiven*. Frankfurt am Main/New York: Campus: 153–185.
Loret, Victor. 1892. *La flore pharaonique d'après les documents hiéroglyphiques et les specimens découverts dans les tombes*. 2. Auflage. Paris: E. Leroux. [Nachdruck Hildesheim: Olms 1975]
Lüring, Heinrich. 1888. *Die über die medicinischen Kenntnisse der alten Ägypter berichtenden Papyri verglichen mit den medicinischen Schriften griechischer und römischer Autoren*. Leipzig: Breitkopf & Härtel.
Lüsebrink, Hans-Jürgen. 2012. *Interkulturelle Kommunikation. Interaktion, Fremdwahrnehmung, Kulturtransfer*. 3. aktualisierte und erweiterte Auflage. Stuttgart/Weimar: Metzler.
Maas, Paul. 1960. *Textkritik*. 4. Auflage. Leipzig: Teubner.
Meeks, Dimitri. 1978. *Année lexicographie* III. Paris: Cybele.
Miller, R. L. 1997. „Tetanus after Cranial Trauma in Ancient Egypt". *Journal of Neurology, Neurosurgery and Psychiatry with Practical Neurology* 63/6: 758.
Munday, Jeremy. 2012. *Introducing Translation Studies, Theories and Applications*. London u. a.: Routledge.
Nunn, John F. 1996. *Ancient Egyptian Medicine*. London: British Museum Press.
Nutton, Vivian. 2012. *Ancient Medicine*. London u. a.: Routledge.

Nyord, Rune. 2009. *Breathing Flesh: Conceptions of the Body in the Ancient Egyptian Coffin Texts* (CNI Publications, 37). Kopenhagen: Museum Tusculanum Press.

Ockinga, Boyo G. 2005. *Mittelägyptische Grundgrammatik*. 2. überarbeitete Auflage. Mainz: Zabern.

Osing, Jürgen. 1976. *Die Nominalbildung des Ägyptischen* (Sonderschrift/Deutsches Archäologisches Institut, Abteilung Kairo, 3). Mainz: Zabern.

Pommerening, Tanja. 2005. *Die altägyptischen Hohlmaße* (Beihefte/Studien zur Altägyptischen Kultur, 10). Hamburg: Buske.

Pommerening, Tanja. 2010a. „Von Impotenz und Migräne – eine kritische Auseinandersetzung mit Übersetzungen des Papyrus Ebers". In: Annette Imhausen und Tanja Pommerening (Hgg.), *Writings of Early Scholars in the Ancient Near East, Egypt, Rome, and Greece. Translating Ancient Scientific Texts* (Beiträge zur Altertumskunde, 286). Berlin/New York: de Gruyter: 153–174.

Pommerening, Tanja. 2010b. „βούτυρος ‚Flaschenkürbis' und κουροτόκος im Corpus Hippocraticum, De sterilibus 214: Entlehnung und Lehnübersetzung aus dem Ägyptischen". *Glotta* 86: 40–54.

Pommerening, Tanja. 2012. „Altägyptische Rezepte – Eine diachrone Betrachtung". *Geschichte der Pharmazie* 64 [Heft 3]: 33–38.

Pommerening, Tanja. 2014. „Die *šsꜣw*-‚Lehrtexte' der heilkundlichen Literatur des Alten Ägypten: Tradition und Textgeschichte". In: Dahlia Bawanypeck und Annette Imhausen (Hgg.), *Traditions of Written Knowledge in Ancient Egypt and Mesopotamia: Proceedings of Two Workshops Held at Frankfurt University in December 2011 and May 2012* (Alter Orient und Altes Testament, 403). Münster: Ugarit Verlag: 7–46.

Pommerening, Tanja. 2015a. „Bäume, Sträucher und Früchte in altägyptischen Listen – eine Betrachtung zur Kategorisierung und Ordnung". In: Susanne Deicher und Erik Maroko (Hgg.), *Die Liste. Ordnungen von Dingen und Menschen in Ägypten* (Ancient Egyptian Design, Contemporary Design History and Anthropology of Design, 1). Berlin: Kadmos: 125–166.

Pommerening, Tanja. 2015b. „Milch einer Frau, die einen Knaben geboren hat". In: Panagiotis Kousoulis und Nikolaos Lazaridis (Hgg.), *Proceedings of the Tenth International Congress of Egyptologists. University of the Aegean, Rhodos 22–29 May 2008*. 2 Bde. (Orientalia Lovaniensia Analecta, 241). Leuven u. a.: Peeters: 2083–2095.

Pommerening, Tanja. 2016. „Wege zur Identifikation altägyptischer Drogennamen – eine kritische Betrachtung". In: Peter Dils und Lutz Popko (Hgg.), *Zwischen Philologie und Lexikographie des Ägyptisch-Koptischen. Akten der Leipziger Abschlusstagung des Akademienprojekts ‚Altägyptisches Wörterbuch'* (Abhandlungen/Sächsische Akademie der Wissenschaften zu Leipzig. Philologisch-historische Klasse). Stuttgart/Leipzig: S. Hirzel: 82–111.

Pommerening, Tanja. In Vorb. „Medical Re-enactments: Ancient Egyptian Prescriptions from an Emic View". In: Proceedings of the XIth Congress of Egyptologists, Florence, Italy 23.–30.08.2015.

Pschyrembel. 1990. *Klinisches Wörterbuch*. 256. Auflage. Berlin/New York: de Gruyter.

Quack, Joachim Friedrich. 1999. „Magie und Totenbuch – eine Fallstudie (pEbers 2,1–6)". *Chronique d'Égypte* 74: 5–17.

Riecke, Jörg. 2004. *Die Frühgeschichte der mittelalterlichen medizinischen Fachsprache im Deutschen*. Berlin u. a.: de Gruyter.

Ritner, Robert Kriech. 1997. *The Mechanics of Ancient Egyptian Magical Practice* (Studies in Ancient Oriental Civilization, 54). 3. Auflage. Chicago: Oriental Institute.
Sanchez, Gonzalo M. und Edmund S. Meltzer. 2012. *The Edwin Smith Papyrus: Updated Translation of the Trauma Treatise and Modern Medical Commentaries*. Atlanta, Gs.: Lockwood Press.
Sandison, A. T. und Edmund Tapp. 1998. „Disease in Ancient Egypt". In: Aidan Cockburn, Eve Cockburn und Theodore A. Reyman (Hgg.), *Mummies, Disease, and Ancient Cultures*. Cambridge: Cambridge University Press: 39–42.
Schenkel, Wolfgang. 1985. „*zꜣ.t* „Kindchen" und *ṯꜣ.t* „Jüngchen"". *Göttinger Miszellen* 84: 65–70.
Schenkel, Wolfgang. 2012. *Tübinger Einführung in die klassisch-ägyptische Sprache und Schrift*. 3. Auflage. Tübingen: W. Schenkel.
Schmitz, Rudolf. 1998. *Geschichte der Pharmazie*, Bd. 1: *Von den Anfängen bis zum Ausgang des Mittelalters*. Eschborn: Govi-Verlag.
Schneider, Wolfgang. 1968–1975. *Lexikon zur Arzneimittelgeschichte. Sachwörterbuch zur Geschichte der pharmazeutischen Botanik, Chemie, Mineralogie, Pharmakologie, Zoologie*. 7 Bde. Frankfurt am Main: Govi-Verlag.
Scholl, Reinhold. 2002. *Der Papyrus Ebers. Die größte Buchrolle Altägyptens* (Schriften aus der Universitätsbibliothek Leipzig, 7). Leipzig: Universitätsbibliothek.
Schweitzer, Simon D. 2011. „Zum Lautwert einiger Hieroglyphen. [D1], [U23], [F25] und [W19]". *Zeitschrift für ägyptische Sprache und Altertumskunde* 138: 132–149.
Stephan, Joachim. 2011. *Die altägyptische Medizin und ihre Spuren in der abendländischen Medizingeschichte* (Ägyptologie, 1). Berlin: Lit.
Sternberg-el Hotabi, Heike. 1999. *Untersuchungen zur Überlieferungsgeschichte der Horusstelen: ein Beitrag zur Religionsgeschichte Ägyptens im 1. Jahrtausend v. Chr.* 2 Bde. (Ägyptologische Abhandlungen, 62). Wiesbaden: Harrassowitz.
TLA = Thesaurus Linguae Aegyptiae. http://aaew.bbaw.de/tla/.
Vandier, Jacques. 1961. *Le papyrus Jumilhac*. Paris: Centre national de la recherche scientifique.
Vartavan, Christian de, Arminée Arakelyan und Victoria Asensi Amorós. 2010. *Codex of Ancient Egyptian Plant Remains*. 2. Auflage. London: SAIS Academic Books.
Vernus, Pascal. 2012. „Le verbe gm(j): essai de sémantique lexicale". In: Eitan Grossmann, Stéphane Polis und Jean Winand (Hgg.), *Lexical Semantics in Ancient Egyptian* (Lingua Aegyptia: Studia monographica, 9). Hamburg: Widmaier: 387–438.
Walker, James H. 1996. *Studies in Ancient Egyptian Anatomical Terminology* (Studies/Australian Centre for Egyptology, 4). Warminster: Aris and Phillips.
Ward, William. 1978. *The Four Egyptian Homographic Roots B-3: Etymological and Egypto-Semitic Studies* (Studia Pohl, Series Major, 6). Roma: Pontificium Institutum Biblicum.
Wb = Erman, Adolf und Hermann Grapow. 1982. *Wörterbuch der aegyptischen Sprache*. 6 Bde. 4. Auflage. Berlin: Akademie-Verlag.
WCN = Wörterbuch-Corpus-Nummer = die im TLA angegebene eindeutige Lemmanummer.
Weeks, Kent. 1970. *Anatomical Knowledge of the Ancient Egyptians and the Representation of the Human Figure in Egyptian Art*. Unpublizierte Ph.D. thesis. Yale University.
Werner, Michael. 2009. „Zum theoretischen Rahmen und historischen Ort der Kulturtransferforschung". In: Michael North (Hg.), *Kultureller Austausch: Bilanz und Perspektiven der Neuzeitforschung*. Köln u.a.: Böhlau: 15–23.

Werning, Daniel A. 2004. „The Sound Values of the Signs Gardiner D1 (Head) and T8 (Dagger)". *Lingua Aegyptia* 12: 183–204.

West, Martin L. 1973. *Textual Criticism and Editional Technique. Applicable to Greek and Latin Texts* (Teubner Studienbücher, Philologie). Stuttgart: Teubner.

Westendorf, Wolfhart. 1966. *Papyrus Edwin Smith, ein medizinisches Lehrbuch aus dem alten Ägypten: Wund- und Unfallchirurgie, Zaubersprüche gegen Seuchen, verschiedene Rezepte.* Bern/Stuttgart: Huber.

Westendorf, Wolfhart. 1999. *Handbuch der altägyptischen Medizin.* 2 Bde. (Handbuch der Orientalistik, Abt. I, 36). Leiden u. a.: Brill.

Wreszinski, Walter. 1909–1913. *Die Medizin der alten Ägypter.* 3 Bde. Leipzig: J. C. Hinrichs.

Zonhoven, L[udovicus] M. J. 1992. *Middel-egyptische Grammatica. Een praktische inleiding in de egyptische taal en het hierogliefenschrift.* Leiden: Zonhoven.

Abbildungsnachweis

Abb. 1: Allen (2005): 76; 78.

Abb. 2: wikimedia commons: https://commons.wikimedia.org/wiki/File:Sobo_1909_46.png, Stand: 09.2016 [aus: Sobotta, Johannes. 1909. Atlas and textbook of human anatomy. Philadelphia: Saunders: Abb. 46].

Abb. 3: Faller (1995): 125.

Abb. 4: Faller (1995): 129.

Abb. 5: Ägyptisches Museum und Papyrussammlung, Staatliche Museen zu Berlin, SPK. Fotografin: Sandra Steiß

Abb. 6: ©Universitätsbibliothek Leipzig.

Abb. 7: Tanja Pommerening.

Abb. 8: ©Universitätsbibliothek Leipzig.

Annette Imhausen (Frankfurt)

Zum Arbeiten mit hieratischen mathematischen Aufgabentexten

1 Einleitung

Nicht viele ägyptische mathematische Texte sind bis heute erhalten. Das kleine Quellenkorpus teilt sich nach dem Kriterium der Schrift, in der die Texte verfasst wurden, in zwei Gruppen, die hieratischen Texte aus dem Mittleren Reich (2055–1650 v. Chr.), der Zweiten Zwischenzeit (1650–1550 v. Chr.) und dem Neuen Reich (1550–1069 v. Chr.) einerseits und die demotischen Texte aus der Ptolemäischen (332–30 v. Chr.) und Römischen (30 v. Chr. – 395 n. Chr.) Zeit andererseits.[1] Formal lassen sich die Inhalte der mathematischen Texte zudem in Tabellentexte und Aufgabentexte unterscheiden, dabei kann eine Quelle auch mehrere Textarten enthalten.[2] Der Fokus dieses Abschnitts liegt ausschließlich auf den hieratischen Aufgabentexten. Einige der im Folgenden für die hieratischen

Ich möchte mich an dieser Stelle herzlich bei Stephan Heilen bedanken, der mein Tandempartner in diesem Projekt war und dessen Korrekturen und Hinweise zur Verbesserung und besseren Verständlichkeit des Kapitels beigetragen haben.

1 Jahreszahlen nach Shaw (2000). Die wichtigsten hieratischen Texte und ihre Editionen sind: Mathematischer Papyrus Rhind (British Museum EA 10057 und EA 10058): Photo: Robins und Shute (1987); hieroglyphische Umschrift und (englische) Übersetzung: Peet (1923). Mathematischer Papyrus Moskau (Papyrus Moskau 4676): Photo, hieroglyphische Umschrift, (deutsche) Übersetzung: Struwe und Turajeff (1930). Mathematische Fragmente aus Lahun: Photo: auf CD-Rom in Collier und Quirke (2004); hieroglyphische Umschrift: Collier und Quirke (2004): 71–96; (englische) Übersetzung: Imhausen und Ritter (2004). Viele der demotischen mathematischen Papyri finden sich in Parker (1972). Für weitere Texte und ihre Editionen siehe Imhausen (2016): 63–69 (hieratisch) und 183–186 (demotisch).

2 Eine gute Beschreibung des Begriffs „mathematischer Text" für mesopotamische mathematische Texte, die auf das ägyptische Korpus übertragen werden kann, findet sich in Robson (1999): 7. Robson unterscheidet für die mesopotamischen mathematischen Texte sechs Gruppen („table texts", „problem texts", „coefficient lists", „catalogues", „model documents" und „students' rough work"), wovon sich zwei Gruppen, nämlich die Tabellentexte (z. B. die $2 \div n$-Tabelle) und die Aufgabentexte (für Beispiele vgl. die folgenden Übersetzungen), auch für das ägyptische Korpus feststellen lassen. Aufgaben 82–84 des mathematischen Papyrus Rhind stellen evtl. den Übergang zu den Modellabrechnungen dar. Zur Beziehung zwischen Tabellen und Aufgabentexten vgl. auch Ritter (1989).

Aufgabentexte ausgeführten Überlegungen können wahrscheinlich auf die demotischen Aufgabentexte übertragen werden – allerdings stellen sich dort aufgrund der anderen kulturellen Gegebenheiten zum Teil andere Probleme.

Die ideale Vorbildung für eine Beschäftigung mit der altägyptischen Mathematik ist eine doppelte Qualifikation in Ägyptologie und Mathematikgeschichte, die in dieser Form nicht leicht zu erlangen und daher nicht selbstverständlich ist.[3] Aufgrund der komplexen Situation der ägyptischen Philologie, in der auch grundlegende grammatikalische Probleme zum Teil noch kontrovers diskutiert werden, ist davon abzuraten, sich ohne Kenntnisse der ägyptischen Sprache an der Interpretation eines in Übersetzung vorliegenden ägyptischen mathematischen Textes zu versuchen.[4] Dazu kommt, dass die vorliegenden Editionen der beiden größten mathematischen Texte trotz ihrer herausragenden Qualität nach inzwischen über 85 Jahren (Papyrus Rhind 1923, Papyrus Moskau 1930) nicht mehr dem heutigen Wissensstand entsprechen. Bisher liegt lediglich für die mathematischen Fragmente der Lahun Papyri eine Neuedition vor.[5] Der an der ägyptischen Mathematik ernsthaft interessierte Wissenschaftler muss sich daher zwangsläufig mit dem hieratischen Text befassen, d. h. auf der Ebene der Textedition einsteigen.[6]

Mein Beitrag beginnt mit einigen Bemerkungen zur Historiographie der Mathematik, deren Kenntnis für die Benutzung der vorliegenden Editionen wie auch der Sekundärliteratur nützlich ist, denn aufgrund eines Paradigmenwechsels in der Mathematikgeschichte werden die Quellen heute anders interpretiert als es noch vor 30 Jahren üblich war.[7] Trotzdem sind die damaligen Publikationen nach wie vor wertvoll, allerdings ist bei ihrer Nutzung die damals andere Herangehensweise zu berücksichtigen. In einem weiteren Abschnitt der Einleitung werden dann grundlegende Dinge zum Umgang mit ägyptischen mathematischen Texten vorgestellt.

---

3 Eine Einführung in die altägyptische Mathematik in der Kürze eines Aufsatzes gibt Ritter (2000), in Buchlänge Imhausen (2016).

4 Allerdings ist das Erlangen solcher grundlegenden Sprachkenntnisse aufgrund neuerer Publikationen, wie z. B. dem Lehrbuch von James Allen (2014) inzwischen durchaus möglich. Für weitere Hilfsmittel vgl. den Anhang (D.) dieses Bandes.

5 Collier und Quirke (2004).

6 Zu neueren Forschungen im Umgang mit hieratischen Texten vgl. auch das derzeit laufende Akademieprojekt „Altägyptische Kursivschriften" zur Hieratistik (http:/aku.uni-mainz.de; Zugriff 27.05.2016) und die aus ihm bereits hervorgegangene Publikation Verhoeven (2015).

7 Siehe hierzu Imhausen (2010a). Allerdings gibt es auch neuere Publikationen, die dem alten Paradigma verhaftet sind, vgl. z. B. Michel (2014). Vgl. zur Historiographie außerdem Imhausen (2003a): 8–12, und Imhausen (2016): 2–7.

Die anschließenden Beispiele für Übersetzungen enthalten Aufgaben aus den beiden bekanntesten hieratischen mathematischen Quellen, Papyrus Rhind und Papyrus Moskau.

1.1 Der Umgang mit den ägyptischen mathematischen Texten – damals und heute

Noch bis in die Mitte des 20. Jh.s war es üblich, das moderne mathematische Wissen als Bezugsrahmen zu verwenden und bei den früheren mathematischen Quellen zu überprüfen, ob es dort schon etwas gibt, was man mit diesem modernen Wissen verbinden kann. Entsprechend dieser Zielsetzung hat man bei der Bearbeitung der antiken mathematischen Texte nach Parallelen zur modernen Mathematik gesucht, und es war gang und gäbe, die altägyptischen Texte in die Sprache der modernen Mathematik zu übersetzen. Das Ergebnis dieses Ansatzes war eine Art moderne Bewertung der früheren mathematischen Leistungen einer Kultur, die primär die Defizite der „früheren Stufen der Mathematik", wie man sie in den Texten der ersten „Hochkulturen" findet, feststellte. Die Ägypter kannten eben noch keine Formeln und keine symbolische Schreibweise – und die Folgerung der frühen Mathematikgeschichte war, dass sie deshalb viel umständlicher darangingen, das gestellte Problem zu lösen. Für Ägypten hat sich darüber hinaus der direkte Vergleich mit Mesopotamien, wo in etwa zeitgleich mathematische Texte vorliegen, negativ ausgewirkt. Da sich in den mathematischen Texten der Mesopotamier vermeintlich mehr „moderne" Mathematik finden ließ, hat Ägypten bei dieser Art der Historiographie nicht nur gegenüber der modernen Mathematik, sondern auch gegenüber der kontemporären Mathematik seiner Nachbarkultur keine positive Bewertung erfahren.[8]

8 Vgl. z. B. die beiden folgenden Zitate namhafter Autoren: „The Egyptians could not possibly get beyond linear equations and pure quadratics with one unknown, with their primitive and laborious computing technique.": van der Waerden (1954): 29. „To some extent Egyptian mathematics has had some, though rather negative, influence on later periods.": Neugebauer (1969): 72. Dagegen sind die Kommentare zur Babylonischen Mathematik in der Regel positiv formuliert, wie das folgende Beispiel illustriert: „However incomplete our present knowledge of Babylonian mathematics may be, so much is established beyond any doubt: we are dealing with a level of mathematical development which can in many aspects be compared with the mathematics, say, of the early Renaissance.": Neugebauer (1969): 48.

Vergleicht man die beiden Kulturen aber anhand konkreter mathematischer Leistungen, so ist das negative Abschneiden Ägyptens nicht selbstverständlich. Bei der Berechnung der Kreisfläche liefert das ägyptische Verfahren ein genaueres Ergebnis als das mesopotamische. Zum

Ein solches Vorgehen ist in der heutigen Mathematikgeschichte nicht mehr angemessen. Zum historischen Arbeiten, und das gilt dementsprechend auch für die Geschichte der Mathematik, gehört es ganz grundlegend, Sachverhalte und Konzepte in ihrer Zeit zu kontextualisieren. Zudem ist in der Wissenschaftsgeschichte die Idee des beständigen Fortschritts, mit einem Anfang eines Wissensgebietes irgendwann in der Vorzeit, das sich dann weiterentwickelt bis zu dem, was modern vorliegt, bereits 1935 von Ludwik Fleck kritisiert worden. So hat Fleck am Beispiel der Syphilis das Konzept von Denkstil und Denkkollektiv entwickelt.[9] Wissenschaftliche Erkenntnisprozesse sind demnach bedingt durch die Gemeinschaft der Menschen, die in der Entwicklung dieser Erkenntnisprozesse miteinander im Austausch stehen. Entsprechend ist es für die Wissenschaftsgeschichte notwendig, wissenschaftliche Entwicklungen in ihrem jeweiligen historischen und sozialen Kontext zu untersuchen.[10] Für den Mathematikhistoriker liegt das Defizit des oben beschriebenen Vorgehens in der frühen Mathematikgeschichte darin, dass man mehr über die Inkompatibilität der modernen Mathematik mit früheren Mathematiken erfährt als etwas über ägyptische Mathematik selbst zu lernen. Der Umbruch in der Methodologie der Mathematikgeschichte hatte zur Folge, dass man altägyptische mathematische Papyri heute nicht mehr mit einem modernen Algebrabuch vergleicht, um die Unzulänglichkeiten des ägyptischen Textes auszumachen, sondern sich bei der Analyse der ägyptischen mathematischen Texte über deren Form und Inhalt und wie diese angemessen zu beschreiben sind, klar werden muss.

Tatsächlich erfolgt eine Beschreibung natürlich immer vor dem eigenen mathematischen Hintergrund. Trotzdem lassen sich eine Reihe von Charakteristika der ägyptischen Mathematik herausarbeiten, in denen sich die ägyptische Mathematik von unserer unterscheidet. Im Gegensatz zu früheren Bearbeitungen

---

ägyptischen Verfahren der Kreisflächenberechnung siehe das folgende Beispiel (Papyrus Rhind, Aufgabe 41) und vgl. Imhausen (2009): 787–789.

Tatsächlich wäre bei einem direkten Vergleich der beiden mathematischen Kulturen auch die Quellenlage zu berücksichtigen. Die mesopotamischen Tontafeln haben sich als wesentlich beständiger erwiesen als der in Ägypten verwendete Papyrus, wodurch aus den beiden Kulturen Quellenkorpora sehr unterschiedlicher Größe resultieren. Vgl. auch Imhausen (2010b).

9 Fleck (1935). Natürlich ist es aufgrund der Quellenlage der altägyptischen Mathematik leider ausgeschlossen, für deren Entwicklung ein ähnlich detailliertes oder überhaupt personenbezogenes Bild in dieser Art zu zeichnen. Gleichwohl ist das Ergebnis der Untersuchung von Fleck auch für die Beschäftigung mit der antiken Wissenschaft von Bedeutung.

10 Ein Versuch, dies für die ägyptische Mathematik in einer Einführung darzustellen, ist Imhausen (2016). Für die griechisch-römische Mathematik vgl. z. B. Cuomo (2001); für die mesopotamische Mathematik siehe Robson (2008).

werden solche Unterschiede nicht mehr als „Mangel“ sondern als konstituierende Elemente der Mathematik einer bestimmten Kultur untersucht. Spannend sind hierbei auch die Folgen, die sich für die Entwicklung mathematischer Systeme aus solchen Charakteristika ergeben. Dabei ist es notwendig, die formale Präsentation und die inhaltlichen Konzepte, die diesen Texten eigen sind, ernst zu nehmen. Diese Entwicklung ist relativ neu und hat sich noch nicht vollständig gegenüber dem früher üblichen Umgang durchgesetzt.[11] Darüber hinaus ist es tatsächlich nicht immer klar, wie man denn mit den Texten angemessen verfährt.[12]

Die ägyptischen mathematischen Aufgabentexte lassen sich ganz allgemein nach Jim Ritter als rhetorisch (der Aufgabentext ist stets Prosatext ohne Verwendung mathematischer Symbole), numerisch (die einzelnen Aufgaben sind immer mit konkreten Zahlenwerten formuliert; die einzelnen Lösungsschritte benutzen jeweils konkrete Zahlenwerte) und algorithmisch (die Lösung der Aufgabe wird in Form einer Prozedur gegeben) beschreiben.[13] Dies hat sowohl für ihre Übersetzung als auch für ihre Interpretation Folgen, denen sich ein Bearbeiter bewusst sein muss. Bei der Übertragung des ägyptischen Textes in einen deutschen (oder anderen modernsprachigen) Text sollte darauf geachtet werden, diese drei charakteristischen Merkmale nach Möglichkeit zu erhalten.

Trotzdem bleiben auch die älteren Arbeiten zur ägyptischen Mathematik für einen modernen Bearbeiter weiterhin wertvoll.[14] Allerdings ist es wichtig, das grundlegend andere wissenschaftliche Paradigma, unter dem die Arbeiten entstanden sind, zu beachten, um so die Aussagen der frühen Bearbeiter entsprechend einordnen zu können.

Die neue Methodologie macht die Arbeit mit mathematischen Texten für Ägyptologen, die der Mathematik im Allgemeinen nicht besonders zugeneigt sind, zunächst einmal nicht attraktiver. Konnte man die rudimentären mathematischen Äquivalenzen der ägyptischen Texte und der modernen Algebra vielleicht noch nachvollziehen – weil es diese Art von Mathematik war, die

---

11 Vergleiche zum Beispiel Couchoud (1993) und zuletzt Michel (2014). Letztere zitiert zwar Arbeiten im Stil des neuen Paradigmas, ist aber selbst der früheren Vorgehensweise verhaftet.

12 Derzeit stehen sich zwei Methodiken aus der mesopotamischen Mathematik gegenüber, die sich bei sorgfältiger Anwendung jedoch auch gut ergänzen können, vgl. hierzu Høyrup (2010) und Ritter (2010) sowie das Kapitel von Ritter in diesem Band. Vgl. aber auch Høyrup (2008). In meiner Bearbeitung der ägyptischen mathematischen Texte, Imhausen (2003a), bin ich der von Ritter vorgeschlagenen Methode gefolgt.

13 Ritter (1989): 44.

14 Dies gilt insbesondere für die Editionen der beiden größten mathematischen Texte Peet (1923) und Struve und Turajeff (1930) sowie die Dissertation Reineke (1964).

ihnen in der Schule einmal vermittelt worden war –, sind bei der heute als angemessen geltenden historischen Analyse, die sich entsprechend von dem mathematischen Schulwissen in der modernen Form entfernt, zunächst die den Texten eigene Form und deren mathematische Konzepte zu verstehen. Dies bedeutet einen zusätzlichen Schritt, der von jemandem, für den die Mathematik schon in der Schule nicht zu den Lieblingsfächern gehörte, nicht notwendig gerne geleistet wird. Die Vermittlung, warum das derzeitig praktizierte Vorgehen besser ist und mehr Einsichten liefert als die frühere Vorgehensweise, ist daher ebenso die Aufgabe des modernen Bearbeiters, wenn er seinen Leserkreis auf mehr als eine Hand voll Spezialisten erweitern möchte.

1.2 Das Bearbeiten eines ägyptischen mathematischen Textes

Ganz grundlegend ist mit den hieratischen mathematischen Texten wie mit jedem hieratischen Text zu verfahren. Das heißt, bereits vor der eigentlichen Übersetzung ist vom Bearbeiter eine hieroglyphische Umschrift anzufertigen, in der der Bearbeiter deutlich macht, wie er die Zeichen des hieratischen Textes interpretiert, oder eine bestehende hieroglyphische Umschrift mit dem hieratischen Text zu vergleichen, um gegebenenfalls Änderungen zur vorgeschlagenen Lesung der Zeichen festzustellen.[15] Während es früher durchaus üblich war, diese Umschrift handschriftlich anzufertigen, gibt es heute ebenso die Möglichkeit, eine elektronische Umschrift zu erstellen, die gegenüber der handschriftlichen Version die einschlägigen Vor- und Nachteile hat.[16] Die Qualität der Zeichen ist bei der elektronischen Umschrift auch von der Qualität des Programms abhängig, bei der handschriftlichen Umschrift von der hieroglyphischen Handschrift des Bearbeiters.

15 Das Hilfsmittel zur Erstellung der hieroglyphischen Umschrift ist die Paläographie – für die in der Ägyptologie verwendeten Standardwerke vgl. den Anhang (Appendix, D.) dieses Bandes. Darüber hinaus gibt es Paläographien für spezielle Textkorpora, wie z. B. Goedicke (1988) oder Wimmer (1995). Auch die Editionen einzelner hieratischer Texte enthalten z. T. einen paläographischen Anhang.

16 Dazu gehört leider auch die Kurzlebigkeit der modernen Software. Vgl. für eine Übersicht der elektronischen Möglichkeiten von 1985–2001 die Übersicht „Egyptological Computing“ (hieroglyphs.net/000501/html/article.html; Zugriff 21.06.2016), die auf der Seite Hieroglyphs.net gegeben wird. Das derzeit einschlägige Programm zur elektronischen Schreibung von Hieroglyphen ist JSesh von Serge Rosmorduc (https://jsesh.qenherkhopeshef.org; Zugriff 21.06.2016).

Für die hieroglyphische Umschrift ist darüber hinaus besonders zu überlegen, inwieweit sie den hieratischen Text (zumindest bis zu einem gewissen Grad) imitieren soll, d. h. hier wäre – wenn dies gewünscht ist – auf die unterschiedliche Größe der Zeichen und gegebenenfalls Besonderheiten der Anordnung zu achten. Ein gutes Programm gibt dem Bearbeiter die Möglichkeit, dies umzusetzen.

Ein weiteres spezifisches Problem in der Darstellung der Übersetzung ägyptischer Texte ist die Wiedergabe der Rubra, d. h. der Verwendung von roter Tinte. Rubra dienen im hieratischen Text sowohl der Hervorhebung signifikanter Stellen, wie z. B. bei den mathematischen Texten des Beginns einer Aufgabe, als auch der Kontrastierung von Zahlenwerten, z. B. bei der Benutzung von Hilfszahlen in der Bruchrechnung.[17] Aus Kostengründen ist in neuerer Zeit in den gedruckten Ausgaben die ursprüngliche ideale Umsetzung als rot gedruckter Text anderen Möglichkeiten der Darstellung der Unterscheidung zwischen roter und schwarzer Tinte des ägyptischen Textes, wie z. B. dem Fettdruck oder der Unterstreichung, gewichen. Allerdings wirken diese anders auf den Leser als der schwarz-rote Kontrast der Originalquelle.[18]

An die hieroglyphische Umschrift schließt sich ein weiterer Bearbeitungsschritt an, bevor die „eigentliche" Übersetzung vorgenommen wird: das Anfertigen einer Transkription. Dabei werden die hieratischen/hieroglyphischen Zeichen in Buchstaben übertragen. Außerdem werden mittels Interpunktion grammatikalische Strukturen, wie Endungen, Kennzeichnungen bestimmter Verbformen u. a. innerhalb der einzelnen Wörter markiert. An den Schritt der Transkription schließt sich die eigentliche Übersetzung an.

1.3 Die Struktur eines ägyptischen mathematischen Aufgabentextes

Bei den mathematischen Aufgabentexten ist es so, dass sich eine relativ klare Struktur des Textes durch die Funktion einzelner Textabschnitte, die unterschiedliche grammatikalische Strukturen benutzen, ergibt. Dabei ist jedoch zu beachten, dass die formalen Charakteristika der einzelnen Teile untereinander

17 Zur Verwendung von Rubra im Hieratischen vgl. Parkinson und Quirke (1995): 44–45.

18 Ein neueres Beispiel der Edition eines ägyptischen Textes, in dem Rubra durch rotgedruckten Text wiedergegeben wurden, ist Meltzer und Sanchez (2012).

– betrachtet man das Gesamtkorpus – eine gewisse Variation aufweisen.[19] Eine Aufgabe beginnt oft mit einem Titel, der die Aufgabenart angibt, gefolgt von der Nennung der für die Aufgabe vorgegebenen Größen und der Frage nach dem, was zu berechnen ist.[20] Darauf folgt die Prozedur, die sich in der Regel als Abfolge von Rechenanweisungen und deren Ergebnissen darstellt.[21] Bei einigen wenigen Aufgaben folgen auf die Aufgabenstellung lediglich eine oder mehrere schriftlich ausgeführte Rechnungen – der Blick auf die Gesamtheit des erhaltenen Quellenmaterials legt jedoch nahe, dass dies nicht der eigentlichen Form entspricht, in der mathematische Aufgaben notiert wurden.[22] Die Mehrheit der Beispiele des Papyrus Rhind führt die schriftlichen Rechnungen zusätzlich zur Sequenz der rhetorischen Anweisungen auf.[23] Abschließend finden sich die Angabe des Endergebnisses und danach gegebenenfalls weitere Teile, wie Proberechnungen.[24]

Diese klar gegliederte Struktur des Aufgabentextes in die einzelnen Abschnitte wird durch die äußere Struktur des hieratischen Textes nur bedingt wiedergegeben, z. B. ist es im Papyrus Rhind nicht so, dass der Anfangsteil der Aufgabe notwendig von der Prozedur durch einen Zeilenumbruch getrennt wird.[25] Damit ergibt sich in der Bearbeitung das Problem, dass von der im Text vorgefundenen Anordnung abzuweichen ist, um die logische Struktur des Aufgabengangs besser darzustellen. Dabei bietet es sich an – wie es in den im

19 Für eine Übersicht und Diskussion normativer Strukturen innerhalb der hieratischen mathematischen Texte vgl. Imhausen (2015).

20 So zum Beispiel Aufgabe 39 des Papyrus Rhind: „Methode des Berechnens einer Differenz. 100 Brote für 10 Männer: 50 für 6, 50 für 4. Was ist die Differenz?"

21 Vgl. zum Beispiel Aufgabe 45 des Papyrus Rhind: „So multiplizierst du folglich 75 mit 20. So resultiert folglich 1500. (...)".

22 Rechnungen, die direkt auf die Aufgabenstellung folgen, finden sich z. B. in Aufgabe 39. Ein gutes Beispiel für die unterschiedliche Ausführlichkeit, in der die Aufgaben aufgeschrieben wurden, ist die erste Gruppe der *ꜥḥꜥ*-Aufgaben, Papyrus Rhind, Aufgaben 24–27. Während in den Aufgaben 24, 25 und 27 lediglich die Rechnungen auf die Aufgabenstellung folgen, wird in Aufgabe 26 jeder Schritt der Prozedur angegeben.

23 Dies erfolgt entweder direkt im Anschluss an die entsprechende Anweisung in der Prozedur (z. B. in Aufgabe 26 des Papyrus Rhind) oder in einem separaten Abschnitt, der durch die Wendung *qj n sšm.t.f* „Art seiner Ausrechnung" eingeleitet sein kann (so z. B. in Aufgabe 41 des Papyrus Rhind).

24 So folgt zum Beispiel in Aufgabe 26 des Papyrus Rhind auf die Angabe des Ergebnisses („So resultiert folglich 12") die Proberechnung, in der die Lösung (12) in die anfangs gegebene Aufgabenstellung eingesetzt wird und der in der Aufgabenstellung vorgegebene Wert (15) erhalten wird.

25 In Aufgabe 26 des Papyrus Rhind wird in der ersten Zeile die Aufgabenstellung genannt und die ersten beiden Anweisungen (mit Ergebnis).

Folgenden gegebenen Beispielübersetzungen vorgestellt wird – die hieroglyphische Umschrift am Layout des hieratischen Textes zu orientieren, in Transkription und Übersetzung die Zeilen dagegen entsprechend der inhaltlichen Abschnitte umzubrechen, um die logische Struktur der Prozedur aufzuzeigen. Transkription und Übersetzung werden zur besseren Übersicht nebeneinander gestellt.

Die inhaltlichen Abschnitte eines mathematischen Aufgabentextes lassen sich auch durch die Verwendung bestimmter grammatikalischer Formen voneinander abgrenzen. Besonders markant ist hierbei der Abschnitt der eigentlichen Prozedur. Dort finden sich jeweils Anweisungen, bestimmte mathematische Operationen auszuführen, gefolgt von deren Lösungen. Dabei werden fast ausschließlich Imperative und Formen des *sḏm.ḫr.f*[26] verwendet. Die Imperative finden sich als eine grammatikalische Form, um Anweisungen auszudrücken, z. B. *wꜣḥ tp m* 4 „Rechne mit 4!" (Papyrus Rhind, Aufgabe 26); ihre Übersetzung ist unproblematisch. Schwieriger ist es, eine adäquate Übersetzung der Form des *sḏm.ḫr.f* zu geben, die sowohl bei den Anweisungen als auch der Angabe der Ergebnisse verwendet werden kann.[27] Die grundlegende Bedeutung der Form des *sḏm.ḫr.f* wurde in der Grammatik von James Allen als Ausdruck einer Notwendigkeit, Zwangsläufigkeit bzw. Normativität skizziert.[28] Dies trifft ganz offensichtlich auf die Angabe der Resultate von mathematischen Operationen zu, denn für das korrekte Ergebnis einer mathematischen Operation gibt es nur eine Möglichkeit. Die Tatsache, dass diese Verbalform auch für die Anweisungen benutzt wird, drückt den normativen Charakter der Texte aus. In den Anweisungen an den Rechnenden wird durch die Verwendung des *sḏm.ḫr.f* der Ablauf einer Folge und gleichzeitig die Notwendigkeit eben genau dieses Ablaufs repräsentiert. Genau wie in der Angabe des Ergebnisses einer arithmetischen Operation ist auch in der Abfolge der Operationen der Prozedur keine

26 Sprich „sedschem-cher-ef". Das ägyptische Verb *sḏm* („hören") wird in der ägyptischen Grammatik als Beispielverb zur Darstellung der Verbalparadigma verwendet.

27 Ägyptologen benutzen zur Beschreibung von Verbalformen das Verb *sḏm* „hören" in der 3. Person Sg. m (oft ausgedrückt durch das Suffix 3. Sg. m *f*) als Paradigma (*sḏm.f* „er hört"). Die Form *sḏm.ḫr.f* besteht aus dem Stamm des Verbs *sḏm*, dem für die Form charakteristischen Element *ḫr* und dem Suffix 3. Sg. m *f*.

28 „The *sḏm.ḫr.f* basically expresses **necessary action**..."; „... the *sḏm.ḫr.f* can also denote the inevitable (i.e., necessary) result of some action or situation"; „the *sḏm.ḫr.f* denotes **normative action**" (Allen [2000]: 305 [§22.7]. Hervorhebungen von dort übernommen.) So auch Michel Malaise und Jean Winand (Malaise und Winand [1999]: §624), und bereits Junge (1972). Weitere Verweise auf Diskussionen der Form und ihr Verhältnis zu *ḫr.f. sḏm* finden sich in Imhausen (2003a): 28 mit Anm. 104.

Variation vorgesehen. Für eine englische Übersetzung des *sḏm.ḫr.f* ergibt sich somit die Wiedergabe durch „shall", wie sie z. B. in der (englischen) Edition der mathematischen Lahun Fragmente von Jim Ritter und mir gewählt wurde.[29] Dahinter stand die Idee, dass „shall" im Gegensatz zu den mit „will" oder „going to" gebildeten Futurformen eine implizite Verpflichtung der in ihr gegebenen Handlungen ausdrückt. Im Deutschen habe ich in der Vergangenheit zur Übersetzung des *sḏm.ḫr.f* einheitlich „dann hört er" (*sḏm* „hören") benutzt, wobei „dann" die Existenz der vorausgehenden Bedingung und das Präsens die Normativität ausdrücken sollten. Mit diesem Verfahren sind die *sḏm.ḫr.f* Formen auch in der Übersetzung leicht zu identifizieren. Allerdings ist das dauernde „dann" im Text einer Aufgabe stilistisch nicht schön und dem ägyptischen Original in dieser Hinsicht klar unterlegen. In ihrem Beitrag zu diesem Band und in einem früheren Artikel schlägt Tanja Pommerening für die medizinischen Texte, in denen das *sḏm.ḫr.f* ebenfalls regelmäßig verwendet wird, eine Übersetzung als „so hört er folglich" vor.[30] Die Übersetzung „dann hört er" verwendet sie dagegen zur Wiedergabe des *sḏm.jn.f*, einer Form, die in den medizinischen Texten ebenfalls regelmäßig vorkommt, in den mathematischen Texten dagegen nicht. Für die Beispielübersetzungen dieses Bandes habe ich ihr folgend ebenfalls die Übersetzung des *sḏm.ḫr.f* als „so hört er folglich" gewählt. Wichtig ist, die Form innerhalb einer Übersetzung konsistent zu behandeln und dem Leser die gewählte Wiedergabe nach Möglichkeit vorab mitzuteilen.[31]

Die Konstruktion der Anweisungen mit dem *sḏm.ḫr.f* erfolgt innerhalb der mathematischen Texte entweder direkt, i. e. als *sḏm.ḫr.f*, in dem das Verb, das die mathematische Handlung ausdrückt, an der Position des *sḏm* verwendet wird (z. B. in Aufgabe 41 des Papyrus Rhind: *ḫbj.ḫr.k* „so subtrahierst du folglich"; *ḫbj* „subtrahieren"), oder durch eine periphrastische Konstruktion mit *jrj* („machen", „tun") an der Position des *sḏm*, gefolgt vom Verb, das den lexikalischen Inhalt vermittelt (z. B. an späterer Stelle in derselben Aufgabe 41 des Papyrus Rhind: *jrj.ḫr.k wꜣḥ-tp m … r zp…* „so multiplizierst du folglich … mal …").[32]

29 Imhausen und Ritter (2004): 71–96.

30 Pommerening (2015): 13–16.

31 In seinen Übersetzungen gibt Jim Ritter ein hervorragendes Beispiel für das Informieren des Lesers über die von ihm gewählten Wiedergaben spezifischer Elemente des Textes. Vgl. neben seinem Beitrag in diesem Band auch Ritter (2010).

32 Für eine Übersicht der beiden Verwendungen vgl. Imhausen (2015): 184.

1.4 Umgang mit mathematischen Fachtermini

Die ägyptischen mathematischen Texte verwenden eine Fachterminologie, die sich aus dem Alltagswortschatz ableitet. So wird das Verb *jrj* (Grundbedeutung: „machen", „tun") in mathematischem Kontext in der fachsprachlichen Sonderbedeutung „(be)rechnen" verwendet. Eine Reihe von Begriffen, die durch das gesamte Korpus hinweg erscheinen, sollten bereits in der Einleitung zu einer Übersetzung besprochen werden. Diese Begriffe sind einerseits die gebräuchlichen Termini zur Bezeichnung der Rechenoperationen selbst, wie addieren, subtrahieren etc., andererseits aber auch Signalwörter, die zu Beginn eines Abschnittes verwendet werden, um diesen zu kennzeichnen.[33] Das oft erste solche Signalwort, das den Beginn vieler Aufgaben kennzeichnet, ist das semantisch schwer zu fassende *tp*. Während es im Papyrus Rhind im Titel einiger Aufgaben und mit verschiedenen Verben kombiniert erscheint (Aufgaben 1, 64: *tp n pzš*, Aufgaben 39, 41, 50–52, 62, 65: *tp n jr.t*, Aufgaben 44, 56: *tp n njs*, Aufgabe 49: *tp n jz.t*, Aufgabe 67: *tp n ḥsb*, Aufgaben 72, 77, 78: *tp n ḏbꜣ*), ist es im Papyrus Moskau in allen 25 Aufgaben in der Form *tp n jr.t* belegt. Seine Verwendung zu Beginn der Aufgabe könnte eine Übersetzung als „Beginn" nahelegen, z. B. für *tp n jr.t* „Beginn des Berechnens". Allerdings hat bereits Peet auf die Verwendung von *tp* am Ende von Aufgabe 66 des Papyrus Rhind in der Verbindung *mj tp pn* darauf hingewiesen, dass *tp* im Rahmen der mathematischen Texte offenbar in der Bedeutung „Beispiel von..." verwendet wurde.[34] Struwe hat dies mit Verweis auf die Parallelität der Verwendung von *tp* und *qj* („Gestalt", „Form", „Art und Weise") noch weiter präzisiert und „Methode" vorgeschlagen, was zu allen Belegen von *tp* innerhalb der mathematischen Texte passt und deshalb auch hier beibehalten wird.[35]

Die oben genannten Variationen der Wendungen von *tp n...* des Papyrus Rhind deuten bereits ein weiteres Übersetzungsproblem an, denn all diese Titel könnte man zunächst als „Methode des (Be-/Um-)Rechnens" übersetzen, hätte damit aber vielleicht eine Differenzierung, die im ägyptischen Text gemacht wurde, verwischt. Entsprechend sollen die auf *tp n* folgenden Verben (*jrj*, *jz.t*,

33 Eine Übersicht dieser Wendungen findet sich in Imhausen (2015): 177–178 besprochen.

34 Peet (1923): 21 mit Anm. 2.

35 Struwe und Turajeff 1930: 14–16. In meiner Bearbeitung der Prozeduren der hieratischen mathematischen Texte, Imhausen (2003a), habe ich durchgehend „Anleitung" verwendet. Bereits WB V.267 listet *tp* als „Art wie etwas zu tun ist". Die Übersetzung von *tp* als „Anleitung" oder „Methode" lässt sich auch im *TLA* verorten, vgl. WCN 600414 „Prinzip (etwas zu tun)", dessen Belege jedoch alle aus administrativem Kontext stammen.

pzš, *njs*, *ḥsb* und *ḏbꜣ*) im Einzelnen kurz in ihrer Verwendung innerhalb der mathematischen Texte skizziert werden.

Der grundlegende Ausdruck ist sicherlich *jrj*, der sowohl in allen Titeln des Moskauer Papyrus wie auch in verschiedenen Verbindungen in der Konstruktion der Bezeichnung von arithmetischen Operationen gebraucht wird.[36] Das Verb *jrj*, das in seiner Grundbedeutung „machen", „tun" bedeutet, wird im Rahmen der mathematischen Texte auch dort in dieser Bedeutung verwendet – und das, was man in den mathematischen Texten „tut", ist „rechnen".[37]

Das in Aufgabe 49 des Papyrus Rhind verwendete *jz.t* ist innerhalb der mathematischen Texte nur dort belegt. Da in den anderen Formulierungen *tp n* ... stets ein Infinitiv folgt, ist auch hinter *jz.t* ein Infinitiv zu vermuten.[38] Aufgrund der Zahlenwerte der Aufgabe scheint es sich um die Berechnung der Fläche eines halben Rechtecks zu handeln.[39]

Immerhin in zwei Aufgaben des Papyrus Rhind (Nr. 1 und Nr. 64) ist *pzš* „teilen" im Titel belegt. Bei beiden Aufgaben geht es um die Berechnung von Zuteilungen, im Text von Aufgabe 64 erscheint neben dem Verb auch das Substantiv *pzš.t* „Zuteilung". Die Verwendung von *pzš* und *pzš.t* ist also auf den Bereich der Rationenberechnungen beschränkt.

---

36 Eine Übersicht der mit *jrj* gebildeten mathematischen Termini, die im Papyrus Moskau belegt sind, findet sich in Imhausen (2015): 180, Tabelle 4.

37 Vgl. Reineke (1964), Bd. 1: 234: „Neben der Grundbedeutung ‚machen, tun' kommt *i͗rj* auch noch, und das speziell in unseren Texten, in der Fachterminologie als Ausdruck des rechnerischen Handelns, also als ‚berechnen' vor. Dabei besteht die Möglichkeit, alle vier Grundrechnungsarten durch *i͗rj* auszudrücken. Da die Grundlage aller ägyptischen Rechnungsarten die rein additive Berechnung ist, finden auch für die Multiplikation und ihre Umkehrung, die Division, die Termini der Addition Anwendung."

38 Peet (1923): 90. Gunn (1926): 132 nimmt eine Verbindung zu *jsw* und damit eine Bedeutung „umrechnen" (in eine Fläche bei gegebenen Dimensionen) an. Eine weitere Belegstelle für *jsw* in dieser Bedeutung ist bei Meulenaere (1978): 72, Z. 4 (Übersetzung: 73) zu finden. Aus dem Kontext der Aufgabe selbst, die allerdings nicht unproblematisch ist, wäre „berechnen" oder „ausrechnen" schlüssiger.

39 Das in der Aufgabe behandelte Rechteck wird mit den Dimensionen 10 und 2 spezifiziert. Vom Objekt, dessen Fläche zu berechnen ist, wird gesagt, es sei ein *jfd rmn*, was als „halbes Rechteck" übersetzt werden kann. Es ginge demnach um die Berechnung einer Fläche, welche die Hälfte der Fläche eines Rechtecks mit den angegebenen Seitenlängen hätte. Diese Interpretation wurde zuerst von Galan (1990) vorgeschlagen. Die Lösung wird nicht in Form der Prozedur aufgeschrieben, sondern auf die Frage „Was ist seine Fläche?" folgt lediglich die schriftliche Durchführung der Rechnung (eingeleitet durch *jr.t mj ḫpr*). Dabei muss – um die in den Rechnungen genannten Zahlenwerte zu verstehen – auch von der Angabe der ursprünglichen Dimensionen in *ḫt* ausgegangen werden, die in der Rechnung in *mḥ* umgerechnet werden. Zu den Details der rekonstruierten Prozedur vgl. Imhausen (2003a): 70.

In mehreren Aufgaben verschiedenen Inhalts wird dagegen *njs* verwendet, das so wie *jrj* auch außerhalb des Aufgabentitels zur Konstruktion einer Verbindung, die eine arithmetische Operation bezeichnet (*njs ... ḫnt* zur Bezeichnung einer Division), gebraucht wird.[40] Die beiden Belege von *tp n njs* sind verschieden genug, um hier für *njs* nicht über das allgemeine „berechnen" hinausgehen zu können.[41]

Das sogar im Titel eines mathematischen Papyrus verwendete *ḥsb* scheint vielleicht das Wort zu sein, mit dem die ägyptische Mathematik sich selbst bezeichnete.[42] Es erscheint neben den Belegen in den mathematischen Texten auch prominent in administrativem Kontext, wo wir auch nach den Inhalten der mathematischen Texte die Mathematik verorten müssen. In der Verbindung *tp n ḥsb* ist es lediglich in Aufgabe 67 des Papyrus Rhind belegt. Diese Aufgabe berechnet die Abgaben (*bꜣkw*) eines Viehhirten. Darüber hinaus findet es sich als Substantiv noch in Aufgabe 11 des Papyrus Moskau, ebenfalls eine Berechnung von Abgaben, diesmal allerdings eines Tischlers.

Das letzte Wort, das sich mit *tp n* kombiniert findet, *ḏbꜣ*, ist dreimal belegt, jeweils im Rahmen der Brot-und-Bier-Aufgaben. Dabei geht es jeweils darum, die einer vorgegebenen Menge von Broten oder Bier einer bestimmten Qualität äquivalente Menge an Broten/Bier anderer Qualität zu bestimmen. Entsprechend wird *ḏbꜣ* in diesem Zusammenhang bisher durch „ersetzen" wiedergegeben, möchte man den mathematischen Aspekt mehr betonen, würde sich vielleicht noch die Übersetzung „umrechnen" anbieten.

Zur Bezeichnung der grundlegenden arithmetischen Operationen liegen im Ägyptischen zum Teil mehrere Synonyme für einzelne Operationen vor. Die wichtigsten und die Möglichkeiten ihrer Übersetzung werden im Folgenden kurz skizziert.

Ganz grundsätzlich stellt sich bei der Übersetzung der mathematischen Terminologie die Frage, ob die Übersetzung des jeweiligen Ausdrucks dem

---

40 Im Titel in der Verbindung *tp n njs* belegt in Papyrus Rhind, Aufgabe 44, der Berechnung des Volumens eines Speichers, und in Aufgabe 56, der Berechnung der Neigung einer Pyramide. Als selbstständiges Verb im *sḏm.ḫr.f* ist *njs* in UC32118B-1 belegt, wo allerdings nicht genug Text erhalten ist, um die Bedeutung zu ermitteln.

41 So auch *TLA*, wo *njs* als „berechnen" aufgenommen wurde (WCN 80210).

42 Papyrus UC 32162. Der Titel der Komposition lautet *tp n ḥsb zp.w nw zš.w* „Methode des Berechnens der Angelegenheiten der Abrechnungen". Die beiden Aufgaben, die dem Titel folgen, sind die Aufteilung einer Fläche in kleinere Flächen und eine Aufgabe, in der die Abgaben von jemandem, der mit Vögeln arbeitet, berechnet werden. *TLA* listet sowohl das Verb *ḥsb* „rechnen, zählen, zuteilen" (WCN 109870) als auch das Substantiv „Rechnung, Abrechnung" (WCN 109940).

durch die ägyptische Wurzel immanenten Konzept oder einem modernen mathematischen Begriff, den ein heutiger Leser mit der durch den Ausdruck beschriebenen mathematischen Operation verbindet, nahekommen möchte. Das Ideal wäre eine Übersetzung, die beides erfüllt. Dies ist zuweilen möglich, in anderen Fällen muss der Bearbeiter an diesem Punkt eine Entscheidung treffen. Beides hat offensichtliche Vor- und Nachteile, die an dieser Stelle zumindest kurz angerissen werden sollen.

Versucht man, die ägyptischen Vorstellungen, die hinter den Begriffen stehen, zu bewahren, geschieht dies mit der Motivation, den Zugang zu dem hinter der Operation stehenden Konzept, das sich von dem mit einem modernen mathematischen Ausdruck verbundenen Konzept unterscheiden kann, zu erleichtern. Den Erkenntnisgewinn, den ein solches Vorgehen bringen kann, hat Jens Høyrup in seiner Untersuchung der mesopotamischen mathematischen Terminologie nachgewiesen.[43] So belegt er z. B., dass die scheinbaren Synonyme von Termini, die sich alle modern als „addieren" wiedergeben lassen, tatsächlich konzeptionell zu zwei verschiedenen Gruppen gehören. Mesopotamische Additionen lassen sich demnach in symmetrische und asymmetrische Additionen unterscheiden, was sich in der Verwendung unterschiedlicher Begriffe zu ihrer Bezeichnung ausdrückt.[44] Der von Høyrup gewählte Weg, um dies in seinen englischen Übersetzungen deutlich zu machen, ist eine Wiedergabe des mesopotamischen Begriffes durch ein englisches Wort, das für uns nicht mit einer mathematischen Operation verbunden sein muss, in dem sich aber die Bedeutung der Wurzel des mesopotamischen Wortes erkennen lässt. Das Verb *waṣabum*, im AHw (III: 1474) als „hinzufügen" wiedergegeben, übersetzt Høyrup als „to append", also ein Wort, das durchaus auch die Bedeutung „hinzufügen" vermittelt, aber für einen modernen Leser im Unterschied zu „to add" nicht die unmittelbare mathematische Konnotation zur Addition aufweist. Dagegen vermittelt es aber eine bestimmte Nuance des Hinzufügens oder Addierens, nämlich „to add as a supplement or appendix". Es kommt also zu einem bestehenden Teil ein Zusatz hinzu, d. h. die beiden in der Operation verbundenen Größen sind qualitativ unterschiedlich.

43 Vgl. hierzu auch den Beitrag von Alexander Jones in diesem Band.
44 Vgl. Høyrup (2002): 19.

Hierin sieht Høyrup das zentrale Charakteristikum der asymmetrischen Addition:

> „The operation is asymmetric, one entity being always 'appended to' (*ana*) another; and it is only used about concretely meaningful 'additions', where one of the 'addends' is absorbed into the other, which so to speak conserves its identity while increasing in magnitude."[45]

Im Unterschied dazu übersetzt er *kamārum* (AHw I: 430: „schichten, häufen"), einen Terminus für eine symmetrische Addition mit „to accumulate" („anhäufen", „ansammeln"). Der Gewinn einer solchen Übersetzung ist die Wiedergabe einer erkannten mesopotamischen Differenzierung zwischen bestimmten Operationen. Andererseits ist dafür seinerseits ein Preis zu bezahlen, nämlich der einer Übersetzung, die auf einen nicht mit der vom Übersetzer speziell eingeführten Terminologie vertrauten Leser im Extremfall (fast) so unverständlich ist wie der ihr zugrunde liegende akkadische Text, wie das folgende Beispiel einer Aufgabenstellung (BM 13901, Aufgabe 1) andeuten soll. Zu berechnen ist in dieser Aufgabe die Seite eines Quadrates, von dem die Summe der Fläche und der Seite gegeben ist. Høyrups Übersetzung der Aufgabenstellung lautet:

> „The surface and my confrontation I have accumulated: 45' it is."[46]

In der Übersetzung von Jim Ritter dagegen lautet die Aufgabenstellung:

> „I added the surface and my side of the square: 45."[47]

Je nachdem mit welcher Intention die Analyse des Textes weiter verfolgt werden soll, ist es nötig, die Übersetzung der mathematischen Terminologie entsprechend auszurichten. An der Wahl der Übersetzung der mathematischen Terminologie muss sich dann wiederum der Kommentar orientieren, der einem Leser die gegebenenfalls zu deren Verständnis notwendigen Erklärungen liefert.

In der Übersetzung ägyptischer mathematischer Texte ergeben sich ähnliche Probleme, auch hier steht der Übersetzer vor der Wahl einer „wörtlicheren" Übersetzung oder einer Übersetzung durch einen einschlägigen modernen mathematischen Begriff. Allerdings liegen hier zumindest bisher keine Untersuchungsergebnisse vor, die eine weiterreichende Differenzierung mathematischer Operationen, wie z. B. der Addition oder Multiplikation, nahelegen

---

45 Høyrup (2002): 19.
46 Høyrup (2002): 50.
47 Ritter (1995): 37.

würden. Zudem ist die Quellenlage der ägyptischen mathematischen Texte so gering, dass man sich vorstellen kann, dass eine solche konzeptionelle Differenzierung anhand des vorhandenen ägyptischen Quellenmaterials schwierig zu belegen wäre.[48] Im Anhang zu meiner Untersuchung der algorithmischen Strukturen der hieratischen mathematischen Texte habe ich die Übersetzung durch moderne deutsche mathematische Begriffe gewählt (z. B. *wꜣḥ-tp m … r gm.t* … „dividieren", *ḫbj* „subtrahieren").[49] Im Kontrast dazu wurden in den Beispielübersetzungen für diesen Beitrag Übersetzungen der mathematischen Terminologie gewählt, welche die lexikalischen Bedeutungen der einzelnen Begriffe und damit verbundenen Strukturen der ägyptischen Mathematik möglichst bewahren (z. B. *wꜣḥ-tp m … r gm.t* … „rechne mit … um … zu finden"). Dem Nachteil der „Fremdheit" der Texte, der hierdurch zunächst entsteht, steht als Vorteil die Transparenz im Ägyptischen konzeptionell ähnlicher bzw. zusammenhängender Begriffe gegenüber. So lässt sich bei dieser Art der Übersetzung die in der ägyptischen Terminologie abgebildete konzeptionelle Verbindung zwischen Addition, Multiplikation und Division abbilden, die sich auch beim Vergleich der tatsächlichen schriftlichen Ausführungen der Operationen erkennen lässt.[50] Tabelle 1 zeigt Beispiele mathematischer Operationen und ihrer möglichen Übersetzungen entsprechend den beiden oben skizzierten Übersetzungsmethoden, sowie die Angaben der entsprechenden Wörterbuchstelle und der Einträge im TLA und der dort gegebenen Übersetzungen. Die vorgeschlagenen lexikalischen Übersetzungen gehen von der Grundbedeutung des Wortes aus. Wenn die deutsche Übersetzung dieser Grundbedeutung eine mathematische Konnotation hat, so wird sie beibehalten. Ansonsten wird nach einer Übersetzung gesucht, welche die Grundbedeutung und die Struktur des Ausdrucks zu bewahren versucht. Aufgrund des Entstehungszeitraumes des Wörterbuchs lässt sich die Wiedergabe der mathematischen Termini im Wörterbuch nicht einheitlich einer der oben skizzierten Richtungen zuordnen, sondern zum Teil wird der moderne mathematische Begriff aufgeführt, zum Teil eine lexikalisch-etymologisch orientierte Übersetzung gegeben.

---

48 Für eine Übersicht der terminologischen Regel- und Unregelmäßigkeiten der hieratischen mathematischen Texte vgl. Imhausen (2015).

49 Imhausen (2003a).

50 Interessant ist hierbei die Verwendung von *wꜣḥ…ḥr…* zur Bezeichnung des Addierens, was sich nach der *opinio communis*, der ich mich anschließe, von der Grundbedeutung *wꜣḥ* „legen" ableiten lässt. Demgegenüber steht *wꜣḥ-tp m … zp …* zur Bezeichnung der Multiplikation, das immer mit *tp* konstruiert wird und daher von *wꜣh-tp* „den Kopf neigen", i.e. nicken, abzuleiten ist. Die Verbindung *wꜣḥ-tp…ḥr…* zur Bezeichnung des Addierens, die ebenfalls belegt ist, geht möglicherweise auf eine Verwechslung der beiden Verben zurück.

Für den Bearbeiter empfiehlt sich in jedem Fall auch neben Wörterbuch und TLA die Einbeziehung des von Walter-Friedrich Reineke in seiner leider unveröffentlichten Dissertation (von der allerdings in den Bibliotheken verschiedener ägyptologischer Institute Kopien einzusehen sind) gegebenen Glossars und der dort vermerkten Erläuterungen zu den einzelnen Begriffen.[51]

Unabhängig von der Wahl der Übersetzungsmethode („lexikalisch-etymologisch" oder „mathematisch" orientiert), die entsprechend durch die weiteren Analyseintentionen des Bearbeiters oder auch durch die Zielgruppe, an die sich die Übersetzung richtet, bedingt sein kann, ist in jedem Fall darauf zu achten, dass ein bestimmter ägyptischer Begriff immer durch dasselbe Wort in der Übersetzung wiedergegeben wird und nach Möglichkeit die Verwendung unterschiedlicher ägyptischer Worte auch durch unterschiedliche deutsche Worte gekennzeichnet ist. Dies scheint eine für wissenschaftliche Fachtexte selbstverständliche Forderung zu sein, ist jedoch in der Ausführung nicht trivial – vgl. hier als Problemfall das im folgenden Beispiel von Aufgabe 14 des Papyrus Moskau vorkommende ägyptische Wort *stwtj*, welches sowohl in den mathematischen Aufgaben des Papyrus Rhind als auch des Papyrus Moskau belegt ist (wenn es sich bei den beiden leicht unterschiedlich geschriebenen Worten, denn um eines handeln sollte) und im Glossar von Sylvia Couchoud die Bedeutungen Oberfläche, Höhe und Volumen zugeschrieben bekommt.[52]

51 Reineke (1964). Das Glossar findet sich im zweiten Band.

52 Couchoud (1993): 201. Vgl. auch die von Couchoud gegebene Übersicht zu *stwtj* in Anhang 1, Couchoud (1993): 182–183. Für eine Diskussion vgl. den folgenden Kommentar zu *sttj* in Aufgabe 14 des Papyrus Moskau.

ägyptischer Begriff	Übersetzung	mathematische Übersetzung	Wörterbuch	TLA	Reineke Glossar (Übersetzung und Erläuterung)
wꜣḥ(-tp) … *ḥr* …	… auf … legen WB I.254.11 listet nur *wꜣḥ* … *ḥr* … als Ausdruck für addieren; ebenso Reineke, Glossar, S. 242. *tp* könnte hier sekundär aufgrund der Ausdrücke für multiplizieren und dividieren hinzugekommen sein.	addieren	I.254.11: … hinzuzählen zu …	aufeinanderlegen (Addition) (Lemma 43180)	S. 242: legen Dieses Verbum hat in den mathematischen Texten in der Verbindung *wꜣḥ* x *ḥr* y die Bedeutung „hinzuzählen", dann natürlich auch „addieren".
rdj … *ḥr* …	… auf … geben	addieren	II.467.1: … hinzutun zu …	geben, legen (Lemma 96700)	S. 270–271: geben Ein Terminus für „addieren" ist *dj.w gs.f ḥr.f* „seine Hälfte werde auf ihn gegeben"
ḫbj … *ḫnt* …	… vermindern vor … Beispiel zur Klärung von Minuend und Subtrahend: *ḫbj* a *ḫnt* b „a vermindern vor b" zum Ausdruck von b – a, d. h. die ägyptische Formulierung nennt zuerst Subtrahend, dann Minuend.	subtrahieren	III.251: vermindern, schmälern	vermindern, abnehmen (Lemma 115570)	S. 277: vermindern In der Verbindung *ḫbj* x *ḫnt* y „x werde vor y vermindert" ist es ein Terminus für „subtrahieren"
jrj (*m*) … (*r*) *zp* …	… rechnen mal … Wörtl. „… machen mal …"	multiplizieren	I.110.23: multiplizieren	machen (Lemma 28550)	S. 234: machen, tun Bei der Multiplikation wird in den meisten Fällen der Terminus *irj* x (*r*) *sp*(*.w*) y – x y-mal machen, verwendet.
wꜣḥ-tp (*m*) … (*r*) *zp* …	legen … mal … Wörtl. „mit … den Kopf senken mal …" – eine Übersetzung zu finden , die einen Bezug zur durchgeführten mathematischen Handlung hat, steht noch aus	multiplizieren	I.254.14: multiplizieren Grundbedeutung *wꜣḥ* I.253: legen, dauern, lassen	aufeinanderlegen (Lemma 43180) NB: Nicht als Multiplikation verzeichnet, aber link zu Belegzetteln der Multiplikation.	S. 242: legen Daneben fungiert es in der Verbindung *wꜣḥ tp m* als Fachterminus für die Multiplikation und die Division.

ägyptischer Begriff	Übersetzung	mathematische Übersetzung	Wörterbuch	TLA	Reineke Glossar (Übersetzung und Erläuterung)
jrj (m) … (r) gm.t …	mit … rechnen (wörtl. „machen"), um … zu finden Beispiel (zur Klärung von Dividend und Divisor): *jrj (m)* a *(r) gm.t* b, „mit a rechnen, um b zu finden" zum Ausdruck von b ÷ a	dividieren	V.168.21: eine Zahl (als Resultat) „finden" NB: Eintrag zu *gmj*, nicht zu Ausdruck *jrj (m) … (r) gm.t …*	finden, entdecken (Lemma 167210) NB: Lemma zu *gmj*, nicht zu Ausdruck *jrj (m) … (r) gm.t …*	S. 234: Für die Division: *irj* x *r gm.t* y – x machen, um y zu finden
wꜣḥ-tp m … (r) gm.t …	legen … um … zu finden Analoge Schwierigkeit wie bei *wꜣḥ-tp m … (r) zp …* in der Übersetzung des ersten Teils des Ausdrucks. Dividend und Divisor analog zu *jrj (m)* a *(r) gm.t* b.	dividieren	V.168.21: eine Zahl (als Resultat) „finden" NB: Eintrag zu *gmj*, nicht zu Ausdruck *wꜣḥ-tp m … (r) gm.t …*	finden, entdecken (Lemma 167210) NB: Lemma zu *gmj*, nicht zu Ausdruck *wꜣḥ-tp m … (r) gm.t …*	siehe *wꜣḥ-tp m … (r) zp …*
njs … ḫnt / ḫft …	… rufen vor … Beispiel (zur Klärung von Dividend und Divisor): *njs* a *ḫnt / ḫft* b „a rufen vor b", zum Ausdruck von a ÷ b.	dividieren	II.204.19: im Sinne von: dividiere x durch y	rufen, berechnen (Lemma 80210)	S. 264: rufen In den mathematischen Texten hat dieses Wort auch die Spezialbedeutung „dividieren"
ḫpr	resultieren Wörtl. „enstehen", was in einer mathematischen Aufgabe „entsteht" ist das Resultat, daher der Übersetzungsvorschlag.	resultieren	III.265: in mathematischen Ausdrücken für: beträgt, ergibt	werden, entstehen (Lemma 116230)	S. 276: werden, entstehen dient der Einführung eines Resultates

Tab. 1: Auswahl grundlegender ägyptischer mathematischer Fachtermini und ihre möglichen deutschen Übersetzungen

1.5 Der Umgang mit ägyptischen Bruchdarstellungen

Ein charakteristisches Merkmal der ägyptischen Mathematik ist die Darstellung der Brüche als Reihen von Stammbrüchen und dem Bruch $\frac{2}{3}$.[53] In der Schreibung der Brüche ist zwischen einer kleinen Gruppe von speziellen Brüchen und den anderen zu unterscheiden. Bei den speziellen Brüchen handelt es sich vielleicht um die ältesten Brüche, aus denen sich das Konzept des ägyptischen Bruches entwickelt hat. Diese Gruppe der speziellen Brüche enthält die Brüche $\frac{2}{3}$, $\frac{1}{2}$, $\frac{1}{3}$ und $\frac{1}{4}$, die wie folgt geschrieben wurden (Tab. 2):

Tab. 2: Spezielle ägyptische Brüche in hieroglyphischer Schreibung

Wert	$\frac{2}{3}$	$\frac{1}{2}$	$\frac{1}{3}$	$\frac{1}{4}$
Hieroglyphische Schreibung				

Auch für den Bruch $\frac{3}{4}$ existierte eine eigene Schreibung, die jedoch in den mathematischen Texten nicht mehr belegt ist (dort findet sich stattdessen die Kombination von $\frac{1}{2}$ und $\frac{1}{4}$).[54] Es liegt nahe zu vermuten, dass sich aus der kleinen Gruppe spezieller Brüche das Konzept des ägyptischen Bruches als Kehrwert der natürlichen Zahlen bzw. Summe von Kehrwerten natürlicher Zahlen entwickelt hat. Die jeweiligen Stammbrüche wurden in der ägyptischen Schreibung durch die ihnen korrespondierende natürliche Zahl und einer Markierung als Bruchzahl dargestellt. Diese Markierung ist in hieroglyphischer Schreibung ein 𓂋, im Hieratischen ein Punkt und wird über die Zahl geschrieben (vgl. die Schreibung des Bruches $\frac{1}{3}$). Für die Darstellung von Brüchen in Transkription und Übersetzung wird für gewöhnlich das von Otto Neugebauer eingeführte System verwendet, in dem die Stammbrüche durch die entsprechende Zahl mit einem Überstrich notiert werden, also der Bruch $\frac{1}{3}$ durch die Schreibung $\bar{3}$ wiedergegeben wird.[55] In dieser Darstellung wird nicht zwischen den speziellen Brüchen und den anderen Stammbrüchen unterschieden. Der Bruch $\frac{2}{3}$ wird durch einen doppelten Überstrich, also als: $\bar{\bar{3}}$ dargestellt. Mit dieser Darstellung lassen sich die in den ägyptischen Aufgaben

53 Eine Einführung in ägyptische Bruchzahlen bietet Sethe (1916): 60–108.
54 Zu den frühen ägyptischen Brüchen vgl. Ritter (1992).
55 Neugebauer (1926): 20.

vorliegenden Bruchreihen unter Erhalt der ihnen zugrunde liegenden Konzeption in die Übersetzungen übertragen.

Ein allgemeiner Bruch wird im Ägyptischen als Reihe (die additiv zu lesen ist) von einander verschiedenen Stammbrüchen und den oben genannten speziellen Brüchen geschrieben, so würde der moderne Bruch $\frac{5}{6}$ durch die Reihe der ägyptischen Brüche $\bar{2}$ $\bar{3}$ dargestellt.[56]

Beim Umgang mit Brüchen bei der Übersetzung eines ägyptischen mathematischen Textes hat der Bearbeiter prinzipiell zwei Möglichkeiten. Er kann sie entweder in die entsprechenden modernen Brüche umwandeln oder aber eine Darstellungsart wählen, die den ägyptischen Charakter der Bruchdarstellung (und des dahinterliegenden Konzeptes von Brüchen) bewahrt. Beides hat Vor- und Nachteile, allerdings ist es in diesem Fall so, dass bis auf wenige Ausnahmen die zweite Variante zu bevorzugen ist (und daher auch in praktisch allen Veröffentlichungen zu finden ist).

Der Vorteil der Umrechnung der Bruchdarstellung in einen modernen Bruch liegt auf der Hand. Der Leser wird nicht mit einer ihm nicht vertrauten Summe von Stammbrüchen konfrontiert und kann den Wert des Bruches, der in der Übersetzung erscheint, auf einen Blick „erfassen".

Der Nachteil ist jedoch ebenso evident. Die ägyptische Mathematik hat nicht unsere Darstellung eines Bruches mit Zähler und Nenner verwendet, sondern Summen von Inversen (und dem Bruch $\bar{\bar{3}}$). Dies macht das Gebiet der Bruchrechnung innerhalb der ägyptischen Mathematik zu einem technisch anspruchsvollen Gebiet, das gerade für den Umgang mit Brüchen eine Reihe von Hilfsmitteln entwickelt hat. Wenn also ägyptische mathematische Überlegungen nachvollzogen werden sollen, so ist die „Übersetzung" der ägyptischen Brüche in unsere Bruchschreibweise nicht hilfreich, sondern hinderlich. Daher wird in den meisten Fällen eine Übersetzung benötigt werden, die den Charakter der ägyptischen Bruchschreibung erhält. Auch hier lässt sich eine weitere Abstufung vornehmen. Am genauesten ist natürlich eine Darstellung, in der wie im ägyptischen Text zwischen den Brüchen mit Schreibung durch Sonderzeichen

56 Zum technischen Umgang mit dieser Art von Brüchen siehe Knorr (1982) und Fowler (1999): 262–263. Das grundlegende Hilfsmittel in der ägyptischen Bruchrechnung war die sogenannte $2 \div n$ Tabelle, die sich zu Beginn des Papyrus Rhind (für n=3 bis 101) und im mathematischen Fragment UC der Lahun Papyri findet. Diese Tabelle hat von jeher das Interesse der Mathematiker gefunden. Ihre ersten Analysen sind Neugebauer (1926) und Vogel (1929). Umstritten ist der Versuch von Gillings (1972): 45–70, die Auswahlkriterien der Zerlegung zu bestimmen (vgl. hierzu Bruckheimer und Salomon [1977] und dann wieder Gillings [1978]). Zuletzt wurde sie von Abdulaziz (2008) bearbeitet. Eine Untersuchung der Tabelle aus emischer Perspektive steht noch aus.

($\frac{2}{3}$, $\frac{1}{2}$, $\frac{1}{3}$ und $\frac{1}{4}$) und den übrigen Stammbrüchen, die durch Zahl und Bruch-Markierung geschrieben werden, unterschieden wird. Dies ist zumindest auf der Stufe der hieroglyphischen Schreibung umsetzbar und sollte hier auch erfolgen. Für den Bereich der Übersetzung ist das von Neugebauer vorgeschlagene System allgemein anerkannt. Damit lassen sich – analog wie im ägyptischen Text – auch die Stammbruchsummen darstellen. Damit stellt sich dem Leser natürlich das Problem des Umgangs mit Stammbruchsummen, das er dann, wenn er dem ägyptischen Text folgen und ihn verstehen möchte, mit Hilfe der ägyptischen Hilfsmittel bewältigen lernen muss.

1.6 Metrologie[57]

In den mathematischen Texten gibt es eine Reihe von Aufgaben, in denen metrologische Systeme eine Rolle spielen. Eine Fähigkeit, die in den mathematischen Texten explizit geübt wird, ist das Umrechnen verschiedener Einheiten.[58] Für die Übersetzung der Einheiten sind prinzipiell zwei Fälle zu unterscheiden. Handelt es sich um ein Maß, das sich von einem konkreten Objekt, wie z. B. einem Körperteil, ableitet, so bietet sich eine Übersetzung als solches an, wie z. B. *mḥ* „Elle“, *šzp* „Handbreit“ etc. Andere Einheiten sind für uns nicht übersetzbar, wie z. B. das Standardmaß für Volumina *ḥqꜣ.t* bzw. *jp.t*. Hier wurden in den frühen Übersetzungen Bezeichnungen für „ähnliche“ Maßeinheiten von Schüttgütern in der Zielsprache gewählt, also für *ḥqꜣ.t* „Scheffel“ im Deutschen und „bushel“ im Englischen, die allerdings andere Volumina bezeichneten.[59] Inzwischen ist diese Art der Übersetzung nicht mehr üblich. Stattdessen benutzt man das ägyptische Wort in Transkription, bzw. ein davon abgeleitetes Wort. Dieses Verfahren ist prinzipiell auch für die von Körperteilen und konkreten Objekten abgeleiteten Maße möglich, um eine einheitliche Wiedergabe der Maße zu erreichen.

57 Für Grundlegendes zu ägyptischen metrologischen Einheiten siehe Griffiths (1892) und (1893), Peet (1923): 24–26, sowie für die Hohlmaße nun die ausführliche Darstellung Pommerening (2005).

58 Innerhalb des Papyrus Rhind sind dies die Aufgaben 47 (Umrechnung von Bruchteilen des [4]*ḥqꜣ.t*) und 80–81 (Umrechnung von *ḥqꜣ.t* in *hnw*). Im Rahmen der Pyramidenaufgaben (Papyrus Rhind, Aufgaben 56–60) findet sich die Umrechnung von Ellen in Handbreit.

59 Während 1 *ḥqꜣ.t* ca. 4,8 Litern entspricht und 1 *jp.t* 19,2 Litern, lag die Größe von 1 Scheffel zwischen 17,38 und 310,25 Litern, die von 1 bushel bei ca. 35 Litern, vgl. Pommerening (2005): 9.

Beim *ḥqꜣ.t* ist die Schreibung seiner Bruchteile und Vielfachen zu beachten.[60] Im Mittleren Reich und der Zweiten Zwischenzeit wird die einfache Grundeinheit des *ḥqꜣ.t* oder eines seiner Vielfachen als Punkt (○) hinter dem *ḥqꜣ.t*-Zeichen geschrieben. Zehner werden als längliche Striche hinter dem *ḥqꜣ.t*-Zeichen notiert, 50 *ḥqꜣ.t* dagegen durch das Zeichen für $\frac{1}{2}$ (⊂=) und 25 *ḥqꜣ.t* durch das Zeichen für $\frac{1}{4}$ (×) hinter dem *ḥqꜣ.t*-Zeichen. Ein Strich vor dem *ḥqꜣ.t*-Zeichen bezeichnet dagegen 100 *ḥqꜣ.t*.

Für die Bruchteile gibt es im Hieratischen spezielle Zeichen, die z. T. auch in den hieroglyphischen Schreibungen übernommen wurden.[61] Erst in der 19. Dynastie wurden diese im Hieroglyphischen mit den Teilen des Horusauges verbunden.[62]

1.7 Weitere Übersetzungen

Der Übersetzung des ägyptischen rhetorischen Textes in einen deutschen (oder anders modernsprachigen) Text können noch weitere Übersetzungen angeschlossen werden. So hat Jim Ritter z. B. einen zweistufigen Prozess weiterer Bearbeitung/Übersetzung vorgeschlagen, in dem die Daten und die Prozedur strukturell klarer zum Ausdruck kommen.[63] Auch die Erstellung eines Flussdiagrammes kann ein weiterer Bearbeitungs-/Übersetzungsschritt sein.[64]

---

60 Peet (1923): 26; Ritter (2002) (mit der ausführlich begründeten Ablehnung der These zur Schreibung der Bruchteile als Teile des Horusauges); Pommerening (2005): 121–132 (mit detaillierter Präsentation der Quellen). Michel (2014): 140–144, liefert tabellarische Übersichten von Schreibungen ohne Quellenangabe, deren Korrektheit deshalb nicht überprüfbar sind. Für hieratische Zeichenformen vgl. Möller (1909): 66. Vgl. außerdem die im Anhang dieses Bandes gegebenen Tabellen der für diesen Band relevanten Maßeinheiten des Mittleren und Neuen Reiches (Appendix, C., Abb. 3–4).

61 Ritter (2002).

62 Vgl. hierzu Ritter (2002). Nach Pommerening (2005): 253, lässt sich eine entsprechende mythologische Konzeption bereits im Mittleren Reich nachweisen; vgl. auch Gräßler (2016).

63 Ritter (2004). Für die hieratischen Aufgabentexte wurde das von Jim Ritter vorgestellte Verfahren in Imhausen (2003a) umgesetzt, woraus (S. 29–31) die folgende Erläuterung entnommen wurde. Vgl. außerdem den Beitrag von Jim Ritter in diesem Band.

64 Für ein Beispiel vgl. die Flussdiagramme zu den Aufgaben 41–44 des Papyrus Rhind in Imhausen (2003a): 146–147.

Die Übersetzung eines ägyptischen Aufgabentextes in einen Algorithmus wird im Folgenden am Beispiel von Aufgabe 19 aus dem Papyrus Moskau erklärt.[65] Der Aufgabentext lautet:

> [1]Methode des Berechnens von einer Menge, mal $1\bar{2}$ gerechnet, zusammen [2]mit 4. Sie ist zu 10 gekommen.
> Was ist diese Menge, die es sagt?
> [3]So berechnest du folglich die Differenz von diesen 10 zu diesen 4.
> So resultiert folglich 6.
> [4]So rechnest du folglich mit $1\bar{2}$ um 1 zu finden.
> So resultiert folglich $\bar{\bar{3}}$.
> So berechnest [5]du folglich $\bar{\bar{3}}$ von diesen 6.
> So resultiert folglich 4.
> Siehe, es ist 4, [6](die Menge), die es sagt.
> Was von dir gefunden wurde, ist richtig.[66]

In der „Übersetzung" des rhetorischen Aufgabentextes in einen Algorithmus gehen als erstes die in der Aufgabenstellung gegebenen Größen (Daten des Algorithmus) ein. Diese sind im oben genannten Beispiel die Werte $1\bar{2}$, 4 und 10.

Diese Werte werden in der algorithmischen Darstellung folgendermaßen verzeichnet:

$1\bar{2}$	D_1
4	D_2
10	D_3

Im Folgenden werden die Rechenanweisungen, wie sie im Aufgabentext erscheinen, mittels unserer mathematischen Symbole notiert. Der Aufgabentext von Aufgabe 19 besteht aus drei Rechenanweisungen:

1	$10 - 4 = 6$
2	$1 \div 1\bar{2} = \bar{\bar{3}}$
3	$\bar{\bar{3}} \times 6 = 4$

65 Für eine Abbildung des hieratischen Aufgabentextes vgl. Struve und Turajeff (1930): Taf. VII. Eine hieroglyphische Umschrift findet sich ebendort und in Imhausen (2003a): 337. Dem aufmerksamen Leser mag das „fehlende Rubrum" zur Kennzeichnung des Titels aufgefallen sein – tatsächlich werden im Papyrus Moskau die Titel bis zu Aufgabe 16 rot geschrieben, die folgenden nicht mehr.

66 Zur Übersetzung dieses Schlusssatzes vgl. Imhausen (1999): 48 mit Anm. 17.

Ebenso lässt sich der Algorithmus durch die Bezeichnung der Daten als D_i (wie oben angegeben $1\,\overline{2} = D_1$, $4 = D_2$, $10 = D_3$) und der Bezeichnung des Ergebnisses eines Schrittes durch seine „Nummer" (i.e. erster Schritt: **1**, zweiter Schritt: **2**, etc.)[67] folgendermaßen ohne die konkreten Zahlenwerte notieren:

1 $D_3 - D_2$
2 $1 \div D_1$
3 $\mathbf{2} \times \mathbf{1}$

In dieser rein symbolischen Form des Algorithmus erscheinen konkrete Zahlenwerte nur noch beim Vorkommen von Konstanten bzw. wie in diesem Beispiel in Schritt zwei, wenn durch die arithmetische Operation bestimmte Zahlenwerte gefordert sind, wie bei der Bildung der Inversen, die im Ägyptischen als Division ($1 \div$ die zu invertierende Zahl) formuliert ist. Ebenso würde bei einer Halbierung die Zahl 2 auch im symbolischen Algorithmus erscheinen. Abgesehen von diesen Konstanten kommen die in den Rechnungen benutzten Werte entweder aus den gegebenen Daten (D_i) oder den Ergebnissen der vorherigen Schritte (bezeichnet durch die Nummer des Schrittes im Fettdruck). Somit sieht man in dieser Übersetzung den Fluss der Daten und Zwischenergebnisse besonders deutlich. Es ist leicht zu erkennen, an welchen Stellen die Daten in der Prozedur eingesetzt werden und ob Zwischenergebnisse direkt im nächsten Schritt wieder verwendet werden (was oft der Fall ist) oder nicht.

Im Idealfall lässt sich aus dem Aufgabentext so der Algorithmus konstruieren. Allerdings kann es auch vorkommen, dass ein Datum (aus welchen Gründen auch immer) nicht explizit genannt wird, aber in der Rechnung erscheint, was im Falle der Übersetzung in den Algorithmus unmittelbar auffällt, da ein Zahlenwert quasi „aus dem Nichts" erscheint. Auch einzelne Rechenschritte sind zuweilen im Aufgabentext ausgelassen, die allerdings bei der Erstellung des Algorithmus rekonstruiert werden müssen. Solche im Aufgabentext fehlenden, aber für den Aufgabengang notwendigen Elemente werden rekonstruiert und sollten als solche gekennzeichnet werden, z. B. durch eckige Klammern im numerischen Teil oder durch eine Markierung (*) an der Nummer, die den Aufgabenschritt bezeichnet.

---

67 Es ist darauf zu achten, dass die einzelnen Schritte des symbolischen Algorithmus so gekennzeichnet werden, dass sie nicht mit den Zahlenwerten der Konstanten verwechselt werden. In Imhausen (2003a) habe ich die Schritte durch die entsprechende Zahl in runden Klammern angegeben. Eleganter ist die von Jim Ritter vorgeschlagene Kennzeichnung durch Fettdruck, wie sie auch oben benutzt wurde. NB: Die Nummerierung der Schritte steht in keinem Zusammenhang mit den Zeilennummern des ägyptischen Textes.

Gerade bei der Notation des Aufgabentextes in dieser algorithmischen Form wird somit unmittelbar deutlich, ob der Aufgabentext alle Schritte, die durchgeführt werden, explizit nennt. Ein weiterer Vorteil dieser Darstellung ist es, dass sie den Vergleich von einzelnen Aufgaben untereinander und auch die Feststellung von Übernahmen von Teilen aus einer Prozedur in eine andere Prozedur erleichtert.[68]

In der Vergangenheit hat sich gezeigt, dass die Umsetzung des Aufgabentextes in einen Algorithmus nicht unabhängig vom Bearbeiter ist, was zum Teil durch die impliziten, vom Bearbeiter ergänzten (und damit von ihm vermuteten) Aufgabenschritte bedingt ist. Dies ist z. B. bei Aufgabe 26 der Fall, in denen von Jim Ritter und mir leicht voneinander abweichende Anfänge des „zugehörigen" Algorithmus gegeben werden.[69]

1.8 Abschließende Bemerkungen

Bereits diese kleine Einführung in die mathematischen Texte zeigt die Abhängigkeit der Übersetzungen vom jeweiligen Bearbeiter, dessen Motivationen für die jeweiligen Übersetzungen und seiner konzeptionellen Grundlagen. Je nach Interpretation des Aufgabentextes können sich die aus den rhetorischen Texten erstellten Algorithmen in der Darstellung einzelner Rechenschritte durchaus unterscheiden. Dies gilt natürlich insbesondere dann, wenn einzelne Schritte nicht explizit notiert wurden. Gegebenenfalls ist hier zunächst eine „black box" anzunehmen, in die wie bei einer arithmetischen Operation Daten oder Zwischenergebnisse eingehen und daraus ein (oder mehrere) Zwischenergebnisse resultieren. Nur aus der Existenz paralleler Operationen in anderen Aufgaben, in denen die einzelnen Schritte notiert werden, lassen sich solche black boxes sicher durch konkrete Rechnungen ersetzen. Die Möglichkeit, in einer Aufgabe fehlende Schritte durch die Informationen aus anderen Aufgaben zu ersetzen, ist durch die geringe Zahl der erhaltenen mathematischen Texte jedoch als eher unwahrscheinlich anzunehmen. Eine weitere Option bietet das Hinzuziehen anderer Textarten wie z. B. der administrativen Texte.[70] Allerdings werden in

---

68 Dies ist besonders anschaulich an einem mesopotamischen Beispiel in Ritter (2004) gezeigt. Ein ägyptisches Beispiel ist die Prozedur zur Berechnung der Kreisfläche (Papyrus Rhind, Aufgabe 50), die in der Berechnung des Volumens eines Zylinders benutzt wird (Papyrus Rhind, Aufgaben 41 und 42).

69 Vgl. Ritter (2004): 185, und Imhausen (2003a): 41.

70 Dies wurde für die Aufgaben zur Rationenberechnung in Imhausen (2003b) benutzt. Vgl. zu dieser Aufgabengruppe ebenso Guillemot (1992) und Miatello (2008). Auch die Reisner Papyri diesen Texten in der Regel nur Daten und keine konkreten mathematischen Operationen genannt, so dass auch diese Option nur begrenzte Aussicht auf Erfolg hat. Allerdings sind es auch gerade diese durch das begrenzte Material gestellten Schwierigkeiten, die die Hoffnung auf neue Ergebnisse durch einen neuen Bearbeiter und damit neue interpretatorische Motivation und eine andere Deutung des überlieferten Befundes aufrechterhalten.

Die folgenden Beispiele wurden ausgewählt, um die Übersetzung verschiedener Arten mathematischer Texte darzustellen. Sie stammen aus den beiden größten hieratischen mathematischen Texten, dem mathematischen Papyrus Rhind und dem mathematischen Papyrus Moskau.

Aufgabe 26 des Papyrus Rhind ist eine Aufgabe, die sich vor allem bei Mathematikern großer Beliebtheit erfreut, da diese das Gefühl haben, die Aufgabe elegant mit einer modernen algebraischen Gleichung ausdrücken zu können.[71] Der Kommentar erläutert die Unzulänglichkeit dieses „Verfahrens“ in der Behandlung ägyptischer mathematischer Texte.

Die darauf folgende Aufgabe 41 des Papyrus Rhind, die Berechnung des Volumens eines Getreidespeichers, ist sowohl ein Beispiel, das vielleicht einen Bezug zum Arbeitsalltag eines ägyptischen Schreibers hatte, als auch mathematikhistorisch interessant, da hier im Rahmen der Prozedur die ägyptische Kreisberechnung vorkommt, in der die Kreiszahl π nicht benutzt wird.

Aufgabe 56 des Papyrus Rhind ist eine der Pyramidenaufgaben, in denen es um die Beziehung zwischen Grundseite, Höhe und Neigung geht. Auch hier ist der Leser aufgefordert, sich in das ägyptische Konzept der Behandlung geneigter Flächen einzuarbeiten, für das im Ägyptischen ein eigener *terminus technicus*, der *sqd* (gesprochen: seked), vorliegt.

Keine der Aufgaben des mathematischen Papyrus Rhind, und auch keine andere hieratische mathematische Aufgabe behandelt die Berechnung des Volumens einer Pyramide. Dafür liegt in Aufgabe 14 des mathematischen Papyrus Moskau, die im Anschluss an die Pyramidenaufgabe des Papyrus Rhind übersetzt und besprochen wird, die Berechnung des Volumens eines Pyramidenstumpfes vor.

Die Aufgaben werden jeweils in Form einer Fotografie des hieratischen Textes, gefolgt von hieroglyphischer Umschrift, Transkription und Übersetzung gegeben.

---

haben sich als informative Quelle zur ägyptischen Mathematik erwiesen, vgl. hierzu Gillings (1972): 218–231, und Rossi und Imhausen (2009).

71 So zuletzt wieder Michel (2014): 189.

An diese schließt sich ein dreistufiger Kommentar an, der zunächst die Grammatik und den formalen Aufbau des Aufgabentextes (a) bespricht, gefolgt von einem inhaltlichen (mathematischen) Kommentar (b) und mit lexikalischen Erläuterungen ausgewählter Termini (c) endet.

Papyrus Rhind, Aufgabe 26

Hieratische Quelle

Abb. 1: Papyrus Rhind, Aufgabe 26

Hieroglyphische Umschrift

Transkription und Übersetzung

[1] *ꜥḥꜥ* $\bar{4}$*.f ḥr.f ḫpr.f m* 15	Eine Menge, ihr $\bar{4}$ auf sie. Es resultiert 15.
wꜣḥ-tp m 4	Rechne mit 4!
jrj.ḫr.k $\bar{4}$*.sn m* 1	So berechnest du folglich ihr $\bar{4}$ als 1.
dmḏ 5	Summe: 5.
[2] *wꜣḥ-tp m* 5 *r gm.t* 15	Rechne mit 5 um 15 zu finden!
[3] \\. 5	\\. 5
[4] \\2 10	\\2 10
[5] *ḫpr.ḫr* 3	So resultiert folglich 3.
wꜣḥ-tp m 3 *zp* 4	Rechne mit 3, 4 mal!
[6] . 3	. 3
[7] 2 6	2 6
[8] \\4 12	\\4 12
[9] *ḫpr.ḫr* 12	So resultiert folglich 12.
[10] . 12	. 12
[11] $\bar{4}$ 3 *dmḏ* 15	$\bar{4}$ 3, Summe:15.
[12] *ꜥḥꜥ* 12	Die Menge: 12,
[13] $\bar{4}$*.f* 3 *dmḏ* 15	ihr $\bar{4}$: 3, Summe 15

Kommentar:

a) Grammatik und formaler Aufbau

Die Anweisungen dieser Aufgabe werden in Form von Imperativen (Z. 1, 2 und 5) und *sḏm.ḫr.f* (Z. 1) gegeben. Das *sḏm.ḫr.f* wird außerdem zweimal in der Angabe eines Zwischenresultates verwendet (Z. 5 und 9, daneben Angabe einer Summe als ein weiteres Zwischenresultat durch *dmḏ* in Z. 1).

Durch Rubrum markiert sind sowohl der Beginn der Aufgabenstellung (und damit der Beginn der Aufgabe) in Z. 1 als auch die Angabe des Endergebnisses vor der letzten Proberechnung (Z. 12) und das Resultat der Probe (Z. 13). Das Rubrum zur Markierung der Aufgabenstellung endet nach der Angabe, was mit der unbekannten Größe zu tun ist, d. h. vor der Angabe des „Ergebnisses" der Umformung, dieses schließt sich in schwarz geschrieben in derselben Zeile an.

Darauf folgt ebenfalls in der ersten Zeile die erste Rechenanweisung. Die beiden schriftlich durchgeführten Rechnungen sind jeweils nach ihren Anweisungen notiert worden. Die Lösung der Aufgabe ist das Resultat des sechsten Schrittes (der Multiplikation von 3 und 4, Anweisung in Z. 5, Durchführung in den Z. 6–8, Angabe des Zwischenresultats in Z. 9). Im Anschluss daran findet sich direkt eine Probe in schwarzer Tinte (Z. 10–11), die als Resultat die in der Aufgabenstellung vorgegebenen 15 liefert. Daran anschließend wird, markiert durch die Verwendung von roter Tinte, das Ergebnis als solches genannt und eine weitere Probe (in schwarzer Tinte) formuliert, deren Ergebnis (15) wiederum in rot notiert ist.

b) Inhaltlich

1. Interpretation als Prozedur

Bei den ꜥḥꜥ-Aufgaben wird jeweils eine unbekannte Menge (bzw. Zahl), bezeichnet durch ꜥḥꜥ, in einer vorgegebenen Art manipuliert und das Ergebnis des Vorgangs angegeben. Aus diesen Angaben ist die Unbekannte zu berechnen. Aufgabe 26 ist die erste Aufgabe, in der die Prozedur zur Lösung explizit durch rhetorische Anweisungen (gefolgt von deren schriftlicher Ausführung) vermerkt wurde; bei den Aufgaben 24 und 25 findet sich nach der Aufgabenstellung lediglich die Notation mehrerer Rechnungen, aber keine explizite Rechenanweisung.

Ein Vergleich aller ꜥḥꜥ-Aufgaben zeigt, dass die Aufgabengruppe sich entsprechend der verwendeten Prozeduren in mehrere Untergruppen unterscheiden lässt. Je nach Interpretation ist es dabei möglich die Prozeduren mehrerer Untergruppen auch als Variationen einer grundlegenden Prozedur zu verstehen.[72] Die Aufgaben 24–27 bilden eine Untergruppe; die in den Aufgaben 24 und 25 notierten Rechnungen (mit entsprechend anderen Zahlenwerten) entsprechen genau denen, die sich nach den Anweisungen der Aufgabe 26 finden.

72 Zur Einteilung der ꜥḥꜥ-Aufgaben in Gruppen entsprechend der Ähnlichkeit ihrer Lösungsalgorithmen (Prozeduren) vgl. Imhausen (2003a): 39–51, und Imhausen (2002). In unserer derzeitigen Arbeit an den Prozeduren der ägyptischen und mesopotamischen mathematischen Texte hat Jim Ritter einen noch weitergehenden Vorschlag der Gruppierung gemacht, der die Vertreter von zweien meiner Gruppen als Untergruppen eines übergeordneten Algorithmus versteht.

Die Prozedur von Aufgabe 26 lässt sich als Algorithmus folgendermaßen darstellen:

	D_1	$\overline{4}$
	D_2	15
***1:**	$1 \div D_1$	$[1 \div \overline{4} = 4]$
2:	$\rightarrow \mathbf{1}$	$\rightarrow 4$
3:	$D_1 \times \mathbf{2}$	$\overline{4} \times 4 = 1$
4:	$\mathbf{2} + \mathbf{3}$	$4 + 1 = 5$
5:	$D_2 \div \mathbf{4}$	$15 \div 5 = 3$
6:	$\mathbf{5} \times \mathbf{2}$	$3 \times 4 = 12$

Die als erster Schritt aufgenommene Operation, die Berechnung der Inversen der ersten gegebenen Größe ($\overline{4}$, D_1) ist nur implizit feststellbar, daher wird sie in der numerischen Darstellung in eckige Klammern gesetzt, bzw. der Schritt in der abstrakten Darstellung durch * markiert. Dass eine solche Berechnung erfolgt, geht aus den numerischen Werten im zweiten Schritt der Prozedur hervor, denn die zweite Anweisung benutzt das Ergebnis dieses vermuteten ersten Schrittes. → bezeichnet die durch das ägyptische *wꜣḥ-tp m* ausgedrückte Anweisung, in dem folgenden Schritt mit dem Wert 4 (der Inverse von D_1) zu rechnen. Die Umsetzung der folgenden Schritte in den symbolischen Algorithmus ist unproblematisch.[73]

Der Vorteil dieser Darstellung liegt in der leichteren Vergleichbarkeit der Prozeduren der verschiedenen Aufgaben untereinander. Dies ist insbesondere im Vergleich der *ʿḥʿ*-Aufgaben untereinander von Nutzen, die sich aufgrund ihrer Prozeduren in verschiedene Untergruppen einteilen lassen.[74]

73 Da es sich in Imhausen (2003): 40–41, um das erste Beispiel einer Umsetzung des Aufgabentextes in einen Algorithmus handelt, wurde sie dort ausführlich erklärt.

74 Die Algorithmen aller *ʿḥʿ*-Aufgaben finden sich in Imhausen (2003): 51–53, diskutiert.

2. Moderne Interpretation als Gleichung

> „Vorsicht ist stets geboten, wenn wir auf Gebiete vordringen, auf denen unsere modernen Erkenntnisse – mögen sie uns auch noch so natürlich erscheinen – die Besonderheiten unterschiedlicher Methoden gefährlich einebnen, die Abweichungen verschwinden lassen oder auf bloße Varianten und Blindheiten zurückführen.“[75]

Die ꜥḥꜥ-Aufgaben gehören zu den beliebtesten Aufgaben für moderne Leser. Die Aufgabenstellung erinnert den modernen Mathematiker an die algebraischen Gleichungen mit einer Unbekannten, die in der Schule gelehrt werden. In dieser Technik geschult, überträgt er die gegebene Aufgabenstellung in die für ihn gleichwertige Form:

$$x + \frac{1}{4}x = 15$$

Bei dieser Übertragung besteht jedoch die Gefahr, den Bezug zur Quelle zu verlieren. Der ägyptische Text benutzt keine symbolische Schreibweise und die auf die Aufgabenstellung folgende Lösung ist eine Prozedur und nicht die Umformung einer Gleichung. Die Nutzung algebraischer Gleichungen ist eine effiziente mathematische Methode, die dem ägyptischen Rechnenden nicht zur Verfügung stand. Die Formulierung mathematischer Inhalte in Form von Prozeduren ist ein grundlegend anderes mathematisches Format. Die Übertragung des Aufgabentextes in eine moderne algebraische Gleichung verleitet dazu, zu versuchen, auch für die der Aufgabenstellung folgende Prozedur einen Bezug zu seinem modernen Wissen herzustellen. Die zunächst offensichtliche Methode der Umformung der Gleichung (Berechnung der Terme mit x, Isolierung des x durch Division), lässt sich mit der obigen Prozedur allerdings nicht in Verbindung bringen. Die einzelnen Schritte der obigen Prozedur lassen sich dagegen als Anwendung der Strategie des falschen Ansatzes verstehen.[76]

Bei der (modernen?) Lesung als Methode des falschen Ansatzes wird in dieser Aufgabe als falsche Lösung die Zahl 4 angenommen, da mit dieser Annahme der erste Schritt der vorgegebenen Manipulation, die Berechnung von $\frac{1}{4}$, rechnerisch einfach ist. Die mit dieser falschen Lösung durchgeführte Manipulation der Aufgabenstellung liefert jedoch nicht das Ergebnis 15, wie es vorgeschrieben

---

75 Goldstein (1994): 236.

76 Dies führte in den Anfängen der Mathematikgeschichte zu einem ersten Streitpunkt in der Behandlung der altägyptischen Mathematik, da nach einer einheitlichen modernen Interpretation für die ꜥḥꜥ-Aufgaben gesucht wurde und sich die Vertreter der Gleichungsumformungen und der des falschen Ansatzes gegenüberstanden. Vgl. hierzu Imhausen (2001): 213–215, und die in Imhausen (2002): 28–30, gegebenen Literaturhinweise.

war, sondern lediglich 5. Entsprechend wird durch eine Division des gewünschten Ergebnisses mit dem „falschen Ergebnis“ der Faktor bestimmt, mit dem die falsche Lösung zu multiplizieren ist, um die richtige Lösung der Aufgabe zu erhalten.

c) Lexikalisch

ꜥḥꜥ (Zeilen 1 und 12)

Bei dieser Aufgabe handelt es sich um die dritte von insgesamt elf Aufgaben des Papyrus Rhind (Aufgaben 24–34), die durch den *terminus technicus* ꜥḥꜥ der zu berechnenden Größe als ꜥḥꜥ-Aufgaben bezeichnet werden. *TLA* nimmt die Belege aus den mathematischen Texten in der WCN 40280 mit auf und gibt die Bedeutungen „Haufen; Fülle; Reichtum; Größe (math.)“ mit Rückbezug auf WB I.220.15–221.1. Dies ist der erste von vier Einträgen des WB mit ähnlicher Bedeutung in verschiedenen Kontexten. Es folgen *ꜥḥꜥ.t*, das in den Brot-und-Bier-Aufgaben der mathematischen Texte zu belegen ist (WCN 40260 im TLA; WB I.221.2: „mathematischer Fachausdruck derselben Bedeutung wie ꜥḥꜥ“) und zwei weitere Einträge für ꜥḥꜥ, nämlich (mit Belegen aus neuägyptischen Texten und Texten aus griechischer Zeit) in der Bedeutung „Betrag (an Korn, Wein u. ä.), Menge, Zahl (von Äckern), Gr. Quantum“ (WCN 40160, WB I.221.3–7) und (mit neuägyptischen Belegen) in der Bedeutung „Menge von Menschen“. Entsprechend den Belegen aus den ꜥḥꜥ-Aufgaben und den übrigen Belegen, die aus dem gleichen semantischen Umfeld stammen, wäre für ꜥḥꜥ als *terminus technicus* in den mathematischen Texten die Bedeutung „Menge“ und „Zahl“ anzusetzen, wovon die Verwendung von *ꜥḥꜥ.t* in den Brot-und-Bier-Aufgaben der mathematischen Texte abzuleiten wäre.

Papyrus Rhind, Aufgabe 41

Hieratische Quelle

Abb. 2: Papyrus Rhind, Aufgabe 41

Hieroglyphische Umschrift

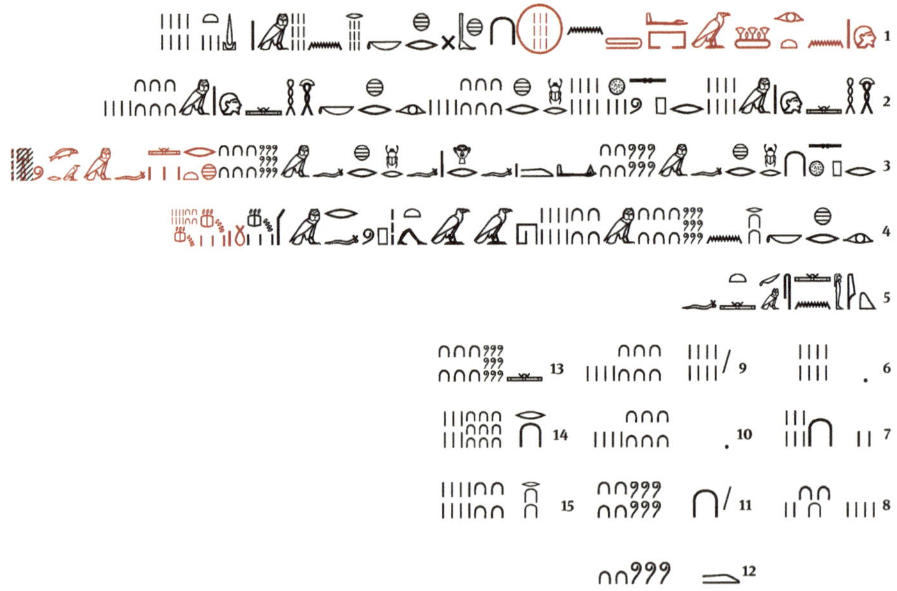

Transkription und Übersetzung

[1] *tp n jr.t šꜣꜥ dbn n* ⑨, 10	Methode des Berechnens von einem runden Speicher von ⑨, 10.
ḫbj.ḫr.k $\overline{9}$ *n* 9 *m* 1 *ḏꜣ.t* 8	So verminderst du folglich $\overline{9}$ von 9 als 1; Rest: 8.
[2] *wꜣḥ-tp m* 8 *r zp* 8	Lege 8 mal 8!
ḫpr.ḫr 64	So resultiert folglich 64.
jrj.ḫr.k wꜣḥ-tp m 64 [3] *r zp* 10	So legst du folglich 64 mal 10.
ḫpr.ḫr.f m 640	So resultiert es folglich als 640.
dj gs.f ḥr.f ḫpr.f m 960	Gib seine Hälfte darauf, indem es als 960 resultiert,
rḫt.f m ḫꜣr	sein Betrag in *ḫꜣr*.
[4] *jrj.ḫr.k jrj.k* $\overline{20}$ *n* 960 *m* 48	So berechnest du folglich $\overline{20}$ von 960 als 48.
hꜣꜣ.t pw rf m ^{4}*ḥqꜣ.t šs* 4800 ^{4}*ḥqꜣ.t*	Es ist sein Inhalt in ^{4}*ḥqꜣ.t*: Getreide: 4800 ^{4}*ḥqꜣ.t*.
[5] *qj n sšm.t.f*	Art seiner Ausrechnung:
[6] . 8	. 8
[7] 2 16	2 16
[8] 4 32	4 32
[9] \ 8 64	\ 8 64
[10] . 64	. 64
[11] \ 10 640	\ 10 640
[12] \ $\overline{2}$ 320	\ $\overline{2}$ 320
[13] *dmḏ* 960	Summe: 960.
[14] $\overline{10}$ 96	$\overline{10}$ 96
[15] $\overline{20}$ 48	$\overline{20}$ 48

Kommentar:

a) Grammatik und formaler Aufbau

Die Aufgabe beginnt mit einem rot geschriebenen Titel (*tp n jr.t šꜣꜥ dbn* „Methode des Berechnens von einem runden Speicher"). Es ist die erste von insgesamt sechs Aufgaben des Papyrus Rhind, die sich mit dem Volumen von Getreidespeichern (*šꜣꜥ*, siehe hierzu Abschnitt c) des Kommentars) beschäftigen.[77]

Von den weiteren Aufgaben zeigt lediglich Aufgabe 44 ebenfalls das initiale *tp n*... – die übrigen Aufgaben beginnen direkt mit dem Wort *šꜣꜥ*, gefolgt von den numerischen Daten.[78] Die numerischen Werte zur Beschreibung des Getreidespeichers werden direkt durch *n* (schwarz geschrieben) zum Ausdruck des Genitivs angefügt. Angegeben werden Durchmesser und Höhe, dabei wird der Durchmesser (9) als Zahl in einem Kreis (beides in rot)[79] angegeben, es folgt die schwarz geschriebene Zahl (10) zur Bezeichnung der Höhe. Eine explizite Frage nach der gesuchten Größe fehlt. Der Text geht noch in derselben Zeile direkt zur Prozedur über.

Zum Ausdruck der Anweisungen werden Imperative (Z. 2 und Z. 3), ein *sḏm.ḫr.k* (Z. 1) und periphrastisch konstruierte *sḏm.ḫr.k* Formen (Z. 2 und Z. 4) benutzt. Die Zwischenergebnisse der ersten Rechnungen werden adverbial und nominal angegeben (Z. 1); alle folgenden Zwischenergebnisse werden durch *ḫpr* eingeleitet (zwei Mal in Form des *sḏm.ḫr.f*, einmal als *sḏm.f*).

An den rhetorischen Teil schließt sich unter der Überschrift *qj n sšm.t.f* „Art seiner Ausrechnung" die schriftliche Durchführung einiger der in der Prozedur genannten Rechnungen an. Dies ist zunächst die Multiplikation 8 × 8 (Z. 6–9), daran anschließend die Multiplikation 64 × 10 (Z. 10–11) kombiniert mit der Berechnung der Hälfte von 640 (Z. 12) und der Addition der beiden Werte (Z. 13, durch *dmḏ* „Summe" explizit als Ergebnis markiert).

Abschließend wird (ohne separate Initialisierung) die Berechnung von $\overline{20}$ von 960 notiert (Z. 14–15). Die Notation der Rechnungen dieser Aufgabe erfolgt

77 Peet (1923): 80, schließt auch noch Aufgabe 47 in diese Gruppe mit ein. Bei Aufgabe 47 handelt es sich um eine Tabelle zu Bruchteilen des *ḥqꜣ.t*, vgl. hierzu Pommerening (2005): 129.

78 Für eine mögliche Begründung des selektiven Gebrauchs von *tp n* im Papyrus Rhind vgl. Imhausen (2015): 178.

79 Für diese Art von kleiner Zeichnung im Text wurde von Jim Ritter die Bezeichnung *In-Line-Drawing* (im Gegensatz zu den größeren *Display-Drawings* am Ende des Textes) eingeführt. Im Gegensatz zu Ideogrammen sind *In-Line-Drawings* etwas größer als die übrigen Zeichen des Textes und können wie in diesem Beispiel durch einen Zahlenwert präzisiert sein (müssen es aber nicht, vgl. das in diesem Beitrag folgende Beispiel von Aufgabe 14 des Papyrus Moskau).

unter der Überschrift in drei Spalten und ausschließlich in Form von Zahlen ohne metrologische Einheiten.

b) Inhaltlich

Die Aufgabe berechnet das Volumen eines Getreidespeichers mit kreisförmiger Grundfläche, dessen Maße durch den Durchmesser und die Höhe angegeben werden. Archäologisch belegt sind quaderförmige oder konische Getreidespeicher, es ist daher zu vermuten, dass diese Art von Aufgaben für die Berechnung des Volumens der konischen Getreidespeicher trainiert wurde. Das in den Aufgaben der Getreidespeicher mit kreisförmiger Grundfläche berechnete Volumen ist das Volumen eines Zylinders. Die Abbildungen der Getreidespeicher mit runder Grundfläche zeigen dagegen Gebilde, die wie Kegel mit abgerundeter Spitze aussehen.[80] Inwieweit das Volumen des Inneren dieser Bauten gut durch das eines Zylinders approximiert wurde, ist unklar.

1. Interpretation als Prozedur

Als Algorithmus umgeschrieben ergibt sich:

	D_1	9
	D_2	10
1:	$\overline{9} \times D_1$	$\overline{9} \times 9 = 1$
2:	D_1 - **1**	9 - 1 = 8
3:	**2** × **2**	8 × 8 = 64
4:	**3** × D_2	64 × 10 = 640
5:	**4** ÷ 2	640 ÷ 2 = 320
6:	**4** + **5**	640 + 320 = 960
7:	$\overline{20}$ × **6**	$\overline{20} \times 960 = 48$

In der Strategie verläuft die Berechnung wie die moderne Berechnung des Volumens eines Zylinders durch Multiplikation von Grundfläche und Höhe; in der Berechnung der Grundfläche wird das ägyptische Verfahren zur Berechnung der Fläche eines Kreises (in der Prozedur die Schritte **1**–**3**) benutzt. In diesem Verfahren wird zunächst $\overline{9}$ des Durchmessers berechnet (**1**), dies vom

80 Eine Abbildung solcher Speicher findet sich z. B. im Grab des Antef-iqer (TT60), siehe Davies (1920): Taf. XV.

Durchmesser subtrahiert (**2**) und der Rest mit sich selbst multipliziert (**3**). Das so erhaltene Ergebnis wird dann mit der angegebenen Höhe multipliziert (**4**).

Die Maße des Speichers werden in der Aufgabe durch zwei Zahlenwerte spezifiziert, seinen Durchmesser und seine Höhe. Beide werden ohne metrologische Einheit genannt, es ist davon auszugehen, dass es sich um Angaben in Ellen (*mḥ*) handelt. Die Schritte **1**–**3** der Prozedur liefern das Ergebnis in der (bei der Volumenmessung von Getreide im Ägyptischen nicht verwendeten) Einheit „Kubikellen", das im Folgenden in zwei gebräuchliche Einheiten zur Angabe von Getreidemengen umgerechnet wird.

Zunächst wird durch eine Multiplikation mit 1,5 (bzw. in der ägyptischen Formulierung die Hälfte des Ergebnisses wird dazu addiert) das Volumen in der Einheit *ẖ3r* berechnet. Dies wird abschließend durch eine Multiplikation mit $\overline{20}$ in das Volumen in ^{4}*ḥq3.t* umgerechnet.

2. Vergleich mit der modernen Kreisflächenberechnung

Die Berechnung der Kreisfläche bei gegebenem Durchmesser *d* nach der ägyptischen Prozedur, die in den ersten drei Schritten des Lösungsalgorithmus zu finden ist:

$$\begin{aligned} &\mathbf{1}:\ \overline{9} \times d \\ &\mathbf{2}:\ d - \mathbf{1} \\ &\mathbf{3}:\ \mathbf{2} \times \mathbf{2} \end{aligned}$$

unterscheidet sich deutlich von unserer modernen Berechnung der Kreisfläche, die wir durch die Formel

$$A = \pi r^2$$

(mit *r* zur Bezeichnung des Radius) formulieren. Dabei bezeichnet die Kreiszahl π das Verhältnis des Kreisumfangs zum Durchmesser. Tatsächlich spielt in den ägyptischen Aufgaben zur Kreisberechnung der Umfang des Kreises keine Rolle, er kommt in den Aufgaben nicht vor. In den ägyptischen Aufgaben ist stets der Durchmesser gegeben, mit dem gegebenen Durchmesser wird dann die Fläche des zugehörigen Kreises berechnet.

Trotzdem lässt sich die ägyptische Berechnung mit der modernen Berechnung vergleichen, wie es bereits Peet getan hat.[81] Dazu muss zunächst die ägyptische Prozedur in eine Formel umgeschrieben werden:

81 Peet (1923): 81.

1:	$\bar{9} \times d$		
2:	d - **1**	$\longrightarrow$	$\left(\frac{8}{9}\, d\right)^2 = \left(\frac{64}{81}\, d\right)^2$
3:	**2** × **2**		

Da $d = 2r$ folgt

$$\frac{64}{81}\, d^2 = \frac{64}{81}\,(2r)^2 = \frac{64}{81} \times 4\, r^2 = \frac{256}{81}\, r^2$$

Durch die Gleichsetzung der aus der ägyptischen Prozedur (modern) abgeleiteten Formel mit unserer modernen Formel zur Kreisberechnung ergibt sich:

$$\frac{256}{81}\, r^2 = \pi\, \mathrm{r}^2$$

Dieses Vorgehen lässt sich dazu benutzen, die Genauigkeit der ägyptischen Berechnung abzuschätzen – es ergibt sich ein Fehler von nur 0.6%. Historiographisch nicht sinnvoll ist es dagegen, aufgrund obiger Ableitung von einem „ägyptischen π“ zu sprechen und dieses als $\frac{256}{81}$ anzugeben.[82] Da in der ägyptischen Mathematik der Umfang von Kreisen nicht vorkommt, kann es keine Konstante geben, die die Beziehung zwischen Umfang und Durchmesser beschreibt.[83]

c) Lexikalisch

šꜣꜥ dbn (Zeile 1)

Das Objekt, dessen Volumen in dieser Aufgabe berechnet wird, wird als *šꜣꜥ dbn* bezeichnet. Der Rechnung nach handelt es sich dabei um einen Zylinder. *šꜣꜥ* bezeichnet eine „Scheune“ oder einen „Speicher“ (WB III.409.5–7, WCN 151480). Eine Durchsicht der Belege des digitalisierten Zettelarchivs ergibt, dass von den sechzehn Belegen zehn aus dem Korpus der mathematischen Texte stammen.[84] Aus bildlichen Darstellungen, Modellen und archäologischen

82 So Peet (1923): 81; Gillings (1972): 142; Couchoud (1993): 61. Dagegen Imhausen (2009): 787–789.

83 Die Bemerkung von Michel (2014): 332, dass der griechische Buchstabe π erst im 18. Jh. zur Bezeichnung des Verhältnisses von Durchmesser und Umfang eingeführt wurde, ist für den ägyptischen Befund nicht das ausschlaggebende Argument – in Mesopotamien wird nämlich durchaus eine Konstante benutzt, die das Verhältnis von Umfang und Durchmesser beschreibt. Dort könnte man daher (zugegeben anachronistisch und mit den Einschränkungen, die nach Fleck [1935] zu erwarten sind) von einem mesopotamischen π sprechen.

84 Peet (1923): 80, kannte noch keinen weiteren Beleg für *šꜣꜥ* außerhalb der mathematischen Texte.

Befunden sind zwei Arten von Speichern überliefert, solche mit rechteckiger Grundfläche und solche mit kreisförmiger Grundfläche. *dbn* ist sowohl als Substantiv in der Bedeutung „Ring", „Kreis" (WB V.436.6–8, WCN 178520) als auch als Verb „rund sein", „gewunden sein" (WB V.436.12, WCN 178540) und Adjektiv „rund" (WBV.437.3, WCN 178550) belegt. Zu letzterem ist bereits im Wörterbuch der Belegkontext aus den mathematischen Texten vermerkt: „belegt Math. als attributives Adjektiv, in der Verbindung: ein runder Kornspeicher". Neben den drei Aufgaben des Papyrus Rhind, in denen es um die Berechnung von Speichern mit kreisförmiger Grundfläche geht (Aufgaben 41–43), erscheint es auch in Aufgabe 50 des Papyrus Rhind, in der die Fläche eines Kreises berechnet wird. Reineke bemerkt:

> „In den mathematischen Texten kommt es als Attribut zu Feldern und Speichern vor, die berechnet werden sollen. Beim femininen Wort *3ḥ.t* wird nur die maskuline Form geschrieben, so daß hier das Adjektiv gebraucht sein muß, da die Endung eines Partizips oder Pseudopartizips doch sicher geschrieben worden wäre."[85]

Die „runden" Kornspeicher sind tatsächlich (wie aus den Abbildungen hervorgeht) von konischer Gestalt, d. h. ihr Durchmesser nimmt (zumindest nach der äußeren Gestalt) nach oben hin ab.

rḫt (Zeile 3)

Bereits Peet diskutiert das Wort *rḫt* aufgrund der Belege in den mathematischen Texten und erschließt aufgrund seiner Verwendung dort die Bedeutung als „(An)zahl" auch für die Belegstellen außerhalb der mathematischen Texte.[86] WB II listet sowohl ein feminines *rḫ.t* (II.446) in der Bedeutung „Liste, Betrag" als auch das seit dem Alten Reich belegte maskuline *rḫt* (II.448), dessen Bedeutungen mit

I. Verzeichnis mit Zahlenangabe (gegen das von Peet gemachte Argument)
II. Zahl, Betrag

angegeben werden.

---

85 Reineke (1964), Bd. 2: 298.

86 Peet (1923): 81: „The uses of the noun *rḫ.t* in this papyrus bear out the belief that its literal meaning is simply ‚number' (*nombre*, not *numéro*) and not ‚list' or ‚specification,' as it is so often translated, perhaps in consequence of its obvious derivation from *rḫ*, ‚to know.' It is true that the word often serves to head a list, but it will be found that, in the Middle Kingdom at least, the items in these lists are accompanied by numbers or quantities.".

Der Bedeutung II. werden die Stellen in den mathematischen Texten zugeordnet, worin sich Reineke in seinem Glossar anschließt.[87] Für die mathematischen Texte ist die Bedeutung – wie bereits Peet argumentiert hat – eindeutig. Tatsächlich scheint es mir nach kursorischer Durchsicht der Belege zu *rḫt* außerhalb der mathematischen Texte sinnvoll, Peet in seinem Argument auch für diese zu folgen.

ḫ3r und *⁴ḥq3.t* (Zeilen 3 und 4)

ḫ3r und *⁴ḥq3.t* sind jeweils Hohlmaße, die sich nicht direkt von einem Längenmaß ableiten.[88] WB III.363.1–2 gibt „Behälter und Maß für Korn u. ä.", Reineke, Glossar, S. 280, liefert für *ḫ3r*: „Maß" mit der folgenden Ausführung:
„Der Inhalt dieses Maßes, das als genaue Maßbezeichnung nur im Pap. Rhind ausgeschrieben belegt ist, beträgt 20 *ḥk3.t* oder 94.114 l. Der Rauminhalt ist 2/3 Kubikelle". *TLA* liefert „ein Maß für Korn (Sack); Behälter; Sack"(WCN 122580). Zur Wiedergabe im Deutschen gibt es prinzipiell drei Möglichkeiten – eine Übersetzung wie vom *TLA* vorgeschlagen als „Sack", die Umschreibung des ägyptischen Wortes als *Khar* oder die Wiedergabe durch die Transliteration *ḫ3r*.

Eine kompliziertere Situation liegt beim *ḥq3.t* vor. In der Vergangenheit wurde *ḥq3.t* im Deutschen durch das Hohlmaß „Scheffel", im Englischen durch „bushel" wiedergegeben (*TLA* WCN 110440), heute ist es üblich, die ägyptische Bezeichnung stehenzulassen (also *ḥq3.t* oder *hekat*).[89] Das in Aufgabe 41 bis 47 benutzte *ḥq3.t* ist das Vierfach-*ḥq3.t* (*⁴ḥq3.t*), wie sich auch aus der Rechnung ergibt, dessen Vielfache analog wie die des *ḥq3.t* (vgl. die Einleitung) notiert werden.[90]

87 Reineke (1964), Bd. 2: 270.

88 Für eine detaillierte Untersuchung zu den ägyptischen Hohlmaßen siehe Pommerening (2005).

89 Vgl. hierzu Pommerening (2005).

90 Wie Pommerening (2005): 137, Anm. 198 und 199, zutreffend kritisiert, ist dies in meiner Umschrift und Übersetzung der Aufgaben in Imhausen (2003): 232–242, nicht berücksichtigt worden und daher dort zu verbessern.

Papyrus Moskau, Aufgabe 14

Hieratische Quelle und hieroglyphische Umschrift

Abb. 3a: Aufgabe 14 des Papyrus Moskau –Text

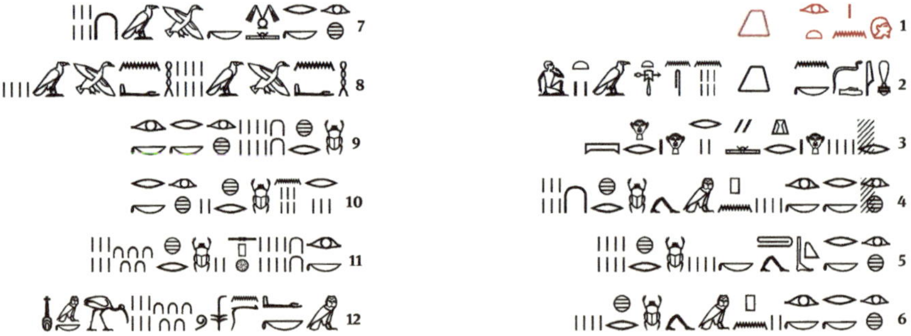

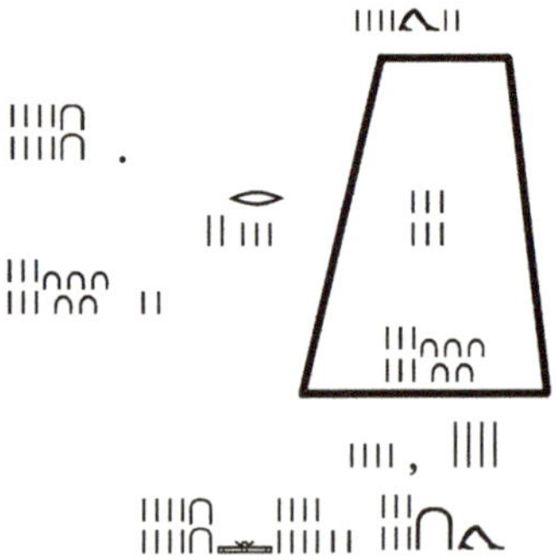

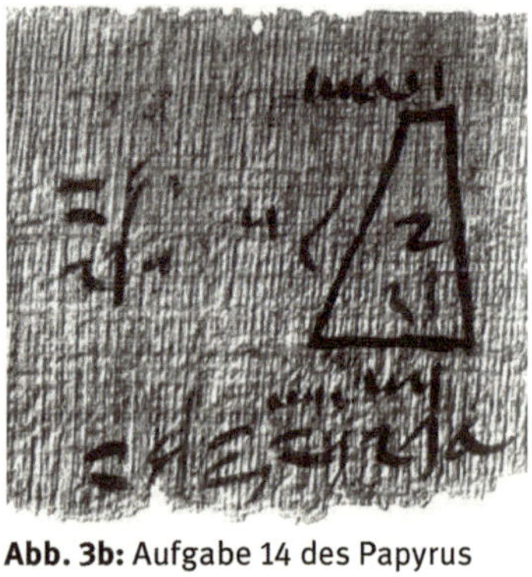

Abb. 3b: Aufgabe 14 des Papyrus Moskau – Zeichnung

Transkription und Übersetzung

[1] *tp n jr.t* △	Methode des Berechnens (*jrj*) eines △ .
[2] *mj ḏd n.k* △ *n 6 n sttj*	Wenn dir gesagt wird: △ von 6 an Höhe
[3] [*r*] *4 ḥr ḫr.w r 2 ḥr ḥr.w*	[zu] 4 auf der Unterseite, zu 2 auf der Oberseite:
[4] [*jrj*]*.ḫr.k jrj.k 4 pn m zš*	So berechnest du folglich diese 4 beim Vorbeigehen.
ḫpr.ḫr 16	So resultiert folglich16.
[5] *jrj.ḫr.k qꜣb.k 4*	So verdoppelst du folglich 4.
ḫpr.ḫr 8	So resultiert folglich 8.
[6] *jrj.ḫr.k jrj.k* 2 *pn m zš*	So berechnest du folglich diese 2 beim Vorbeigehen.
ḫpr.ḫr 4	So resultiert folglich 4.
[7] *jrj.ḫr.k dmḏ.k pꜣ* 16	So zählst du folglich diese 16
[8] *ḥnꜥ pꜣ* 8 *ḥnꜥ pꜣ* 4	mit diesen 8 und mit diesen 4 zusammen.
[9] *ḫpr.ḫr 28*	So resultiert folglich 28.
jrj.ḫr.k jrj.k [10] $\bar{3}$ *n 6*	So berechnest du folglich $\bar{3}$ von 6.
ḫpr.ḫr 2	So resultiert folglich 2.
jrj.ḫr.k [11] *jrj.k 28 zp 2*	So berechnest du folglich 28 mal 2.
ḫpr.ḫr 56	So resultiert folglich 56.
[12] *mk nj-sw 56*	Siehe, es gehört dazu: 56.
gmj.k nfr	Was von dir gefunden wurde, ist richtig.

Kommentar

a) Grammatik und formaler Aufbau

Die Aufgaben des Papyrus Moskau finden sich in Kolumnen auf einem Papyrus von 8 cm Höhe und einer Länge von 544 cm notiert.[91] Dabei wird – bis auf eine Ausnahme (Aufgabe 13) – für den Beginn einer neuen Aufgabe jeweils eine neue Kolumne begonnen.[92]

91 Struve und Turajeff (1930): 1 und 6. Zu Formaten von Papyri vgl. Černý (1952).
92 Struve und Turajeff (1930): 6.

Wie alle Aufgaben des Papyrus Moskau beginnt auch Aufgabe 14 mit der Wendung *tp n jr.t* „Methode des Berechnens". Der zu berechnende Gegenstand wird allerdings nicht durch ein Wort benannt, sondern durch ein *In-Line-Drawing* (vgl. Anmerkung 79) angegeben. Die Titelzeile ist (auf dem Schwarz-Weiß-Foto leider nicht zu sehen) in rot geschrieben (wie alle Titel des Papyrus Moskau bis einschließlich Aufgabe 16).[93]

Die Benennung der gegebenen Größen erfolgt direkt im Anschluss, eingeleitet durch *mj ḏd n.k*, wiederum gefolgt von einem identischen *In-Line-Drawing*. Es folgt eine Reihe von sechs Anweisungen, die alle in Form eines periphrastischen *sḏm.ḫr.k* formuliert sind. Im Anschluss an jede Operation wird ihr Ergebnis genannt, formuliert als *ḫpr.ḫr* gefolgt von der Zahl. Das Ergebnis der letzten Operation liefert das Endergebnis, wie in einem zusätzlichen Satz festgehalten wird. Der Text der Aufgabe schließt mit dem in diesem Papyrus üblichen *gmj.k nfr* Vermerk, der das Ende einer Aufgabe signalisiert.

Im Anschluss an die beiden Kolumnen des Textes von Aufgabe 14 findet sich in der folgenden Spalte ein ausführlich beschriftetes *Display-Drawing*, das nicht nur Angaben zu den Größen einzelner Teile des Objektes enthält, sondern diese mit den in der Prozedur durchgeführten Rechnungen verbindet: An der unteren Kante ist ihre Länge (4) vermerkt, darunter der *terminus technicus*, der in dieser Aufgabe zur Bezeichnung des Quadrierens verwendet wird (*zš* – vgl. hierzu die Anmerkungen im lexikalischen Kommentar) und das Ergebnis (16). Ebenso findet sich an der oberen Kante ihre Länge (2) notiert, gefolgt von *zš* und dem Ergebnis (4). Die Höhe (6) ist in die Mitte der Figur geschrieben, weiter links, außerhalb der Figur auf gleicher Höhe der von ihr berechnete Bruchteil ($\bar{3}$) und das Ergebnis (2). Auch die Summe aus 16, 4 und 8 findet sich unterhalb der unteren Kante notiert (28). Links neben der Berechnung des Drittels der Höhe wird die Multiplikation dieses Wertes (2) mit der Summe (28) und ihr Ergebnis (56) notiert. Das Ergebnis (= Volumen des Pyramidenstumpfes) findet sich auch innerhalb der Figur noch einmal eingeschrieben.

b) Inhaltlich

Die Aufgabe berechnet das Volumen eines quadratischen Pyramidenstumpfes bei gegebener Grundkante, Oberkante und Höhe. Dabei ist aus den Angaben des Textes nicht ersichtlich, ob es sich um einen symmetrischen oder unsymmetrischen Pyramidenstumpf handelt, was für die Volumenberechnung aber

---

93 Struve und Turajeff (1930): 6.

keinen Unterschied macht.[94] Im *Display-Drawing*, das dem Aufgabentext folgt, scheint die Neigung der linken Kante wesentlich stärker zu sein als die der rechten Kante, die fast senkrecht erscheint; in den beiden *In-Line-Drawings* dagegen scheinen beide Seitenkanten eine ähnliche Neigung aufzuweisen. An dieser Stelle ist darauf hinzuweisen, dass ägyptische Zeichnungen nicht maßstabsgetreu sind und immer mit den ihnen beigefügten Zahlenangaben zu lesen sind.[95] Aus den Bezeichnungen des *Display-Drawings* dieser Aufgabe ist eine Entscheidung nicht zu treffen.[96]

1. Interpretation als Prozedur

Auch hier lässt sich die Prozedur, wie sie im Aufgabentext vorgefunden wird, in Form eines Algorithmus schreiben:

	D_1	6
	D_2	4
	D_3	2
1:	$(D_2)^2$	$4^2 = 16$
2:	$2 \times D_2$	$2 \times 4 = 8$
3:	$(D_3)^2$	$2^2 = 4$
4:	$\mathbf{1} + \mathbf{2} + \mathbf{3}$	$16 + 8 + 4 = 28$
5:	$\overline{3} \times D_1$	$\overline{3} \times 6 = 2$
6:	$\mathbf{4} \times \mathbf{5}$	$28 \times 2 = 56$

Dabei fällt der zweite Schritt ins Auge. Zu erwarten wäre hier die Multiplikation der beiden Kanten (also $D_2 \times D_3$). Tatsächlich gibt der Text aber die Anweisung D_2 zu verdoppeln. Da D_3 in der Aufgabe den Wert 2 hat, hat dies keine Auswirkungen auf das Ergebnis – tatsächlich ist zu vermuten (möchte man den Ägyptern nicht die Kenntnis der korrekten Berechnung des Volumens eines Pyramidenstumpfes absprechen), dass der Wert von D_3 dazu geführt hat, den zweiten Schritt entsprechend zu formulieren.

94 Einen unsymmetrischen Pyramidenstumpf vermuten Couchoud (1993): 87; Neugebauer (1969): 127; Struve und Turajeff (1930): 175

95 Siehe hierzu die Diskussion in Rossi (2004): 101–109. Für eine Übersicht der Verwendung von Zeichnungen in den ägyptischen mathematischen Texten vgl. nun auch de Young (2009).

96 Aufgrund der fehlenden lexikalischen Beschreibung scheint es mir nicht unwahrscheinlich, dass in dieser Aufgabe ein symmetrisches Objekt berechnet wird. Sicher zu entscheiden ist es – wie oben begründet – jedoch nicht. Für die Prozedur zur Volumenberechnung spielen diese Überlegungen keine Rolle.

Korrekt müsste die formale Prozedur folgendermaßen lauten:

	D_1	6
	D_2	4
	D_3	2
1:	$(D_2)^2$	$4^2 = 16$
2:	$D_3 \times D_2$	$2 \times 4 = 8$
3:	$(D_3)^2$	$2^2 = 4$
4:	**1** + **2** + **3**	$16 + 8 + 4 = 28$
5:	$\overline{3} \times D_1$	$\overline{3} \times 6 = 2$
6:	**4** × **5**	$28 \times 2 = 56$

Die Prozedur berechnet zunächst das Quadrat der Grundkante (**1**), das Produkt der beiden Kanten (**2**) und das Quadrat der oberen Kante (**3**). Diese werden im folgenden Schritt addiert (**4**) und mit der zuvor mit $\overline{3}$ multiplizierten Höhe (**5**) multipliziert (**6**).

2. Vergleich mit der modernen Berechnung des Volumens eines Pyramidenstumpfes

Bereits die ersten Bearbeiter haben die oben beschriebene Prozedur als „Anwendung" der Formel, mit der auch heute noch das Volumen eines Pyramidenstumpfes mit der Unterkante a, der Oberkante b und der Höhe h berechnet wird ($V = \frac{h}{3}(a^2 + ab + b^2)$), interpretiert. Daraus ergab sich für sie die Frage, wie dieses Wissen erlangt wurde, was Aufgabe 14 (neben den ʿḥʿ-Aufgaben) zu den bekanntesten Aufgaben der ägyptischen mathematischen Texte gemacht hat.[97]

c)Lexikalisch

Zeile 1 und 2

Für das in der Aufgabe behandelte Objekt (Pyramidenstumpf) wird in der Aufgabe keine lexikalische Bezeichnung gegeben, sondern sowohl im Titel als auch in der Einführung der gegebenen Daten das *In-Line-Drawing* verwendet, das die

97 So zum Beispiel Gunn und Peet (1929): 178; Vogel (1930); Vetter (1933); Gillings (1964) oder Rampelberg (1992). Aufgrund der Zeit, in der diese Vorschläge entwickelt wurden, wird in vielen von ihnen sorglos mit algebraischen Gleichungen argumentiert. Tatsächlich lassen sich dadurch die „leichten" Folgerungen von einem Schritt zum nächsten aber nicht immer unproblematisch in ein mathematisches System, das auf Prozeduren beruht, übertragen.

charakteristische Ansicht des Pyramidenstumpfes von vorne zeigt. Es wird durch drei charakteristische Längen: Grundkante (*ẖr.w*), Oberkante (*ḥr.w*) und Höhe (*sttj*) charakterisiert.

sttj (Zeile 2)

Das Wort *sttj* dient in dieser Aufgabe der Bezeichnung der Höhe des Pyramidenstumpfes.[98] Neben *sttj* sind in den mathematischen Texten noch zwei weitere ägyptische Termini für das, was wir als räumliche Höhe bezeichnen, belegt. In den Aufgaben 56–59 des Papyrus Rhind, in denen die Berechnung des Zusammenhangs von Grundseite, Höhe und Neigung der Seitenfläche von Pyramiden thematisiert wird, wird zur Bezeichnung der Pyramidenhöhe der Ausdruck *pr-m-ws* verwendet. In der auf diese Aufgaben folgende Aufgabe 60, in der ein *jwn* („Pfeiler") berechnet wird (trotzdem ist die Aufgabe in den Daten analog zu den vorhergehenden Pyramidenaufgaben angelegt, gegeben werden die Längen von Unterkante und Höhe), dient *qꜣj.f-n-ḥrw* zur Bezeichnung der Höhe. In den Aufgaben zur Dreiecksberechnung wird dagegen *mrj.t* zur Bezeichnung der Höhe verwendet.

Im Papyrus Moskau ist *sttj* außerdem drei Mal im Text von Aufgabe 18, deren Inhalt mir unverständlich bleibt, belegt. Daneben existiert ein ähnlich transkribiertes Wort *stwtj* (hieroglyphische Umschrift allerdings ), das in den Aufgaben 45, 46 und 60 des Papyrus Rhind verwendet wird.[99] In den Aufgaben 45 und 46 erschließt sich die Bedeutung von *stwtj* als „Inhalt" oder „Ergebnis", denn in beiden Aufgaben geht es um die mathematische Behandlung des Inhalts eines Getreidespeichers. In Aufgabe 46 wird das Volumen berechnet und *stwtj* dient zur Bezeichnung des Ergebnisses, nicht aber zur Bezeichnung der anfangs genannten gesuchten Größe, wozu *rḫt.f* dient.[100] Neben dem Vorkommen in den mathematischen Texten ist ein Wort *s(t)tj* (hieroglyphisch 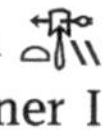 also ähnlich geschrieben wie im Papyrus Moskau) auch in Papyrus Reisner I belegt.[101] Dort bezeichnet es zweifellos das Volumen, das aus drei Dimensionen

98 So bereits Struve und Turajeff (1930): 137 d).

99 WB IV.335.20 gibt die Bedeutung von *stwtj* (in der hieroglyphischen Schreibung des Papyrus Rhind) als „Ergebnis". Vgl. auch das auf derselben Seite (WB IV.335.1–11) aufgeführte Verb *stwtj* (neben der Buchrolle mit der stehenden Mumie A53), das die Bedeutung „ähnlich machen" hat.

100 Die Frage nach der gesuchten Größe lautet *ptj rḫt.f* „Was ist sein Betrag?" in Aufgabe 46, vgl. Imhausen (2003): 242.

101 Edition Simpson (1963). Die Diskussion zu *sttj* und die entsprechenden Belegstellen finden sich in Simpson (1963): 78–79.

berechnet wird (also wäre auch hier neben „Volumen“ die Bedeutung „Ergebnis“ möglich). Es bleibt unklar, ob die drei *stwtj*/*sttj*/*s*(*t*)*tj* als schreiberische Varianten zusammengehören und sie eine gemeinsame Bedeutung haben.

ẖr.w (Zeile 3)

Die Unterkante des Pyramidenstumpfes wird als *ẖr.w* (WB III.392 die Unterseite, das Unten) bezeichnet. Auch hier findet sich also eine terminologische Abweichung von der im Papyrus Rhind benutzten Bezeichnung der Unterkante einer Pyramide (*wẖꜣ-ṯb.t*) oder des Pfeilers (*snṯt*).

ḥr.w (Zeile 3)

Zur Bezeichnung der Oberkante des Pyramidenstumpfes dient das Pendant zu *ẖrw*, *ḥrw* (WB III.142 die Oberseite, das Oben).

jrj m zš (Zeile 4 und Zeile 6)

Wie aus den verwendeten Zahlenwerten hervorgeht, bedeutet der in Z. 4 und Z. 6 dieser Aufgabe benutzte *terminus technicus jrj m zš* zweifellos „quadrieren“. Geschrieben wird *zš* in beiden Belegstellen dieser Aufgabe lediglich mit der Hieroglyphe der laufenden Beine (𓂻). Allerdings taucht die Operation des Quadrierens ebenfalls in Aufgabe 11 des Papyrus Moskau auf, wo der entsprechende *terminus technicus jrj m zš* mit phonetisch geschriebenem *zš* determiniert durch die laufenden Beine (𓊃𓈙𓂻) belegt ist. Es liegt daher nahe, auch den in Aufgabe 14 verwendeten Terminus als *zš* zu lesen.[102] Das Wort *zš* findet sich im Wörterbuch (III.483) mit der Grundbedeutung „vorbeigehen“, die in obiger Übersetzung übernommen wurde.

Literaturverzeichnis

Abdulaziz, Abdulrahman A. 2008. „On the Egyptian Method of Decomposing 2/n into Unit Fractions“. *Historia Mathematica* 35: 1–18.

AHw = *Akkadisches Handwörterbuch*, unter Benutzung des lexikalischen Nachlasses von Bruno Meissner, bearbeitet von Wolfram von Soden. 1965–1981. 3 Bde. Wiesbaden: Harrassowitz.

102 Dagegen liest Struve (1930) in seiner Edition des Papyrus Moskau hier *znj*, worin ihm Reineke (1964) und auch noch Imhausen (2003) folgen.

Allen, James P. 2014. *Middle Egyptian. An Introduction to the Language and Culture of Hieroglyphs*. Third Edition. Cambridge: Cambridge University Press.

Bruckheimer, M[axim] und Y. Salomon. 1977. „Some Comments on R. J. Gillings' Analysis of the 2/n Table in the Rhind Papyrus". *Historia Mathematica* 4: 445–452.

Černý, Jaroslav. 1952. *Paper and Books in Ancient Egypt*. London: Lewis.

Collier, Mark und Stephen Quirke. 2004. *The UCL Lahun Papyri*. Vol. 2: *Religious, Literary, Legal, Mathematical and Medical*. Oxford: Archaeopress.

Couchoud, Sylvia. 1993. *Mathémathiques Egyptiennes. Recherches sur les connaissances mathématiques de l'egypte pharaonique*. Paris: Le Léopard d'Or.

Cuomo, Serafina. 2001. *Ancient Mathematics*. New York: Routlegde.

Davies, Norman de Garis. 1920. *The Tomb of Antefoker, Vizier of Sesostris I, and of his Wife Senet (No. 60)* (Theban Tomb Series, 2). New York: Egypt Exploration Society.

Fleck, Ludwik. 1935. *Entstehung und Entwicklung einer wissenschaftlichen Tatsache: Einführung in die Lehre vom Denkstil und Denkkollektiv*. Basel: Verlagsbuchhandlung Schwabe und Co. [Nachdruck: Frankfurt: Suhrkamp 1980]

Fowler, David H. 1999. *The Mathematics of Plato's Academy: A New Reconstruction*. Oxford: Clarendon Press.

Galan, José. 1990. „A Remark on Calculations of Area in the Rhind Mathematical Papyrus". *Göttinger Miszellen* 117/118: 161–164.

Gillings, Richard J. 1964. „The Volume of a Truncated Pyramid in Ancient Egypt". *The Mathematics Teacher* 57: 552–555.

Gillings, Richard J. 1972. *Mathematics in the Time of the Pharohs*. New York: Dover.

Gillings, Richard J. 1978. „Response to „Some Comments on R.J. Gillings' Analysis of the 2/n Table in the Rhind Papyrus"". *Historia Mathematica* 5: 221–226.

Goedicke, Hans. 1988. *Old Hieratic Paleography*. Baltimore, MD: HALGO.

Goldstein, Cathérine. 1994. „Das eine ist das andere: Eine Geschichte des Kreises". In: Michel Serres (Hg.), *Elemente einer Geschichte der Wissenschaften*. Frankfurt am Main: Suhrkamp: 229–267.

Gräßler, Nadine. 2016. *Konzepte des Auges im alten Ägypten*. Diss. Uni Mainz.

Griffith, Francis L. 1892. „Notes on Egyptian Weights and Measures". *Proceedings of the Society of Biblical Archaeology* 14: 403–450.

Griffith, Francis L. 1893. „Notes on Egyptian Weights and Measures". *Proceedings of the Society of Biblical Archaeology* 15: 301–315.

Guillemot, Michel 1992. „Les notations et les pratiques opératoires permettent-elles de parler de ‚fractions égyptiennes'?". In: Paul Benoit, Karine Chemla und Jim Ritter (Hgg.), *Histoire de fractions, fractions d'histoire*. Basel u. a.: 53–69.

Gunn, Battiscomb. 1926. „Notices of recent publications". *Journal of Egyptian Archaeology* 12: 132.

Gunn, Battiscomb und Thomas Eric Peet. 1929. „Four Geometrical Problems from the Moscow Mathematical Papyrus". *Journal of Egyptian Archaeology* 15: 167–185.

Høyrup, Jens. 2002. *Lengths, Widths, Surfaces. A Portrait of Old Babylonian Algebra and Its Kin*. New York: Springer.

Høyrup, Jens. 2008. „The Algorithm Concept – Tool for Historiographic Interpretation or Red Herring?". In: Arnold Beckmann, Costas Dimitacopoulos und Benedikt Löwe (Hgg.), *Logic and Theory of Algorithms. 4th Conference on Computability in Europe, GE 2008 Athens, Greece, June 2008, Proceedings*. Berlin u. a.: Springer: 261–272.

Høyrup, Jens. 2010. „How to Transfer the Conceptual Structure of Old Babylonian Mathematics: Solutions and Inherent Problems. With an Italian Parallel". In: Annette Imhausen und Tanja Pommerening (Hgg.), *Writings of Early Scholars in the Ancient Near East, Egypt, Rome, and Greece: Translating Ancient Scientific Texts* (Beiträge zur Altertumskunde, 286). Berlin/New York: de Gruyter: 385–417.

Imhausen, Annette. 1999. „Aufgabe 16 des Mathematischen Papyrus Moskau – Rechenfehler oder Ligatur?". *Göttinger Miszellen* 168: 45–48.

Imhausen, Annette. 2001. „Die *ʿḥʿ*-Aufgaben der ägyptischen mathematischen Texte und ihre Lösung(en)". In: Caris-Beatrice Arnst, Ingelore Hafemann und Angelika Lohwasser, *Begegnungen. Antike Kulturen im Niltal. Festgabe für Erika Endesfelder, Karl-Heinz Priese, Walter Friedrich Reineke, Steffen Wenig von Schülern und Mitarbeitern*. Leipzig: Verlag Helmar Wodtke und Katharina Stegbauer: 213–220.

Imhausen, Annette. 2002. „The Algorithmic Structure of the Egyptian Mathematical Problem Texts". In: John Steele und Annette Imhausen (Hgg.), *Under One Sky. Astronomy and Mathematics in the Ancient Near East* (Alter Orient und Altes Testament, 297). Münster: Ugarit-Verlag: 147–166.

Imhausen, Annette. 2003a. *Ägyptische Algorithmen. Eine Untersuchung zu den mittelägyptischen mathematischen Aufgabentexten* (Ägyptologische Abhandlungen, 65). Wiesbaden: Harrassowitz.

Imhausen, Annette. 2003b. „Calculating the Daily Bread: Rations in Theory and Practice". *Historia Mathematica* 30: 3–16.

Imhausen, Annette. 2009. „Traditions and Myths in the Historiography of Egyptian Mathematics". In: Eleanor Robson und Jaqueline Stedall, *The Oxford Handbook of the History of Mathematics*. Oxford: Oxford University Press: 781–800.

Imhausen, Annette. 2010a. „From the Cave into Reality: Mathematics and Culture". In: Annette Imhausen und Tanja Pommerening (Hgg.), *Writings of Early Scholars in the Ancient Near East, Egypt, Rome, and Greece: Translating Ancient Scientific Texts* (Beiträge zur Altertumskunde, 286). Berlin/New York: de Gruyter: 333–347.

Imhausen, Annette. 2010b. „Mathematics in Egypt and Mesopotamia". In: Vagn Lundsgaard Hansen und Jeremy Gray (Hgg.), *History of Mathematics* (Encyclopedia of Life Support Systems). Paris: EOLSS Publications: 1–38.

Imhausen, Annette. 2015. „Normative Structures in Ancient Egyptian Mathematical Texts". In: Daliah Bawanypeck und Annette Imhausen (Hgg.), *Traditions of Written Knowledge in Ancient Egypt and Mesopotamia. Proceedings of Two Workshops Held at Goethe-University, Frankfurt/Main in December 2011 and May 2012* (Alter Orient und Altes Testament, 403). Münster: Ugarit-Verlag: 153–187.

Imhausen, Annette. 2016. *Mathematics in Ancient Egypt: A Contextual History*. Princeton: Princeton University Press.

Imhausen, Annette und Jim Ritter. 2004. „Mathematical Papyri". In: Mark Collier und Stephen Quirke (Hgg.), *The UCL Lahun Papyri*. Vol. 2: *Religious, Literary, Legal, Mathematical and Medical*. Oxford: Archaeopress: 71–96.

Junge, Friedrich. 1972. „Zur Funktion des *sḏm.ḫr.f*". *Journal of Egyptian Archaeology* 58: 113–139.

Knorr, Wilbur. 1982. „Techniques of Fractions in Ancient Egypt and Greece". *Historia Mathematica* 9: 133–171.

Malaise, Michel und Jean Winand. 1999. *Grammaire raisonnée de l'égyptien classique* (Ægyptiaca Leodiensia, 6). Liège: Centre Informatique de Philosophie et Lettres.

Meltzer, Edmund S. und Gonzalo M. Sanchez. 2012. *The Edwin Smith Papyrus: Updated Translation of the Trauma Treatise and Modern Medical Commentaries*. Atlanta: Lockwood Press.

Meulenaere, Herman de. 1978. „L'oeuvre architecturale de Tibère à Thèbes". *Orientalia Lovaniensia Periodica* 9: 69–73.

Miatello, Luca. 2008. „The Difference $5\frac{1}{2}$ in a Problem of Rations from the Rhind Mathematical Papyrus". *Historia Mathematica* 35: 277–284.

Michel, Marianne. 2014. *Les mathématiques de l'Égypte ancienne. Numération, métrologie, arithmétique, géométrie et autres problèmes* (Connaissance de l'Égypte Ancienne, 12). Brüssel: Éditions Safran.

Möller, Georg. 1909. *Hieratische Paläographie: Die aegyptische Buchschrift in ihrer Entwicklung von der fünften Dynastie bis zur römischen Kaiserzeit*. Bd. 1: Bis zum Beginn der 18. Dynastie. Leipzig: J. C. Hinrichs.

Neugebauer, Otto. 1926. *Die Grundlagen der ägyptischen Bruchrechnung*. Berlin: Springer.

Neugebauer, Otto. 1969. *The Exact Sciences in Antiquity*. 2nd Edition. New York: Dover Publications.

Parker, Richard A. 1972. *Demotic Mathematical Papyri* (Brown Egyptological Studies, 7). Providence, R.I.: Brown University Press/London: Lund Humphries.

Parkinson, Richard und Stephen Quirke. 1995. *Papyrus*. London: British Museum Press.

Peet, Thomas E. 1923. *The Rhind Mathematical Papyrus. British Museum 10057 and 10058*. London: Hodder & Stoughton Limited.

Pommerening, Tanja. 2005. *Die altägyptischen Hohlmaße* (Studien zur altägyptischen Kultur, Beihefte, 10). Hamburg: Buske.

Pommerening, Tanja. 2015. „Die *šsꜣw*-Lehrtexte der heilkundlichen Literatur des Alten Ägypten. Tradition und Textgeschichte". In: Daliah Bawanypeck und Annette Imhausen (Hgg.), *Traditions of Written Knowledge in Ancient Egypt and Mesopotamia. Proceedings of Two Workshops Held at Goethe-University, Frankfurt/Main in December 2011 and May 2012* (Alter Orient und Altes Testament, 403) Münster: Ugarit Verlag: 7–46.

Rampelberg, Doris. 1992. „À propos de la formule du volume du tronc de pyramide chez les Égyptiens pharaoniques". In: Aristide Theodorides, Paul Naster, Julien Ries und Aloïs van Tongerloo (Hgg.), *Philosophie – Philosophy, Tolérance* (Acta Orientalia Belgica, 7). Brüssel u. a.: Société Belge d'Études Orientales: 271–291.

Reineke, Walter-Friedrich. 1964. *Die mathematischen Texte der Alten Ägypter*. 2 Bde. Unveröffentlichte Dissertation.

Ritter, Jim. 1989. „Chacun sa vérité: les mathématiques en Égypte et en Mésopotamie". In: Michel Serres (Hg.), *Éléments d'Histoire des Sciences*. Paris: Bordas: 38–61.

Ritter, Jim. 1992. „Metrology and the Prehistory of Fractions". In: Paul Benoit, Karine Chemla und Jim Ritter (Hgg.), *Histoire de fractions, fractions d'histoire*. Basel: Birkhäuser: 19–34.

Ritter, Jim. 1995. „Babylon – 1800". In: Michel Serres (Hg.), *A History of Scientific Thought. Elements of a History of Science*. Oxford: Blackwell: 17–43.

Ritter, Jim. 2000. „Egyptian Mathematics". In: Helaine Selin (Hg.), *Mathematics Across Cultures. The History of Non-Western Mathematics*. Dordrecht u. a.: Kluwer Academic Publishers: 115–136.

Ritter, Jim. 2002. „Closing the Eye of Horus: The Rise and Fall of Horus-Eye Fractions". In: John Steele und Annette Imhausen (Hgg.), *Under One Sky. Astronomy and Mathematics in the Ancient Near East* (Alter Orient und Altes Testament, 297). Münster: Ugarit-Verlag: 298–323.

Ritter, Jim. 2004. „Reading Strasbourg 368: A Thrice-Told Tale“. In: Karine Chemla (Hg.), *History of Science, History of Text* (Boston Studies in the Philosophy of Science, 238). New York: Springer: 177–200.
Ritter, Jim. 2010. „Translating Rational-Practice Texts“. In: Annette Imhausen und Tanja Pommerening (Hgg.), *Writings of Early Scholars in the Ancient Near East, Egypt, Rome, and Greece: Translating Ancient Scientific Texts* (Beiträge zur Altertumskunde, 286). Berlin/ New York: de Gruyter: 349–383.
Robins, Gay und Charles Shute. 1987. *The Rhind Mathematical Papyrus: An Ancient Egyptian Text*. London: British Museum Publications.
Robson, Eleanor. 1999. *Mesopotamian Mathematics, 2100–1600 BC. Technical Constants in Bureaucracy and Education* (Oxford Editions of Cuneiform Texts, 14). Oxford: Clarendon Press.
Robson, Eleanor. 2008. *Mathematics in Ancient Iraq: A Social History*. Princeton: Princeton University Press.
Rossi, Corinna. 2004. *Architecture and Mathematics in Ancient Egypt*. Cambridge: Cambridge University Press.
Rossi, Corinna und Annette Imhausen. 2009. „Papyrus Reisner I: Architecture and Mathematics in the Time of Senusret I“. In: Salima Ikram und Aidan Dodson (Hgg.), *Beyond the Horizon: Studies in Egyptian Art, Archaeology and History in Honour of Barry J. Kemp*. Kairo: American University Press: 440–455.
Sethe, Kurt. 1916. *Von Zahlen und Zahlworten bei den alten Ägyptern und was für andere Völker und Sprachen daraus zu lernen ist. Ein Beitrag zur Geschichte von Rechenkunst und Sprache*. Straßburg: Trübner.
Shaw, Ian. 2000. *The Oxford History of Ancient Egypt*. Oxford: Oxford University Press.
Simpson, William Kelly. 1963. *Papyrus Reisner I. The Records of a Building Project in the Reign of Sesostris I. Transcription and Commentary*. Boston: Museum of Fine Arts.
Struve, Wassili Wassiljewitsch und Boris Turajeff. 1930. *Mathematischer Papyrus des Staatlichen Museums der Schönen Künste in Moskau* (Quellen und Studien zur Geschichte der Mathematik, Astronomie und Physik, Abteilung A, 1). Berlin: Springer.
TLA = Thesaurus Linguae Aegyptiae. http://aaew.bbaw.de/tla/.
Verhoeven, Ursula (Hg.). 2015. *Ägyptologische „Binsen“-Weisheiten I–II. Neue Forschungen und Methoden der Hieratistik* (Abhandlungen der Geistes- und Sozialwissenschaftlichen Klasse/Akademie der Wissenschaften und der Literatur in Mainz, Einzelveröffentlichung, 14). Stuttgart: Steiner.
Vetter, Quido. 1933. „Problem 14 of the Moscow Mathematical Papyrus“. *Journal of Egyptian Archaeology* 19: 16–18.
Vogel, Kurt. 1929. *Die Grundlage der ägyptischen Arithmetik in ihrem Zusammenhang mit der* $\frac{2}{n}$*-Tabelle des Papyrus Rhind*. Dissertation München. [Nachdruck: Vaduz (Liechtenstein): Saendig Reprint Verlag 1970]
Vogel, Kurt. 1930. „The Truncated Pyramid in Egyptian Mathematics“. *Journal of Egyptian Archaeology* 16: 242–249.
WCN = Wörterbuch-Corpus-Nummer = die im TLA angegebene eindeutige Lemmanummer.
Wimmer, Stefan. 1995. *Hieratische Paläographie der nicht-literarischen Ostraka der 19. und 20. Dynastie* (Ägypten und Altes Testament, 28). Wiesbaden: Harrassowitz.
Young, Gregg de. 2009. „Diagrams in Ancient Egyptian Geometry: Survey and Assessment“. *Historia Mathematica* 36: 321–373.

Abbildungsnachweis

Abb. 1: Robins und Shute (1987): Taf. 10 und 11; © British Museum.
Abb. 2: Robins und Shute (1987): Taf. 14; © British Museum.
Abb. 3: Struve und Turajeff (1930): Taf. 5 und 6; © Springer Verlag.

Friedhelm Hoffmann (München)

Beispiele für Übersetzung und Kommentierung ägyptischer astronomischer Texte: Sonnenuhr, Sonnenaufgang und Dekansterne

1 Allgemeines

Aus dem pharaonischen Ägypten ist seit dem 3. Jahrtausend v. Chr. eine Vielzahl von Texten erhalten, die sich mit Phänomenen des Himmels beschäftigen. Die Ägypter sahen in den Himmelskörpern und im Himmel selbst Gottheiten, die in vielfältiger Weise miteinander interagieren. So ist die Grenze zwischen astronomischen und religiösen Texten fließend – denn dabei handelt es sich um moderne Kategorien. Sie sind aber in der Forschungsgeschichte wirksam geworden. Beispielsweise haben Otto Neugebauer und Richard A. Parker in ihrer immer noch als Standardwerk geltenden Zusammenstellung ägyptischer astronomischer Quellen[1] ihre Auswahl nach modernen Vorstellungen davon getroffen, was Astronomie ist. Ägyptische Konzepte zu Himmel und Himmelskörpern – die von den heutigen abweichen – sind selbstverständlich auch in anderen Texten zu finden und müssen, wenn man das Phänomen Himmelskunde im Alten Ägypten verstehen will, natürlich berücksichtigt werden.[2]

Wir haben es mit vielen unterschiedlichen Textarten zu tun. Sie reichen von ausformulierten, mehr oder weniger mythologisch überformten Erzählungen über bebilderte Darstellungen des himmlischen Geschehens, von Aufzählungen der Tages- und Nachtstunden über Kalender, numerische Tabellenwerke zu den Bewegungen der Himmelskörper, Anweisungen zu Beobachtungen und Messungen, Omentexte, in denen Voraussagen aus dem Erscheinungsbild etwa das Mondes abgeleitet werden, bis hin zu Horoskopen.[3] Handelt es sich um Anweisungen, wird der Leser übrigens stets in der zweiten Person Singular

1 Neugebauer und Parker (1960–1969).

2 Vgl. beispielsweise Hornung (1997); Krauss (1997); Leitz (1991); Leitz (1995); von Lieven (2000); Mendel (2005).

3 Zusätzlich zu den schon genannten Werken vgl. auch Leitz (2001) und Hoffmann (2014): 80–88.

maskulinum angeredet („Dann machst du das und das.“[4] oder „Dann sollst du das und das machen.“[5]); Schreiben[6] und Gelehrsamkeit waren in der ägyptischen Gesellschaft eine fast ausschließlich von Männern besetzte Domäne.

2 Textauswahl

Bei der Auswahl der hier vorgelegten Texte habe ich mich von der Überlegung leiten lassen, dass in einem Methodenhandbuch, in dem es um das Übersetzen antiker Wissenschaftstexte geht, tatsächlich auch die Problematik des Übersetzens im Mittelpunkt stehen sollte und nicht die Erklärung schwieriger inhaltlicher Probleme. Natürlich gehört auch das hierher, aber es sollte eben ohne Spezialstudium zu bewältigen sein. Denn sonst wäre die abschreckende Wirkung zu groß und man würde den angestrebten Nutzen verlieren sowie seinen Adressatenkreis verfehlen.

Es handelt sich hier also zunächst vor allem um Quellen, deren zugrunde liegende astronomische Phänomene jedem vertraut sind: der (scheinbare) Lauf der Sonne von Ost nach West am Himmel während des Tages und der Sonnenuntergang.

Mir lag daran, auch die späte ägyptische Wissenstradition zu Wort kommen zu lassen. Denn sie tauchte sonst in diesem Band überhaupt nicht auf. Sie ist aber wichtig, da sich in ihr die ägyptische Auseinandersetzung mit einer langen Überlieferung greifen lässt. Daher präsentiere ich zusätzlich einen Abschnitt zu Dekansternen, dessen Vorlage bereits im Altertum durch Umstellungen gestört war, was den antiken Kommentator in arge Schwierigkeiten brachte, uns aber interessante Einblicke in das antike Verhältnis zum Grundtext bietet.

4 *sḏm.ḫr⸗f*-Form in mittelägyptischen Texten (vgl. Imhausen und Pommerening in ihren Beiträgen, wo dieselbe Form vorkommt).

5 Futur III in demotischen Texten.

6 Einen guten Überblick bietet Schlott (1989).

3 Übersetzen in der Ägyptologie

Das Übersetzen von Fachtexten bietet seine ganz besonderen Schwierigkeiten, die ich hier kurz ansprechen möchte. Es ist klar, dass es *die* Übersetzung eines Textes nicht geben kann. Zu unterschiedlich sind die möglichen Leser, zu verschieden ihre Vorkenntnisse und ihre Erwartungen und zu unvollkommen unser Wissen (dazu gleich mehr).

Zunächst ist selbstverständlich die verwendete Textgrundlage (Edition, Foto, Original etc.) anzugeben. Die Zeilen- oder Paragrafenzählung der Standardedition ist nach Möglichkeit beizubehalten, damit nicht unnötig Verwirrung durch miteinander inkompatible Zählungen gestiftet wird. Das heißt aber nicht, dass man sich nicht bemühen sollte, über das bisher in der Forschung Erreichte hinauszukommen (auch hierzu gleich mehr).

Vor dem Übersetzen selbst steht die Lesung des Textes, was je nach Sorgfalt der originalen Inschrift bzw. Handschrift und/oder je nach Erhaltungszustand des Originals mehr oder weniger große Schwierigkeiten bereiten und folglich zu inhaltlichen Unklarheiten führen kann. Bei mehrdeutigen Zeichen ist die im Kontext gemeinte Bedeutung festzustellen, was nicht ohne ein erstes inhaltliches Verständnis des Textes möglich ist.

Man kann Ägyptisch auch in lateinischen Buchstaben wiedergeben (siehe Anhang [A.]). Wie eine solche Umschrift im Detail aussieht, ist in der Ägyptologie nicht verbindlich geregelt, sodass es konkurrierende Umschriftkonventionen gibt. Das fängt bei der Wahl der typografischen Zeichen an, betrifft die Kennzeichnung bzw. Abtrennung von Morphemen und reicht bis zur Wiedergabe der Lautgestalt im Spannungsfeld zwischen konkret geschriebener Form und etymologischer Ansetzung.[7] Egal, wie im Einzelnen die verwendete Umschrift aussieht,[8] so gilt generell, dass in ihr nicht notiert wird, welches Zeichen im Original steht. Man kann also von der Umschrift nicht auf das ägyptische Schriftbild zurückschließen. Insofern kann sie nicht mehr zeigen als das Textverständnis des modernen Bearbeiters. Meiner Meinung nach hat die Umschrift daher nur einen begrenzten Wert, weil sie nur für die Fachleute verständlich ist. Diese sehen aber auch an der Übersetzung, wie ein Bearbeiter den Text aufgefasst hat.

7 Instruktiv sind die Ausführungen von Quack (2014).

8 Ich benutze hier eine möglichst historische Umschrift, verzichte aber auf den Gebrauch von Winkeln zur Kennzeichnung von halbzerstörten Zeichen.

Gibt das antike Original Verständnishilfen z. B. durch optische Gliederungsmittel wie Rubren, Einrückungen, Verwendung verschiedener Schriftarten, Spatien usw., so sind diese möglichst vollständig in die Übersetzung zu übernehmen bzw. in geeigneter Weise zu übertragen. Denn auch wenn uns einzelne dieser antiken Auszeichnungsarten vielleicht inkonsequent verwendet vorkommen mögen – nur durch eine Übersetzung, die möglichst alle Informationen des Originals enthält, besteht überhaupt eine Chance, die Verteilung und Funktion der genannten Merkmale zu erkennen.

Für ganz zentral halte ich es, sich bewusst zu machen, dass eine Übersetzung aus dem Ägyptischen nie fertig sein kann. Unser Wissen zu Wortschatz und Syntax ist noch unvollständig und wird es auf absehbare Zeit auch bleiben. Das Übersetzen eines ägyptischen wissenschaftlichen Textes ist folglich in erster Linie ein Weg, um zu einem verbesserten Textverständnis zu gelangen, es ist das Durchspielen von Übersetzungsmöglichkeiten, um die am besten zum aktuellen Kenntnisstand vom Ägyptischen passende Variante zu finden. Es kann nicht primär darum gehen, etwas gut Bekanntes und voll Verstandenes lediglich in das Medium des Deutschen zu übertragen. Daher muss der Übersetzer Unsicherheiten stets deutlich machen und gegebenenfalls sein Unwissen und seine subjektive Meinung als solche kennzeichnen.

4 Die Übersetzung

Da, wie gerade gesagt, in der Ägyptologie das Übersetzen so viel bedeutet wie Forschen, nämlich in dem Sinne, dass eine Übersetzung für den Ägyptologen weniger das Ziel seiner philologischen Bemühungen ist als vielmehr ein Mittel, sich und anderen über sein Textverständnis Rechenschaft abzulegen und es mitzuteilen, sind ägyptologische Übersetzungen ihrerseits oft quasi fachsprachlich und mitunter für Fachfremde schwer genießbar. Extreme sollte man als Übersetzer natürlich vermeiden. Aber Genauigkeit und Konsistenz gehen meiner Meinung nach in jedem Fall vor.

Für die Wiedergabe von Wörtern, deren Bedeutung unklar ist, bieten sich verschiedene Verfahren an. Gänzlich unbekannte Wörter müssen im Text in Umschrift stehen bleiben. Ist aufgrund der Determinierung immerhin grob klar, worum es geht, kann man quasi das Determinativ übersetzen und z. B. „*msq*-Region" oder „Meseq-Region" schreiben.[9] Bei Substantiven geht das im Deutschen

9 Dasselbe Verfahren ist auch in der Altorientalistik beliebt.

übrigens um einiges leichter als etwa bei Verben oder Adjektiven. Hat ein Wort in einem wissenschaftlichen Text erkennbar eine vom allgemeinsprachlichen Gebrauch abweichende technische Bedeutung, so empfiehlt sich in meinen Augen eine Wiedergabe in Anführungszeichen.

Eine uralte Streitfrage ist die nach wörtlichem und freiem Übersetzen. Ein Patentrezept dafür gibt es nicht. Im Falle wissenschaftlicher Texte ist die Frage vielleicht auch falsch gestellt. Es geht doch in unserem Fall darum, dem heutigen Leser einen Zugang zu antiken wissenschaftlichen Konzepten zu erschließen. Eine freie, d. h. moderne Kategorien zugrunde legende und damit zwangsläufig das Original (um)deutende Übersetzung, kann sicher nicht das Ziel sein. Es kommt doch darauf an, die antike Begrifflichkeit so weit wie möglich offenzulegen und beizubehalten. Daher strebe ich auch an, jedes originalsprachliche Wort durch immer dasselbe deutsche Wort wiederzugeben. Zum Glück geht das in fachsprachlichen Texten besser, da es ja in erster Linie nicht um die Schönheit des Ausdrucks, sondern um den Sachinhalt geht. Und der muss meiner Meinung nach möglichst genau übertragen werden.

Ein anderes Problem kann sich bei der Wiedergabe der ägyptischen Tempora im Deutschen ergeben. Die Übersetzung verschiedener ägyptischer Formen erfordert die Benutzung von Hilfs- und Modalverben, gelegentlich auch von Partikeln.[10]

Der Übersetzer hat aber auch das Recht und die Pflicht, durch eigene Zusätze, die natürlich als solche kenntlich gemacht werden müssen, dem Leser bei der Lektüre zu helfen, indem er dieses oder jenes erläutert oder mögliche Missverständnisse durch klärende Zusätze gleich ausräumt. Denn gerade ägyptische Wissenstexte ziehen auch der Ägyptologie oder überhaupt den Wissenschaften Fernerstehende an.

Ich halte es für unausweichlich, dass in der Übersetzung selbst nicht „alles“ zum Text stehen kann, ein Kommentar somit unabdingbar ist. Anzusprechen sind Überlegungen und Abwägungen des Übersetzers, Zweifel und Schwierigkeiten, die er sieht, oder Alternativen. Es kann nützlich und lehrreich sein, alte (Fehl-)Übersetzungen zu kommentieren. Aber es kann auch überflüssig und ermüdend sein, den Leser durch nicht enden wollende Diskussionen von Irrtümern der Vorgänger zu jagen. Wieviel sinnvoll ist, hängt vom Einzelfall und der Intention der publizierten Übersetzung ab. Eigene Abweichungen von der jüngsten Standardbearbeitung sollten aber auf jeden Fall begründet werden.

Fehler und Zerstörungen des Originals sind auch in der Umschrift und in der Übersetzung durch entsprechende Klammerung kenntlich zu machen, um

10 Vgl. z. B. oben S. 336 mit Anm. 4 die Übersetzung des *sḏm.ḫr=f* und des Futur III.

den Leser nicht in trügerischer Sicherheit bezüglich der Erhaltung eines Textes zu lassen. In den hier vorgelegen Übersetzungen habe ich das Leidener Klammersystem verwendet (siehe dazu den Anhang [B.]). Zusätzlich verwende ich:

□ gibt ein kleines Spatium wieder; □□□ steht entsprechend für ein größeres. Ich benutze das Zeichen aber nur für Spatien im Inneren einer Zeile, nicht für den Freiraum am Zeilenende bei „Flattersatz" des Originals.

? kennzeichnet ein Wort in der Umschrift als unsicher.

(?) kennzeichnet in der Übersetzung eine Unsicherheit.[11]

/ dient zur Angabe alternativer Übersetzungsmöglichkeiten, z. B. „ist/wird" bedeutet, dass der ägyptische Text sowohl die Übersetzung „ist" als auch die Übersetzung „wird" erlaubt.

(fett) moderne Zeilen-/Paragrafenzählung.

5 Hilfsmittel

Verschiedene Hilfsmittel stehen dem Ägyptologen für die Lese- und Übersetzungsarbeit zur Verfügung (Zeichenlisten, Paläografien, Wortlisten und Wörterbücher, Grammatiken und Lehrbücher sowie Textsammlungen, siehe Anhang [D.]). Spezielle monografische Zeichenlisten, Paläografien oder Grammatiken zu den ägyptischen astronomischen Texten gibt es nicht. Einen gewissen inhaltlichen Zugriff speziell auf astronomisch relevantes Vokabular bieten:

- Erman und Grapow (1982): VI [dieser Band ist Deutsch – Ägyptisch angelegt und zusätzlich nach Sachgruppen aufgeschlüsselt].
- Hannig und Vomberg (1999).

Einschlägige astronomische Textsammlungen bieten:

- Neugebauer und Parker (1960–1969).
- Clagett (1995).

11 Ich benutze „(?)" in der Übersetzung, um es von einem einfachen Fragzeichen, das im Deutschen einen Fragesatz abschließt, unterscheiden zu können. Da in der Umschrift keine Satzzeichen verwendet werden, reicht dort das einfache Fragezeichen zur Kennzeichnung von Unsicherheiten.

6 Deutung

Übersetzen und Deuten ist zweierlei. Die Notwendigkeit, einen ägyptischen Text dem modernen Leser zu erklären, ergibt sich geradezu zwingend. Wir kennen die Idiomatik, die Bedeutung(snuanc)en von Wörtern, ja selbst die Grammatik noch nicht vollkommen, sodass ein in der Übersetzung gewähltes deutsches Wort in einem Kommentar vielleicht begründet werden muss.

Deutende Erläuterungen zu ägyptischen Texten sind aber auch noch aus einem anderen Grund nötig. Das gilt besonders für ägyptische wissenschaftliche Texte. Denn viele antike Konzepte waren anders als die heutigen. Und sie finden sich in der ägyptischen Überlieferung oft nicht einmal explizit formuliert, da sie den Angehörigen der ägyptischen Kultur selbstverständlich waren und stillschweigend vorausgesetzt werden (*tacit knowledge*)[12]. Der heutige Leser, der notwendigerweise einen ganz anderen Hintergrund hat – den dem antiken Rezipienten entsprechenden Leser gibt es heute natürlich nicht mehr –, ist daher umso mehr auf erklärende Hinweise angewiesen, je weniger er vom Fach ist. Die unterschiedlichen Vorkenntnisse des Zielpublikums können daher nicht nur den Stil der Übersetzung, sondern auch Art und Ausführlichkeit des Kommentars beeinflussen. Ich selbst habe in meinem Beitrag den wissenschaftlichen, allerdings nicht notwendigerweise ägyptologischen Leser im Blick. Philologische Fragen sind in Fußnoten untergebracht, sodass der Ägyptologe dort fachliche Details nachvollziehen kann, die anderen Leser aber nicht vom inhaltlichen Kommentar abgelenkt werden.

Gerade bei der Kommentierung wissenschaftlicher Texte aus einer anderen Kultur empfiehlt es sich, zwischen ihren Konzepten und den modernen zu unterscheiden. Das kann einen getrennten etischen und emischen Kommentar erfordern.[13] Im vorliegenden Band hat Sarah Symons die Aufgabe übernommen, besonders die astronomische Interpretation einiger Texte vorzuführen.

Für das rechte Verständnis eines ägyptischen Textes kann natürlich unter Umständen die gesamte ägyptologische Sekundärliteratur einschlägig sein. Hilfreich für einen gezielten Zugriff sind z. B. Lexika und Bibliografien, die im Anhang (D.) genannt sind.

Aber auch unter Zuhilfenahme sämtlicher philologischer Hilfsmittel und der gesamten ägyptologischen und sonstigen Fachliteratur kann es passieren, dass ein Problem ungelöst bleibt. Wenn Übersetzen Forschen an den Grenzen

---

12 Beachte zu diesem Konzept besonders Cuomos Kapitel im vorliegenden Buch.

13 Vgl. etwa Pommerenings Beitrag zu medizinischen Texten in diesem Band.

des Wissens ist, kann das nicht überraschen. Gelegentlich hilft dann noch, im praktischen Nachvollzug die Plausibilität des bisher erreichten Verständnisses zu überprüfen und ggf. durch den Ausschluss von Alternativen voranzubringen.[14]

7 Zur Textpräsentation

Aus didaktischen Gründen führe ich in diesem Band *exempli gratia* verschiedene Kommentarformen vor:

1. Text: Ich teile den Text in kleine Portionen, die ich jeweils kommentiere (siehe Abschnitt 8). Angesichts der bedeutenden philologischen Schwierigkeiten, die dieser Text bietet, ist der Kommentar ausführlich. Ich trenne dabei, so gut es geht, zwischen philologischen Detailerläuterungen in Fußnoten und der inhaltlichen Erklärung im Haupttext.
2. Text: Eine Passage wird zusammenhängend übersetzt und dann kommentiert (siehe Abschnitt 9). Dabei gehe ich von den Naturphänomenen aus und erkläre daraus den Wortlaut des Textes.
3. Text: Eine Passage wird zusammenhängend übersetzt und dann kommentiert (siehe Abschnitt 10). Dabei gehe ich von den mythologischen Aussagen aus und erkläre, welche Naturphänomene der antike Kommentator dahinter sieht.
4. Text: In die Passage wird erst kommentierend eingeführt, dann folgt die Übersetzung (siehe Abschnitt 11).

8 Ein Text zur Sonnenuhr

Zugrunde gelegte Edition: Frankfort (1933), 76–80 und Taf. LXXXIII, kollationiert mit dem Foto bei Neugebauer und Parker (1960), Taf. 32; dazu herangezogen besonders die Übersetzungen und Kommentare ibid. S. 116–121, Bruins (1965), George (1974), Clagett (1995), 463–470, und Salmas (2013) sowie die Anmerkungen von Quack (2006), 44–46.

14 So hat etwa Vos (1993): VIII, anhand eines toten Stieres die Aussagen des Apisbalsamierungsrituals überprüft.

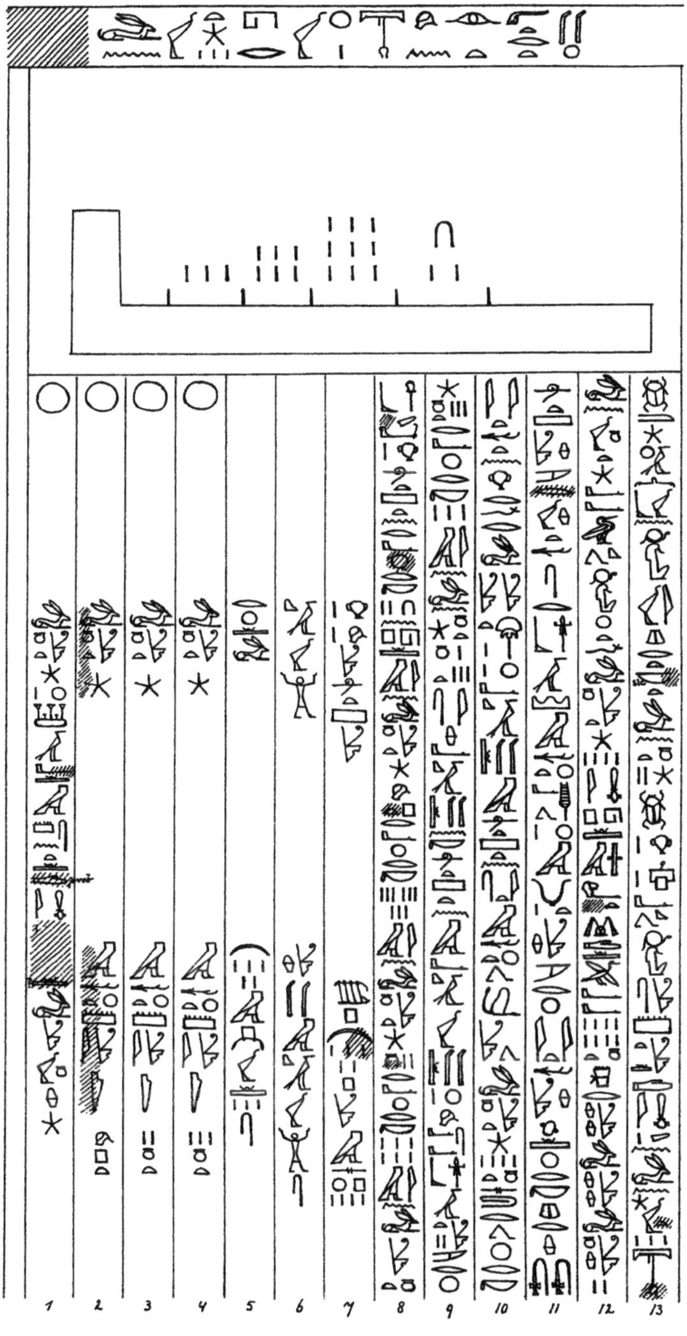

Abb. 1: Sonnenuhrtext aus dem Kenotaph Sethos' I.

Im Kenotaph/Osireion Sethos' I. (1290–1279/78 v. Chr.) in Abydos befindet sich links (= nördlich) vom sogenannten Nutbuch an der Decke u. a. der folgende Text zur Sonnenuhr (Abb. 1).[15]

Die Inschrift, aufgrund sprachlicher Merkmale nicht erst für Sethos I. komponiert, sondern die Wiedergabe eines deutlich älteren Textes, ist stellenweise stark abgerieben sowie fleckig verfärbt, was die Erkennbarkeit der Zeichen und die Nachprüfbarkeit der bisherigen Lesungen erschwert.[16]

Der Text ist in rückläufigen, d. h. gegen die übliche Richtung zu lesenden Hieroglyphen geschrieben. Wie das Nutbuch bei Sethos I. verwendet auch der Sonnenuhrtext gelegentlich kryptografische Schreibungen, besonders für *r* und *t*. Die Femininendung *.t* ist wiederholt ausgelassen.

Es ist nicht ganz klar, ob die langen Spatien in den Z. 1–7 einen Textverlust der Vorlage anzeigen. Möglich wäre es vor allem für die Z. 5–7, während das Layout der Z. 1–4 durchaus einer tabellarisch angelegten Vorlage folgen könnte; hier vermisst man jedenfalls keinen Text.

Das astronomische Phänomen, das zugrunde liegt, ist der tägliche scheinbare Lauf der Sonne am Himmel und die dabei aufgrund der Position der Sonne je unterschiedliche Länge des Schattens: Am Morgen wirft ein Gegenstand einen längeren Schatten, der während des Vormittags kürzer wird, bis er am Mittag, beim höchsten Stand der Sonne, am kürzesten ist. Dann wird der Schatten zum Abend hin wieder länger. Außerdem verändert sich natürlich auch die Richtung des Schattens: Morgens, wenn die Sonne im Osten aufgeht, fällt der Schatten nach Westen, mittags nach Norden, nachmittags verschiebt er sich immer weiter nach Osten, bis die Sonne schließlich im Westen untergeht.

Dieses auch den Ägyptern vertraute Phänomen ließ sich zur Zeiteinteilung benutzen. Anders als bei den uns geläufigen Sonnenuhren wurde dazu jedoch nicht die Richtung des Schattens, sondern seine Länge herangezogen.[17]

Der vorliegende Text ist im Wesentlichen eine Anweisung, eine entsprechende Sonnenuhr zu bauen und richtig zu verwenden. Auch wenn das Prinzip klar ist, sind im Detail noch viele Fragen offen. Vermutlich hatte ein derartiger Text ursprünglich seinen Sitz im Leben als tatsächliche Anweisung, eine Sonnenuhr herzustellen und korrekt zu benutzen. Im Grab eines Königs liegt

15 Zum Gesamtprogramm der Texte und Darstellungen im Kenotaph vgl. von Lieven (2007b) und Gestermann (2008).

16 Ich verzichte hier darauf, jede Beschädigung genauer anzugeben, als Frankfort es getan hat, da der Zweck des vorliegenden Beitrags keine Neuedition der Inschrift ist. Allerdings möchte ich darauf hinweisen, dass in Z. 7 unmittelbar oberhalb des *šsp*-Zeichens, das ja auffällig tief in der Spalte steht, möglicherweise ein *wn*-Hase zu erkennen ist.

17 Vgl. auch Griffith und Petrie (1889): Taf. XV.

jedenfalls ein sekundärer Verwendungszusammenhang des Textes vor, der, eingebettet in eine Umgebung von astronomischen religiösen Kompositionen, dem verstorbenen König das nötige Wissen mitgab, sich im himmlischen Jenseits auszuweisen und zurechtzufinden.

Der Text beginnt mit einer Überschrift, die als einzige in einer waagerechten Zeile geschrieben ist, während der übrige Text in senkrechten Spalten darunter steht. Dieses Layout ist für hieroglyphisch geschriebene wissenschaftliche und religiöse Texte des Mittleren Reiches typisch und bestens bekannt.[18] Die Überschrift betrifft wohl nicht nur den Sonnenuhrtext, sondern bezieht sich auf den Gesamttext, der sich im Anschluss an den hier vorgestellten Abschnitt den Nachtstunden zuwendet.

(waagerecht)
[rḫ] wnw.wt hrw grḥ dp[19] *n ir.t mtr.t*[20]
Tages- (und) Nachtstunden [kennen]. Anweisung, eine richtige (Zeit-)Messung[21] vorzunehmen:[22]

Mit dem Stichwort *dp* „Anweisung, Methode“, das sich häufig auch in den Überschriften von mathematischen Aufgaben und medizinischen Rezepten findet, wird der Charakter des Textes deutlich gemacht.

Unter der Überschrift findet sich eine Vignette, die in schematischer Darstellung die ägyptische Sonnenuhr zeigt. Die Striche, mit denen die Stunden abgeteilt werden, und die Strecken, die laut Text vom linken Ende her für die Positionen der Markierungen vorzusehen sind, sind als additiv zu lesende Zahlen beigeschrieben (ein Strich steht für einen Einer, der Bogen für 10). Nicht korrekt

18 Für Beispiele sei nur auf Taf. XV und XIX bei Gardiner (1955) verwiesen.

19 Alte Lesung *tp*. Ich umschreibe *dp* mit Werning (2004) (pace Schweitzer [2011]: 133–142).

20 *mrtrt* bei Salmas (2013): 369, ist ein Versehen.

21 *mtr.t* mit doppeltem Finger- und dem Sonnendeterminativ verstehe ich lieber als „Richtigkeit“ (vgl. Hannig [2009]: 395b, s. v. *mtj* und *mtj.t*) denn als „Mittag“. Kann man nämlich sinnvollerweise davon sprechen, den „Mittag“ zu „machen“ (vgl. schon Bruins [1965]: 136f.; von Salmas [2013] nicht herangezogen)? Außerdem geht es in dem Text doch nicht darum, den Mittag zu bestimmen (o. ä.).

22 Die Auffassung bei George (1974): 102, als „[Wissen] die Stunden des Tages und der Nacht vor dem Mittagmachen“ finde ich inhaltlich nicht überzeugend, da mir trotz des Kommentars bei George (1974): 103f., schleierhaft bleibt, was ein „Mittagmachen“ sein soll. Auch ist zu bedenken, dass *dp* allenfalls „auf“, aber nicht „vor“ bedeutet. Das Genitiv-*n* und der folgende Infinitiv machen aber deutlich, dass hier das Substantiv *dp* „Art, Anweisung“ (Erman und Grapow [1982]: V, 267,7–10) vorliegt.

kann dabei aber die erste Markierung links sein, da auf diese Weise ein schmaler undefinierter Bereich direkt am vertikalen Teil der Sonnenuhr bleibt.[23] Denn mittags steht die Sonne im Winkel von 90° seitlich von der Sonnenuhr (siehe unten); der Schatten muss zu diesem Zeitpunkt also bis unmittelbar an den senkrechten Teil der Uhr gewandert sein.

Unter dem Bild schließt sich der eigentliche Text an. Er beginnt mit einer tabellarischen Auflistung von vier Stunden, denen eine kreisrunde Markierung, vermutlich eine vergrößerte Sonnenscheibe, vorangeht:

(senkrecht)

Transkription

(1) O □□□ *wnw.t šȝ*ʿ*(.t) m smn.t*[24] *dmi[.w rḫ?*[25]*] wnw.t* □□□[26]

(2) O □□□ *wnw.t* □□□ *m-ḫt mni(.t) dp(y).t* □□□

(3) O □□□ *wnw.t* □□□ *m-ḫt mni(.t) 2.nw.t* □□□

(4) O □□□ *wnw.t* □□□ *m-ḫt mni(.t) 3.nw.t* □□□

Übersetzung

(1) O □□□ Die Tagesstunde beginnend vom Festmachen der Ört[er (und)(?)] Stunden[kennen]s(?).□□□

(2) O □□□ die Stunde □□□ nach dem ersten Pflock[27] □□□

(3) O □□□ die Stunde □□□ nach dem zweiten Pflock □□□

(4) O □□□ die Stunde □□□ nach dem dritten Pflock □□□

---

23 Vgl. Salmas (2013): 364–366 und 377, die auch archäologisch erhaltene ägyptische Sonnenuhren zum Vergleich heranzieht.

24 Das Feminin-*t* ist pace Salmas (2013): 369, nicht zu tilgen; vgl. Erman und Grapow (1982): IV, 134, und Gardiner (1978): 224, § 299.

25 So vorläufig mit Frankfort (1933). Nur das Buchrollendeterminativ ist wieder erhalten.

26 Anders als sonst gebe ich in den ersten sieben Spalten des vorliegenden Textes Spatien auch am Zeilenende an, da nur so das merkwürdige Changieren dieser Quelle zwischen Tabellenlayout im vorderen Teil und fortlaufend geschriebenem Text im hinteren Teil deutlich wird.

27 Im Sinne von „Markierung“? Frankfort (1933): 77, Neugebauer und Parker (1960): 116, sowie George (1974): 102, verstehen „nach dem ersten Landen“, Salmas (2013): 370 „amarrage“. Aber *mni* hat einen maskulinen Infinitiv (vgl. Erman und Grapow [1982]: II, 73). Entweder bezieht sich also die feminine Ordinalzahl auf *wnw.t* „Stunde“ („Stunde nach dem Landen, erste“), oder – und für diese Lösung habe ich mich unter Vorbehalt entschieden, da die Syntax sonst recht ungewöhnlich, wenn auch in einem tabellarischen Zusammenhang nicht undenkbar wäre – die Femininendung bei *mni.t* „Pflock“ fehlt. Alternativ mag man „nach dem Landen der ersten“ etc. verstehen.

Wie Z. 13 zeigt, geht es offenbar zunächst um einen Anfangspunkt für die Folge der Stunden. Vermutlich werden in den Z. 1–4 die vier Stunden benannt, die man überhaupt messen („kennen") kann, nämlich die erste, von der an eine Fixierung möglich ist, dann die nach der ersten, zweiten und dritten Markierung.[28] Für diese Deutung spricht auch das Wort *dmi*, hier „Ort" übersetzt, das offenbar als *terminus technicus* gebraucht wird[29] und jedenfalls eine Stelle bezeichnet, an der ein beweglicher Himmelskörper für die Zeitmessung relevant ist. Da seine Bewegung als Bootsfahrt am Himmel gedacht wurde, ist *dmi*, eigentlich „Berührung-/Anlegestelle", ein nachvollziehbar gewählter Ausdruck. Denkt man sich im Bild der Schifffahrt den weiteren Sonnenlauf, dann wird die nächste Stunde als die „Stunde nach dem ersten (Lande-)Pflock" verständlich: Nach der ersten Stunde ist sozusagen die erste Etappe geschafft, und ein erster Landepflock wird eingeschlagen. So geht es weiter, und die vierte Stunde ist entsprechend die Stunde nach dem dritten Pflock. Erst der weitere Text wird übrigens deutlich machen, warum hier nur vier Tagesstunden eine Rolle spielen und nicht zwölf (vgl. Z. 12f.).

Die nächsten drei Zeilen ähneln in ihrem Layout der vorangehenden Stundentabelle. Es ist nicht ganz sicher, ob hier Textverlust der Vorlage anzunehmen ist. Wenn ja, fragt man sich, warum ausgerechnet diese drei Zeilen in gerade diesem Muster betroffen sein sollten. Wenn nicht, ergeben sich Probleme mit dem Bezug von Personal- und Demonstrativpronomina[30]. Wegen dieser Unsicherheit spiele ich hier beide Möglichkeiten durch:

28 Salmas (2013) hat nicht ausreichend berücksichtigt, dass der Stunde nach dem ersten Pflock bereits eine andere vorangehen muss, die folglich in Z. 1 genannt ist. Die Auffassung der Z. 1 als einer Art Überschrift bei Salmas (2013): 370, halte ich daher für unzutreffend.

29 Daher benutze ich auch im Deutschen die fachsprachliche Pluralform „Örter".

30 Vgl. zu diesem Problem speziell auch Anm. 32 und 58.

Möglichkeit 1: kein Textverlust

Transkription

(5) □□□ *rḫ wn(.t)* □□□ *šsp 5 m ꜣw=s* □□□
(6) □□□ *qꜣw* □□□ *nt(y) ḏbꜥ 2 m qꜣw=s* □□□
(7) □□□ *ḥr-dp*[31] *n sṯꜣ.t n(.t)* □□□ *šsp 5 pn m sp 4* □□□
(8) *ꜣb ḥr sṯꜣ.t tn*

Übersetzung

(5) □□□ Wissen, dass □□□ 5 Handbreit ihre[32] Länge sind, □□□
(6) □□□ Höhe: □□□ welche 2 Fingerbreit in ihrer Höhe ist. □□□
(7) □□□ oben auf[33] der Sonnenuhr[34] vo⟨n⟩ □□□ diesen 5 Handbreit als/in 4 Mal □□□
(8) markiert auf dieser Sonnenuhr.[35]

Mehreres ist an dieser Übersetzung auffällig, sieht man einmal von den grammatikalischen Problemen ab. „Wissen, dass“ irgendetwas die Maße sind, ist eine ungewöhnliche Formulierung. Worauf bezieht sich das Possessivsuffix in „ihre Länge“ und „ihre Höhe“? Was ist auf dem Kopf der Sonnenuhr? Und selbst wenn man eine stichwortartige Formulierung annehmen würde, bei der zudem manches als selbstverständlich weggelassen wäre, stellt sich die Frage, warum der Text ab Z. 8 dann ausführlicher formuliert sein sollte.

---

31 Versteht man, wie Salmas (2013): 369, es tut, *ḥr dp* und übersetzt „auf dem Kopf“, ergibt sich die Notwendigkeit, einen „Kopf“ genannten Bestandteil der Sonnenuhr anzunehmen. Das müsste dann der Teil sein, an dem der Schattenwerfer sitzt; vgl. Salmas (2013): 361 und 376.

32 Wessen? Ein Bezugswort scheint zu fehlen. „Stunde“ oder „Pflock“ werden es doch wohl nicht sein. Damit dürfte ein Indiz für Textverlust vorliegen. Da das Pronomen im Singular steht, wird vermutlich die ganze Sonnenuhr gemeint sein.

33 Oder statt „oben auf“ „an das Kopf(ende)“?

34 Eigentlich bedeutet das Wort so viel wie „Gleitbahn“ oder „Platte“ (vgl. Erman und Grapow [1982]: IV, 354f. *sṯꜣ* „Rampe“ und 356,8 *sṯꜣ.t* „Platte“ und Hannig [2009]: 851b „Tablett[?]) Neugebauer und Parker (1960): 116, sehen hierin aber zu Recht eine Bezeichnung der Sonnenuhr (vgl. Z. 9 und Z. 11), worin ihnen Hannig (2009): 851b folgt; vgl. jetzt auch Salmas (2013): 358f.

35 D. h. wohl, dass es für vier Stunden auf der Skala eine Markierung gibt. – Der hintere Teil von Zeile 7 und der vordere Teil von Zeile 8 fehlen in Georges Übersetzung (George [1974]: 102).

Möglichkeit 2: Textverlust:

Der Text könnte ungefähr so ausgesehen haben:

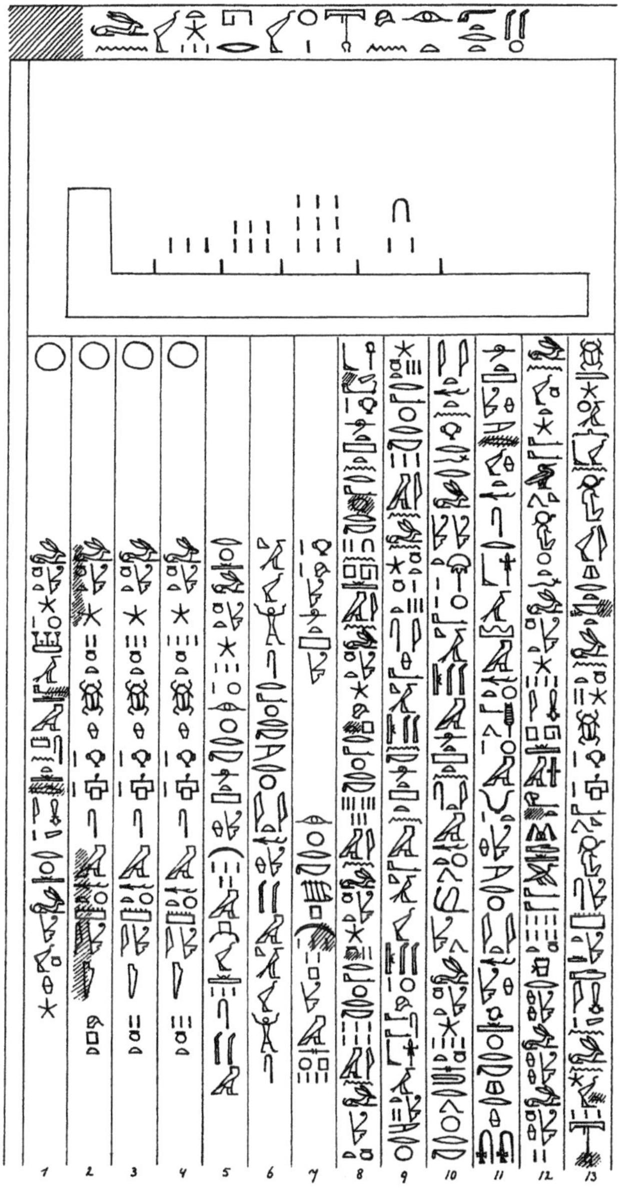

Abb. 2: Sonnenuhrtext aus dem Kenotaph Sethos' I. mit Ergänzungen

(5) ⌷⌷⌷ *rḫ wn[w.wt hrw iri.ḫr=k sṯꜣ.t n.t] šsp 5 m ꜣw=s [ḏbꜥ? 2? m]*
(6) ⌷⌷⌷ *qꜣw[=s rḏi.ḫr=k mrḫy.t] n.t ḏbꜥ 2*[36] *m qꜣw=s* ⌷⌷⌷
(7) ⌷⌷⌷ *ḥr-dp n sṯꜣ.t* ⟨*t*⟩*n*[37] *[... iri.ḫr=k]*[38] *šsp 5 pn m sp 4* ⌷⌷⌷
(8) *ꜣb ḥr sṯꜣ.t tn*

(5) Die [Tages]st[unden kennen: Dann[39] [machst du eine Sonnenuhr von] 5 Handbreiten in ihrer Länge[40] (und) [2(?) Fingerbreiten(?)[41]] **(6)** in [ihrer] Höhe. [Dann gibst du einen Schattenstab] von 2 Fingerbreiten in seiner Höhe[42] **(7)** oben auf ⟨die⟩se Sonnenuhr, [(und zwar) quer(?).[43] Dann machst du] diese 5 Handbreiten als/in 4 Mal,[44] **(8)** markiert auf dieser Sonnenuhr.

---

36 Salmas (2013): 369, umschreibt *ḏbꜥ.wy*. Altägyptisch und streng etymologisch müsste man sogar *ḏbꜥ.wy 2* verstehen (Edel [1955/1964]: § 390–391). Im Mittelägyptischen herrscht aber bei Zahlenangaben generell eine Listenschreibweise vor (Gardiner [1978]: 193, § 261), die meiner Meinung nach erlaubt, dass ich mich mit einer vereinfachten Umschrift daran anlehne. Sinngemäß gilt das auch für die „zwei Stunden" in Z. 12 und Z. 13.

37 Fehlt bei Salmas (2013): 369.

38 Wenn unmittelbar vor *šsp* wirklich das Zeichen *wn* stehen sollte (vgl. Anm. 16), müsste man Z. 7 anders wiederherstellen, etwa so: *ḥr-dp n sṯꜣ.t* ⟨*t*⟩*n [... rḏi.ḫr=k] wn šsp 5 pn m sp 4* „oben auf ⟨die⟩se Sonnenuhr [(und zwar) quer(?). Dann sollst du] diese 5 Handbreiten als/in 4 Mal sein [lassen]".

39 Salmas (2013): 370, versteht den Teil von hier bis in die Mitte der Z. 7 noch als infinitivisch formuliert. Damit wären alle Maßangaben zur Sonnenuhr bis auf die Anweisung zur Anbringung der Markierungen in der Überschrift des Textes untergebracht, was mir nicht sehr wahrscheinlich vorkommt.

40 Neugebauer und Parker (1960): 116, schlagen für die Zeile sinngemäß folgende Wiederherstellung vor: „Kennen der Stun⟨den mittels einer Sonnenuhr, deren Skala⟩ 5 Handbreit in ihrer Länge ist."

41 Die Höhe ist nach den erhaltenen Sonnenuhren angegeben. Bruins (1965): 135, geht von 2,5 Handbreit aus.

42 Neugebauer und Parker (1960): 116, stellen den ursprünglichen Text sinngemäß so wieder her: „Höhe ⟨... ..., mit einem Querbalken⟩ von zwei Fingerbreit in seiner Höhe". Sie äußern sich nicht dazu, warum sie davon ausgehen, dass an den Zeilenanfängen nichts fehlt. Dann bleibt aber bei ihrem Verständnis der Anfang von Z. 6 syntaktisch unverbunden.

43 Oder, wenn *dp* „Kopf" das Vorderende der Sonnenuhr bezeichnet und nicht Bestandteil einer zusammengesetzten Präposition *ḥr-dp* „auf den Kopf" > „oben auf" ist: „[... Ein (vertikaler) Schattenstab] von 2 Fingerbreiten in seiner Höhe sei **(7)** am Kopf ⟨die⟩ser Sonnenuhr [..." Salmas (2013): 359–361 und 363f., diskutiert ausführlich die beiden Möglichkeiten: Entweder es muss noch ein Schattenwerfer auf den vertikalen Teil aufgelegt werden, oder der vertikale Teil selbst dient bereits dem Schattenwurf, was in der praktischen Handhabung sicher einfacher ist. Für diese Lösung plädiert Isler (1991).

44 Neugebauer und Parker (1960): 116: „auf dem Kopf der Sonnenuhr. ⟨Ferner sollst du einteilen⟩ diese 5 Fingerbreit in 4 Teile". Das *n* hinter *sṯꜣ.t* bleibt so aber unerklärt.

Man kann, wie man sieht, für die Z. 5 und 7 Ergänzungen finden, die zum vermuteten Sinn passen und zugleich die Lücken ausfüllen würden. Freilich stehen oft genug verschieden lange Schreibungen zur Verfügung, die es erlauben würden, auch andere Ergänzungen unterzubringen. Daher ist eine Ergänzung zwar abzulehnen, wenn sich keine zu den Platzverhältnissen passenden Schreibungen finden lassen. Aber umgekehrt ist die Möglichkeit, eine Lücke sinnvoll und von der Länge her passend auszufüllen, noch kein Beweis dafür, dass diese Ergänzung auch richtig ist.

Rechnet man also mit Textverlust, dann stellen sich zwei Fragen. Erstens macht das Layout des Textes bzw. seiner Vorlage stutzig. Warum sollte man voraussetzen dürfen, dass Z. 5–7 kürzer waren als Z. 8ff. und nur so lang wie Z. 1–4? Stammt das Layout vielleicht von einer Vorlage, in der die Vignette oben in die Z. 1–7 gesetzt war? Speziell verwundert es, dass Z. 5–7 schon oberhalb der eigentlichen Zeilenenden aufhören.[45] Dieser Umstand ist wirklich sehr irritierend, da man sowohl ohne als auch mit Textverlust beim Übergang von Z. 6 auf 7 und von 7 auf 8 nichts vermisst. Der Weg, die Z. 5–7 durch irgendwelche Ergänzungen auf die volle Zeilenlänge auszudehnen, ist also verbaut.

Die zweite Frage, die sich ergibt, ist die, warum ausgerechnet drei Zeilen einer Vorlage verloren gegangen sein sollten und gerade in den Zeilen davor auf derselben Höhe eine unbeschriftete Stelle gewesen sein sollte. Das ist nun zwar natürlich nicht völlig ausgeschlossen. Und es fehlen ja auch keine Informationen. Aber man muss sich doch fragen, welchen Zweck dieser Freiraum gehabt haben sollte.[46] Möchte man also lieber Textverlust auch schon in den Z. 2–4 annehmen, könnte man beispielsweise an diese Wiederherstellung denken: *wnw.t [*x*.t ḫpr.t ḥr-sꜣ=s] m-ḫt mni(.t) (*x–*1).t* „[x.] Stunde, [die nach ihr] nach dem x–1. ‚Pflock' [entsteht]". Damit ließen sich die Zeilen jedenfalls füllen (vgl. Abb. 2).

Ein Problem bleibt in Z. 6: Ludwig Borchardt hat angenommen, dass ein Ellenstab als Schattenwerfer quer auf den senkrechten Teil der Sonnenuhr gelegt wurde. Dies ist allgemein akzeptiert worden, da auf diese Weise erreicht werden kann, dass stets ein Schatten auf die Skala fällt.[47] Nun ist das Wort für den Ellenstab aber das maskuline Wort *mḥ-ꜥ*, wie sich einem Text zu Votivellen entnehmen lässt.[48] Dieses Wort kann an unserer Stelle jedoch nicht dagestanden haben, da das nach dem Freiraum folgende *n.t* ein feminines Bezugswort

45 Dass die Tabelle der Z. 1–4 kürzer war als die volle Zeilenlänge, hat hiermit nichts zu tun.
46 Grammatikalisch wäre die Verbindung *wnw.t m-ḫt* akzeptabel, gab es doch im Alten Reich den analogen Ausdruck *ḥꜣ.t-sp m-ḫt ṯnw* „Jahr nach der Zählung (des Viehs)".
47 Vgl. etwa Tupikova und Soffel (2012): 105–113.
48 P. Carlsberg 3.21; Quack (2006): 49.

voraussetzt. Rein technisch würde das Gerät natürlich keine Votivelle benötigen, es könnte jeder beliebige andere Stab von zwei Fingerbreit „Höhe" sein, der wenigstens eine flache Seite hat, damit man ihn auflegen kann, ohne dass er wegrollt. Das gesuchte Wort muss eigentlich *mrẖy.t* sein, von dem in Z. 9f. gesagt wird, es sei „auf" der Sonnenuhr (so in Abb. 2 für Z. 6 bereits eingesetzt). Akzeptiert man das, muss man zugleich hinnehmen, dass *mrẖy.t* einen Bedeutungswandel erfährt. Denn im Neuen Reich und in der Spätzeit wird damit die ganze Sonnenuhr bezeichnet,[49] nicht nur ein Schatten werfender Bestandteil. Dies und die Frage, wie praktikabel eigentlich eine Sonnenuhr ist, auf die man immer noch einen langen Stab auflegen müsste, macht die Probleme mit Borchardts Interpretation deutlich. Zugleich scheinen mir aber die weiteren Aussagen des vorliegenden Textes zur Benutzung der Sonnenuhr (Z. 10f.) für eine einmalige Drehung des Gerätes von Osten nach Westen und nicht für eine ständige Nachführung und stete Neuausrichtung zur Sonne zu sprechen.[50] Sarah Symons verfolgt die Frage nach der Handhabung der Sonnenuhr in ihrem Beitrag weiter.

Auch wenn für uns somit noch nicht alle Probleme geklärt sind, so ist doch sicher, dass hier die Beschreibung des grundsätzlichen Aufbaus der Sonnenuhr beendet ist. Nun geht es mit der Anbringung der Skala weiter. Die letzte Aussage war, dass die insgesamt 5 Handbreit in vier verschiedene Abschnitte unterteilt werden. Jetzt wird weiter präzisiert:

rḏi.ḫr=k 12 n hp im n wnw.t dp(y).t
rḏi.ḫr=k 9 im n wnw.t 2.nw(.t)
rḏi.ḫr=k 6 im n wnw.t (9) 3.nw.t
rḏi.ḫr=k 3 im n wnw.t 4.nw.t

49 Erman und Grapow (1982): II, 112,13. Bei *mrẖy.t*, das bereits im Alten Reich in der Bedeutung „Stele" belegt ist, handelt es sich um eine Bildung mit *m*-Präfix (Pantalacci [2005]: 281), sicherlich ein *nomen instrumenti*. „Gerät zum Wissen (*rḫ*)" wäre also die etymologische Erklärung, was dem griechischen Wort *gnomon* auffällig nahesteht, vgl. auch Salmas (2013): 359–361. Vgl. auch die Etymologie von „Horoskop".

50 So Isler (1991): 57f., der „Osten" und „Westen" als östliche bzw. westliche Himmelshälfte auffassen möchte. Das ist zwar eine durchaus denkbare Bedeutung, vgl. Erman und Grapow (1982): I, 87,4 zu *imn.t.t*. Aber merkwürdig fände ich dann, dass im Text nur einmal von einem Drehen der Sonnenuhr (und zwar zur Mittagszeit) gesprochen wird, nicht vom ständigen Nachführen des Gerätes.

Dann gibst du dort[51] 12 Einheiten(?)[52] für die erste Stunde.
Dann gibst du dort 9 für die zweite Stunde.
Dann gibst du dort 6 für die **(9)** dritte Stunde.
Dann gibst du dort 3 für die vierte Stunde.

Insgesamt 30 Teile sollen also im Verhältnis 12:9:6:3 auf der Skala verteilt werden.[53] Wir erfahren aber nicht, was die absolute Länge dieser Unterteilungen sein soll. Sinnvoll wäre natürlich eine unmittelbare Inbezugsetzung zur Höhe des Schatten werfenden Elementes. Da dafür und für die Länge der Skala absolute Längenangaben gemacht werden, könnte man die Unterteilung auch nach der Skalenlänge ausrichten. Aber das geschieht offenbar nicht. Man hätte ja von den 5 Handbreit = 20 Fingerbreit ausgehen können. Hat man implizit 1 Einheit = 0,5 Fingerbreit angenommen? Der Überschuss von 10 halben Fingerbreiten jenseits der 12er-Markierung würde dann dem Überschuss entsprechen, der auch in der Vignette rechts von der 12 zu sehen ist. Die Uhr ist nun jedenfalls fertig, und der Leser wird in den Gebrauch eingewiesen:

ist ꜥqꜣ.n=k sṯꜣ.t tn m-ꜥqꜣw rꜥ[54] *dp=s r*[55] *iꜣb(.t)*[56] *nty mrḫ(10)y.t tn ḥr=f r*[57] *wnn šw.t rꜥ ꜥqꜣ m sṯꜣ.t tn*

51 Gegen Frankfort (1933): 77; Neugebauer und Parker (1960): 117, sowie George (1974): 102, eher „dort" als „davon", da ja vorher keine größere Gesamtzahl genannt worden ist. Die auf den ersten Blick vielleicht ungewöhnliche Voranstellung des *im* ist für das Altägyptische völlig regulär (siehe Edel [1955/1964]: § 872 2 d).

52 < „Regel, Gesetz" (*hp*); siehe zu dieser Auffassung auch Hannig (2009): 524a, und vgl. vielleicht noch Meeks (1981): Nr. 78.2492 *hp* „Messstrick". Frankfort (1933): 79, erwägt *nhp*, da er sich an der Syntax Zahl + *n* + Gezähltes stört. Diese Konstruktion ist seit dem Altägyptischen aber bei Zehnerzahlen gut belegt (siehe Edel [1955/1964]: § 396; Gardiner [1978]: § 262, am Ende), seit dem Neuägyptischen auch bei kleineren Zahlen: Erman (1979): § 247. Die Unsicherheit bei Salmas (2013): 369 und 371, ob *n hp* oder *nhp* gelesen werden sollte, ist daher unbegründet. Überdies muss *n hp* gegen Bruins (1965): 135, und Salmas (2013): 370, aus syntaktischen Gründen ein Genitiv sein.

53 Zu einem Erklärungsversuch dieser Zahlen vgl. Bruins (1965): 133 und 136.

54 Salmas (2013): 369, versteht das nur ideografisch mit der Sonnenscheibe geschriebene Wort hier und in Z. 11 als *itn* „Sonne(nscheibe)", was grundsätzlich möglich ist (vgl. Borghouts [2010]: II, 91). Aber ich bin mir unsicher, ob im vorliegenden Text von der Sonne einmal als Sonnenscheibe und einmal als Re gesprochen wird. Ausschließen möchte ich es nicht. Denn immerhin ließe sich die Differenzierung der Bezeichnung konsistent so verstehen, dass immer dann und nur dann, wenn von Bewegungen die Rede ist (Z. 12 und Z. 13: eintreten; Z. 13: aufgehen), das Tagesgestirn als Sonnengott Re bezeichnet würde.

55 Die Idee von Frankfort (1933): 77, Anm. 3, die beiden Arme als Schreibung für *r* zu nehmen, ist sicher richtig. Neugebauer und Parker (1960): 117, Anm. f, verweisen zusätzlich auf

Hast du nun diese Sonnenuhr richtig gemacht der Sonne gegenüber, sei/ist ihr[58] Kopf, **(10)** auf dem dieser Schattenstab[59] ist, nach Osten, damit[60] der Schatten der Sonne richtig in dieser Sonnenuhr ist.

Diese Anweisung ist gut verständlich: Indem die Uhr am Vormittag mit ihrem Kopf genau nach Osten ausgerichtet ist, kann der Schatten nach Westen auf die Skala fallen. Je weiter die Sonne zum Mittag nach Süden wandert, desto seitlicher steht sie, und desto kürzer wird der Schatten, den der Schattenstab auf die Skala wirft. So lassen sich die Stunden ablesen. Eingerichtet ist die Uhr aber zunächst einmal nur für vier aufeinanderfolgende Stunden (dazu unten mehr).

Ein wichtiger Moment ist mittags erreicht, wenn die Sonne genau im Süden steht. Dann wirft sie ja keinen Schatten mehr auf die Uhr. Um am Nachmittag wieder die Zeit messen zu können, muss man die Uhr nach Westen drehen:

ist m-ḫt pḥ.n wnw.t 4.nw.t spḫr.ḫr=k (11) sṯȝ.t tn mrtw.t=s[61] *r iȝb(.t) m-ḫt ꜥḥꜥ rꜥ m wp.t n.t mrḫy.t tn*
Nachdem nun die vierte Stunde ans Ziel gelangt ist, dann drehst du **(11)** diese Sonnenuhr um[62] – ihr Brett nach Osten –, nachdem die Sonne im „Scheitel“[63] dieses Schattenstabes gestanden hat.

P. Carlsberg I 6.9 = § 116 des Nutbuches; vgl. von Lieven (2007a): I, 89, Anm. 477. Eine weitere Stütze ergibt sich daraus, dass an der Parallelstelle in Z. 11 unseres Textes tatsächlich ein klar ausgeschriebenes *r* dasteht.

56 Salmas (2013): 369, umschreibt hier und in Z. 11 *iȝb(j)* – das wäre jedoch „links“ –, versteht freilich korrekt „Osten“.

57 Salmas (2013): 369f. mit Anm. i auf S. 373, versteht *r* als Schreibung für *iw* und denkt an eine Beeinflussung aus der hieratischen Kursive. Aber das Eintreten von *r* für *iw* beruht auf dem *lautlichen* Zusammenfall beider Wörter (> koptisch ⲉ). In einem hieroglyphischen Text im Neuen Reich, der zudem offenbar eine alte Vorlage wiedergibt, halte ich es für sehr unwahrscheinlich, dass *r* für *iw* stehen kann, zumal eine normale Auffassung als *r* keinerlei grammatische Probleme bereitet.

58 = der Sonnenuhr.

59 *mrḫy.t* (vgl. oben S. 352 mit Anm. 49). Bereits Frankfort (1933): 78, hat vermutet, dass damit nur der Teil, der den Schatten wirft, gemeint ist, nicht das ganze Gerät. Neugebauer und Parker (1960): 117f. verstehen das Wort als Bezeichnung eines waagerecht auf den senkrechten Teil aufgelegten Stabes, der den Schatten wirft. Letztere Auffassung setzt wegen des Demonstrativums bei *mrḫy.t* voraus, dass das *mrḫy.t* vorher schon einmal genannt worden ist. Das wiederum ist nur möglich, wenn der überlieferte Text tatsächlich lückenhaft ist.

60 Von Neugebauer und Parker (1960): 117, und George (1974): 102, die offenbar das *r* vor *wnn* übersehen haben, nicht als Finalsatz verstanden.

61 Zum Wort *mrtw.t* vgl. Hannig (2009): 371a, und Salmas (2013): 361f. Warum sie S. 369 die Lesung als unsicher angibt, entgeht mir. Das *r* ist auf dem Foto sogar besser erkennbar, als die Abzeichnung bei Frankfort (1933): Taf. LXXXIII (= Abb. 1), suggeriert.

Danach wendet sich der Text noch der Frage zu, weshalb man eigentlich 4 + 4 Stunden mit der Uhr misst:

ḥsb.ḫr⸗k gr.t nn?[64] **(12)** *wnw.t r*[65] *ꜥq rꜥ ḫft wnw.t 4(.t) mi hp imy-ḥꜣ.t dmḏ pꜣ ḏḏ? 8.nw.t ḏr-nt.t wn.t{.t}*[66] *wnw.t 2* **(13)** *ḫpr*[67] *m dwꜣ n wbn rꜥ iw gr.t k.t*[68] *wnw.t 2(.t) ḫpr ḥr-sꜣ ꜥq rꜥ n smn.t dmi n wnw.wt grḥ*

Dann berechnest du ferner diese(?) **(12)** Stunden, bis Re[69] eintritt[70] gemäß vier Stunden entsprechend der(?) Einheit(?)[71], die am Anfang ist, zusammen dies, was[72] die achte (Stunde) bewirkt(?)[73]. Denn zwei Stunden **(13)** sind entstanden,

---

62 Für diese Bedeutung von *spḫr* siehe Hannig (2009): 751a.

63 Die Unsicherheit von Salmas (2013): 373, Anm. j, hinsichtlich der Identifizierung des Wortes als des normalen Ausdrucks für „Scheitel" ist unbegründet, da die Determinativlosigkeit der Schreibung von *wp.t* „Scheitel" in den hier relevanten Epochen normal ist, vgl. Erman und Grapow (1982): I, 297. *wp.t* bezeichnet gegen Frankfort (1933): 78, sowie gegen Erman und Grapow (1982): I, 297,21, allerdings nicht den Zenit, da auf der Breite Ägyptens die Sonne nie im Zenit, also vertikal über der Erdoberfläche, stehen kann, sondern den höchsten Punkt ihrer Bahn.

64 Mit zwei Flammen () geschrieben. Frankfort (1933): 78, dachte an eine Schreibung für *nn* „diese" (); Neugebauer und Parker (1960): 117, folgen ihm, ohne die Unsicherheit der Lesung anzugeben. Freilich scheint auch mir eine grafische Substituierung durch ähnliche Zeichen vorzuliegen.

65 Wieder zwei Armzeichen für *r*.

66 Oder mit Salmas (2013): 369 *{wn.t.t}*.

67 Beim Pseudopartizip ist der feminine Dual (vgl. Anm. 36) bereits durch den maskulinen Singular ersetzt (vgl. Edel [1955/1964]: § 575 am Ende sowie Gardiner [1978]: § 511.1 a).

68 Als *nb.t* verschrieben (am ersten Zeichen fehlt der Henkel).

69 = der Sonnengott.

70 = untergeht.

71 Oder mit Frankfort (1933): 78, sowie Neugebauer und Parker (1960): 117, denen George (1974): 102, folgt, „Regel", „Gesetz"? Aber dann muss man akzeptieren, dass im vorliegenden Text *hp* mit zwei verschiedenen Bedeutungen vorkommt. Gemeint ist jedoch so oder so, dass nach dem Wenden der Sonnenuhr noch einmal vier Stunden mit der Skala gemessen werden (nur in umgekehrter Reihenfolge). Da vormittags die 1. bis 4. Stunde gezählt werden, geht es nun um die 5. bis 8. Stunde. Dazu kommen abends zwei Stunden bis zum Sonnenuntergang und morgens zwei Stunden vom Sonnenaufgang bis zur als erster gezählten Stunde.

72 Wörtl. maskulin. Ist ein Rückbezug auf *hp* „Einheit"/„Regel" beabsichtigt?

73 Wörtl. „gibt"; zur von mir angenommenen Bedeutung siehe Erman und Grapow (1982): II, 466,6–7. Alternativ könnten die beiden Arme wieder für *r* stehen (davon geht Salmas [2013]: 369, aus). Dann müsste man eine so nicht belegte Konstruktion des Verbs *dmḏ* mit der Präposition *r* annehmen (Erman und Grapow [1982]: V, 460,11) und könnte mit Neugebauer und Parker (1960): 117: „Dies (eigtl. maskulinum) summiert sich zu(r) achten (Stunde)." übersetzen.

ohne dass Re aufgegangen ist.[74] Ferner sind zwei andere Stunden nach dem Untergang Res für das Festmachen des Ortes(?) der Nachtstunden entstanden.

Trotz kleiner philologischer Probleme ist der Gesamtsinn dieses letzten Abschnittes klar: Morgens und abends werden zwei Dämmerungsstunden angesetzt, die sich nicht mit der Sonnenuhr bestimmen lassen. Das bedeutet, dass der eigentliche Tag nach diesem Modell acht Stunden hat, davor und danach noch jeweils zwei Übergangsstunden, die dann den Anschluss an die Nacht erzielen.

In der Forschung hat besonders die Frage nach der Benutzung und Genauigkeit einer solchen Sonnenuhr eine Rolle gespielt.[75] Je nach jahreszeitlichem Sonnenstand ist die Schattenlänge ja zur selben Uhrzeit durchaus unterschiedlich. Es ist aber denkbar, dass dieser Umstand von den Ägyptern durch die Verwendung von Korrekturzahlen aufgefangen worden ist, wie entsprechende Listen nahelegen.[76] Allerdings erfährt man im vorliegenden Text nichts davon.

9 Ein Text zum Sonnenaufgang (P. Carlsberg 1 2.1ff.)

Zugrunde gelegte Edition: von Lieven (2007a).

Diese und die nächsten Textproben habe ich ausgewählt, weil sie den Umgang der Ägypter mit altem Textgut illustrieren. Denn die älteste erhaltene Fassung des vorliegenden Textes stammt bereits aus dem Kenotaph Sethos' I. (1290–1279/78 v. Chr.) in Abydos. Die teilweise kryptografisch geschriebenen Texte bilden zusammen mit Darstellungen, vor allem dem Bild der Himmelsgöttin, eine Einheit (vgl. Abb. 3).

74 Die Auffassung als „before the sun shines (on the shadow clock)“ bei Neugebauer und Parker (1960): 117, ist unzulässig, da *wbn* „aufgehen“ bedeutet. – Zur Sache vgl. Jansen-Winkeln (1996) und P. Carlsberg 1 § 30f. (2.18–19) (S. 363 im vorliegenden Band).

75 Zuletzt etwa Tupikova und Soffel (2012): 105–113.

76 Quack (2006): 44–46.

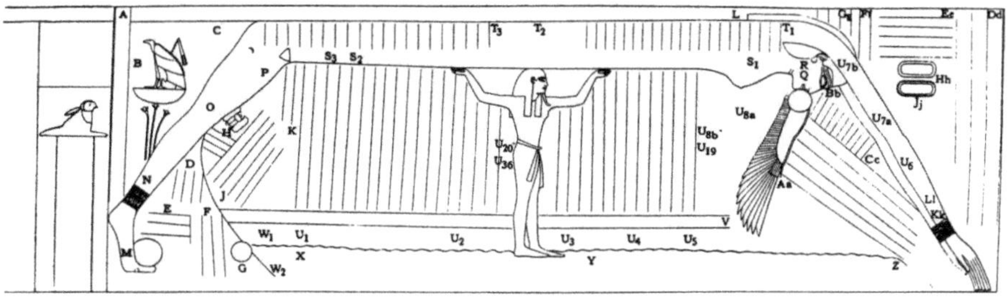

Abb. 3: Nutbild aus dem Kenotaph Sethos' I.

Wann die ganze Komposition oder einzelne Teile von ihr entstanden sind, ist eine noch nicht definitiv geklärte Frage. Alexandra von Lieven denkt an eine Entstehung zumindest von Teilen bereits im Alten Reich (3. Jahrtausend v. Chr.) und eine lange Redaktionsgeschichte.[77]

Interessant ist nun, dass neben zwei weiteren monumentalen Versionen aus der Ramessidenzeit (Grab Ramses' IV.) und der 26. Dynastie (Grab der Mutirdis) sowie der Nebenüberlieferung im Papyrus Brooklyn 47.218.84 aus der 26. Dynastie insgesamt sechs Papyri des 2. Jh.s n. Chr. aus Tebtynis bekannt sind. Nicht nur die lange Überlieferungsdauer der Komposition, sondern auch die Vielfalt dieser späten Zeugen überrascht: Ein Papyrus ist hieroglyphisch und enthielt auch die Darstellungen, drei andere bieten den Text in hieratischer Schrift, zwei weitere schließlich zum hieratischen Text auch noch eine Übertragung in die demotische[78] Sprachform und einen inhaltlichen Kommentar. Aus dem besser erhaltenen, nämlich P. Carlsberg 1 (vgl. Abb. 4), sind die folgenden Abschnitte genommen.

Dieser Papyrus, der in römischer Zeit niedergeschrieben wurde, stammt aus einem gelehrten priesterlichen Milieu und wurde im Tempel von Tebtynis im Fajum gefunden.[79] Der Schreiber des Papyrus bietet den Kommentar abschnittsweise, indem er einen Satz, manchmal auch mehr, manchmal weniger, in hieratischer Schrift präsentiert und in der Regel durch ein Spatium abgesetzt den demotischen Teil anschließt, in dem freilich viele Wörter durchaus hieratisch geschrieben sein können. Zusätzlich dazu, dass jeder Abschnitt mit einer neuen Zeile beginnt, wird der Anfang eines jeden Abschnittes noch dadurch

77 von Lieven (2007a): 36–44.

78 Zum Demotischen, das in der Mitte des 7. Jh.s v. Chr. aus dem Hieratischen entwickelt wurde, vgl. Depauw (1997) und das Glossar im Anhang S. 571.

79 Ryholt (2005): 149.

deutlich markiert, dass die jeweils erste Zeile herausgerückt ist, die Absätze also hängend gestaltet sind. Dieses Layout habe ich in der Übersetzung beibehalten.

Da der Text hieratische und demotische Schrift nebeneinander verwendet, habe ich die beiden zugrunde liegenden Schriften in der Übersetzung (nicht in den Fußnoten) kenntlich gemacht. Im Original Hieratisches wird in Kapitälchen wiedergegeben, Demotisches nicht eigens hervorgehoben.[80]

Der (scheinbare) Weg der Sonne im Verlauf eines Tages wurde von den Ägyptern als Geburt des Sonnengottes am Morgen, sichtbare Fahrt am Leib der Himmelsgöttin entlang, Verschlucktwerden am Abend und Weiterreise im Innern ihres Leibes aufgefasst. Denn irgendwie musste man sich ja erklären, dass die Sonne während der Nacht wieder von ihrem Untergangsort im Westen ungesehen zum Aufgang im Osten gelangte. Die nächtliche Fahrt verlief in einem von den Ägyptern „Dat" genannten unterweltlichen Bereich. Instruktiv zur Frage ihrer Lokalisierung ist die häufige Aufzählung „Himmel, Erde, Dat".[81] Zugleich brachte es aber die Vorstellung von der sich über die Erde streckenden anthropomorph gedachten Himmelsgöttin als Mutter des Sonnengottes Re, später Phre (eigentlich „der Re") mit sich, dass die nächtliche Fahrt der Sonne vom Mund (im Westen) zur Scheide (im Osten) verlaufen musste, wo Re/Phre an jedem Morgen neu geboren wurde. Aufgrund dieser doppelten Vorstellung von der Dat sowohl in der Unterwelt als auch im Inneren der Himmelsgöttin würde eine Übersetzung als „Unterwelt" zu kurz greifen, weshalb ich es vorziehe, den ägyptischen Ausdruck in der deutschen Wiedergabe stehenzulassen.

80 Es gibt Zeichen, besonders die Schreibung des Suffixes *=f*, die in beiden Schriften identisch sind. Daher ist die Entscheidung, wann hieratische und wann demotische Schrift vorliegt, in Einzelfällen von der Umgebung abhängig und kann dann etwas willkürlich sein.

81 Erman und Grapow (1982): V, 213,3.

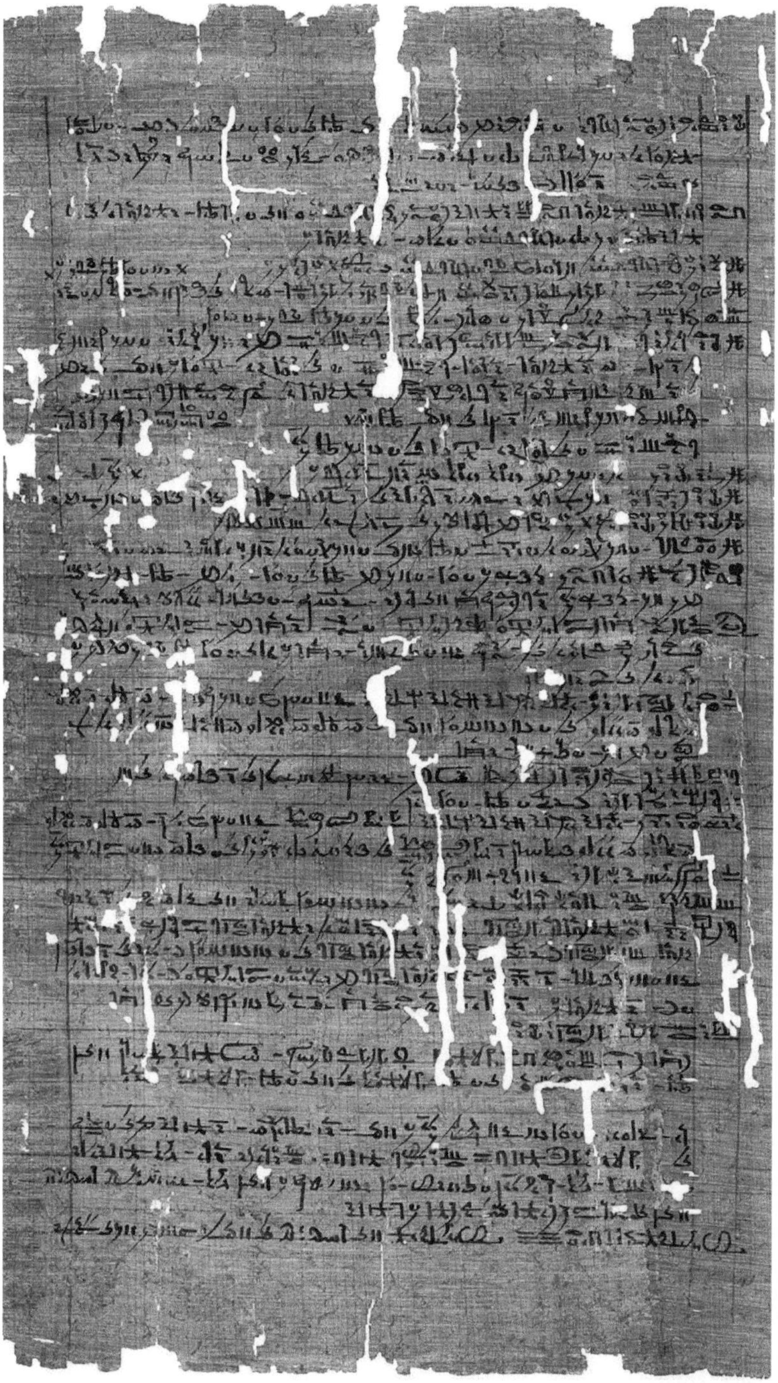

Abb. 4:
P. Carlsberg 1
Kol. 2

§ 20 (2.1) *ḪPR DŠR M-ḪT MS(.T)* □

pꜣ DŠR *ḫpr m-sꜣ msi* □ *[i].iri=f ḫʿi ḏd pꜣ-*Rʿ ⟨*n*⟩ *pꜣ iwne nty ḫpr n pꜣ* ITN **(2.2)** DWꜣW *r nꜣy=f stw.w(t) ḥr pꜣ itn n pꜣ iwn n-rn=f* MꜣꜣR *pꜣ ṯky tꜣ* DŠR.T *tꜣ nty ʿš* **(2.3)** *ẖr* DŠR □□

(2.1) ES ENTSTEHT RÖTE NACH DER GEBURT. □

Die RÖTE entsteht nach (der) Geburt. □ Er geht **(2.2)**[82] MORGENS auf, nämlich PHRE, ⟨in⟩ der Farbe, die in der SONNENSCHEIBE entsteht, wobei seine Strahlen auf dem Boden (und) in der nämlichen Farbe sind. SCHAU ZU dem Bild! Die ROTE KRONE ist die, die **(2.3)** als[83] „RÖTE" zu lesen ist. □□

§ 21 *nꜣ sẖꜣ.w nty n pꜣ mtre n tꜣy=s* MN.T

Die Schriften, die vor ihrem SCHENKEL sind:

(2.4) *PRI ḤM NṮR PN M DꜢ.T PRI NN SBꜢ.W M-ḪT=F ḤR MSQ*

i.iri pꜣ NṮR *ḫʿi n tꜣ* DꜢ.T *r nꜣy* **(2.5)** SBꜢ.W *ḫʿi m-sꜣ=f ḥr pꜣ* MSQ *pꜣ rꜣ n tꜣ* DꜢ.T *pꜣy*

(2.4) DIE MAJESTÄT DIESES GOTTES KOMMT AUS DER DAT HERVOR. DIESE STERNE KOMMEN HINTER IHM BEI DER *MSQ*-REGION HERVOR.

Der Gott geht aus der DAT auf, während diese **(2.5)** STERNE hinter ihm bei der *MSQ*-REGION aufgehen. Das ist der Eingang der DAT.

§ 22 (2.6) *SW ŠD=F ḪNT MSQ* □

iw=f sʿnḫ ḪN *pꜣ* MSQ *ḏd* PḤ.TY=F *pꜣy*

(2.6) UND[84] ER WIRD IN[85] DER *MSQ*-REGION AUFGEZOGEN,[86] □

Er ist ernährt[87] IN der *MSQ*-Region; d. h. es ist SEINE KRAFT,

---

82 Die Zeilenangabe setze ich dort ein, wo in der Übersetzung das erste Wort der bezeichneten Zeile kommt.

83 Wörtl. „unter".

84 Mit Barta (1985): 102f., verstehe ich *sw sḏm=f* als abhängigen Satz, was ich hier mit „und" (von Lieven „so") nur andeute, um in der Übersetzung überlange Satzgefüge zu vermeiden. Kritisch gegenüber dieser Auffassung der ägyptischen Form ist Jansen-Winkeln (2004): 219–223 (dort auch weitere Literatur). Sicher ist jedenfalls, dass es sich um ein Erzähltempus handelt: von Lieven (2007a): 276–278.

85 Die Bedeutung der Präposition *ḫnt*, eigentlich „vor, an der Spitze von" schwächt sich im Laufe der Zeit zu „in" ab, vgl. Erman und Grapow (1982): III, 303,11–304,5.

86 Eine passivische Übersetzung (so auch von Lieven [2007a]: 55) erscheint mir sinnvoller als eine aktivische zu sein. Rein grammatikalisch ist sowohl im Basistext als auch an der entsprechenden Stelle im Kommentar eine aktivische Auffassung gut möglich. Zur Konstruktion *sw* + passives *sḏm=f* siehe Barta (1985): 99f.

87 Oder „wobei er ernährt ist".

§ 23 (2.7) *SW ꜣḪ=F ḪR ꜥ.W[Y] IT=F WSIR M Tꜣ-WR* □
iw=f nfr ḪN ḎR.T pꜣy=f IT WSIR n pr-imn.ṯ ḏd wn.nꜣ.w-i.iri=f n pr-imn.ṯ pꜣ mw nty-iw pꜣ-Rꜥ ḫꜥi ḪN=f pꜣy

(2.7) UND ER IST WIRKSAM IN DEN ARME[N] SEINES VATERS OSIRIS IM GROSSEN LAND[88] □
wobei er gut ist[89] IN DER HAND seines VATERS OSIRIS im Westen; d. h. er war im Westen. Das ist das Wasser, AUS dem PHRE aufgeht

§ 24[90] (2.8) *SP DPY M PꜣW.T=F*
pꜣ SP ḫꜣ.t.ṯ n pꜣy=f ḫꜥi □ *ḏd pꜣy=f ḫꜥi ḪN=f n pꜣ hrw*

(2.8) (BEIM) ERSTEN MAL IN SEINER URZEIT.
(beim) ersten MAL seines Aufgehens; □ d. h. seines Aufgehens AUS ihm[91] am Tag.

§ 25 (2.9) *SW ḪPR WḎ S[ḪR]I=F R Pꜥ.T M WNW.T NTY-SḤTP-N=S*
ḫpr=s iw=f WḎ pꜣy=f wꜣy **(2.10)** *r nꜣ rmṯ.w ḫn tꜣ Dꜣ.T n tꜣ WNW.T n SḤTP-N=S* □ *pꜣ ḏd WNW.T 9.t n GRḤ pꜣy i.iri=f ḏd=s ḫpr* **(2.11)** *ḏ[d] tꜣ GB.T-PꜣW.T tꜣ SBḪ.T MḤ-8.T [n] tꜣ Dꜣ.T ḏd*[92] *{ḎD} RMṮ.W IMY(.W)=S KY ḎD iw=f ḫpr* **(2.12)** *n ḥwy pꜣy=f wꜣy r nꜣ rmṯ.w ḏd i.iri=f ḫꜥi tm* □□□ *Mꜣꜣ R HRW-5-ḪRY.W-RNP.T*
*M WNW.T NTY-***(2.13)***-SḤTP-N=S pꜣ ḏd WNW.T 9.t n GRḤ ḏd pꜣ nty-iw=f ḫꜥi n.im=f*

(2.9) UND ES ENTSTEHT DER BEFEHL, DASS ER SICH VON DEN MENSCHEN ENT[FER]NT[93] IN DER STUNDE „WELCHE FÜR SICH ZUFRIEDENSTELLT".
Es geschieht, dass er sein Fernsein **(2.10)** von den Menschen in der DAT BEFIEHLT in der STUNDE von „(WELCHE) FÜR SICH ZUFRIEDENSTELLT". □ Das ist die neunte NACHTstunDE. Er[94] hat das[95] gesagt, weil **(2.11)** das (Buch) „HIMMEL DER URZEIT" ges[agt] hat: „Das ACHTE TOR [d]er DAT; d. h. {D. H.} DIE MENSCHEN, DIE IN IHM[96] SIND". VARIANTE: Es entsteht **(2.12)** im {Werfen} ⟨Befehlen⟩[97] seines

---

88 „Großes Land" ist der Name des Gaues von Abydos.
89 von Lievens Übersetzung als Hauptsatz (von Lieven [2007a]: 55: „Er ist schön") würde ein demotisches *nꜣ-nfr=f* voraussetzen.
90 Setzt § 23 fort.
91 = dem Westen bzw. dem Wasser.
92 Fehlt bei von Lieven (2007a): 380.
93 Wenn die nachfolgende Stundenangabe nicht auf die Entfernung, sondern auf den Befehl zu beziehen ist, gehört hier ein Komma hin.
94 = der Verfasser des zitierten Kommentars.
95 Wörtl. „es".
96 = dem Tor; oder „in ihr" = der Dat.
97 Die Verwechslung von „werfen" (*ḥwi*) und „befehlen" (*wḏ*) ist leicht möglich, wenn man eine hieratische Textfassung aus der Zeit der 12. Dynastie bis maximal der 18. Dynastie voraussetzt; zu den Zeichen *ḥ* und *wḏ* im Hieratischen vgl. Möller (1909): I und II, jeweils Nr. 525 und 474.

Fernseins von den Menschen; d. h. er geht vollständig(?) auf □□□[98] SCHAU IN (DAS BUCH) „DIE FÜNF TAGE, DIE AUF DEM JAHR SIND[99]".

IN[100] DER STUNDE „WELCHE **(2.13)** FÜR SICH ZUFRIEDENSTELLT": die neunte NACHT-stunDE, d. h. die, in der er aufgeht,

§ 26 (2.14) *SW ʿꜢ ḪPR(.W)=F* □□

r pꜢy=f ḫpr ʿw ʿw nty-iw tꜢy=f NBI.T pꜢy

(2.14) UND SEINE GESTALT IST/WIRD GROSS. □□

Indem sein Entstehen sehr groß[101] ist, was seine FLAMME ist.

§ 27 (2.15) *SW ḪPR⟨=F⟩ M TꜢ.WY* □

iw=f ḏi.t ḫpr=s ḫn nꜢ tꜢ.w ḏd tꜢ NBI.T n QD...[.][102] *bn-iw wʿ mꜢʿ pꜢ nty-iw=f ḏi.t ḫpr=s n.im=f in*

(2.15) UND ⟨ER⟩ ENTSTEHT IN DEN BEIDEN LÄNDERN[103]. □

Er lässt sie (f. Sg.) in den Ländern entstehen, d. h. die FLAMME von/in ...[.]. Der, an dem er sie entstehen lässt, ist kein Ort.

§ 28 (2.16) *SW ḪPR IB=F ḪPR PḤ.TY=F*

ḫr ḫpr ḥꜢ.ty=f ḏd nʿš r ʿꜢPP

(2.16) UND SEIN HERZ (*IB*) ENTSTEHT, SEINE KRAFT ENTSTEHT,

sein Herz (*ḤꜢ.TY*) pflegt zu entstehen, d. h. seine Stärke gegen APOPHIS,

§ 29 (2.17) *SW MꜢꜢ GB*

n pꜢy=f nw r pꜢ TꜢ ḎD N pꜢ ḫʿi nty-iw=f iri=f pꜢy=f nw r nꜢy=f stw.w(t) ḫn pꜢ TꜢ

(2.17) UND GEB SIEHT.[104]

---

98 Das auffällig lange Spatium an dieser Stelle könnte auf Textverlust der Vorlage hinweisen.

99 „Die fünf Tage, die auf dem Jahr sind" sind die Epagomenen. Dabei handelt es sich um die Tage, die das ägyptische Jahr mit seinen 12 Monaten zu je 30 Tagen auf 365 Tage auffüllen.

100 Wiederaufnahme des zu kommentierenden Textes: Der Kommentator wendet sich nun dem letzten Teil des Basistextes zu.

101 Ich verstehe *ʿw ʿw* als „sehr groß" (wie *ʿw sp-2*).

102 Hieratisch geschrieben; von Lieven (2007a): 57 und 381, vermutet *qd=s*, weist aber darauf hin, dass danach noch ein Zeichen gestanden hat. Meiner Meinung nach steht allerdings gar kein hieratisches *s* da – man müsste doch den oberen Bogen sehen –, allenfalls ein demotisches *s*. Vielleicht sollte man einfach von einem senkrechten Strich nach dem *qd*-Zeichen ausgehen; danach könnte noch ein Determinativ gestanden haben. Ob man dann vielleicht an *n* (< *m*) *qd[=f]* „um [ihn] herum" denken darf (vgl. Erman und Grapow [1982]: V, 78,9f.)?

103 = Ägypten.

104 von Lieven (2007a): 57, übersetzt „Er sieht Geb." Vom Standpunkt des Mittelägyptischen kann *sw mꜢꜢ gb* aber nur als *sw* + *sḏm=f* analysiert werden. Der antike Kommentator hat allerdings auch schon ein Erstes Präsens (*sw sḏm* + Akkusativobjekt) „Er sieht Geb." verstanden,

In[105] seinem[106] Sehen der ERDE, D. H. IN dem Aufgehen, das er machen wird[107], (und) seinem Sehen seiner Strahlen in der ERDE[108].

§ 30 (2.18) *Ḫ M ḎI.T SW Rʿ PRI=F* □
ḫm pꜣy[109] *pꜣ-Rʿ n pꜣy=f ḫpr n ḫʿi ḏd pꜣ-Rʿ n pꜣy=f ḫpr n ḫʿi n DWꜣW šʿ (2.19) ḫpr=f iw=f n ḫm n.im=f* □

(2.18) EIN KIND, WENN RE SICH ZEIGT[110], WÄHREND ER HERAUSKOMMT. □
Ein Kleiner ist PHRE in seinem Aufgangsentstehen; d. h. PHRE in seinem Aufgangsentstehen am MORGEN. **(2.19)** Es pflegt zu geschehen, dass[111] er[112] an ihm[113] ein Kleiner ist. □

§ 31 *tꜣ SMD.T ḤRY.T i.iri ḥꜣ.t.ṯ=s n sq? n pꜣ mtre n ḏꜣḏꜣ tꜣ rpy.t*
Die OBERE RANDZEILE; ihr Anfang ist zurückgezogen(?)[114] vor[115] dem Kopf der (Frauen-)Darstellung:

(2.20) *WN ḤR(.T) P.T M KKY SMꜣW* □□
pꜣ BNR n tꜣ P.T ḫpr n KKY iw=f šbn **(2.21)** *ḏd RTḤ QB.T r.ḏd=f n BNR nty-iw pꜣ qdy n tꜣ P.T pꜣy bw-iri pꜣ-Rʿ ḫʿi ḪN=f sṯꜣ.ṯ=f pꜣy* **(2.22)** *iri=f r ḏd n=k nꜣy=f ḫʿi.w*

(2.20) DER WEG DES HIMMELS IST IN DICHTER[116] FINSTERNIS. □□
Das ÄUSSERE des HIMMELS existiert in (einer) FINSTERNIS, die dicht(?)[117] ist; **(2.21)** d. h. „DER DIE BRUST ZURÜCKDRÄNGT"[118], die er[119] in (dem Buch)

---

wie der erste Teil des Kommentars zeigt, hat dann aber die inhaltlich gebotene andere Auffassung noch angehängt.

105 Fortsetzung des Kommentars von § 28.

106 = des Sonnengottes.

107 Gegen von Lieven (2007a): 57, halte ich die Form für futurisch. Der Aufgang der Sonne im Sinne einer Sichtbarkeit der Sonnenscheibe steht noch unmittelbar bevor.

108 Ich denke gegen von Lieven (2007a): 57, dass hier gesagt wird, Geb, der Erdgott, sehe die Strahlen des Sonnengottes.

109 Lies gegen von Lieven (2007a): 382, *pꜣy*, nicht *=f*.

110 Wörtl. „sich gibt".

111 Oder „Er (= der Sonnengott) pflegt zu entstehen, indem".

112 = der Sonnengott.

113 = dem Morgen.

114 Zum noch unklaren Wort mit Schriftrollendeterminativ vgl. den Kommentar von von Lieven (2007a): 59, Anm. 261. Ich vermute *sqy* > ⲥⲱⲕ „(zurück)ziehen", womit die Position etwas links vom Kopf der Nut bezeichnet würde.

115 Die Schriftzeile fängt im Bild (Fassung im Kenotaph von Sethos I.) allerdings eher bei und nicht hinter dem Kopf an.

116 Wörtl. „vereinigter" (*smꜣ*).

117 Wörtl. „vereinigt" (*šbn*).

118 Name des Grenzgebietes.

„ÄUSSERES“[120] genannt hat, was die Umgebung[121] des HIMMELS ist. PHRE pflegt nicht IN ihr aufzugehen. **(2.22)** Er[122] hat sich dazu begeben, dir seine Aufgänge zu sagen.

§ 32 (2.23) *NN RḪ.TW ḎR=F N RSY MḤ.TY IMN.T.T Ỉ3B.T.T*
bn-iw p3y=w rḫ p3y=f r3-ʿ-[...] n pr-rsy n pr-mḥ.ṱ **(2.24)** *n pr-imn.ṱ n pr-i3b.ṱ* □ *ḏd p3 ḳḳy i.iri=f ḏd pr-rsy pr-mḥ.ṱ pr-IMN.T.T pr-i3b.ṱ r ḏi.t* **(2.25)** *gmi=k p3 ḫpr iw=f n p3 qdy n t3 P.T*

(2.23) MAN KENNT IHRE[123] GRENZE DES SÜDENS, NORDENS, WESTENS (UND) OSTENS NICHT. Es gibt nicht ihr[124] Kennen ihrer[125] [Begrenz(?)]ung des Südens, des Nordens, **(2.24)** des Westens (und) des Ostens; □ d. h. der Finsternis. Er[126] hat „der Süden, der Norden, der WESTEN (und) der Osten“ gesagt, um **(2.25)** dich die Tatsache verstehen[127] zu lassen, dass sie[128] die Umgebung des HIMMELS ist.

Es ist interessant zu sehen, wie der Kommentator arbeitet. Er tut dies auf zwei Ebenen: Zunächst einmal überträgt er den Text in die demotische Sprachform. Dann, wenn auf diese Weise der Literalsinn geklärt ist, bemüht sich der Kommentator um die inhaltliche Erschließung des Textes. Dabei wird zusätzlich zur mythologischen Erklärung auch eine sozusagen astronomische Kommentierung geboten, indem die Gottheiten und die quasi jenseitigen Orte, an denen sie sich aufhalten, mit realen Gegebenheiten identifiziert werden. D. h. der Kommentar zieht den Text, der eine ganz stark mythologische Sicht auf den Sonnenaufgang zeigt, auf eine sehr sachliche, fast naturwissenschaftliche Ebene.

Erkennbar bleibt der Bezug zu einer Fassung der Komposition, die wie die monumentalisierten Versionen mit Darstellungen versehen ist. Denn es wird

119 = der Autor.
120 von Lieven (2007a): 59, übersetzt „Auflösung“ im Sinne von „Erklärung“ und denkt offensichtlich an koptisches ⲃⲱⲗ. Letzterem entspricht aber alphabetisch geschriebenes *bl3* (Erichsen [1954]: 120); früher ist das Wort nicht belegt. Dennoch kann von Lieven recht haben, sofern wirklich die verschiedenen Schreibungen *bnn*, *bnr* u. ä. alle dasselbe Buch meinen und unser Schreiber hier lediglich eine von *bnr* „Äußeres“ beeinflusste Grafie gewählt haben sollte (so Quack [2000]: 167).
121 Im Sinne von dem, was außen herum ist.
122 = der Autor des zitierten Buches.
123 = der Finsternis.
124 = der Leute, also so viel wie „Man kennt nicht“.
125 = der Finsternis.
126 Ein Verfasser, hier wohl der des Ausgangstextes.
127 Wörtl. „finden“.
128 = die Finsternis.

explizit auf das Bild verwiesen (§ 20, § 21, § 31, § 55). Der Papyrus Carlsberg 1 enthält diese Darstellungen zumindest im erhaltenen Teil nicht. Da Anfang und Ende des Papyrus verloren sind, wäre es natürlich denkbar, dass die Illustrationen ursprünglich vorhanden waren. Man fragt sich natürlich, ob der Basistext dann zusätzlich in Form von Beischriften zu der Darstellung angebracht war (vgl. P. Oxford [jetzt Berkeley] 79/105[129]).

Gelegentlich werden im Kommentar andere Schriften zitiert, oder es wird auf sie verwiesen (§ 25, § 31).

Wie bereits gesagt, werden die mythologischen Deutungen, die der Basistext für Naturphänomene vornimmt, vom Kommentator sozusagen wieder rückgängig gemacht. Da der Text sich somit auf zwei Ebenen bewegt, erscheint mir eine kurze inhaltliche Kommentierung meiner Übersetzung angebracht. Dabei kann ich mich auf von Lievens Kommentar, auf den für eine vertiefte Beschäftigung mit dem Text verwiesen sei, stützen. Ich drehe dabei die Reihenfolge wieder um und gehe vom Naturphänomen aus.

§ 20: Die Morgenröte wird als Farbe verstanden, die bei der Geburt des Sonnengottes Re/Phre entsteht. In diesem Paragrafen ist es allerdings offenbar nicht das Blut, das bei der Geburt eines Menschen fließt, sondern eine Farbe, die die Sonnenscheibe annimmt. Zusätzlich wird eine ideografische Schreibung einer Beischrift erklärt, indem das Schriftzeichen der Roten Krone als „Röte" verdeutlicht wird. Die naheliegendste Lesung wäre ja die als Einkonsonantenzeichen *n* gewesen.

§ 21: Die Überschrift ist Metatext, der die Position der nachfolgenden Beischrift angibt. Im Papyrus Carlsberg 1 ist diese Überschrift an den vorangehenden Paragrafen angehängt worden. Zwar ist sie durch ein breites Spatium von ihm abgesetzt, aber sie hat keine eigene Zeile bekommen. Ich vermute, dass der Schreiber dies mit Absicht nicht getan hat. Denn die Platzierung zu Beginn einer neuen Zeile hätte in der Logik des Textlayouts des Papyrus Carlsberg 1 doch wohl angezeigt, dass es sich um Worte des Basistextes handelte.

Die Sonne geht auf, was als Herauskommen aus der Unterwelt bzw. dem Leib der Himmelsgöttin verstanden wird. Hier wird eine gewisse Ambivalenz der mythologischen Vorstellung deutlich. Denn einerseits ist die Himmelsgöttin über die Erde gebeugt gedacht (vgl. Abb. 3), andererseits wird die Geburt der Sonne zugleich als ein Aufsteigen aus der Unterwelt gedeutet.

Die scheinbare Drehung des Himmels bewirkt natürlich auch, dass Sterne, die in der Nähe der aufgehenden Sonne am Himmel sind, mit ihr über den

129 von Lieven (2007a): Taf. 7.

Horizont kommen, allerdings mit Hellerwerden des Himmels dann nicht mehr sichtbar sind. Die *msq*-Region wird in dürren Worten als Eingang der Unterwelt erklärt. Es wird aber nicht gesagt, wie weit am Himmel sie sich erstreckt.

§ 22: In Horizontnähe wird die aufgehende Sonne heller, was vom Kommentator als Ernährung der neugeborenen Sonne verstanden wird, die an Kraft zunimmt.

§§ 23–24: Hier wird noch einmal die aufgehende Sonne mit ihrem Herkunftsort in Beziehung gebracht. Die Sonne steigt im Osten aus dem Wasser auf. Mythologisch wird hier eine Beziehung zu dem in der Unterwelt verbleibenden Vatergott Osiris konstruiert, der als Wasser, aus dem heraus sich die (Wieder-)Geburt des Sonnengottes vollzieht, verstanden wird, die zugleich als Wiederholung des „Ersten Mals", d. h. der Schöpfung, gedeutet wird. Ein Problem hatte der antike Kommentator mit dem Wort „großes Land", das eine alte Bezeichnung für „Backbord/Osten" ist. Im Zusammenhang mit dem Sonnenaufgang ist diese Verortung natürlich korrekt. Die antike Erklärung zeigt jedoch die Verwechslung mit dem gleichlautenden Namen des Gaus von Abydos, wo Osiris bestattet war. Das Totenreich war nun aber dem Westen zugeordnet. Unnötiges Kopfzerbrechen musste sich der Kommentator allerdings nicht machen. Denn selbstverständlich war die Sonne, die im Osten aufgeht, vorher im Westen untergegangen.

§§ 25–26: Die aufgehende Sonne wächst von der Erde aus gesehen am Horizont zu voller Größe heran und steigt schließlich am Himmel nach oben. Dieser Vorgang wird mythologisch so gedeutet, dass der Sonnengott sich von den Menschen entfernt. Der Zeitpunkt, zu dem das geschieht, ist die erste Stunde des Tages. Diese trägt den Namen „Welche für sich zufriedenstellt". Es gab aber auch andere Stundenbenennungen. Dies oder ein einfaches sonstiges Versehen hat unseren Kommentator glauben lassen, hier sei von der neunten Nachtstunde die Rede. Auch die Heranziehung gelehrter Werke kann nicht darüber hinwegtäuschen, dass ihm hier etwas zu Recht höchst unverständlich vorkam.

§ 27: Mit dem Hochsteigen der Sonne am Horizont wird die von ihren Strahlen erreichte Fläche immer größer, schließlich ist ganz Ägypten erleuchtet. Das Licht, das der Sonnengott in Ägypten entstehen lässt, wird als Flamme verstanden. Der Kommentar ist aufgrund einer Lücke nicht ganz sicher verstehbar.

§§ 28–29: Die Kraft der aufgehenden Sonne wird stärker, am Horizont wird es immer heller. Hier ist es zunächst der Kommentator, der den mythologischen Bezug nachträgt: Das Hellerwerden der Sonne, die sich ihren Weg immer weiter bahnt, ist zugleich ein Zeichen dafür, dass sich der Sonnengott erfolgreich gegen seinen schlangengestaltigen Feind Apophis, den Widersacher der Schöpfungsordnung, durchsetzt. So verschwinden auch immer mehr Schatten von der

Erdoberfläche: Der Erdgott Geb sieht also immer besser das Sonnenlicht. Der Kommentator hat die ungewöhnliche grammatische Konstruktion zunächst so aufgefasst, dass der Sonnengott die Erde sieht, was sachlich ja durchaus zutrifft, dann so, dass auch der Erdgott die Sonnenstrahlen sieht.

§ 30: Nachdem zunächst der Osthorizont heller und heller geworden ist, erscheint irgendwann die Sonne selbst.[130] Noch einmal wird im antiken Kommentar betont, dass von der Morgensonne die Rede ist. Auf mythologischer Ebene handelt es sich um den als Kind neu geborenen Sonnengott.

§ 31: Wieder macht eine Zwischenüberschrift deutlich, um welche Beischrift es geht. Wie im Fall von § 21 ist die Überschrift nicht in eine eigene Zeile gesetzt.

§§ 31–32: Es geht im vorliegenden Abschnitt um den Bereich außerhalb des Himmels, an dem sich nach ägyptischer Vorstellung die Himmelskörper bewegen. Die Himmelsgöttin ist ja über die Erde gebeugt, oberhalb ihres Rückens, wo sich der Text der §§ 31ff. befindet, ist die Schöpfung zu Ende. Hier dachte man sich eine undurchdringliche Finsternis, die mit verschiedenen Bezeichnungen belegt werden konnte und in die auch der Sonnengott auf seiner Bahn nie gelangt. Die Erstreckung dieser Zone jenseits des Himmels ist zwangsläufig unbekannt. Sie wird aber offenbar so gedacht, dass sie letztlich die geschaffene Welt auf allen Seiten umgibt.

10 Ein Text zum Sonnenuntergang (P. Carlsberg 1 3.31ff.)

Dieser Abschnitt des Nutbuches befindet sich in der monumentalen Fassung im Kenotaph Sethos' I. am Mund der Himmelsgöttin. Es geht also um den Sonnenuntergang, denn in Analogie zur Geburt des Sonnengottes am Morgen wurde der Untergang der Sonne am Abend als Verschlucken durch die Himmelsgöttin und damit zugleich als Wiedereintritt in die Dat verstanden.

Aus didaktischen Gründen lege ich meinen inhaltlichen Kommentar jetzt genau andersherum an als den zum vorigen Großabschnitt: Ich gehe von den mythologischen Aussagen aus, wie sie ja der Basistext liefert, und verfolge, welche astronomischen Vorgänge dem antiken Kommentator zufolge dahinterstecken.[131]

130 Vgl. Jansen-Winkeln (1996): 201f., und oben S. 355f. die Z. 13 des Sonnenuhrtextes.
131 Hier ist Leitz (2008/9): 9f., zu vergleichen.

§ 55 (3.31) *ꜤQ ḤM [N] NṮR PN M RꜢ=S M-H̱NW DꜢ.T*

i.iri pꜣ NṮR ḏd pꜣ-Rꜥ ꜥq □ [r] □[132] *tꜣ DꜢ.T M RꜢ=S ḏd tꜣ P.T MꜢꜢ R pꜣ ṮKY* **(3.32)** *pꜣ [I]TN nty i.ir rꜣ⸗s*

(3.31) DIE MAJESTÄT DIESE[S] GOTTES TRITT DURCH[133] IHREN[134] MUND IN DIE DAT EIN.

Der GOTT, d. h. PHRE, tritt ein DURCH IHREN MUND, d. h. den HIMMEL, □ [in] □ die DAT. SCHAU ZU dem BILD: **(3.32)** die [SON]NENSCHEIBE, die an ihrem Mund ist.

§ 56 (3.33) *WBꜢ=F M-ḪT SQD=F M-H̱NW=S*

i.iri⸗f PRI n.im⸗s ḏd tꜣ DꜢ.T i.iri⸗f mšꜥ ẖn⸗s ḏd tꜣ P.T ꜤN

(3.33) ER ÖFFNET, NACHDEM ER IN IHR[135] GEFAHREN IST.

Er KOMMT aus ihr HERAUS, d. h. der DAT. Er reist WIEDER in ihr, d. h. dem HIMMEL.

§ 57 (3.34) *ꜤQ NN SBꜢ.W M-ḪT=F PRI=SN M-ḪT=F* □

i.iri nꜣy SBꜢ.W ḥtp m-sꜣ⸗f i.iri⸗w ḫꜥi m-sꜣ⸗f ḎD N pꜣy⸗w ss(w) n **(3.35)** *ḥtp ḫpr pꜣ ṱꜣ nty-iw bw-iri⸗w nw r.r⸗w n.im⸗f ⟨pꜣy⟩ r.iri ḫr ḫꜥi⸗w m-sꜣ⸗f mtw⸗w ḥtp m-sꜣ⸗f*

(3.34) DIESE STERNE TRETEN NACH IHM EIN, (UND) SIE KOMMEN NACH IHM HERAUS. □

Diese STERNE gehen nach ihm unter, (und) sie gehen nach ihm auf, D. H. (an) ihrem **(3.35)** Untergangstag. Denn ⟨das ist⟩ der Termin, an dem man sie nicht sieht. Sie pflegen nach ihm aufzugehen, und sie gehen nach ihm unter.

§ 58 (3.36) *ꜤQ NN ḤPT=SN R DMI.W=SN*

i.iri nꜣy ḥtp iw⸗w mḫ̭ꜥ r nꜣy⸗w ꜥt ḏd nꜣ nty m-sꜣ⸗w pꜣ ꜤḎ **(3.37)** *[nty-i]w⸗w iri bꜣk n.im⸗f pꜣy ḫpr i.iri ḫr ḥtp hyn.w [r] šsp n⸗w k.t-ẖ.t* □ *ŠDI IY M GRḤ KꜢ.TW* **(3.38)** *IY M WNW.T=SN IW ꜤQ SBꜢ R DMI.W=F*

(3.36) DIESE TRETEN EIN. SIE EILEN ZU IHREN ÖRTERN.

Diese gehen unter, indem sie zu ihren Ufern reisen, d. h. die, die hinter ihnen sind. Das UFER, **(3.37)** an [de]m sie Arbeit leisten, ist es. Denn einige pflegen unterzugehen, [nachdem] andere ihnen nachgefolgt[136] sind. □ REZITATION(?) KOMMT IN DER NACHT, SAGT MAN,[137] **(3.38)** EIN KOMMEN IN IHRER STUNDE, INDEM[138] EIN/(DER) STERN ZU SEINEN ÖRTERN[139] EINTRITT.

---

132 Oder *[ẖn]* „[in]" ohne Spatien? Die Spatien irritieren, und ich frage mich, ob wenigstens teilweise die Papyrusoberfläche lediglich abgerieben ist.

133 von Lieven (2007a): 72: „in".

134 = der Himmelsgöttin.

135 So mit dem antiken Kommentar.

136 Mit der Konnotation „im Amt nachgefolgt" (Erichsen [1954]: 500).

137 Sehr zweifelhaft; von Lieven (2007a): 73, ganz anders.

138 Anders als von Lieven (2007a): 73, verstehe ich das hieratische *iw* als Umstandskonverter.

139 Gegen von Lieven (2007a): 73, nehme ich die Pluralstriche ernst.

§ 59 (3.39) *PR-IWNW BW ꜥQ Rꜥ IM=F* □

PR-IWNW pꜣ ꜥ.wy nty-iw pꜣ-Rꜥ ḥtp n.im=f rn=f pꜣy

(3.39) PFEILERHAUS, DER ORT, IN DEN RE EINTRITT. □

PFEILERHAUS: „Der Ort, an dem PHRE untergeht[140]“ ist sein Name.

§ 60 (3.40) *SW [ꜥQ] NṮR PN M Rꜣ=S M WNW.T NTY-SḤTP-N=S M WḪ*

i.iri pꜣ NṮR ꜥq n rꜣ=s n WNW.T SḤTP-N=S **(3.41)** *⟨n⟩ [r]hy ḏd i.iri pꜣ NṮR ꜥq r rꜣ=s n pꜣ ḏd WNW.T 3.T n rhy i.iri ḫr PRI=F n.im=s n WNW.T* **(3.42)** *[S]ḤTP-N=S pꜣ ḏd ⟨wnw.t⟩ 9.t n grḥ pꜣy*

(3.40) UND DIESER GOTT [TRITT EIN] IN IHREN MUND IN DER STUNDE „WELCHE FÜR SICH ZUFRIEDENSTELLT“[141] IN DUNKELHEIT.

Der GOTT tritt ein in ihren Mund in (DER) STUNDE „(WELCHE) FÜR SICH ZUFRIEDENSTELLT“ **(3.41)** [abe]nd⟨s⟩; d. h. der GOTT tritt in ihren Mund ein in der DRI⟨TTEN⟩ Abendstunde. ER pflegt aus ihr[142] HERAUSZUKOMMEN in (DER) STUNDE **(3.42)** „(WELCHE) FÜR SICH ZUFRIEDEN[STELLT]“ – Das ist die neunte Nachtstun⟨de⟩. –,

§ 61 (3.43) *ꜣ[Ḫ=F] ꜥN=F M-ḪNW ꜥ.WY IT=F WSIR* □

iw=f NFR iw=f ꜥn ḪN ḏr.t pꜣy=f IT WSIR pꜣ mw pꜣy

(3.43) [ER] IST WIRK[SAM], ER IST SCHÖN IN DEN ARMEN SEINES VATERS OSIRIS. □

wobei er GUT ist, wobei er schön ist IN (der) Hand seines VATERS OSIRIS. Das ist das Wasser.

§ 62 (3.44) *WꜥB[=F I]W=F IM=F* □□

WꜥB=F n.im=f ḏd pꜣ mw

(3.44) [ER] REINIGT SICH, [WÄHR]END ER IN IHM IST. □□

ER REINIGT SICH in ihm, d. h. dem Wasser.

§ 63 (4.1) *ḤTP ḤM NṮR PN M ꜥNḪ [M Dꜣ.T …*

… …] **(4.2)** *[…]…[…]* **(4.3)** *ꜥn smy n pꜣy=w ..[… …]*

(4.1) DIE MAJESTÄT DIESES GOTTES RUHT IN LEBEN [IN DER DAT …

… …] **(4.2)** […]…[…] **(4.3)** berichten ihren/ihrem[143] ..[… …]

---

140 Oder „an dem Phre ruht“.

141 Ein antiker Fehler: Es ist die falsche Stunde genannt!

142 = der Himmelsgöttin.

143 von Lieven (2007a): 74 hat sich auf „ihren“ festgelegt.

§ 64 (4.4) *SW NṮR PN WḎ⟨=F⟩ MDW.W N □ IMN.T(Y).W IRI=F SẖR.W N IMY.W [Ḫ̱R.T]-NṮR*[144] *[...]*

pꜣ NṮR ḏd pꜣ-Rꜥ ḫr wꜣḥ=f s[ḥny n nꜣ nty] n tꜣ Dꜣ.T nty-iw=f iri pꜣ ꜥš-[sḥn n nꜣ ...]

(4.4) UND DIESER GOTT, ⟨ER⟩ BEFIEHLT DEN □ WESTLICHEN, (UND) ER MACHT PLÄNE FÜR DIE IN DER NEKRO[POLE] BEFINDLICHEN.

(4.5) Der GOTT, d. h. PHRE, er pflegt [denen, die] in der DAT sind, Be[fehle] zu erteilen und die An[gelegenheit für die ...] zu machen [...]

§ 55: Zunächst wird festgestellt, dass der Sonnengott in den Mund der Himmelsgöttin eintritt und so in die Unterwelt (Dat) gelangt. Es ist offensichtlich, dass damit im Gegensatz zum als Geburt gedachten Sonnenaufgang der Sonnenuntergang gemeint ist. Genau das drückt der antike Kommentar aus. Er verweist den Leser zunächst auf ein Detail der Darstellung, die schon direkt am Mund der Himmelsgöttin befindliche Sonnenscheibe.

§ 56: Der Text ist möglicherweise nicht korrekt; er bereitet jedenfalls Verständnisprobleme. Ich vermute, dass mit diesem kurzen Abschnitt tatsächlich ein Ausblick auf den weiteren Lauf des Sonnengottes durch den Leib der Himmelsgöttin Nut gegeben wird: Der Gott fährt durch sie hindurch, wobei sie zugleich als Himmel und Unterwelt verstanden wird, bis der Sonnengott wieder aus ihr herauskommt („öffnet" = „Ausgang nehmen" im Basistext, „herauskommen" im Kommentar). Astronomisch ist die Nacht gemeint, in der die Sonne nicht zu sehen ist, in der sie aber scheinbar ihren Weg vom Westen zum Osten zurücklegt.

§ 57: Der Text wendet sich nun den Sternen zu. Auch sie gehen unter und auf, und zwar jeweils nach dem Sonnengott. Dem antiken Kommentar zufolge gibt es durchaus auch eine Zeit der Unsichtbarkeit dieser Sterne. Das wird wohl daran liegen, dass sie natürlich immer auf- und untergehen, aber unter Umständen wegen ihrer Sonnennähe unsichtbar sind.

§ 58: Hier wird weiter über die Sterne gesagt, dass sie „eintreten" (scil. in die Unterwelt bzw. den Leib der Himmelsgöttin), also untergehen und zu bestimmten Örtern[145] eilen. Ganz im Bild der Schiffsreise des Sonnengottes und seines Gefolges bleibend, werden diese im Kommentar als „Ufer" bezeichnet. An diesen je spezifischen Stellen leisten die Sterne „Arbeit". Dies tun die Sterne nacheinander, wie dem Kommentar zu entnehmen ist. – Der Schlussteil ist höchst unsicher. Da es sich hier eindeutig um den Untergang von Sternen

---

144 Der Bestandteil *nṯr* „Gott" ist, wie üblich, aus Verehrungsgründen grafisch vorangestellt.
145 Vgl. im Sonnenuhrtext Z. 1 und 13 denselben Ausdruck *dmi*.

handelt, kann mit „Arbeit leisten“ nicht das Kulminieren gemeint sein. Wie Christian Leitz plausibel gemacht hat, muss der Ausdruck vielmehr „als Dekanstern fungieren“, „die Stunde anzeigen“ meinen.[146]

§ 59: Der unterweltliche Aufenthaltsort des Sonnengottes wird hier als „Pfeilerhaus“ (*pr iwn*) bezeichnet. Möglicherweise wird dadurch ein Bezug zu Heliopolis (*iwnw* „Pfeiler[-Stadt]“) hergestellt, dem Ort, an dem der Sonnengott besonders verehrt wurde und wo man ihm bereits im Alten Reich Steinmale und Obelisken errichtete.

§ 60: Noch einmal präzisiert der Text, dass der Eintritt des Sonnengottes in die Dat abends, wenn es dunkel ist, erfolgt. Diese Stunde wird aufgrund eines Textfehlers schon im Basistext als „Welche für sich zufriedenstellt“ genannt. Da das die neunte Nachtstunde ist, war der Kommentator sichtlich verwirrt. Er vermerkt am Ende seines Eintrags, dass es sich um die neunte Nachtstunde handelt, sagt aber, dass in ihr bereits ein „Herauskommen“ stattfindet und der eigentliche Untergang in der dritten Abendstunde erfolgt.

§ 61: Hierzu ist § 23 zu vergleichen.

§ 62: Der Aufenthalt des Re in der Unterwelt wird in diesem Paragrafen ganz klar als Reinigung verstanden.

§ 63f.: Der Sonnengott befindet sich in der Dat, ist also für die Erdenbewohner unsichtbar. Doch sorgt der Sonnengott nun während der Nacht für die Unterweltlichen („Westlichen“) und Toten („die in der Nekropole Befindlichen“).[147] Der Aufenthalt des Sonnengottes bei den Toten ergibt sich als logische Konsequenz aus der Vorstellung, die die Ägypter von der nächtlichen Unsichtbarkeit der Sonne hatten.

---

146 Leitz (2008/9): 9f.

147 Der Aspekt der Versorgung der Unterweltlichen durch den bei ihnen vorbeikommenden nächtlichen Sonnengott wird beispielsweise im Pfortenbuch thematisiert, vgl. z. B. Hornung (1997): 61 und 63.

11 Ein Text zu den Dekansternen (P. Carlsberg 1 4.43ff.)

Dieses Kapitel ist im Laufe der Überlieferung durch Umstellungen erheblich gestört worden. Als der antike Kommentator über den Text schrieb, hatte er bereits den verderbten Wortlaut vor sich. Der Kommentator bemerkte entweder die Textfehler nicht oder wagte nicht, in den für autoritativ gehaltenen Text einzugreifen. Jedenfalls bemühte er sich, dem durcheinandergeratenen Text möglichst viel Sinn abzugewinnen und kommentierte ihn wacker.

Ich gebe hier einen Ausschnitt aus dem Abschnitt zu den Dekansternen in der Reihenfolge wieder, wie der Text im Papyrus Carlsberg 1 überliefert ist. Die Paragrafenzählung richtet sich aber nach dem ursprünglichen, korrekten Text, wie er bei Sethos I. überliefert ist.

Der Abschnitt hat stellenweise einen mehr narrativen Charakter und erzählt davon, wie sich die Himmelsgöttin Nut und der Erdgott Geb streiten (§ 96). Nut als Sau frisst ihre Kinder, die Sterne (§ 100, § 97a, § 96, § 97b), die ja immer wieder unsichtbar werden. Der Luftgott Schu trennt die beiden voneinander, indem er Nut, den Himmel, hochhebt (§ 98), während Geb als Erdboden unten liegenbleibt – was ursprünglich am Ende des Textes stand, befindet sich nun am Anfang und wird vom Kommentator offenbar als Normal- und Ausgangszustand gesehen: Geb streitet nicht mit Nut, obwohl sie ihre Kinder verschluckt, d. h. trotz des Untergangs der Sterne (§ 100). Doch auch wenn die beiden nicht mehr streiten, so frisst Nut gleichwohl die Ferkel (= Sterne) (§ 97a). Schu hat Nut erhöht (§ 98) – diese Aussage bleibt recht unverbunden stehen. Der Vorgang fand ja früher statt und beendete den Streit. In § 96 kommt der Text auf das Fressen der Ferkel = Untergehenlassen der Sterne zurück. Ein zusätzlicher Textfehler hatte aus dem Zorn des Geb gegen Nut seine Vereinigung mit ihr gemacht, die den Kommentator bewog, ausdrücklich das Negative dieser Vereinigung hervorzuheben. Anders wäre ja die Brücke zu Gebs Zorn gegen Nut nicht zu schlagen gewesen. Es ist logisch, dass die Sterne in diesem Zusammenhang als „Gefressene" bezeichnet werden (§ 97b). Die Angabe des Zeitpunktes, zu dem all dies geschieht, nämlich die Nacht, wenn der Sonnengott am Westhorizont untergegangen ist, ist nun durch die Textverstellung nach hinten geraten.

Die erwähnten 29 Sterne sind die Dekane, die in der Nacht sichtbar sind, nicht die sieben, die gerade tags und nachts ganz unsichtbar sind. Die astronomischen Grundlagen sind folgende:[148] An einem beliebigen Tag gibt es immer zwölf Dekane, die nacheinander die Nachtstunden wohl durch Erreichen der Meridianhöhe (= der gedachten Linie vom Nordpunkt über den Himmelspol und Zenit zum Süden) anzeigen, d. h. die Sterne kulminieren. Acht weitere Dekane auf der Ostseite des Himmels gehen zwar auch in der Nacht auf, steigen aber vor Tagesanbruch nicht mehr hoch genug, um als Zeitmesser in Frage zu kommen, neun andere auf der Westseite stehen schon zu niedrig und taugen daher ebenfalls nicht als Anzeiger für eine Nachtstunde. Zusammen sind es 29 Dekane. Sieben weitere von den insgesamt 36 Dekanen stehen stets zu tief, sodass sie die ganze Nacht über unsichtbar sind. Sie fungieren aber z. B. ein halbes Jahr später als Stundenanzeiger.

Über die in der Dekanliste des Nutbuches genannten und identifizierbaren Dekane sowie ihre Aufgangsdaten lässt sich berechnen, wann dieses System den astronomischen Gegebenheiten entsprach. Das war im 19. Jh. v. Chr. der Fall.[149] Schon im Kenotaph Sethos' I. und erst recht im P. Carlsberg 1 handelt es sich also um eine zu Traditionsgut gewordene Überlieferung. Man sollte aber auch nicht vergessen, dass aufgrund derselben Verschiebung des ägyptischen Kalenders die Daten nach 1461 ägyptischen Jahren (einem sogenannten Sothis-Zyklus), d. h. im frühen 4. Jh. v. Chr., wieder stimmten. Aufgrund von sprachlichen Kriterien kommt von Lieven zu dem Ergebnis, dass der Kommentar, von dem P. Carlsberg 1 eine Abschrift bewahrt hat, unter den letzten einheimischen Dynastien vor der Ptolemäerzeit (ab 332 v. Chr.) entstanden sein muss, aber, da er keine frühdemotischen Merkmale zeigt, nach der 27. Dynastie (bis 404/1 v. Chr.). Darf man aufgrund dieser verblüffenden Übereinstimmung die Vermutung wagen, dass der Text im 4. Jh. wieder als aktuell angesehen und daher zu diesem Zeitpunkt noch einmal hervorgeholt und kommentiert wurde?

§ 100 (4.43) *IM=F ŠNN ḤNᶜ=S ḤR WNM=S MS.W=S*

bn-iw p3y=f iri 3ḥ irm=s ḥr p3 di.t ḥtp n3y=s ẖrd.w **(4.44)** *ḏd bn-iw p3 [i]ri 3ḥ n GB irm NW.T ḥr p3 di.t ḥtp n3y=w ẖrd.w ḏd n3 SB3.W i.iri=f ḏd n.im=s (r-)ḏb3? …*

(4.43) ER SOLL NICHT MIT IHR STREITEN WEGEN IHRES FRESSENS IHRER KINDER.

Es gibt nicht sein Streiten mit ihr wegen des Untergehenlassens ihrer (f. Sg.) Kinder; **(4.44)** d. h. es gibt nicht das [S]treiten des GEB mit NUT wegen des Untergehenlassens ihrer (Pl.) Kinder, d. h. der STERNE. Er sagt es wegen(?) …

---

148 von Lieven (2007a): 148f.; van der Waerden (1980): 23; vgl. § 48f. des Nutbuches (hier nicht übersetzt).

149 van der Waerden (1980): 24.

§ 97a (5.1) *PRI ID.T ḤR WNM RRI.W=S ḤR WNM=SN* □
t[ꜣ][150] *ID.T ḫpr n wnm* **(5.2)** *nꜣy⸗s lyl.w ḥr pꜣy⸗s wnm⸗w ḏd i.iri⸗w .[...] n? wnm* □ *nꜣy⸗s ll.w*[151] **(5.3)** *šꜥ pꜣ hrw ḥr pꜣ wnm nꜣy⸗s ẖrd.w ḏd NW.T ḏd nꜣ SBꜣ.W ID.T* **(5.4)** *nty-iw⸗f ḎD N.im[⸗s]*[152] *ID.T n šꜣ tꜣy ID.T NB.T nꜣ.w?*[153]

(5.1) Das Muttertier kommt hervor wegen des Fressens seiner Ferkel[154], wegen des sie Fressens.[155] □

D[as] Muttertier existiert in (dem) Fressen **(5.2)** seiner Ferkel, bei seinem sie Fressen, d. h. sie (Pl.) .[...]. fressen □ seine[156] Ferkel **(5.3)** bis zum Tag[157] wegen des Fressens seiner Kinder, d. h. Nut, d. h. die Sterne.[158] (Das) Muttertier, **(5.4)** von [d]em er spricht, das ist ein Schweinemuttertier; alle Muttertier(e) sind(?) es(?).

§ 98 (5.5) *IT=F ŠW ḪY=F S(Y) FY=F S(Y) R DP=F ḤR WNM=SN* □
pꜣy⸗s IT (5.6) ŠW ḏi⸗f ḪY⸗s fy⸗f s r ḏꜣḏꜣ{⸗s}⟨⸗f⟩

(5.5) Ihr Vater Schu, er erhöhte sie (f. Sg.), (und) er hob sie über seinen Kopf wegen des sie (Pl.) Fressens. □

Ihr Vater **(5.6)** Schu, er ließ sie hoch sein, (und) er hob sie über {ihren} ⟨seinen⟩[159] Kopf.

§ 96 (5.7) *SW SMꜣ GB ḤNꜥ NW.T ḪPT=F R=S ḤR WNM=SN*
šbn GB irm **(5.8)** *NW.T šbn r nty ḥw pꜣy ḫ̂ꜥly⸗f r.r⸗s ḥr pꜣy⸗s ḏi.t ḥtp⸗w ḏd* **(5.9)** *ḥr ḏi.t ḥtp nꜣy⸗f ẖrd.w i.iri⸗s r ḏi.t msi⸗s st*

(5.7) Und Geb vereinigte[160] sich mit Nut. Er war verärgert über sie wegen des sie Fressens.

---

150 Die minimalen Tintenspuren und die Syntax des Satzes hier scheinen mir kaum eine andere Auffassung zuzulassen.

151 *lyl.w* bei von Lieven (2007a): 417, ist ein Versehen.

152 Das *n* steht unter dem *ḏd*.

153 Anders kann ich die Schriftreste nach *nb.t* nicht verstehen; von Lieven (2007a): 417, berücksichtigt sie nicht.

154 Wörtl. „Schweine".

155 D. h., weil die Ferkel von ihrer Mutter gefressen werden.

156 = des Muttertieres; im Demotischen feminin, hier dem deutschen Genus entsprechend als Neutrum übersetzt.

157 von Lieven (2007a): 83, hat „bis zum heutigen Tag" (> ϣⲁ ⲡⲟⲟⲩ). Aber *hrw* „Tag" ist hier mit alphabetischem *h* geschrieben, steht also eher für „bis zu dem Tag" (> ϣⲁ ⲡϩⲟⲟⲩ), also „bis zum Tagesanfang".

158 Gemeint ist: Muttertier = Nut, Kinder = Sterne.

159 So nach dem Basistext emendiert. Man mag sich jedoch fragen, ob der Kommentator daran gedacht hat, dass Nut so weit hochgehoben wird, dass ihr Leib sogar höher als ihr Kopf ist (vgl. Abb. 3).

GEB vereinte sich mit **(5.8)** NUT. Das ist eine Vereinigung zu Bösem. Er zürnte gegen sie, weil sie (f. Sg.) sie (Pl.) untergehen ließ;[161] d. h. **(5.9)** weil sie seine Kinder untergehen ließ,[162] um sie (wieder) zu gebären.

§ 97b (5.10) *ḎD RN{N}=SN M WNM* □
ḏd rn=w n WNM ḏd nꜣ SBꜣ.W ḫpr i.iri=w ḏd n=w WNM **(5.11)** *n RN{N} (r-)ḏbꜣ.ṯ=s*
(5.10) SIE WERDEN „GEFRESSENER"[163] GENANNT.[164] □
Sie „GEFRESSENEN" nennen,[165] d. h. die STERNE. Denn man sagt zu ihnen **(5.11)** deswegen[166] „GEFRESSENER" mit NAMEN.

§ 93a (5.12) *M-ḪT ḤTP ḤM=F M ꜣḪ.T IMN.T.T ʿQ=SN M Rꜣ=S M BW* □
m-sꜣ ⟨nꜣy⟩ i.iri pꜣ-Rʿ ḥtp **(5.13)** *n tꜣ ꜣḪ.T [IMN.T.T] iw=w ʿq n Rꜣ=S n pꜣ ʿ.wy nty-iw pꜣ-Rʿ ḥ[tp n.im=f] ḏd pꜣ SBꜣ* **(5.14)** *nty irm=f pꜣ [2]9 [n SBꜣ] nty ḥr mi.t nꜣ.w*
(5.12) NACHDEM SEINE MAJESTÄT IN DEM WESTHORIZONT untergegangen IST, TRETEN SIE DURCH IHREN MUND AN DEM ORT EIN.[167] □
⟨Da⟩nach: PHRE geht **(5.13)** im [WEST]HORIZONT unter, während sie durch IHREN MUND an dem Ort eintreten, [an dem] PHRE un[tergeht]; d. h. der STERN, **(5.14)** der mit ihm ist. Das sind die [2]9 [STERNE], die unterwegs sind.[168]

---

160 Textfehler für „stritt".
161 Wörtl. nominal „wegen ihres ..."
162 Wörtl. „wegen des ..., was sie gemacht hat".
163 Gegen von Lieven (2007a): 84, im Singular.
164 Wörtl. „Ihr Name wird als ‚Gefressener' gesagt."
165 Wenn man den Text so nimmt, wie er dasteht, muss man akzeptieren, dass er hier stichwortartig und nicht als zusammenhängender Satz formuliert ist. Von der Syntax her muss *ḏd* nämlich ein Infinitiv sein. Die Übersetzung von von Lieven (2007a): 84, als Passiv („Ihr Name wird genannt") setzt im Demotischen *ḏd=w* voraus.
166 Oder „ihretwegen."
167 So muss der Schreiber des P. Carlsberg 1 den durch die Verstellung verderbten Text wohl zusammengezogen und verstanden haben. Eigentlich gehört der „nachdem"-Satz zu etwas Vorangehendem, und „Sie treten ein" war ein davon unabhängiger Hauptsatz.
168 Diese Aussage bezieht sich nach von Lieven (2007a): 165: „auf den allmorgendlichen Untergang der in der Nacht sichtbaren Dekane".

Literaturverzeichnis

Barta, Winfried. 1985. „Das Personalpronomen der *wj*-Reihe als Proklitikon im adverbiellen Nominalsatz". *Zeitschrift für ägyptische Sprache und Altertumskunde* 112: 94–104.

Borghouts, J[oris] F. 2010. *Egyptian. An Introduction to the Writing and Language of the Middle Kingdom*. 2 Bde. (Egyptologische Uitgaven, 24). Leiden u. a.: Peeters.

Bruins, E. M. 1965. „The Egyptian Shadow Clock". *Janus* 52: 127–137.

Clagett, Marshall. 1995. *Ancient Egyptian Science*, Bd. 2: *Calendars, Clocks, and Astronomy*. Philadelphia: American Philosophical Society.

Depauw, Mark. 1997. *A Companion to Demotic Studies* (Papyrologica Bruxellensia, 28). Brüssel: Fondation Égyptologique Reine Élisabeth.

Edel, Elmar. 1955/1964. *Altägyptische Grammatik* (Analecta Orientalia, 34 und 39). Rom: Pontificium Institutum Biblicum.

Erichsen, W[olja]. 1954. *Demotisches Glossar*. Kopenhagen: Munksgaard.

Erman, Adolf. 1979. *Neuägyptische Grammatik*. 2. Nachdruckauflage. Hildesheim/New York: Olms.

Erman, Adolf und Hermann Grapow (Hgg.). 1982. *Wörterbuch der aegyptischen Sprache*. 7 Bde. + 5 Belegstellenbde. 4. Auflage. Berlin: Akademie-Verlag.

Frankfort, Henri. 1933. *The Cenotaph of Seti I at Abydos* (Egypt Exploration Society, memoir 39). London: Egypt Exploration Society.

Gardiner, Alan (Hg.). 1955. *The Ramesseum Papyri*. Plates. Oxford: Griffith Institute.

Gardiner, Alan. 1978. *Egyptian Grammar. Being an Introduction to the Study of Hieroglyphs*. 3. Auflage. Oxford: Griffith Institute.

George, Beate. 1974. „Die Bahn der Sonne am Tage und in der Nacht: altägyptische Sonnenuhren und Königsgräber". In: László Kákosy und Ernő Gaál (Hgg.), *Recueil d'études dédiées à Vilmos Wessetzky à l'occasion de son 65e anniversaire* (Studia Aegyptiaca, 1 = Az Eötvös Loránd tudományegyetem ókori történeti tanszékeinek kiadványai, 9). Budapest: ELTE: 101–116.

Gestermann, Louise. 2008. „Einige Anmerkungen zum Dekorationsprogramm im Osireion von Abydos". In: Wolfgang Waitkus (Hg.), *Diener des Horus. Festschrift für Dieter Kurth zum 65. Geburtstag* (Aegyptiaca Hamburgensia, 1). Gladbeck: PeWe: 109–122.

Griffith, F[rancis] Ll[ewellyn] und W[illiam] M[atthew] F[linders] Petrie. 1889. *Two Hieroglyphic Papyri from Tanis* (The Egypt Exploration Fund, Extra Memoir, [9]). London: Trübner.

Hannig, Rainer. 2009. *Die Sprache der Pharaonen. Großes Handwörterbuch Ägyptisch – Deutsch (2800–950 v. Chr.). Marburger Edition* (Kulturgeschichte der antiken Welt, 64). 5. Auflage. Mainz: Zabern.

Hannig, Rainer und Petra Vomberg. 1999. *Kulturhandbuch Ägyptens. Wortschatz der Pharaonen in Sachgruppen* (Hannig-Lexica, 2 = Kulturgeschichte der antiken Welt, 72). Mainz: Zabern.

Hoffmann, Friedhelm. 2014. „Internationale Wissenschaft im hellenistischen Ägypten". In: Friedhelm Hoffmann und Karin Stella Schmidt (Hgg.), *Orient und Okzident in hellenistischer Zeit. Beiträge zur Tagung „Orient und Okzident – Antagonismus oder Konstrukt? Machtstrukturen, Ideologien und Kulturtransfer in hellenistischer Zeit", Würzburg 10.–13. April 2008*. Vaterstetten: Brose: 77–112.

Hornung, Erik. 1997. *Altägyptische Jenseitsbücher. Ein einführender Überblick*. Darmstadt: Primus.

Isler, Martin. 1991. „The Merkhet". *Varia Aegyptiaca* 7: 53–67.

Jansen-Winkeln, Karl. 1996. „‚Horizont' und ‚Verklärtheit': Zur Bedeutung der Wurzel *ꜣḫ*". *Studien zur altägyptischen Kultur* 23: 201–215.

Jansen-Winkeln, Karl. 2004. „Sprachliche Bemerkungen zu den ‚Unterweltsbüchern'". *Studien zur altägyptischen Kultur* 32: 205–232.

Krauss, Rolf. 1997. *Astronomische Konzepte und Jenseitsvorstellungen in den Pyramidentexten* (Ägyptologische Abhandlungen, 59). Wiesbaden: Harrassowitz.

Leitz, Christian. 1991. *Studien zur ägyptischen Astronomie* (Ägyptologische Abhandlungen, 49). 2. Auflage. Wiesbaden: Harrassowitz.

Leitz, Christian. 1995. *Altägyptische Sternuhren* (Orientalia Lovaniensia Analecta, 62). Leuven: Peeters.

Leitz, Christian. 2001. „Astronomia e Calendari". In: Sandro Petruccioli (Hg.), *Storia della scienza*. Vol. 1: *La scienza antica*. Rom: Istituto della Enciclopedia Italiana: 65–74.

Leitz, Christian. 2008/9. „Zu einigen astronomischen Aspekten im sogenannten Nutbuch oder Grundriss des Laufes der Sterne". *Enchoria* 31: 1–21.

Lieven, Alexandra von. 2000. *Der Himmel über Esna. Eine Fallstudie zur Religiösen Astronomie in Ägypten* (Ägyptologische Abhandlungen, 64). Wiesbaden: Harrassowitz.

Lieven, Alexandra von. 2007a. *Grundriß des Laufes der Sterne. Das sogenannte Nutbuch*. 2 Bde. (The Carlsberg Papyri, 8/CNI Publications, 31). Kopenhagen: Museum Tusculanum Press.

Lieven, Alexandra von. 2007b. „Bemerkungen zum Dekorationsprogramm des Osireion in Abydos". In: Ben Haring und Andrea Klug (Hgg.), *6. Ägyptologische Tempeltagung. Funktion und Gebrauch altägyptischer Tempelräume. Leiden, 4.–7. September 2002* (Königtum, Staat und Gesellschaft früher Hochkulturen, 3.1). Wiesbaden: Harrassowitz: 167–186.

Meeks, Dimitri. 1981. *Année lexicographique. Égypte Ancienne*. Bd. 2: *(1978)*. Paris: [keine Verlagsangabe].

Mendel, Daniela. 2005. *Die Monatsgöttinnen in Tempeln und im privaten Kult* (Rites Égyptiennes, 11). Turnhout: Brepols.

Möller, Georg. 1909. *Hieratische Paläographie. Die aegyptische Buchschrift in ihrer Entwicklung von der fünften Dynastie bis zur römischen Kaiserzeit*. Bde. 1 und 2. Leipzig: J. C. Hinrichs.

Neugebauer, Otto und Richard A. Parker. 1960–1969. *Egyptian Astronomical Texts*. 3 Bde. in 4 Teilen (Brown Egyptological Studies, 3, 5 und 6). Providence/London: Brown University Press.

Pantalacci, Laure. 2005. „Nouveautés graphiques et lexicales dans le corpus des textes des Balat". In: Stephan Seidlmayer (Hg.), *Texte und Denkmäler des ägyptischen Alten Reiches* (Thesaurus Linguae Aegyptiae, 3). Berlin: Dürring: 275–285.

Quack, Joachim Friedrich. 2000. „Kollationen und Korrekturvorschläge zum Papyrus Carlsberg 1". In: P[aul] J. Frandsen und K[im] Ryholt (Hgg.), *A Miscellany of Demotic Texts and Studies* (The Carlsberg Papyri, 3/CNI Publications, 22). Kopenhagen: Museum Tusculanum Press: 165–171.

Quack, Joachim Friedrich. 2006. „Eine Papyruskopie des Textes der Votivellen". In: Kim Ryholt (Hg.), *Hieratic Texts from the Collection* (The Carlsberg Papyri, 7/CNI Publications, 30). Kopenhagen: Museum Tusculanum Press: 39–52.

Quack, Joachim Friedrich. 2014. „Bemerkungen zur Struktur der demotischen Schrift und zur Umschrift des Demotischen". In: Mark Depauw und Yanne Broux (Hgg.), *Acts of the Tenth*

International Congress of Demotic Studies. Leuven, 26–30 August 2008 (Orientalia Lovaniensia Analecta, 231). Leuven u. a.: Peeters: 207–242.

Ryholt, Kim. 2005. „On the Contents and Nature of the Tebtunis Temple Library. A Status Report". In: Sandra Lippert und Maren Schentuleit (Hgg.), *Tebtynis und Soknopaiu Nesos. Leben im römerzeitlichen Fajum. Akten des Internationalen Symposions vom 11. bis 13. Dezember 2003 in Sommerhausen bei Würzburg*. Wiesbaden: Harrassowitz: 141–170.

Salmas, Anne-Claire. 2013. „La mesure du temps de la journée (1). Modules et fonctionnement des premières horloges à ombre". *Bulletin de l'Institut Français d'Archéologie Orientale* 113: 353–379.

Schlott, Adelheid. 1989. *Schrift und Schreiber im Alten Ägypten* (Beck's Archäologische Bibliothek, o. Nr.). München: Beck.

Schweitzer, Simon D. 2011. „Zum Lautwert einiger Hieroglyphen. [D1], [U23], [F25] und [W19]". *Zeitschrift für ägyptische Sprache und Altertumskunde* 138: 132–149.

Tupikova, Irina und Michael Soffel. 2012. „Modelling Sundials: Ancient and Modern Errors". In: Mark Geller und Klaus Geus (Hgg.), *Productive Errors. Scientific Concepts in Antiquity* (Max-Planck-Institut für Wissenschaftsgeschichte, Preprint, 430). [Berlin]: Max-Planck-Institut für Wissenschaftsgeschichte: 93–114.

Vos, R[ené] L. 1993. *The Apis Embalming Ritual. P. Vindob. 3873* (Orientalia Lovaniensia Analecta, 50). Leuven: Peeters.

Waerden, B[artel] L. van der. 1980. *Erwachende Wissenschaft*. Bd. 2: *Die Anfänge der Astronomie* (Wissenschaft und Kultur, 23). 2. Auflage. Basel/Boston/Stuttgart: Birkhäuser.

Werning, Daniel A. 2004. „The Sound Values of the Signs Gardiner D1 (Head) and T8 (Dagger)". *Lingua Aegyptia* 12: 183–204.

Abbildungsnachweis

Abb. 1: Frankfort (1933): Taf. LXXXIII.
Abb. 2: Friedhelm Hoffmann unter Verwendung von Abb. 1.
Abb. 3: von Lieven (2007a): Taf. 1.
Abb. 4: Courtesy of the Papyrus Carlsberg Collection.

Sarah Symons (Hamilton)

Challenges of interpreting Egyptian astronomical texts

Interpretation is another layer in the translation process which presents its own unique set of challenges depending on the cultural context of the text being studied. The aim of this section is to pose some questions about interpreting ancient Egyptian astronomical texts. The texts in this field are important to both Egyptologists and historians of science. Four examples are presented illustrating cases where translation has, naturally, affected interpretation and, perhaps more subtly and problematically, interpretation has affected translation.

The field of ancient Egyptian astronomy is dominated by the major work of Otto Neugebauer and Richard A. Parker, *Egyptian Astronomical Texts* volumes 1, 2, and 3, hereafter designated *EAT*, followed where necessary by the volume number (Neugebauer and Parker [1960]; [1966]; [1969]). The examples in this chapter touch on many of the themes in *EAT*, so it is useful to present a brief overview of the content of the volumes here as it still serves as the standard (although now incomplete) survey of the field.

Astronomical texts, as Neugebauer and Parker define them, begin with the early Middle Kingdom tables of star names (the stars concerned are termed "decans"), which occur in association with Coffin Texts. This format of table is one of the three types of "star clocks" around which much of the technical debate about observational astronomy in ancient Egypt revolves. I prefer to call them "diagonal star tables", rather than clocks, for precisely the reason of contextual vocabulary which is important to translators. By designating them "star clocks", Neugebauer and Parker circumvented any need to explain why they stated that these were timekeeping instruments.[1] These tables were covered in detail in *EAT1*. At the time, fourteen had been discovered but *EAT1* ignores one example[2] on the grounds that it was too badly damaged.

At a similar time and perhaps, as Marcel Zitman (2010) conjectures, in the same place as the diagonal star tables, astronomical representations[3] were

1 Before *EAT* these tables were called diagonal star calendars, see, for example Pogo (1932).

2 The lid of the coffin S16C (Locher [1998]), also known as the coffin of "pseudo-Nakhiti" (Chassinat and Palanque [1911]; Pogo [1932]), or T10 (Cockcroft and Symons [2014]).

3 "Astronomical representations" is the label I use for tableaux which include a circumpolar group with two flanking processions of attendant deities, a decan list, and planets (Symons [2015]).

developed. The first surviving example is that of the tomb of Senenmut in Dynasty 18 (Pogo [1930]), but the layout was probably established earlier (Osing and Rosati [1998]). These astronomical representations are a subset of astronomical ceilings or diagrams (Symons [2015]) which were the main subject of *EAT3*. They are pictorial representations of the content of the night sky and were used to decorate temple and tomb ceilings, sarcophagus and coffin lid interiors, and water clocks. They are a long-lived tradition (surviving until the Greco-Roman Period) with a core of repeated content yet many variations (Symons [2014]). An offshoot of this tradition which has usually been classed together with the representations are "astronomical processions", a very similar type of text which also contains decans and the circumpolar constellations. The procession-type texts have their roots in the New Kingdom and, again, last until the end of the civilisation. They absorbed certain foreign elements such as the signs of the zodiac.

In the New Kingdom we also have the appearance of so-called "Books of the Sky" in funerary contexts. The *Book of Nut* (or *Fundamentals of the Course of the Stars*, as Alexandra von Lieven shows it should be called (von Lieven [2007]) in particular is extremely long lived as a copied text and is the most interesting work in Egyptian astronomy. *Fundamentals of the Course of the Stars* in its New Kingdom form includes two decan lists and a text describing a type of sundial (see chapter II.3). Neugebauer and Parker deal with it in both *EAT1* and *EAT3*. The Ramesside star clock, which is the entire subject of *EAT2*, also appears in the New Kingdom, but in this case the text has no evidence of life beyond Dynasty 20.

EAT3 in total presents an eclectic mix of astronomical representations, astronomical processions, the *Book of Nut*, zodiacs (with or without decanal elements), an otherwise unclassified text ("Tanis"), and the single monumental example of a diagonal star table, and places them all in a category of listed "monuments". In the last section of the volume, "Miscellaneous Texts", a statue and various demotic astronomical papyri are discussed.

EAT remains the standard text in the field. However, it is certainly open to both critique and updates. *EAT* conceals vast numbers of methodological assumptions, where the authors state their interpretation and then describe the texts using that framework alone. The authors were hampered by two aspects which have since changed: one being availability of sources at the time of writing and the other the lack of our present tools for exploring and dynamically mapping the ancient sky. Of course, additions to the corpus are possible in any field of study when dealing with ancient texts. The mapping and calculation tools, in contrast, are a key advantage in studying astronomy. We now have ready access to a mathematically-modelled ancient sky via good quality desktop planetarium software. This is accurate enough for simulating most naked-eye observations, even if the atmospheric modelling that would be very useful for researchers in archaeoastronomy is only evolving slowly.

Access to planetarium software is useful not only for interpretation of results, but also for checking our own knowledge and assumptions about what we can see with the naked eye and how celestial bodies appear to move. Even basic astronomical "truths" cannot be assumed to be generally known by modern readers. Many astronomical phenomena need either extended experience of viewing the sky to be noticed, or need to be pointed out by an expert. People with no astronomical background may not be able to describe the motion of the sun at all accurately, and may never have thought of star movements at all. City-dwellers in particular may have no innate understanding of what is visible in the sky. A corollary to this thought is, of course, that an experienced ancient Egyptian observer could very well be more knowledgeable about naked-eye astronomy than a modern person with enormous expertise in Egyptology but unversed in astronomy.

It is also very difficult to imagine the difficulties faced by Neugebauer and Parker in the 1960s in calculating something as "simple" as the date of heliacal rise of Sirius in any given year. Before the advent of computers, calculating even the position of a star, let alone its parameters for visibility near the horizon, was a huge undertaking. Checking a hypothesis about a selection of stars' rising or transiting behaviour would have been extremely time-consuming.

The advent of calculation and visualisation tools happened too late for *EAT* not only in its phase of authorship, but also on reception. Most researchers did not have the skills, facilities, nor time to critique Neugebauer and Parker's findings, expressed with such authority within *EAT*.

This chapter aims to deal with interpretation, the layer between translation and understanding, which is where the translator's own knowledge and pre- or misconceptions pose, perhaps, the greatest dangers to the integrity of the translation effort in astronomical texts.

The examples chosen to illustrate some points with general applicability to interpreting ancient scientific texts are:

- reconstructing decanal star order, as evinced in Middle Kingdom diagonal star tables;
- the process of re-integrating four Ramesside star clock exemplars into a model of the original one;

- understanding how the L-shaped sundial or shadow clock would have been used; and
- the concept of hours as associated with diagonal star tables and the transit star clock.

Example 1: Determining order: Middle Kingdom diagonal star tables

Diagonal star tables occur on nearly thirty surviving rectangular coffin lids, all dating from the early Middle Kingdom. There is also a single monumental example from the New Kingdom which will be discussed in Example 3. Most of the coffin lids were excavated in the Asyut necropolis. Each table contains within it a list of decan star names. "Decan" is the modern word for star names which appear either in diagonal star tables or in lists of stars present in astronomical diagrams. In both these contexts, decans appear as an ordered group or list.[4] The stars to which the decan names refer are in most cases either unknown or controversial.[5] Each decan name may refer to a single star or a group of stars (an asterism) (Belmonte [2001]).

Although each lid is different, the decan names appearing in each exemplar can be used to divide the tables into two traditions: those with lists of decans beginning with stars in the constellation "*ṯmꜣt*" (type **T** tables) and those with lists of decans beginning with stars in the constellation "*knmt*" (type **K** tables). Archaeologically, the type **K** tables seem to be used slightly later than the type **T** tables (Zitman [2010]). The division of these tables into the two types and the composition of the two related "decan lists" is dealt with in previous works (Symons [2007]; Symons [2014]). The main feature of decan lists is that the stars are presented in order, and that the order is consistent across many sources. As decans appear as ordered lists in places other than coffin lids, we can compare decan lists across a variety of documents in order to gain a sense of what the originally-correct order may have been. In astronomical texts, this order is

4 Not all Egyptian stars are decans, and there are many instances (for example in the Pyramid Texts) of star names, both decanal and non-decanal, occurring independently rather than in lists.

5 Many attempts have been made to identify the decans. Lull and Belmonte (2010): 162, are confident enough to state that they offer "highly probable identifications" of decans after comparing their own two schemes.

important because it could eventually help to determine to which stars these decan names refer.

The translation of these tables as texts is straightforward in one sense, because the texts consisted of a single label (a decan name) in each cell of the table, plus some date labels and an offering formula. The offering formula is of a form unique to these tables but presents no great translation challenge. Many of the words used for names of decans are, however, unknown. Generally, decan names are therefore kept in transliteration and the translation task is thus minimal. Yet, there are two aspects of these lists of stars that illustrate interesting points of interpretation. The first aspect is an example of where a conviction about the meaning of a word is given precedence over what the original sources say. The second is where a previously undisclosed conception about how constellations (groups of real stars that are treated collectively by an observer) work results in a translation decision which recent new evidence does not support.

An example of the first aspect occurs in the type **T** decan list. Many of the type **T** sources are well-preserved, with the order of stars marching in their diagonal pattern across the table being presented clearly and consistently. The major visible problem with the type **T** decan list is that it contains only 34 ordinary decans, whereas our conception of the original form of this table (an "ideal" star table) would have included 36 ordinary decans.[6] Fortunately, there are two obvious candidates for the two missing decans. One of them is a decan called *bꜣwy*.[7]

In later decan lists, we find that *bꜣwy* (usually written with two *bꜣ*-birds) occurs just after the constellation of *ꜣḫwy* (usually written with two *ꜣḫ*-birds). The constellation of *ꜣḫwy* may include one or more of three different decans: *ꜣḫwy* itself, *tpy-ꜥ ꜣḫwy*, and *imy-ḫt ꜣḫwy*.[8] The *bꜣwy* constellation is usually a single

6 This ideal of 36 ordinary decans is challenged only by Depuydt (2010), who has tentatively suggested that the **T** list should remain at 34 ordinary decans. The term "ordinary" is used to distinguish these decans from the "triangle" decans that appear at the end of the diagonal star table. In astronomical representations, the triangle decans are separated from the ordinary decans graphically by the figures representing the superior planets. The triangle decans will be discussed later in this example.

7 These restorations are discussed in *EAT1*: 23. The second, not dealt with here, is *rmn ḥry*.

8 The orthography of decans varies from source to source and also over time. Sometimes, it is not clear whether two sources refer to the same decan but merely spell it differently (for one example, see decans 12 and 12a in *EAT1*: Pl. 27). The writing of *ꜣḫwy* on diagonal star tables contains either two *ꜣḫ*-birds or one *ꜣḫ*-bird and a pair of strokes indicating a dual. A final *w*-chick may or may not be present. For Middle Kingdom coffins, the transliteration *ꜣḫwy* is commonly used as a standardised spelling.

decan (although a second *b3wy* decan *tpy-ʿ b3wy* does occur in later lists).[9] The decans after the *3ḫwy*/*b3wy* groups belong to the constellation *qd*.

In the type **T** diagonal star tables, all the most well-preserved sources have *tpy-ʿ 3ḫwy*, *imy-ḫt 3ḫwy*, *3ḫwy*, and then *y*. In a consensus of all later decan lists (the type **K** diagonal star tables, astronomical diagrams, and other decanal appearances), *3ḫwy* is followed by *b3wy*. It therefore makes sense to suggest (as Neugebauer and Parker did), that not only is *b3wy* one of the two missing decans in the **T** list, but also that it should also be restored as the decan immediately following the *3ḫwy* group.

We next turn to the much more debatable issue of what order the *3ḫwy* group decans **T** list should take. In *EAT1*, on pages 2 and 3, Neugebauer and Parker list and enumerate the order of decans in this list as 18 *tpy-ʿ 3ḫwy*, 19 *3ḫwy*, 20 *imy-ḫt 3ḫwy*, and 21 *b3wy*. There is no discussion at this point. The numbering system is used for the rest of the volume, and this order is repeated in *EAT3* where a full, ordered (as much as was possible) list of all known decans is presented (Neugebauer and Parker [1969]: 158).

Having been presented as the default order from the start of *EAT1*, we next find these decans discussed when Coffin 1 is described. The schematic for this coffin, using Neugebauer and Parker's number system, is presented in Table 1.[10]

We see from the schematic that the decanal order on the coffin lid itself is 18 *tpy-ʿ 3ḫwy*, 20 *imy-ḫt 3ḫwy*, 19 *3ḫwy*, and 22 *qd*. 21 *b3wy* is of course missing. Neugebauer and Parker explain what they believe has happened in a note below the table. All the instances of *3ḫwy* that we actually see written in the tables[11] are mistaken writings of *b3wy*.

---

9 See *EAT3*: 162.

10 One small update to *EAT1*'s description of this diagonal star table has been made, but it is not relevant to decan order (Cockcroft and Symons [2014]). The schema in *EAT1* was checked and compared with the painted coffin lid in May 2013. The author thanks the Ministry of Antiquities and the Director and Staff of the Egyptian Museum, Cairo, for access to this and the coffin lid of S16C mentioned in note 2 above.

11 Except for one single instance in a list column in Coffin 1, designated location "38/4-6" in the coordinate system used in *EAT1*.

	27	14	1																																				
A		15	2	2	1	36	35	34	33	32	31	30	29	28	26	25	24	23	22	19	20	18	17	16	15	14	13	12	11	10	9	8	7	6	5	4	3	2	1
B	28	16	3	A	2	1	36	35	34	33	32	31	30	29	28	26	25	24	23	22	19	20	18	17	16	15	14	13	12	11	10	9	8	7	6	5	4	3	2
C	29	17	4	B	A	2	1	36	35	34	33	32	31	30	29	28	26	25	24	23	22	19	20	18	17	16	15	14	13	12	11	10	9	8	7	6	5	4	3
D	30	18	5	C	B	A	2	1	36	35	34	33	32	31	30	29	28	26	25	24	23	22	19	20	18	17	16	15	14	13	12	11	10	9	8	7	6	5	4
[E]	31	19	6	D	C	B	A	2	1	36	35	34	33	32	31	30	29	28	26	25	24	23	22	19	20	18	17	16	15	14	13	12	11	10	9	8	7	6	5
F	32	20	7	E	D	C	B	A	2	1	36	35	34	33	32	31	30	29	28	26	25	24	23	22	19	20	18	17	16	15	14	13	12	11	10	9	8	7	6
G	33	19	8	F	E	D	C	B	A	2	1	36	35	34	33	32	31	30	29	28	26	25	24	23	22	19	20	18	17	16	15	14	13	12	11	10	9	8	7
K	34	22	9	G	F	E	D	C	B	A	2	1	36	35	34	33	32	31	30	29	28	26	25	24	23	22	19	20	18	17	16	15	14	13	12	11	10	9	8
J	35	23	10	H	G	F	E	D	C	B	A	2	1	36	35	34	33	32	31	30	29	28	26	25	24	23	22	19	20	18	17	16	15	14	13	12	11	10	9
M	36	24	11	J	H	G	F	E	D	C	B	A	2	1	36	35	34	33	32	31	30	29	28	26	25	24	23	22	19	20	18	17	16	15	14	13	12	11	10
to	1	25	12	K	J	H	G	F	E	D	C	B	A	2	1	36	35	34	33	32	31	30	29	28	26	25	24	23	22	19	20	18	17	16	15	14	13	12	11
tal	4	26	13	M	K	J	H	G	F	E	D	C	B	A	2	1	36	35	34	33	32	31	30	29	28	26	25	24	23	22	19	20	18	17	16	15	14	13	12

Tab. 1: Schematic of the diagonal star table on "Coffin 1" (S1C), with Neugebauer and Parker's numbering system for decans. Occurrences of decans 18 *tpy-ʿ ꜣḫwy*, 19 *ꜣḫwy*, and 20 *imy-ḫt ꜣḫwy* are highlighted in grey. Adapted from *EAT1*

Therefore, all these 19 *ꜣḫwy* should be 21 *bꜣwy* and all the "real" *ꜣḫwy* occurrences are missing. These missing *ꜣḫwy*s occur between the *tpy-ꜥ ꜣḫwy*s and the *imy-ḫt ꜣḫwy*s. The reason this must be so is to preserve the semantic order of "predecessor of" (*tpy-ꜥ*), the thing itself, and then "follower of" (*imy-ḫt*), which, in their later commentary, Neugebauer and Parker say "is beyond doubt" the correct order:

> "These same coffins continue, however, with *imy-ḫt ꜣḫwy*, *ꜣḫwy*, and *qd*. Now, it is beyond doubt that the names of *tpy-ꜥ ꜣḫwy* "predecessor of *ꜣḫwy*" and *imy-ḫt ꜣḫwy* "follower of *ꜣḫwy*" have meaning only if a decan *ꜣḫwy* comes between them. It is no surprise then to find this exact order in the decan list of Coffin 1 (38/4-6). This list, however, continues with another *ꜣḫwy* (38/7) just as in the texts proper *imy-ḫt ꜣḫwy* is followed by an *ꜣḫwy*. It is this *ꜣḫwy* which we suggest must be emended to another decanal name, *bꜣwy* (No. 21). The difference in writing is merely the substitution of *bꜣ*-bird for *ꜣḫ*-bird."
>
> Neugebauer and Parker (1960): 23

In this passage, Neugebauer and Parker do not entertain the possibility of *imy-ḫt* being translated in any other way than "follower of". The present author suggests that instead, a meaning in the semantic area "in the entourage of" or "in a procession with" could be possible, which then allows *imy-ḫt ꜣḫwy* to go in front or behind *ꜣḫwy*, while still preserving the sense of shared movement and proximity.[12] No amended writings are needed (Symons [2007]).

Although neither reading can be definitively excluded (the decan *imy-ḫt ꜣḫwy* appears in no later lists at all to add extra evidence for an amended order), the slight change in translation offers a more parsimonious explanation than a re-ordering plus mistaken writing. This is a case where a translator should probably err on the side of simplicity, retaining the original order while noting the linguistic problem, and perhaps awaiting new data to help explain the missing decan. Often, the hope of new data is not realised, but in the second aspect of interpreting this same list, new data has indeed presented itself, causing a re-evaluation of a problem area in these texts.

After the ordinary decans, each diagonal star table which extends far enough contains "triangle decans" which modern researchers usually label

---

12 Subordinate figures in a procession usually occur both before and after the most important figure. In English, these persons can still be described as "followers" of the dignitary, even if they are in the vanguard of the procession or, for example, enter a room first. The Egyptian *imy-ḫt* may not be this flexible in prose, but it is still true that the positional meanings of *imy-ḫt*, *ḫry*, *ḥry*, *tpy-ꜥ*, etc. in terms of spatial relationships between stars or asterisms are not well enough understood to require the convoluted restoration of order that Neugebauer and Parker proposed.

with a letter to distinguish them from the numbered ordinary decans. The triangle decans form a triangular area in the bottom left of a diagonal star table and also populate the very last column in a complete table, which is sometimes labelled to suggest it was used during the five epagomenal days at the end of the Civil Year.

Only four tables extend as far as the final column, all known to Neugebauer and Parker, and all belonging to the type **T** family. The last few decans of the table, the 10th, 11th, and 12th triangle decans, make very few appearances: three times, twice, and once respectively in a perfectly complete and ordered table (decans K, L, and M in Table 2).

Neugebauer and Parker used the letters A to M (without I) for the decans in the **T** triangle. The final three are K *nṯr ḏꜣ pt*, L *sꜣbw*, and M *pḥwy sꜣbw*. Decan K is the only duplicated triangle decan as it also appears, written identically, as decan C. Astronomically, a star which is used for position C cannot occur again in position K, no matter what the observation method used. We have had to assume that either there are two stars with identical names (which is unlikely) or that one of these two occurrences is an imposition or substitution for another star name.

Neugebauer and Parker's conviction is that the *sꜣbw* constellation is some kind of creature, and that the hind parts of the creature must come after the foreparts, therefore the decanal order must be *sꜣbw*, *pḥwy sꜣbw*. Once again, the decanal order that Neugebauer and Parker used (K *nṯr ḏꜣ pt*, L *sꜣbw*, and M *pḥwy sꜣbw*) is stated at the beginning of *EAT1* and then supported later in the volume. L *sꜣbw*, which should be the final triangle decan in the main body, never actually occurs there, and only ever appears in the list columns. The relative order of L *sꜣbw* and M *pḥwy sꜣbw* is arguable because of the lack of sources and the disorder within them, as presented in *EAT1*. I disagreed with Neugebauer and Parker's comments about this area to such an extent that in previous work I even doubted that *sꜣbw* was meant to be interpreted as an independent name (Symons [2007]), leaving only M *pḥwy sꜣbw*.

A	25	13	1	36	35	34	33	32	31	30	29	28	27	26	25	24	23	22	21	19	19	18	17	16	15	14	13	12	11	10	9	8	7	6	5	4	3	2	1
B	26	14	2	A	36	35	34	33	32	31	30	29	28	27	26	25	24	23	22	21	19	19	18	17	16	15	14	13	12	11	10	9	8	7	6	5	4	3	2
C	27	15	3	B	A	36	35	34	33	32	31	30	29	28	27	26	25	24	23	22	21	19	19	18	17	16	15	14	13	12	11	10	9	8	7	6	5	4	3
D	28	16	4	C	B	A	36	35	34	33	32	31	30	29	28	27	26	25	24	23	22	21	19	19	18	17	16	15	14	13	12	11	10	9	8	7	6	5	4
E	29	17	5	D	C	B	A	36	35	34	33	32	31	30	29	28	27	26	25	24	23	22	21	19	19	18	17	16	15	14	13	12	11	10	9	8	7	6	5
F	30	18	6	E	D	C	B	A	36	35	34	33	32	31	30	29	28	27	26	25	24	23	22	21	19	19	18	17	16	15	14	13	12	11	10	9	8	7	6
G	31	19	7	F	E	D	C	B	A	36	35	34	33	32	31	30	29	28	27	26	25	24	23	22	21	19	19	18	17	16	15	14	13	12	11	10	9	8	7
H	32	20	8	G	F	E	D	C	B	A	36	35	34	33	32	31	30	29	28	27	26	25	24	23	22	21	19	19	18	17	16	15	14	13	12	11	10	9	8
J	33	21	9	H	G	F	E	D	C	B	A	36	35	34	33	32	31	30	29	28	27	26	25	24	23	22	21	19	19	18	17	16	15	14	13	12	11	10	9
K	34	22	10	J	H	G	F	E	D	C	B	A	36	35	34	33	32	31	30	29	28	27	26	25	24	23	22	21	19	19	18	17	16	15	14	13	12	11	10
L	35	23	11	K	J	H	G	F	E	D	C	B	A	36	35	34	33	32	31	30	29	28	27	26	25	24	23	22	21	19	19	18	17	16	15	14	13	12	11
M	36	24	12	L	K	J	H	G	F	E	D	C	B	A	36	35	34	33	32	31	30	29	28	27	26	25	24	23	22	21	19	19	18	17	16	15	14	13	12

Tab. 2: Schematic of an 'ideal', complete diagonal star table with Neugebauer and Parker's numbering system for decans. Adapted from *EAT1*

However, it has recently been demonstrated that Neugebauer and Parker, working with only black-and-white photographs of Coffin 8, missed a decan (Cockcroft and Symons [2013]). A single occurrence of an otherwise unattested decan, *ḥ3t s3bw*, in the final cell of Coffin 8, supplies a new order for the triangle decans of list **T** (Table 3).

Tab. 3: Triangle decans in list **T**, with their letter designations in *EAT1* (which does not use "I"). The final decan *ḥ3t s3bw* is only visible on "Coffin 8" (A1C) in the final (lower-left-most) cell of the table (Cockcroft and Symons [2013]).

EAT1 Designation	Decan Name
A	*smd rsy*
B	*smd mḥty*
C	*nṯr ḏ3 pt*
D	*rmn ḥry*
E	*ḫ3w 2*
F	*tpy-ʿ spd*
G	*imy-ḫt spd*
H	*3ḫwy*
J	*ḫ3w*
K	*nṯr ḏ3 pt*
M	*pḥwy s3bw*
L	*s3bw*
-	*ḥ3t s3bw*

If we accept this new evidence, we see that the *s3bw* creature must face "backwards" in the sky, rising hindquarters first. This situation is similar to our Western tradition of constellations (which occur upside down and tumbled around the sky), but is one which Neugebauer and Parker implicitly did not countenance.

To summarise the issues raised in this example, we have seen how trying to make *imy-ḫt 3ḫwy* follow *3ḫwy* and *pḥwy s3bw* follow *s3bw* caused Neugebauer and Parker to perform unnecessary manipulations of decanal order in original sources. In the former case, no new sources have helped either to confirm or to refute their interpretation, while in the latter, a re-examination of the original text lends weight to the idea that in the sky, at least one figure of an animal presents itself hindquarters first.[13]

13 Compare the modern constellations, with figures facing in all directions. Depending on one's location and one's conception of the figures the constellations represent, some of them do not rise head first. Taurus is one example.

Example 2: Recombining sources: the Ramesside star clock tables

The second example demonstrates a case where the process of preparing a text for translation requires an awareness that translation is an iterative activity, and that decisions on meaning can influence choices when restoring missing data or choosing between conflicting versions.

The text in question is called the "Ramesside star clock", an astronomical text which has survived in four instances in royal tombs of Dynasty 20, each belong to a pharaoh called Ramesses: twice in KV 9[14] (the tomb of Ramesses V and VI) (once in the entrance corridors, once in the Pillared Hall) and once each in KV 1 (Ramesses VII) and KV 6 (Ramesses IX). The full text consists of twenty-four tables, each identical in form and each pertaining to one fifteen-day (half civil month) period of the year. One of the instances is incomplete (KV 6 has only sixteen of the tables) and all have various amounts of damage.

However, there is consensus that all four sources are drawn from the same original data. The main difference between the presentation of the four is not textual, but in graphical arrangement. The kneeling human figure which is a component of each table is usually depicted under the star-grid and accompanying rows of text (KV 9 and KV 1 versions), but within the grid itself in KV 6.

Each table consists, apart from the kneeling figure, of thirteen rows of text and a grid containing seven significant vertical lines and fourteen horizontal lines which extend beyond the grid to delimit the thirteen rows of text. The text follows a formulaic pattern in each row. First, the time of the night is stated ("beginning of the night" in the first row, "(end of the) first hour" in the second row, "second hour" in the third row, and so on until "twelfth hour" in the thirteenth row), then the name of a star, then the position of that star. The only break with this pattern occurs in the first row of each table, which prefaces the formula with a date consisting of a civil month and, in every second table only, the day number 16, the day of the half month.

With four sources, twenty-four tables in each, and thirteen lines in each table, these texts present a formidable array of data and, very unusual in early Egyptian astronomy, the possibility of a positional observation record that could allow stars to be identified with some certainty. The first step in such an endeavour (which has been attempted by Leitz [1995]), is to examine very

14 Tombs in the Valley of the Kings are each assigned a "KV" number.

carefully the extant texts and, where disagreement between sources occurs, to choose (or at least discuss) a working version of the text. Here, the problem is either elucidated or complicated (depending on one's approach) by the fact that one set of data is duplicated even within a single table. This is the position of the star on one of the seven vertical lines. The position is shown graphically on the grid and is also stated in words. In KV 6, the position on the grid is confounded by the practice of placing the kneeling figure on top of the grid. The stars are moved to make way for the figure or are obscured by it. In all the versions, there are instances of the graphical representation and the adjacent textual description being at variance with one another. Occasionally, more than one star symbol is depicted per row, and often, the star symbols are placed ambiguously between vertical lines instead of sitting directly on a vertical line. By far the most common problem (beyond damage) is the confusion of *iꜣbty* (left or east) and *wnmy/imnty* (right or west), between sources and between grids and texts.

Despite the damage and confusion, some data remains for reconstructing each of the 312 (= 24 × 13) rows of the notional original of this star clock, which Neugebauer and Parker present (*EAT2*: 20–67). Given the lack of technical complexity in the text as a translation exercise, would it be safe to assume that their reconstruction is the best that can be done? Mostly, their version is sound, easy to check against photographs of the originals, and uncontroversial. However, the star positions require extra care and one's confidence in Neugebauer and Parker's translation depends on whether one understands and agrees with the assumptions under which Neugebauer and Parker approached the text. They were convinced that the original text was written under certain observational conditions: the observer due north of the kneeling "target figure", the stars being observed crossing the south part of the north-south meridian, and the stars therefore being in the southern part of the sky and travelling east to west, that is, observer's left to observer's right. This mental model of how stars move, combined with a notion of how quickly a star could or should move from the far left of the grid to the far right of the grid prompted Neugebauer and Parker to make certain decisions when choosing which of several (but usual two opposite) options to include in their reconstruction. Importantly, the choice that fitted best with their observational model is not always the one which is favoured by the majority of the textual and graphical attestations of a star's position. Stars only move in this left-to-right sense if observed looking towards the southernmost portion of the horizon. They move in the opposite direction if the observation direction faces the northern horizon.[15]

Neugebauer and Parker's conceptual model of the way the observations were made thus affected their production of a standard version of the text they wished to translate. The problem with this is that subsequent scholars may not be aware of the impact of Neugebauer and Parker's model, and may neglect to compensate for it if they wish to use Neugebauer and Parker's standardised transcription or translation of the text as a basis for study or, especially, if they wish to propose refined or alternative models for the methods of observation used to produce the tables.

Example 3: Interpreting the practical aspects of instructions: the L-shaped sundial

The third example illustrates the point that textual sources sometimes conflict with other types of evidence. The sundial described in the *Book of Nut* is one of the rare astronomical items from ancient Egypt that we possess in both documented and material form. The sundial text itself is presented in detail in section 8 of the chapter of Friedhelm Hoffmann in this volume. Sundials, although simple in concept, are rather complicated in theory. The motion of the sun is always from eastwards (at sunrise) to westwards (at sunset), but its exact path depends on the location (latitude) of the observations and the time of year. The sundial described in the *Book of Nut* is a simple device with a flat shadow-catching surface marked with a scale and a shadow-throwing block. Details of how the scale marks should be arranged are described in the text. The surviving examples of the sundials themselves[16] add an extra mark, which nonetheless follows the same "rule" for placing the other scale marks. These objects also include a fixing point and vertical reference line for a plumb bob.

15 The words for left and right are written in hieroglyphic script similarly or identically to the words for east and west. This means that a decision has to be made about whether the orientations refer to the *observer's* left and right, the *target figure's* left and right, or cardinal east and west, thus compounding the difficulties of interpreting the observational basis for the Ramesside star tables.

16 The two most complete examples are in Berlin (Borchardt [1910]; Borchardt [1920]).

None of the surviving objects has a "crossbar" of the type suggested by Borchardt (q.v. p. 351f. in the chapter by Friedhelm Hoffmann). Furthermore, none of the occurrences of an L-shaped sundial as a hieroglyph shows a crossbar.[17]

This clashes with the translation of the sundial text from the *Book of Nut* as presented on p. 354, which indicates that the instrument is turned once at noon, from pointing due east during the morning, to pointing due west for the afternoon. Without the crossbar, this scheme would mean that no shadow would fall on the shadow-catching surface during most of the day (and in winter, not at all during the day). The obvious translation produces no astronomical sense without a major physical assumption (the addition of the crossbar), whereas the obvious physical interpretation (based on the objects that we actually have), requires the text, or the translation of the text, to be either incorrect, or lacking in clarity.

The issue is further muddied by a modern bias towards asking "is the sundial more accurate with or without a crossbar?" Borchardt felt that the crossbar increased the accuracy, and was therefore a desirable step that the ancient Egyptians would be keen to take. However, unless there is evidence that "accuracy" was defined and desired, the answer to the question is not diagnostic. Here, the fact that the surviving instruments match the rule defined in the *Book of Nut* for laying out the markings on the shadow-catching surface,[18] indicates that standardisation of manufacture between instruments may have been more important than accuracy in terms of equality of time periods.

Example 4: Transferring concepts: the hours in diagonal star tables and the "transit star clock" in the *Book of Nut*

The *Book of Nut* is in many ways pivotal to the understanding of astronomical activity in Egypt. The sundial text is only a small portion of the text from the *Book* used in the decoration of the "Sarcophagus Chamber" in the Osireion at

17 The evidence against Borchardt's crossbar has been collated by the current author (Symons [2002a]).

18 The surviving instruments have five marks, not four as shown in the *Book of Nut*. However, the *Book's* rule of distances between marks conforming to a sequence 3, 6, 9, 12 units is, in both the Berlin instruments, continued with the fifth mark being a distance of 15 units from the fourth (Borchardt [1920]).

Abydos. The *Book's* vignette is only preserved in graphical form in two New Kingdom versions of the text, one in the Osireion and the other in the tomb of Ramesses IV (KV 2). The Osireion is also the location of the only example of a diagonal star table which is not found on a coffin lid. This diagonal star table is not in the Sarcophagus Chamber, but is used as decoration for a passage ceiling elsewhere in the Osireion (Murray [1904]: Pl. XII). Both the Osireion passage star table and the vignette from the *Book of Nut* are important to our understanding of diagonal star tables.

The aspect of interpretation illustrated here is the problem of deciding under what circumstances we can project ideas backwards in time, from a text from a later period, for the purpose of understanding an earlier text.

Nearly half of the diagonal star tables on coffins have dates labelling each column, making it clear that most of the tables' columns each relate to a ten-day period of the Civil Year. However, not one of the coffin tables has row labels. Most tables have twelve rows (six have fewer than twelve and one has thirteen) and so twelve is the generally accepted number for a complete table resembling a presumed common ancestor of the genre. *EAT1*: 1, asserts that the rows represent hours, twelve to a night.

This idea makes sense for two reasons. One is by comparison with the Ramesside star clocks described in Example 2, where the rows each represented a time point during the night. There, the number of rows in each table was a uniform thirteen, one for the beginning of the night and one for each subsequent hour. Each table in a complete Ramesside star clock represents fifteen days, analogous to one ten-day column in a diagonal star table. Neugebauer and Parker saw the Ramesside star clock as a development of the diagonal star clock, with the added sophistications of the positions of stars being specified more accurately and the observing location shifted from horizon to north-south meridian. Also, the group of stars used changes substantially, with only a few decans appearing in the Ramesside star tables. Conceptually, these changes are easy to state and to grasp, but they change the entire nature of the observations and, very obviously, the layout and disposition of the resulting text. What may at first appear to be a natural progression from one type of star table to another is actually a series of rather complicated steps or conversely, a rather large single leap, for which we have no supporting evidence from the archaeological record.

The other reason that the rows of the diagonal star table are usually considered to represent hours is more direct. Although the coffins make no mention of hours, the later Osireion passage occurrence does. Although only a small portion equivalent to six rows in three columns is preserved, the word *wnwt* was clearly present during excavation (Murray [1904]: pl. XII).[19] Here, then, is very strong evidence that rows equal hours in all diagonal star tables, yet there are still some important caveats that need to be considered.

First, the Osireion diagonal star table dates from the New Kingdom. The execution of this text is some eight hundred years separated from the coffin versions, and although the decanal content is similar to that in the later, type **K**, coffin tables, even in the small fragment preserved it is not identical. We cannot be sure that changes of use, construction, and/or understanding had not occurred in the intervening time. The names of the hours or divisions of the night, *EAT1*: 35, notes, are parallel to periods described in the *Book of Nut* and the *Book of the Night*, both of which were probably composed in the Second Intermediate Period or in the New Kingdom itself (Werning [2013]).

The second caveat strengthens the notion of change since the coffins. The layout of the Osireion table is very different from that of all the coffin examples, to the extent that Neugebauer and Parker commented "At first glance the fragment of text that we have is not recognizable as a diagonal star clock" (Neugebauer and Parker [1960]: 33). It is not possible to know whether the layout is the result of locating the star table in a long, thin passage, but the addition of row labels is joined by the innovation of splitting off the table into groups of four columns (a month's worth of material plus a column of hour labels) presented sequentially. This layout is unique to the Osireion.

Even if we accept (as most if not all researchers do) that the hour labels, although modified, convey accurately the intention of the Middle Kingdom coffins, we still have to consider a third interpretational caveat, which is that the Osireion table does not offer any clues as to the nature of the time periods or divisions of the night. It is clear that a "star clock hour" cannot be sixty modern minutes long, both from the common sense perspective of that being highly coincidental, and from the astronomical perspective that stars are not visible for twelve 60-minute hours all year round. So a star clock hour would be shorter than a modern hour for at least the majority of the year, if not always. Such an hour is likely to change length during the course of the year and possibly may change length during the course of a night, but the magnitude of these variations is difficult to quantify and is beyond the scope of the current discussion.

The fourth caveat relates to the implications of deciding that the coffin rows do indeed relate to hours. Does this substantially change our understanding of the tables? In Neugebauer and Parker's view, the notion of rows being hours is a

19 This text is in a presently-inaccessible part of the Osireion and its current state is unknown to the author.

cornerstone of their belief that the tables were developed and used as clocks, that is, methods for telling the time. This notion troubles some current researchers, including the present author (Symons [2007]) and Depuydt (2010), who are not at all convinced that these tables were developed to be, and subsequently used as, timekeeping devices.

On the whole, the evidence points to the rows being associated with the passing of time. The stars follow one another in order during each 10-day period (star table column), and this order of events could well mark off hour-like periods between one star and the next (star table rows). The notion of accuracy may be a modern imposition on this system required by Neugebauer and Parker's definition of "astronomy" as a scientific activity and their demonstration of a march of methodological improvement from diagonal star clock, to transit star clock, to Ramesside star clock which they sketch throughout *EAT1* and *2*.

However, even with a convincing identification of diagonal star table rows as hours, the tables do not have to be clocks. They could be interpreted as almanacs, calendars, or other methods of describing or recording annual star movements.[20] Interpretations located in this more calendrical arena have the advantage of explaining more easily the appearance of these tables on coffin lids as representations of the sky rather than representations of a time-keeping instrument.

Finally, there is, in the Osireion, another example of the role of hours being a matter of interpretation rather than translation. In the vignette of the *Book of Nut*, there is a table of dates (rather well preserved) and an accompanying list of decan names (very patchily attested, not through damage but through omission) that together Neugebauer and Parker call a "transit star clock". In this case, the use of the word "clock" is even more tenuously connected with the "star clock" than in the case of the diagonal star table.

---

20 The difference is one of purpose: do the tables describe or predict and is the major time period the hour or the time of year? As a clock, the hour is most important and the table would need to be firstly constructed and secondly used. If the table cannot be used, for example if the stars predicted by the table are not visible when they are meant to be marking hours, then a problem of whether and how that discrepancy was dealt with arises. In *EAT1*, Neugebauer and Parker describe the solution of this discrepancy to be the creation of the second group of coffin tables (the type K tables mentioned in Example 1). As a record, however, only the construction step matters strongly. Whether the table continues to describe the sky a month, a year, or a century later is not a motivating factor in its construction. It is not so clear whether the hours would be the major time factor (hence, perhaps, the "missing" hour labels on the coffins: only the order of stars is important) or whether it is the progress of stars throughout the year that matters.

Neugebauer and Parker presented a parallel translation of the *Book of Nut* in two monumental and two papyrus-based manifestations in *EAT1* (Neugebauer and Parker [1960]: 43–94).[21] The papyri contain a commentary to the text and date to the second century AD. In essence, the text gives a list of three dates for each star, which are the dates of the Civil Year when the star performs or indicates three particular events: *msw*, *tpt*, and *šnw*. *Msw* and *šnw* mark the two ends of the period of invisibility of a decan.[22] This period lasts 70 days, the same period of invisibility as Sirius/*spdt*, as another text label in the vignette describes. Each of the thirty-six decans would perform these three acts at precise ten-day intervals, covering all of a 360-day year (the five epagomenal days are ignored in this text, as they are in the Ramesside star clock). Neugebauer and Parker's interpretation of the text was that *tpt* was used to indicate the "first hour", the act of a star transiting the meridian[23] at the beginning of the night, marking the end of a period of the year when the star would have been used to mark the time of the night by its crossing of the meridian.[24]

Two problems with this interpretation have been raised (Symons [2002b]). The first is not a fatal one, but, in the context of this example concerning the notion of "hours" in astronomical texts, it is relevant. The relationship between the hours, the time of year, and the positions of the stars which is explicit in the Ramesside star clock texts and implicit in the diagonal star tables is wholly absent here. The link with hours is most strongly suggested by the 120 days the stars spending "working" as described in the commentary to the *Book* in Papyrus Carlsberg 1.[25] If this understanding can indeed be assumed to be not only known in the second century AD when the commentary was copied, but also known in the New Kingdom, the problem is still not solved. The table of dates contained within the vignette, even if the accompanying decan list was

---

21 For an up to date survey of the currently known versions and a full translation of the *Book*, see von Lieven (2007).

22 This interpretation is the one presented in *EAT1* and is generally accepted. It is, however, disputed by Conman (2007) who believes the stars to be marking the location of the invisible sun, which is an interesting but not widely adopted idea.

23 The meridian is a notional north-south line on the celestial sphere, the same line that the sun crosses at noon. The meridian intersects with the horizon at the point due north, passes through the celestial north pole and the observer's zenith, and then touches the horizon again due south. Stars, like the noon sun, are at their highest point or "culmination" at the moment they transit the meridian.

24 The date at which the star *began* to mark the hours is, however, unremarked in the date list.

25 This portion of the text is covered in *EAT1*: 57 and by von Lieven (2007): 389.

complete, cannot alone be used to tell the time during the night. It merely presents a list of stars which could have been used for this purpose. The text in any currently-known version cannot really be thought of as a "clock" at all.

The second problem is more fundamental. Neugebauer and Parker's conceptual framework for their "transit star clock" bears little resemblance to the real sky. They admit that, if the decans had been chosen originally for their rising and setting behaviour (to be used in diagonal star tables and to exhibit a 70-day period of invisibility), then "the transit of such pairs [of stars which rising one after another] may either result in very short hours, or in hours of greatly increased length" (*EAT1*: 114). This statement severely underestimates the difference in behaviour at transit of the meridian, and at setting, that stars which rise neatly one after the next at hour-like intervals exhibit in reality. Stars which rise at even intervals certainly do not set at the same even intervals without extremely careful selection. They also do not transit (cross the north-south meridian) at the same intervals. It is not just a matter of evenness, as Neugebauer and Parker admit, but also of order, which they neglect. A pair of stars which rise one before the other can transit in the opposite order.[26] The time a star rises and becomes visible to the naked eye depends on many factors, including location of the observer, brightness, declination and right ascension (starry latitude and longitude equivalents), and atmospheric conditions. Time of transit, however, only depends on the star's right ascension.

26 One does not have to find obscure or widely-spaced stars to illustrate this. In our own era, observing from Frankfurt (latitude 50° 7' 12.00" N), Betelgeuse rises before Rigel, yet Rigel transits first. These stars are both decanal candidates and both belong to the same modern constellation, Orion. The time difference is not subtle. Betelgeuse crosses the eastern horizon about 36 minutes before Rigel (by the time both stars appear to the naked eye, they are somewhat higher in the sky and the time difference between their appearances would be nearer to 30 minutes). However, Rigel transits about 40 minutes *before* Betelgeuse – it has caught up and overtaken it. By the time the stars set, Rigel is nearly two hours ahead of Betelgeuse. The difference is caused by the tilt of the sky relative to the observer. If one were at the North Pole or the Equator, the effect would not occur. At the North Pole, no stars rise or set. At the Equator, the horizon, like the meridian, coincides with the lines of equal right ascension (celestial longitude). The effect is that all stars that rise together, transit together, regardless of the difference in declinations (celestial latitude) of the stars. Egypt is closer to the equator than Frankfurt is. The effect on the behaviour of Betelgeuse and Rigel is that from Egypt they presently rise approximately together, still transit about forty minutes apart (their time separation at transit does *not* change with the latitude of observation), and set 1 hour 18 minutes apart, with Rigel again in the lead. Adjusting for the change in position due to precession of the Earth's pole in order to model the sky in the New Kingdom does not change the overall behaviour of the sky, however it does change the co-ordinates, and hence the timing, for all stars.

The only way to maintain Neugebauer and Parker's theory of the transit star clock is that it could be a description of an "ideal" sky, where all the decans behaved exactly like Sirius and were placed in the precise relationship to each other and to the sun's location[27] to make this schema work. This is supported by the regularity of the dates in the text, with each successive *msw* being ten days after the last, and the period between *šnw* and *msw* being exactly 70 days for each star.[28] However, it completely destroys their argument that the transit star clock was a development in Egyptian timekeeping designed to improve accuracy, because if that were the case the stars would have to be real, observable stars moving in a realistic way.

This example shows how fraught with difficulties the translation of astronomical texts can be. Taking a decision to understand a text through the lens of a commentary copied out 1,500 years later is of course a valid approach, but must be performed with our eyes open to the ramifications of such an assumption. Similarly, taking the passage star table to indicate that the rows of the coffin tables painted seven hundred years earlier indicate hours, is in itself reasonable, but again, the ramifications are not obvious and should be considered carefully.

Together, these four examples show how translation is in many cases only the first step to understanding. With our ability to model the ancient sky, we may still not be able to choose between possible interpretations, but we can often avoid positing astronomically impossible scenarios.

Bibliography

Belmonte, Juan Antonio. 2001. "The Decans and the Ancient Egyptian Skylore: An Astronomer's Approach". *Memorie Della Societa Astronomica Italiana* 73 (1): 43–57.

Borchardt, Ludwig. 1910. "Altägyptische Sonnenuhren". *Zeitschrift für Ägyptische Sprache und Altertumskunde* 48: 9–17.

Borchardt, Ludwig. 1920. *Die Altägyptische Zeitmessung*. Berlin: de Gruyter.

Chassinat, Émile, and Charles Henri Amédée Palanque. 1911. *Une campagne de fouilles dans la nécropole d'Assiout*. Cairo: Institut français d'archéologie orientale.

Cockcroft, Robert, and Sarah Symons. 2013. "Diagonal Star Tables on Coffins A1C and S2Hil: A New Triangle Decan and a Reversed Table". *PalArch's Journal of Archaeology of Egypt / Egyptology* 10 (3): 1–10.

27 This affects the dates of *msw* and *šnw* substantially.

28 There are small variants in the dates, but they seem to be mistakes rather than serious attempts at indicating particular stars being even a day early or late.

Cockcroft, Robert, and Sarah L. Symons. 2014. "Ancient Egyptian Diagonal Star Tables: A New Fragment, and Updates for S16C and S1C". *Journal for the History of Astronomy* 45 (2): 197–208.

Conman, Joanne. 2007. "Speculation on Special Sunlight and the Origin of the *wšȝw* Hour". *Apuntes de Egiptología* 3. http://www.academia.edu/418578/Speculation_on_Special_Sunlight_and_the_Origin_of_the_wSAw_Hour. [05.2016]

Depuydt, Leo. 2010. "Ancient Egyptian Star Tables: A Reinterpretation of Their Fundamental Structure". In: Annette Imhausen and Tanja Pommerening (eds.), *Writings of Early Scholars in the Ancient Near East, Egypt, Rome, and Greece. Translating Ancient Scientific Texts.* (Beiträge zur Altertumskunde, 286). Berlin/New York: de Gruyter: 241–276.

EAT1–3 = Neugebauer and Parker (1960); (1966); (1969)

Leitz, Christian. 1995. *Altägyptische Sternuhren* (Orientalia Lovaniensia Analecta, 62). Leuven: Peeters.

Lieven, Alexandra von. 2007. *Grundriß des Laufes der Sterne. Das sogenannte Nutbuch.* 2 vols. (The Carlsberg Papyri, 8/CNI Publications, 31). Kopenhagen: Museum Tusculanum Press.

Locher, Kurt. 1998. "Middle Kingdom Astronomical Coffin Lids: Extension of the Corpus from 12 to 17 Specimens since Neugebauer and Parker". In: Christopher Eyre (ed.), *Proceedings of the 7th International Congress of Egyptologists, Cambridge, 3–9 September 1995* (Orientalia Lovaniensia Analecta, 82). Leuven: Peeters: 697–702.

Lull, José, and Juan Antonio Belmonte. 2010. "The Constellations of Ancient Egypt". In: Juan Antonio Belmonte and Mosalam Shaltout (eds.), *Search of Cosmic Order: Selected Essays on Egyptian Archaeoastronomy*. Cairo: American University in Cairo Press: 155–195.

Murray, Margaret A. 1904. *The Osireion at Abydos* (Egyptian Research Account, 9). London: B. Quaritch.

Neugebauer, Otto, and Richard A. Parker. 1960. *Egyptian Astronomical Texts.* Vol. 1: *The Early Decans* (Brown Egyptological Studies, 3). Providence: Brown University Press.

Neugebauer, Otto, and Richard A. Parker. 1966. *Egyptian Astronomical Texts.* Vol. 2: *The Ramesside Star Clocks* (Brown Egyptological Studies, 5). Providence: Brown University Press.

Neugebauer, Otto, and Richard A. Parker. 1969. *Egyptian Astronomical Texts.* Vol. 3: *Decans, Planets, Constellations and Zodiacs.* 2 vols. (Brown Egyptological Studies, 6). Providence: Brown University Press.

Osing, Jürgen, and Gloria Rosati (eds.). 1998. *Papiri geroglifici e ieratici da Tebtynis*. Firenze: Istituto papirologico "G. Vitelli".

Pogo, Alexander. 1930. "The Astronomical Ceiling-Decoration in the Tomb of Senmut". *Isis* 14: 301–325.

Pogo, Alexander. 1932. "Calendars on Coffin Lids from Asyût (second Half of the Third Millennium)". *Isis* 17: 6–24.

Symons, Sarah. 2002a. "Egyptian Shadow Clocks". In: Maurice Dorikens (ed.), *Scientific Instruments and Museums. Proceedings of the XXth International Congress of History of Science* Vol XVI. Turnhout: Brepols: 13–20.

Symons, Sarah. 2002b. "The 'Transit Star Clock' from the Book of Nut". In: John M. Steele and Annette Imhausen (eds.), *Under One Sky: Astronomy and Mathematics in the Ancient Near East* (Alter Orient und Altes Testament, 297). Münster: Ugarit-Verlag: 429–446.

Symons, Sarah. 2007. “A Star’s Year: The Annual Cycle in the Ancient Egyptian Sky”. In: John M. Steele (ed.), *Calendars and Years: Astronomy and Time in the Ancient World*. Oxford: Oxbow Books: 1–33.

Symons, Sarah. 2014. “Contexts and Elements of Decanal Star Lists in Ancient Egypt”. In: Daliah Bawanypeck and Annette Imhausen (eds.), *Traditions of Written Knowledge in Ancient Egypt and Mesopotamia: Proceedings of Two Workshops Held at Goethe-University, Frankfurt/Main in December 2011 and May 2012* (Alter Orient und Altes Testament, 403). Münster: Ugarit-Verlag: 91–122.

Symons, Sarah. 2015. “Classification of Ancient Egyptian Astronomical ‘Diagrams’”. *Journal for the History of Astronomy* 46 (1): 66–75.

Werning, Daniel. 2013. “Linguistic Dating of the Netherworld Books Attested in the New Kingdom. A Critical Review”. In: Gerald Moers et al. (eds.), *Dating Egyptian Literary Texts* (Lingua Aegyptiaca, Studia Monographica, 11). Hamburg: Widmaier: 237–281.

Zitman, Marcel. 2010. *The Necropolis of Assiut: A Case Study of Local Egyptian Funerary Culture from the Old Kingdom to the End of the Middle Kingdom*. 2 vols. (Orientalia Lovaniensia Analecta, 180). Leuven u. a.: Peeters.

Figures

Tab. 1: Adapted from Neugebauer and Parker (1960): Fig. 2.
Tab. 2: Adapted from Neugebauer and Parker (1960): Fig. 1.
Tab. 3: Sarah Symons.

Section III: **Ancient Greece and Rome**

Jochen Althoff (Mainz)

Übersetzung aus einem griechischen medizinischen Werk (Corpus Hippocraticum, *De morbo sacro* VI–VII, 5)

1 Einleitung

Die älteste Sammlung medizinischer Schriften im antiken Griechenland ist das Corpus Hippocraticum mit ca. 65 einzelnen Werken aus unterschiedlichen Zeiten und von unterschiedlichen Autoren.[1] All diese Schriften sind im ionischen Dialekt abgefasst, der mit dem attischen ‚Normalgriechisch' (wie man es in der Schule lernt, also etwa eines Platon oder Xenophon) eng verwandt ist und bis Thukydides die Sprachform der Sachprosa war.[2] Zu den berühmtesten Werken dieser Sammlung zählt die Schrift *Über die Heilige Krankheit* (*De morbo sacro*, περὶ ἱερῆς νούσου).

Die Titulatur der hippokratischen Schriften ist nicht ganz einfach: Man zitiert meist den lateinischen Titel, der natürlich nicht original ist und bisweilen in unterschiedlichen Formen vorliegt.[3] Zur Verdeutlichung nennt man oft zumindest einmal den griechischen Titel (der spätestens von den Editoren des Corpus Hippocraticum im 3./2. Jh. v. Chr. hinzugefügt wurde). Bisweilen haben sich in Deutschland auch deutsche Titel durchgesetzt (wie z. B. *Über die Umwelt* für περὶ ἀέρων, ὑδάτων, τόπων [wörtlich: „Über Lüfte, Gewässer, Orte"]).

Auch das Zitieren aus den Schriften ist etwas umständlich: Man zitiert eine Stelle meist mit Seiten- und Zeilenzahl der benutzten modernsten Ausgabe (für *De morbo sacro*: Jacques Jouanna;[4] diese Ausgabe liegt auch der modernen Kapitel- und Paragraphenzählung zugrunde [„I, 2"], die bisweilen von anderen Ausgaben abweicht) und fügt dann (meist mit „=") die Angabe nach der

1 Vgl. Althoff (2011): 295–301; Jouanna (1999).

2 Vgl. Schmitt (1977): bes. 96–103.

3 Ein hervorragendes Hilfsmittel, um sich im Wirrwarr der Titel und der modernen Ausgaben zurechtzufinden, bietet Fichtner (2015).

4 Hippokrates, *De morbo sacro*, ed. Jouanna (2003). Die davor maßgebliche Ausgabe mit dt. Übersetzung war Hippokrates, *De morbo sacro*, ed. Grensemann (1968).

Standardausgabe von Émile Littré[5] hinzu, und zwar in der Form: VI, 352, 1 Littré (Band 6, Seite 352, Zeile 1 Littré[6]). Diese Zählung ist in fast allen späteren Ausgaben angegeben.

1.1 Ein kurzer Überblick über antike griechische Medizin

Das Corpus Hippocraticum ist nicht nur die größte Sammlung fachwissenschaftlicher Prosaschriften aus der klassischen Zeit der Antike (die meisten Schriften stammen aus dem 5. und 4. Jh. v. Chr., einige sind jünger[7]). Es liefert auch fast ausschließlich die Quellen für die rationale griechische Medizin der klassischen Epoche, die darüber hinaus nur aus wenigen Fragmenten der vorsokratischen Philosophen rekonstruiert werden kann.[8]

In archaischer Zeit wurden Krankheiten und plötzlicher Tod ähnlich wie in Mesopotamien als eine direkte Einwirkung von Göttern aufgefasst, wie etwa am Beginn der *Ilias* Homers (7. Jh. v. Chr.) der Gott Apoll Pfeile auf das Lager der Griechen vor Troja abschießt und so dort eine Seuche ausbrechen lässt. Eine innere Infektionskrankheit wird also als eine äußere Kriegsverletzung versinnbildlicht. Ebenfalls begegnen uns in der *Ilias* bereits erste Ärzte, die sich um die Wundversorgung in den zahlreichen Kämpfen kümmern. Homer schildert viele grausame Verletzungen mit erstaunlich genauem Blick für anatomische Details. Diese Ärzte (Machaon und Podaleirios mit Namen) stammen direkt vom Heilgott Asklepios ab und verdanken ihre Kompetenz also göttlichem Einfluss.[9] Schon bei Homer heißen sie ἰητήρ (*Ilias* 2, 732, attisch: ἰατήρ) und ἰητρός (*Ilias* 16, 28, attisch: ἰατρός), zwei bedeutungsgleiche Wörter vom Verbum ἰᾶσθαι „heilen"; ἰητρός/ἰατρός ist im Griechischen die Standardbezeichnung für den „Arzt" geworden.[10]

Bei den vorsokratischen Naturphilosophen beginnt das Interesse für rationale Erklärungen des Naturgeschehens, wobei meist der Kosmos und die Welt und deren Entstehung im Vordergrund stehen. „Rational" bedeutet hier vor allem, dass man natürliche Phänomene ohne die Einwirkung von Göttern aufgrund von naturgesetzlich ablaufenden Mechanismen erklären will. Es finden

5 Hippokrates, *De morbo sacro*, ed. Littré (1839–61).

6 Hippokrates, De morbo sacro, ed. Littré (1849).

7 Vgl. Althoff (2014): 571–577.

8 Vgl. den konzisen Überblick bei Leven (2008): bes. 13–22.

9 Vgl. Cordes (1994): 12–16; Zimmermann (2009): bes. 161–163.

10 Das deutsche Wort „Arzt" leitet sich vom griechischen ἀρχ-ιατρός „Hofarzt, kaiserlicher Leibarzt" ab, das erst in der römischen Kaiserzeit häufiger wird. Vgl. Kluge (2011): 64.

sich aber auch erste Erklärungsversuche für physiologische Vorgänge (z. B. bei Empedokles), wobei die kosmologische Perspektive vielfach nachwirkt (z. B. dadurch, dass verschiedene Elemente oder Qualitäten für solche Vorgänge als wichtig erachtet werden). Auf diese vorsokratischen Philosophen und ihre Theorien greifen die Autoren des Corpus Hippocraticum sehr intensiv zurück.[11] Wie wir heute wissen, gibt es in der Regel keinen klaren Übergang von mythischer zu rationaler Erklärung. Auch im Corpus Hippocraticum sind seltene Reste einer mythischen oder animistischen Anschauung zu finden.[12]

Die theologische Dimension, die in der antiken Medizin von Anfang an präsent war, ging auch nach diesen ersten rationalen Ansätzen nicht gänzlich verloren. Besonders der Heilgott Asklepios erlebte seit dem 5. Jh. einen großen Aufschwung, wie sich an der Gründung zahlreicher Tempel zeigen lässt.[13] In diesen Tempeln überließen sich Kranke dem Heilschlaf in der Hoffnung, dass ihnen der Gott im Traum erscheine und sie entweder direkt heile oder ihnen den Weg zur Heilung mitteile.[14] Dabei wurde Asklepios zu einer Art Über-Arzt stilisiert, der mit ähnlichen Handgriffen und Methoden heilte, wie es die aufgeklärten Ärzte taten. Umgekehrt finden sich auch in den rational argumentierenden hippokratischen Schriften Reflektionen über den Einfluss der Götter auf das Krankheitsgeschehen. Die beiden Bereiche einer rationalen naturwissenschaftlichen Medizin und des Asklepioskultes existierten also nicht nur friedlich über Jahrhunderte hinweg nebeneinander, sondern durchdrangen sich bisweilen gegenseitig.

Der synthetische Charakter des Corpus Hippocraticum macht es schwer, einheitliche Charakterzüge der hippokratischen Medizin herauszuarbeiten. Wenn man zunächst einmal grob zu beschreiben versucht, welche Gebiete der Medizin im Corpus behandelt wurden, so muss man sich vorab klarmachen, dass die modernen Kategorien hier nur hilfsweise verwendet werden können; klar voneinander abgegrenzte Fachdisziplinen hat es in der Antike kaum gegeben, und viele Werke fallen in Kategorien, die heutige Mediziner nicht mehr bearbeiten (nämlich vor allem allgemeinere naturphilosophische Werke, aber auch sogenannte deontologische Schriften, die eine Art ärztlicher Ethik

---

11 Vgl. Longrigg (1993).

12 Vgl. Goltz (1974): 242, mit einem Beispiel aus *De muliebribus* I 77, 172.

13 Vgl. Krug (1993): 120–187; Brockmann (2013).

14 In Aristophanes' posthum (388 v. Chr.) aufgeführter Komödie *Ploutos* gibt der Sklave Karion 659–747 den ersten umfangreichen Bericht über eine solche Heilschlaf-Zeremonie, durch die der blinde Ploutos wieder sehend wird. Ein erster knapper Hinweis auf dasselbe Asklepius-Heiligtum in Aegina findet sich in Aristophanes' *Wespen* (aufgeführt 422 v. Chr.), 121–23. Vgl. Sommerstein (2001): 8–13, mit weiterer Literatur.

ausarbeiten). Ebenso häufig übergreifen bestimmte Schriften mehrere Kategorien. So finden sich Werke über internistische Krankheiten (*Epidemien*, *De morbis*), über chirurgische bzw. orthopädische Probleme (*De fracturis*, *De articulis*), über gynäkologische, embryologische und geburtskundliche Fragen (*De genitura*, *De natura pueri*) sowie über Augenkrankheiten (*De visu*).[15] Es gibt auch mehrere Schriften, die sich mit der medizinisch begründeten allgemeinen Lebensführung („Diät" in einem umfassenderen Sinn, als das Wort heute verwendet wird) befassen (*De victu* ist die umfangreichste Schrift des Corpus, *De diaeta in acutis morbis*). Anatomische Werke sind relativ selten: *De natura ossium*, *De corde*, *Anatomia* gehören dazu.[16] Zu den allgemeineren theoretischen Traktaten gehören Werke wie *De arte*, *De vetere medicina*, *De natura hominis*, *Über die Umwelt*, aber auch *De morbo sacro*. Zu den deontologischen Schriften (die meist späteren Datums sind, ab ca. 300 v. Chr.) gehören der berühmte *Eid* des Hippocrates, *De decente habitu*, *De officina medici*. Mehrere Werke behandeln die ärztliche Prognose (z. B. *Prognostikon*, *Koische Prognosen*), die in klassischer Zeit eine wichtige Funktion besaß: Angesichts der eingeschränkten Behandlungsmöglichkeiten und einer nicht festgelegten Ausbildungsordnung musste sich ein Arzt gegen den Vorwurf der Unfähigkeit und Scharlatanerie absichern.[17]

Wenn dieser Überblick einen sehr skizzenhaften Charakter hat, so ergibt sich für eine Einteilung nach literarischen Gattungen leider ein ähnliches Bild. Dies liegt zum großen Teil daran, dass der Begriff der „literarischen Gattung" modern ist und sehr unterschiedlich verstanden wird; dasselbe gilt für den Begriff der „Textsorte", den manche Forscher bevorzugen. Renate Wittern hat in einem Überblick gezeigt, zu wie vielen unterschiedlichen Gruppierungen die Forscher seit der Zeit Galens gelangt sind.[18] Eine sehr grobe Einteilung kann zwischen den ausformulierten, literarisch und rhetorisch stilisierten Texten auf der einen Seite und listenartigen, im Notizstil abgefassten Krankheits- und Krankengeschichten und Aphorismen auf der anderen Seite vorgenommen werden.[19] Die hier behandelte Schrift gehört zur ersten Gruppe.

---

15 Vgl. Schubert und Huttner (1999), wo auf S. 426 auch ein knapper Überblick über die im Corpus Hippocraticum behandelten Bereiche gegeben wird.

16 Dies liegt daran, dass es eine systematische Sektion menschlicher Körper (also eine Anatomie = wörtlich ein „Aufschneiden") bis zum Hellenismus nicht gegeben hat. Vielfach wurden Parallelen aus Tiersektionen bzw. aus der Opferschau gezogen. Vgl. Jouanna (1999): 308–313.

17 Vgl. Althoff (2010).

18 Wittern (1998): 17–21.

19 Zu dieser letzteren Kategorie gehören z. B. Werke wie *De morbis*, die *Epidemien*bücher 1–7 (in unterschiedlicher Ausprägung) und die berühmten hippokratischen *Aphorismen*. Vgl.

Ein zentrales theoretisches Konzept der hippokratischen Medizin ist die sogenannte Vier-Säfte-Lehre oder Humoralpathologie.[20] Sie geht davon aus, dass bestimmte flüssige Bestandteile des Körperinneren für die Entstehung von (meist inneren) Krankheiten verantwortlich sind. Die Art und die Zahl dieser „Säfte" variiert erheblich innerhalb der Schriften des Corpus: Oft sind Schleim und Galle die maßgeblichen Faktoren, bisweilen tritt das Blut hinzu und die Galle wird in eine gelbe und eine schwarze Art unterschieden.[21] Die gewissermaßen klassische Ausprägung mit vier Säften (Schleim [φλέγμα], gelbe Galle [χολὴ ξανθή oder einfach χολή], schwarze Galle [μέλαινα χολή], Blut [αἷμα]) findet sich in der Schrift *De natura hominis*, Kap. 4. Auch hierbei steht vermutlich die kosmologische Elementenlehre des Empedokles (Erde, Wasser, Luft, Feuer) im Hintergrund. Die Wirkung dieser Säfte wird häufig mit ihren jeweiligen Qualitäten in Verbindung gebracht, wobei z. B. Blut und Galle als warm verstanden werden, der Schleim aber als kalt (auch differenziertere Zuordnungen zweier Qualitäten zu jedem Saft sind belegt[22]). Über diese Qualitäten kann man die Säfte auch mit den Jahreszeiten, den hauptsächlichen Winden, den Lebensaltern und den Nahrungsmitteln korrelieren. Die Anteile der verschiedenen Säfte können individuell verschieden sein, und zwar sowohl temporär (im Laufe des Jahres) als auch konstitutionell; letzteres ist vererbt worden. So kommt es zu Typen mit zu viel Schleim, Galle etc., die zu bestimmten Krankheiten neigen. Bestimmte Nahrungsmittel und Lebensweisen können einzelne Säfte stärker oder schwächer werden lassen. Wenn das Verhältnis der Säfte innerhalb einer gewissen konstitutionellen Bandbreite ausgewogen ist, ist der Mensch gesund.[23] Wenn dieses Gleichgewicht gestört ist, entstehen Krankheiten.

Wittern (1998): 22–26 (zu *De morbis* II/*De internis affectionibus*/*De morbis mulierum*/*De sterilitate*); 28–30 (zu den *Epidemien*); Althoff (1998); Langholf (1977); Kanthak (2014).

20 Vgl. Schöner (1964); Jouanna (1999): 314–317; Gundert (2005): 436–441.

21 Grundsätzlich ist die Humoralpathologie also an beobachtbaren Flüssigkeiten bzw. Ausscheidungen des Körpers orientiert. Nach heutigem Verständnis existiert die sogenannte schwarze Galle real nicht, sie geht auf Systemzwänge zurück und/oder ist abgeleitet von bestimmten krankhaften Farbveränderungen der Exkremente (Teerstuhl durch Blutungen im oberen Verdauungstrakt).

22 *De natura hominis* Kap. 7, wobei die Qualitäten Warm, Kalt, Trocken und Feucht/Flüssig sind.

23 Diese urtümliche Vorstellung von Gesundheit findet sich bereits bei dem Vorsokratiker Alkmaion von Kroton (24 B 4 Diels/Kranz [1951f.]): Ἀλκμαῖον (sc. λέγει) τῆς μὲν ὑγιείας εἶναι συνεκτικὴν τὴν ἰσονομίαν τῶν δυνάμεων, ὑγροῦ, ξηροῦ, ψυχροὺ, θερμοῦ, πικροῦ, γλυκέος καὶ τῶν λοιπῶν, τὴν δ᾽ ἐν αὐτοῖς μοναρχίαν νόσου ποιητικήν. „Alkmaion (sc. sagt), dass gesundheitsbewahrend die Gleichberechtigung der Kräfte sei, des Flüssigen, Trockenen, Kalten,

Die Therapie versucht dann, durch diätetische Maßnahmen oder Medikamente (überwiegend abführende Mittel) das ursprüngliche Gleichgewicht wieder herzustellen.

1.2 Die Schrift *De morbo sacro*

Die im Corpus Hippocraticum enthaltene Schrift *Über die Heilige Krankheit* wurde hier ausgewählt, weil sie zahlreiche der eben erwähnten allgemeinen Aspekte an einem konkreten Text veranschaulicht. Eine genaue Datierung ist ebenso wenig möglich wie die Zuschreibung zu dem berühmten koischen Arzt Hippokrates (der ca. 460–375 v. Chr. lebte); wahrscheinlich gehört sie in die letzten drei Jahrzehnte des 5. Jh.s v. Chr.[24]

Jouanna hat in der Einleitung zu seiner Ausgabe einige formale Züge herausgearbeitet, die diese Schrift kennzeichnen.[25] Grundsätzlich weist er auf die häufigen Verben des Sprechens hin bei gleichzeitigem Fehlen von Verben des Schreibens. Der Autor stellt sich oft mit Ausdrücken der ersten Person Singular betont in den Vordergrund, benutzt aber ebenso häufig das „wir" der ersten Person Plural. Dies deutet daraufhin, dass die Schrift ursprünglich in einem mündlichen Kontext entstanden und erst sekundär schriftlich niedergelegt worden ist. Wahrscheinlich war sie ursprünglich als ein Vortrag vor einem größeren Publikum konzipiert. Dazu passt auch, dass der Autor eine didaktische bzw. demonstrative Intention äußert, wenn er etwa I, 3 (3, 3 Jouanna = VI, 352, 10 Littré) sagt: „wie ich zeigen werde" (ὡς ἐγὼ δείξω) oder in I, 8 (7, 3 Jouanna = VI, 358, 19 Littré): „wie ich lehren werde" (ὡς ἐγὼ διδάξω).

Darüber hinaus zeigt sie Spuren einer rhetorisch anspruchsvollen Komposition (mit gleichlangen antithetischen und gleichlautenden Gliedern: Parisoseis und Parhomoioseis), wenngleich dies insgesamt weniger ausgeprägt ist als in

Warmen, Bitteren, Süßen und der übrigen, dass aber eine Alleinherrschaft (sc. einer Qualität) unter ihnen krankheitsbewirkend sei."

24 Die Forschung ist sich seit Wilamowitz (1901) relativ einig darüber, dass der Autor wahrscheinlich derselbe ist wie der der Schrift *Über die Umwelt* (περὶ ἀέρων, ὑδάτων, τόπων), den man früher gern mit Hippokrates selbst identifiziert hat. Überdies rezipiert *De Morbo sacro* offenbar die Thesen des Diogenes von Apollonia, der in den 420er und 410er Jahren in Athen sehr bekannt war. Damit gehörten beide Schriften vermutlich in die letzten drei Jahrzehnte des 5. Jh.s v. Chr. Vgl. Jouanna (2003): LXX–LXXIV. – Jouanna (1999) gibt auf den Seiten 373–416 einen knappen Überblick über Inhalt und Datierung jeder einzelnen Schrift des Corpus, wobei die Reihenfolge nach den englischen Titeln alphabetisiert ist. Ähnlich Golder (2007): 27–104 (in der Reihenfolge der Edition von Littré).

25 Jouanna (2003): X–XIII.

anderen Schriften des Corpus. So fehlt z. B. am Anfang ein ausgearbeitetes Proömium, das solche stärker rhetorisch stilisierten Werke regelmäßig besitzen. Während man bei einer stärkeren rhetorischen Stilisierung mit einiger Wahrscheinlichkeit von einer größeren, auch laienhaften Öffentlichkeit ausgeht, folgert Jouanna aus der geringeren Zahl dieser Merkmale in *De morbo sacro*, dass es sich ursprünglich um einen Lehrvortrag vor Schülern gehandelt haben könnte. All diese Überlegungen lassen sich nicht mit letzter Sicherheit beweisen, da wir über die primäre und sekundäre Produktion und Rezeption der medizinischen Werke nur wenige Nachrichten besitzen.

De morbo sacro befasst sich nach allgemeiner Auffassung mit der Epilepsie,[26] deren beeindruckende und erschreckende Symptome ihr in den alten Kulturen Griechenlands und Roms den Namen einer „heiligen", d. h. einer durch die Götter verursachten Krankheit eingebracht haben. Gegen diese volkstümlich verbreitete Position polemisiert unser Autor vom ersten Satz seines Werkes an (I, 1 = 3, 1–4 Jouanna = VI, 352, 1–4 Littré[27]):

> περὶ τῆς ἱερῆς νούσου καλεομένης ὧδε ἔχει· οὐδέν τί μοι δοκεῖ τῶν ἄλλων θειοτέρη εἶναι νούσων οὐδὲ ἱερωτέρη, ἀλλὰ φύσιν μὲν ἔχει καὶ τὰ λοιπὰ νοσήματα ὅθεν γίνεται, φύσιν δὲ αὕτη καὶ πρόφασιν.
> „Über die sogenannte heilige Krankheit verhält es sich so: Um nichts scheint sie mir göttlicher zu sein als die anderen Krankheiten und auch nicht heiliger, sondern eine Natur besitzen die übrigen Krankheiten, woraus sie entstehen, eine Natur besitzt aber auch diese und eine Ursache."

Hier ist die aufgeklärte Haltung eines frühen Naturwissenschaftlers ausgedrückt. Vorgänge, die eine „Natur"[28] und eine „Ursache" besitzen, können nach

26 Obwohl man retrospektive Diagnosen heute mit guten Gründen ablehnt, gibt es doch eine große Übereinstimmung unter den Forschern, dass die in *De morbo sacro* beschriebene Krankheit mit der heute als Epilepsie bezeichneten identifiziert werden kann. Vgl. Grmek 1989: 40: „The clinical descriptions found in this treatise and in other Hippocratic texts fully justify the usual retrospective diagnosis of the sacred disease: generalized epilepsy, more precisely grand mal epilepsy, is its central element." Vgl. auch Temkin (1971); Grunert (2011).

27 Noch einmal zur Verdeutlichung: „Kapitel 1, Paragraph 1 auf S. 3, Zeilen 1–4 in der Ausgabe von Jouanna, entspricht der S. 352, Zeilen 1–4 im 6. Bd. der Ausgabe von Littré".

28 Der Begriff ἡ φύσις bedeutet ursprünglich „der Wuchs, das gewachsene Bild" (φύεσθαι = „wachsen") eines Lebewesens, sei es Pflanze oder Tier. Diese Ursprungsbedeutung wird durch den Zusatz „woraus sie entsteht" (ὅθεν γίνεται) auch hier noch evoziert, vgl. richtig Jouanna (2003): Anm. 2 auf S. 35. Der hier zugrunde liegende Naturbegriff ist ebenfalls bereits stark rationalisiert: Offenbar wird die Natur als ein nach bestimmten festgelegten Regeln funktionierender Bereich angesehen, in den göttliche Mächte nicht ohne weiteres eingreifen. Vgl. Nörenberg (1968).

seiner Auffassung rational erklärt werden und gehen nicht in besonderem Maße auf einen göttlichen Eingriff zurück. Genauer formuliert der Autor, dass keine Krankheit „heiliger“ (im Komparativ) als eine andere ist. Der Komparativ ist sehr wichtig, denn daraus wird deutlich, dass unser Autor nicht die Kategorie des Göttlichen oder Heiligen rundheraus leugnet, sondern dass er alle Krankheiten in gleicher Weise im Bereich des Heiligen angesiedelt sieht. Er ist also kein Atheist, was juristisch und strafrechtlich gefährlich gewesen wäre.[29]

Sein neuer Ansatz legt vielmehr einen deutlichen Akzent auf die Erklärung der natürlichen Ursachen der Krankheit, und diese Aussagen hat man immer zu Recht als einen frühen Beleg für die rationale, naturwissenschaftlich orientierte Medizin betrachtet, die durch die Schriften des Corpus Hippocraticum repräsentiert wird.

Sprachlich-stilistisch ist dieser Eingangssatz wie normale ionische Sachprosa, etwa im Stile des Historikers Herodot, geschrieben. Es fehlt ein ausgearbeitetes Proömium, das sich bei manchen medizinischen Schriften durchaus findet (z. B. *De vetere medicina* [περὶ ἀρχαίης ἰητρικῆς], Kap. I, 1–3) und als ein Element fortgeschrittener literarischer Stilisierung zu deuten ist. Auch Herodots Geschichtswerk beginnt mit einem etwas ausführlicheren Einleitungssatz (4 ½ Zeilen), den man gewöhnlich „Proömium“ nennt, der aber in seiner Kürze eher an unseren medizinischen Autor erinnert.

Der erste Satz konstatiert ohne Umschweife das Thema und vertritt funktional einen Buchtitel. Diese Buchtitel kommen im 5. Jh. v. Chr. erst auf.[30] Mit dem wichtigen Partizip „die *sogenannte* (καλεομένης) Heilige Krankheit“ distanziert sich der Autor sofort von dem gängigen Namen der Krankheit, um dies schon im nächsten Satz eingehender zu begründen (es ist daher mehr als unglücklich, dass sich der Titel „Über die Heilige Krankheit“ durchgesetzt hat, nicht „Über die sogenannte Heilige Krankheit“). Auffällig ist dabei der persönliche Ton („mir scheint“, μοι δοκεῖ), mit dem der Verfasser selbstbewusst seine eigene Sicht der Dinge von der verbreiteten Meinung absetzt. Die Häufung der ähnlichen Adjektive „weder göttlicher noch heiliger“ macht auch sprachlich deutlich, worum es ihm geht.

29 Der Vorsokratiker Anaxagoras (ca. 500–428/27 v. Chr.) und Sokrates aus Athen (469–399 v. Chr.) sind zwei bekannte Figuren, denen in Athen wegen Asebie der Prozess gemacht wurde (Anaxagoras kam ihm durch Flucht zuvor), vgl. Mansfeld und Primavesi (2011): 564–566. Zu Sokrates vgl. Döring (1998): 150–152.

30 Vgl. Nachmanson (1969); Schmalzriedt (1970). Dazu die Rezension von Müller (1999).

Dasselbe Ziel verfolgt die parallele Konstruktion am Ende des Satzes („eine Natur besitzen – eine Natur aber auch“), die durch die typische Partikelkombination μέν – δέ („zwar – aber“) im Griechischen noch deutlicher markiert ist als im Deutschen. Auch dies ist ein Element bewusster literarischer Stilisierung.

1.3 Inhalt der Schrift bis zum besprochenen Textabschnitt

Im langen ersten Kapitel setzt sich der Autor sehr kritisch mit denjenigen auseinander, die von einer göttlichen Verursachung der Krankheit ausgehen und daher zu allen möglichen magischen und rituellen Praktiken, Speisetabus etc. raten. Dabei demonstriert er einen scharfen soziologischen Blick, wenn er etwa in Kap. I, 10 darauf hinweist, dass solche Wunderheiler auch aus wirtschaftlichen Gründen ein Interesse daran haben, ihre magischen Riten zu verkaufen. Auch der flagrante logische Konflikt ist ihm nicht entgangen, dass Wunderheiler zwar die Ursache der Krankheit bei den Göttern suchen, aber dennoch menschliche Verhaltensweisen und Verfahren anpreisen, um sie zu heilen (I, 12). Im Sinne eines echten Götterglaubens wäre es doch vielmehr erforderlich, zu den Göttern zu beten und in ihren Tempeln zu opfern. Auch hier demonstriert der Autor also seine aufrichtige Religiosität, die ihn von der Scheinheiligkeit seiner Gegner absetzen soll.

Ab Kap. II folgt die rationale Erklärung des Krankheitsgeschehens. Zunächst weist unser Autor darauf hin, dass die sogenannte Heilige Krankheit wie alle anderen auch vererbt wird. Dabei steht ganz offenkundig bereits eine Säftelehre im Hintergrund, denn er begründet seine Annahme dadurch, dass auch bestimmte Säfte-Typen vererbt werden, wie etwa ein Schleim-Typus einen Schleim-Typus zeugt und ein Galle-Typus einen Galle-Typus (II, 2). Gemeint sind damit Menschen, die ein Übermaß an Gallensaft bzw. an Schleim besitzen.[31] Dabei liegt auch eine bestimmte (die sogenannte panspermische) Vererbungslehre zugrunde, denn es heißt (II, 2), dass der Same von allen Körperteilen stamme (und somit – so ist zu ergänzen – auch von einem Übermaß eines Körpersaftes Spuren enthält, die auf den Nachkommen übergehen). Man ahnt bereits hier, dass auch die Entstehung der sogenannten Heiligen Krankheit auf diese Körpersäfte zurückgeführt wird.

Im III. Kapitel wird das Gehirn als das maßgebliche Organ nicht nur für diese Krankheit, sondern überhaupt für alle Krankheiten bestimmt. Auch das Adernsystem, innerhalb dessen die Körpersäfte und die Luft zirkulieren, wird

---

31 Zur Säftelehre allgemein vgl. die Einleitung und Anm. 20.

skizziert (Kap. II, 3–Kap. IV Ende). Der Hauptzweck dieser Skizze besteht darin, die Verbindungen zwischen dem Gehirn und dem restlichen Körper nachzuweisen und so die zentrale Rolle des Gehirns anatomisch zu begründen. Mit modernen anatomischen Vorstellungen ist das dargestellte Adernsystem nicht in Übereinstimmung zu bringen. Damit sind die anatomischen Voraussetzungen beschrieben, und unser Autor kann in Kap. V daran gehen, die physiologischen Ursachen für die sogenannte Heilige Krankheit zu erklären.

Wie bereits einmal am Ende des II. Kapitels bemerkt, betont er zunächst, dass diese Krankheit die Schleim-Typen befällt, nicht aber die Galle-Typen. Die ersten Ursachen werden bereits im Embryonalstadium gelegt: Normalerweise wird das Gehirn im Prozess des embryonalen Wachstums wie andere Organe auch „gereinigt" (καθαίρεται, Kap. V, 1 = 12, 23 Jouanna = VI, 368, 12 Littré). Damit ist offenbar eine Flüssigkeitsreduktion gemeint, die ein normales Maß nicht übersteigen darf. Da in diesem Zusammenhang auch von einer „Abschmelzung" (ἀπότηξις, V, 2 = 13, 6 Jouanna = VI, 368, 16; 370, 1 Littré) die Rede ist, wird man an die trocknende und schmelzende Wirkung von Wärme denken müssen, die diesem Prozess zugrunde liegt.

Der Ausdruck „Reinigung" (κάθαρσις) ist für die hippokratische Medizin charakteristisch. Er ist der Gegenbegriff zur „Verschmutzung", die im somatischen Zusammenhang das Vorhandensein oder das Übermaß einer Substanz im Körper bezeichnet. Die „Verschmutzung" deutet dabei auf eine gestörte Ordnung im Körper hin, die durch die „Reinigung" wiederhergestellt wird. Die ursprünglich religiöse Konnotation (μίασμα = „Makel", „Befleckung" als göttliche Strafe[32]) steht hier noch im Hintergrund, sie ist aber rationalisiert worden, insofern sie sich nicht mehr auf göttliches Wirken, sondern auf im Übermaß vorhandene Körpersäfte bezieht.

Wenn diese „Reinigung" von überschüssiger Flüssigkeit nicht eintritt, stellen sich Krankheiten ein (Kap. V, 3). An dieser Stelle wird ausdrücklich davon geredet, dass in einem solchen nicht gereinigten Gehirn Schleim entsteht und solche Individuen Schleim-Typen werden (13, 11f. Jouanna = VI, 370, 2 Littré: οὕτως ἀνάγκη [sc. τὸν ἄνθρωπον] φλεγματώδεα εἶναι „so ist es notwendig, dass [sc. der Mensch] ein Schleim-Typos[33] ist").

32 Vgl. Parker (1990); Hoessly (2001).

33 Ganz wörtlich: „schleimig" (φλεγματώδης ist eine Adjektivbildung zu φλέγμα „Schleim"). Gemeint ist eine dauerhafte Veranlagung zu übermäßiger Schleimproduktion.

Zwar können solche Menschen auch nach der Geburt noch durch Geschwüre und dergleichen Schleim verlieren; dann sind sie weniger von der sogenannten Heiligen Krankheit betroffen. Wenn diese sekundäre, postparitale Reinigung aber ausbleibt, dann besteht die Gefahr, dass solche Menschen unter dieser Krankheit leiden.[34]

2 Übersetzung

Nun folgt im VI. Kap. ein erster Versuch, die genaue Wirkung dieses Schleimüberflusses zu beschreiben (14, 3–15, 22 Jouanna = VI, 370, 12–374, 1 Littré):[35]

VI, 1 ἢν δ' ἐπὶ τὴν καρδίην ποιήσηται ὁ κατάρροος τὴν πορείην, παλμὸς ἐπιλαμβάνει καὶ ἄσθμα, καὶ τὰ στήθεα διαφθείρεται· ἔνιοι δὲ καὶ κυφοὶ γίνονται.	„**VI, 1** Und wenn der Herabfluss zum Herzen seinen Weg nimmt, ergreifen ihn (sc. den Patienten) Zittern und Keuchen und die Brust (eigentl. Plural) wird beschädigt. Einige (sc. Patienten) werden auch krumm/bucklig.
2 ὅταν γὰρ ἐπικατέλθῃ τὸ φλέγμα ψυχρὸν ἐπὶ τὸν πλεύμονα καὶ τὴν καρδίην, ἀποψύχεται τὸ αἷμα· αἱ δὲ φλέβες πρὸς βίην ψυχόμεναι πρὸς τῷ πλεύμονι καὶ τῇ καρδίῃ πηδῶσι καὶ ἡ καρδίη πάλλεται, ὥστε ὑπὸ τῆς ἀνάγκης ταύτης τὸ ἄσθμα ἐπιπίπτειν καὶ τὴν ὀρθόπνοιαν – οὐ γὰρ δέχεται τὸ πνεῦμα ὅσον ἐθέλει –,	**2** Wann immer nämlich der kalte Schleim herabgeht zur Lunge oder zum Herzen, wird das Blut abgekühlt. Wenn aber die Adern gewaltsam gekühlt werden, springen sie im Bereich der Lunge und des Herzens/gegen die Lunge und das Herz, und das Herz zittert, so dass wegen dieser gewaltsamen Einwirkung (sc. den Patienten) Keuchen und der Zwang zu

34 V, 4 = 14, 1–2 Jouanna = VI, 370, 10f. Littré: ..., τούτοισι δὲ ἐπικίνδυνόν ἐστιν ἁλίσκεσθαι ὑπὸ ταύτης τῆς νούσου. „..., für diese besteht die Gefahr, dass sie von dieser Krankheit ergriffen werden." Auffällig ist, dass keine eindeutige und ausnahmslose Kausalität formuliert wird, sondern eine vorsichtige Tendenz.

35 Der Text wird in den Ausgaben als Fließtext gesetzt, wobei nur zwischen den großen Kapiteln (also VI und VII) Absätze eingefügt sind. Auch solche typothetischen Gliederungen sind – wie die Kapitel- und Paragrapheneinteilungen – modern (meist erst seit der Renaissance) und werden daher in modernen Ausgaben unterschiedlich gehandhabt. Ich habe hier zur Verdeutlichung der Gliederung hinter jedem Paragraphen einen Absatz gemacht. Auch die Schreibung mit Großbuchstaben am Beginn des Satzes hat Jouanna konsequent durchgeführt; ich habe darauf verzichtet.

ἄχρι κρατηθῇ τοῦ φλέγματος τὸ ἐπιρρυὲν καὶ διαθερμανθὲν διαχυθῇ ἐς τὰς φλέβας.

aufrechtem Atmen befällt – nicht nämlich nimmt (sc. der Patient) so viel Luft auf, wie er will –, bis der hinzugeflossene Teil des Schleims beherrscht wird und sich, nachdem er erwärmt worden ist, in die Adern verteilt.

3 ἔπειτα παύεται τοῦ παλμοῦ καὶ τοῦ ἄσθματος· παύεται δὲ ὅπως ἂν καὶ τοῦ πλήθεος ἔχῃ· ἢν μὲν γὰρ πλέον ἐπικαταρρυῇ, σχολαίτερον, ἢν δ᾽ ἔλασσον, θᾶσσον. καὶ ἢν πυκνότεροι ἔωσιν οἱ κατάρροοι, πυκνότερα ἐπίληπτος γίνεται.

3 Danach hört (sc. der Patient) auf mit dem Zittern und Keuchen. Er hört aber so auf, wie es sich jeweils mit der Menge verhält: Wenn nämlich mehr herabfließt, (sc. hört er) langsamer (auf), wenn aber weniger, schneller. Und wenn die Herabflüsse häufiger sind, wird (der Patient) häufiger (sc. von der Krankheit) ergriffen.

4 ταῦτα μὲν οὖν πάσχει ἢν ἐπὶ τὸν πλεύμονα καὶ τὴν καρδίην ἴῃ· ἢν δ᾽ ἐς τὴν κοιλίην, διάρροιαι λαμβάνουσιν.

4 Dies nun erleidet (sc. der Patient), wenn (sc. der Herabfluss) zur Lunge und zum Herzen geht. Wenn er aber in den Bauch (geht), ergreifen (sc. den Patienten) Durchfälle.

VII, 1 ἢν δὲ τούτων μὲν τῶν ὁδῶν ἀποκλεισθῇ, ἐς δὲ τὰς φλέβας ἃς προείρηκα τὸν κατάρροον ποιήσηται, ἄφωνός τε γίνεται καὶ πνίγεται καὶ ἀφρὸς ἐκ τοῦ στόματος ῥεῖ, καὶ οἱ ὀδόντες συνηρείκασι, καὶ αἱ χεῖρες συσπῶνται καὶ τὰ ὄμματα διαστρέφονται, καὶ οὐδὲν φρονέουσιν, ἐνίοισι δὲ καὶ ὑποχωρεῖ ἡ κόπρος κάτω· καὶ ταῦτα γίνεται ἐνίοτε μὲν ἐς τὰ ἀριστερά, ὁτὲ δὲ ἐς τὰ δεξιά, ὁτὲ δ᾽ ἐς ἀμφότερα.

VII, 1 Und wenn (sc. der Schleim) von diesen Wegen abgeschnitten ist, aber seinen Herabfluss in die Adern nimmt, die ich eben erwähnt habe, wird (sc. der Patient) sprachlos und atemlos und Schaum fließt aus seinem Mund und die Zähne beißen zusammen, die Hände ziehen sich zusammen, die Augen verdrehen sich und sie (die Patienten) sind nicht bei Verstand, und einigen geht nach unten Kot ab. Und das geschieht manchmal nach links hin, manchmal aber nach rechts, manchmal nach beiden Seiten.

2 ὅπως δὲ τούτων ἕκαστον πάσχει, ἐγὼ φράσω· ἄφωνος μέν ἐστιν ὅταν ἐξαίφνης τὸ φλέγμα ἐπικατελθὸν ἐπὶ τὰς φλέβας ἀποκλείσῃ τὸν ἠέρα καὶ μὴ παραδέχηται μήτ᾽ ἐς τὸν ἐγκέφαλον μήτ᾽ ἐς τὰς φλέβας

2 Wie der Patient aber jedes von diesen erleidet, werde ich darlegen. Sprachlos ist er, wenn plötzlich der Schleim, der nach unten in die Adern hineingegangen ist, die Luft abschneidet und sie nicht aufnimmt, weder ins Gehirn noch in die τὰς κοίλας μήτε ἐς τὰς κοιλίας, ἀλλ' ἐπιλάβῃ τὴν ἀναπνοήν.

hohlen Adern noch in den Bauch, sondern das Einatmen unterbricht.

3 ὅταν γὰρ λάβῃ ὤνθρωπος κατὰ τὸ στόμα καὶ τοὺς μυκτῆρας τὸ πνεῦμα, πρῶτον μὲν ἐς τὸν ἐγκέφαλον ἔρχεται, ἔπειτα δ' ἐς τὴν κοιλίην τὸ πλεῖστον μέρος, τὸ δ' ἐπὶ τὸν πλεύμονα, τὸ δ' ἐπὶ τὰς φλέβας· ἐκ τούτων δὲ σκίδναται ἐπὶ τὰ λοιπὰ μέρεα κατὰ τὰς φλέβας·

3 Wenn nämlich der Mensch durch den Mund und die Nase die Luft aufnimmt, dann geht sie zuerst in das Gehirn, danach zum größten Teil in den Bauch, einiges aber in die Lunge, anderes wiederum in die Adern. Aus diesen verteilt sie sich zu den übrigen Körperteilen durch die Adern.

4 καὶ ὅσον μὲν ἐς τὴν κοιλίην ἔρχεται, τοῦτο μὲν τὴν κοιλίην διαψύχει καὶ <ἐς>[36] ἄλλο οὐδὲν συμβάλλεται – τωὐτὸ δὲ <τὸ> ἐς τὸν πλεύμονα –· ὁ δὲ ἐς τὰς φλέβας ἀὴρ ξυμβάλλεται ἐς <...ἐς> τὰς κοιλίας ἐσιὼν καὶ ἐς τὸν ἐγκέφαλον, καὶ οὕτω τὴν φρόνησιν καὶ τὴν κίνησιν τοῖσι μέλεσι παρέχει·

4 Und wieviel in den Bauch gelangt, das kühlt den Bauch und trägt zu nichts anderem bei – dasselbe aber (gilt für) den Teil (sc. der Luft), der in die Lunge gelangt –; die Luft, die in die Adern geht, trägt zum (...) bei, wenn sie in den Bauch und in das Gehirn geht, und so ermöglicht sie den Gliedern den Verstand/die Empfindung und die Bewegungsfähigkeit.

5 ὥστ' ἐπειδὰν ἀποκλεισθῶσιν αἱ φλέβες τοῦ ἠέρος ὑπὸ τοῦ φλέγματος καὶ μὴ παραδέχωνται, ἄφωνον καθιστᾶσι καὶ ἄφρονα τὸν ἄνθρωπον.

5 Wann immer daher die Adern von der Luft abgeschlossen sind durch den Schleim und (sc. die Luft) nicht aufnehmen, machen sie den Menschen sprachlos und ohne Verstand/Wahrnehmung/Bewusstsein."

36 Die spitzen Klammern (< >) bedeuten, dass ein Wort in der handschriftlichen Überlieferung eines antiken Textes fehlt, aber vom modernen Herausgeber ergänzt worden ist, vgl. Appendix B.

3 Kommentar

Die kleine Passage ist in zwei Teile gegliedert. Zunächst beschreibt der Autor den Herabfluss des Schleims aus dem Gehirn zum Herzen und in den Bauch (Kap. VI). Dann werden die markantesten Symptome eines epileptischen Anfalls aufgelistet (Kap. VII, 1) und der Autor kündigt selbstbewusst an, er werde die Entstehung der einzelnen Symptome Stück für Stück erklären. Er beginnt mit dem Symptom der Sprachlosigkeit und dem Verlust des Verstandes bzw. des Bewusstseins (ἄφωνος καὶ ἄφρων). Diese erste Erklärung wird mit dem letzten zusammenfassenden Satz in Form einer Ringkomposition kunstvoll abgeschlossen.

VI, 1 Während im vorhergehenden Kap. V jeweils von einer „Reinigung“ des Gehirns die Rede war, wird hier erstmals in diesem Text der Ausdruck „Herabfluss“ (κατάρροος) benutzt, um den pathogenen Vorgang genauer zu beschreiben. Wenn also durch eine mangelhafte „Reinigung“ (= Verringerung des Flüssigkeitsgehaltes) des Gehirns vor oder kurz nach der Geburt zu viel Schleim in ihm vorhanden ist, hat dieser Schleim eine Tendenz, nach unten in den Körper herabzufließen, und generiert dadurch die beschriebenen Symptome. Diese Beschreibung ist offenbar den Alltagsbeobachtungen abgeschaut, wo eine Flüssigkeit (Wasser, Wein, Öl) immer die Tendenz hat, von einem höheren Ort nach unten abzufließen.[37] Nicht genau behandelt ist dabei die Frage, warum dieser Schleimabfluss nicht irgendwann einfach aufhört, wie wenn man z. B. ein Gefäß ansticht und seinen Inhalt vollständig herauslaufen lässt. Der Autor geht wohl, ohne es besonders zu erwähnen, davon aus, dass in den betroffenen Gehirnen immer wieder neuer Schleim entsteht, da ein Überfluss an Schleim für solche Menschen konstitutionell ist. Möglicherweise fließt der nach unten gelangte Schleim auch irgendwie wieder zum Kopf zurück.

Das Wort für „Gehirn“ (das hier im Text nicht genannt wird, aber der Ausgangspunkt des Herabflusses ist) lautet im Griechischen ὁ ἐγκέφαλος. Es handelt sich ursprünglich um ein Adjektiv, das wohl zu einem Substantiv wie μυελός „Knochenmark“ gehörte und wörtlich „das im Kopf befindliche (sc. Mark)“ bedeutet. Bereits in Homers *Ilias* wird es allein substantivisch gebraucht

37 Eine interessante Parallele findet sich bei Herodot IV, 187, wo es von den Libyern (= Nordafrikanern) heißt, sie verbrennten ihren Kindern bestimmte Adern am Kopf, „damit ihnen nicht der die ganze Zeit vom Kopf herabfließende Schleim Schaden zufügt.“ (ὡς μή σφεας ἐς τὸν πάντα χρόνον καταρρέον φλέγμα ἐκ τῆς κεφαλῆς δηλῆται). Es ist nicht ausgeschlossen, dass Herodot unsere Schrift gekannt hat, vgl. Althoff (1993).

und hat in dieser frühen Zeit die Konnotation einer (dick-)flüssigen Substanz.[38] Diese Vorstellung eines feuchten oder flüssigen Gehirns liegt auch in unserem Text zugrunde, wenngleich die herabfließende Flüssigkeit hier nicht die Gehirnsubstanz selbst ist, sondern im Gehirn vorhandener Schleim.

Wenn der Schleimfluss zum Herzen erfolgt, stellen sich Zittern und Keuchen (παλμὸς καὶ ἄσθμα) ein. Genauer „ergreifen" (ἐπιλαμβάνει) die Symptome den Kranken, wie auch die Krankheit als Ganze gern den Kranken „ergreift/angreift".[39] Diese Formulierung ist hier besonders deshalb sehr wichtig, weil sie zur späteren Krankheitsbezeichnung „Epilepsie" (ἡ ἐπιληψίη oder ἡ ἐπίληψις „Angriff", Substantivbildungen zum selben Verbum) geführt hat. Die frühesten Belege dafür stammen aus den hippokratischen *Aphorismen* (III, 22; III, 29), einer sicher späteren Schrift (frühestens 4. Jh. v. Chr.), aus Aristoteles (gest. 322 v. Chr.), *De somno* 457 a 8f., und Theophrasts (gest. zwischen 288 und 285 v. Chr.) *Charakteren*, 16, 14.[40] In unserer früheren Schrift wird die Krankheit fast immer mit der Wendung „die sogenannte Heilige Krankheit" (ἡ καλεομένη ἱερὴ νοῦσος) bezeichnet, wie wir dies im oben zitierten ersten Satz schon sehen konnten.

Man kann darüber streiten, ob die Symptome des Kap. VI bereits solche der Epilepsie sind oder nicht. Zumindest nach dem modernen Krankheitsbild gehören jedenfalls Verkrüppelungen der Brust und der Wirbelsäule nicht zu den epileptischen Symptomen. Auch in der übrigen medizinischen Literatur des Altertums werden diese Symptome nicht genannt.[41] Insofern gilt die hier angeführte Erklärung nicht exklusiv für nur eine Krankheit, sondern sie kann für verschiedene Krankheiten und bleibende Deformationen herangezogen werden.

„Zittern" (παλμός, 14, 4 Jouanna = VI, 370, 13 Littré) ist zwar zunächst ein Wort, das jede Art von Vibration bezeichnet. Es scheint aber hauptsächlich in medizinischen Schriften gebräuchlich zu sein und bezeichnet dann das Pulsieren von Organen (Herz, Adern, Zwerchfell). Insofern finden wir hier ein ursprünglich weiter gefasstes Wort, das bereits auf dem Weg zu einem *terminus*

38 Im Rahmen einer Verfluchung von Eidbrüchigen heißt es *Ilias* 3, 300: „Welche als erste über den Eid hinaus Feindseligkeiten begonnen haben, so soll diesen ihr Gehirn zu Boden fließen wie dieser Wein ..." (sc. der als Weinspende den Schwur bekräftigen sollte).

39 Vgl. weiter unten (14, 17 Jouanna = VI, 3, 372, 1 Littré): πυκνότερα ἐπίληπτος γίνεται „...wird (der Patient) häufiger (sc. von der Krankheit) ergriffen." ἐπίληπτος ist das zu ἐπιλαμβάνειν gehörige Verbaladjektiv. Vgl. auch Lloyd (2003).

40 Vgl. Jouanna (2003): XXIVf. mit Anm. 35 sowie ebd. Anm. 8 zu S. 14, gedruckt auf S. 79.

41 Vgl. Jouanna (2003): Anm. 10 auf S. 79f., der die bei den antiken Autoren behandelten Symptome im Einzelnen auflistet.

technicus[42] der Medizin ist.[43] Gemeint ist wahrscheinlich das, was heutige Ärzte unter dem Begriff „Tachykardie" fassen, also das umgangssprachliche „Herzrasen"[44]. „Asthma" (ἄσθμα) bezeichnet dagegen allgemein das tiefe, keuchende Atmen eines Menschen unter körperlicher Anstrengung und ist etwa bei Homer häufiger belegt.[45] Als besonders auffälliges Krankheitssymptom findet es sich natürlich auch im Corpus Hippocraticum häufiger, aber das dürfte (da dieses Wort keine eingeschränkte technische Bedeutung bekommen hat) eine alltagssprachliche, keine technische Verwendung sein.[46]

Ähnlich unspezifisch ist die Formulierung „die Brust wird geschädigt" (τὰ στήθεα διαφθείρεται). Der Plural, den man im Deutschen schlecht nachmachen kann („die Brüste" würde auf weibliche Patienten führen[47]), rührt von der allgemeinen Aussage her: die Brust jedes Betroffenen wird geschädigt. Die anatomische Bezeichnung ist (wie das deutsche „Brust") nicht sehr genau. Sie bezeichnet den oberen vorderen Teil des Thorax bei beiden Geschlechtern. Auch das Verbum διαφθείρεται ist sehr allgemein; es bedeutet meist „zerstören, töten", also eine gewaltsame Vernichtung von Menschen und Dingen (z. B. Städten).

---

42 Vgl. von Wilpert (2001): 816f., s. v.: „Fachausdruck einer Wissenschaft oder Kunst, meist Fremdwörter, Bedeutungslehnwörter oder Wörter der eigenen Sprache, die als t. t. eine besondere, meist verengte Definition verlangen."

43 Epikur (341–271/70 v. Chr.) verwendet das Wort παλμός in der *Epistula ad Herodotum* X, 43, Diogenes Laertios (= 7, 12 von der Mühll [1966]) später mit einer wieder anderen technischen Bedeutung für seine „vibrierenden" Atome.

44 Gut brauchbar auch Grensemanns Übersetzung „Herzklopfen" ([1968]: 73), das sich höchstens hinsichtlich der Intensität der Beschwerden von „Herzrasen" unterscheidet.

45 *Ilias* 15, 10 und 241; Aischylos, *Perser* 484; Platon, *Staat* 568 D 2.

46 Vgl. Jouanna (2003): 14, Anm. 2, gedruckt auf S. 77: „Le terme ἄσθμα (*vel* ἆσθμα) n'a pas encore le sens technique d'asthme. Il désigne des difficultés respiratoires, particulièrement la respiration précipitée, l'essouflement." Es ist daher nicht glücklich, wenn Grensemann (1968) dieses Wort stets mit „Asthma" übersetzt (71f.) und so den Eindruck erweckt, als handle es sich um das moderne Krankheitsbild.

47 So wird der Plural z. B. in *De mulierum affectibus* II, 133 (VIII, 282, 3 Littré) gebraucht. Die Frage, ob in unserer Schrift nur an männliche oder auch an weibliche Patienten gedacht ist, lässt sich nicht leicht beantworten. Wenn es in VI, 1 heißt: ἔνιοι ... κυφοὶ γίνονται („einige werden krumm"), stehen die beiden Adjektive zwar im maskulin Plural, dies ist aber die normale griechische Konstruktion, wenn man sich auf eine Gruppe von Männern und Frauen bezieht. Noch schwieriger ist es bei zusammengesetzten Adjektiven wie (VI, 3): ἐπίληπτος γίνεται „er/sie wird ergriffen", denn zusammengesetzte Adjektive haben im Griechischen nur eine maskuline und eine neutrale Endung. Immerhin heißt es aber in VII, 3: ὤνθρωπος = ὁ ἄνθρωπος „der Mensch", und dies deutet darauf hin, dass sowohl Männer als auch Frauen gemeint sind. Vgl. Parker (2012).

Hier könnte es (wie auch in anderen Zusammenhängen[48]) eher etwas weniger drastisch gebraucht sein, wenngleich das nicht sicher zu entscheiden ist. Möglich wäre auch eine Übersetzung: „die Brust wird ruiniert, zerstört". Gemeint ist vielleicht, dass der Effekt jenes Schleimflusses an der Brust äußerlich als eine Verkrüppelung sichtbar wird, als eine Hühnerbrust/Kielbrust oder Trichterbrust. Denn unmittelbar darauf wird ja davon gesprochen, dass einige Patienten sogar „krumm" werden, was wohl eine Verkrümmung der Wirbelsäule sein dürfte. In der Tat gehen die erwähnten Brustdeformationen häufig mit Skoliosen und Kyphosen des Rückens einher. Diese Deformationen sind übrigens in der Regel bereits unmittelbar nach der Geburt sichtbar, so dass sich diese Symptome folgerichtig an die in Kap. V beschriebenen embryonalen Fehlentwicklungen anschließen. Im Gegensatz zu einem temporären epileptischen Anfall hinterlassen sie bleibende Schäden.

Es ist nicht ganz klar, auf welche Weise ein Herabfluss kalten Schleims solche körperlichen Deformationen im Brust- und Rückenbereich hervorrufen kann. Und während im Folgenden die Symptome des Herzrasens und Keuchens noch eingehender erklärt werden, fehlt an dieser Stelle eine nähere Ausführung. Wahrscheinlich ist Jouannas Vermutung richtig, dass es sich bei diesen Verkrüppelungen um eine Folge der Atembeschwerden handelt. Darauf deutet der hippokratische *Aphorismus* VI, 46, der eine klare Kausalbeziehung herstellt: „Diejenigen, die bucklig werden aufgrund von Keuchen (ἄσθμα!) oder Husten, bevor sie in die Pubertät gelangen, sterben."[49]

VI, 2 Im zweiten Paragraphen wird die Wirkung des herabfließenden Schleims genauer erläutert. Wir erfahren, dass der Schleim kalt ist und somit das Blut, auf das er trifft, abkühlt. Was nicht genau erklärt wird, ist die Frage, in welchen Gefäßen der Schleim vom Kopf in den Körper herabfließt. Da aber keine anderen erwähnt werden als diejenigen, die wir heute als Blutadern[50] verstehen, muss man wohl davon ausgehen, dass der Schleim in denselben Blutgefäßen herabfließt, deren Erstreckung von Leber und Milz bis zum Kopf in Kap. III, 3–5

48 Euripides, *Medea* 1055: χεῖρα δ' οὐ διαφθερῶ „ich werde (sc. das Werk) meiner Hand nicht aufgeben, in meiner Handlung nicht nachlassen."

49 *Aphor.* VI, 46 (188, 25f. Jones [1979] = IV, 574, 10f. Littré): ὁκόσοι ὑβοὶ ἐξ ἄσθματος ἢ βηχὸς γίνονται πρὸ τῆς ἥβης, ἀπόλλυνται.

50 Auch dieses deutsche Wort ist allerdings ungenau und umgangssprachlich. Dasselbe gilt für den griechischen Ausdruck ἡ φλέψ, der seit Homer (*Ilias* 13, 546) gebräuchlich ist. Die Unterscheidung zwischen Venen und Arterien beginnt erst in hellenistischer Zeit, der Blutkreislauf wurde erst 1628 von William Harvey entdeckt. Vgl. Leven (2008): 170f. (Art. Blutgefäße).

ausführlich beschrieben worden war. In diesen Adern befinden sich also nicht nur Blut und Luft (in Kap. III, 4 dargelegt), sondern auch Schleim und Galle. Auch nicht geklärt ist die Frage, warum der kalte Schleim nicht auf seinem Weg hinab bereits warm wird, sondern seine kühlende Wirkung erst am Herzen bzw. an den Lungen entfaltet. Vermutlich muss man von einem sehr schnellen Abfluss ausgehen, der erst in der Region des Herzens gebremst wird; solange bleibt der Schleim kalt. Wenn der Schleim schließlich beim Herzen länger verweilt, wird er auch erwärmt, wie weiter unten (VI, 2 am Ende) beschrieben wird.

Das Blut wird jedenfalls widernatürlich und plötzlich gekühlt; dies ist wohl der Sinn der Wendung πρὸς βίην „gewaltsam". Und diese Kühlung bewirkt ein „Springen" der Adern im Bereich der (weniger wahrscheinlich: gegen[51] die) betroffenen Organe Herz und Lunge. Vermutlich sind hier Beobachtungen von Menschen, die der Kälte ausgesetzt sind, auf innerkörperliche Vorgänge übertragen worden: Muskelzittern und Tachykardie sind typische Reaktionen, mit denen der unterkühlte Körper versucht, die Temperatur zu steigern. Eventuell spielt auch der Schock (und die Fluchtbewegung/das Fortspringen?) beim Übergießen eines Menschen oder eines Tieres mit kaltem Wasser eine Rolle.

Eine weitere Folge dieser widernatürlichen Abkühlung („durch diese gewaltsame Einwirkung" – wörtlich: „durch diese Notwendigkeit", ὑπὸ τῆς ἀνάγκης ταύτης – greift hier „gewaltsam", πρὸς βίην, von oben auf) sind die Atembeschwerden Keuchen und Zwang zu aufrechtem Atmen (ἆσθμα καὶ ὀρθόπνοια). Beide Symptome werden in der Parenthese dadurch erklärt, dass der Körper eines Patienten, der unter herabfließendem Schleim leidet, nicht mehr so viel Atemluft aufnehmen kann, „wie er möchte". Den Ausdruck ἆσθμα hatte ich bereits erläutert. Das Wort ὀρθόπνοια bedeutet wörtlich „Atmen in aufrechter Position", ist aber sicher ein *terminus technicus* zur Beschreibung eines Leidens bzw. eines Symptoms:[52] Ein Patient kann nur noch in aufrechter Position genug Luft bekommen, seine Atmung ist angestrengt und krankhaft.

51 Die Konstruktion der Präposition πρός mit dem Dativ ist nicht ganz eindeutig: Meist gibt die Wendung eine Ortsangabe auf die Frage „wo?" (im Gegensatz zu πρός mit dem Akkusativ, das auf die Frage „wohin?" steht). Bei Verben der Bewegung kann indes zumindest bei Homer auf die Frage „wohin?" auch πρός mit dem Dativ stehen, z. B. *Ilias* 1, 245 (mit βάλλω „werfen"); Thukydides 7, 35: ἴσχοντες πρὸς ταῖς πόλεσι „bei den Städten ankernd" wird zwar von Liddel und Scott (1968): 1497 (B. 3) als Beleg für diese Bedeutung aufgeführt, ist aber mehr als zweifelhaft, da ἴσχοντες kein Verbum der Bewegung ist.

52 Das Lexikon nennt ausschließlich medizinische Belege aus dem Corpus Hippocraticum (*Prognosen* 23 = II, 46, 20 Jones = II, 176, 5 Littré; *De diaeta in acutis morbis* 17 = II, 74, 28 Jones = II, 260, 7 Littré), was darauf deutet, dass dieser Ausdruck weit überwiegend zur Beschreibung eines medizinischen Symptoms gebraucht wurde.

Der Anfall, der durch den herabfließenden Schleim hervorgerufen wird, ist zeitlich begrenzt. Er endet, wenn die hinabgeflossene Portion Schleim „beherrscht wird" (oder „überwältigt wird"). Hier tritt schließlich die Erwärmung auf, die wir oben vermisst hatten; „beherrscht" wird der kalte Schleim nämlich durch die gegensätzlich wirkende Wärme des Blutes, in dessen Gefäßen er sich ja befindet. Nachdem er erwärmt wurde, verteilt er sich in die Adern und kann weiter keinen Schaden anrichten. Die Erwärmung bewirkt also wohl auch eine Verflüssigung des ursprünglich zähen Schleims. Seine Kälte ist die eigentlich wirksame Qualität, andere wirksame Bestandteile oder Qualitäten werden nicht genannt. Ob er dann irgendwie wieder zum Kopf zurückfließt, dort wieder gekühlt wird und weitere Anfälle verursachen kann, wird nicht gesagt; es ist aber wahrscheinlich. An eine Art Abbau und Ausscheiden des Schleims ist jedenfalls nicht zu denken, da die betroffenen Patienten ja Schleim-Typen sind, also konstitutionell zu viel Schleim besitzen.

Der Ausdruck „beherrschen" (κρατεῖν) ist für einen modernen Leser bemerkenswert, wenngleich er für die griechische medizinische Literatur typisch ist. Die Aktion und Reaktion der Qualitäten Warm, Kalt usw. werden als ein Kampfgeschehen, ein Wettstreit gesehen. Das warme Blut wehrt sich gewissermaßen gegen den („gewaltsam"!) eindringenden kalten Schleim wie gegen einen einfallenden Aggressor, bis es ihn besiegt hat. Im Grunde ist dies eine politisch-militärische Metapher, wie sie in der antiken Medizin recht häufig sind.[53]

VI, 3 Wie lange ein Anfall dauert, ist von der Menge des herabgeflossenen Schleims abhängig: Eine größere Menge benötigt mehr Zeit, um erwärmt zu werden. Dies ist eine folgerichtige Bemerkung, die den alltäglichen Beobachtungen, etwa beim Wasserkochen, entspricht (mehr Wasser benötigt auf demselben Feuer mehr Zeit, um zu kochen). Ebenso leuchtet es ein, dass häufige Herabflüsse häufige Anfälle hervorrufen, wobei die genauen Mechanismen, warum es zu häufigeren Herabflüssen kommt, (wie bereits erwähnt) hier nicht ausgeführt werden. Es ist zu vermuten, dass die Häufigkeit von der Fülle des Schleims im jeweiligen Gehirn abhängt, der genaue Zeitpunkt eines Anfalls aber meist nicht bestimmt werden kann.

In Kap. X, 2 beschreibt der Autor, dass bei Kindern Schleim in den Körper fließt, wenn der Kopf zuerst erwärmt (sei es durch Sonne oder ein Feuer), dann aber plötzlich abgekühlt wird (19, 8–10 Jouanna = VI, 378, 13–15 Littré: οἷσιν ἂν

53 Vgl. das oben zu ἐπιλαμβάνειν Gesagte (mit Anm. 39). Berühmt ist auch die Definition der Gesundheit durch Alkmaion von Kroton als eine „Gleichberechtigung" der Kräfte (vgl. Anm. 23). Dass der Autor unserer Schrift enge Verbindungen zu Alkamaion aufweist, haben auch Grensemann (1968): 27–29, und Jouanna (2003): LXII–LXV noch einmal betont.

διαθερμανθῇ ἡ κεφαλή ... καὶ ἐξαπίνης φρίξῃ [„erschaudert“] ὁ ἐγκέφαλος.). Die plötzliche Abfolge von Verflüssigung und Verfestigung bewirkt also einen solchen Herabfluss (auch in VI, 3 bewirkte die Wärme des Blutes eine Verflüssigung des Schleims). Zugrunde liegen hier wieder die schmelzende Kraft der Wärme und die gefrierende und verfestigende Wirkung der Kälte. Plötzliche Witterungsumschwünge (Kap. X, 3) und plötzliches Erschrecken (Kap. X, 4) können dieselbe Wirkung haben. Ähnliches gilt für ältere Patienten (Kap. X, 5).

VI, 4 Der resümierende vierte Paragraph schließt diesen ersten Abschnitt ab: Der Ort, an dem der kalte Schleim ankommt, bestimmt die Symptome, und für Herz und Lunge sind sie ausführlich beschrieben worden. Sehr knapp wird ein Herabfluss von Schleim in den „Bauch“ (ἡ κοιλίη) berührt: In solchen Fällen ergreifen[54] den Patienten Durchfälle (wörtl.: „Durchflüsse“, διάρροιαι). Dieses Symptom findet sich zwar auch bei verschiedenen nichtmedizinischen Autoren, aber meist ebenfalls in einem medizinischen Zusammenhang; es handelt sich also erneut um einen *terminus technicus*,[55] der aber aufgrund seiner Ursprungsbedeutung leicht verständlich ist.

Das Wort κοιλία gehört zum Adjektiv κοῖλος („hohl, gewölbt“) und bedeutet daher schlicht „Höhlung“. Es kann sehr unterschiedliche Hohlräume im Körper bezeichnen (Gebärmutter, Herzkammer, Lunge; natürlich auch nur angenommene Hohlräume wie in den Muskeln), ist aber meist auf den unteren Teil des Thorax, etwa unterhalb des Zwerchfells oder des Brustbeins (bzw. der „Brust“, vgl. oben das zu στῆθος Gesagte), beschränkt. Da sich dort überwiegend der Darm befindet, bedeutet κοιλία meist so viel wie „Verdauungstrakt“, kann aber auch den „Magen“ allein bezeichnen. Das ähnlich ungenaue deutsche Wort „Bauch“ oder „Bauchraum“ trifft diese Bedeutungen am besten.

VII, 1 Im zweiten Abschnitt des Textes, der mit Kap. VII beginnt, wendet sich unser Autor nun einem Herabfluss von Schleim an andere Orte zu. Damit werden die Symptome erklärt, die für einen epileptischen Anfall charakteris-

---

54 Auch hier ist es wieder dieselbe Ausdrucksweise, wie sie oben im Zusammenhang mit dem Namen „Epilepsie“ behandelt worden war: Ein Symptom oder eine Krankheit „ergreift“ (λαμβάνει) den Patienten.

55 So z. B. bei Thukydides 2, 49, in seiner berühmten Pestbeschreibung oder bei Platon, *Timaios* 86 A 1. Die einzige Ausnahme ist Aristophanes fr. 156 (aus Athenaios XII, 551 C), der von einem „Fluss des Durchfalls“ (ὁ τῆς διαρροίας πόταμος) in der Unterwelt phantasiert. Ähnlich ist in den *Fröschen* 146 von einem unterweltlichen „Kot-Strom“ (σκῶρ ἀείνων) die Rede. Dies ist aber wohl eine komische Übernahme medizinischer Terminologie. Hinzu kommt, dass sich in der altattischen Komödie häufig Leute aus Angst in die Hosen machen (und dabei ist nicht an Urin gedacht).

tisch sind. Wenn der Schleim nicht zum Herzen, zur Lunge oder zum Bauch fließt, sondern sich in die „eben erwähnten" (ἃς προείρηκα)[56] Adern ergießt, stellen sich Sprachlosigkeit und Erstickungsanfälle[57], Schaum vor dem Mund, Zähneknirschen bzw. Kieferklemme[58], Krämpfe der Hände (wörtlich: „ziehen sich zusammen/werden zusammengezogen", evtl. ist auch das krampfhafte Ballen der Fäuste gemeint), Verdrehen der Augen, Verlust des Bewusstseins und bisweilen der Abgang von Kot ein. All diese Symptome kehren in den antiken (und auch in den modernen) Darstellungen der Epilepsie wieder, wobei ihre Wichtigkeit jeweils unterschiedlich bewertet wird.[59] Sie werden hier durchgängig mit alltagssprachlichen Ausdrücken beschrieben und sind daher ohne medizinische Kenntnisse verständlich.

Ein kleines Problem stellt die Wendung οὐδὲν φρονέουσιν (15, 2 Jouanna = VI, 372, 8 Littré) dar. Ich habe sie mit „und sie sind nicht bei Verstand" übersetzt, denn „bei Verstand sein" ist die normale Bedeutung des Ausdrucks φρονεῖν.[60] Seit Homer gibt es aber auch eine allgemeinere Bedeutung „Herr

---

56 Der Rückverweis bezieht sich auf die Darstellung des Adernsystems in Kap. III, 3–5. Der Satz klingt, als fließe der Schleim erst bei dieser Krankheit in den oben erwähnten Adern, während dies vorher nicht der Fall war. Das oben behandelte Problem, in welchen Gefäßen der Schleim im ersten Fall fließt, bleibt also schwer zu lösen. – Zum mündlichen Charakter dieses Rückverweises („eben *erwähnt*" statt „eben *beschrieben*" o.ä.) vgl. das oben in der Einleitung Ausgeführte.

57 Wörtlich bedeutet πνίγεται „er erstickt", was aber im Deutschen zu sehr nach einer (vollendeten) Todesursache klingt. Grensemann (1968) übersetzt passivisch „er wird gewürgt", was an einen äußeren Aggressor denken lässt, wogegen die Krankheit doch durch innersomatische Vorgänge hervorgerufen wird. Indes ist die Angriffsmetapher etwa auch im Ausdruck ἐπιλαμβάνειν lebendig, so dass Grensemanns Übersetzung ihre Berechtigung hat. „Es würgt ihn" wäre vielleicht eine passendere, weil unpersönlichere Variante davon.

58 Wörtlich: „die Zähne stemmen sich/beißen aufeinander" (οἱ ὀδόντες συνηρείκασι), im Tempus des resultativen Perfekts: sie werden zusammengebissen und bleiben dann, wahrscheinlich aufgrund eines Krampfes des Kaumuskels, geschlossen. Es muss klar gesagt werden, dass der Krampf des Kaumuskels eine moderne Interpretation ist, die der antike Autor nirgends erwähnt. Er beschränkt sich auf das unmittelbar sichtbare Symptom.

59 Vgl. Jouanna (2003): 14, Anm. 10, gedruckt auf S. 79f. mit einer wertvollen Auflistung der Parallelen in antiken medizinischen Texten.

60 Das Wort hängt mit dem Ausdruck φρήν zusammen, der ursprünglich das Zwerchfell bezeichnet, dann aber auch den Sitz des Denkens und Fühlens. In Kap. XVII, 2 setzt sich unser Autor ausdrücklich mit dieser älteren Position auseinander, indem er sagt (30, 4–10 Jouanna = VI, 392, 5–9 Littré): „Das Zwerchfell (αἱ φρένες) hat aber umsonst seinen Namen (sc. die Bedeutung „Verstand"), durch Zufall erworben und Herkommen, faktisch aber nicht und auch nicht von Natur aus; ich jedenfalls weiß nicht, welche Fähigkeit das Zwerchfell haben soll, so dass es wahrnehmen und denken (φρονεῖν τε καὶ νοεῖν) kann, außer wenn ein Mensch sich unerwartet

seiner (Wahrnehmungs-)Sinne sein, leben". Es könnte hier also auch übersetzt werden: „sie haben keine Wahrnehmungen, sind bewusstlos". Diese leichte Doppeldeutigkeit hat in der antiken Literatur dazu geführt, dass die Symptome der Epilepsie oft mit denen des Wahnsinns (verstanden als das Aussetzen der Vernunft) identifiziert wurden.[61] Dabei ist natürlich das genaue medizinische Krankheitsbild des „Wahnsinns" in Antike und Moderne nur schwer zu definieren. Im 19. hippokratischen Brief (aus dem kaiserzeitlichen Briefroman, der im Corpus Hippocraticum mit überliefert worden ist) wird folgerichtig eine spätere Passage aus *De morbo sacro* zitiert (Kap. XIV, 4f.), um die physiologischen Ursachen des Wahnsinns (μανίη) zu erklären.[62]

Die genannten Störungen finden sich sowohl allein auf der rechten als auch allein auf der linken Seite und schließlich auch auf beiden Seiten gleichzeitig. Genau genommen schreibt unser Autor statt „auf der rechten Seite" „zur rechten Seite hin" etc. (ἐς τὰ δέξια; für die linke Seite gilt dasselbe). Damit will er vermutlich bereits andeuten, dass die betroffene Körperseite der Zielort des herabfließenden kalten Schleims im rechten Ast des symmetrischen Adernsystems ist (vgl. ἐπὶ τὰς φλέβας im ersten Satz von Kap. VII): Wenn also der Schleim „zur rechten Körperseite hin" fließt, treten dort die entsprechenden Beschwerden auf.

VII, 2 Eine Themenankündigung des Autors eröffnet nach der Auflistung der Symptome deren Erklärung: „Wie der Patient aber jedes von diesen erleidet, werde ich darlegen[63]." Damit markiert er selbstbewusst („ich", während andere Erklärer versagt haben, vgl. den ersten Satz des Werkes) den Beginn des Abschnitts, in dem die Symptome der Epilepsie detailliert erklärt werden; dies sieht unser Autor als seine eigentliche Leistung an.

Die Sprachlosigkeit ist eine Folge des Abschneidens des Luftzuflusses. Der herabfließende kalte Schleim blockiert offenbar die Adern und schneidet der darin zirkulierenden Luft den Weg ab: Sie gelangt weder ins Gehirn noch in die

---

sehr stark freut oder trauert, dann springt es (das Zwerchfell) und vollführt einen Sprung wegen seiner Feinheit und weil es am meisten aufgespannt ist im Körper."

61 Besonders deutlich wird dies in Euripides' Tragödie *Herakles,* vgl. wiederum Jouanna (2003): 14, Anm. 10, gedruckt auf S. 79f. Mehrere medizinische Autoren nennen daher die Epilepsie auch „die Krankheit des Herakles" (νοῦσος Ἡρακλείη, z. B. *De morbis muliebribus* I, 7 = VIII, 32, 23f. Littré).

62 Vgl. die neuste Ausgabe: Smith (1990): 94f.

63 φράσω (Futur von φράζω) „ich werde darlegen/sagen" ist wieder ein Verbum des mündlichen, nicht schriftlichen Ausdrucks, vgl. Anm. 56, und drückt die didaktische Intention des Autors aus, vgl. die Einleitung oben.

hohlen Adern noch in den Bauch[64], sondern der Atemprozess wird unterbrounterbrochen (ἐπιλάβῃ τὴν ἀναπνοήν). Daher kann der Patient auch nicht sprechen.

Das Verbum ἐπιλαμβάνειν, das hier in der Bedeutung „stoppen, abklemmen" gebraucht wird, ist dasselbe, das wir oben schon einmal mit Blick auf die Krankheitsbezeichnung „Epilepsie" diskutiert hatten. Die Grundbedeutung ist nach wie vor „zugreifen, angreifen", und das Wort wird hier für einen blockierenden Zugriff auf eine Körperöffnung verwendet: Wie man die Nase zudrückt und damit die Atmung durch sie unterbindet, so unterbindet der Schleim in den Adern den freien Fluss der Luft. Die Redeweise ist metaphorisch, denn es greift ja niemand von außen auf die Adern zu und drückt sie ab, sondern ein Schleimpfropf blockiert sie von innen.[65] Es ist im Übrigen unklar, warum der Schleim zunächst durch die Adern vom Gehirn herabfließen kann, um dann an einer bestimmten Stelle zu stoppen und die Ader zu verschließen. Geschieht dies einfach dort, wo die Adern enger werden?[66]

VII, 3 Der Luftfluss in den Adern des Körpers spielt für die hier zu erläuternden Symptome eine zentrale Rolle. Daher ergänzt unser Autor in Kap. VII, 3 und 4 einige allgemeinere Bemerkungen zur physiologischen Funktion der Luft („Pneuma"[67]). Grundsätzlich kommt das Pneuma als Atemluft von außen in den

64 Grensemann (1968): 73, und Jouanna (2003): 15, mit Anm. 2, übersetzen hier „Hohlräume" bzw. „cavités". Hauptgrund dafür ist, dass das Wort hier im Plural gebraucht wird, sonst (in der Bedeutung „Bauch") im Singular. Problematisch ist, um welche Hohlräume es sich handeln soll. Im Folgenden werden nur einmal die Lungen erwähnt. In Kap. XVII, 2 heißt es, das Zwerchfell besitze keinen Hohlraum (κοιλίην im Sing.!), in den es ein herankommendes Gut oder Übel aufnehmen könne. Der wahrscheinlich identische Autor von *Über die Umwelt* benutzt in Kap. IV, 3 und VII, 13 den Plural und den Singular nebeneinander in der Bedeutung „Bauch". Ich ziehe es daher hier vor, bei der Bedeutung „Bauch" zu bleiben; der Plural ist generalisierend. Dasselbe Problem stellt sich noch einmal in Kap. VII, 4 (15, 18 Jouanna = VI, 372, 20 Littré), wo ebenfalls ein Plural steht. Leider sind beide Stellen auch noch textkritisch umstritten.

65 Vgl. aber oben Anm. 57 zu Grensemanns Übersetzung „wird gewürgt".

66 In Kap. VII, 11 heißt es (16, 16 Jouanna = VI, 374, 15 Littré): „(Der Schleim) kühlt nämlich das Blut ab und macht es fest." (ἀποψύχει γὰρ καὶ ἵστησι τὸ αἷμα.) Dies deutet darauf hin, dass das Blut durch den kalten Schleim quasi gefriert und also nicht der Schleim die Ader verstopft, sondern ein Pfropf festgewordenen Blutes.

67 *pneuma* bedeutet ursprünglich „bewegte Luft, Wind", hat dann aber als „Seelenpneuma" u. ä. bis zum „heiligen Geist" eine einzigartige Bedeutungsentwicklung genommen. Vgl. Rüsche (1933); Verbeke (1945).

Körper hinein, und zwar durch Mund und Nase.[68] Zuerst geht diese Luft in das Gehirn, dann der größte Teil in den Bauch, andere Teile in die Lunge und in die Adern. In diesen Adern verteilt sich die Luft zu den übrigen Körperteilen. Von der reinen Formulierung her scheint es so, als gehe zunächst (πρῶτον μέν) die gesamte eingeatmete Luft ins Gehirn und erst dann (ἔπειτα δέ) in verschiedene Bereiche der Lunge und des Bauches.[69]

Der Ausdruck κοιλίη ist hier etwas seltsam gebraucht; es scheint, als seien die Formulierungen τὸ δ' ἐπὶ τὸν πλεύμονα („der eine [Teil] zur Lunge") und τὸ δ' ἐπὶ τὰς φλέβας („der andere zu den Adern") Erläuterungen des übergeordneten ἐς τὴν κοιλίην „in den Bauch". In diesem Fall wäre die Lunge ein Teil des „Bauches", und man müsste dann vielleicht eher „Thorax" als Übersetzung von κοιλίη benutzen. Möglicherweise will der Autor aber auch drei verschiedene Orte aufzählen, in die die Luft hineinfließt: 1. in den Bauch, 2. in die Lungen und 3. in die Adern.[70] Dann könnte es bei der oben erläuterten Bedeutung von κοιλίη als „Bauch" bleiben.

Jedenfalls ist die Luft in allen Adern und allen Körperteilen des gesunden Menschen präsent und spielt eine große Rolle. Sie wird mit zwei verschiedenen Wörtern bezeichnet: In Kap. VII, 2 (15,7 Jouanna = VI, 372, 12 Littré) wird das Wort ὁ ἠήρ (attisch ἀήρ) benutzt, in Kap. VII, 3 (15, 11 Jouanna = VI, 372, 15 Littré) heißt es τὸ πνεῦμα, in Kap. VII, 4 (15, 17 Jouanna = VI, 372, 20 Littré) ist wieder von ἀήρ die Rede (ebenso 15, 21 Jouanna = VI, 372, 22 Littré). Ein Bedeutungsunterschied lässt sich dabei nicht erkennen. Ursprünglich bedeutet ὁ ἠήρ

68 Auch durch die Adern selbst, die an der Körperoberfläche enden, wird Luft aufgenommen, wie es in Kap. IV, 1 heißt (12, 10–13 Jouanna = VI, 368, 1–3 Littré): „Durch diese Adern führen wir auch den größten Teil der Luft ein; diese (sc. die Adern) sind nämlich für uns Atemöffnungen des Körpers, die die Luft in sich einziehen." (κατὰ ταύτας δὲ τὰς φλέβας καὶ ἐσαγόμεθα τὸ πολὺ τοῦ πνεύματος· αὗται γὰρ ἡμῖν εἰσιν ἀναπνοαὶ τοῦ σώματος τὸν ἠέρα ἐς σφᾶς ἕλκουσαι· ...) Nach Meinung des Autors ist also die Luftaufnahme über Mund und Nase von geringerer Bedeutung.

69 So heißt es auch in Kap. XVI, 3 (29, 12–16 Jouanna = VI, 390, 16–20 Littré): „Wenn nämlich der Mensch Luft in sich einzieht, kommt sie zuerst im Gehirn an, und so verteilt sich die Luft in den restlichen Körper, nachdem sie die Spitzenqualität von sich (ἑωυτοῦ τὴν ἀκμήν) und das, was Wahrnehmung und Erkenntnis besitzt (φρόνιμόν τε καὶ γνώμην ἔχον), im Gehirn zurückgelassen hat."

70 Es fällt auf, dass in der Beschreibung des Adernsystems in Kap. III, 3–5 die Lungen nicht erwähnt werden (im Gegensatz etwa zu Nieren, Leber und Milz). Es könnte also sein, dass die Verbindung der Lungen zu den Gefäßen nicht bekannt war. In die Adern gelangt die Luft dann vom Gehirn aus über dessen zahlreiche Verbindungen mit dem Adernsystem. Genau ist dies allerdings nirgends gesagt.

bei Homer „Nebel, Dunst“,[71] seit den Vorsokratikern Anaximenes (2. Hälfte des 6. Jh.s v. Chr.) und Empedokles (geb. ca. 483/82 v. Chr.) „Luft“ in einem allgemeinen Sinn.[72] τὸ πνεῦμα bedeutet ursprünglich „das Blasen, der Wind“, wird aber schon seit Anaximenes – ganz wie an unserer Stelle – synonym mit ἠήρ verwendet. Seit dem Tragiker Aischylos (gestorben 456/55 v. Chr.) bedeutet πνεῦμα auch speziell die „Atemluft“, bei den Hippokratikern auch allgemeiner „die Atmung“. Diogenes von Apollonia (um 430 v. Chr.) ist derjenige Vorsokratiker, der die Luft gerade auch in physiologischem Kontext zum wichtigsten Element erklärt hat. Unser Autor bezieht sich eindeutig auf diesen Denker zurück.[73] Besonders seit der Stoa (3. Jh. v. Chr.) entwickelt sich das Wort weiter zu Bedeutungen wie „Geist, Vernunft“ und im Christentum zu „Heiliger Geist“. Ansatzpunkte für diese Entwicklung sind bereits an unserer Stelle gegeben.

VII, 4 Kap. VII, 4 widmet sich noch etwas eingehender den spezifischen physiologischen Funktionen der Luft im Körper. Leider ist der Text nicht einwandfrei überliefert und weist eine Lücke auf.[74] Ich beziehe mich auf die Version von Jouanna.

Der Teil der Luft, der in den Bauch (κοιλίη) gelangt, kühlt diesen Bauch „und trägt zu nichts anderem bei“. Die Luft ist also kälter als der Körper und kann daher den Bauch abkühlen. Warum der Bauch abgekühlt werden muss, wird nicht erklärt. Möglicherweise denkt unser Autor an den Bauch als Verdauungstrakt, und die Verdauung wird in der griechischen Antike vielfach als eine durch Wärme bewirkte Verkochung der Nahrung angesehen. Auch dies ist im

71 Vgl. *Ilias* 14, 287f., wo es von einer Fichte heißt: „die wuchs damals auf dem (Berg) Ida, sehr lang, und kam durch den Nebel bis zum Äther“ (…, ἣ τότ᾽ ἐν Ἴδῃ / μακροτάτη πεφυῖα δι᾽ ἠέρος αἰθέρ᾽ ἵκανεν.) Der komplementäre Ausdruck für „Luft“ ist an dieser Stelle (und auch sonst) also αἰθήρ. Kurz davor finden wir eine weitere typische Verwendung des Ausdrucks ἠήρ bei Homer, wenn es heißt (14, 282): „sie (sc. die beiden Götter Hera und Hypnos) hatten Nebel angezogen“ (ἠέρα ἑσσαμένω). ἠήρ ist hier quasi der Stoff der Unsichtbarkeit, was sich gut aus der Undurchdringlichkeit des Nebels ableiten lässt.

72 Anaximenes fr. 13 B 2 Diels/Kranz = TP 2 As 35 Wöhrle (2012). Empedokles fr. 31 B 17, 18 Diels/Kranz.

73 Vgl. Grensemann (1968): 29–30; Jouanna (2003): LXV–LXX.

74 Die heute noch erhaltene handschriftliche Überlieferung antiker Texte setzt in der Regel erst etwa im 9. Jh. n. Chr. ein. Die Texte wurden davor und danach immer wieder abgeschrieben und sind daher mit zahlreichen Schreibfehlern, aber auch mechanischen Lücken (Buchfraß, Abnutzung, Zerstörung) in die Neuzeit gelangt. Erst seit der Erfindung des Buchdrucks ist die Überlieferung einigermaßen fehlerfrei. Vgl. allgemein Hunger u. a. (1988); Pöhlmann (1994) und Pöhlmann (2003).

Grunde eine *Techne*-Analogie aus dem Küchenalltag.[75] Eine Kühlung könnte dann also wegen der erhöhten Wärme im Verdauungstrakt erforderlich sein. Dasselbe gilt für denjenigen Teil der Luft, der in die Lungen gelangt. Auch er kühlt die Herz-Lungenregion ab (die man nach Kap. VI in engem funktionalen Zusammenhang sehen muss). Eine Begründung wird hier ebenso wenig geliefert wie beim Bauch. Man kann erneut nur vermuten, dass das Herz als Sitz der Körperwärme und Quelle des Blutes besonders warm ist und deshalb gekühlt werden muss.[76]

Nun folgt ein Satz, der verstümmelt überliefert ist und zwei oder mehr weitere Funktionen des Pneumas nennt. Die Luft, die in die Adern hineingeht, trägt vermutlich zu etwas anderem bei als zur Kühlung. Dies wird durch die antithetischen Partikeln ὅσον μέν – τὸ δέ deutlich, die in der Regel einen solchen Gegensatz anzeigen, auch wenn er im zweiten Teil des Satzes ausgefallen ist (vgl. auch den Anfangssatz des Werkes). Das Partizip ἐσιών (15, 18 Jouanna = VI, 372, 20 Littré) bezieht sich wahrscheinlich auf „die Luft" (ὁ ἀήρ, 15, 17 Jouanna = VI, 372, 20 Littré) und ist von mir so übersetzt worden („wenn sie in den Bauch und in das Gehirn geht"). Es fällt auf, dass hier noch ein zweites Mal auf Luft eingegangen wird, die „in den Bauch" geht, obwohl dieser Teil der Luft ja bereits als ausschließlich kühlend beschrieben worden war.[77] Dies könnte darauf hindeuten, dass einerseits Luft direkt durch Mund und Magen in den Darm geht, andererseits weitere Luft in den Adern zum Darm gelangt. Dies muss aber angesichts des beschädigten Textes unsicher bleiben.

Die Luft, die sich über die Adern im Körper verteilt, verleiht jedenfalls den Körperteilen auf diese Weise („und so": καὶ οὕτω) Vernunft und Bewegung (τὴν

---

75 Das Wort πέσσω/πέττω wird seit Homer für das „Reifen" von Früchten (*Odyssee* 7, 119), für das „Kochen" und „Backen" (z. B. Herodot 8, 137; Aristophanes, *Frösche* 505) und die „Verdauung" von Nahrung im Organismus verwendet (Hippokrates, *De vetere medicina* 11, 131, 17 Jouanna = I, 594, 11 Littré: „solche Bäuche verdauen viel langsamer" [αἱ δὲ τοιαῦται κοιλίαι πολλῷ τε βραδύτερον πέσσουσιν]). Besonders Aristoteles hat in seinen biologischen Schriften diesen Zusammenhang deutlich gemacht, vgl. Althoff (1997).

76 Das könnte aber eine *interpretatio Aristotelica* sein, vgl. *De respiratione* 16, 478 a 28–31: „Generell gesprochen bedarf nun die Natur der Tiere der Kühlung wegen der Hitze der Seele im Herzen. Diese (sc. Kühlung) bewirken sie (sc. die Tiere) durch die Atmung, welche von den Tieren jedenfalls nicht nur ein Herz, sondern auch Lungen besitzen." (καταψύξεως μὲν οὖν ὅλως ἡ τῶν ζῴων δεῖται φύσις διὰ τὴν ἐν τῇ καρδίᾳ τῆς ψυχῆς ἐμπύρωσιν. ταύτην δὲ ποιεῖται διὰ τῆς ἀναπνοῆς, ὅσα μὴ μόνον ἔχουσι καρδίαν ἀλλὰ καὶ πνεύμονα τῶν ζῴων.) – Das Blut wird aber in unserem Text durchgängig als warm aufgefasst, vgl. das Ende unserer Passage (VII, 11 = 16,21 Jouanna = VI, 374, 19 Littré): τῷ αἵματι πολλῷ ὄντι καὶ θερμῷ. Vgl. auch Kap. IX, 1.

77 Grensemann (1968) und Jouanna (2003) übersetzen daher hier erneut mit „Hohlräume", vgl. oben Anm. 64.

φρόνησιν καὶ τὴν κίνησιν). Es scheint also, als sei die in der Überlieferung ausgefallene Funktion der Luft eine Art Vorbereitung für die beiden neuen Funktionen Verstand und Bewegung. Die Bewegung war bereits in Kap. IV, 2 erwähnt worden: „Wenn nämlich die Luft irgendwo steht und abgeschnitten wird, wird jener Körperteil kraftlos, in welchem sie steht.“[78] Dies gründet sich auf die Beobachtung abgeschnürter (modern: nicht durchbluteter) Körperteile, die empfindungslos („taub“) und kraftlos werden. An dieser Stelle steht die mangelnde Bewegung der Luft in den Adern im Vordergrund, in Kap. VII ist es mehr das Phänomen, dass die Luft überhaupt nicht erst von außen in den Körper (und damit letztlich in die Adern) hineingelangt. Da aber beide Phänomene durch einen mechanischen Verschluss der Adern (einmal durch Abbinden, einmal durch einen Schleim- oder Blutpfropf) entstehen, ist dies wohl insgesamt eine ähnliche Beeinträchtigung.

Ich hatte bereits darauf hingewiesen, dass der Ausdruck φρόνησις gewisse Schwierigkeiten bereitet. Er bedeutet zunächst „Verstand“, kann aber auch „Wahrnehmungsfähigkeit, Bewusstsein“ meinen. Mit Blick auf das Beispiel der abgeschnürten Extremitäten könnte „Wahrnehmungsfähigkeit“ hier eine richtige Übersetzung sein, denn genau diese leidet durch Abschnürung (das Glied wird „taub“). Da es aber in dem ganzen Abschnitt um die Erklärung der beiden Epilepsie-Symptome Sprachlosigkeit und Bewusstlosigkeit geht, muss man wahrscheinlich davon ausgehen, dass ein Luftmangel im Gehirn eine Bewusstlosigkeit hervorruft, die sich dann in den einzelnen Körperteilen als Empfindungslosigkeit äußert. Insofern deckt der Ausdruck φρόνησις hier wohl das gesamte Bedeutungsspektrum ab. Es wird deutlich, welch zentrale Bedeutung die Luft im Körper für sein ordnungsgemäßes Funktionieren inklusive seiner seelischen Funktionen hat. Wie genau die Luft Vernunft und Empfindungsfähigkeit vermittelt, ist dabei unklar. Aber hier ist ein erster Schritt in Richtung der späteren Aufwertung der Luft gegangen.

VII, 5 Den Bezug auf die beiden Symptome Sprachlosigkeit und Empfindungslosigkeit macht der abschließende Satz des Abschnittes noch einmal im Sinne einer Ringkomposition deutlich: „Wann immer daher die Adern von der Luft abgeschlossen sind durch den Schleim und (sc. die Luft) nicht aufnehmen, machen sie den Menschen sprachlos und ohne Verstand/Wahrnehmung/Bewusstsein.“ Das Stilmittel der Ringkomposition findet sich in archaischer griechischer

---

78 12, 16f. Jouanna = VI, 368, 5f. Littré: ἢν γὰρ στῇ που καὶ ἀποληφθῇ, ἀκρατὲς γίνεται ἐκεῖνο τὸ μέρος καθ' ὃ ἂν στῇ. Im Satz davor war gesagt worden, dass die Luft in den Adern immer in Bewegung sein muss. Als Beweis für die zitierte Behauptung folgt die Beobachtung, dass abgeschnürte Körperteile taub werden.

Literatur häufig und ist auch in den Werken des Corpus Hippocraticum reich vertreten.[79]

4 Zusammenfassung

Abschließend möchte ich die wesentlichen Schwierigkeiten zusammenfassen, die sich bei der Übersetzung eines antiken griechischen Medizintextes ergeben.

1. Medizinische Monographien der Antike sind in ‚normaler' Prosa (wie etwa Herodots Geschichtswerk) verfasst. In den ebenfalls häufigen Krankengeschichten und Aphorismen finden wir eine stark verkürzte, notizartige Diktion, die zahlreiche Verständnis- und somit auch Übersetzungsschwierigkeiten bietet.[80] Die Autoren der Monographien formulieren dagegen ausführlicher und benutzen meist normale Alltagswörter und -vorstellungen und weisen nur selten eine eigenständige technische Sprache auf, wie sie für moderne medizinische Texte so charakteristisch ist. In den meisten Fällen ist es schwer, einen technischen Gebrauch eines Wortes überhaupt nachzuweisen. Indizien dafür sind die ausschließliche Verwendung in medizinischem Kontext (z. B. διάρροια „Durchfall") oder die Entwicklung einer Spezialbedeutung, die das Wort in anderen Kontexten nicht hat (z. B. beim Wort *palmos* [παλμός] als „Pulsieren" von Organen; bei *pneuma* [πνεῦμα], das zur Substanz der Wahrnehmung bzw. Vernunft wird). Da die griechische Medizin in engem Zusammenhang mit der gleichzeitigen und früheren vorsokratischen Naturphilosophie steht, sind Übernahmen aus diesem Bereich sehr häufig (für das Wort *pneuma* und die damit verbundenen Vorstellungen ist z. B. auf Diogenes von Apollonia zu verweisen).

2. Oft sind auch medizinische Texte mit rhetorisch-stilistischen Elementen durchsetzt, die den Leser/Zuhörer fesseln und überzeugen sollen. Sie dienen auch einer klareren Gliederung und Darstellung (Parallelismen, Ringkomposition), gehen aber bisweilen auf Kosten der Klarheit der Sachdarstellung. Zu den stilistisch-sprachlichen Phänomenen gehört z. B. auch der bewusste Umgang mit der Etymologie von Wörtern (*phronesis* [φρόνησις] „Denken, Wahrnehmung" stammt von *phren* [φρήν] „Zwerchfell"), der auch der sachlichen Erklä-

79 Vgl. Wenskus (1982).
80 Vgl. dazu Anm. 19.

rung dient (welches Organ ist wirklich Sitz des Denkens bzw. der Wahrnehmung?).

3. Deutsche Übersetzer, besonders Ärzte, neigen dazu, griechische Ausdrücke, die zu modernen medizinischen Termini geworden sind (und das sind sehr viele), durch diese modernen Fremdwörter zu übersetzen (z. B. Katarrh, Asthma, Spasmus, Orthopnoe). Solch ein Verfahren ist sehr bedenklich, denn in aller Regel sind die original griechischen Ausdrücke im Gegensatz zu den deutschen keine fest definierten *termini technici*, sondern alltägliche Ausdrücke. Es wird dann eine Genauigkeit und Sichtweise suggeriert, die im Original nicht gegeben ist.

4. Auch im Deutschen gibt es nicht nur definierte fachsprachliche Termini für anatomische Details und Krankheiten etc., sondern eine Art medizinischer Alltagssprache: „Adern" statt Arterien oder Venen, „Bauch" für Abdomen o.ä., „Herzrasen" für Tachykardie usw. In den meisten Fällen sind solche alltagssprachlichen Ausdrücke die besseren Übersetzungen für griechische Wörter. Es ist jedoch im Einzelfall zu prüfen, ob die Bedeutungsumfänge des griechischen und des deutschen Wortes in etwa ähnlich sind (vollständige Deckungsgleichheit wird sich nicht erzielen lassen, vgl. *phronesis* [φρόνησις] „Denken/Wahrnehmung/Bewusstsein"). Unumgänglich ist dabei ein immer wiederholter Blick in das griechische Lexikon, damit man erfährt, was ein griechisches Wort ursprünglich, was später bedeutet hat. Im Zweifelsfall sollte man die gängige Übersetzung wählen, die das griechische Wort normalerweise hat. Ein eigenes Lexikon griechischer medizinischer Ausdrücke gibt es nicht.[81] Es wäre auch sinnlos angesichts der Tatsache, dass die Wörter in den medizinischen Texten in der Regel ihre alltagssprachliche Bedeutung behalten.

5. Häufig werden selbst in sonst ausformulierten medizinischen Texten (wie in anderen Texten auch) selbstverständliche Informationen ausgelassen. Das betrifft z. B. sehr häufig Wörter wie „der Patient", „die Krankheit" oder „der betroffene Körperteil", wobei die Subjekte und Objekte munter wechseln können. Hier müssen im Deutschen in der Regel die entsprechenden Wörter (am besten in Klammern und mit „sc." = *scilicet* „man muss wissen, ergänzen") hinzugefügt werden, um einen sinnvollen Satz zu ergeben. Dies ist ein Akt der Interpretation des Textes, die aber in diesen Fällen meist recht eindeutig ist.

6. Am schwierigsten und zugleich am interessantesten ist die Frage, was genau sich der Autor bei jedem Satz vorstellt. Hierfür muss man sich eine Kenntnis der

---

81 Es gibt aber den sehr hilfreichen Index Hippocraticus, hg. v. Kühn und Alpers (1989ff.).

Erklärungsmodelle aneignen, die in antiken medizinischen Texten häufiger auftauchen (z. B. Säftelehre, Wirkungen der Qualitäten etc.) und die sehr oft aus einfachen Alltagsbeobachtungen gewonnen wurden (z. B. Kochen oder andere handwerkliche Verrichtungen als Vergleichsprozesse). Erste Hinweise gibt natürlich der Kontext des Werkes selbst, dann andere hippokratische Texte. Es ist m. E. erlaubt, sich Gedanken darüber zu machen, ob die beschriebenen Vorgänge konsistent und vollständig sind. Dabei darf man allerdings kein modernes Verständnis anwenden, sondern sie nur im Rahmen der vermuteten Kenntnisse des antiken Autors kritisieren (ich habe oben häufiger erwähnt, dass bestimmte Punkte unklar bleiben; teilweise kann dies aus dem weiteren Text ergänzt werden, teilweise ist man auf Vermutungen angewiesen). Bisweilen hilft es, spätere Theorien und Konzepte heranzuziehen. Manches sind nur halbbewusste Vorurteile oder Konsequenzen, die sich aus bestimmten Verständnismodellen (z. B. schmelzen – gefrieren) oder Wortgebräuchen ergeben (dass z. B. das Gehirn flüssig oder feucht ist; dass die Krankheit oder das Symptom den Menschen „ergreift"). Manches bleibt dennoch unklar.

7. Schließlich – aber das ist eine Binsenweisheit – hilft es nicht, mit der Vorstellung an solche Texte heranzugehen, sie enthielten sowieso nur falsches und überholtes Wissen, bzw. verzweifelt moderne Auffassungen in ihnen zu suchen. Man kann nur versuchen, sie so weit wie möglich aus ihren eigenen sprachlichen und sachlichen Voraussetzungen zu verstehen.

Literaturverzeichnis

a) Editionen

Aischylos

Page, Dennys (Hg.). 1985. *Aeschyli Septem quae supersunt tragoedias* (Oxford Classical Texts). Oxford 1972, reprinted 1985: Oxford University Press.

Corpus Hippocraticum

Littré, Émile. 1831–1861. *Oeuvres complètes d'Hippocrate, traduction nouvelle avec le texte Grec en regard.* 10 Bde. Paris: Baillière.

Epikur

Epistula ad Herodotum

Mühll, Peter von der (Hg.). 1966. *Epicuri epistulae tres et ratae sententiae a Laertio Diogene servatae. Accedit Gnomologium Epicureum Vaticanum* (Bibliotheca scriptorum Graecorum et Romanorum Teubneriana). Stuttgart: Teubner.

Hippokrates

Aphorismen

Jones, William H.S. (Hg. und Übers.). 1979. *Hippocrates*. Bd. 4. With an English transl. by W. H. S. Jones (The Loeb classical library). Cambridge, Mass.: Harvard University Press.

De morbo sacro

Grensemann, Hermann. 1968. *Die hippokratische Schrift „Über die heilige Krankheit"*. Hg., übers. und erläutert v. H. Grensemann (Ars medica: Abt. 2, Griechisch-lateinische Medizin, 1). Berlin: de Gruyter.

Jouanna, Jacques (Hg.). 2003. *Hippocrate*, Tome II, 3e partie: *La maladie sacrée*. Texte établi et trad. par Jacques Jouanna (Collection des universités de France: Série grecque, 429). Paris: Les belles lettres.

Littré, Émile. 1849. *Oeuvres complètes d'Hippocrate, traduction nouvelle avec le texte Grec en regard*. Bd. 6. Paris: Baillière: 352–397.

Prognosen

Jones, William H.S. (Hg. und Übers.). 1923. *Hippocrates*. Bd. 2. With an English transl. by W. H. S. Jones (The Loeb classical library). Cambridge, Mass.: Harvard University Press.

Homer

Monro, David E. und Thomas W. Allen (Hgg.). 1978. *Homeri Opera*. Bd. 2. Edition tertia (Oxford Classical Texts). Oxford 1920, reprinted 1978: Oxford University Press.

Platon

Burnet, Ioannes (Hg.). 1978. Platonis Opera. Bd. 4 (Oxford Classical Texts). Oxford 1902, reprinted 1978: Oxford University Press.

Vorsokratiker

Diels, Hermann und Walther Kranz (Hgg.) 1951f. *Die Fragmente der Vorsokratiker*. 2 Bde. Zürich/Hildesheim: Weidmann.

Wöhrle, Georg (Hg.). 2012. *Traditio Praesocratica. Zeugnisse frühgriechischer Philosophie und ihres Fortlebens*. Bd. 2: *Die Milesier: Anaximander und Anaximenes*. Mit Beiträgen von O. Overwien. Berlin/Boston: de Gruyter.

b) Literatur

Althoff, Jochen. 1993. „Herodot und die griechische Medizin“. *Antike Naturwissenschaft und ihre Rezeption* 3: 1–16.

Althoff, Jochen. 1997. „Aristoteles’ Vorstellung von der Ernährung der Lebewesen“. In: Wolfgang Kullmann und Sabine Föllinger (Hgg.), *Aristotelische Biologie. Intentionen, Methoden, Ergebnisse* (Philosophie der Antike, 6). Stuttgart: Steiner: 351–364.

Althoff, Jochen. 1998. „Die aphoristisch stilisierten Schriften des Corpus Hippocraticum“. In: Wolfgang Kullmann, Jochen Althoff und Markus Asper (Hgg.), *Gattungen wissenschaftlicher Literatur in der Antike* (Script-Oralia, 95/Script-Oralia, Reihe A, Altertumswissenschaften, 22). Tübingen: Narr: 37–62.

Althoff, Jochen. 2010. „Das Verhältnis von medizinischer Prognose zur religiösen Divinatorik/Mantik in Griechenland“. In: Annette Imhausen und Tanja Pommerening (Hgg.), *Writings of Early Scholars in the Ancient Near East, Egypt, Rome, and Greece. Translating Ancient Scientific Texts* (Beiträge zur Altertumskunde, 286). Berlin/New York: de Gruyter: 47–66.

Althoff, Jochen. 2011. „Medizinische Literatur“. In: Bernhard Zimmermann (Hg.), *Handbuch der griechischen Literatur der Antike.* Erster Band: *Die Literatur der archaischen und klassischen Zeit.* München: Beck: 295–320.

Althoff, Jochen. 2014. „Medizinische Literatur zwischen dem Corpus Hippocraticum und Galen“. In: Bernhard Zimmermann und Antonios Rengakos (Hgg.), *Handbuch der griechischen Literatur der Antike.* Zweiter Band: *Die Literatur der klassischen und hellenistischen Zeit.* München: Beck.

Brockmann, Christian. 2013. „Galen und Asklepios“. *Zeitschrift für Antikes Christentum* 17: 51–67.

Cordes, Peter. 1994. *Iatros. Das Bild des Arztes in der griechischen Literatur von Homer bis Aristoteles* (Palingenesia, 39). Stuttgart: Steiner.

Döring, Klaus. 1998. „Sokrates, die Sokratiker und die von ihnen begründeten Traditionen“. In: Klaus Döring u.a. (Hgg.), *Die Philosophie der Antike.* Bd. 2/1: *Sophistik, Sokrates, Sokratik, Mathematik, Medizin* (Grundriss der Geschichte der Philosophie). Basel: Schwabe.

Fichtner, Gerhard. 2015. *Corpus Hippocraticum. Verzeichnis der hippokratischen und pseudohippokratischen Schriften.* Online verfügbar: http://cmg.bbaw.de/online-publikationen/hippokrates_2013_02.pdf. [Zugriff am 08.04.2016]

Golder, Werner. 2007. Hippokrates und das Corpus Hippocraticum. Eine Einführung für Philologen und Mediziner. Würzburg: Königshausen und Neumann.

Goltz, Dietlinde. 1974. Studien zur altorientalischen und griechischen Heilkunde. Therapie-Arzneibereitung-Rezeptstruktur (Sudhoffs Archiv: Beiheft, 16). Wiesbaden: Steiner.

Grensemann, Hermann. 1968. *Die hippokratische Schrift „Über die heilige Krankheit“.* Hg., übers. und erläutert v. H. Grensemann (Ars medica: Abt. 2, Griechisch-lateinische Medizin, 1). Berlin: de Gruyter.

Grmek, Mirko D. 1989. *Diseases in the Ancient Greek World.* Translated by M. and L. Muellner. Baltimore/London: The Johns Hopkins University Press.

Grunert, Peter. 2011. „Historische Konzepte der Epilepsie aus klinischer Sicht“. *Antike Naturwissenschaft und ihre Rezeption* 21: 89–134.

Gundert, Beate. 2005. „Humoralpathologie“. In: Karl-Heinz Leven (Hg.), *Antike Medizin. Ein Lexikon.* München: Beck: 436–441.

Hoessly, Fortunat. 2001. *Katharsis: Reinigung als Heilverfahren: Studien zum Ritual der archaischen und klassischen Zeit sowie zum Corpus Hippocraticum* (Hypomnemata, 135). Göttingen: Vandenhoeck & Ruprecht.

Hunger, Herbert u.a. 1988. *Die Textüberlieferung der antiken Literatur und der Bibel.* Unveränderter Nachdruck. 2. Auflage. München: dtv.

Jouanna, Jacques. 1999. *Hippocrates*. Translated by M. B. DeBevoise. Baltimore: The Johns Hopkins University Press.

Jouanna, Jacques (Hg.). 2003. *Hippocrate,* Tome II, 3e partie: *La maladie sacrée*. Texte établi et trad. par Jacques Jouanna (Collection des universités de France: Série grecque, 429). Paris: Les belles lettres.

Kanthak, Anna-Maria. 2014. „Περὶ τροφῆς oder: Über Form". *Antike Naturwissenschaft und ihre Rezeption* 24: 9–45.

Kluge, Friedrich. 2011. *Etymologisches Wörterbuch zur deutschen Sprache*. Bearb. von Elmar Seebold. 25. durchges. und erw. Auflage. Berlin/Boston: de Gruyter.

Krug, Antje. 1993. *Heilkunst und Heilkult. Medizin in der Antike*. 2. durchges. und erw. Auflage. München: Beck.

Kühn, Josef-Hans und Klaus Alpers. 1989ff. *Index Hippocraticus*. Mit 3 Supplementbänden von Anastasiu Argyriou. Göttingen: Vandenhoeck & Ruprecht.

Langholf, Volker. 1977. *Syntaktische Untersuchungen zu Hippokrates-Texten: brachylogische Syntagmen in den individuellen Krankheits-Fallbeschreibungen der hippokratischen Schriftensammlung*. Mainz: Akademie der Wissenschaften und der Literatur.

Leven, Karl-Heinz. 2008. Geschichte der Medizin. Von der Antike bis zur Gegenwart. München: Beck.

Liddel, Henry und Robert Scott. 1968. *A Greek-English Lexicon*. Oxford: Oxford University Press.

Lloyd, G[eoffrey] E. R. 2003. *In the Grip of Disease: Studies in the Greek Imagination*. Oxford: Oxford University Press.

Longrigg, James. 1993. *Greek Rational Medicine: Philosophy and Medicine from Alcmaeon to the Alexandrians*. London: Routledge.

Mansfeld, Jaap und Oliver Primavesi (Hg.). 2011. *Die Vorsokratiker. Griechisch/Deutsch*. Ausgew., übers. und erl. von J. Mansfeld und O. Primavesi. Stuttgart: Reclam.

Müller, Carl. W. 1999. „Rezension zu E. Schmalzriedt: Περὶ φύσεως und die Frühgeschichte der griechischen Buchtitel". In: Carl W. Müller, *Kleine Schriften zur antiken Literatur und Geistesgeschichte*. Stuttgart: Teubner: 154–166.

Nachmanson, Ernst. 1969. *Der griechische Buchtitel. Einige Beobachtungen* (Reihe „Libelli", 169). Darmstadt: Wissenschaftliche Buchgesellschaft.

Nörenberg, Heinz-Werner. 1968. *Das Göttliche und die Natur in der Schrift ‚Über die heilige Krankheit'*. Bonn: Habelt.

Parker, Holt. 2012. „Women and Medicine". In: Sharon L. James und Sheila Dillon (Hgg.), *A Companion to Women in the Ancient World*. Chichester: Wiley-Blackwell: 107–124.

Parker, Robert. 1990. *Miasma: Pollution and Purification in Early Greek Religion*. Oxford: Clarendon Press.

Pöhlmann, Egert. 1994. *Einführung in die Überlieferungsgeschichte und in die Textkritik der antiken Literatur*. Bd. 1: *Altertum*. Darmstadt: Wissenschaftliche Buchgesellschaft.

Pöhlmann, Egert. 2003. *Einführung in die Überlieferungsgeschichte und in die Textkritik der antiken Literatur*. Bd. 2: *Mittelalter und Neuzeit*. Darmstadt: Wissenschaftliche Buchgesellschaft.

Rüsche, Franz. 1933. *Das Seelenpneuma. Seine Entwicklung von der Hauchseele zur Geistseele. Ein Beitrag zur Geschichte der antiken Pneumalehre* (Studien zur Geschichte und Kultur des Altertums, Bd. 18, H. 3). Paderborn: Schöningh.
Schmalzriedt, Egidius. 1970. *Peri physeos. Zur Frühgeschichte der Buchtitel.* München: Fink.
Schmitt, Rüdiger. 1977. *Einführung in die griechischen Dialekte.* Darmstadt: Wissenschaftliche Buchgesellschaft.
Schöner, Erich. 1964. *Das Viererschema in der antiken Humoralpathologie* (Beihefte/Sudhoffs Archiv für Geschichte der Medizin und der Naturwissenschaften, 4). Wiesbaden: Steiner.
Schubert, Charlotte und Ulrich Huttner (Hgg.). 1999. *Frauenmedizin in der Antike: griechisch-lateinisch-deutsch.* Düsseldorf/Zürich: Artemis & Winkler.
Smith, Wesley D. (Hg.). 1990. *Hippocrates. Pseudepigraphic Writings: Letters, Embassy, Speech From the Altar, Decree.* Edited and Translated with an Introduction by Wesley D. Smith (Studies in Ancient Medicine, 2). Leiden/New York/København/Köln: Brill.
Sommerstein, Alan H. (Hg.). 2001. *The Comedies of Aristophanes.* Vol. 11: *Wealth.* Ed. with transl. and commentary by Alan H. Sommerstein. Warminster: Aris & Phillips
Temkin, Owsei. 1971. *The Falling Sickness: a History of Epilepsy from the Greeks to the Beginnings of Modern Neurology.* 2. Auflage. Baltimore/London: The Johns Hopkins University Press.
Verbeke, Gérard. 1945. *L'évolution de la doctrine du pneuma du stoïcisme à Augustin.* Paris: Desclée.
Wenskus, Otta. 1982. *Ringkomposition, anaphorisch-rekapitulierende Verbindung und anknüpfende Wiederholung im hippokratischen Corpus.* Frankfurt: R. G. Fischer.
Wilamowitz, Ulrich von. 1901. „Die hippokratische Schrift περὶ ἱερῆς νούσου“. *Sitzungsberichte der Preußischen Akademie der Wissenschaften*, Jg. 1901, H.1: 2–23. [= 1969. *Kleine Schriften.* Bd. III. Berlin: Akademie-Verlag: 269–302.]
Wilpert, Gero von (Hg.). 2001. *Sachwörterbuch der Literatur.* 8. Auflage. Stuttgart: Kröner.
Wittern, Renate. 1998. „Gattungen im Corpus Hippocraticum“. In: Wolfgang Kullmann, Jochen Althoff und Markus Asper (Hgg.), *Gattungen wissenschaftlicher Literatur in der Antike* (Script-Oralia, 95/Script-Oralia, Reihe A, Altertumswissenschaften, 22). Tübingen: Narr: 17–36.
Zimmermann, Martin. 2009. „Extreme Formen physischer Gewalt in der antiken Überlieferung“. In: Martin Zimmermann (Hg.), *Extreme Formen von Gewalt in Bild und Text des Altertums* (Münchner Studien zur Alten Welt, 5). München: Utz: 155–192.

Serafina Cuomo (London)

A case-study in Roman mathematics: The description of the analemma in Vitruvius' *De architectura*, book IX

1 Introduction

The text in this section is meant to exemplify translations and commentaries from the field of Roman mathematics, by which we primarily mean mathematics written in Latin, rather than mathematical texts produced in the period of Roman dominance over the Mediterranean.

While there is evidence of early translations of the material contained in Euclid's *Elements* into Latin by at least the 2nd CE, if not before,[1] no original Latin treatise has survived that is structured along axiomatico-deductive lines. Moreover, the paucity of texts and the fact that none of the Latin mathematical texts appears to have acquired Euclid-like canonical status, it is difficult to generalize, or to indicate departures from the norm. As far as language or style are concerned, there is no norm. The sources are predominantly what has traditionally been called 'applied' mathematics, i.e. mathematics in the form of problems inspired or set in real-life contexts, such as measuring land, or, in the present case, building a time-keeping device. These problems are solved by deploying mathematical techniques or instruments which are often justifiable in 'theoretical' mathematical terms, but at the same time are presented in the treatise in a concrete, almost material way. On the whole, the language contains both borrowings from the Greek, sometimes transliterated rather than translated, and corporeal terminology, which evokes objects in the real world, rather than abstract geometrical entities. The passage below is one such example.

Vitruvius' *De architectura*, in ten books, is the only surviving treatise from antiquity devoted to the art of building, and related disciplines. It was produced between the late 1st century BCE and the early first century CE, as we can infer, among other things, from the fact that Vitruvius dedicated it to the then emperor Octavian Augustus. Vitruvius also mentions that he had been a military engineer at the service of Julius Caesar, and that he had a patronage relationship

1 See the materials in Campbell (2000).

with Augustus' sister Octavia. After claiming in the first book that the ideal architect should have at least some knowledge of an impressive array of forms of knowledge, ranging from mathematics to jurisprudence to astronomy, Vitruvius proceeds to cover building-related subjects such as materials, decoration, water supply, machines (including military machines) and, in book IX, astronomy, including the construction of time-keeping artefacts such as a sun-dial. The sun-dial is basically an object, of various shapes – extant examples include spherical, hemispherical, cylindrical – on which lines have been inscribed which, together with a pole or stick called gnomon which casts a shadow on those lines, marks the time using the movements of the sun.[2] The analemma is a particularly sophisticated example of this kind of lines: it is a geometrical diagram which can be inscribed on an object, in order to make a sun-dial.

Unlike some of the clay tablets and papyri in this volume, Vitruvius' *De architectura* has not come down to us in the way in which it was originally written. Moreover, it has come down to us in different versions contained in manuscripts produced in different contexts, often at different times. There are some 55 manuscripts, and they all originate from a parent or archetype, now lost. Some manuscripts are considered to be very close copies of the archetype: primarily a 9th-century manuscript now in London (*Harleianus* 2767), taken by some to be the only direct copy of the archetype, but also two manuscripts in a German library (*Gudianus* 69 and *Gudianus Epitomatus* 132), and possibly more manuscripts housed in the Vatican Library, the Escorial and Sélestat in Alsace.[3] The various manuscripts have tiny and occasionally not so tiny discrepancies, which are resolved by following the manuscripts supposed to be closer to the original, and/or by emending the text on the grounds of consistency or coherence. The amount of subjectivity that enters these decisions cannot be overestimated.

Before even starting to translate, then, there are some decisions to be taken. Normally, the reader of a translation is not directly exposed to the preliminary choices that the translator has had to make. Information about them is relegated to the apparatus or the footnotes. Nevertheless, in my view the fact that some choices have been made even prior to the choice of language, needs to be highlighted, not just as a question of honesty – we should not pretend there is *one* version of the text, but also as a question of intellectual significance. Ancient Latin texts, with the possible exception of epigraphical and papyrological

2 See e.g. Gibbs (1976), Kienast (2007), Hannah (2009).

3 Vitruvius, *De architectura*, ed. Granger (1931): xvi–xxviii, xxxii; Vitruvius, *De architectura*, ed. Fensterbusch (1964): 11–13.

material, are the result of their reception as well as of their inception – they are never 'the original'.

One is how my translation ought to relate to the other extant translations of the same text. The question of course is meaningful only because Vitruvius has been translated into other languages since the Renaissance. A list of translations published in 1984 includes 25 items in eight different European languages.[4] I think it is naive to pretend that one's translation is produced in a vacuum, rather than being an interpretation not only of the text, but also, in a sense, of the other translations that have been given of that same text.

The second decision is even more radical, and concerns the text itself – which edition should we use? There is plenty to choose from. Leaving aside earlier efforts, including Renaissance editions, there are three different editions of *De architectura* published in the Teubner series alone, between 1867 and 1912,[5] plus an English edition for the Loeb series, a French edition with different editors for different books for the Budé series, and another German edition, by Fensterbusch. Most editions privilege a handful of manuscripts over the rest, on the basis of their being closer to the now lost 'original', from which they were copied.[6] The Loeb editor, Frank Granger, relied primarily on the *Harleianus* 2767, with only few references to other manuscripts. In disagreement with the Teubner editor, Granger thought that not only had the *Harleianus* been produced in England (rather than Germany), but he also believed that the main German manuscript, *Gudianus* 69, was "merely a recension of" *Harleianus*, rather than representing an independent tradition, as Valentin Rose and Friedrich Krohn had maintained.[7] One cannot help but wonder if there is more to the debate than mere philology. Indeed, after years of considering philology of this sort almost an exact science, historians of mathematics are now starting to enquire more critically into the choices that enter the production of a 'scientific' edition of a 'scientific' text.[8] Perhaps ownership of the true text of Vitruvius would be a good case-study.

For the passage here, I opted in the main for the text used in Gros, Corso, and Romano (1997) because it is the most recent one and the authors, all well-established Vitruvius experts before they produced the edition, would have

4 The list in Callebat et al. (1984): xi–xiii; more recently see the editions Gros, Corso, and Romano (1997), Rowland (1999), Schofield (2009).

5 Rose and Müller-Strübing (1867), *non vidi*, Rose (1899) and Krohn (1912). Successive editions were motivated by the consideration of further manuscripts.

6 See the genealogical tree in Rose (1899): ix.

7 Granger (1931): xvi, xviii.

8 See the papers contained in Chemla (2012).

been able to benefit from the latest scholarship. Their Latin text is one of the Teubner editions – the earliest by Valentin Rose and Hermann Müller-Strübing – with a significant number of modifications.[9] All the same, I have introduced some changes from the Budé edition indicated in **bold** and some changes from the Loeb edition indicated in underlined when the alternative seemed more plausible in terms of meaning. I have also tended to choose alternatives which involved the least modification to the manuscripts, especially when at least some of the manuscripts agree. The Budé edition designates a virtual *über*manuscript representing the consensus of "all or most" of the manuscripts with the letter ω; the second Teubner edition is even more explicit in denoting the consensus of the four main manuscripts with the letter *x*, which there also denotes the now lost parent manuscript.[10] Nevertheless, *every* text of Vitruvius that has been published is the result of some intervention, because even ω or *x* do not always make sense. What 'making sense' means, is of course an immensely subjective question, bound to be answered differently by different people. The fact that we are dealing with a mathematical text helps to narrow down the notion of 'making sense' quite considerably, but does not determine it entirely, especially if we are open to a historiographical approach where mathematical notions, and especially the ways in which they are communicated and expressed, changes through time.

The Budé editor for book IX, Jean Soubiran, is particularly explicit in describing the state of the manuscripts, and particularly so for the passage regarding the construction of the analemma. He tells us that the letters for the geometrical construction are all jumbled up, there are words that seem to have been modified or scrambled, and the text occasionally has little dotted circles, but it is not clear what they denote.[11] Also, the apparatus does not tell you much about diagrams, which is common practice on the part of philologists until very recently. The diagram of the analemma as we commonly have it is a modern reconstruction. Reviel Netz argued that most of the diagrams in Greek mathematical manuscripts possessed two characteristics: overspecification (which is not of interest for us here) and indifference to visual accuracy (which might have applied in the case of our diagram).

9 Vitruvius, *De architectura*, ed. Gros, Corso, and Romano (1997): 1437.

10 Vitruvius, *De architectura*, ed. Soubiran (1969): lxxiii: "consensus codicum omnium vel plerorumque"; Vitruvius, *De architectura*, ed. Rose (1899): ix.

11 Vitruvius, *De architectura*, ed. Soubiran (1969): lx–lxi.

> "The indifference to visual accuracy implies that the diagram was not meant to be a visual depiction of the objects under discussion but rather to use visual cues to communicate the important mathematical relationships."[12]

If Netz's claims hold about diagrams in texts like *De architectura*, and there is no reason why they should not, then it could even be that some of the peculiarities of the lettering as it appears in the manuscripts could be resolved by looking at the (no longer extant) diagram. Perhaps the original diagram itself did not conform to our idea of a visually accurate diagram.

There is also the problem of natural language *versus* 'technical' language, i.e. language that is specific to the practitioners of a discipline, usually to denote objects or concepts that occur more often in the practice of that discipline than they do in 'nature', i.e. everyday parlance. In a modern language like English, some 'technical' subsets such as business English or English for engineers have become well-defined to the point where they can be taught separately to students. It is not clear to what extent that was the case with Latin at Vitruvius' time: was there a specialized architects' jargon? If yes, did it coin new terms, or did it use everyday words to denote objects or notions or actions specific to architecture, in such a way that the 'technical' sense would have been given by the context? The question is further complicated by the fact that Vitruvius draws at least in part on Greek sources, some of them at least written sources, so some of Vitruvius' language itself is translated.[13] Moreover, the only clues that may help us to recognize a term as a 'technical' term are firstly, when Vitruvius defines them (e.g. axon or meridian), and secondly, and more weakly, when they are unusual outside of this type of textual context (e.g. *circinatio* or *planitia*). There are also some very general terms, such as *ratio*, which I have tended to translate consistently (i.e. always with the same term), even though they had such a range of meanings that it would be justified to translate them in more than one way.

In sum, as a choice, I have tried to retain the 'naturality' of the language wherever possible, because I am not convinced that technical languages had crystallized (yet) within a knowledge tradition, such as architecture, which even on the Greek side was largely still oral rather than written. In other words, retaining the naturalness of the language is for me a way to signal my belief that Vitruvius' knowledge of architecture stems from personal knowledge and direct practice, not just from books.

---

12 Netz (2012): 157.

13 See the introductions to Vitruvius, *De architectura*, ed. Gros, Corso, and Romano (1997).

2 The text – Vitruvius, *De architectura* book IX, chapter 7[*] with Commentary

1. Nobis autem ab his separandae sunt rationes et explicandae menstruae dierum **brevitates**[1] itemque depalationes[2]. Namque sol aequinoctiali tempore Ariete Libraque versando, quas e gnomone partes habet[3] novem, eas umbrae facit VIII in declinatione caeli quae est Romae. Itemque Athenis quam[4] magnae sunt gnomonis partes quattuor, umbrae sunt tres, ad VII Rhodo V[5], ad XI[6] Tarenti IX, ad quinque <Alexandriae> tres,[7] ceterisque omnibus locis aliae alio modo umbrae gnomonum aequinoctiales a natura rerum inveniuntur disparatae.

1. Now, we must differentiate the accounts from these and explain the monthly shortenings and demarcations of the days. For the sun, turning around in Aries and Libra at the time of the equinox, those parts which from the gnomon it has nine of, those it makes 8 of shadow at the latitude of Rome. And likewise in Athens, the parts of the gnomon are as many as four, [but] they are three of shadow; in Rhodes 5 to 7; in Tarentum 9 to 11; in <Alexandria> three to five, and in all the remaining places different equinoctial shadows of the gnomons are found to have been made dissimilar by nature in different ways.

* In I.3.1 (henceforth, references to *De architectura* are organized by book, chapter and section. Thus, I.3.1 means book I, chapter 3, section 1), Vitruvius says that an architecture treatise must include three parts: *aedificatio, gnomonice* and *machinatio*. In I.6.4, he talks about the Tower of the Winds and then (I.6.6–7) has a construction with gnomon and compasses of a rose of the winds, which is possibly more explicit than the construction of the analemma. Ptolemy's *Analemma* survives mostly in Latin (in the 13th-century translation of William of Moerbeke) and only partly in Greek, addressed to Syrus, very different from Vitruvius. It starts with definitions of all the celestial circles, including a lettered diagram which is not about proving anything but just showing all the circles that have just been defined. Ptolemy's text contains proofs, plus (if I understand this correctly) instructions to trace out the dial on a drum (*tympanon*). But as far as I could see even the diagrams look quite different from what we find (reconstructed) in Vitruvius.

1. The manuscripts' consensus has *separandae sunt rationes* (some have *et*) *explicandae … brevitates …*. The Budé edition goes for "*separandae sunt rationes et explicandae brevitates*".

2. If I read the apparatus in the Teubner correctly, at least some of the manuscripts have "brevitates idemque depalationes" or even *depalatationes*. Confirmed by Budé: the manuscripts' agreement is on *depalationes*. I have opted for the manuscripts' reading – *depalatio* is used in a land-surveying context (Campbell [2000]: 240.10, part of a very short text) for "demarcation" or "delimitation", which is in a sense what the gnomon does with the length of the days. We lose the other half of the pair (shortening and lengthening), but not at the cost of introducing a completely new term. Actually, the Loeb edition has *depalationes*, translated as "marking". For connections between *gnomonike* and land-surveying see McEwen (2003): 232.

3. Manuscripts' agreement is on *habent* – Budé has *habemus* which is too creative.

4. Manuscripts' agreement is *quae*. Vitruvius, *De architectura*, ed. Rowland (2001): 115, translates "a gnomon of whatever size".

5. Manuscripts' agreement is *XV*.

6. *XI* has been added but is not in the manuscripts.

7. This part has been amended – some of the manuscripts have different numbers, and none of them has Alexandria, so either this is tacit knowledge on the part of Vitruvius' reader, or of the philologist who knows through other means that the location must be Alexandria.

2. Itaque in quibuscumque locis horologia erunt describenda, eo loco sumenda est aequinoctialis umbra, et si erunt quemadmodum Romae gnomonis partes novem, umbrae octonae, describatur linea[8] in planitia et e media *pros orthas*[9] erigatur ut sit ad normam quae dicitur gnomon, et a linea quae erit planitia in linea gnomonis circino novem spatia dimetiantur, et quo loco nonae partis signum fuerit centrum constituatur ubi erit littera A, et diducto circino ab eo centro ad lineam planitiae ubi erit littera B, circinatio circuli describatur, quae dicitur meridiana.

2. Thus, in any places where dials will have to be traced out, in that place the equinoctial shadow has to be taken, and if the nine parts of the gnomon will be as in Rome, an octet of shadow, let a line be traced on a level surface and from its middle let [a line] be erected perpendicularly so that it is at a right angle, which is called gnomon, and from the line which will be flat on the line of the gnomon let nine spaces be divided with the compass, and in the place where the mark of the ninth part is, let the centre be established where the letter A will be, and having opened the compass from that centre to the line of the flat surface where the letter B will be, let a circular line be drawn, which is called meridian.

3. Deinde ex novem partibus, quae sunt a planitia ad gnomonis centrum, VIII sumantur et signentur in linea quae est in planitia ubi erit littera C. Haec autem erit gnomonis aequinoctialis umbra. Et ab eo signo et littera C per centrum ubi est littera A linea perducatur, ubi erit solis aequinoctialis radius. Tunc[10] a centro diducto circino ad lineam planitiae aequilatatio signetur ubi erit littera E sinisteriore parte et I dexteriore[11] in extremis lineae circinationis, et per centrum perducenda <linea>[12], ut aequa duo hemicyclia sint divisa. Haec autem linea a mathematicis dicitur horizon.

3. Next, of the nine parts between the flat surface and the centre of the gnomon, let 8 be taken and be marked on the line which is on the flat surface, where the letter C will be. This then will be the equinoctial shadow of the gnomon. And from that mark and the letter C through the centre where the letter A is let a line be drawn, where the equinoctial ray of the sun will be. At the same time, having opened the compass from the centre to the line of the flat surface let an area of equidistant width be marked where the letter E will be on the left side and I on the right [side] at the endpoints of the circular line, and through the centre <a line> has to be drawn, so that two semicircles be

8. *Linea* is not in the manuscripts. Budé has "octo, linea describatur", although the manuscript consensus is *octogenae*.

9. Several of the manuscripts had *prosorthas* or even *porthas* but in any case transliterated into Latin. This is confirmed by Budé. The other editions tend to 'return' the words to the Greek letters.

10. *Tunc* could indicate contemporaneity in the future, but also consecution.

11. "Et I dexteriore" is an emendation; the manuscripts have *in dexteriore* or mostly *inde alteriore*.

12. *Linea* is not in the manuscripts.

divided equally. This line then is called by mathematicians the horizon.

4. Deinde circinationis totius sumenda pars est XV, et circini centrum conlocandum in linea circinationis quo loci secat eam lineam aequinoctialis radius ubi erit littera F,[13] et signandum dextra ac sinistra[14] ubi sunt litterae G H. Deinde ab his lineae usque ad lineam planitiae perducendae sunt, ubi erunt litterae T R. Ita erit solis radius unus hibernus alter aestivus. Contra autem E littera I erit[15] quo secat circinationem linea quae est traiecta per centrum ubi est littera A, et contra G et H litterae erunt L et K, et contra C et F et A erit littera N.[16]

4. Next, the 15th part of the whole circular line has to be taken, and the centre of the compass has to be situated in the circular line in the place in which the equinoctial ray cuts that line, where the letter F will be, and on the left and the right it has to be marked where the letters G [and] H are. Next, lines have to be drawn from these to the line of the flat surface, where the letter T [and] R will be. Thus, the ray of the sun will be one for the winter and one for the summer. Moreover, opposite E will be the letter I at the point where the line which is extended through the centre where the letter A is, cuts the circular line, and opposite G and H will be L and K, and opposite C and F and A will be the letter N.

5. Tunc perducendae sunt diametroe ab G ad L et ab H ad K.[17] Quae erit superior, partis erit aestivae, inferior hibernae.[18] Eaeque diametroe[19] sunt aeque mediae dividendae ubi erunt litterae M et O, ibique centra signanda, et per ea signa et centrum A[20] linea ad extrema lineae circinationis est perducenda ubi erunt litterae P Q[21]. Haec erit linea *pros orthas*[22] radio aequinoctiali, vocabitur autem haec linea mathematicis rationibus axon. Et ab eisdem centris diducto circino ad extremas diametros describantur hemicyclia, quorum unum erit aestivum, alterum hibernum.

5. At the same time, diameters have to be drawn from G to L and from H to K. The one above will belong to the summer part, the one below to the winter part. And those diameters have to be divided equally in the middle, where the letters M and O will be, and in the same place the centres have to be marked, and through those marks and the centre A, a line has to be drawn to the endpoints of the circular line, where the letters P [and] Q will be. This will be the line perpendicular to the equinoctial ray; then this line will be called in mathematical accounts the axis. And from the same

13. The consensus of the manuscripts is letter C.

14. The consensus of the manuscripts is "dextra sinistra".

15. The consensus of the manuscripts is not to have *E* after "contra autem".

16. This whole passage is much more confused in the manuscripts in terms of what letters there are. The manuscript consensus basically is not this text – this has been amended, and is in fact different in the Budé edition, which has "Contra autem E littera I erit, quo secat circinationem linea quae est traiecta per centrum, ubi <est littera A. Item contra G> erunt litterae A et M, et contra H litterae erunt A et L, et contra C et F et A erit littera N." The Loeb edition retains the very strange passage "quae est traiecta per centrum, ubi erunt litterae Y K L G, et contra K litterae erunt K H X L", where it looks at the beginning as if the centre has more than one letter, which is why most editors amend it. The Loeb edition then translates: "which cuts the circumference and passes through the centre. In this quarter are the points Y K L G. Over against K will be the points K H X L." The diagram in the Loeb edition does not have all the letters in the text, so it is difficult to see what this would correspond to.

17. Again the letters are messed up: the manuscripts' consensus has "ab C ad I" and nobody has what comes after "ab H" – Budé restores "ad M".

18. Budé calls this passage *locus desperatus* and has the zones switched around.

19. This and the one before in the manuscripts appear to have been simply *diametro*.

20. Again for the manuscripts this is centre C.

21. Some of the manuscripts have different or more letters.

22. The same as before: it seems that it is some editors' decision to transliterate into Greek.

centres having opened the compass to the endpoints of the diameters, let semicircles be drawn, of which one will be for the summer and the other for the winter.

6. Deinde in quibus locis secant lineae paralleloe[23] lineam eam quae dicitur horizon, in dexteriore parte erit littera S,[24] in sinisteriore V,[25] et ab extremo hemicyclio ubi est littera G,[26] ducatur linea parallelos axoni ad sinistrum[27] hemicyclium ubi est littera H.[28] Haec autem parallelos linea vocitatur **loxotomus.**[29] Et tum circini centrum conlocandum est eo loci quo secat eam lineam aequinoctialis radius, ubi erit littera D, et diducendum ad eum locum quo secat circinationem aestivus radius ubi est littera H. E centro aequinoctiali intervallo aestivo circinatio circuli menstrui agatur, qui menaeus[30] dicitur. Ita habebitur analemmatos deformatio.

6. Next, in those places where the parallel lines cut the line which is called horizon, on the right side the letter S will be, on the left [the letter] V, and from the outermost semicircle where the letter G, let a line be drawn parallel to the axis to the semicircle on the left where the letter H is. This parallel line then will be called a *loxotomus*. And at the same time, the centre of the compass has to be situated in the place where the equinoctial ray cuts that line, where the letter D will be[31], and has to be opened until the place where the summer ray cuts the circular line, where the letter H is. From the equinoctial centre with a distance [equivalent to the] summer [ray], let the circular line of the monthly circle be drawn, which is called monthly line (*menaeus*).[32] Thus, the design of an analemma will be obtained.

23. This was *parallelon* in the manuscripts.

24. The manuscripts' consensus is letter E.

25. Letter not in the manuscripts: Budé has Y.

26. This sentence is in the Budé edition: "et ab littera S ducatur" etc. and I cannot find anything in the apparatus to decide one way or the other.

27. *Dextrum* in the Budé edition.

28. This again is pretty much the editor's reconstruction. Budé has letter V plus a parallel construction on the left-hand side, with lines leading to letter X.

29. In the manuscripts, this appears to be *locothomus* or *loco thomus*. Budé has *loxotomus*, which should mean "that cuts the elliptical". Gros, Corso, and Romano (1997) have *logotomus*. The Loeb edition has *laeotomus* = "cut to the left".

30. *Manaeus* or *maneus* in the manuscripts.

31. The future implies that the letter has been 'baptized' now, but it is not in sequence.

32. For the translation of this last paragraph I have looked at Gros, Corso, and Romano (1997).

7. Cum hoc ita sit descriptum et explicatum, sive per hibernas lineas sive per aestivas sive per aequinoctiales aut etiam per menstruas in subiectionibus[33] rationes horarum erunt ex analemmatis describendae, subiciunturque in eo multae varietates et genera horologiorum et describuntur rationibus his artificiosis. Omnium autem figurarum descriptionumque earum effectus unus, uti dies aequinoctialis brumalisque itemque solstitialis in duodecim partes aequaliter sit divisus. Quas [ob] res non pigritia deterritus praetermisi sed ne multa scribendo offendam, a quibusque inventa sunt genera descriptionesque horologiorum exponam. Neque enim nunc nova genera invenire possum nec aliena pro meis praedicanda videntur. Itaque quae nobis tradita sunt et a quibus sint inventa dicam.

7. Having thus described and explained this in what is placed below the accounts of the hours from the analemmas, whether through the winter lines or the summer lines or the equinoctial lines, or also the monthly lines, will have to be described, and many types and kinds of dials are below this and they are described by means of these artful accounts. Now, the outcome of all their illustrations and descriptions will be one, that the equinoctial day and the day of the winter solstice, as well as the day of the summer solstice, be divided into twelve parts equally. I omitted these things not discouraged by laziness but in order not to cause offence by writing a lot, and I will relate by whom the types and descriptions of dials have been found. In fact, neither am I now able to find new types, nor does it seem that things made by others should be declared as mine. Thus, I will talk about those that have been transmitted to us and by whom they have been found.

33. I have taken *subiecio* here to refer to the parts of the book, rather than parts of the dial. The Loeb edition seems to take the first *in subiectionibus* as a diagram ("in accordance with the annexed figure") and the second *subicianturque* as a different meaning ("there may be deduced"). Rowland goes with "the system of the hours should be inscribed along the form of the *analemma*. To these can be added". The Penguin edition goes straight out with a reference to projecting on a horizontal plane.

3 The diagram

The diagram (Fig. 1) is my modern reconstruction, with compasses, a pencil, a ruler and a square. There are passages in *De architectura* where explicit mention of a diagram is made, generally to say that it will be found at the end of the book,[14] but we find no such mention here. Indeed, there has been some discussion of whether and why the text should have had more diagrams than it appears to have had. That is, if we limit the number of diagrams to the times where Vitruvius explicitly says there was a diagram in the text, we do not have many diagrams for a treatise about architecture. Pierre Gros has argued that the scarcity of diagrams is in fact part of Vitruvius' plan to move architecture from a praxis to a liberal art.[15] I am not too sure that this was the case, and if definitely here.

Vitruvius does not refer directly to there being a diagram in the case of the analemma, yet it seems obvious that there was one, if only one produced by the reader as they follow Vitruvius' instructions. The way in which the instructions are formulated, even if gaps have to be filled as we shall see below, implies an on-going construction – the diagram is, after all, the analemma itself.

---

14 *De architectura* III.3.13; III.4.5; III.5.8; V.4.1, V.5.6; VIII.5.3; IX.preface.4–5; X.6.4.
15 Gros (1996): 26.

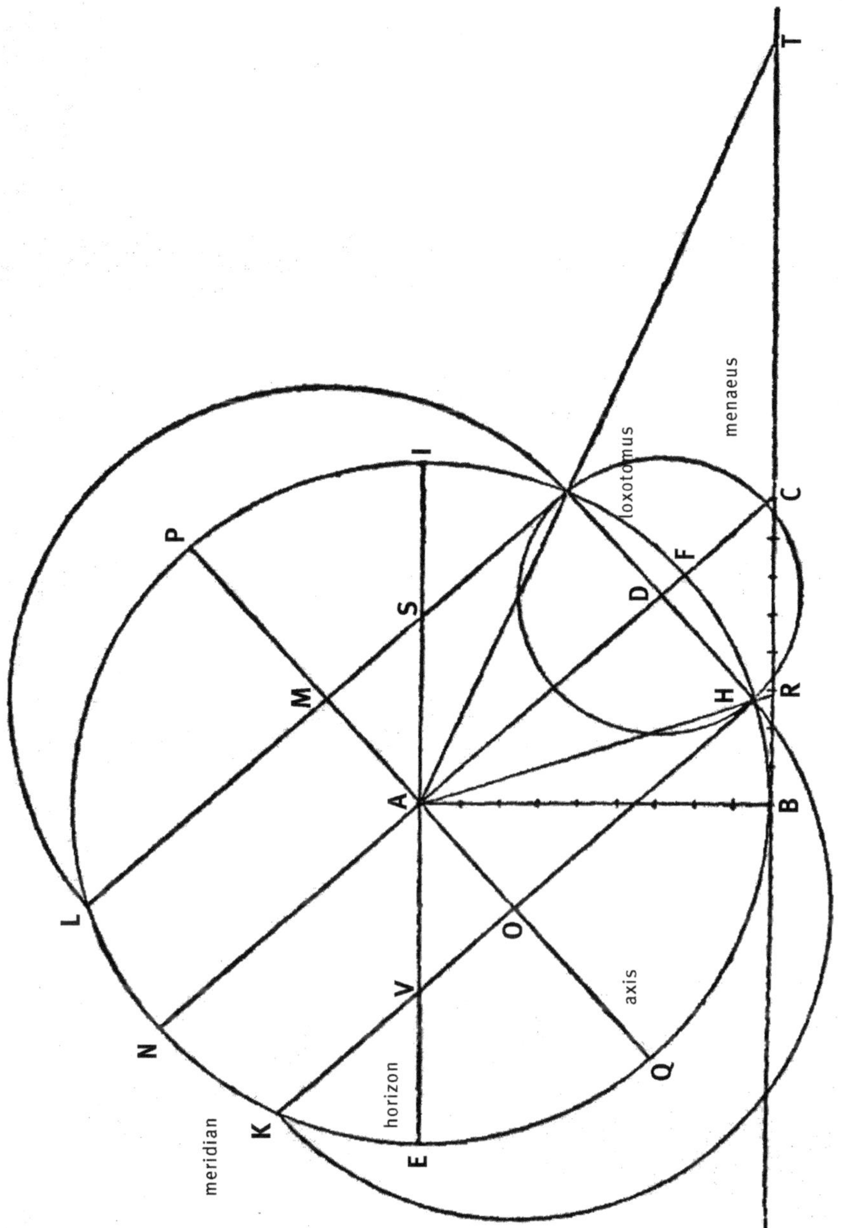

Fig. 1: Modern reconstruction of the diagram with compasses, a pencil, a ruler and a square

4 Remarks about the grammar and style

The first thing to notice is that the geometrical construction is mostly in the future tense, which does not always come out in translation because you cannot use the future tense in a sentence like that in English. The future tense in constructions and descriptions of devices and objects is common throughout the book; that is how Vitruvius moves the account forward. A good parallel is the compass-aided construction of a wind rose, to be set at the centre of a town.[16] It also conveys a sense of constructing something in front of one's eyes. For letters in the diagram which are just being introduced Vitruvius uses the future tense; if the letter has already been introduced then he uses other tenses. The use of the future tense is common in ancient mathematical texts such as Euclid's *Elements*, but also, more to the point, in a couple of passages in Hyginus' *Constitutio* which describe constructions with the gnomon and with a *ferramentum*.[17] There is also a frequent use of the imperative, which again is common in Greek mathematical texts. The present imperative and the future indicative are combined so that one is commanded to construct a line, and then from that there will be consequences expressed in the future tense. Finally, there are frequent passive constructions, especially in a Latin form called the gerundive, which is basically a future passive participle with the idea of something that must be done. Again, the passive does not translate very well into English.

Overall, the construction comes across as rather impersonal – obviously, the reader has a role because of the imperatives, which imply addressing someone, but that is counterbalanced by the passives. There is no direct appeal to the reader in this passage.

There is some hybridity of language, between Latin words and Greek words which have been Latinized or at least transliterated. There is also at least one word which is a complete *hapax* (*loxotomus*). Most editions have re-transliterated the Greek words back into Greek characters, but retaining the reading of the manuscripts, and assuming of course that it reflects Vitruvius' way of writing, I think that one should retain a 'Latinized' Greek word. That says something significant about the extent to which Roman geometry was entirely comfortable with its Greek heritage, especially in fields like astronomy. In fields like land-surveying, we find an interesting mix of Greek terms for things like geometric

16 *De architectura* I.6.6–8.

17 Hyginus *Constitutio* (ed. Campbell [2000]): 150.3–21; 152.6–14.

shapes, and Latin terms for operations carried out in the process of surveying. Does the language mean that Vitruvius relied on a Greek textual source? I am not sure – you can learn the terminology and it can become everyday (albeit 'technical'), so that the direct link to the written source need no longer be there – the connection to the source gets diluted through use.

To get back to the issue of 'natural' versus 'technical' language, throughout *De architectura*, Vitruvius alludes to knowledge communities by means of his language. I would not call it 'technical' language however, because that label is too limiting. Much attention has been directed lately, for instance, to the literariness of Vitruvius' language. It has now been fully recognized that there are echoes of, and allusions to, Cicero and Varro in *De architectura*; in fact, the treatise itself may be using as one of its templates Cicero's *De oratore*.[18]

But we ought not underestimate that Vitruvius' other, and arguably principal, knowledge community is other builders and more generally other practitioners whose knowledge falls under the vast umbrella of architectural knowledge. He references them by means of language in various ways: through nomenclature ('this thing is called that by the mathematicians'); through the occasional use of specialized language, as indicated above; yet another way is bringing up the issue of invention and tradition, establishing genealogies and chains of transmission where specialized knowledge plays a key role. At the same time, here as in other places,[19] Vitruvius is keen to construct an ethics for the discipline, for instance by condemning plagiarism and praising respect for the achievements of other practitioners past and present.

5 Tacit knowledge – things that are *not* in the text

The main problem with this passage is that you cannot really build a dial on the basis of it. There are too many gaps. Things that have been said about the passage and about book IX in general include:

18 See e.g. Romano (1987), Novara (2005), Nichols (2009), Courrént (2011).

19 *De architectura* VII.preface tells a story of plagiarism exposed in the context of the library of Alexandria.

> "An exceedingly short treatment of gnomonics [...] the instructions as to how to draw the analemma are incomplete; Vitruvius glosses over how one should transfer the diagram onto a material object".[20]

And this from Soubiran, who is overall none too impressed by Vitruvius' abilities:

> "Cependant, à supposer même que le texte ne présentât aucune difficulté de lecture, nous ferions encore des réserves sur l'exposé de Vitruve, et le principal reproche que nous formulerions porterait sur son excessive brièveté. [...] On fera également à Vitruve le reproche de n'avoir pas toujours su distinguer, dans les pages spécialement consacrées à la gnomonique, le nécessaire du superflu. [...] Tout cela témoigne, chez Vitruve, de l'émerveillement un peu puéril d'un homme qui voit fonctionner sous ses yeux des mécanismes complexes, et qui s'attarde à en contempler l'extérieur, sans distinguer précisément les principes fondamentaux et les simples détails de montage. En contrepartie [...] on constate des lacunes de divers ordres. [...] si l'on peut toujours pardonner à un exposé d'être incomplet dans le détail, il est beaucoup plus difficile d'admettre des omissions qui compromettent l'intelligence de l'ensemble; et sur ce point Vitruve n'est pas à l'abri de tout reproche. [...] il ne donne à son lecteur que des éléments tout à fait insuffisants pour la construction d'un cadran, l'obligeant à consulter des traités de gnomonique plus complets ou un spécialiste de cette science. Dès lors, il était inutile qu'il se donnât même la peine de construire si laborieusement l'épure de l'analemme."[21]

We could list the various types of things that Vitruvius takes for granted. According to Soubiran, Vitruvius doesn't explain that the ratio between length of the gnomon and equinoctial shadow has to be taken at midday.[22] Also, in order to do the thing with the equinoctial shadow, you need to have built a meridian line already. Plus, the analemma construction does not tell you how to project it on a three-dimensional surface; it only provides, in modern terms, the elevation. Soubiran notices further lacunae in Vitruvius' description of the construction of water clocks.

---

20 Gros, Corso, and Romano (1997): 1194: "[U]na trattazione sulla gnomonica eccessivamente breve [...]. [...] le indicazioni su come tracciare l'analemma sono incomplete e sulla maniera di riportare il grafico su un supporto materiale Vitruvio sorvola [...]."

21 Soubiran (1969): lxi–lxv, 240. Cf. lxxi: "On eût aimé un génie scientifique, un nouvel Archimède, on ne trouve qu'un artisan. Mais il ne faut pas trop en vouloir à Vitruve de cette insuffisance: les Romains n'ont jamais eu 'la tête scientifique', et leur plus grand nom dans ce domaine, Pline l'Ancien, avec son goût des *mirabilia*, ses confusions et ses bévues, n'est pas tellement supérieur, pour la qualité intellectuelle, à notre modeste architecte...".

22 Here, Soubiran (1969): lxiv, has a footnote 1 to explain that Pliny the Elder talking about the same subject does specify that it must be midday.

There are indeed 'missing' terms or concepts: in paragraph 1 he mentions the gnomon, the parts of the gnomon, the equinoctial shadow and the equinox without having previously defined them. Even the axis is first mentioned at 9.1.2 and then defined later.

There are steps in the construction which are not necessarily self-evident unless you *already* know what the diagram may look like. For instance, the fact that the first circle being drawn is in fact on a plane perpendicular to the flat plane is only clear if one already knows what an analemma is supposed to look like. Another example is where a certain geometrical object is referred to but not specified by means of the letters on the lettered diagram – the reader is supposed to understand which line (for instance) Vitruvius is referring to. Editors fill this gap sometimes by adding the letters, thus making the unspecified (and left tacit) mathematical object, specified. An example is at the end of 9.7.5.

There are procedures which are taken for granted: Vitruvius tells the reader to divide lines into nine equal parts or fifteen equal parts with the compasses, but does not explain how that is to be done. The compass is often used, or its use referred to, in the treatise as a whole, but at the same time it is taken for granted as, indeed, one of the things that the architect should know.[23]

The data for the length of the equinoctial shadow in different localities must have also come from common knowledge, because Vitruvius does not explain where those data come from. Most scholars think it must have been a written source, but again, we cannot be sure. Candidates include Eratosthenes and Hipparchus; Pliny the Elder must have used a different source because some of his data are different.[24] That would also assume that, unless Eratosthenes and Hipparchus were translated (not that there would have been a lot of translating to do, they are just lists of numbers), Vitruvius accessed his source in Greek.

The main gap, however, is how to go from this description to projecting the lines on an actual three-dimensional dial. This gap again has led to editorial decisions, on the part of those who have definitely seen *subiecio* in section 7 as a reference to the projection. Assuming tacit knowledge fills in the gaps in the text or the description, as in when Vitruvius has been criticized for omitting things, or for providing descriptions that do not work. Also, assuming tacit knowledge may help explain why seemingly unimportant or superficial details are included and apparently crucial information is not included – the crucial information would have been tacitly known. So the notion of 'tacit knowledge' may be useful in reading an ancient mathematical text (applied mathematical),

23 *De architectura* I.1.4.

24 See commentary in Gros, Corso, and Romano (1997): 1278–9.

because it prevents us from thinking that the author was somewhat incompetent. The gaps are not necessarily gaps in his knowledge or in his capacity to explain, but in-built in the way itself human beings communicate knowledge.

Different scholars have worked on tacit knowledge – among the first to articulate and discuss the concept in relation to science was Michael Polanyi (1958). Basically, tacit knowledge includes the things that we know, and in particular we know how to do, but that at the same time are very difficult to communicate in words. The typical example is riding a bike, or indeed most craft activities like knitting or carving stone. Also, tacit knowledge can be tacit because it is assumed by everybody, it constitutes background noise rather than the explicit object of enquiry or discussion. Different scholars have different ideas as to whether tacit knowledge should, or indeed could, be fully articulated into words. Polanyi was convinced that some tacit knowledge cannot ever become 'spoken' knowledge, that it is essentially ineffable, and that it is fine that way.

More recently, Harry Collins (2001) has distinguished different kinds of tacit knowledge, some of which can be articulated but are usually only articulated in a situation of conflict, or dispute, or when there is a problem, the realization comes about that tacit knowledge is involved. Even then, Collins argues, based on his observations of how scientists operate, that the solution is often not in 'expliciting' the tacit knowledge, but in extending the circle of tacit knowledge through direct, personal contact between scientists, who can then observe how the other group does things. The idea of 'being present' is indeed sometimes articulated in ancient texts – e.g. Apollodorus Mechanicus.[25]

If then decoding tacit knowledge helps to characterize a community by building up a profile of what that community may have been expected to know, I think tacit knowledge could produce some interesting results in the case of Vitruvius. We could thus have a better idea of who Vitruvius' audience were. There is also the question of Vitruvius' sources. A lot of the scholarship (including Gros, Corso, and Romano in their commentary) tends to attribute almost every piece of knowledge found in *De architectura* to a previous literary source. That may well be the case in passages that contain lots of detailed information (names of inventors with different types of devices, for instance), but there is no absolute need for that to be the case every time. The 'reservoir' of knowledge that Vitruvius is drawing from, need not be texts, and it need not be his own experience and knowledge – he could be tapping into his work community's tacit knowledge. Vitruvius was an architect/engineer before he wrote the

25 Apollodorus Mechanicus, *Poliorketiká*, 137–138, ed. Whitehead (2010): 36–37.

treatise, and most of the things he describes in the treatise existed before the treatise, so it is a case of drawing on knowledge that is there, but is unrecognized (in Collins' sense of the term), and to turn it into recognized knowledge.[26] This leaves open the case of explicit innovations, which are more difficult to describe because they require a combination of novel knowledge and background/tacit knowledge, but it also puts in focus the question of what particular unrecognized knowledge is identified by Vitruvius as a target for communication, and thus transformation into recognized knowledge.

For a start, we learn that knowledge of how to use the compass was taken for granted – it was unrecognized tacit knowledge and it remains so. This matches the passage on the wind rose in book I, and indeed cashes out what Vitruvius himself says about the knowledge of the architect again in book I. As in the case of the land-surveyor, mathematical knowledge seems to be deeply associated with the use of instruments.

In conclusion, this passage is clearly not teaching you to build a dial unless you already know how to build one. If you own a ready-made dial, it may teach you what is behind the dial in terms of geometrical construction. It also teaches you what is behind the dial in terms of astronomical knowledge and historical knowledge. In other words, it is at least partly an introduction by the expert to the non-expert, into the world of dial-making knowledge – introduction in the sense of unpacking some, but not all, of the unrecognized tacit knowledge contained in the object.[27] The bits that remain tacit (use of the compass, a basic idea of the diagram, how to do the projection, the fact that it must be midday) may have been a harder core of expertise than the rest. This distinction may help explain a couple of aspects of book IX that otherwise remain puzzling.

It has often been observed that book IX has more about the astronomical knowledge than about the actual construction of the dial, even though it is ostensibly about *gnomonike*. This could be because astronomical knowledge is not ineffable, but to an extent building a dial cannot be entirely described in words.

---

26 Collins (2001): 73: "*Unrecognized Knowledge*: A performs aspects of an experiment in a certain way without realizing their importance; B will pick up the same habit during a visit while neither party realizes that anything important has been passed on. Much Unrecognized Knowledge becomes recognized and explained as a field of science becomes better understood, but this is not necessary."

27 Cf. Soubiran (1969): xv–xvi: "Mais l'astronomie, objet des chap. I-VI, était-elle bien nécessaire à l'intelligence des développements relatifs à la gnomonique? Non, à l'exception de principes fondamentaux qui auraient pu être énoncés en quelques lignes. Vitruve a cédé, ici encore, à un desir d'étaler ses connaissances qui lui a fait rapidement perdre de vue son sujet."

So astronomical knowledge such as the one described here can be communicated to the non-expert, while the construction of the analemma, though clarified to some extent, remains the province of the expert. This is part of a more complicated game Vitruvius is playing in *De architectura*, about defining not just what architectural expertise is, but also what exactly an expert does or knows and where the boundaries are with other people – leaders, ordinary citizens, other people who get recognition for other reasons.

In this sense, the content of the chapter matches the preface about athletes and architects, which has also puzzled interpreters. The work that architects do is more valuable than what athletes do, but there is a parallel in that in both cases the public are to an extent spectators rather than participants, they are not entirely adopted into the group of the 'experts': the athlete does what he does, and the architect does what he does, in a way that does not necessarily invite complete participation.[28] Tacit knowledge is also a means of making sure that the expert will always be indispensable.

6 Conclusion

The aim of this exercise has been not so much providing a translation of Vitruvius' description of the *analemma* in book IX of *De architectura*, but rather shining a light on what a translation rests on that is often left unsaid: the fact that even the source text is a composite, the editorial choices that enter any version of the text, the decisions to be taken at many points in the movement between Latin and English, and, finally, the fact that in a text such as this, describing the mathematical skeleton of an artefact to be built in three dimensions and out of real-life materials, there is the possibility that not all the knowledge about that artefact can be expressed in any language.

The exercise may thus have made things more difficult, rather than make them look easier, but that is not a bad thing. Translating a text from the original also means claiming, to some extent, ownership of that text, and that can only be accomplished if all the layers behind the text, which are often not made explicit in the name of simplicity, are revealed and brought to bear over our interpretation and rendering of the ancient words, diagrams and thought processes.

---

28 Cf. Soubiran (1969): xv: "Passons rapidement sur le prooemium: il est de toute évidence complètement hors du sujet."

Bibliography

a) Editions and (if available) translations of ancient authors

Ptolemaius Claudius

Opera quae exstant omnia. Opera astronomica minora - De analemma

Heiberg, J[ohan] L. (ed.). 1907. *Claudii Ptolemaei opera quae exstant omnia.* Vol. 2: *Opera astronomica minora – De analemma.* Leipzig: Teubner.

Vitruvius Pollio

De architectura libri decem

Callebat, Louis et al. (eds.). 1984. *Vitruve. De architectura. Concordance. Documentation bibliographique, lexicale et grammaticale.* Hildesheim et al.: Olms-Weidmann.

Fensterbusch, Curt (ed. and trans.). 1964. *Vitruv. Zehn Bücher über Architektur.* Darmstadt: Wissenschaftliche Buchgesellschaft.

Granger, Frank (trans.). 1934. *Vitruvius. On Architecture* (The Loeb Classical Library). London/ Cambridge, MA: Heinemann & Harvard University Press.

Gros, Pierre, Antonio Corso, and Elisa Romano (ed. and trans.). 1997. *Vitruvio. De Architectura.* 2 vols. Torino: Einaudi.

Krohn, Fritz (ed.). 1912. *Vitruvii de architectura libri decem.* Leipzig: Teubner.

Rose, Valentin (ed.). 1899. *Vitruvii de architectura libri decem.* Leipzig: Teubner.

Rose, Valentin and Hermann Müller-Strübing (eds.). 1867. *Vitruvii de architectura libri decem*, Leipzig: Teubner.

Rowland, Ingrid D., Thomas Noble Howe, and Michael J. Dewar (trans.). 1999. *Vitruvius. Ten Books on Architecture.* Cambridge: Cambridge University Press.

Schofield, Richard (trans.). 2009. *Vitruvius. On Architecture.* London: Penguin.

Soubiran, Jean (ed. and trans.). 1969. *Vitruve. De l'architecture livre IX* (collection Budé). Paris: Les belles lettres.

Hyginus Gromaticus

De constitutione limitum

Campbell, Brian (ed. and trans.). 2000. *The Writings of the Roman Land Surveyors.* London: The Institute of Classical Studies.

Apollodorus Mechanicus

Poliorketiká

Whitehead, David (ed.). 2010. *Apollodorus Mechanicus, Siege-matters.* Stuttgart: Steiner.

b) Secondary literature

Callebat, Louis et al. (eds.). 1984. *Vitruve. De architectura. Concordance. Documentation bibliographique, lexicale et grammaticale.* Hildesheim et al.: Olms-Weidmann.
Campbell, Brian (ed. and trans.). 2000. *The Writings of the Roman Land Surveyors.* London: The Institute of Classical Studies.
Chemla, Karine (ed.). 2012. *The History of Mathematical Proof in Ancient Traditions.* Cambridge: Cambridge University Press.
Collins, Harry. 2001. "Tacit knowledge, Trust and the Q of Sapphire". *Social Studies of Science* 31: 71–85.
Courrênt, Mireille. 2011. *De architecti scientia: idée de nature et théorie de l'art dans le De architectura de Vitruve.* Caen: Presses universitaires de Caen.
Gibbs, Sharon L. 1976. *Greek and Roman Sundials.* New Haven: Yale University Press.
Granger, Frank (trans.). 1934. *Vitruvius. On Architecture* (The Loeb Classical Library). London/Cambridge, MA: Heinemann & Harvard University Press.
Gros, Pierre. 1996/2006. "Les illustrations du *De architectura* de Vitruve. Histoire d'un malentendu". In: Pierre Gros (ed.), *Vitruve et la tradition des traités d'architecture.* Rome: École française de Rome: 363–387.
Hannah, Robert. 2009. *Time in Antiquity.* London: Routledge.
Kienast, Hermann J. 2007. *Der Turm der Winde in Athen.* Athens: Kasse für Archäologische Mittel und Enteignungen, Referat für Publikationen.
McEwen, Indra Kagis. 2003. *Vitruvius. Writing the Body of Architecture.* Cambridge, MA: The MIT Press.
Netz, Reviel. 2012. "The Texture of Archimedes' Writings: through Heiberg's Veil". In: Karine Chemla (ed.), *The History of Mathematical Proof in Ancient Traditions.* Cambridge: Cambridge University Press: 163–205.
Nichols, Marden. 2009. "Social Status and the Authorial Personae of Horace and Vitruvius". In: Luke Houghton and Maria Wyke (eds.), *Perceptions of Horace: A Roman Poet and His Readers.* Cambridge: Cambridge University Press: 109–122.
Novara, Antoinette. 2005. *Auctor in bibliotheca: essai sur les textes préfaciels de Vitruve et une philosophie latine du livre.* Louvain et al.: Peeters.
Polanyi, Michael. 1958. *Personal Knowledge. Towards a Post-Critical Philosophy.* Chicago: University of Chicago Press.
Romano, Elisa. 1987. *La capanna e il tempio: Vitruvio o dell'architettura.* Palermo: Palumbo.
Rose, Valentin (ed.). 1899. *Vitruvii de architectura libri decem.* Leipzig: Teubner.
Soubiran, Jean (ed. and trans.). 1969. *Vitruve. De l'architecture livre IX* (collection Budé). Paris: Les belles lettres.

Figures

Fig. 1: Serafina Cuomo.

Alexander Jones (New York)

Translating Greek Astronomy: Theon of Smyrna on the Apparent Motions of the Planets

1 Introduction

The primary aim of most modern translations of Greek astronomical texts is to make these texts "accessible" to modern readers; however, translators vary in their notions of what this goal amounts to, and consequently follow different practices in how they go about their task. The modern reader is separated from the reader that the ancient author had in mind, not just by the difference of language. First of all, he or she comes to the text with a profoundly different background of experience and knowledge, and this is true for the modern reader who is comparatively ignorant of astronomy but often still more so for the reader who knows the science from a modern perspective. Secondly, his or her purpose in reading the text will also be one that the author did not envision. Perhaps the closest that a modern reader of a Greek astronomical text can get to impersonating the reader its author had in mind is in the case of Ptolemy's *Almagest* – a systematic empirical and mathematical deduction of models for the motions and phenomena of the heavenly bodies – when Ptolemy is regarded as a participant in a quasi-timeless dialogue of canonical classics.[1] More generally, one may address an ancient text from a historian's stance, seeking to extract from it information about the theories and practices of its own time and their relation to earlier stages of the science concerning which the author likely had limited interest and knowledge, and to later stages that the author could not foresee. In the present chapter, I assume that the reader comes with this historically-minded motivation, and the approach to translation that I will illustrate seeks to nudge him or her away from thinking of the text merely as a passive repository of such information, and towards understanding it as an artifact

1 The *Almagest* was included in the Utopian *Great Books of the Western World* (first published in 1952), which had wide influence in American liberal arts programs; it is still a core text in the mathematics curriculum of St. John's College (Annapolis and Santa Fe) and St. Mary's College of California.

whose purpose and expression also deserve study for the light they cast on the cultural and intellectual milieu of which it was a product.

A translator has to decide in what respects and to what degree the translation should make aspects of the text *immediately* comprehensible to the modern reader, because the means of doing this often involve introducing expressions and terminology that have a more exclusively technical character than their Greek counterparts had,[2] that were introduced in later periods, or that even conflict with the meaning of the Greek. A conscientious translator will often draw attention to these problems in notes or, in the case of frequently used terminology, in an introduction.[3] Unavoidably, however, such a translation is a significantly different text in more respects than language from what the author wrote and what an ancient reader would have read.

In the present article I attempt a translation that adheres almost as closely as possible to the literal and nontechnical meaning of the Greek, with the aim of bringing the reader closer to the kind of confrontation with the text that an ancient reader would have experienced. I am aware that a translation is not a time-machine and that it cannot erase the accumulation of 21st century experience from the reader's mind and substitute for it a simulated Greco-Roman upbringing. A maxim attributed to the musicologist Hans Keller comes to mind, that it is all very well to perform early music with "original instruments"; the trouble is that we do not have original ears! Moreover, choosing a nontechnical over a technical rendering of a Greek word that has both kinds of reference is not a neutral policy since it introduces an element of strangeness that the ancient reader presumably did not feel. My ideal reader will not approach the translation naively in the expectation that he or she will effortlessly be affected by the text just as an ancient reader would, but will be alert to the strangenesses and use them as a stimulus to the historical imagination.

It would seem especially appropriate to experiment with this kind of translation on a text that lies on the borderline where common language becomes technical language, and in particular one whose readers were expected to learn the specialized language as well as the content of the subject from the book itself, since in such a work astronomical terms and expressions would on first

2 The extent to which this occurs depends on what modern language one is translating into. English and French tend to employ derivatives from Latin or Greek to represent technical senses (e.g. "longitude" and "latitude" in contrast to "length" and "breadth" as renderings of μῆκος and πλάτος), whereas German tends to use native words for both common and technical senses (e.g. "Länge" and "Breite").

3 An outstanding model of moderately and conscientiously modernizing translation is G. J. Toomer's translation of Ptolemy's *Almagest* (Toomer [1984]).

encounter have called up their literal or nontechnical meanings in the original reader's mind. The astronomical section of Theon of Smyrna's *The Mathematics Useful for Reading Plato* offers itself as an attractive candidate. Theon was probably a somewhat older contemporary of Ptolemy, and belonged to and wrote for a Middle Platonist milieu that held many of the same intellectual stances that Ptolemy expected in his readers – though Theon wrote for beginners, whereas it is doubtful whether, had he known him, Ptolemy would have counted Theon himself among his ideal readership of people "who have already advanced to some degree" (οἱ ἤδη καὶ ἐπὶ ποσὸν προκεκοφότες, *Almagest* 1.1). The particular passage I have chosen contains within a brief span specimens of explanation, definition, mathematical argument, and quasi-historical narrative, and requires only a comparatively brief summary of the preceding matters in order to be understood.

2 The author

In the manuscripts of his one extant composition, *The Mathematics Useful for Reading Plato*, Theon is named as Θέων Σμυρναῖος, "Theon of Smyrna", or Θέων Σμυρναῖος Πλατωνικός, "Theon of Smyrna, Platonist". We also have reports of other writings by Theon, all devoted to Platonic topics. In a passage of the extant work (H146.3–5) he refers to a commentary that he has previously written on Plato's *Republic*, along with some sort of mechanical model (σφαιροποιία) of the "spindle and whorls" planetary system of the Myth of Er in *Republic* 10.[4] A book "on the order in which one should read Plato's works and on their titles" was known in Arabic according to Ibn al-Nadīm, which may have been the same as a work that Proklos and Ibn al-Qifti both refer to without title, containing genealogical and biographical information about Plato.[5]

Beyond the foregoing, textual sources offer us no evidence for Theon's biography beyond bracketing his career between the middle of the first century AD and the middle of the fifth, since among the earlier authors whom Theon cites, the latest securely datable one is Thrasyllos (died AD 36), the astrologer and

4 Citations of the text of Theon are by the page number and (where more precision is necessary) line number in Hiller (1878); thus, "H177.13" means Hiller's page 177, line 13.

5 Lippert (1894): 45–50. Al-Nadīm, *Fihrist* (tr. Dodge [1970]: 2.592–594); Proklos, *Commentary on Plato's Timaeus* (ed. Diehl [1903–1906]:1.82); Ibn al-Qifti, *Ta'rīḫ al-ḥukamā'* (ed Lippert [1894]: 17–27; Tarrant [1993]: 58–68). As Lippert proposed, the biographical information might have been in the book on the order and titles of Plato's works.

Platonist of the reign of Tiberius,[6] whereas there is no definite mention of Theon himself in later texts before Proklos (died AD 485). However, a Hadrianic bust of a philosopher bought in Smyrna by the Marseille merchant Anthoine Fouquier, who was French consul at Smyrna in 1669–1672, and now in the Capitoline Museum, bears the inscription Θέωνα Πλατωνικὸν φιλόσοφον ὁ ἱερεὺς Θέων τὸν πατέρα, "The priest Theon (has dedicated this portrait of) his father Theon the Platonist philosopher", and this Theon the Platonist Philosopher is most likely our author[7] – a rare instance of a contemporary, and likely realistic, portrait of an author whose writings have come down to us.[8] Starting already with Ismael Boulliau,[9] he has also frequently been identified with a certain Theon the Mathematician (ὁ μαθηματικός) whom Ptolemy records as having personally provided him with reports of his observations of Mercury and Venus,[10] out of which Ptolemy cites four observations made during AD 127–132; but this is exceedingly unlikely, since Theon of Smyrna was no practicing astronomer, but, as we shall see, derived the bulk of his information on the subject from second-hand authorities such as the Peripatetic Adrastos (active somewhere between the late second century BC and the early second century AD).[11]

---

6 Theon's citations of Adrastos are often adduced to show that he must have written later than Adrastos's presumed *floruit*, typically given as c. AD 100 or thereabouts, but since Adrastos has in turn been dated by assigning him to the latest period consistent with his having written earlier than Theon, the argument is perfectly circular. The only solid *terminus post quem* for Adrastos is the presence among the astronomical discussions Theon credits to him of material derived from Hipparchos's solar theory (dating from about the third quarter of the second century BC); there is no reason to assume that Theon's citations of Thrasyllos (first half of the first century AD) were by way of Adrastos.

7 First suggested by Spon ([1679]: 135–136).

8 Richter (1965): 3.285. Bowen ([2002]: 312 n. 12) expresses scepticism (without saying why) of the stylistic dating of the bust. In fact there are convincing criteria for placing it within the first half of the second century AD: its blank, undrilled eyes would be very unlikely in a portrait later than the 140s, while the detailed treatment of hair and beard rule out pre-Antonine work (Smith [1998]: 62 and 83).

9 Boulliau (1644): 8.

10 Almagest 10.1: ἐν... ταῖς παρὰ Θέωνος τοῦ μαθηματικοῦ δοθείσαις ἡμῖν (*scil.* τηρήσεσιν).

11 Despite Martin's sharp objections (Martin [1849]: 8–10) and Toomer's understated protest (Toomer [1984]: 456 n. 83), "the identification is highly uncertain") Ptolemy's acquaintance continues to be uncritically equated with Theon of Smyrna; see e.g. the articles on Theon in *Encyclopedia of Ancient History* (Bernard [2013]), *Biographical Encyclopedia of Astronomers* (Hatch [2014]), and *Brill's New Pauly* (Folkerts [2011]). It should be enough to point out (1) that Theon of Smyrna's discussion of the planets assumes that simple epicyclic models suffice to explain their apparent motion, (2) that in passages a few pages apart (H175.14–15 and 190.9–191.3) he specifies opposite directions for the revolution of a planet around the epicycle, and (3)

3 The work

Theon's *The Mathematics Useful for Reading Plato*, as it is presented in the two most recent editions by Eduard Hiller (1878) and Jean Dupuis (1892), is a union of two non-overlapping texts, each of which is preserved by way of a single extant medieval Greek manuscript.[12] *Marc. gr.* 307, a twelfth century codex, contains a text bearing the title Θέωνος Σμυρναίου Πλατωνικοῦ τῶν κατὰ τὸ μαθηματικὸν χρησίμων εἰς τὴν Πλάτωνος ἀνάγνωσιν, "(The book) of Theon of Smyrna the Platonist of the things useful with respect to mathematics for the reading of Plato"; the title is repeated at the end with the additional remark "end, with God, of the present book". The last sentences of the text itself, however, indicate that there ought to be a continuation:

> "These are the most necessary among the most useful things in the aforesaid mathematical subjects (ἐν τοῖς προειρημένοις μαθήμασιν), as in a summary reporting, for the reading of the Platonic (*scil.* writings). It remains to recount in an elementary manner also the things in astronomy." (H119.17–21)

On the other hand, the fourteenth century codex *Marc. gr.* 303 contains an assemblage of mathematical, astronomical, and astrological texts, among which is one entitled Θέωνος Σμυρναίου τῶν εἰς τὸ μαθηματικὸν χρησίμων, "(The book) of Theon of Smyrna of the things useful for mathematics", which begins as follows:

> "That the whole cosmos is spherical, and the Earth is at its center, being itself sphere-shaped too, and having the relation of a center with respect to position and a point with respect to size relative to the whole, it is necessary to establish before the rest. For the more precise expounding of these things requires more extended examination, as (also?) many words. But it will suffice, for the general view of the things that are going to be reported, to recount just the things that are reported summarily by Adrastos." (H120.1–9)

---

that he believes (H190.13–191.3) that a planet's stationary points occur when it is at its greatest elongation from the center of its epicycle (which would only be correct if the epicycle was standing still instead of revolving around the Earth). It is inconceivable that a competent astronomer of the first half of the second century AD could have been ignorant of the zodiacal anomaly or of the conditions determining the stationary points and retrogradations in an epicyclic model.

12 According to Hiller (1878): v–vii, other manuscripts containing the same texts are descendants of one or the other of this pair of manuscripts. On the other hand, an extended excerpt concerning harmonics and some verses on the planets ascribed to Alexander of Aitolia are transmitted separately in manuscripts that Hiller believed to descend from lost exemplars from earlier in the text's tradition.

This text, which is entirely on astronomical topics, has enough links to the text in *Marc. gr.* 307 to convince one that it is another part of the same work, and it follows well as the immediate continuation of the text in the other manuscript.[13] Its end is marked with a curt colophon τέλος ("end"), but again the last sentences imply that more should follow:

> "Up to this point, the most necessary and most important things from astronomy (ἐξ ἀστρολογίας) for the reading of the Platonic (writings). But since we said that there exists a music and harmony in instruments, and one in numbers, and one in cosmos, and we promised next all the necessary things concerning the (music and harmony) in cosmos after the reporting concerning astronomy – for Plato too said that it is fifth among the mathematical subjects after numerics (ἀριθμητική), geometry, stereometry, astronomy (ἀστρονομία) – one ought to point out also the things that Thrasyllos points out besides concerning these things summarily together with the things that we ourselves have previously worked out."

This promise of a section dealing with cosmic harmony does indeed appear twice in the text in *Marc. gr.* 307 (H47.8–17 and H93.9–11), which also make it clear that this was to be the concluding section of the book. So it would appear that at some stage in the book's earlier transmission, the text was physically divided into three portions though initially (to judge from the survival of the transitional passages) with the intention that they should still be regarded as a single composition.

It is disputable whether, even with the lost section on cosmic harmonies, we would possess the whole work that Theon originally produced. Right at the beginning (H1.13–2.2), Theon expresses the intention of providing the reader with relevant material from numerics, music, geometry, stereometry (i.e. solid geometry), and astronomy, whereas the work as we have it proceeds (in *Marc. gr.* 307) from numerics to harmonics to proportionality and means (which could be considered an extension of harmonics) to astronomy, passing over geometry and stereometry. Either Theon never got around to composing the sections on these topics, or they have dropped out in the course of the book's transmission.[14] In the latter case, it would have been a separate event from the one that split the sections on astronomy and cosmic harmonies from the first portion of the book, since the transitional passages leading into these sections are in both

13 However, following a suggestion of Hiller (1878): 120 app., I suspect that the first sentence is an interpolation intended to give the text a self-standing beginning.

14 Tannery (1894): 146, would have it that Theon considered his presentation of planar and solid figurate numbers (H26.5–45.8) to satisfy his promise to treat geometry and stereometry.

cases preserved at the ends of the preceding sections in the manuscript tradition.

While we thus do not possess the entire book that Theon wrote (or at least, that he meant to write), what we have provides a clear sense of his purpose, intended readership, and methods. It is a book directed at students of philosophy who have not had the benefit of thorough mathematical education beginning in childhood,[15] aiming to provide them with an adequate background in just those parts of certain divisions of mathematics that a reader of the Platonic dialogues ought to know. It is thus not a systematic introduction to methods and concepts in any of the fields that it covers. Theon asserts (H16.17–21) that it would be best if his reader has already progressed at least through "the first geometrical elements" (διὰ γοῦν τῆς πρώτης γραμμικῆς στοιχειώσεως κεχωρηκέναι), though he claims that even "someone completely uninitiated in mathematics" (τῷ παντάπασιν ἀμυήτῳ τῶν μαθημάτων) will be able to comprehend his book. In fact, some of the topics that he takes up, in particular those to do with number, are introduced at a rather elementary level, but the astronomical section presupposes a broad familiarity with geometry such as one would acquire through Euclid's *Elements*. Additionally, Theon – perhaps through inadvertence – employs without prior explanation a few astronomical conventions such as the division of the circle into 360 degrees.

In the sections on harmonics and astronomy, Theon tells the reader that he has taken a great part of his material from three earlier writers in the tradition of Platonist or Peripatetic commentators: Thrasyllos for harmonics; Derkyllides for astronomy, from a work or section of a work that Theon refers to as "on the spindle and the whorls that are spoken of in Plato's *Republic*";[16] and above all Adrastos of Aphrodisias the Peripatetic for both harmonics and astronomy, from his *Commentary on the Timaeus*.[17] His general practice is to specify his source by name at the beginning of a block of quoted or adapted text (e.g. H120.6–9 already quoted above, "it will suffice... to recount just the things that are reported summarily by Adrastos"). He may also end the block with a reminder of his source (e.g. H129.5–9, closing the block begun at H120.10, and followed immediately by a new block of Adrastean material ("In what follows next he says...").

15 Cf. H1.9–10: πανὺ πόλλου τοῦ ἐκ παίδων πόνου δεόμενον, "absolutely demanding much labor starting in childhood".

16 Simplikios, *Commentary on Aristotle's Physics*, *CAG* 9.247, cites by way of Porphyrios an eleventh book of a work by Derkyllides called "Plato's philosophy".

17 Theon calls him simply Adrastos, and does not identify the work. We owe its title to Porphyrios, *Commentary on Ptolemy's Harmonics* (ed. Düring [1930]: 96), who quotes from it a sentence that appears in Theon with only minor verbal differences at H50.22–51.4.

Intermittently within a block Theon inserts other reminders, which can be as brief as a parenthetic “he says”.

None of Theon’s principal source texts survive, though extensive passages in Calcidius’s commentary on Plato’s *Timaeus*, while not attributed by Calcidius to any source author, parallel Theon’s adaptations from Adrastos. The verbal correspondence in these passages between Theon’s Greek and Calcidius’s Latin is so close – as is also the correspondence between their diagrams – that one must conclude either that Calcidius translated them from Theon’s work or that both Theon and Calcidius were faithfully but separately reproducing Adrastos’s wording.[18] What in my view is the decisive argument that Calcidius did not derive the passages in question from Theon’s book is that the overlaps consist *only* of material that Theon unmistakably attributes to Adrastos or that from its connection with other material explicitly attributed to Adrastos seems likely also to be derived from him, whereas Theon’s occasional interjections from his own part as well as the material he tells us comes from Thrasyllos and Derkyllides have no counterpart in Calcidius.[19] If this is correct, then Theon’s reworking of Adrastos’s text was mostly limited to abridgement or paraphrase. It is not possible to verify whether he treated his borrowings from Thrasyllos and Derkyllides in the same way; he does complain (H198.9–11) that Derkyllides followed no sensible sequence in presenting his astronomical material, so reordering at least seems plausible.[20]

Theon also intermittently cites authors who were actual practitioners of the mathematical sciences. Archimedes’s name crops up only in connection with famous results: the approximate value of the ratio of a circle’s circumference to its diameter (H124.12–15) and the ratio of a sphere’s volume to that of the cylinder that contains it (H127.2–3). Similarly, Eratosthenes is mentioned for his value for the Earth’s circumference and his estimate of the maximum difference in altitude between the highest and lowest points of the Earth’s surface (H124.10–12), but elsewhere Theon frequently quotes or paraphrases from a book by Eratosthenes entitled Πλατωνικός, which seems to have been, like Theon’s own book, a survey of mathematical topics related in various ways to Plato. The several citations of Hipparchos are all for results or summarized

18 For the hypothesis that Calcidius depended on Theon, see Martin (1849): 18–21; Bakhouche (2011): 1.36–38. Arguing for his direct dependence on Adrastos, Bergk (1850): 176; Hiller (1871); Waszink (1962): xxxv–xxxviii.

19 Hiller (1871): 584–585.

20 Bowen (2013) proposes that Theon’s handling of material from Adrastos and Derkyllides was more “creative” than I have argued, while abstaining from expressing an opinion of the relation between Calcidius and Theon.

opinions, and it is probable that all of them came to Theon by way of either Adrastos or Derkyllides. It appears, therefore, that Theon relied mostly if not entirely on second-hand, philosophically oriented sources and had no significant engagement with the technical mathematical and scientific literature.

Theon does not explicitly list the specific works of Plato that his book will assist one to read. The dialogues that he makes reference to by title are the *Republic*, the *Timaeus*, the *Epinomis*, the *Phaedo*, and the *Philebus*, while there are more glancing allusions without title to the *Phaedrus* and the *Theaetetus*. This rather limited selection reflects the tendency of Middle Platonists to narrow their attention to a subset of the Platonic dialogues among which the *Republic* and *Timaeus* were especially prominent.

4 Editions and text

Three partial and two complete editions exist of Theon's book. Boulliau published in 1644 an edition with Latin translation of the first portion of the work from a manuscript in the library of Jacques Auguste de Thou, now *Par. gr.* 2014, a descendant of *Marc. gr.* 307.[21] While preparing his edition, Boulliau learned from Isaac Voss of the existence in the Biblioteca Ambrosiana of a manuscript of the astronomical section, but he never carried out his expressed intention of publishing it.[22] In 1827, Jan Jacob de Gelder published an edition just of the first sections, that is, the introduction and the section on numerics, revised from Boulliau's text and Latin translation with an apparatus based on collations of two manuscripts, *Scal. gr.* 50 and *Voss. gr. Q°* 54.[23] The astronomical part was finally edited with a Latin translation by Thomas H. Martin in 1849, from *Par. gr.* 1821, a descendant of *Marc. gr.* 303.

These partial texts were superseded by Hiller's 1878 Teubner edition, the first to reunite the surviving parts of Theon's book. Hiller identified the two Venice manuscripts *Marc. gr.* 303 and 307 as the archetypes of the tradition, and only cited other manuscripts intermittently and collectively (as "apogr.") as a

21 Boulliau (1644).

22 Boulliau (1644): 9. Boulliau did obtain access to a copy (now *Par. gr.* 1821) of the text in the library of Charles de Montchal, bishop of Toulouse, but only published very short extracts in 1644 and 1645; see Martin (1849): iii–iv, and p. 28–31, for the history of *Par. gr.* (1821). Note that Martin confuses Nicolas Foucquet, who at one time owned this manuscript, with Anthoine Fouquier who procured the bust of Theon.

23 De Gelder (1827).

source of conjectural readings. Unlike the earlier editors, he provided neither translation nor commentary, but his apparatus incorporates citations and parallels as well as brief notes and references to relevant scholarship.

The edition by Dupuis, which appeared not long after Hiller's, has a French translation and notes but no apparatus, though Dupuis reports where he adopts readings diverging from Hiller's.[24] More recently, a second annotated translation into French by Joëlle Delattre Biencourt, based primarily on Hiller's text while adopting some of Dupuis's readings, and an Italian translation with commentary by Federico M. Petrucci have appeared.[25] The only other complete translation into a modern language of which I am aware is an English rendering by Robert Lawlor and Deborah Lawlor based on Dupuis's French translation rather than on the Greek text.[26]

Several parts of Theon's book contain diagrams, with some of those in the astronomical section being fairly complex geometrical figures. Martin had to reconstruct the diagrams on the basis of the text, since the manuscript on which he depended omitted them.[27] Hiller reports that the diagrams in *Marc. gr.* 303 were executed very carelessly (*cum figuris neglegentissime factis*);[28] those that appear in his text have no apparatus, and it does not seem that in drawing them he paid much attention to the testimony of the manuscript. Dupuis, too, has nothing to say about his diagrams.

The manuscripts divide Theon's work into chapters with subject headings. Both Boulliau and Martin retained this division although Martin believed that it did not go back to the author since the chapter titles appeared not to reflect the contents adequately.[29] Being of the same view, Hiller relegated the chapter titles to his apparatus and presented an undivided text. Dupuis retains the chapter divisions while putting the titles in footnotes, and in addition divides the work into three major parts (he calls them μέρη or βιβλία) containing respectively the introduction and section on numerics, the section on music, and the section on astronomy.[30]

24 Dupuis (1892).

25 Delattre Biencourt (2010); Petrucci (2012).

26 Lawlor and Lawlor (1979).

27 Martin (1849): 37.

28 Hiller (1878): vi.

29 Martin (1849): 36. Martin attempted to discriminate between meaningful and "useless" chapter titles, and even inserted some on his own initiative.

30 Dupuis believed that Theon's work originally comprised five books corresponding to the five divisions of mathematics that Theon lists in his introduction; see Dupuis (1892): vi.

For the present translation I have followed Hiller's edition. The two diagrams are modelled, with corrections, on those in *Marc. gr.* 303, f. 13v; for details and comparison with Hiller's diagrams, see the Commentary. In the manuscript, the diagrams are drawn in the margins, in at best very rough proximity to the passages of text that refer to them. I have placed them immediately following the relevant text passages, following the customary practice of diagram placement in manuscripts of Greek mathematical and scientific texts.

5 The cosmological framework and the goal of astronomy[31]

Theon's cosmology owes something to Plato, something to Aristotle, and something again to more recent mathematical astronomers such as Hipparchos. From Plato's *Timaeus* (especially 32C–37C) comes the fundamental idea of a purposeful, divine, ensouled, and spherical geocentric cosmos, whose outermost part revolves daily with what Plato calls the "motion of the same", and the Sun, Moon, and planets are borne by this part while also revolving in the opposite direction with the slower and oblique "motion of the different". From Aristotle (especially *Physics*, *De Caelo*, and *Metaphysics* Λ) comes the conception of a spherical cosmos having two tiers distinguished by the kind of matter that they are made of. The region of the cosmos occupied by the Sun, Moon, planets, and stars, οὐρανός (conventionally "heavens" in English as distinct from the singular "heaven" of Christian theology), is composed of uniformly revolving spheres of the immutable "fifth body" (i.e. the fifth element after earth, water, air, and fire, usually called "ether"),[32] whereas the part of the cosmos enclosed by the heavens is a world that is, taken as a whole, stationary, and composed of the four mutable elements undergoing processes of continual change and interchange sustained by the revolutions of the heavenly spheres. Theon does not dwell on points of conflict between Aristotle and Plato, in particular concerning

31 Readers unfamiliar with Greek astronomical literature may wish to consult section 7 below for detailed discussion of some of the terminology arising in the present and following sections, especially in the quotations.

32 The existence of Aristotle's celestial fifth element was brought into doubt in the early post-Aristotle Peripatetic school, and forcefully rejected by the Peripatetic Xenarchos of Seleucia in the first century BC (Falcon [2012]). Theon, whose reference to "certain spheres… of the fifth body situated in the depth of the whole heavens" probably comes from Adrastos (the passage is paralleled in Calcidius), appears to be unaffected by these controversies.

whether the cosmos and time had a temporal beginning; he is typical of Middle and later Platonists in treating Aristotle as a gateway to his more enigmatic master. Quoting or paraphrasing Adrastos, he sums up this Platonic-Peripatetic *a priori* framework of his cosmology as follows (H148.13–149.6):

> "The whole cosmos... (is moved,) being borne with a travel that is circular and appropriate to the spherical shape, by the first (mover); whence it was also fashioned for the sake of the most excellent and best. But for the sake of the numbering of time[33] and the transformation of the things near the Earth and far from the Earth, the travel of the wandering (stars, i.e. the Sun, Moon, and planets) came to be; for the things here (below the heavens) also transform in all ways together with their (*scil.* the heavenly bodies') turnings (τροπαί, meaning their movements north and south) as they approach and recede. For the travel of the nonwandering (stars, i.e. fixed stars) is simple and one in a circle, orderly and uniform. But that of the things below the Moon and around us and extending to us (ourselves) is all transformation and motion and, as he (*scil.* Empedokles) says, "there is rancor and slaughter and hosts of other dooms"."

As he goes on to explain, the Sun, Moon, and planets keep the mundane elements from stratifying and settling into a stable condition through their complex motions, which are nevertheless composed of simple, uniform, circular revolutions.

Later Platonists would claim that Plato assigned to the astronomers the task of showing what uniform and regular motions had to be hypothesized so that "the appearances concerning the motions of the wandering (stars) would be saved".[34] Theon does not retail this story, but he repeatedly characterizes the goal of astronomical modelling as "saving the appearances" (σῴζειν τὰ φαινόμενα), by which he means demonstrating that a particular hypothesis would result in observable behaviour matching the appearances. Such a demonstration is necessary but not sufficient to establish the truth of a hypothesis, since more than one hypothesis may in fact turn out to "save" the same appearances. A valid hypothesis must be "according to nature" (κατὰ φύσιν), that is, it must explain the appearances as caused by bodies acting in accordance with the nature of the matter of which they are composed. For the etherial matter of the heavens, this means three-dimensional bodies delimited by spherical surfaces and moving with a simple, uniform circular revolution.

33 Cf. Plato, *Timaeus* 38B–C.

34 Simplikios, *Commentary on Aristotle's De Caelo* (ed. Heiberg [1894]: 488), citing Sosigenes, with the Peripatetic Eudemos's *Astronomical History* as the alleged ultimate source. For the origins of this legend see Zhmud (1998).

These bodies and revolutions are not required to have the center of the Earth and cosmos as *their* center; in fact, Theon interprets both Plato and Aristotle as having posited spheres situated entirely up in the heavens and not enclosing the Earth.[35] The apparently irregular motions of the heavenly bodies are consequences not only of the fact that the bodies are undergoing a combination of revolutions simultaneously but also of the fact that the bodies have a motion "in depth", that is, their revolutions make them periodically move nearer to and further from the center of the cosmos so that we see their motions, in perspective, as speeding up and slowing down.

Theon describes two hypotheses that he says are advocated by the "mathematicians" (i.e. mathematical astronomers). In one, called "the hypothesis according to eccentric (circle)" (Fig. 1), the heavenly body (*P*) moves uniformly along a circular path that surrounds the center of the cosmos (*T*) but whose center is a different point (*C*) that either is stationary or travels uniformly along a smaller circle concentric with the cosmos.[36] In the other hypothesis "according to epicycle" (Fig. 2), the heavenly body (*P*) moves uniformly along a circular path called the "epicycle", which does not enclose the center of the cosmos (*T*), while the center of the epicycle (*E*) revolves uniformly along a circle that Theon calls the "concentric" (in the Middle Ages it came to be called the "deferent") because its center is the center of the cosmos. Theon believes that both the eccentric and the epicyclic hypotheses result in correct paths and speeds for the Sun, Moon, and planets, and consequently they "save the appearances"; but neither is a satisfactory hypothesis because they inappropriately situate the causes of the appearances in circular lines, not in three-dimensional material bodies. Theon's preferred hypothesis is a kind of fleshed-out, three-dimensional version of the epicyclic hypothesis (Fig. 3), in which the epicycle becomes a revolving solid sphere (*e*) with the visible Sun, Moon, or planet (*P*) embedded

35 Theon presents the "unwinding spheres" of Aristotle, *Metaphysics* Λ not as spherical shells concentric and coaxial with the planetary shells whose revolutions they "unwind", but as solid spheres lodged in the space between planetary shells and operating like gears to transfer motion from one shell to the next one inwards (H180.8–22), and he believes that Plato hinted at epicycles in the Myth of Er at the end of the *Republic* (H188.25–189.6). He does not in any case insist that either Plato's or Aristotle's understanding of astronomy was complete or entirely correct.

36 Theon illustrates the eccentric hypothesis with reference to the Sun and treating the eccenter's center as stationary (H155.1–158.9); but in a subsequent passage translated in this article (H172.22–174.15) he states that there is a small discrepancy in the periodicities of the Sun's apparent motion that would imply a (very slow) revolution of the center of its eccenter, just as in the case of the Moon and planets.

near its surface, and the deferent is replaced by a revolving spherical shell (*s*) whose thickness is just sufficient for the epicycle sphere to be embedded in it and carried by it around the center of the cosmos (*T*).

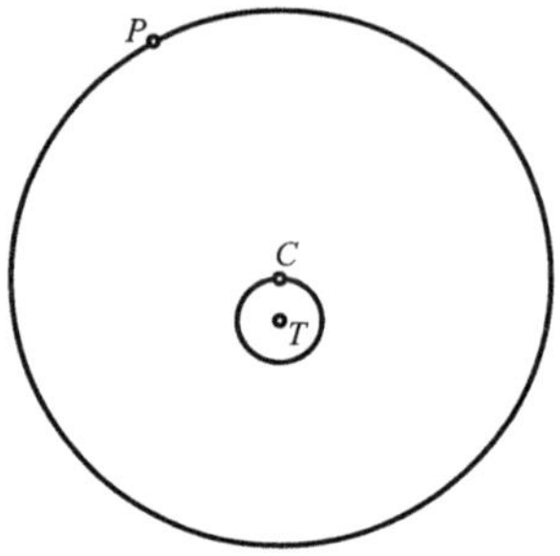

Fig. 1: Eccentric hypothesis

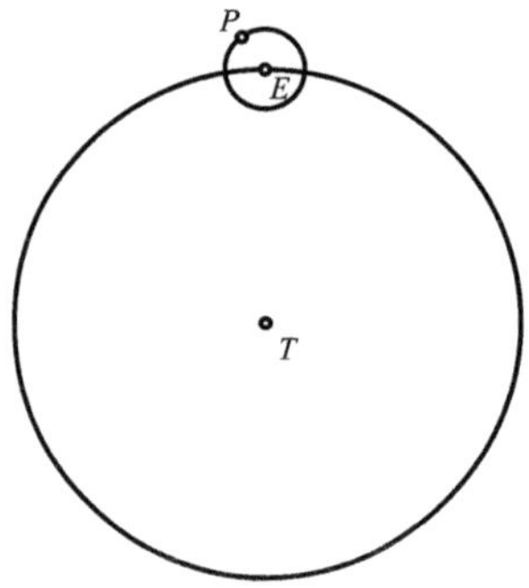

Fig. 2: Epicyclic hypothesis

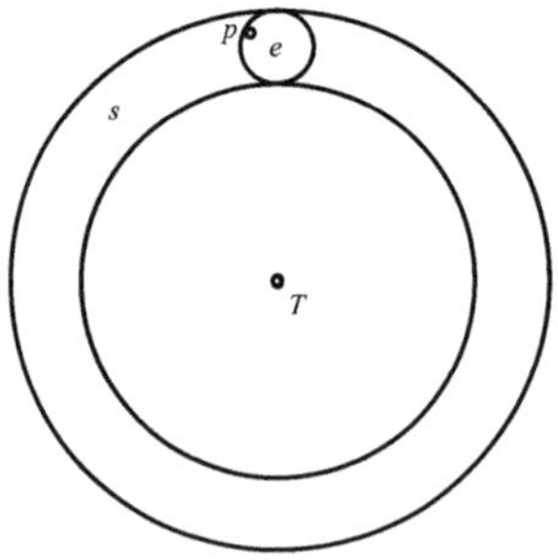

Fig. 3: Theon's solid body hypothesis

6 Context of the translated passage

The first parts of the astronomical section (H120–129) are, according to Theon, a summary presentation of Adrastos's arguments that the whole cosmos is spherical, that the Earth too is spherical, at the center of the cosmos, and pointlike in size relative to the cosmos. Continuing to identify Adrastos as his source, Theon next (H129–133) defines the principal celestial circles: the equator, the tropics, the arctic and antarctic circles,[37] the zodiacal circle, the horizon, and the meridian. The distinction is then (H134–135) delineated between the fixed stars and "Sun, Moon, and all the other stars which are called wanderers", i.e. the five planets, with an account of the planets' motion in "length" (i.e. celestial longitude) along the ecliptic circle and their oscillating motion in "breadth" (celestial latitude) and "depth" (distance from the center of the cosmos), which last is correlated with their apparently nonuniform rates of motion through the zodiacal signs. Theon gives ranges in degrees for each of the wanderers' deviation in breadth from the circle through the middles of the zodiacal signs (i.e. the ecliptic) and figures in days or years for their periods of revolution in length (H135–136). This is followed by a discussion of their synodic cycles (H136–138), and the order of their distances from the Earth, leading into an exposition of the *Republic*'s "spindle of necessity" (H138–147).

Saying that he his paraphrasing Adrastos, Theon now (H147–150) recounts how the Sun and Moon appear always to move eastwards along the zodiacal circle whereas the other "wanderers" appear to exhibit stationary points and reversals of direction; in general, according to Adrastos, the movement of the fixed stars is perfectly regular, whereas the "wanderers" seem to move cyclically but irregularly, thereby causing through their northward and southward oscillations and their approaches to and recessions from the Earth the continual processes of generation and corruption on the Earth.

At this point (H150–152), still saying repeatedly that he is following Adrastos, Theon turns to the topic of the "arrangement of the spheres or circles"

37 Theon's arctic and antarctic circles are not the celestial counterparts of the modern terrestrial circles bearing these names, but rather the circle bounding the stars of the observer's northern sky that never set below the horizon and the circle bounding the stars that never rise above the observer's southern horizon. These are defined as circles parallel to the equator and tangent to the observer's horizon at its northernmost and southernmost points, i.e. having a declination of $\pm(90°-\varphi)$ where φ is the observer's latitude.

of the seven planets that would "save the phenomena".[38] The conflict to be resolved is between the "physical and necessary" requirement that all the heavenly bodies must move "uniformly" (ὁμαλῶς) and "in an orderly manner" (εὐτάκτως) – terms that Adrastos defines respectively as traversing equal intervals (διαστήματα) in equal times and never stopping or changing direction – and the "apparition" (φαντασία) that all the planets seem (δοκεῖ) to move nonuniformly and some of them even in a "disorderly" manner. The Sun is chosen to serve as an example of how the apparent nonuniformity can result "by happenstance" from a motion that is in reality "simple" (ἁπλῆν).

The Sun (H152–154) is seen to traverse the four equal quadrants of the zodiac that begin with the first degrees of Aries, Libra, Capricorn, and Cancer in unequal times (respectively 94 ¹/₂, 92 ¹/₂, 88 ¹/₈, and 90 ¹/₈ days), whereas as a divine being it must in reality move uniformly and in an orderly manner on its own circle. Consequently, our standpoint, which is the center of the "whole" (i.e. of the cosmos), cannot be the center of the Sun's own circle, but must be another point either inside the Sun's circle or outside it.[39] Either situation, according to Adrastos, will save the phenomena. The "mathematicians", however, are in disagreement, some of them insisting that the planets move only on eccentric circles that have the center of the whole inside the circles, or only on "epicycles", that is, circles that do not enclose the center of the whole and whose centers revolve around the center of the whole along a circular path (see Figs. 1 and 2). This disagreement is pointless, because, as will be demonstrated later, the circles in question are all described by the planets "by happenstance", i.e. they are not in themselves realities but the consequences of realities.

Theon now (H155–158) gives a detailed geometrical discussion, attributed to Adrastos, of a configuration of an eccentric circular path for the Sun that would result in the nonuniformity implied by the inequality of the four seasons, following this with a more prolix discussion (H158–166) of a configuration involving an epicycle that the Sun revolves around while the epicycle revolves around the center of the whole. Citing Hipparchos as having said that it was a matter worthy of mathematical understanding to show the reason why two such widely differing hypotheses lead to the same appearances, Theon proceeds (H166–172) to give us Adrastos's demonstration of how an eccentric circle results by happenstance from an epicyclic hypothesis, and a demonstration (probably also

38 There is a defect in the text in *Marc. gr.* 303 in the introductory sentence of this passage, but the sense is clear.

39 The possibility of our occupying a point *on* the Sun's circle is easily excluded.

Adrastos's[40]) of how an epicycle results by happenstance from an eccentric hypothesis.

The passage translated below (H172–178) follows at this point; it concerns how the general conclusions concerning epicyclic and eccentric hypotheses arrived at in the preceding passages for the Sun can be applied, with suitable modifications, to the other planets. In the last part of this passage, after reminding us that he has been following Adrastos, Theon returns to the claim that the epicyclic and eccentric circles that he has been discussing are hypotheses of the mathematicians, lacking in physical explanations and therefore incomplete.

A brief summary will suffice for what follows after the translated passage. Theon proceeds by way of a short review of Aristotle's physical interpretation of the homocentric sphere models of Eudoxos and Kallippos (H178–180) to a physical system of solid spheres and spherical shells of etherial matter that he offers as the reality behind the epicyclic and eccentric hypotheses for the planets (H180–189). The Adrastean portion of Theon's astronomical section closes (H189–198) with explanations of various phenomena of the planets: planetary stations and retrogradations, occultations, and eclipses.

7 Terminological aspects of the translation

Theon's astronomical section contains terminology that raises many issues that have relevance for translating other works of Greek astronomical literature. In this section, I am primarily concerned with words and expressions that arise in the selection translated in this paper, but where appropriate I have situated these within a more general treatment of categories of terminology.

There exist no specialized lexicographical resources for Greek astronomical terminology, while the standard Liddell-Scott-Jones *Greek Lexicon* cannot always be counted to provide definitions that accurately reflect the usage of astronomical authors. Few of the central texts have received full-scale philological and technical commentaries, though annotated translations such as Gerald J. Toomer's of Ptolemy's *Almagest* and James Evans and J. Lennart Berggren's of Geminos's *Introduction to the Phenomena* are helpful guides.[41] Ultimately, our basis for recovering the specialized meanings of the terminology of Greek

40 See commentary to H172.15.

41 Toomer (1984); Evans and Berggren (2006).

astronomy is the texts themselves, and the *Thesaurus Linguae Graecae* text bank[42] is a powerful tool for locating parallel usages within an author as well as across the surviving scientific literature.

7.1 Terms for astronomy and its practitioners

For Theon, ἀστρονομία and ἀστρολογία both refer to the mathematical science (μάθημα) of the heavenly bodies,[43] though interestingly, ἀστρονομία is consistently employed in the first pages of his work as well as in the passages that mark the transitions from the section on means to that on astronomy and from the section on astronomy to that on cosmic harmonies,[44] whereas in the section on astronomy itself he consistently uses ἀστρολογία.[45] Similarly, in the earlier part of his work he designates the practitioner of the science as ἀστρονόμος[46] or ἀστρονομῶν[47] but, just once and in the plural, as ἀστρολογήσαντες in the part on astronomy.[48] Elsewhere in this section, and *only* in this section, μαθηματικός means a practitioner of astronomy (always used in the plural).[49] There may be significance in the fact that Theon's μαθηματικοί are always associated with theoretical issues, especially the "hypotheses" underlying the apparent motions of the heavenly bodies, whereas an ἀστρονόμος or ἀστρονομῶν could be someone like Hesiod who is concerned only with the immediate celestial appearances, though such a person is not a "genuine"

42 http://www.tlg.uci.edu.

43 Astrology in the modern sense is not discussed by Theon, though the obscure passage at H177.16–18 concerning the motivation of Babylonian, Chaldean, and Egyptian astronomy may be alluding to astrological prediction.

44 The occurrences are at H1–17 (nine instances, for which see Hiller's index), H93.10–11, H119.20–21 (first transitional passage), and H205.4 (second transitional passage).

45 Three instances at H199.12, H204.22, H204.22, and H205.2, in addition to the title of a work Ἀστρολογίαι by Eudemos at H198.14. Theon's fluctuating usage doubtlessly reflects the dichotomy between Plato's consistent use of ἀστρονομία and Aristotle's of the more traditional ἀστρολογία; see Hübner (1989): 13–16.

46 H9.8 and H16.9.

47 H9.9.

48 H177.22–23, within the passage translated here.

49 H143.1, H154.13–14, H172.21, H177.10 (apparently encompassing Babylonians, Chaldeans, and Egyptians), H179.5, H185.13, H189.17, H194.10, and H201.25 (applied to Menaichmos and Kallippos in contrast to Aristotle). μαθηματικός is Ptolemy's word for an astronomer throughout the *Almagest*, paralleling his classifying the field of astronomy (which he never names as such in that treatise) as part of the μαθηματικόν, "mathematical", class of theoretical philosophy.

(ἀληθῶς) astronomer.[50] Historically, ἀστρολόγος and ἀστρονόμος were established well before μαθηματικὸς began to be used in the specific sense of "astronomer", and one might suspect that this usage entailed a conscious appeal to the epistemic prestige of mathematical reasoning. In any case, it is appropriate, at least in the case of Theon, to translate words derived from either ἀστρονομία or ἀστρολογία using "astronomy" and its derivatives. An entirely transparent rendering of μαθηματικός does not seem possible if we wish to observe the distinction from ἀστρολόγος and ἀστρονόμος, but I can see no better alternative to "mathematician".

7.2 Heavenly bodies

Theon uses the noun πλάνης, the nominalized neuter adjective πλανητόν (apparently only in the plural), and, most frequently, the nominalized masculine participle πλανώμενος to designate any of the seven heavenly bodies that are not "fixed", i.e. the Sun, the Moon, Mercury, Venus, Mars, Jupiter, and Saturn. There does not seem to be a rationale determining which form he employs in any specific context. In the chosen passage he frequently differentiates between the Sun and the "other" πλανώμενοι, and once distinguishes the Sun and Moon together from the "five" (*scil.* πλανώμενοι). In modern English, "planet" is not normally applicable to the Sun or Moon, so a translator who wishes to use this word ought either to explain by way of commentary that "planets" encompasses the Sun and Moon or, less satisfactorily, to use glosses such as "the (Sun, Moon, and) planets" or "the other planets (including the Moon)". I have instead rendered πλάνης and πλανητόν literally as "wanderer" and πλανώμενος as "wandering (star)", making visible the fundamental criterion for treating all seven bodies as a single type of object.

In the passage, only the Sun and Moon are specifically named (ἥλιος and σελήνη), and I have chosen to translate them as "Sun" and "Moon" since in the context of Theon's astronomical discussions mythological associations do not come into play and so there seems to be no benefit in retaining the Greek names in translation as "Helios" and "Selene".[51] Elsewhere in the astronomical section, Theon employs both the established systems of nomenclature for the five planets (in the modern sense) known in antiquity, that is, the descriptive names

50 H9.7–11, closely following the Platonic *Epinomis* 990a.

51 Hence my treatment of these names differs from that adopted by Stephan Heilen for an astrological text in his contribution to this volume.

Στίλβων, Φώσφορος, Πυρόεις, Φαέθων, Φαίνων, and the theophoric names ὁ τοῦ Ἑρμοῦ / τῆς Ἀφροδίτης / τοῦ Ἄρεως / τοῦ Διός / τοῦ Κρόνου (*scil.* ἀστήρ). The descriptive names lend themselves easily to literal translation, e.g. as (respectively) "Gleamer","Lightbearer", "Fiery One", "Radiant One", and "Shiner". The usual practice of translators is to render the theophoric expressions by the common modern names Mercury, Venus, Mars, Jupiter, and Saturn which of course come from the Latin tradition, omitting the possessive construction; this makes it easy for the modern reader to identify the objects. Following the approach adopted in the present translation, I would translate them as "the (star) of Hermes/Aphrodite/Ares/Zeus/Kronos".

7.3 Directional terms

In both Greek geography and astronomy, μῆκος ("length") and πλάτος ("breadth") are used for what from a modern perspective we loosely describe as "spherical coordinates". In geography, "length" means the angular east-west separation between the meridians passing through two localities or between the meridian through a single locality and a reference meridian, measured along the terrestrial equator, i.e. modern geographical "longitude", and "breadth" means the angular north-south separation between a locality and the terrestrial equator, measured along the meridian through the locality, i.e. modern geographical "latitude". Greco-Roman maps of the known world tended to display a greater east-west extent than their north-south extent, so the terminology concords with the common usage of "length" and "breadth" respectively for the longer and shorter perpendicular dimensions of, say, a rectangular plot of land.

In astronomy, "length" normally means position or motion measured along or parallel to the ecliptic, and "breadth" normally means position or motion north or south of the ecliptic, measured along a great circle through the ecliptic's poles, i.e. modern astronomical "longitude" and "latitude" respectively.[52] But there is also a third astronomical dimension, "depth" (βάθος), which refers to position or motion towards or away from the Earth (or the center of the cosmos). Theon also uses ἀνωμαλία, "nonuniformity", to designate this dimension, because in the epicyclic and eccentric models that Theon associates with the heavenly bodies, variation in apparent speed and direction of a heavenly body's

52 There are instances in other authors, though not in Theon, of πλάτος used to designate separation from the celestial equator, i.e. modern "declination".

motion is correlated with variation in the body's actual distance from the center of the cosmos.[53]

I render μῆκος and πλάτος as "length" and "breadth" (rather than the usual "longitude" and "latitude") to make visible the systematic transfer of the standard terminology for dimensions of three-dimensional everyday objects to celestial motions, as well as the connection of πλάτος to Theon's earlier characterization of the zodiacal circle as a belt having "breadth" (ἐν πλάτει τινί) in contrast to the celestial equator and tropic circles, which are mere lines.[54] For ἀνωμαλία I use "nonuniformity" instead of the more abstract "anomaly" since for the Platonist Theon the contrast between the uniform motion that properly applies to eternal celestial entities and their apparent nonuniform motion as seen from the Earth is a crucial issue in astronomy.

Nowhere does modern astronomical terminology (and the underlying way of thinking) conflict more with ancient Greek terminology than in the expressions relating to "forward" and "backward" apparent motion of heavenly bodies. The modern terms reflect an essentially sidereal frame of reference: since the prevailing direction in which the planets move through the zodiac (and the *only* direction in the case of the Sun and Moon) is eastwards, eastward longitudinal motion is characterized as "direct" and westward motion is "retrograde". From the Greek geocentric perspective, the fundamental motion for all heavenly bodies is the daily revolution of the heavens, on account of which all the stars, Sun, Moon, and planets rise in the east and set in the west; westward motion of a heavenly body relative to the stars is thus "forward" motion and eastward is "backward". Depending on context, the verb προηγεῖται ("leads") means either "is west of" or "moves westwards", while ὑπολείπεται ("trails") means either "is east of" or "moves eastwards". A planet's retrogradation is called a προήγησις, "leading". The expressions εἰς τὰ προηγούμενα, "towards the leading" (*scil.* stars or zodiacal signs), and εἰς τὰ ἑπόμενα ("towards the following") also mean respectively westwards and eastwards. I have translated all such terms literally. Whereas in the *Almagest* Ptolemy so to speak filters out the daily revolution in developing his theories of the heavenly bodies, in Theon's discussions of celestial motions we are seldom allowed to forget that the daily rotation of the heavens is the *fundamental* cosmic motion, to which all the other revolutions involved in planetary motion must be referred.

---

53 This correlation is discussed previously by Theon, H135.6–11.
54 H133.17–20.

7.4 Appearances and realities

Theon employs the verb δοκεῖ to signify a false visual or conceptual appearance ("seems" in my rendering), whereas φαίνεται signifies a more neutral empirical appearance ("appears"); to keep the close relation to the verb, I translate φαινόμενα as "appearances" rather than "phenomena". For the theoretically apprehended realities, such as epicycles or eccentric circles, underlying the appearances, Theon has three words: ἀρχή (here rendered "first principle"), ὑπόθεσις ("hypothesis"), and πραγματεία ("approach"). Although he occasionally pairs ὑποθέσεις with ἀρχαί or with πραγματεῖαι, it is not clear whether there is a strong differentiation between these terms. Appearances that arise as an inessential consequence of the realities in combination with external circumstances, e.g. because we observe the realities from a displaced viewpoint, are said to occur κατὰ συμβεβηκός; in philosophical texts this expression is traditionally but misleadingly translated "by accident", whereas I prefer "by happenstance" to bring out the relation to the verb συμβαίνειν, "to happen".[55]

7.5 Geometry

The selection translated below does not contain formal geometrical demonstrations, but we do have discussion of two geometrical diagrams involving a few common terms, chiefly "circle" (κύκλος) and "center" (κέντρον). Other passages of the astronomical part of Theon's book make more extensive use of the technical language of Greek geometry. Although some terms of Greek geometry also have related everyday senses, such as "sharp point" for κέντρον, no useful purpose would be served by representing them by such translations. The language of Greek deductive mathematics, both its vocabulary and its syntax, were highly restricted, standardized, and immediately recognizable; whatever he may say about his work's being accessible to utter beginners, in practice Theon presumed his reader to be already acquainted with this language at least at the level of the first books of Euclid's *Elements*.

55 Martin ([1849]: 368–370) has a valuable note on Theon's use of κατὰ συμβεβηκός.

8 Text and Translation[56]

[172] |15ταῦτα δὲ καὶ ἐπὶ τῶν ἄλλων πλανωμένων δείκνυ|16ται, πλὴν ὁ μὲν ἥλιος ἀπαραλλάκτως ταῦτα δοκεῖ ποιεῖν |17κατὰ ἀμφοτέρας τὰς ὑποθέσεις, διὰ τὸ τοὺς ἀποκατα|18στατικοὺς αὐτοῦ χρόνους, τόν τε τοῦ μήκους καὶ τὸν |19τοῦ πλάτους καὶ τὸν τοῦ βάθους καὶ [τὸν] τῆς λεγο|20μένης ἀνωμαλίας, οὕτως εἶναι σύνεγγυς ἀλλήλων, ὥστε |21τοῖς πλείστοις τῶν μαθηματικῶν ἴσους δοκεῖν, ἡμερῶν |22ἕκαστον τξε δʹ, ἀκριβέστερον δὲ ἐπισκοπουμένοις

- τὸν |23μὲν τοῦ μήκους, ἐν ᾧ τὸν ζῳδιακὸν ἀπὸ σημείου τινὸς |24ἐπὶ τὸ αὐτὸ σημεῖον διανύει καὶ ἀπὸ τροπῆς ἐπὶ τὴν [173] |1αὐτὴν τροπὴν καὶ ἀπὸ ἰσημερίας ἐπὶ τὴν αὐτὴν ἰση|2μερίαν παραγίνεται, τὸν εἰρημένον σύνεγγυς [κύκλον] |3χρόνον, παρὰ τετραετίαν ἐπὶ τὸ αὐτὸ σημεῖον τοῦ μή|4κους, αὐτοῦ κατὰ τὴν αὐτὴν ὥραν ἀποκαθισταμένου,
- |5τὸν δὲ τῆς ἀνωμαλίας, καθ᾽ ὃν ἀπογειότατος γινόμενος |6καὶ δι᾽ αὐτὸ τῇ μὲν φάσει τοῦ μεγέθους μικρότατος, |7βραδύτατος δὲ κατὰ τὴν εἰς τὰ ἑπόμενα φοράν, ἢ ἀνά|8παλιν προσγειότατος καὶ

[172] |15These things are also demonstrated for the other wandering (stars), |16except that the Sun seems to do these things undivergingly |17according to both hypotheses, because of the fact that |18its periods of restitution, that |19of length and that of breadth and that of depth and what is |20called nonuniformity, are so close to each other that |21they seem to the majority of the mathematicians to be equal, |22each one 365 $^1/_4$ days, but to those who make inquiry more precisely,

- that |23of the length, in which it traverses the zodiacal (circle) from some point |24to the same point and returns from turning to the [173] |1same turning and from equinox to the same |2equinox, the stated approximate |3time-interval, with it (i.e. the Sun) being restituted by a four-year-interval to |4the same point of length at the same hour,
- |5that of the nonuniformity, according to which becoming furthest from the Earth |6and because of this smallest in the appearance of size and |7slowest with respect to the motion towards the trailing (stars), or |8contrariwise

56 Page numbers in Hiller's edition are given in brackets, and line numbers by superscript numerals. The line divisions are necessarily indicated only approximately in the translation since the word order is not always the same as in the Greek.

διὰ τοῦτο μέγιστος μὲν τῷ |9μεγέθει δοκῶν, τῇ δὲ κινήσει τάχιστος, ἡμερῶν ἔγγιστα |10τξε ∠, διετίᾳ πάλιν ἐπὶ τὸ αὐτὸ σημεῖον τοῦ βάθους ⟨κατὰ⟩ |11τὴν αὐτὴν ὥραν αὐτοῦ φαινομένου,

(becoming) nearest to the Earth and because of this seeming greatest in |9size and fastest in motion, comprising |10365 1/2 days approximately, with it (i.e. the Sun) appearing in a two-year-interval again <at> the same point of depth at |11the same hour,

- τὸν δὲ τοῦ πλά|12τους, ἐν ᾧ ἀπὸ τοῦ αὐτοῦ βορειότατος ἢ νοτιώτατος |13γενόμενος ἐπὶ τὸ αὐτὸ παραγίνεται, ὡς πάλιν ἴσας |14ὁρᾶσθαι τὰς τῶν αὐτῶν γνωμόνων σκιάς, ἡμερῶν μά|15λιστα τξε η′, κατὰ τὸ αὐτὸ τοῦ πλάτους σημεῖον αὐτοῦ ⟨κατὰ⟩ |16τὴν αὐτὴν ὥραν ὀκταετίᾳ παραγινομένου

- and that of |12breadth, in which from the same (condition of) |13being furthest north or furthest south, it returns to the same (condition), so that the shadows of the same gnomons |14are seen as again equal, comprising 365 1/8 days |15actually, with it (i.e. the Sun) returning to the same point of the breadth <at> |16the same hour in an eight-year-interval;

ἐπὶ δὲ τῶν |17ἄλλων, ἐπεὶ καθ’ ἕκαστον τῶν πλανωμένων πολὺ παραλ|18λάττουσιν ⟨οἱ⟩ εἰρημένοι χρόνοι πάντες, καὶ ἐφ’ ὧν |19μὲν μᾶλλον, ἐφ’ ὧν δὲ ἧττον, τὰ γινόμενα καθ’ ἕκα|20στον φαίνεται ποικιλώτερα καὶ διαλλάττοντά πως καθ’ |21ἑκατέραν τὴν ὑπόθεσιν, οὐκέτ’ ἐν ἴσῳ χρόνῳ τοῦ πλά|22νητος ἑκάστου τὸν ἑαυτοῦ ἐπίκυκλον περιερχομένου καὶ |23τοῦ ἐπικύκλου τὸν ἔγκεντρον, ἀλλ’ ὧν μὲν θᾶττον, ὧν |24δὲ βράδιον, διά τε τὰς τῶν κύκλων ἀνισότητας καὶ διὰ [174] |1τὰς ἀπὸ τοῦ μέσου τοῦ παντὸς ἀνίσους ἀποστάσεις, ἔτι |2τε διὰ τὰς πρὸς τὸν διὰ μέσων τῶν ζῳδίων διαφόρους |3λοξώσεις ἢ ἀνομοίους ἐγκλίσεις τε καὶ θέσεις. ὅθεν καὶ |4τὰ τῶν στηριγμῶν τε καὶ ἀναποδισμῶν καὶ προηγήσεων |5καὶ ὑπολείψεων οὐχ’ ὁμοίως ἐπὶ πάντων ἀπαντᾷ, ἀλλ’

but in the case of the |17others, since <the> stated time-intervals |18are all very divergent in the case of each of the wandering (stars), and |19more so in the case of some and less so in the case of others, the things that occur with respect to |20each appear more complicated and somehow disparate according to |21either of the hypotheses, since it is no longer the case that each one's |22wanderer goes around its own epicycle and |23the epicycle (goes around) the concentric (circle) in an equal time-interval, but for some of them faster and for |24others slower, both because of the inequalities of the circles and because of [174] |1the unequal distances from the middle of the whole, and moreover |2because of the different obliquities or dissimilar |3inclinations and positions with respect to the (circle) through the middles of the zodiacal signs. This is why |4the (matters) of the standings-still and

|6ἐπὶ μὲν τῶν ε̄ γίνεσθαι [ὡς] ταῦτα φαίνεται, εἰ καὶ |7μὴ πάντάπασιν ὁμοίως, ἐπὶ μέντοι γε ἡλίου καὶ σελή|8νης οὐδ' ὅλως. οὔτε γὰρ προηγεῖσθαί ποτε οὔτε στηρί|9ζειν οὔτε ἀναποδίζειν οὗτοι φαίνονται, διὰ τὸ τὸν μὲν |10ἥλιον σύνεγγυς κατὰ τὸν ⟨αὐτὸν⟩ χρόνον ἐπὶ τοῦ αὐ|11τοῦ κύκλου φαίνεσθαι φερόμενον, καὶ τὸν ἐπίκυκλον |12αὐτοῦ κατὰ τοῦ ἐγκέντρου, καθάπερ ἔφαμεν, τῆς δὲ |13σελήνης τὸν ἐπίκυκλον θᾶττον κατὰ τοῦ ἐγκέντρου φέ|14ρεσθαι καὶ τοῦ τῶν ζῳδίων ὑπολείπεσθαι κύκλου ἢ |15αὐτὴν διεξιέναι τὸν ἐπίκυκλον.

reversals |5and goings-forward and fallings-behind do not happen in like manner in the case of all; but |6in the case of the five, these things are apparent, albeit |7not similarly for all; but in the case of |10Sun and |8Moon not at all; for these do not appear ever to go forward or |9stand still or reverse direction, because of the fact that the |10Sun appears as being borne in very nearly the same time-interval on |11its own circle as its epicycle (is borne) |12on the concentric (circle), just as we said, whereas the |13Moon's epicycle (appears) to be borne faster on the concentric (circle) |14and to fall behind on the circle of the zodiacal signs than |15(the Moon) itself (appears) to make the circuit of the epicycle.

[175] |1δῆλον δὲ ὡς οὐδὲν διαφέρει πρὸς τὸ σώζειν τὰ |2φαινόμενα, τοὺς πλάνητας κατὰ τῶν κύκλων, ὡς διώ|3ρισται, λέγειν κινεῖσθαι, ἢ τοὺς κύκλους φέροντας τὰ |4τούτων σώματα αὐτοὺς περὶ τὰ ἴδια κέντρα κινεῖσθαι· |5λέγω δὲ τοὺς μὲν ἐγκέντρους, φέροντας τὰ τῶν ἐπικύ|6κλων κέντρα, περὶ τὰ αὑτῶν κέντρα κινεῖσθαι ὑπεναν|7τίως ⟨τῷ παντί⟩, τοὺς δὲ ἐπικύκλους, φέροντας τὰ τῶν |8πλανωμένων σώματα, πάλιν περὶ τὰ αὑτῶν κέντρα, οἷον |9τὸν μὲν ΜΛΝΞ ἔγκεντρον φέρεσθαι περὶ τὸ Θ, τοῦ παν|10τὸς καὶ ἑαυτοῦ κέντρον, ὑπεναντίως τῷ παντί, φέροντα |11ἐπὶ τῆς αὑτοῦ περιφερείας τοῦ ⟨ἐπικύκλου τὸ⟩ Μ κέν|12τρον, τὸν ⟨δὲ⟩ ΕΖΗΚ ἐπίκυκλον ἔχοντα τὸν πλανώμενον |13κατὰ τὸ Ε φέρεσθαι πάλιν περὶ τὸ Μ κέντρον, ἐπὶ μὲν

[175] |1It is obvious that it makes no difference for saving the |2appearances to say that the wanderers move along the circles, in the way |3that has been defined, or that the circles, bearing the |4bodies of these (*scil.* the wandering stars), themselves move around their distinct centers –|5I mean that the concentric (circles), bearing the centers of the |6epicycles, move around their own centers in the |7opposite sense <to the whole>, and that the epicycles, bearing the bodies of the |8wandering (stars), again (move) around their own centers, for example |9the concentric (circle) ΜΛΝΞ is borne around (point) Θ, the center of the |10whole and of itself, in the opposite sense to the whole, while bearing |11on its periphery the center M of the epicycle, |12and the epicycle EZHK having the planet |13at E is borne again around the center M, in the case of the |14Sun and Moon in the same direction

|14ἡλίου καὶ σελήνης ἐπὶ τὰ αὐτὰ τῷ παντί, ἐπὶ δὲ τῶν |15ἄλλων καὶ τοῦτον ὑπεναντίως τῷ παντί· σώζεται γὰρ |16οὕτως τὰ φαινόμενα.

as the whole, but in the case of the |15others this too in the opposite sense to the whole; for |16in this way the appearances are saved.

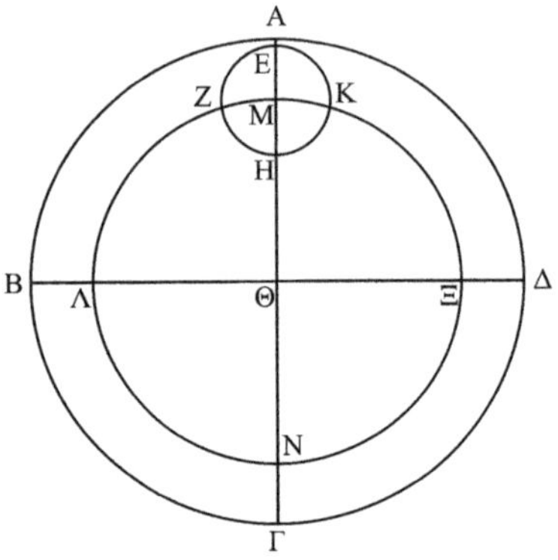

|17κατὰ δὲ τὴν ἑτέραν πραγματείαν, ὄντος ἐκκέντρου [176] |1κύκλου τοῦ ΕΛΝΞ περὶ κέντρον τὸ Κ, ἐπὶ μὲν ἡλίου αὐτὸς |2ὁ ΕΛΝΞ κύκλος ἐν ἐνιαυτῷ κινούμενος ὁμαλῶς περὶ τὸ |3Κ κέντρον, φέρων τὸν ἥλιον ἐνεστηριγμένον κατὰ τὸ Ε |4σημεῖον, σώσει τὰ φαινόμενα, τοῦ Κ κέντρου καθ᾽ ἑαυτὸ |5μὲν μὴ κινουμένου μηδ᾽ ὑπεναντίως τῷ παντί, συναπο|6φερομένου δὲ τῷ παντὶ καὶ πρὸς ἡμέραν ἑκάστην γρά|7φοντος τὸν ΚΡΠ κύκλον, ἴσον γινόμενον τῷ τῆς ἑτέρας |8πραγματείας κύκλῳ· ποιήσεται γὰρ οὕτως ὁ ἥλιος ἀεὶ |9κατὰ τοὺς αὐτοὺς τόπους μέγιστα ἀποστήματα καὶ πάλιν |10καθ᾽ ἑτέρους ἐλάχιστα καὶ παραπλησίως κατὰ ἄλλους |11μέσα, τὰ μὲν μέγιστα κατὰ τὴν ε′ ∠ μοῖραν, ὡς εἴρηται, |12τῶν Διδύμων, τὰ δὲ ἐλάχιστα κατὰ τὴν αὐτὴν τοῦ |13Τοξότου, καὶ τὰ μέσα ὁμοίως κατὰ τὰς αὐτὰς τῆς τε

|17According to the other approach, with there being an eccentric [176] |1circle ΕΛΥΞ around center K, in the case of the Sun the circle |2ΕΛΥΞ, moving in a year uniformly around the |3center K, bearing the Sun fixed upon it at |4point E, will save the appearances, with the center K by itself |5not moving, not even in the opposite sense to the whole, but |6being borne together with the whole and |7describing on each day the circle ΚΡΠ, which comes to be equal to the circle of the other |8approach; for in this way the Sun will always make the greatest distances |9at the same places, and again |10the least (distances) at other (places) and analogously |11mean (distances) at other (places), the greatest at the 5 $^1/_2$th degree of |12the Twins, as has been said, and the least at the same (degree) of the |13Archer, and the means similarly at the same (degrees) of the |14Maiden and the Fishes; since also the point E |15of the eccentric

|14Παρθένου καὶ τῶν Ἰχθύων· ἐπειδὴ καὶ τὸ Ε σημεῖον |15τοῦ ἐκκέντρου ἐφ' οὗ ἐστιν ὁ ἥλιος, τήνδε μὲν ἔχοντος |16τὴν θέσιν τοῦ κύκλου, φαινόμενον ὑπὸ τοὺς Διδύμους |17ἀπογειότατόν ἐστιν, περιενεχθέντος δὲ τοῦ κύκλου περὶ |18τὸ Κ κέντρον, μεταπεσὸν ὅπου νῦν ἐστι τὸ Υ, φανή|19σεται μὲν ὑπὸ τὸν Τοξότην, ἔσται δὲ προσγειότατον, |20μεταξὺ δὲ τούτων, κατά τε τὴν Παρθένον καὶ τοὺς |21Ἰχθύας, μέσως ἀποστήσεται.

(circle) on which the Sun is, when the circle has this |16position, appearing to be under the Twins, is |17furthest from the Earth, but with the circle turned around |18the center K, (point E), falling where the (point) Y is now, |19will appear to be under the Archer, and it will be nearest to the Earth, |20and between these, at the Maiden and the |21Fishes, it will be in a mean situation.

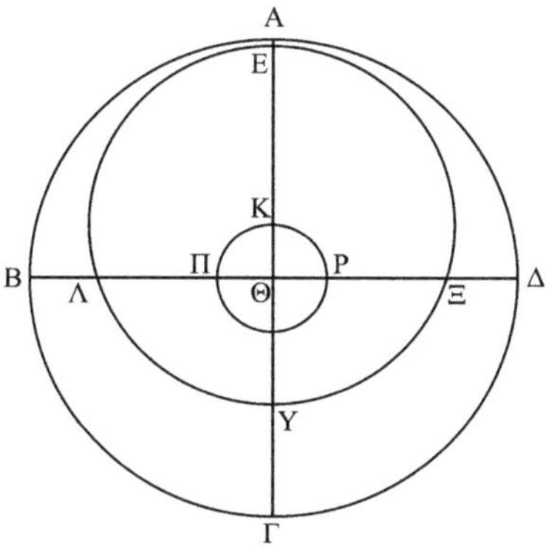

|22τὰ δ' ἄλλα πλανητὰ ἐπειδὴ κατὰ πάντα τόπον τοῦ |23ζῳδιακοῦ καὶ μέγιστα καὶ ἐλάχιστα καὶ μέσα ποιεῖται |24καὶ ἀποστήματα καὶ κινήματα, ἐὰν κέντρῳ μὲν τῷ Θ |25τοῦ παντός, διαστήματι δὲ τῷ ΘΚ, γεγράφθαι νοήσω|26μεν κύκλον τὸν ΚΠΡ, ἔπειτα τοῦτον, ἔγκεντρον ὄντα καὶ [177] |1ἴσον τῷ τῆς ἑτέρας ὑποθέσεως ἐπικύκλῳ, φέρεσθαι περὶ |2τὸ Θ τοῦ παντὸς κέντρον καὶ συναποφέρειν τὸ Κ κέν|3τρον τοῦ ἐκκέντρου ὑπεναντίως τῷ παντὶ ἐν χρόνῳ |4τινί, τὸν δὲ ΕΛΥΞ ἔκκεντρον ἐν ἑτέρῳ χρόνῳ κινεῖσθαι |5περὶ τὸ

|22Since the other wanderers at every place of the |23zodiacal (circle) make greatest and least and mean |24distances and motions, if with (point) Θ as center of |25the whole and radius ΘΚ, let us conceive as having been described |26the circle ΚΠΡ, and next, (let us conceive of) this (circle), being concentric with and [177] |1equal to the epicycle of the other hypothesis, as being borne around |2the center Θ of the whole, and (let us conceive of this circle as) bearing the center K |3of the eccentric (circle) away together with itself in the opposite sense to the whole in a certain time-interval, |4and that the eccentric

ἑαυτοῦ κέντρον τὸ Κ, φέροντα τὸν πλανώμενον |6ἐνεστηριγμένον ἐν αὐτῷ κατὰ τὸ Ε, λαμβανομένων τῶν |7χρόνων καθ' ἕκαστον τῶν πλανωμένων ἰδίων καὶ |8οἰκείων, σωθήσεται τὰ φαινόμενα.

|9καὶ ταῦτα μὲν ἐπὶ πλέον διέξεισι τοῦ προσεικειῶσαι |10ἀλλήλαις τὰς τῶν μαθηματικῶν ὑποθέσεις τε καὶ πραγμα|11τείας, οἵτινες πρὸς τὰ φαινόμενα μόνον καὶ τὰς κατὰ |12συμβεβηκὸς γινομένας τῶν πλανωμένων κινήσεις ἀπο|13βλέποντες, μακροῖς χρόνοις ταύτας τηρήσαντες διὰ τὸ |14εὐφυὲς τῆς χώρας αὐτῶν, Βαβυλώνιοι καὶ Χαλδαῖοι |15καὶ Αἰγύπτιοι, προθύμως ἀρχάς τινας καὶ ὑποθέσεις |16ἀνεζήτουν, αἷς ἐφαρμόζει τὰ φαινόμενα· δι' οὗ τὸ κατὰ |17τὰ εὑρημένα πρόσθεν ἐπικρίνειν καὶ κατὰ μέλλοντα |18προλήψεσθαι, φέροντες οἱ μὲν ἀριθμητικάς τινας, ὥσπερ |19Χαλδαῖοι, μεθόδους, οἱ δὲ καὶ γραμμικάς, ὥσπερ Αἰ|20γύπτιοι, πάντες μὲν ἄνευ φυσιολογίας ἀτελεῖς ποιού|21μενοι τὰς μεθόδους, δέον ἅμα καὶ φυσικῶς περὶ τού|22των ἐπισκοπεῖν· ὅπερ οἱ παρὰ τοῖς Ἕλλησιν ἀστρολογή|23σαντες ἐπειρῶντο ποιεῖν, τὰς παρὰ τούτων λαβόντες |24ἀρχὰς καὶ τῶν φαινομένων τηρήσεις, καθὰ καὶ Πλάτων [178] |1ἐν τῷ Ἐπινομίῳ μηνύει, ὡς ὀλίγον ὕστερον ἔσται δῆλον |2παρατεθεισῶν τῶν λέξεων αὐτοῦ.

(circle) ΕΛΥΞ moves in a different time-interval |5around its own center, K, bearing the planet |6fixed upon it at the (point) E, such that the |7time-intervals are taken as distinct and |8proper for each of the planets, the appearances will be saved.

|9And he expounds these things at greater length with a view to accommodating |10to each other the hypotheses and |11approaches of the mathematicians, who, while giving regard only to the appearances and the |12motions of the wandering (stars) that occur by happenstance, |13having observed them for long time-intervals because of the |14natural suitability of their country – (I mean) the Babylonians and Chaldeans |15and Egyptians – eagerly sought certain first principles and hypotheses, |16to which the appearances fit; by means of this (they would be able) to make judgment with respect to |17the things found before and to forecast with respect to things going to happen, |18some of them adducing certain numerical methods, like |19the Chaldeans, and others (adducing) graphical (methods), like |20the Egyptians, but all (of them) making |21their methods incomplete without reasoning according to nature, whereas it is needful at the same time |22to make examination concerning these things in a nature-related manner; and this is the very thing that those among the Greeks who |23engaged in astronomy tried to do, taking |24the first principles and the observations of the appearances from these (people), just as Plato discloses [178] |1in the *Epinomion*, as will be clear a little later |2when his statements have been laid out.

9 Commentary

H172.15–173.16 This is by Theon's standards an exceptionally long and complex sentence. Rather than break it up into shorter sentences, I have used indentation and bullet points in both the text and translation to make the structure of the sentence more evident and to bring out the parallel descriptions of the Sun's three periodicities. For grammatical reasons I have inserted κατά at both H173.11 and H173.16.

H172.15 *These things are also demonstrated*: At H152.8–10 Theon singled out the Sun to serve as an example of how each of the Sun, Moon, and planets produce an appearance of changing speed and, in some cases, changing direction of motion while in reality moving uniformly on their spheres. The passage devoted to the Sun comprised an account of a phenomenon indicating an apparent non-uniform motion of the Sun, namely the inequality of the four seasons demarcated by the solstices and equinoxes (H152.11–153.15), demonstrations of how a simple eccentric hypothesis or alternatively a simple epicyclic hypothesis could generate this inequality (H153.16–166.3), and demonstrations of the fact that the epicyclic hypothesis generates a path for the Sun identical to the eccenter of the eccentric hypothesis and *vice versa* (H166.4–172.14). The reader will naturally infer that the expression "these things" at H172.15 refers to the compatibility of the phenomena exhibited by the Moon and planets with epicyclic and eccentric hypotheses as well as the mutually generating relationship of the two kinds of hypothesis when applied to these other bodies.

The corresponding passage of Calcidius (Waszink [1962]: 125–134) begins likewise with the choice of the Sun as an example, and continues with the description of the inequality of the seasons and the demonstrations that both the eccentric and the epicyclic hypotheses generate the inequality. This is followed immediately (Waszink [1962]: 134–135) by a transition to the general discussion of the applicability of the hypotheses to all seven heavenly bodies, which corresponds at least roughly to parts of Theon H172.15–174.15. The absence of the "equivalence" demonstrations from Calcidius does not indicate that they were also absent from Adrastos, since Theon expressly attributes to Adrastos the demonstration that the eccenter follows as a consequence of the epicyclic hypothesis, and probably also the converse demonstration.[57]

57 Theon writes (H166.10): δείκνυσι δὲ ὁ Ἄδραστος πρῶτον μὲν πῶς τῇ κατ' ἐπίκυκλον ἕπεται κατὰ συμβεβηκὸς ἡ κατὰ ἔκκεντρον· ὡς δὲ ἐγώ φημι, καὶ τῇ κατὰ ἔκκεντρον ἡ κατ' ἐπίκυκλον, "Adrastos demonstrates firstly how the (hypothesis) according to eccenter follows by

But it is conceivable that Theon moved the demonstrations here from some other location in Adrastos's commentary.

H172.16 *undivergingly*: The point of this adverb (ἀπαραλλάκτως) is not that the two hypotheses produce the same phenomena as each other only in the case of the Sun but rather that the phenomena generated by the hypotheses for the Sun, specifically the lengths of the seasons, do not change from cycle to cycle, whereas appropriate epicyclic or eccentric hypotheses for the other bodies would have to account for phenomena that are inconstant in certain respects, e.g. in their locations in the zodiac, because they are affected by components in the bodies' motions that have different periodicities.

Whereas Calcidius (Waszink [1962]: 134) asserts that the Sun completes its cycles of irregular motion (*intemperies*) with respect to "depth", i.e. anomaly (*cum exaltatur uel cum humiliatur*) and "breadth", i.e. latitude (*cum a medietate ad diuersas caeli plagas discedit*) in one year (*eamque omnem intemperiem anni uertentis termino claudit*), Theon writes that this is only approximately so. Perhaps he is here diverging from Adrastos and incorporating elements of a solar theory that was current in his own time, since he is not this time confronting the views of the "mathematicians" (cf. section 7.1) with those of the philosophers, but rather the views of "the majority of the mathematicians" (τοῖς πλείστοις τῶν μαθηματικῶν) with other mathematicians who have looked into the matter with greater exactitude (ἀκριβέστερον δὲ ἐπισκοπουμένοις). The three periodicities that Theon cites, $365\,^1/_4$ days (for motion in longitude), $365\,^1/_2$ days (in anomaly), and $365\,^1/_8$ days (in latitude) are in fact the basis of a table of mean motions of the Sun in the second-century papyrus *POxy astron.* 4174a.[58] The differences between these solar periodicities are comparable to those between the corresponding lunar periodicities of longitude, anomaly, and latitude (which Theon, oddly, never expressly mentions), though in proportion to the periodicities themselves they are an order of magnitude smaller.[59]

happenstance the (hypothesis) according to epicycle; and, as I say, the (hypothesis) according to epicycle also (follows) the (hypothesis) according to eccenter". The structure of the sentence strongly suggests that Adrastos demonstrated both, and "as I say" is merely a reminder that Theon (following Adrastos) has already spoken of the mutual derivability of the hypotheses (H154.12–23), not an assertion that Theon has added the converse on his own initiative.

58 Jones (1999): 1.170–171 and 2.164–167.

59 The Moon's periods of longitude, anomaly, and latitude could crudely be approximated as $27\,^1/_3$ days, $27\,^1/_2$ days, and $27\,^1/_5$ days respectively. Theon's solar theory implies that the solar nodes decrease in longitude while the solar apsidal line (the line through the apogee and perigee) increases, just as is the case for the Moon.

Previously (H135.12–14) Theon has stated that the Sun has a range of latitudinal motion of about 1°, i.e. $\pm ^1/_2$° relative to the ecliptic; and since this passage is also in Calcidius (Waszink [1962]: 117, cf. also Waszink [1962]: 139 paralleling Theon H194.4–8), the principle of a solar motion in latitude, if not the specific periodicity associated by Theon with it, probably was in Adrastos's commentary. Yet a solar theory attributing to the Sun a motion in latitude does not appear to be consistent with the more or less Hipparchian theory accepted by Adrastos in his demonstrations concerning the hypotheses for the Sun. An inclination of the plane of the Sun's path of motion relative to the plane of the ecliptic would mean that the observed dates of solstices and equinoxes would generally not be the same as the dates when the Sun is at the beginnings of the zodiacal signs Aries, Cancer, Libra, and Capricorn, if those points are defined as the intersections of the ecliptic with the equator.[60] Moreover, having a period of anomaly different from the period of longitude would require a moving apogee and perigee in an eccentric hypothesis or, in an epicyclic hypothesis, a period of revolution of the Sun around its epicycle different from the epicycle's period of revolution around the Earth, and the lengths of the astronomical seasons would accordingly change from one year to the next. However, since the presumed differences between the periodicities are small and would have negligible effect over a single year, Theon (and Adrastos himself) would be justified in accepting Adrastos's demonstrations for didactic purposes.

H172.23–24 *it traverses the zodiacal (circle) from some point to the same point and returns from turning to the same turning and from equinox to the same equinox*: Theon offers three criteria for this periodicity, implying that they are interchangeable. Turning (τροπῆς) clearly means solstice here, that is, a reversal of the Sun's north-south motion relative to the celestial equator, which is the common meaning of the word in astronomical contexts. (Theon employs τροπή at H148.21 for points or times of reversal of north-south motion of other heavenly bodies.) Hence the second and third criteria amount to a definition of a tropical year.

The sense of "point" (σημεῖον) is less evident. Theon appears to be contrasting a spatial definition of the year in terms of the Sun's consecutive passages of a certain geometrical point on the ecliptic ("zodiacal [circle]") to a

60 Neugebauer ([1975]: 629) points out that the ancient sources that attribute motion in latitude to the Sun do not explain precisely what the ecliptic is, if it cannot be defined as the apparent path of the Sun. A workable definition would be the great circle whose northern and southern limits, relative to the equator, occupy the mean positions of the northern and southern limits of either the Sun's or the Moon's motion over an entire period of latitudinal motion.

temporal definition in terms of the *dates* of the solstices and equinoxes. But how is the point in question defined? Does Theon mean the tropical and equinoctial points and other points of the ecliptic defined in fixed relation to them?

The recently published papyrus text *PFouad* inv. 167 A provides unexpected illumination on the passage in Theon.[61] The text explains, apparently for the benefit of astrologers, how to calculate the Sun's longitude for a given date using a set of astronomical tables that is not preserved in the papyrus. Part of a worked example for a date in AD 130 is preserved, so that the date of composition was roughly contemporary with Theon, though the copy in the papyrus is likely to have been made some decades later, perhaps in the early third century. As was the case with Theon and *POxy astron.* 4174a, the solar tables used in *PFouad* inv. 167 A and the theory behind them assumed three distinct kinds of solar year and three associated mean motions, but their ostensible meanings are different. One year, whose name is not legible though it is characterized as "uniform" (ὁμαλός), is simply 365 $^1/_4$ days; it is not clear what astronomical meaning was ascribed to it. Another, called "from a turning" (ἀπὸ τροπῆς) and thus meant as a tropical year, is about $^1/_{300}$ days shorter than 365 $^1/_4$ days. The third, called "from a point" (ἀπὸ σημείου), is about $^1/_{100}$ days longer than 365 $^1/_4$ days; this must be meant as a sidereal year, though the text as preserved makes no explicit reference to fixed stars.[62] For the author of this text, a "point" was a sidereally defined point of the ecliptic. His precession theory obviously derives from Hipparchos, who is cited by name in the papyrus, though the precise parameters are not the same as in Ptolemy's version of the theory (*Almagest* 3.1 and 7.2–3).

Theon, however, shows no awareness of precession, so for him "point" could indifferently mean a sidereally or tropically defined point. He probably picked up the terminology for the definitions of his three kinds of year from the same source that gave him the theory of distinct longitudinal, latitudinal, and anomalistic years. Whoever was the originator of this theory obviously did not believe that the tropical and sidereal years had different lengths, but his conflation of expressions that designated distinct tropical and sidereal frames of

---

61 Fournet and Tihon (2014).

62 For further discussion of the "from a point" terminology see Fournet and Tihon (2014): 111–114. The copyist of the papyrus (or possibly the text's author) mixed up the names of the different years, so that one has to interchange either the names or the year lengths given in recto lines 4–5 and 7. Additionally, the year lengths given in the explanatory text are slightly different from the values implied by the mean motion tables, apparently because the tables were designed to yield round values for the mean motions over a numerologically determined long period of 37500 Egyptian calendar years.

reference in the theory behind *PFouad* inv. 267 A might be an indication that he was not ignorant of Hipparchos's precession theory but rather rejected it.

According to the solar theory Theon is summarizing, the Sun's periods in longitude and in latitude are not strictly speaking constants because they are different in length from the period in anomaly, which by definition *is* a constant. Hence their stated lengths ought to be understood as mean values.

H173.3–4 *with it (i.e. the Sun) being restituted by a four-year-interval to the same point of length at the same hour*: That is, the smallest integer multiple of the periodicity is four times $365\,{}^{1}/_{4}$ days (2922 days). Hence solstices or equinoxes of the same kind will repeat at the same time of day after this interval. In principle this fact was observable, as can be seen from the equinox observations of Hipparchus cited by Ptolemy in *Almagest* 3.1, though these also included some discrepant times.

H173.6–7 *and because of this smallest in the appearance of size and slowest with respect to the motion towards the trailing (stars)*: Assuming the Hipparchian solar eccentricity (${}^{1}/_{24}$ of the radius of the eccenter in an eccentric hypothesis), the apparent diameter of the Sun, as well as its apparent rate of eastward motion, should vary by about $\pm 4\%$ relative to the mean. It would of course have been a practical impossibility to observe to within a fraction of a day the moments when the Sun attained its maximum or minimum apparent size and speed, so these are not really empirical confirmations of the periods.

H173.13–14 *so that the shadows of the same gnomons are seen as again equal*: This is incorrect. For simplicity, we can consider the case of gnomon shadows measured at noon, which depend on the observer's latitude and the Sun's declination. According to Theon's solar theory, the solar declination has two components: the latitude of the Sun, and the declination of the point of the ecliptic corresponding to the Sun's longitude. After eight latitudinal periods of $365\,{}^{1}/_{8}$ days (i.e. 2921 days), the Sun should return to its initial latitude, but since this is one day short of eight longitudinal periods, the declination of the point of the ecliptic corresponding to the Sun's longitude will have changed – by as much as ${}^{2}/_{5}{}^{\circ}$ if the observations are made near one of the equinoxes.

H174.12–15 *the Moon's epicycle (appears) to be borne faster on the concentric (circle) and to fall behind on the circle of the zodiacal signs than (the Moon) itself (appears) to make the circuit of the epicycle*: In other words, the Moon's mean motion in longitude is faster than its mean motion in anomaly. This is correct, but does not in itself account for the Moon's never exhibiting stationary points or retrogradations.

Theon in fact, and apparently Adrastos as well, had a poor understanding of the conditions under which an epicyclic hypothesis (or the counterpart eccentric hypothesis) generates retrogradations. At H190.1–191.7 Theon illustrates retrogradation using a diagram in which the planet is seen to travel retrograde when traveling along the arc of the epicycle that is farthest from the Earth and bounded by the tangent lines from the Earth to the epicycle, which could only be correct if the epicycle was itself stationary. Interestingly, Calcidius (Waszink [1962]: 136–138) gives the same defective demonstration but follows it with a different version according to the "mathematicians", in which the arc of the epicycle on which the planet is seen as travelling retrograde is still delimited by the tangents from the Earth, but this time it is the arc closest to the Earth. All this is likely to derive from Adrastos. According to Calcidius, the philosophers prefer the version in which the planet is retrograde when furthest from the Earth because this makes the planet's direction of revolution on its epicycle from east to west (as in the epicyclic hypotheses for the Sun and Moon), thus conforming to a principle that none of the celestial motions should be contrary to the prevailing east to west daily rotation of the heavens.[63] Calcidius does not say why the "mathematicians" posit an opposite direction of revolution for the planets. In the cases of Venus and Mercury, it would have been obvious to an astronomer that the retrogradations occur when the planet is closest to the Earth because they fall within intervals delimited by greatest elongations from the Sun that are distinctly shorter than half a synodic period.[64] In Mars's case (as well as that of Venus), when one takes into account the effect of the epicycle's own revolution around the Earth, which Theon and Calcidius entirely neglect, the revolution of the planet on its epicycle *must* be from west to east to generate retrogradations at all.[65]

H175.1–16 Here Theon describes a simple epicyclic hypothesis to fit the general case of any of the seven "wanderers" (cf. section 7.2).

The diagram for this passage (here placed following H175.16) appears in *Marc. gr.* 303 in the left margin of f. 13v; Hiller's counterpart is at H174. The manuscript version has the epicycle EZHK slightly off its correct center, namely point M, which is missing its label, and the epicycle touches circle ΑΒΓΔ near A so that A and E are indistinguishable; the label of point Λ is also missing.

63 The west-to-east revolution of the epicycles around the Earth relative to the stars has to be understood as really being an east-to-west revolution around the Earth at a rate slightly slower than that of the fixed stars.

64 Neugebauer (1975): 801.

65 Neugebauer (1975): 807–808.

Hiller's version of this diagram is basically the same except that he draws a much smaller epicycle. The elements of the diagram are a subset of those in the diagram (H158, correcting the very inaccurately executed version on f. 12v of *Marc. gr.* 303) that was previously used to show how an epicyclic hypothesis for the Sun yields the unequal seasons, and the corresponding points in the two diagrams are lettered identically.

The frame of reference for the motion of the epicycle around the Earth is sidereal, so that the motion is stated to be in the opposite direction to the daily revolution of the heavens (cf. section 7.3). In contrast to his later discussion of planetary retrogradations discussed above in the note to H174.12–14, Theon here states that while the Sun and Moon revolve about their epicycles in the east-to-west direction of the daily revolution, the five planets revolve in the opposite direction, in other words the "correct" scheme according to mathematical astronomy. This passage and the one that follows concerning the eccentric alternative have no parallels in Calcidius, and one might wonder whether, notwithstanding Theon's after-the-fact statement (H177.9–11) that the preceding material was from Adrastos, he was actually drawing here on a more technically assured source to fill out what in Adrastos's commentary was only a brief assertion that the things demonstrated earlier for the Sun also apply *mutatis mutandis* to the Moon and planets.

H175.1–2 *It is obvious that it makes no difference for saving the appearances*: Cf. section 7.4. The distinction Theon draws is between the conception of the visible bodies of the Sun, Moon, and planets as things that move in their own right along certain circular paths and that of the circles as the agents of the motions, carrying the visible bodies fixed upon themselves. This anticipates Theon's later description (H181.12–188.24) of systems of three-dimensional spherical shells and solid spheres that he believes are the physical reality from which the bare geometrical circles of the epicyclic and eccentric hypotheses arise as "by happenstance" consequences.

H175.17–177.8 The generalized eccentric hypothesis applicable to all seven "wanderers".

The diagram for this passage and the next (here placed following 177.21) appears in *Marc. gr.* 303 in the lower margin of f. 13v. A superfluous epicycle has been drawn in approximately the same location as in the first diagram, touching the eccenter circle ΕΛΥΚ at Ε; the label of point Κ is misplaced to be near the lower intersection of this epicycle and line ΑΓ. Hiller's version of the diagram (H175) is quite different, since he draws circle ΑΒΓΔ, which represents the ecliptic, as having nearly the same radius as ΕΛΥΞ so that they intersect at Λ and Ξ, and he omits the labels of points A, B, Γ, and Δ. The elements of the diagram here (H175) only partly match those of previous diagrams referring to the eccentric hypothesis.

H176.1–21 The extended description of the solar case seems superfluous since an eccentric hypothesis for the Sun has already been discussed earlier. It is also strange that the small circle ΚΡΠ in the diagram serves different functions here and in the treatment of the hypothesis for the Moon and planets. The diagram in general is supposed to be drawn as fixed in a sidereal frame of reference, and the center of the Sun's eccenter therefore ought to have a fixed position at K. Yet Theon states that ΚΡΠ is the path traced by the Sun's center in the course of the daily revolution of the heavens, which would only make sense if the diagram had a "terrestrially" fixed frame of reference. Has Theon inserted this pointless interpretation of the circle because he incorrectly assumed that it has to have *some* meaning for the solar case?

H176.11–12 *at the $5^{1}/_{2}$th degree of the Twins*: This is the "Hipparchian" longitude of the solar apogee, which has already been given at H157.5–6.

H176.16 *under the Twins*: "Under" (ὑπό) in the geocentric sense, i.e. the Sun's path is closer to the Earth than are the stars of the zodiac.

H177.3 *in the opposite sense to the whole*: That is, the center of the eccenter, and thus the apsidal line of the eccentric hypothesis, increases uniformly in longitude (cf. section 7.3). This would be correct for a simple eccentric hypothesis in the case of the Moon as well as the five planets (and indeed for the Sun if one accepts Theon's scheme of solar periodicities).

H177.4–8 Theon does not specify the sense of revolution of the body on the eccenter. If it is considered according to a sidereal frame of reference, the motion of the body must in all cases be in the direction of increasing longitude. If, however, the frame of reference is geocentric (as it always is for the revolution of bodies on epicycles) it will be in the direction of increasing longitude for the Moon but in the direction of *decreasing* longitude for the five planets.

H177.9 *he expounds these things at greater length*: This seems to imply that much or all of the foregoing material on the hypotheses came from Adrastos's commentary; but see the note to H172.16 and H175.1–16 for doubts about the origin of certain passages. It is not clear whether "at greater length" (ἐπὶ πλέον) means that Adrastos had still more to say on the relation of the hypotheses or just that this was an exceptionally detailed treatment of a topic.

H177.13–15 *having observed them for long time-intervals because of the natural suitability of their country – (I mean) the Babylonians and Chaldeans and Egyptians*: Unless the text has suffered corruption, Theon makes an abrupt and unexpected transition here. He has just (H177.11–13) characterized the "mathematicians" in the expected way, as only concerning themselves with phenomena and "the motions... that occur by happenstance" (by which he means the bare circles of the eccentric and epicyclic hypotheses), in implied contrast to the philosophers who go deeper into physical causation. He has never said who these "mathematicians" are, and the reader would probably assume he has been speaking all along about scholars in the Greek-speaking world. But the additional statement that they lived in lands specially suited to astronomical observation and hence made observations over long spans of time does not fit the Greeks, and almost as an afterthought Theon specifies that he means the Babylonians and Chaldeans and Egyptians.

Although the great antiquity of observations from the Near East was a commonplace by Theon's time, it is likely that he was specifically recalling Aristotle, *De Caelo* 2.12, "the Egyptians and Babylonians who of old observed over numerous years", as well as the Platonic *Epinomis* 987a, "ancient practice trained the first who understood these things (*scil.* astronomy) on account of the fineness of the summer season that Egypt and Syria have to a great extent, always beholding all the stars clearly, so to speak".

Theon's addition of the "Chaldeans" to the list of ancient observers reflects a Greco-Roman perception of the practitioners of the astral sciences in the Near East that became prevalent in Hellenistic and Roman times. While some authors (e.g. Strabo 16.1.6 and Ptolemy, *Geography* 5.20) mention a people or tribe called Χαλδαῖοι who inhabited a southern district of Babylonia, the name was more frequently taken to apply to the class of temple-based Babylonian scholars who excelled in the astral sciences as well as other forms of divination, so in speaking of "the Babylonians and Chaldeans" Theon is referring by a more generic and a more specific name to the same people. Thus, Strabo (16.1.6 again) writes that a "dwelling place" was reserved in Babylon (or in Babylonia, depending on the resolution of a corrupt word in the manuscript tradition) "for the philosophers of the land, the ones called Chaldaioi, who are for the most part concerned with astronomy/astrology (ἀστρονομία)", while Pliny the Elder (6.123) designates the cities of Babylon, Sippar (*Hippareni*), and Uruk (*Orcheni*) as *Chaldaeorum doctrina*, apparently meaning that they were sites of schools of Chaldean learning. Diodoros (2.29–31) has a remarkable extended account of the Chaldeans in which he says that within the Babylonian state structure they occupy a role comparable to that of priests in Egypt, involving both cults of the gods and practicing philosophy (φιλοσοφεῖν), "having the greatest reputation in astronomy/astrology (ἀστρολογία)". Many things that Diodoros writes about the Chaldeans' training, divinatory practices, and astronomical and astrological beliefs agree with what we know from cuneiform sources about the Babylonian practitioners of the astral sciences, but mixed up with these statements are some that are odder and of questionable accuracy, for example a doctrine concerning thirty zodiacal stars called "counsellor gods" (βουλαῖοι θεοί) that seems to be influenced by the Egyptian decans. Elsewhere (1.28 and 1.81), Diodoros reports that the Egyptians claimed that the Chaldeans originated in Egypt and were led of old to Babylonia by Belos (i.e. the Babylonian god Marduk), taking the learning of the Egyptians with them, a story that illustrates how difficult it must have been for Greek and Roman authors to sort out the varied claims of antiquity and originality associated with the Babylonians and Egyptians.

H177.16–18 *to make judgment with respect to the things found before and to forecast with respect to things going to happen*: This may mean simply that the Babylonians and Chaldeans and Egyptians sought methods of making both retrospective and prospective predictions of astronomical phenomena that could be compared with observations, but the passage is also suggestive of astrological prognostication.

H177.18–20 "Numerical methods" would be a very appropriate characterization of the Babylonian "ACT" algorithms for calculating lunisolar and planetary phenomena and positions, but it is not at all clear what Theon has in mind when he attributes "graphical" (γραμμικαί) methods to the Egyptians. Pictoral representation of the heavens was an integral part of Egyptian astronomy from at least as early as the New Kingdom (cf. the so-called "Book of Nut", more properly "Fundamentals of the Course of the Stars"), and in Hellenistic and Roman Egypt images of the decans and zodiac were widespread.[66] But it is difficult to connect these representations with the kind of prediction of past and future that Theon is writing about. On the other hand, the term γραμμικαὶ μέθοδοι, in the sense of "methods employing lines" or "geometrical methods", would be applicable to eccentric and epicyclic modeling, and it is conceivable that Theon ascribed this approach to the Egyptians both to produce a neat counterpart to the Babylonians and to help lead the way back to the Greeks.

H177.22–23 *and this is the very thing that those among the Greeks who engaged in astronomy tried to do*: "this" apparently refers to the consideration of nature

66 Von Lieven (2007); Neugebauer and Parker (1969).

that Theon has said was lacking in the efforts of the Chaldeans and Egyptians; that is, he is eliding over the existence of Greek "mathematicians" in order to make the claim that the philosophical approach was characteristically Greek.
H178.1 *just as Plato discloses in the Epinomion*: the allusion is to *Epinomis* 987d–e, "let us assume that whatever the Greeks take over from the barbarians, they work this in the end into something finer". The promised quotation, however, does not appear in Theon's work as we have it.

Bibliography

Bakhouche, Béatrice. 2011. *Calcidius: Commentaire au Timée de Platon*. Paris: J. Vrin.

Bergk, Theodor. 1850. "Review of: Martin, Thomas H. 1849. Theonis Smyrnaei Platonici Liber de Astronomia cum Sereni Fragmento. Paris: E Republicae Typographaeo". *Zeitschrift für die Alterthumswissenschaft* 8: 174–181.

Bernard, Wolfgang. 2013. "Theon of Smyrna". In: Roger S. Bagnall et al. (eds.), *The Encyclopedia of Ancient History*. London: Wiley Blackwell: 6686–6687.

Boulliau, Ismael. 1644. *Theonis Smyrnaei Platonici, Eorum, quae in Mathematicis ad PLATONIS lectionem utilia sunt, Expositio*. Paris: apud Ludovicum de Heuqueville.

Bowen, Alan C. 2002. "Eudemus' History of Early Greek Astronomy: Two Hypotheses". In: István Bodnár and Willaim W. Fortenbaugh (eds.), *Eudemus of Rhodes* (Studies in Classical Humanities, 11). New Brunswick: Rutgers University: 307–322.

Bowen, Alan C. 2013. "Adrastos of Aphrodisias". In: Roger S. Bagnall et al. (ed.), *The Encyclopedia of Ancient History*. London: Wiley-Blackwell: 104.

CAG = *Commentaria in Aristotelem Graeca*, ed. consilio et auct. Academiae Litterarum Regiae Borussicae. 1882–1909. 23 Bde. Berolini: Reimer.

Delattre Biencourt, Joëlle. 2010. *Théon de Smyrne. Lire Platon. Le recours au savoir scientifique: arithmétique, musique, astronomie*. Toulouse: Anacharsis.

Diehl, Ernst (ed.). 1903–1906. *Procli Diadochi In Platonis Timaeum commentaria*. 3 vols. Leipzig: Teubner.

Dodge, Bayard. 1970. *The Fihrist of al-Nadīm: A Tenth-Century Survey of Muslim Culture*. 2 vols. New York: Columbia University Press.

Dupuis, Jean. 1892. ΘΕΩΝΟΣ ΣΜΥΡΝΑΙΟΥ ΠΛΑΤΩΝΙΚΟΥ ΤΩΝ ΚΑΤΑ ΤΟ ΜΑΘΗΜΑΤΙΚΟΝ ΧΡΗΣΙΜΩΝ ΕΙΣ ΤΗΝ ΠΛΑΤΩΝΟΣ ΑΝΑΓΝΩΣΙΝ. *Théon de Smyrne philosophe platonicien exposition des connaissances mathématiques utiles pour la lecture de Platon*. Paris: Hachette.

Düring, Ingemar (ed.). 1930. *Die Harmonielehre des Klaudios Ptolemaios* (Göteborgs Högskolas årsskrift, 36.1). Göteborg : Wettergren & Kerber.

Evans, James, and J. Lennart Berggren. 2006. *Geminos's Introduction to the Phenomena. A Translation and Study of a Hellenistic Survey of Astronomy*. Princeton: Princeton University Press.

Falcon, Andrea. 2012. *Aristotelianism in the First Century BCE: Xenarchus of Seleucia*. Cambridge: Cambridge University Press.

Folkerts, Menso. 2011. “Theon aus Smyrna, Mathematiker und Philosoph, 2. Jh.”. In: Hubert Cancik, Manfred Landfester, and Brigitte Egger (eds.). *Brill's New Pauly. Antiquities Volumes*. Brill Online: http://www.brillonline.nl/entries/der-neue-pauly/theon-e1209370#e1209420. [07.2016]

Fournet, Jean-Luc, and Anne Tihon. 2014. *Conformément aux observations d'Hipparque: le papyrus Fouad inv. 267 A* (Publications de l'Institut Orientaliste de Louvain, 67). Louvain-la-Neuve: Peeters.

Gelder de, Jan J. 1827. *Specimen Academicum Inaugurale, exhibens Theonis Smyrnaei Arithmeticam, Bullialdi versione, lectionis diversitate et annotatione auctam*. Leiden: apud S. et J. Luchtmans.

Hatch, Robert Alan. 2014. “Theon of Smyrna”. In: Thomas Hockey et al. (eds.), *Biographical Encyclopedia of Astronomers*. 2nd edition. New York et al.:Springer: 2147–2148.

Heiberg, J[ohan] L[udwig] (ed.). 1894. *Simplicii In Aristotelis De caelo commentaria* (Academiae Litterarum Regiae Borussicae, 7). Berolini: Reimer.

Hiller, Eduard. 1871. “De Adrasti Peripatetici in Platonis Timaeum Commentario”. *Rheinisches Museum* N.F. 26: 582–589.

Hiller, Eduard. 1878. *Theonis Smyrnaei Philosophi Platonici Expositio Rerum Mathematicarum ad Legedum Platonem Utilium*. Leipzig: Teubner.

Hübner, Wolfgang. 1989. *Die Begriffe “Astrologie” und “Astronomie” in der Antike. Wortgeschichte und Wissenschaftssystematik, mit einer Hypothese zum Terminus “Quadrivium”*. Mainz: Akademie der Wissenschaften und der Literatur.

Jones, Alexander. 1999. *Astronomical Papyri from Oxyrhynchus*. 2 vols. in 1. (Memoirs of the American Philosophical Society, 233). Philadelphia: American Philosophical Society.

Lawlor, Robert, and Deborah Lawlor. 1979. *Mathematics Useful for Understanding Plato, by Theon of Smyrna*. San Diego: Wizard's Bookshelf.

Lieven, Alexandra von. 2007. *Grundriß des Laufes der Sterne. Das sogenannte Nutbuch*. 2 vols. (The Carlsberg Papyri, 8/CNI Publications, 31). Kopenhagen: Museum Tusculanum Press.

Lippert, Julius. 1894. *Studien auf dem Gebiete der griechisch-arabischen Übersetzungslitteratur*. Heft 1. Braunschweig: Verlag von Richard Sattler.

Martin, Thomas H. 1849. *Theonis Smyrnaei Platonici Liber de Astronomia cum Sereni Fragmento*. Paris: E Republicae Typographaeo.

Moraux, Paul. 1984. *Der Aristotelismus bei den Griechen: von Andronikos bis Alexander von Aphrodisias*. 2. Band: *Der Aristotelismus im I. und II. Jh. n. Chr.* Berlin: de Gruyter.

Neugebauer, Otto, and Richard A. Parker. 1969. *Egyptian Astronomical Texts*. Vol. 3: *Decans, Planets, Constellations and Zodiacs*. 2 vols. (Brown Egyptological Studies, 6). Providence: Brown University Press.

Neugebauer, Otto. 1975. *A History of Ancient Mathematical Astronomy*. 3 vols. Berlin: Springer.

Petrucci, Federico M. 2012. *Teone di Smirne: Expositio rerum mathematicarum ad legendum Platonem utilium* (Studies in Ancient Philosophy, 11). Sankt Augustin: Academia Verlag.

Richter, Gisela M. A. 1965. *The Portraits of the Greeks*. 3 vols. London: Phaidon Press.

Sharples, Robert W. 2010. *Peripatetic Philosophy, 200 BC to AD 200: An Introduction and Collection of Sources in Translation*. Cambridge: Cambridge University Press.

Smith, R. R. R. 1998. “Cultural Choice and Political Identity in Honorific Portrait Statues in the Greek East in the Second Century AD”. *Journal of Roman Studies* 88: 56–93.

Spon, Jacob. 1679. *Miscellanea eruditae antiquitatis sive supplementi gruteriani liber primus*. Frankfurt: Widerholdt.

Tannery, Paul. 1894. “Sur Théon de Smyrne”. *Revue de philologie de littérature et d’histoire anciennes* N.S. 18: 145–152.
Tarrant, Harold. 1993. *Thrasyllan Platonism*. Ithaca: Cornell University Press.
Toomer, Gerald J. 1984. *Ptolemy’s Almagest*. London: Duckworth.
Waszink, Jan H. 1962. *Timaeus a Calcidio translatus commentarioque instructus*. Plato Latinus 4. London: Warburg Institute.
Zhmud, Leonid. 1998. “Plato as ‘Architect of Science’”. *Phronesis* 43: 211–244.

Figures

Fig. 1–3: Alexander Jones.

Stephan Heilen (Osnabrück)

Translating Greco-Roman Astrological Texts: The Horoscope of Hadrian by Antigonus of Nicaea

1 Introduction

1.1 Terminological preliminaries

The epistemological distinction between the science of 'astronomy' and the superstition of 'astrology' is a product of the enlightenment and did not exist in antiquity or any time thereafter until the 18th century. In Greek and Latin, the terms *astronomia* and *astrologia* were both used to denote either one.[1] What will, then, constitute an astrological Greek or Latin text for us? Since both disciplines, *astronomia* and *astrologia*, were in antiquity considered to be sciences, and since outstanding scholars such as Claudius Ptolemy devoted separate large works to both of them, our distinctive criterion cannot be a modern notion of science as opposed to superstition. The criterion will, rather, be whether the text deals with mathematical theories and models of the motions of the heavenly bodies or if it deals with changes that these astral motions allegedly bring about on earth, especially (but not exclusively) in human life.[2] In the latter case, which we shall call astrological, the text is based on the Stoic concept of universal sympathy between the macrocosm (i.e., the universe) and the microcosm (i.e., the human body).[3] The most obvious consequence of this concept is the astrological doctrine of *mēlothesía* (lit. "assignment of limbs"), i.e., the association of single parts of the human body with planets or with signs of the zodiac.[4]

1 See Hübner (1989). For a brief survey of the development of both terms, see Heilen (2010): 304–305.

2 I am basically adopting the distinction made by Ptolemy (Apotel. 1.1.1).

3 See Bouché-Leclercq (1899): 76–78.

4 Zodiacal melothesia starts from the head, which is associated with Aries (the sign of the spring equinox), and ends with the feet, associated with Pisces. Antigonus of Nicaea, the author of our sample text, makes no explicit reference to melothesia in the horoscope of Hadrian but he does so in another extant horoscope where he associates the neck with Taurus (in the context of an individual that was beheaded). The best survey of the various forms of melothesia

1.2 Research history and survey of the relevant texts

Modern research on Greco-Roman astrology originated in the late 19th century with the work of scholars interested in the history of religion such as Hermann Usener, Auguste Bouché-Leclercq, and Franz Cumont. Since then, critical editions of many relevant astrological texts have been made available. With the exception of two Latin works, Manilius' didactic poem *Astronomica* (ca. 15 CE)[5] and Firmicus Maternus' late prose manual *Mathēsis* (4th century CE), these texts are Greek because the scholarly language of the astral sciences in the Roman Empire was Greek.[6] This is, in addition to the rise of Hellenistic genethlialogy in Ptolemaic (i.e. Greek-speaking) Egypt during the last two centuries BCE, the reason for the unbalance between the numbers of extant Greek and Latin astrological texts.

The available editions fall into two groups: on the one hand, monographic editions of entire works (or of their extant fragments), on the other hand, editions of substantial excerpts of various texts in the appendices of the monumental *Catalogus Codicum Astrologorum Graecorum* (CCAG). In compliance with the standard practice of classical philology, the editions of both groups make the Greek and Latin originals available without translation. The production of bilingual editions set in relatively late and is limited to a very small range of texts. The only entire work thus available in print is the Greek-English edition of Ptolemy's *Apotelesmatiká* (or *Tetrábiblos*) by Frank E. Robbins (1940) in the Loeb-series.[7] The work of Pseudo-Manetho was edited and translated by Robert Lopilato as a PhD thesis (1998) but never published.[8] A larger number of texts have been translated from already existing critical editions. These translations are far from covering the whole field of Greco-Roman astrological texts, and

---

is given by Pingree (1978), vol. II: 199–202, 251–252, and 325–326. For historical illustrations, see Hübner (2013).

5 Book 1 of this work is of astronomical content, books 2–5 of astrological content. See below n. 38.

6 The situation was remotely comparable to the role of English in modern natural science in the sense that even non-native speakers of Greek would often write their treatises in Greek, partly because their native language did not have an equally developed technical terminology, partly because this was the only way to be understood by the empire-wide scholarly community. We know, for example, from Pliny the Elder that the learned Tarutius of Firmum, a friend of Cicero and Varro, wrote his (now lost) work on the stars in Greek, not in Latin.

7 *Tetrábiblos* ("Work consisting of four books") is not the original title, but widely used today in the English-speaking world. Note that the correct Greek accent is on the letter *-a-*, not (as pronounced by many scholars) on the *-i-*.

8 It is available only as UMI Microform 9830484.

while some of them are excellent, many others are limited with regard to either quality or availability or both. The limits in quality can be due to a lack of astronomical and/or astrological competence on the part of classical philologists if one of them dares to venture into this special field of technical literature[9] or to a lack of philological competence on the part of astrologers without academic affiliation yet interested in the origins of their discipline and ready to fill the vacuum left by classical philologists. However, several of these academic outsiders have a good training in classical philology and produce useful translations, even if these are rarely available in libraries because they tend to circulate in self-published versions with a low number of copies. Altogether, then, with the exception of Ptolemy's *Apotelesmatikā́* (*Tetrā́biblos*), Manilius' *Astronomica* and Firmicus Maternus' *Mathēsis*, there is a serious lack of reliable and easily available translations of Greco-Roman astrological texts into any major modern language. If one narrows the search further down to emic translations, there is virtually nothing that is publicly available.[10] It may therefore be useful to include a sample translation of an astrological text into the present manual.

1.3 Questions to be settled before translating astrological texts

Firstly, it is important to make sure that the text in question is suitable for translation. This is not necessarily the case with astrological texts because they were *Gebrauchsliteratur* that often underwent substantial changes in the course of transmission. Sometimes these changes affect the original wording so heavily as to make the text partly unintelligible, and therefore unsuitable for translation. David Pingree, the most prolific editor of Greek astrological works, did not aim

9 For an example with serious shortcomings, see the bibliography of primary sources below under 'Valens'. The reluctance of classical philologists to work on astrological texts has various reasons: few of them are versed in the astral sciences, history of astrology is still ridiculed by some as a research interest (they are unaware that this debate has long been settled by Neugebauer [1951]), and many astrological texts require the willingness to delve into a wide variety of topics because they entail (unlike purely astronomical texts) considerable amounts of material that pertains to mythology, history of religion, medicine, and Egyptian culture of the Ptolemaic and Roman periods.

10 Several large works (Hephaestio of Thebes, Vettius Valens etc.) have been translated very literally and therefore close to emic standards (yet without a methodological underpinning of this sort) by the independent astrologer Robert Schmidt (USA), but they were sold in self-published formats and are not available in public libraries.

at publishing the original text of this or that author which in his view could not be restored and would inevitably result in a hybrid text arbitrarily patched together from various branches of the manuscript tradition. In the cases of Hephaestio of Thebes and Rhetorius of Egypt, he preferred to publish the various Byzantine epitomes of the lost late antique originals separately, preserving various kinds of mistakes, shortenings, omissions, marginal glosses etc. that had crept into the manuscript copies in the course of textual transmission. Hence, these editions contain more than a few lines of text that do not make sense in Greek and would, faithfully translated, not make sense in a modern language either.[11]

Also, since almost every astrological text requires notes or a commentary, the translator may wish to choose between two alternative methods of commenting his translation: either a purely explanatory and relatively concise commentary for a broader readership (for example, in an anthology of ancient science such as Irby-Massie and Keyser [2002]) in which also elements of ancient culture that cannot be expected to be known by the broad modern public are duly explained, or an extensive commentary including specialized discussions of hitherto unsolved research problems but without explanation of the aforementioned typical features of ancient cultures. Since the latter kind of commentary will be intelligible and useful only or primarily to experts in the field, the former method is generally advised, especially if one opts, in the first case, for an emic translation and thus for a broader readership that is interested in getting a taste of the original spirit of the texts in question. It is important to avoid switching from one format to the other.

The translator may further wish to develop a well thought out, coherent approach to the peculiar stylistic, terminological and conceptual problems that may be involved in his specific text. It is one thing to translate a stereotype list of simple conditional clauses and another thing to translate the very convoluted, challenging style of Ptolemy's *Apotelesmatiká* (*Tetrábiblos*).[12] Also, it is one thing to translate a text based on a limited range of straightforward terminology and another thing to translate a text in which, for example, one or more terms ambiguously shift between two or even three different yet firmly established

11 For more details, see Heilen (2010): 300–303, especially the example on p. 302 where an entire sentence which is indispensable for Hephaestio's line of thought is missing from one branch of the manuscript tradition, from Pingree's edition of that branch of the manuscript tradition, and from a recent English translation of Pingree's edition.

12 See Heilen (2010): 304.

astrological meanings each.[13] The latter task requires special experience because the standard Greek dictionary by Liddell, Scott, and Jones is frequently not reliable for technical terminology of this kind.[14] In recent decades some (partly monographic) analyses of single astrological terms have enriched scholarship in this field,[15] but a comprehensive, specialized dictionary of Greco-Roman astrological terms with diachronically differentiated articles and copious references to primary and secondary literature is (and will for years continue to be) a *desideratum*. The translator ought therefore to be prepared to make independent, critical use of the available tools based on a sufficiently broad personal experience with Greco-Roman astrological texts.

1.4 Tools for translating astrological texts

It will be useful briefly to review the most important other tools (i.e. beyond the aforementioned lexicographical and terminological ones) for the study of ancient astrological texts. For English introductions to and histories of ancient astrology see Jim Tester (1987), Tamsyn Barton (1994a/b), and Roger Beck (2007).[16] The development of astrology and the modifications that it underwent in the process of transmission from one culture to another, starting in Mesopotamia and continuing through the Greco-Roman world, India, and Sasanian Iran into the Arabic Middle Ages and back to Byzantium, are masterly and concisely described by Pingree (1997). The only available history of Greco-Roman astrological literature is that of Wilhelm Gundel and Hans Georg Gundel (1966). The only available systematic treatment of the various ancient astrological doctrines is that of Bouché-Leclercq (1899), an impressive achievement for its time but now largely obsolete because the majority of the relevant texts were first critically edited after the publication of Bouché-Leclercq's monograph. For important updates on select doctrines see Pingree (1978), vol. II: 193–415.[17] See ibid. pp. 421–445 for the best summary of biographical and bibliographical information on

13 See Heilen (2010): 308–311.

14 LSJ (1996). The same is true of the equally important but incomplete new Greek-Spanish dictionary of Adrados (DGE).

15 Monographic studies: Denningmann (2005) and Greenbaum (2016); research articles: Orlando and Torre (1991); Calderón Dorda (2001); Hübner (2001); Radici Colace (2002); Hübner (2005); Bezza (2007); simple glossaries: Neugebauer and van Hoesen (1959): 2–13; Gundel and Gundel (1966): 344–347; Hübner (1984): 280–285; Bezza (1995): 1083–1093.

16 This is not the place to discuss their respective merits and shortcomings.

17 Further updates are available in Heilen (2015): *passim*.

Greco-Roman astrologers and their works. For the qualities that ancient authors attached to the zodiacal signs, the authoritative study is that of Wolfgang Hübner (1982). A comparable study of their astrological effects is a *desideratum*. Similarly, the astrological characteristics of the planets, which are partly determined by the Greek myths regarding the eponymous deities, partly by the astronomical and (alleged) physical qualities of the heavenly bodies, have not yet received a systematic scholarly treatment. The non-technical features of ancient astrology have received more scholarly attention, especially its relationships with religion, philosophy, and Roman law and politics.[18]

1.5 Choice of the sample text for the present contribution

It does not seem useful to translate one of those manual sections which focus on a single astrological tenet which is then systematically discussed in stereotype wording for each theoretically possible case (for example, the effects of each planet in each zodiacal sign), but rather a text that contains a mix of various tenets and problems while being important both within and beyond the field of astrology. Such a text is the horoscope of the emperor Hadrian (76–138 CE) by Antigonus of Nicaea (more on this author below, point 1.7). Numerous arguments speak in its favor: Casting horoscopes is the quintessence of astrological practice; this one is the most elaborate horoscope preserved from Greco-Roman antiquity; it exemplifies a whole range of standard procedures of astrological analyses of nativities; it is of historical interest because the individual in question is a well-known Roman emperor; several details of this text have been misunderstood by various scholars in the past, and this text presents one especially challenging translation problem that will be discussed shortly (see below, 1.8).

First, however, a terminological distinction is needed. In compliance with common usage among historians of ancient astrology, the term 'horoscope' will here be employed to denote a text that reports (either with or without astrological analysis) the astronomical data of an individual birth. The graphic visualization of such data is called 'chart'. The astronomical data as such, no matter if

18 For astrology and the non-Christian religions of the ancient world see Nilsson (1974): 268–281 and 486–519; for astrology and Christianity see Bouché-Leclercq (1899): 609–627, Riedinger (1956), and Hegedus (2007) (see further Magdalino [2006]). For the philosophical substance of ancient astrology see Long (1982) and Komorowska (2007) (and with special regard to Ptolemy: Boll [1894]: 66–111 and 131–163, Taub [1993], and Feke [2009]). For astrology and Roman law and politics see Cramer (1954) (to be used with caution due to the author's lack of philological competence, but useful as a collection of relevant sources).

they have been recorded in writing, in a chart, or not at all, are called 'nativity'.[19] I shall employ all three terms, trying to select on each occasion the most appropriate one.

The choice of the horoscope of Hadrian for the present contribution originates from my edition with translation and commentary of the testimonia and fragments of Antigonus of Nicaea (Heilen [2015]). The main differences between that monograph and the present contribution are that the latter is limited to one of Antigonus' fragments, that the present translation is both English and emic, and that the present commentary is far more concise, in compliance with the rather brief explanatory type outlined above (see point 1.3), while my monographic commentary contains extensive discussions of hitherto unsolved research problems and is, on the whole, difficult to access for non-specialists. Hence, the present volume provides a very welcome opportunity to present the horoscope of Hadrian in a more succinct and methodologically different manner.

1.6 Survey of Greco-Roman horoscopes

Some 350 datable Greek horoscopes are extant from antiquity, plus a handful of Latin ones. They belong to the branch of astrology that is called genethlialogy and concerned with the births of individuals, as opposed to universal astrology (astral omens derived from eclipses, comets, etc.), catarchic astrology (finding the best time to begin an action), and historical astrology (predicting the fortunes of religions and empires).[20] These ca. 350 horoscopes are partly transmitted in literary texts (mostly manuals or didactic poems), partly on papyri (so-called documentary horoscopes). Most of the extant horoscopes are but brief lists of astronomical data without predictions because once the former were known, the latter could be looked up in systematically arranged manuals such as the *Mathesis* of Firmicus Maternus. This was a continuation of the Babylonian practice of structuring omen texts like the series *Enūma Anu Enlil* based on a conditional syntax of 'protasis' and 'apodosis' (i.e. 'if *x* is observed, then *y* will happen'). However, some Greek horoscopes include the predictions that the respective authors deemed appropriate, giving them either in a selective or in a

19 Many modern authors use the term 'horoscope' more broadly, in the sense of what will here (in compliance with Greek *génesis* and Latin *nativitas*) be called 'nativity'. To avoid ambiguities, I shall employ the term 'horoscope' only in the definition given above. For more information see below, commentary on § 22 'Hour-watcher'.

20 Historical astrology originated in Sasanian Iran in late antiquity and is alien from Greco-Roman sources.

systematic manner. These predictions can be either real predictions or retrospective explanations of biographies of deceased individuals. The authoritative collection of ancient Greek horoscopes is Neugebauer and van Hoesen (1959). It provides translations and commentaries as well as an overview (pp. 161–175) of the characteristics of ancient Greek horoscopes, their chronological distribution, the names of the planets, symbols and diagrams, calendrical, astronomical and astrological data. For numerous addenda and new papyrus finds, see Donata Baccani (1992), Alexander Jones (1999), and especially the updated catalogue in Stephan Heilen (2015): 213–316.

1.7 Antigonus of Nicaea and Hephaestio of Thebes

Antigonus of Nicaea lived in the 2nd century CE in the East of the Roman Empire. All that we know about him is that he is probably identical with the homonymous and contemporary Antigonus of Nicaea who left writings on pharmacology, more precisely: on antidotes against snake-bites. This is not unusual because medicine and astrology were often practiced together by the same individuals, both because astrology played an important role in medical therapy (so-called iatromathematics) and because both sciences shared the same empirical approach. The practitioners believed that this empirical approach would over time improve the efficiency of both sciences, astrology as well as medicine.

We have no evidence that Antigonus of Nicaea knew or was in contact with his contemporary Claudius Ptolemy. Although Ptolemy is, in retrospect, the most prominent ancient scholar in the field of astronomy and astrology, it is important to emphasize that his astrological manual *Apotelesmatiká* is in many respects not representative of Hellenistic astrology and began to exercise its influence only after the lifetime of Antigonus. Antigonus himself was an astrological authority for later generations as various quotations from his work by authors until the sixth century CE show.

The title and original size of Antigonus' manual are unknown. It comprised at least four books. A total of thirteen testimonia and fragments of various lengths are extant, making a total of ca. twelve printed pages. Three quarters of this material are preserved as a series of quotations in chapter 18 of the second book of a later astrological manual, the *Apotelesmatiká* of Hephaestio of Thebes (5th century CE), who introduces his extensive quotations by characterizing Antigonus as a conservative astrologer in the tradition of 'Petosiris and Nechepsos' (2nd century BCE; see commentary on § 21 below). Antigonus' manual had prominent didactic features: He discusses various exemplary nativities to illustrate his teaching, and he tends to shape his teaching as a fictitious conversation with a student.

But what is the extant horoscope of Hadrian actually? Is it the original text composed by Antigonus or a modified version of it made by Hephaestio or a variety of modified Byzantine versions of Hephaestio's late antique version of Antigonus' text? Pingree, whose editorial principles have been mentioned above (section 1.3), chose the last option and published all extant branches of the manuscript tradition separately, intentionally keeping various kinds of mistakes and omissions that had been caused by copyists in the course of textual transmission. Thus, his two volume edition of Hephaestio contains two versions of the horoscope of Hadrian: one (vol. I: 157–162) which is based on a single, heavily corrupted manuscript (Paris. gr. 2417, 13th century) – deplorably this version is the one that most readers and translators have used during the past 40 years – and one (vol. II: 223–228) which presents dozens of discrepancies from the first version, often to the better, but partly to the worse. Each one of these two versions contains obscurities and mistakes that cannot go back to Antigonus.

With all due respect for Pingree's editorial principles which I consider appropriate for significant amounts of ancient Greek astrological literature, my own purpose with regard to the few relevant pages of Hephaestio's chapter 2.18 is different. Based on my discovery of a third, independent branch of manuscript tradition, I wish to restore not only the original text of Hephaestio but the original text of Antigonus of Nicaea from all three available branches of the textual transmission. That this is possible requires a complex philological argumentation that would go beyond the purpose and limits of the present contribution. Suffice it here to say that my restoration is based on the hypothesis that Hephaestio quoted Antigonus' text *verbatim*. The main arguments in favor of this assumption are the following:

Hephaestio quotes extensively from the *Apotelesmatiká* of Ptolemy which are extant and thus available for comparison. These borrowings are so faithful to the wording of Ptolemy's original text that whenever there is either a difficult choice between variant readings or even a textual corruption in the direct manuscript tradition of Ptolemy's *Apotelesmatiká*, the editors of Ptolemy tend to follow the indirect manuscript tradition of Hephaestio's quotations from Ptolemy's *Apotelesmatiká* if this is available for the passage in question.[21] Why should Hephaestio quote Antigonus in a different manner? Besides, Hephaestio explicitly indicates through the use of direct discourse combined

21 See Hübner's preface to his edition (1998): XXVIII.

with altogether twelve insertions of "he says"[22] that his borrowings from Antigonus are literal ones. Another argument is the fictitious dialogue with a student in §§ 45–52, a series of direct questions and immediate answers. The fact that this didactic elaboration is unparalleled in the rest of Hephaestio's massive work (329 pages in the edition of Pingree, vol. I) indicates that it is a peculiar feature of Antigonus' style. Furthermore, the horoscope of Hadrian as transmitted by Hephaestio is by far the longest and most elaborate one among the ca. 350 extant individual horoscopes from antiquity. If one were to assume that this text is only an abridged version of the lost original of Antigonus, that original version would have been extremely long.

I do not claim that the recovery of Antigonus' text is possible for every single word (especially not for every small article, particle, etc.) but nearly so, with the effect that important details of Antigonus' line of thought which had been unintelligible in Pingree's editions (vols. I and II) are now restored to their original meaning. My edition of the horoscope of Hadrian departs in 57 (partly important) instances from Pingree's text (vol. I).[23] For all sorts of philological problems connected to the complicated textual transmission, a few additions to the transmitted text that will here be indicated in pointed brackets <...>, and diachronic analyses of the various astrological doctrines used by Antigonus, the reader may wish to consult my edition (Heilen [2015]) and its more profound commentary.

1.8 Characterization of the present translation

My translation is based on the emic principles that are outlined in the general introduction to the present volume and in my contribution in the first volume of Writings of Early Scholars (Heilen [2010]). It aims especially at preserving, on the one hand, the hybrid character of ancient astrology – it was an amalgamate of science, religion, myth, and philosophy – and, on the other hand, the conception of the luminaries (i.e. Sun and Moon) and planets as anthropomorphic deities moving through a circle of twelve animate zodiacal signs. The Greek names of the planets and constellations are therefore preserved, regardless of the Latin tradition that underlies the modern astronomical nomenclature.[24] Here

22 One of them is in the horoscope of Hadrian (§ 21), eleven more in the following fragments.

23 These discrepancies are tabularized in Heilen (2015): 182–183.

24 This implies a change of mind regarding my earlier (though hesitating) preference for the Latin nomenclature of the planets (Heilen [2010]: 314). See also below, n. 37.

and there, the original Greek text employs alternative expressions for one and the same astronomical concept, expressions, however, that imply slightly different perspectives, such as "in" and "on" a certain part of the zodiac (see commentary on § 22 "on the first part"). Such terms are, in the translation, accurately distinguished and rendered faithfully. One and the same technical term is always translated by one and the same English equivalent. On two occasions the translation implicitly corrects erroneous entries in the Greek-English Lexicon of Liddell and Scott (LSJ [1996]).[25]

Being emic, the translation closely follows the Greek text, thus reflecting the style of the original as far as possible. The choice of English favors this purpose because English syntax allows the translator to preserve many of the participles that characterize the Greek text (see, for example, §§ 24 and 27). Moreover, English allows the translator to preserve, at least when pronouns come into play, the ancient concept of the gender of the luminaries for which the Sun is male and the Moon female (unlike German, my native language, for which the Moon is male and the Sun female).[26] This is particularly important in §§ 39–40 of the present text which deal with the issue of marriage (see also §§ 41–45 on siblings).

The Greek text is printed together with the translation to ease comparison for interested readers.[27] The paragraph numbers are those of my edition.[28] They follow those established by Pingree (1973–1974) in his edition of Hephaestio of Thebes except for a few cases where I have subdivided paragraphs (using minuscles a, b, c) to mark turning points in Antigonus' line of thought.

As mentioned above (section 1.7, end), my Greek text here, which is the same as that of my edition (Heilen [2015]), departs heavily from Pingree's editions (vols. I and II) of single Byzantine branches of Hephaestio's manuscript tradition. As a consequence, my translation is also substantially different from those of earlier translators. The only easily accessible full translation of the horoscope of Hadrian is that of Giuseppe Bezza (1995): 896–901 (Italian, based on Pingree vol. I). There is one more full translation by Robert Schmidt ([1998]: 57–61) (English, based on Pingree vol. I, close to emic; revised in Schmidt [2009]: 351–359).[29]

25 These cases are *doxastikós* (§ 33b) and *katástasis* (§ 37).

26 On this problem and ways to deal with it see Heilen (2010): 314–315.

27 In the introduction and commentary, instead, Greek words are transliterated to make them legible for non-Hellenists, too.

28 Heilen (2015): 130–158.

29 Schmidt's translations are both of the self-published kind and not available in public libraries. – I omit here the numerous partial translations which are of vastly different quality and

Two special problems need to be addressed here: one is the translation of the Greek noun *anatolḗ* (§§ 27, 31, 34, 38) and its adjective *anatolikós* (§ 32), the other is the translation of the Greek noun *phásis* (§§ 26, 30, 31, 40, 41, 42) whose semantic range partly overlaps with *anatolḗ*.

The noun *anatolḗ* and its adjective *anatolikós* both literally mean "rising". The problem is that in astrological texts *anatolḗ* has three different technical meanings which all have to do with a celestial body's visibility:[30]

(1) its rising with respect to the horizon; this is a purely astronomical concept which denotes a star's or planet's passing from the area of invisibility beneath the eastern horizon to the area of visibility above the horizon;

(2) its rising with respect to the Sun.[31] This is again an astronomical concept. It denotes a star's or planet's elongation from the Sun at the time when the star or planet in question first becomes visible again after its phase of invisibility near the Sun's glaring light. Ancient astronomers call this, when the star or planet is on a lower ecliptic longitude than the Sun, *heṓa anatolḗ* ("morning rising", because the planet will be visible in the dawn before sunrise), or, when the star or planet is on a higher ecliptic longitude than the Sun, *hespería anatolḗ* ("evening rising", because it will be visible soon after sunset).[32] While the aforementioned elongations vary depending on the star's or planet's brightness, on the Sun's position below the horizon, and on the geographical latitude of the observer, ancient astrologers worked with a simplified definition in which the angular distance for the emerging of a star or planet from the rays of the Sun was standardized in any chronological and geographical circumstances to 15°. This can be mathematically expressed thus: $\lambda_{mr} = \lambda_{Sun} - 15°$; $\lambda_{er} = \lambda_{Sun} + 15°$.[33]

(3) its phase of visibility: this technical term is used exclusively in astrological context. It denotes a planet that has already risen with respect to the Sun

mostly limited to the initial paragraphs of the text. Note, however, that the widely used partial English translation of §§ 22–28 in Neugebauer and van Hoesen (1959): 90–91, n° L 76, is not based on Pingree's editions but on the earlier edition by Kroll in CCAG VI (1903): 67–71, and on a list of variant readings of Paris. gr. 2501 published by Ruelle in CCAG VIII.2 (1911): 82–84. Kroll drew on both branches of the MSS tradition which Pingree would later edit in vols. I and II. Ruelle's variant readings go back to the fourth epitome published later by Pingree in vol. II.

30 The following is an extremely abridged version of the authoritative analysis of all three technical terms by Denningmann (2005): 386–474. See also my own discussion of the present problem in Heilen (2010): 308–311.

31 Unlike the previous definition, this one has nothing to do with the horizon.

32 The "morning rising" is today also called "heliacal rising".

33 λ = (ecliptic) longitude, mr = morning rising, er = evening rising.

(see the previous definition) but is no more than 120° distant from the Sun.[34] Unlike the previous two terms, and in conflict with the essentially dynamic notion of *anatolḗ* ("rising"), this third term has a static or, more appropriately, resultative meaning ("having risen").[35] It can be mathematically expressed thus: $\lambda_{mr} = \lambda_{Sun} - 15° - x°$; $\lambda_{er} = \lambda_{Sun} + 15° + x°$ (with $0 < x \leq 105$).

The question how this terminology can be rendered adequately is all the more important because all five cases of *anatolḗ* and *anatolikós* in the horoscope of Hadrian have the unusual third meaning. A translation based on the expression "phase of visibility" (for example § 27 *epi heṓas anatolḗs*: "in the phase of their morning visibility") would convey what the text actually means, but it would obscure what the text literally says and what the reader of an emic translation is interested in. On the other hand, a simple literal translation with "at morning rising" would be misleading because it would make the reader think of a phenomenon related to the horizon which is not at all meant here. Therefore I shall translate all relevant cases of the noun *anatolḗ* adding a short explanatory parenthesis containing the words 'astrologically defined', for example § 27 *epi heṓas anatolḗs*: "at (their astrologically defined) morning rising". This makes two things clear: on the one hand, that the text literally says "at morning rising", on the other hand, that a special astrological definition underlies the term. This will prevent the reader from misunderstanding the ambiguous term and prompt him to look up the commentary for more information. In the only relevant case of the adjective *anatolikós*, I shall omit the word 'defined', hence § 32: "(astrologically) rising".

The second problem that needs to be addressed is the noun *phásis* (lit. "appearance"). In the present text, it is three times employed as a synonym of *anatolḗ*, once (§ 26) in the second and twice (§§ 30, 31) in the third meaning of *anatolḗ* as listed above. These three instances of *phásis* refer to planets (Jupiter, Mercury, Saturn). In addition, *phásis* occurs three times (§§ 40, 41, 42) with

34 See the diagram in Heilen (2010): 310.

35 The most likely explanation of the origin of this third term is that astrologers used tables in which certain days were marked as this or that planet's rising (in the sense of the second definition above) and that the following days in such tables were treated as having the same quality as long as they did not bear a mark to the contrary. This does not mean that the astrologers in question did not understand the astronomical difference between the second and third concept, but that they used one and the same term both strictly (def. 2) and loosely (def. 3). – As to the resultative meaning of an essentially dynamic verb of motion, compare, for example, Greek φυγή (*phygḗ*), meaning "flight", but also "place of refuge", "exile".

respect to the Moon in the sense of the etymologically related English term 'phase' (attested since 1705 as a back-formed singular from Modern Latin *phases*, plural of *phasis*, from Greek *phásis*). Here, an obvious translation problem arises from the fact that two of these references to the Moon are specifically about New Moon, when the Moon is invisible. While the other lunar phases are true 'appearances' of the Moon at specific angular distances from the Sun (especially 90° = Half Moon and 180° = Full Moon), the designation of a conjunction of Sun and Moon on the same ecliptic longitude (i.e., New Moon at 0° distance) as yet another *phásis* makes the system geometrically complete at the cost of allowing one semantically improper use of the term *phásis* (because the Moon is then, and only then, invisible, i.e., not appearing). However, since the Greeks themselves tolerated and practiced this improper use of *phásis*, and true to the principle stated at the beginning of this section (1.8) that one and the same Greek technical term will always be translated by one and the same English equivalent, each occurrence of *phásis* with respect to the Moon (§§ 40, 41, 42) will be translated literally as "appearance" and explained in the commentary.

1.9 Characterization of the present commentary

My commentary is purposely concise, yet – in view of the particular complexity of the present horoscopic text – more than just brief notes. Such brief notes had been provided by earlier commentators of this text[36] and envisaged in the theoretical precursor to the present contribution.[37] My present commentary aims at elucidating the text for readers who have a basic knowledge of astronomy but are not necessarily trained in classical philology and/or history of astrology. The explanatory purpose of the commentary is the reason for its employment of the now usual Latin nomenclature for the planets, constellations and fixed stars.

36 See Neugebauer and van Hoesen (1959): 90–91, n° L 76; Bezza (1995): 895–901; Schmidt (1998): 57–61; Schmidt (2009): 351–359. Apart from such notes, brief discussions of our text were published by Cramer (1954): 164–165 and 168–170; Martin (1982): 291–298 and 302; Barton (1994b): 73–82 and 93; Holden (1996): 57–61; Molnar (1999): 65–67, 81–83, 89, and 137–138; Canto (2002): 363–364 and 380–383; Canto (2004): 381–382, 387–390, and 408; Denningmann (2005)*: 333–343 and 352–353; Heilen (2005)*; Schmid (2005): 286–288; Heilen (2006)*; Greenbaum (2016)*: 430–431. These brief discussions are of various quality (I recommend only those marked with an asterisk). For a list of further, very brief discussions of this horoscope see my catalogue entry in Heilen (2015): 229–230.

37 See Heilen (2010): 300. For one other departure from the principles outlined there, see above n. 24.

The reader is expected to keep in mind the equivalences between the Greek and Latin names as tabularized below (at the beginning of the commentary). Only occasionally, when mythical characteristics of the Greek gods Kronos, Zeus, Ares, Aphrodite, and Hermes require explanation, these names are preferred over their Latin/English equivalents Saturn, Jupiter, Mars, Venus, and Mercury.

Since ancient astral texts such as the horoscope of Hadrian defy the modern distinction between astronomy and astrology,[38] it seems best to avoid an artificial distinction in two separate commentaries, one emic and one etic. Otherwise several details would require entries in each one of them. That would unnaturally split up the unity of the ancient science and make both commentaries less user-friendly. To avoid frequent repetitions and cross-references, each technical term will be explained once at its first occurrence. The comprehensive index to the present volume will direct the reader to the relevant explanations of technical terms, both emic and etic. To ensure readability for non-classicists and elucidate the origin of certain loan-words, Greek terms are transliterated in my commentary.

As already mentioned, my commentary will, in the interest of readability, not address problems of textual criticism. A similar methodological choice was made with respect to the historical details regarding Hadrian and his reign. They will be provided succinctly and with very few references to ancient sources or modern research literature because they are not the challenge that this contribution is concerned with. The authoritative biography of Hadrian is that of Anthony R. Birley (1997).

The commentary will provide brief explanations on all alleged characteristics of the planets and zodiacal signs that are alien to modern science yet relevant to understanding Antigonus' reasoning. It seems preferable to provide such information piece by piece, as the author's line of thought requires, instead of integrating all relevant details into a comprehensive introductory account which would have the double disadvantage of being detached from the relevant paragraphs of Antigonus' text as well as creating the illusion of completeness which only a far more ambitious monographic treatment could hope to achieve. Cases of obvious symbolism such as the connection of the Water-Pourer (Aquarius) with alleged effects that involve water will not be commented. In the interest of readability, frequent references to the above mentioned works of secondary literature will be omitted.

---

38 See the authoritative terminological study by Hübner (1989). Note further that the majority of ancient astronomical manuals and tables were produced, especially from the first century BCE onwards, for the practical purpose of casting horoscopes (see Jones [2007]: 307).

2 Text and Translation[39]

(21) Φέρε δὴ καὶ ἐνταῦθα προσθῶμεν τὸν τρόπον καθ' ὃν ἄλλοι ἐπισκέπτονται τὰς γενέσεις οἱ περὶ Πετόσιριν καὶ Νεχεψὼ καὶ ἐξ αὐτῶν Ἀντίγονος ὁ Νικαεύς.

(21) Well then, let us add here the method of how others examine the births, those around Petosiris and Nechepsos, and among them Antigonus of Nicaea.

(22) Ἐγένετο, φησί, τις ἔχων τὸν μὲν Ἥλιον Ὑδροχόου μοίρᾳ η′, τὴν δὲ Σελήνην καὶ τὸν Δία καὶ τὸν ὡροσκόπον ἅμα τοὺς γ̄ ἐπὶ τῆς πρώτης μοίρας τοῦ αὐτοῦ ζῳδίου, τὸν δὲ Κρόνον Αἰγόκερω μοίρᾳ ε′, τὸν δὲ Ἑρμῆν μετ' αὐτοῦ μοίρᾳ ιβ′, τὴν δὲ Ἀφροδίτην Ἰχθύων μοίρᾳ ιβ′, τὸν δὲ Ἄρεα μετ' αὐτῆς μοίρᾳ κβ′, τὸ δὲ μεσουράνημα Σκορπίου μοίρᾳ κβ′.

(22) Someone, he says, was born having Helios in (the) eighth part of (the) Water-Pourer, Selene and Zeus and the Hour-Watcher all three together on the first part of the same animate figure, Kronos in (the) 5th part of (the) Goat-Horn, Hermes together with him in (the) 12th part, Aphrodite in (the) 12th part of (the) Fishes, Ares with her in (the) 22nd part, and midheaven in (the) 22nd part of (the) Scorpion.

(23) Ὁ τοιοῦτος υἱοθετηθεὶς ὑπό τινος αὐτοκράτορος συγγενοῦς αὐτὸς περὶ τὸ μβ′ ἔτος ὁμοίως αὐτοκράτωρ ἐγένετο. ἦν δὲ φρόνιμος καὶ πεπαιδευμένος καὶ ὡς θεὸς ἐτιμήθη ναοῖς καὶ τεμένεσιν. καὶ γυναικὶ μιᾷ συζευχθεὶς ἀπὸ παρθενίας ἐγένετο ἄτεκνος. καὶ ἀδελφὴν μίαν ἔσχεν, ἐν ὑπονοίᾳ δὲ καὶ στάσει ἐγένετο πρὸς τοὺς ἰδίους. **(24)** περὶ δὲ ξγ̄ ἔτη γενόμενος ἐτελεύτησεν ὑδρωπικῇ δυσπνοίᾳ περιπεσών.

(23) The (man with) such (a birth) was adopted by a certain emperor akin to him and became (therefore) in like manner emperor himself around the 42nd year (of life). He was sensible and cultured and was honored like a god with temples and sacred precincts. And after he was married to one woman from (her) maidenhood, he remained childless. And he had one sister, but he got into suspicion and discord towards his relatives. **(24)** Having reached the age of about 63 years, he died, falling victim to a breathing difficulty caused by dropsy.

(25) Διὰ τί δὲ ἐν τούτοις ἐγένετο, ἐπεξεργάζεται οὕτως. **(26)** γέγονε δὴ αὐτοκράτωρ οὗτος διὰ τὰ δύο

(25) And why it happened in these (details), is analyzed in addition, thus: **(26)** This (man) became emperor because the

39 Note the different philological functions of pointed and round brackets: Pointed brackets <...>, which will be used rarely, contain words that must, in the editor's opinion, have been in the original text of Antigonus but were lost in the course of textual transmission. Hence, they always appear as a couple of brackets at correlated positions of the Greek text and its translation. Round brackets (...), which will be used frequently, contain additional words that have no equivalents in the Greek text but clarify the Greek text's meaning. In other words, they are part of the interpretation and appear only in the translation.

φῶτα τὰ ὄντα ἐπὶ τοῦ ὡροσκόπου καὶ μάλιστα διὰ τὴν Σελήνην οὖσαν τῆς αἱρέσεως καὶ συνάπτουσαν μοιρικῶς τῷ τε ὡροσκόπῳ καὶ τῷ Διὶ μέλλοντι καὶ αὐτῷ ἑῴαν φάσιν ποιήσασθαι μετὰ ζ ἡμέρας, καὶ αὐτῶν τῶν δορυφορούντων αὐτὴν ἀστέρων οἰκείως εὑρεθέντων, τῆς μὲν Ἀφροδίτης ἐν ἰδίῳ ὑψώματι <καὶ ἐν ἰδίαις μοίραις> ὑπαρχούσης, τοῦ δὲ Ἄρεως ἐν ἰδίῳ τριγώνῳ καὶ ἐν ἰδίαις μοίραις τὴν στάσιν ἔχοντος, ἀμφοτέρων ἰδιοτοπούντων καὶ ἐπαναφερομένων τῇ Σελήνῃ. **(27)** προσέτι δὲ καὶ ὁ κοσμοκράτωρ Ἥλιος ἐδορυφόρει αὐτὴν ὢν ἐν ταῖς ἑξῆς αὐτῆς μοίραις καὶ αὐτὸς δορυφορούμενος παρά τε τοῦ Κρόνου ὄντος ἐν τῷ ἰδίῳ οἴκῳ καὶ Ἑρμοῦ, ἀμφοτέρων ὄντων ἐπὶ ἑῴας ἀνατολῆς. **(28)** ἐπισημαντέον δὲ ὅτι καὶ ἡ Σελήνη ἔμελλε συνάπτειν λαμπρῷ τινι τῶν ἀπλανῶν τῷ ἐπὶ τῆς κʹ μοίρας· οὐ γὰρ μόνον ἐπὶ τῶν πλανωμένων ἀστέρων τὴν συναφὴν τῆς Σελήνης δεῖ σκοπεῖν, ἀλλὰ καὶ ἐπὶ τῶν ἀπλανῶν.

two luminaries were on the Hour-Watcher, and especially because Selene was of the (same) sect (as the nativity) and was in contact to the degree with both the Hour-Watcher and with Zeus who, in addition, was himself about to make (his) morning appearance seven days later, and (he further became emperor) because the stars that attended her (Selene) as spear-bearers were found in familiar positions, Aphrodite being in her own exaltation <and in her own parts>, Ares having his position in his own triangle and in his own parts, both (Aphrodite and Ares) being in their own places and rising after Selene. **(27)** In addition also Helios, the ruler of the universe, attended her (Selene) as a spear-bearer being in the parts that follow her and being himself attended by Kronos who was in his own house and by Hermes as spear-bearers, both being at (their astrologically defined) morning rising. **(28)** One must further point out that Selene was also about to be in contact with a certain bright non-wandering (star), the one on the 20th part. For it is necessary to examine the contacts of Selene not only with the wandering stars but also with the non-wandering (ones).

(29) Εὐμεγέθης δὲ καὶ ἀνδρεῖος καὶ εὔχαρις ἐγένετο διὰ τὸ <τὸν Δία καὶ> τὰ δύο φῶτα κεκεντρῶσθαι μάλιστα ἐπὶ τοῦ ὡροσκόπου καὶ ἐν ἀνθρωποειδεῖ καὶ ἀρρενικῷ εἶναι ζῳδίῳ.

(29) He came to be tall and manly and gracious because <Zeus and> the two luminaries were in a central position, especially on the Hour-Watcher, and in a human-shaped and male animate figure.

(30) Φρόνιμος δὲ καὶ πεπαιδευμένος καὶ βαθὺς ὑπῆρχε διὰ τὸ τὸν Ἑρμῆν ἐπὶ ἑῴας φάσεως μετὰ Κρόνου ἐν τῷ ιβʹ ζῳδίῳ τυγχάνειν καὶ δορυφορεῖν τὸν Ἥλιον. **(31)** καὶ ἐκ νέας ἡλικίας τοιοῦτος ἀπετελέσθη διὰ τὴν φάσιν· ἀεὶ γὰρ αἱ μὲν ἑῷοι ἀνατολαὶ ἐκ νεότητος ποιοῦσιν, αἱ

(30) He was sensible and cultured and profound because Hermes happened to be at (his) morning appearance together with Kronos in the 12th animate figure and attended Helios as a spear-bearer. **(31)** And he (the native) was shaped from a young age as such a (man) because of the appearance. For always the (astrologically δὲ ἑσπέριοι ἐπὶ προβάσεως δηλοῦσι τὰς πράξεις.

defined) morning risings exert their effects starting from (the native's) youth while the (astrologically defined) evening (risings) reveal the(ir?) actions as the (native's) age progresses.

(32) Δεῖ δὲ σκοπεῖν καὶ τοῦ κατὰ κορυφὴν τόπου τὸν κύριον εἰ καλῶς κεῖται καὶ ὁρᾷ τὸν τόπον. ἀνατολικὸς γὰρ ὢν ἐπισήμους καὶ ἐμπράκτους καὶ δυσκαταγωνίστους ποιεῖ, κἂν ἑσπέριος δὲ εἴη καλῶς κείμενος ὥσπερ ἐπὶ τοῦ προκειμένου θέματος ὁ κύριος τοῦ Σκορπίου Ἄρης καὶ ἀκάκωτος ὢν ἐν Ἰχθύσι τῷ ἰδίῳ τριγώνῳ καὶ ταῖς ἰδίαις μοίραις καὶ ὁρῶν τὸν κατὰ κορυφὴν τόπον. ἐὰν δὲ κακῶς κέηται ὁ τοῦ κατὰ κορυφὴν τόπου κύριος, τὰ ἐναντία ποιεῖ. **(33a)** ἐὰν δέ ποτε οἱ τῶν ἀχρηματίστων τόπων δεσπόται ἐπὶ τῶν χρηματιστικῶν τόπων τύχωσι, μετριότητας βίου δηλοῦσι.

(32) It is necessary to examine also the lord of the place at the top if he is well located and sees the place. For if he is (astrologically) rising, he produces individuals that are notable and active and hard to overcome, even if he is (astrologically rising) in the evening (but otherwise) well located as in the present (dis)position (of the stars) the lord of the Scorpion, Ares, both because he is not subject to any malign influence, being in the Fishes, his own triangle and his own parts, and because he sees the place at the top. If, however, the lord of the place at the top is badly located, he exerts the opposite effects. **(33a)** And if at any time the lords of the inoperative places happen to be on operative places, they reveal middling conditions of life.

(33b) Τὸ δὲ δοξαστικὸν καὶ μεγαλόφρον καὶ δωρητικὸν καὶ ἀνυστικὸν ὁ τοῦ Διὸς παρέσχεν ὢν ἐν τῷ ὡροσκόπῳ καὶ δορυφορῶν τὸν Ἥλιον καὶ ὁμόκεντρος ὢν τῇ Σελήνῃ.

(33b) His praiseworthiness and high-mindedness and munificence and ability to accomplish things were bestowed on him by the (star) of Zeus who was in the Hour-Watcher and attending Helios as a spear-bearer and located in the same center as Selene.

(34) Ἡ δὲ αἰτία τοῦ πολλοὺς ἀντιδίκους καὶ ἐπιβούλους ἐσχηκέναι ἐγένετο ἐκ τοῦ τὰ δύο φῶτα τὰ τὴν δύναμιν παρέχοντα ἐμπεριέχεσθαι ὑπὸ τῶν δύο κακοποιῶν, τοῦ μὲν Κρόνου ὄντος ἐπὶ τῆς ἑῴας ἀνατολῆς καὶ δορυφορίας, τοῦ δὲ Ἄρεως ἐπὶ τῆς ἑσπερίας.

(34) And the reason why he had many opponents in law suits and people plotting against him originated from the fact that the two luminaries that grant the power were hemmed in by the two malefics, Kronos being at his (astrologically defined) morning rising and in the position of a morning spear-bearer, but Ares at his (astrologically defined) evening (rising and spear-bearing).

(35) τὸ δὲ περιγενέσθαι τῶν ἐχθρῶν τῶν τοιούτων συνέβη μάλιστα διὰ

(35) The fact that he overcame the enemies of this sort came to pass mostly because of τὸν Ἑρμῆν ἐν Κρόνου οἴκῳ ὄντα μετὰ Κρόνου καὶ ἐν τῷ ιβ′ τυγχάνειν ἀμφοτέρους.

Hermes being in a house of Kronos together with Kronos and both happening (to be located in the 12th (place).

(36) Τὸ δὲ τιμᾶσθαι αὐτὸν καὶ προσκυνεῖσθαι παρὰ πάντων συνέβη διὰ τὸ τὸν τοῦ Διὸς ἀστέρα ἐπίκεντρον ὄντα δορυφορεῖν τὸν Ἥλιον· ὁ γὰρ ἀεὶ οὕτως δορυφορῶν τὸν Ἥλιον ἢ τὴν Σελήνην ποιεῖ ὑπὸ τῶν ὁμοτίμων ἢ καὶ κρειττόνων δοξάζεσθαι καὶ δορυφορεῖσθαι καὶ προσκυνεῖσθαι. καὶ τὸ εὐεργετικὸν δ᾽ ὁμοίως ἔσχεν διὰ τὸν Δία οὕτως τυχόντα. **(37)** τὸ δὲ καὶ πολλοὺς οὕτως εὐεργετεῖν καὶ ὑπὸ πολλῶν, ὡς ἔφην, προσκυνεῖσθαι συνέβη διὰ τὸ τὴν τοῦ Ἡλίου καὶ τῆς Σελήνης στάσιν ἐπίκεντρον οὖσαν δορυφορεῖσθαι οἰκείως παρὰ τῶν ε̅ πλανωμένων· πάντοτε γὰρ ὁ Ἥλιος ἢ ἡ Σελήνη ἢ καὶ ἀμφότεροι μάλιστα περὶ τὰ πρακτικὰ κέντρα τυχόντες (τουτέστι τὸ ὡροσκοπικὸν ἢ τὸ μεσουράνημα) καὶ κατὰ τρόπον ὑπὸ πάντων τῶν ἀστέρων δορυφορούμενοι ποιοῦσι τοὺς ἐπὶ τῆς τοιαύτης καταστάσεως γεννωμένους βασιλεῖς παμπόλλων ἐθνῶν κρατοῦντας. **(38)** Ἑρμῆς δὲ καὶ Κρόνος ἐν τῷ ιβ′ τυχόντες ἐπὶ ἑῴας ἀνατολῆς καὶ δορυφοροῦντες τὸν Ἥλιον ποιοῦσι φρονίμους, πεπαιδευμένους, οὐ μὴν ἀγαθοθελεῖς ἀλλὰ δολερούς.

(36) The fact that all people honored him and prostrated themselves before him came to pass because the star of Zeus, being on a center, attended Helios as a spear-bearer. For always when he attends Helios or Selene thus as a spear-bearer he brings about that people who are held in equal honor or who are even more powerful praise him (the native) and attend him as spear-bearers and prostrate themselves before him. And he obtained the beneficent (trait of his character) in like manner because of Zeus who happened (to be located) thus. **(37)** And that he even was such a benefactor to many and that many, as I said, prostrated themselves before him, came to pass because the position of Helios and Selene was on a center and (more importantly) attended familiarly by the 5 wandering (stars) as spear-bearers. For whenever Helios or Selene or even both happen to be around the centers, especially around those that are fit for action – that means the hour-watching (center) or midheaven –, and are conveniently attended by all the (5 wandering) stars as spear-bearers, they make those who are born with such an arrangement kings who hold sway over very numerous peoples. **(38)** And when Hermes and Kronos happen (to be) in the 12th (place) at (their astrologically defined) morning rising and attend Helios as spear-bearers, they produce sensible and cultured (individuals, yet such ones that are) surely not well intentioned but treacherous.

(39) Τὸν δὲ τοιοῦτον συνέβη μιᾷ γυναικὶ συζευχθῆναι ἀπὸ παρθενίας οὐ διὰ τὴν Ἀφροδίτην ἐνταῦθα, ἀλλὰ διὰ τὴν Σελήνην ὑπὸ τὰς

(39) That the (man with) such (a birth) was married to one woman from (her) maidenhood did not, in the present case, come to pass because of Aphrodite but because of αὐγὰς τοῦ Ἡλίου φερομένην. **(40)** καθολικῶς δέ σοι νοείσθω ἐπὶ παντὸς θέματος, ἐπὰν ἡ Ἀφροδίτη ἐπί τινος κέντρου τύχῃ ἢ ἐπαναφορᾶς, τῇ δὲ Ἀφροδίτῃ ἡ Σελήνη συναφὴν ποιῆται καὶ ἑτέροις ἀστράσι συμπαρατετευχόσι τῇ Ἀφροδίτῃ ἢ καὶ ἐπιμαρτυροῦσιν αὐτῇ, πολλοὺς τοὺς γάμους περιποιεῖ τῷ οὕτως γεννωμένῳ, ἐὰν δὲ μόνῃ ἡ Σελήνη τῇ Ἀφροδίτῃ τὴν συναφὴν ποιῆται, μονογαμίας ἐστὶ δηλωτική, ἐὰν δὲ ἡ Σελήνη μήτε τῇ Ἀφροδίτῃ συνάπτῃ μήτε μήν τινι τῶν συνόντων αὐτῇ ἢ καὶ συμμαρτυρούντων, ἐπὶ φάσιν δὲ φέρηται συνοδικὴν ἢ καὶ πανσεληνιακήν, αὐτὴ δὲ ἡ Ἀφροδίτη σύν τινι ἀστέρι παρῇ, καὶ οὕτως μονογάμους ποιεῖ ὥσπερ ἐπὶ τῆς προκειμένης γενέσεως.

Selene being carried under the rays of Helios. **(40)** Consider generally in each (natal) (dis)position (of the stars): Whenever Aphrodite happens to be on any center or following place and Selene makes a contact with Aphrodite and other stars that happen to be present with Aphrodite or bear witness in support of her, she (Aphrodite) secures for the man thus born many marriages; if, however, Selene makes a contact with Aphrodite alone, she reveals a single marriage; and if Selene (on the one hand) is neither in contact with Aphrodite nor with any of those (stars) that are with her or bear witness in support (of her) but (on the other hand) is moving towards the appearance of coming together (with Helios) or even (towards the appearance) of the full Moon while Aphrodite is together with any star, (then Selene) even so produces individuals that will have one marriage, just as in the present birth.

(41) Καὶ ὁ τῆς μοναδελφίας δὲ τρόπος τῷ οὕτω γεννωμένῳ κατὰ τὸ ὅμοιον ἐκ τῆς συναφῆς τῆς Σελήνης ἀποδειχθήσεται· ἡ γὰρ Σελήνη μόνῳ τῷ τοῦ Διὸς συνῆπται μέχρι τῆς πρὸς τὸν Ἥλιον συνοδικῆς φάσεως. **(42)** εἰ δὲ πλείοσι τὴν συναφὴν ἐπεποίητο ἤτοι κατὰ κόλλησιν ἢ καὶ ἐπιμαρτύρησιν, καὶ πλείονας ἂν ἀδελφοὺς εἶχεν. ὅσοι γὰρ ἔχουσιν ἐπὶ γενέσεως τὴν Σελήνην μέχρι τινὸς φάσεως συνάπτουσάν τισιν ἀστράσιν, τοσούτους ἀδελφοὺς ἕξουσιν οἱ οὕτως γεννώμενοι. **(43)** νοείσθω οὖν σοι καὶ τοῦτο ὡς κατὰ τὴν τῆς Σελήνης συναφὴν τῶν μὲν ἀγαθοποιῶν διδόντων ἀδελφούς, τῶν δὲ κακοποιῶν παραιρουμένων, οἱ μὲν ἀγαθοποιοὶ μερισταὶ ἀγαθῶν ἀδελφῶν γίνονται ἐπὶ τῶν κέντρων ἢ καὶ ἐπὶ τῶν ἐπαναφορῶν φανέν-

(41) And the feature of having (only) one sibling will be explained for the man who is thus born in like manner from the contact of Selene because Selene is in contact only with the (star) of Zeus until the appearance of her coming together with Helios. **(42)** If she were in contact with more (stars) either by gluing or even by bearing witness, he would also have more siblings. For all those who have Selene at (their) birth(s) until any (geometrically defined) appearance in contact with any stars will have the same number of siblings (as the stars with which Selene is in contact), those who are thus born. **(43)** Consider this further point, too, that – in accordance with the contact of Selene the benefics giving siblings and the malefics depriving (the native of siblings) – the benefics become distributors of good siblings whenever they appear on the centers or even on the following places and happen τες ἐπειδὰν τοῖς φωστῆρσι οἰκείως συμπαρατύχωσιν, οἱ δὲ κακοποιοὶ παραιρέται γίγνονται ὅταν < ... > καὶ αὐτοὶ ἀνοικείως τοῖς φωστῆρσι συμπαρατύχωσιν. **(44)** ἐπιβλεπτέον δὲ καὶ τὰς τῶν ζῳδίων διαφοράς, ἐπειδήπερ ἐὰν τύχῃ δίσωμα ἢ τροπικὰ ἢ καὶ πολύσπερμα τὰ τὸν ἀδελφικὸν λόγον παρέχοντα, πολυαδελφίας γίγνονται αἴτια. **(45)** διὰ τί δὲ οὐχὶ ἄρρενα ἀδελφὸν δέδωκεν ἡ Σελήνη συνάπτουσα τῷ τοῦ Διὸς ἀρρενικῷ ὄντι; διότι ὁ Ἥλιος ὡροσκοπῶν ἐν ἀρρενικῷ ζῳδίῳ καὶ τὴν συναφὴν τῆς Σελήνης ἀποδεχόμενος ὡς ἐπὶ τὸ πλεῖστον ἀρρένων σπαναδελφίας αἴτιος γίνεται.

to be present with the luminaries in a familiar manner, the malefics, however, become deprivers (of siblings) whenever they <. . .> and happen themselves to be present with the luminaries in an unfamiliar manner. **(44)** One must also pay attention to the differences of the animate figures because when those that indicate the issue of siblings happen to be bicorporeal or tropical or even abounding in seed, they become causes of having many siblings. **(45)** 'But why did Selene not give a male sibling although she was in contact with the (star) of Zeus who is male?' Because Helios, when he watches the hour in a male animate figure and admits Selene into contact, becomes in most cases the cause of having few male siblings.

(46) Τὸ μὲν οὖν ἄτεκνον τοῦτον γεγενῆσθαι ἡ τοῦ Ἡλίου περὶ τὸ ὡροσκοποῦν στάσις ἀπετέλεσεν. ἀεὶ γὰρ ὁ Ἥλιος ἐπὶ τῶν ἀναφορῶν χρηματίσας ἀτεκνίας αἴτιος γίνεται. **(47)** διὰ τί δὲ ἐν προσκρούσει γέγονε πρὸς τοὺς συγγενεῖς; διὰ τὴν τοῦ Ἑρμοῦ μετὰ Κρόνου στάσιν. **(48)** τίς δ' ἡ αἰτία τοῦ τὸν τοιοῦτον υἱοποιηθῆναι; ὁ τοῦ Διὸς ὁμόκεντρος τῇ Σελήνῃ φανεὶς ἐν Κρόνου ζῳδίῳ.

(46) The fact, then, that this (man) was born as one who would not have children was the effect of the position of Helios around the hour-watching (center). For always when Helios exercises his influence in the rising (animate figures of births), he becomes the cause of childlessness. **(47)** 'And why did he live in conflict with his relatives?' Because of the position of Hermes together with Kronos. **(48)** 'And what is the cause of the fact that the (man with) such (a birth) was adopted?' The appearance of the (star) of Zeus on the same center with Selene in an animate figure of Kronos.

(49) Πόθεν δὲ αὐτῷ τὸ αἴτιον ἐγίνετο τοῦ ὕδρωπος καὶ <τῆς> δυσπνοίας καὶ τοῦ θανάτῳ κακῷ μεταστῆναι τοῦ βίου; διότι τῶν κακοποιῶν ἐμπεριεχόντων τὰ δύο φῶτα, πάντων τῶν ἀστέρων ἐν καθύγροις ζῳδίοις τὴν στάσιν ἐσχηκότων, τοῦ δυτικοῦ ἐν χερσαίῳ ζῳδίῳ ὑπάρχοντος καὶ ὑπὸ τῶν κακοποιῶν ἀνὰ ἓν σχῆμα ἐμπεριεχομένου, εἴποιμεν ἂν ὅτι

(49) 'And whence did the cause of the dropsy and of <the> difficulty of breathing and of the fact that he died a bad death originate for him?' Since the malefics hemmed in the two luminaries and all the stars had their positions in very wet animate figures and the setting (center or place) was in an animate figure living on dry land and hemmed in by the malefics through one (and the same geometrical) figure, I would say that for these ἐκ τῶνδε τὸ αἴτιον τοῦ ὕδρωπος καὶ τὸ τῆς δυσπνοίας πρόδηλον γενήσεται. ἀεὶ γὰρ οἱ φθοροποιοὶ ἐμπεριέχοντες τὸν Ἥλιον ἢ τὴν Σελήνην ἢ καὶ ἀμφοτέρους κατὰ τὰ κέντρα κακοθανασίας αἴτιοι γίνονται.

(reasons) the cause of the dropsy and of the difficulty of breathing will become manifest in advance. For always when those (stars) that cause destruction hem in Helios or Selene or even both at the centers, they become the cause of a bad death.

(50) Οὐ μόνον δὲ δεῖ ταῦτα σκοπεῖν, ἀλλὰ καὶ τὴν τριταίαν καὶ ἑβδομαίαν καὶ τεσσαρακοσταίαν ἡμέραν τῆς ἐκτροπῆς, ὥσπερ ἐπὶ τῆς προκειμένης γενέσεως ἐν τῇ τεσσαρακοσταίᾳ ἡμέρᾳ εὑρίσκεται ἡ Σελήνη ἐν Καρκίνῳ, ὁ δὲ Ἄρης ἐν Κριῷ, Κρόνος δὲ ἐν Αἰγόκερῳ, καὶ συνέβη τοὺς δύο κακοποιοὺς ἐν ἐκείνῃ τῇ ἡμέρᾳ ὁρᾶν τὴν Σελήνην, Κρόνον μὲν ἐκ διαμέτρου, Ἄρεα δὲ ἐκ δεξιοῦ τετραγώνου· καὶ τοῦτο οὖν κακοθανασίας αὐτῷ αἴτιον γέγονεν. **(51)** καὶ ἔτι οὐ μόνον δεῖ τὴν Σελήνην παρατηρεῖν ἐν ταύταις ταῖς ἡμέραις, ἀλλὰ καὶ τοὺς ἄλλους ἀστέρας πῶς κεῖνται ὡς ἐπὶ γενέσεως.

(50) And one must examine not only this, but also the third and seventh and fortieth days from the moment of birth. Thus, in the present birth on the fortieth day Selene is found in (the) Crab, Ares in (the) Ram, and Kronos in (the) Goat-Horn. And it came to pass that on that day the two malefics saw Selene, Kronos from opposition and Ares from a right square: This also, then, caused him a bad death. **(51)** And besides one must observe not only Selene on these days but the other stars, too, how they are situated, as in the case of a birth (chart).

(52) Πόσους δ᾽ ὁ τοιοῦτος πληρώσας ζωτικοὺς χρόνους τελευτήσει; γνώσῃ δ᾽ ἐκ τῆς Σελήνης· αὕτη γὰρ ἀφέτης γίγνεται ἐπὶ τῆς τοῦ ὡροσκόπου μοίρας εὑρεθεῖσα, καὶ ὅσαι μοῖραι τοῦ ἀναφορικοῦ ἀπ᾽ αὐτῆς ἕως τῆς τετραγώνου πλευρᾶς (τουτέστι Ταύρου μοίρας α′), τοσαῦτα ἔτη βιώσας τελευτήσει, συνάπτουσα δὲ κακοποιοῖς ἐν ταῖς μεταξὺ μοίραις ἢ καὶ τῷ Ἡλίῳ κλιμακτῆρας ποιεῖ.

(52) 'And after completing how many years of life will the (man with) such (a birth) die?' You will recognize (that) from Selene. For she becomes the one who sends forth (the years of life) because she is found on the part of the Hour-Watcher, and as many parts of rising (time) as there are from her up to the side of a square – that is up to the first part of (the) Bull –, so many years will he (the native) live and then die. If, however, she (Selene) enters into contact with malefics or even with Helios in the parts that lie in between, she causes rungs of the ladder (of life).

(53) Τοσαῦτα μὲν ὡς ἐν συντομίᾳ ἐκ τῶν παρὰ τοῖς ἀρχαίοις εἰρημένων ἐκτίθεται ὁ Ἀντίγονος περὶ τῆς πρώτης γενέσεως.

(53) This much (is what) Antigonus sets out concerning the first birth, as in an abridged form, from the sayings of the ancients.

3 Commentary

The following conventional symbols will be used:

Zodiacal signs			Luminaries and Planets		
Symbol	**Greek name (translated)**	**Latin name**	**Symbol**	**Greek name**	**English/Latin name**
♈	Ram	Aries	☉	Helios	Sun/Sol
♉	Bull	Taurus	☾	Selene	Moon/Luna
♊	Twins	Gemini	♄	Kronos	Saturn
♋	Crab	Cancer	♃	Zeus	Jupiter
♌	Lion	Leo	♂	Ares	Mars
♍	Virgin	Virgo	♀	Aphrodite	Venus
♎	Scales	Libra	☿	Hermes	Mercury
♏	Scorpion	Scorpio			
♐	Archer	Sagittarius			
♑	Goat-Horn	Capricornus			
♒	Water-Pourer	Aquarius			
♓	Fishes	Pisces			

(21) let us add: Hephaestio's chapter 18 is about the 'fortune of dignity', i.e. the social, political or military positions that a native (i.e. an individual whose nativity is being examined) will achieve in his life. He reviews three different astrological doctrines on this topic: first that of Claudius Ptolemy (2nd century CE), second that of the didactic poet Dorotheus of Sidon (1st century CE), and last – but at far greater length than the previous two – that of Antigonus of Nicaea.

births: and – by way of metonymy – the astronomical alignments at the times and places when and where the respective individuals were born. Although the time of conception (which was chronologically distinguished from that of the preceding sexual intercourse) was in theory considered to be more important, as being the absolute beginning of human life, horoscopes were with very few exceptions cast for the more easily ascertainable time of birth (see Katrin Frommhold [2004]). Hence, the standard term 'nativity'.

Petosiris and Nechepsos: two legendary Egyptian authorities of Hellenistic astrology, a king (Nechepsos) and a sage (Petosiris), to whom a very influential manual was attributed. It was composed in Greek (at least partially in verse) by one or more unknown authors, probably in the late 2nd century BCE. Some eighty clearly identifiable fragments and testimonies survive (see Riess [1891–1893] and the addenda in Heilen [2015]: 40–47). However, the amount of unacknowledged borrowings from this pseudepigraphic work in later Greco-Roman astrology must be high. Recent discoveries of demotic papyri have deepened our understanding of the indigenous Egyptian substrate of the figure of the astrologer king Nechepsos and provided evidence that the correct form of the name is not (as commonly assumed until recently) Nechepso, but Nechepsos, see Heilen (2011): 23–30, and Kim Ryholt (2011). On elements of Egyptian culture, religion, and social life in Greco-Roman astrological texts, see Cumont (1937).

(22)–(52) The analysis falls into three sections of uneven length: the astronomical data (§ 22), a biographical sketch (§§ 23–24), and a long astrological commentary (§§ 25–52) that explains the alleged causal connection between the astronomical and biographical data contained in the first two sections. The long third section follows the order of the biographical data in the second with very few exceptions that serve the economy of the astrological explanations.

(22) A Greco-Roman horoscope regularly includes the ecliptic longitudes of the luminaries, the five visible planets and the 'ascendant' (lit. "hour-watcher", see the lemma below), i.e. the part of the ecliptic that was rising at the time of birth. The ecliptic latitudes of the Moon and the planets are almost never recorded. The geographical latitude of the place of birth, an indispensable feature of modern horoscopes, is often not explicitly mentioned by ancient astrologers, and if so, it is specified with reference to the system of the 'seven *clímata*' (see below). The astronomical data of the horoscope of Hadrian, as specified in this paragraph, are: Sun: 8° Aquarius; Moon, Jupiter, and the ascendant: 1° Aquarius; Saturn: 5° Capricornus; Mercury: 12° Capricornus; Venus: 12° Pisces; Mars: 22° Pisces; midheaven: 22° Scorpio. They can be visualized thus (ASC = ascendant, DESC = descendant, MC = *medium caelum* = midheaven, IMC = *imum medium caelum* = lower midheaven):

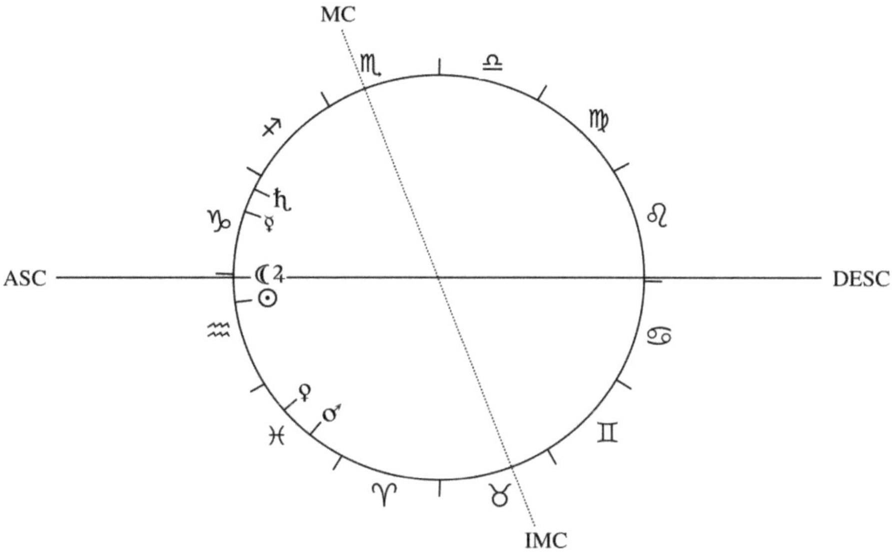

Fig. 1: Chart of the anonymous emperor (Hadrian) according to Antigonus

We have no evidence that Antigonus illustrated his data with a diagram, but a few astrologers certainly did as is evident from extant papyri (see, for example, Neugebauer and van Hoesen [1959]: 18). Those ancient diagrams were circular, and so are the modern astrological charts (medieval charts, instead, were typically rectangular). These circular charts imitate the perspective of an observer standing at the place of birth and watching south. The horizontal line represents the local horizon of the observer, with the rising point of the ecliptic to his left (east) and the setting point to his right (west). While there is always one half of the zodiac above the horizon, the observer will almost never see the exact middle of this upper half of the zodiac, as one might expect, right south of him, but rather – depending on the rising degree and the geographical latitude – more or less tilted to the right or left. This seeming distortion of the zodiac is due to the characteristics of spherical geometry. Hence, the observer in Hadrian's case would see the arc 1° Aquarius – 22° Scorpio 'stretched' between the eastern horizon and the local meridian (south) and the arc 22° Scorpio – 1° Leo 'squeezed' between the local meridian and the western horizon. The remaining half of the zodiac would, of course, be invisible to him.

As usual in ancient Greek horoscopes of that period, all of Antigonus' longitudes are sidereal, i.e. based on the fixed stars, not on the vernal equinox. They are ca. 4° 30′ higher than modern tropical longitudes obtained by backwards computation for the birthday of Hadrian, 24 January 76 CE. This deviation is typical of ancient sidereal planetary tables and horoscopes for dates near the time of Hadrian's birth. It decreases over the following centuries due to the precession of the equinoxes. An approximative formula for the conversion of tropical longitudes computed by modern theory to the ancient frames of reference is given by Jones (1999): vol.I: 393. From the earliest extant Greek horoscopes (1st century BCE) to those of the second and third centuries CE, longitudes are normally given to the zodiacal sign or – more rarely and more precisely – to the degree (lit. "part"). Note that one degree of arc is still a relatively large unit, roughly equivalent to two lunar diameters. The exact position within one degree of arc, which modern astronomical software would determine by minutes and seconds of arc, is astrologically irrelevant and would go beyond the accuracy of ancient planetary tables on which horoscopes were based (this implies that they were not based on observation of celestial phenomena; see Jones [2015]: 183 and 192–193).

There are strong reasons to assume that Antigonus did not compute the longitude of the midheaven with Ptolemy's (or Ptolemy-like) trigonometric methods but using the older, less accurate Babylonian system A of the so-called 'seven *clímata*'. A detailed explanation of this system would go beyond the scope of this commentary (for details, see Neugebauer – van Hoesen 1959, 3–4, and esp. the table at Neugebauer 1975, 732). Suffice it to say that the 'seven *clímata*' are equidistant zones of geographical latitude associated with notable cities of the ancient world (Alexandria, Babylon, Rome, etc.) and that they allow easy computation of rising times (and thus of the midheaven) while being imperfect in two respects: first, they match only a small set of specific geographical latitudes, which means that an astrologer must choose the *clíma* that is closest to the latitude on which his native was actually born, and second they provide but approximative results even for this small set of select latitudes because the Babylonian system A is based on linear arithmetical progressions. If my assumption regarding Antigonus' method of computation is correct, then his data imply an answer to the much debated question whether Hadrian was born in Italica (southern Spain) or Rome because his figures for the ascendant and for midheaven match *clíma* Vb (that of Rome), not *clíma* IIIa (that of Rhodes and, by extension, of Italica) of the Babylonian system A. For a detailed discussion of the entire problem see Heilen (2015): 615–631.

Since Antigonus is our earliest extant source regarding the birthplace of Hadrian, his implicit information is precious but not by itself conclusive because our text reveals only what Antigonus knew or believed regarding Hadrian's place of birth. Antigonus' information is, however, corroborated by the best available historical sources. Note that there has been a curious series of mistakes in the interpretation of these data because Neugebauer accepted erroneous biographical data provided by ancient historians which led him to anachronistic conclusions regarding the method of computation used by Antigonus; later, a Spanish ancient historian drew on these incorrect conclusions in order to definitively prove the Spanish origin of emperor Hadrian (see the summary by Heilen [2006] with references to Neugebauer and van Hoesen [1959]: 90–91, and Canto [2004]).

The ascending degree has, in all likelihood, been 'doctored' by Antigonus (or by his source). The coincidence of the ascendant with the positions of Jupiter and the Moon makes the time of day the astrologically most suitable for the birth of an emperor. On average, a new zodiacal degree ascends every four minutes. A few minutes earlier, the ascending degree would fall in the last degree of Capricornus and change the astrological situation profoundly; half an hour later, the Sun would have risen and similarly changed the interpretation of the data. Note, however, that it is very unlikely that Antigonus knew the time of Hadrian's birth to the minute. In such cases, it was common practice to 'rectify the chart' by choosing, within the set limits, the moment in time that would most persuasively match the known biographical details.

Someone: Case studies in ancient scientific manuals usually refer to anonymized historical individuals. The identification of the present individual as the Roman Emperor Hadrian is the merit of Wilhelm Kroll in CCAG VI (1903): 67. It is based on the biographical data in the text (cf. Cumont in CCAG VIII.2 [1911]: 83, n. 1). Kroll's identification is confirmed by the fact that the astronomical data specified in § 22 match the independently transmitted birthdate of Hadrian.

Antigonus takes an interestingly prejudiced perspective that becomes all the more evident if one compares his very favorable picture of Hadrian with the negative characterizations of two other individuals whose nativities Antigonus discussed in the immediately following examples of his manual. These two men, whose horoscopes are not translated here (see **F2** and **F3** in my edition),[40] were personal enemies of Hadrian. One of them can be identified with

40 Heilen (2015): 160–174.

certainty as the emperor's grand-nephew Pedanius Fuscus who was put to death by Hadrian (see § 23). For that and other reasons it is probable, but beyond definitive proof, that Antigonus drew on the lost, presumably apologetic autobiography of Hadrian (Heilen [2005]). In the present case, anonymity is further advised because it was a capital crime to analyze the Roman emperor's nativity (Cramer [1954]: 248–281).

Hour-Watcher: the ascendant. Literally, the Greek technical term *hōroskópos* means "hour-watcher". It originated from the indigenous Egyptian habit of time-keeping at night by means of 36 so-called 'rising decans' (as opposed to another family of 36 'transit decans' that used to be observed in their transits through 'midheaven' on which see below). The indication of the decan that was rising at a child's birth gave this event an individual chronological signature. Early astrologers in Ptolemaic Egypt synchronized the Babylonian zodiac (12 signs of 30° each = 360°) with the decans (36 decans of 10° each = 360°) by subdividing each zodiacal sign into three decans. They soon refined their method of registering individual birth-marks by passing from decans to single rising degrees (see Dorian Greenbaum and Micah Ross [2010]). From a linguistic point of view, one may add that the formally active compound ('hour-watcher') can have both active and passive meanings: on the one hand, 'he who watches the hour', on the other hand, 'the tool by means of which the hour is watched' (compare, for example, the similar active and passive meanings of English 'reader'.) Since the rising degree was, in Hellenistic astrology, the most important astronomical parameter of a nativity, it later came to denote (by *pars pro toto*) the entire nativity ('horoscope').

all three together: although the luminaries and the planets move, in the ancient geocentric concept of the cosmos, at different distances around the immobile central earth, and cannot, therefore, be 'together' in all three spatial dimensions at any time, astrologers used to neglect the various depths in space and to think of the planetary deities as all moving in the same plane, that of the fixed stars. In other words, they deliberately take the perspective of an earthly observer who is unaware of the different distances of the celestial objects that he sees. This tacit projection of various planetary orbits onto one and the same plane makes it possible to speak of Jupiter and the Moon being 'in contact' (§ 26).

on the first part: ancient astrologers think of planetary positions as either being 'in' a specific unit of ecliptic longitude (zodiacal sign, degree, minute) or 'on' it. The two concepts often appear together in one and the same text, as is here the case. While the former concept is familiar to modern readers, the latter seems to be based either on a view of the zodiac as a celestial road on which the planetary deities walk or drive their chariots (the zodiac was traditionally considered to be 12° large, 6° on either side of the ecliptic) or on the habit of visualizing the positions of the planets by means of a round, flat board (Greek *pínax*, see Dorian Greenbaum and Micah Ross [2015]) such as the so-called Daressy Zodiac (photographs: Franz Boll [1903]: Taf. VI, and Gundel [1992]: 227), a zodiac *en miniature* on (!) which semi-precious stones used to be placed as planetary markers for illustration purposes during consultations with clients (see James Evans [2004]). Ancient and modern circular horoscopic diagrams (see above) are graphical imitations of such boards.

animate figure: zodiacal sign. Technically speaking, this is one of the twelve 30°-sections of the zodiac, but the Greek term *zṓdion*, being a diminutive of *zṓon*, literally means "small living being" or (in art) "small painted figure". It thus conveys the animated notion attached to the constellations in Greek thought which is based on the mythical concept of catasterism, that is, turning earthly, living creatures into constellations after their deaths. The constellation Leo, for example, is the mythical Nemean lion that was slain by Heracles and later placed among the stars by Hera. Note that the mathematically defined 360°-zodiac to which ancient astrologers refer is an abstraction of (but not identical with) the series of twelve visible constellations which are, in the Greek imagination, the real animate figures and of various extension.

in (the) 12th part: according to our text, the difference in longitude between Sun and Mercury is 26°. Hence, Antigonus thought of Mercury as being near its maximum elongation, visible at the time and place of Hadrian's birth and (because it is not 'burnt' by the Sun; see § 39) astrologically powerful.

midheaven: the culminating degree of the ecliptic, i.e. its intersection with the local meridian. Depending on the geographical latitude and the part of the ecliptic that is rising, midheaven is more or less than 90° apart from the ascendant. Since midheaven is, except for equatorial latitudes, elevated less than 90° above the horizon of the place of birth, it is conceptually different from the zenith which is perpendicular to the horizon and thus directly above the place of birth. Unlike midheaven, the zenith is irrelevant to ancient astrology.

(23) Hadrian was adopted by Trajan (53–117 CE, emperor since 98 CE) who was akin to Hadrian because Hadrian's grandfather had married an aunt of Trajan. The historicity of the adoption has been questioned inconclusively both by ancient contemporaries and by modern historians, but Antigonus takes it for granted. Hadrian was proclaimed emperor on August 11, 117 CE, i.e. at the age of 41½ years. Note that both the 42nd year of life (adoption) and the 63rd (Hadrian's death) are 'climacteric' years (multiples of 7, see § 52). Hadrian's intellectual versatility and his cultured personality, especially his Philhellenism, are well known. On divine honors of living rulers and emperors in the East of the Mediterranean world, see Simon R. F. Price (1984) and Manfred Clauss (1999). Hadrian married Vibia Sabina, a great niece of Trajan, in 100 CE when she was about 15 years old (not unusual in Roman society). Hadrian himself was then 24 years old. Hadrian's sister was Domitia Paulina. Towards the end of his life, when Hadrian's wife, sister and other relatives had already died, the emperor had his grandnephew Pedanius Fuscus executed on the charge of a conspiracy (138 CE). In that context L. Iulius Ursus Servianus, the grandfather of Pedanius and Hadrian's brother in law, was forced to commit suicide on the allegiance of having plotted with Pedanius against the emperor. Antigonus also cast the horoscope of Pedanius; it is extant as §§ 62–66 of the same chapter 2.18 of Hephaestio's *Apotelesmatiká* (= **F3** in Heilen (2015): 168–174).

(24) Hadrian died on July 10, 138 CE, at the age of 62½ years. The cause of the Emperor's death must have been of special interest to Antigonus of Nicaea if he was identical with the homonymous medical author, as the present commentator believes. The Greek term to which Antigonus refers, *hýdrōps*, is continued in English *dropsy* (synonymous with *edema*). *Dropsy* is etymologically connected to *hýdōr*, "water", and denotes an abnormal excess accumulation of serous fluid (mistakenly interpreted as water) in connective tissue or in a serous cavity. In other words, Antigonus rather specifies the symptoms of Hadrian's death than the medical cause. Various scholars have attempted retrospective diagnoses of the true cause of Hadrian's death based on all relevant ancient sources – with little success; the available data are not sufficient for a modern pathological diagnosis.

breathing difficulty: very literally translated, *dyspnoía* means "un-breath" or "mis-breath" (the Greek prefix *dys-* characterizes the second part of such compounds as hard, bad, unlucky). Hence, the translation chosen here is as literal as correct English allows. The widely used translation of Neugebauer and van Hoesen (1959): 90, renders *dyspnoía* here as "asthma" which is in two respects against emic principles: on the one hand, *asthma* is a different Greek word, not the one chosen by Antigonus, and on the other hand, asthma has become a technical term in modern medicine, thus making the reader (wrongly) believe that the Greek text contains a diagnosis with the medical implications of the modern term.

(25) in addition: i.e. to the astronomical and biographical facts presented in §§ 22–24.

(26)–(28) The most important biographical detail, that Hadrian became Roman Emperor, is explained first. Antigonus treats it in keeping with the traditional astrological doctrine of the 'fortune of dignity' (see above on § 21).

(26) luminaries: since Sun and Moon are by far the most majestic heavenly bodies, they signify rulership in astrology. Especially the Sun is often called 'cosmocrator', ruler of the universe, in ancient texts. Sometimes this term is extended to both luminaries.

Hour-Watcher: here (and equally so in other astrological texts) not the single rising degree (ascendant) as explained above (see on § 22) but metonymically used for the entire zodiacal sign in which that degree falls (here: Aquarius). For the astrological significance of the rising sign see below on the *dōdecâtropos* (§ 30).

Selene was of the (same) sect (as the nativity): the Moon, being a nocturnal body, belonged to the same sect as the entire nativity, which was equally nocturnal because the Sun was below the horizon. Ancient astrologers distinguish between two 'sects' (Greek [sg.] *haíresis*) of 'planets' (largely speaking, i.e. including the luminaries), that of the day (Sun, Jupiter, Saturn) and that of the night (Moon, Venus, Mars). Mercury is ambivalent: as morning star he belongs to the diurnal sect, as evening star to the nocturnal sect. See Susanne Denningmann (2005): 164–182.

in contact: in conjunction. The literal translation employed here implies the metaphor of anthropomorphic deities coming 'into touch' with each other.

to the degree: being together in the same degree is astrologically stronger than being together in the same zodiacal sign.

Zeus: the father of the gods in the Greek pantheon and therefore (among other things) symbol of kingship.

morning appearance: heliacal rising. To make their computations easier, ancient astrologers indiscriminately used an arc of vision of 15° for the emerging of any planet from the rays of the Sun. In astronomical context individual, more correct figures are given for the respective arcs of vision (Ptolemy, for example, gives 12 ¾° for Jupiter in the *Almagest*). Since the longitudinal distance between Sun and Jupiter is, according to Antigonus, 7° at Hadrian's birth, Jupiter will obviously not have reached the decisive distance of 15° after seven days. Actually, the distance was only 5° 22′ by then. The reason for Antigonus' 'mistake' is not astronomical incompetence but the high symbolic significance of the 3rd, 7th and 40th days after a person's birth in ancient astrology (see §§ 50–51).

stars: Greek *astéres* (singular *astḗr*) is a collective term including the fixed stars, the luminaries and the five planets Saturn, Jupiter, Mars, Venus, and Mercury. It is here systematically translated (and, whenever needed, supplied in explanatory parentheses in the translation) with the English, etymologically related term *star*(*s*). In the present instance, it means 'planets'. The only instance in the horoscope of Hadrian where the term denotes fixed stars is § 28 where Antigonus distinguishes between 'wandering stars' and 'non-wandering stars'.

spear-bearers: this doctrine nicely illustrates the astrological mechanism of projection and reflexion of so-called socio-morphic models (Denningmann [2005]). In a first step, human monarchs and their status symbols (in ancient societies: spear-bearers) are projected onto the skies where they find their counterparts in the Sun, the Moon and the planets which (i.e. the planets) serve as 'spear-bearers' to the luminaries; in a second step, when a child is born in whose nativity the luminaries are in pre-defined strong positions and attended by 'spear-bearers' in pre-defined suitable ways, the celestial image is reflected back on human relationships, and predictions regarding the high social position of the native in his future life are made.

familiar: lit. "belonging to the same household", i.e. fitting, suitable.

exaltation: one of four planetary 'dignities' that are more or less regularly and completely analyzed in Greek horoscopes. Besides the 'exaltations', these are the 'houses' of the planets, their 'triangles', and their 'terms' (see the respective comments below and Bouché-Leclercq [1899]: 182–215). The exaltations are, strictly speaking: Sun ♈ 19°, Moon ♉ 3°, Saturn ♎ 21°, Jupiter ♋ 15°, Mars ♑ 28°, Venus ♓ 27°, Mercury ♍ 15°. In each case, the opposite zodiacal degree (i.e. 180° apart) is the respective planet's 'fall'. However, in astrological practice the terms 'exaltation' and 'fall' are usually (as here) employed more freely, paying attention only to the zodiacal sign, not to the degree. This system is one of the few in Greco-Roman astrology that clearly has Babylonian roots, namely in the concept of *bīt niṣirti* (for details, see Francesca Rochberg-Halton [1988]: 51–57).

<and in her own parts>: there is a high probability that the corresponding Greek words have dropped out in the course of textual transmission. My addition to the transmitted text is justified with detailed argument in Heilen (2015): 727–731.

Each zodiacal sign is subdivided into five sections that are assigned to the five planets. Following a widespread ancient tradition, these sections are called 'the Egyptian terms' (a recently discovered cuneiform text shows that these terms are actually of Babylonian origin; see Alexander Jones and John M. Steele [2011]). They are irregular with respect both to their succession within each sign and to their respective extensions. This system has been versified by the poet Dorotheus of Sidon (1st century CE); its numerical details are therefore certain. It runs as follows:

Tab. 1: The 'Egyptian terms' of the planets

♈	♃ 6	♀ 6	☿ 8	♂ 5	♄ 5
♉	♀ 8	☿ 6	♃ 8	♄ 5	♂ 3
♊	☿ 6	♃ 6	♀ 5	♂ 7	♄ 6
♋	♂ 7	♀ 6	☿ 6	♃ 7	♄ 4
♌	♃ 6	♀ 5	♄ 7	☿ 6	♂ 6
♍	☿ 7	♀ 10	♃ 4	♂ 7	♄ 2
♎	♄ 6	☿ 8	♃ 7	♀ 7	♂ 2
♏	♂ 7	♀ 4	☿ 8	♃ 5	♄ 6
♐	♃ 12	♀ 5	☿ 4	♄ 5	♂ 4
♑	☿ 7	♃ 7	♀ 8	♄ 4	♂ 4
♒	☿ 7	♀ 6	♃ 7	♂ 5	♄ 5
♓	♀ 12	♃ 4	☿ 3	♂ 9	♄ 2

Read: The first six degrees of Aries are assigned to Jupiter, the next six to Venus, the next eight to Mercury, the next five to Mars, the last five to Saturn, the first eight of Taurus to Venus, and so on.

When a planet happens to be in its own terms, it is astrologically stronger. While 'the Egyptian terms', which Antigonus used, are the most authoritative system, we have evidence of the existence of alternative systems of terms in antiquity, which have been theoretically devised yet hardly ever applied (for details, see Heilen [2015]: 718–726).

own triangle: the twelve zodiacal signs are subdivided into four triangles (also called trigons). They are classified as male and female, associated with the four elements of Greek physics and assigned to planetary rulers according to the following scheme:

Tab. 2: The astrological triangles of the planets

Triangle	Element	Gender	Day Ruler	Night Ruler
1. ♈, ♌, ♐	Fire	male	Sun	Jupiter
2. ♉, ♍, ♑	Earth	female	Venus	Moon
3. ♊, ♎, ♒	Air	male	Saturn	Mercury
4. ♋, ♏, ♓	Water	female	Venus	Mars

being in their own places: a general and comprehensive term referring to the various dignities that have been specified before in the same sentence.

(27) own house: each planetary deity has either one (Sun and Moon) or two (the planets) 'houses' in the zodiac. When these deities happen to be located in their respective 'houses', they rejoice and are astrologically stronger. On the underlying rationale of this system, which is still used in modern astrology, see Bouché-Leclercq (1899): 182–192.

Tab. 3: The astrological houses of the planets

	Day house	Night house
Moon	–	♋
Sun	♌	–
Mercury	♍	♊
Venus	♎	♉
Mars	♏	♈
Jupiter	♐	♓
Saturn	♑	♒

at (their astrologically defined) morning rising: i.e., in the phase of their morning visibility. See section 1.8 of the introduction (especially p. 518f.).

(28) on the 20th part: α PsA (Fomalhaut). Certain bright fixed stars play an important role in ancient astrology. The most important ones are discussed systematically by Antigonus in a fragment on royal births (**F5** in Heilen [2015]: 176–178). The obvious symbolism is that the brightest fixed stars in the skies are somehow related to the most prominent human beings on earth. The six fixed stars in **F5** can be identified as α Tau (Aldebaran), β and ζ Tau (the tips of the Bull's horns), α Leo (Regulus), α Sco (Antares), and α PsA (Fomalhaut). All their longitudes are a few degrees off the values that we should expect. The most striking case is ours, the star on 20° Aquarius, with a discrepancy (in both **F1**, i.e. the horoscope of Hadrian, and **F5**) of 13° compared to Ptolemy's value for α PsA (7° Aquarius). However, the identification is certain because the six stars are obviously meant to inscribe a cross in the zodiac, and α PsA is the only star of first magnitude along the ecliptic arc of Aquarius. The same six stars with the exact same longitudes are listed by Firmicus Maternus (4th century CE) in a chapter of his *Mathesis* (6.2) that discusses the same topic as Antigonus' **F5**, bright fixed stars causing royal births. This chapter, which Firmicus claims to have derived from the not otherwise known *Libri myriogeneseos* (lit. "books of tenthousand-birth"), is independent of Antigonus. Both authors must be drawing on an old source. Note that α PsA is the only extrazodiacal star in this system and located on a far southern ecliptic latitude (−20°). This means that the imminent 'contact' (i.e. conjunction) with the Moon can take place only in terms of ecliptic longitude (as usual in ancient astrology). Note further that **F5** wisely formulates some astronomical conditions that must be fulfilled to obtain the rare astrological effect (i.e. a royal birth). These criteria are not mentioned in the horoscope of Hadrian, but they happen to be fulfilled (for details, see Heilen [2015]: 745–747).

the wandering stars: the five visible planets Saturn, Jupiter, Mars, Venus, and Mercury.

(29) <Zeus and>: the corresponding Greek words are likely to have dropped out in the course of textual transmission. My addition to the transmitted text is justified with reference to Ptol. Apotel. 3.12 in Heilen (2015): 763–767.

central position: these 'centers' (Greek *kéntra*, lit. = "sharp points", = Latin *cardines*, "pivotal points") are four, the intersections of the ecliptic with the horizon (rising and setting points) and with the local meridian (upper and lower culminations). They are the astrologically strongest points in a chart, and among them, the ascendant is the strongest. By extension, the entire zodiacal signs into which these points fall can be called 'central' or 'cardinal', as is here the case because the Sun is 7° apart from the ascending degree.

a human-shaped and male animate figure: Ancient astrology classifies only four out of twelve zodiacal signs as human-shaped: Aquarius, Gemini, Virgo, and Libra (Libra because the balance is in the ancient imagination carried by a human figure). The other eight are animal-shaped. The second classification into male and female signs is based on the Pythagorean preference of odd over even numbers. The count begins from the vernal equinox. Hence, ♈, ♊, ♌, ♎, ♐, ♒ are male, ♉, ♋, ♍, ♏, ♑, ♓ female. Only three signs are both human-shaped and male: Gemini, Libra, Aquarius.

(30) Hermes: one of the most versatile gods of ancient myth and astrology (see Aurelio Pérez Jiménez [1999]). Here his function as tutelary deity of writing, literature, and the sciences is referred to, accounting especially for the first two characteristics mentioned by Antigonus ('sensible' and 'cultured'). The phrasing indicates that Hermes/Mercury is, in this paragraph, more important than Kronos/Saturn, not surprisingly in view of Mercury's rare position near maximum elongation.

at (his) morning appearance: in the phase of his morning visibility. The noun *phásis* (lit. "appearance") is used one more time in this astrological sense (§ 31), one time in the astronomical sense of heliacal rising (§ 26) and three times with respect to the Moon in the sense of phase (§§ 40, 41, 42).

Kronos: represents here the wisdom of old age. His canonical qualities account primarily for the last characteristic ('profound').

12th animate figure: the count does not refer to the series of the zodiacal signs, in which it would denote Pisces, but to the so-called *dōdecátropos*, a twelvefold subdivision of the field of vision of a hypothetical observer located at the place of birth and watching south. Each of these twelve 'places' (the ancient technical term) symbolizes a specific field of human life; only the first one has a broader, comprehensive significance (just 'life') that is due to the overwhelming importance of the ascendant. The associations are as follows: I: life, II: finances, III: siblings, IV: parents, V: children, VI: health, VII: wife, VIII: death, IX: religion and travels, X: career and honors, XI: benefits and friendships, XII: enmities and imprisonment. In modern astrology, these twelve 'places' have basically kept their significance but are misleadingly called 'houses', thus allowing for a confusion with the zodiacal 'houses' of the planets (see § 26). The twelve 'places' of the *dōdecátropos* are counted counterclockwise from the ascendant, i.e. in the sequence of their rising. In early horoscopes down to the late 2nd century CE, they coincide with entire zodiacal signs, thus making the technical terms *zṓdion* (animate figure) and *tópos* (place), as here, interchangeable. The equivalence of places and zodiacal signs in Antigonus' horoscope of Hadrian is as follows:

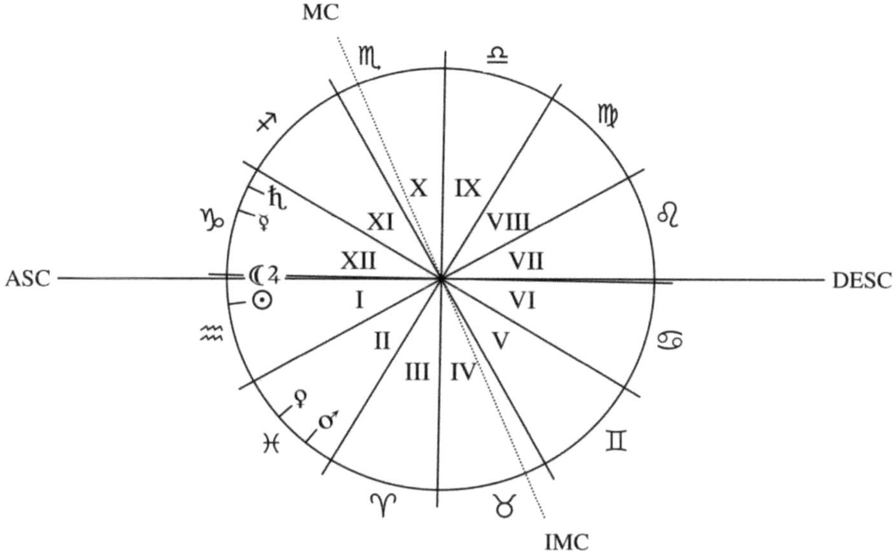

Fig. 2: The astrological places in Antigonus' horoscope of Hadrian

The importance of this earliest, very simple definition of *dōdecátropos* has been neglected by Bouché-Leclercq (1899) and John David North (1986). It is indispensable for understanding Antigonus' argumentation because he seems to be here referring both to the place and to the zodiacal sign. As to the place, several ancient astrological manuals transmit systematic chapters on the effects of the various planets in each of the twelve places of the *dōdecátropos*. The respective passages on Mercury in the 12th place agree in predicting men of learning, grammarians, teachers, scholars (see, for example, Firmicus, *Mathesis* 3.7.24–25, and Paul of Alexandria, *Introduction to Astrology* ch. 24; it is a *desideratum* to investigate how these positive predictions of men of learning relate to the generally negative significance of the 12th place). The manuals say nothing similar on Saturn in the 12th place. This planetary deity may be mentioned here because Saturn is the canonical lord of the 12th place in astrology and may thus, being in his own place, be considered to reinforce the effects of Mercury. As to Capricornus, the zodiacal sign that coincides with the 12th place in the present chart, Antigonus may be thinking of the first so-called 'decan' (i.e. the first ten degrees) of Capricornus in which Saturn and near which Mercury are located because the exact same words that Antigonus applies to Hadrian – "sensible and cultured and profound" – are combined only one more time in extant Greek literature: This parallel occurs in a list of the effects of the 36 decans given by Hephaestio of Thebes, more precisely, in Heph. 1.1.187 on the first decan of Capricorn.

An astronomically more satisfactory division of the places came to be known, from the 2nd century CE onwards, as 'Porphyry's system': In it each of the four uneven sectors that are delimited by the horizon and the local meridian was divided in three equal parts. From late antiquity to the Renaissance, a large variety of more sophisticated systems was created (see North [1986]).

(31) appearance: phase of visibility. See above (§ 30).

the (astrologically defined) morning risings ... evening (risings): on the phases of morning and evening visibility, see section 1.8 of the introduction (especially p. 518f.). The tenet expressed here is based on metaphorical equivalences of morning with youth and evening with old age.

exert their effects: here as well as in §§ 32, 36, 37, 38, 40, 52, the text employs the deterministic verb *poieín* ("to make", "to cause", "to exert an effect"). It was by ancient philosophers opposed to *sēmaínein* ("to signify"; see especially Plotinus, *Ennead* 2.3 *Whether the stars are causes*). Our text never employs *sēmaínein*. The only terminological alternative to *poieín* that it presents is one case of *apoteleín*, "to bring about a certain outcome" (here in § 31). It is from this verb that the identical titles of Ptolemy's and Hephaestio's astrological works, *Apotelesmatiká* (lit.: "[Books] regarding outcomes"), are derived.

actions: those of the planets or those of the human natives? Each of the two interpretations has its own problems, but the context speaks in favor of the former.

(32)–(33a) Another part of the qualities of the soul is a native's potential of making a more or less impressive career or, metaphorically speaking, of 'rising to the top'.

(32) the lord of the place at the top: the lord of the 10th place, in which midheaven falls, is here Mars because Scorpio is a zodiacal house of Mars (see § 28).

well located: the more 'dignities' (see § 26) a planetary deity enjoys, the more conveniently it is located. The condition is here fulfilled because Mars is, according to § 26, located in his own triangle and in his own parts.

sees the place: also this second condition is fulfilled because the astronomical data in § 22 imply that Mars 'sees' midheaven in a perfect 120° aspect. The metaphor of the planetary deities 'seeing' each other and specific points of the chart is of fundamental importance in ancient astrology. Favorable aspects (lit. "seeings") are trine (120°) and sextile (60°), unfavorable aspects are opposition (180°) and square (90°). The reason behind this is again Pythagorean number symbolism (see § 29) applied to the number of sides of the geometrical figures (especially triangles and squares) that the aspects inscribe in the zodiac. While various ranges of inaccuracy (so-called 'orbs') are allowed for aspects, the latter are considered to be astrologically strongest when they are geometrically perfect. Often, however, aspects are considered by entire zodiacal signs rather than with precision to the degree. Zodiacal signs (and planets therein) that are either one or five signs distant from each other lack aspects. A synonym for 'aspect' is 'bearing witness' (see § 40).

(astrologically) rising: i.e., in the phase of visibility. See section 1.8 of the introduction (especially p. 518f.). Mars is in the phase of evening visibility.

(dis)position (of the stars): i.e., of the two luminaries and the five planets. The technical term *diáthema* ("configuration") and its short form *théma* ("position") denote the spatial configuration of the relevant celestial bodies.

subject to any malign influence: that would be the case if Mars were, for example, in Cancer (his 'fall', see § 26) or if the 'malefic' (see § 34) Saturn saw him from square or opposition.

(33a) inoperative places: following Nechepsos and Petosiris, Antigonus considers the 3rd, 6th, 9th and 12th places of the *dōdecátropos* (see § 30) to lack energy; all other places are operative and energetic. (Other astrologers held different views.) The inoperative places are here Aries, Cancer, Libra, and Capricornus, their lords Mars, Moon, Venus, and Saturn; they are located in the 1st (Moon), 2nd (Mars and Venus) and 12th (Saturn) places. Since Saturn is not in an operative place, the protasis is not true; therefore, the apodosis (middle conditions of life) does not apply.

middling conditions: ancient astrologers often use threefold classifications. Here, the average quality is meant, with a tendency to low quality.

(33b) praiseworthiness: this is here and in other astrological texts the sense of *to doxastikón* (neglected by LSJ [1996]).

the (star) of Zeus: Zeus is the quintessence of a majestic ruler. When his star is particularly strongly located in a chart, as is here the case, the native will resemble Zeus. This is the first of several instances in the text (see §§ 36, 41, 45, 48) where the original Platonic way of denoting the planets is used. The earliest occurrence is in Plato's *Timaeus* (38d) where the planet Mercury is called τὸν ἱερὸν Ἑρμοῦ λεγόμενον (sc. ἀστέρα), "the (star) that is said to be sacred to Hermes". In this horoscope the solemn old formula is reserved (but not systematically applied) to the star of Zeus. For the other four planets and for the two luminaries, our text adopts the more recent and simple yet less precise identification of god and star.

same center: the ascendant.

(34) many opponents in law suits: this unclear allusion may be to the same individuals as the following words.

people plotting against him: this is most likely a reference to the alleged conspiracy of the four ex-consuls in 118 CE (see Birley [1997]: 87f.).

hemmed in: a complex doctrine which, in the specific form that occurs here and elsewhere, interprets the position of one or more planetary deities as being enclosed by the two malefics (see next entry), either by physical presence (this is here the case) or – less powerful – by aspect (this is the case in § 49; see the diagram there). Theoretically, the benefic planetary deities can weaken or even break up such an enclosure by casting aspects from outside into the besieged area. However, this is not possible in the case of Hadrian because in his chart Mars and Saturn are physically hemming in all other planets, including the luminaries.

malefics: the planetary deities are canonically distinguished in malefics (Saturn and Mars) and benefics (Jupiter, Venus, Moon). Mercury and the Sun are ambivalent; if one of them is located near another planet, it temporarily assumes that planet's quality.

Kronos being ... evening (rising and spear-bearing): on the phases of morning and evening visibility, see section 1.8 of the introduction (especially p. 518f.). – Saturn and Mars are strongly located; this implies that they are hemming in the luminaries all the more powerfully.

(35) Hermes: here another field of the god's mythical qualities is decisive: his craft, cunning, cleverness, shrewdness.

in a house of Kronos: Capricornus is the day house of Saturn (see § 27).

together with Kronos: Kronos, too, is cunning in Greek myth, but while Hermes displays his abovementioned qualities in a rather juvenile and exuberant way, Kronos acts with the withdrawn deceitfulness of melancholic old age.

12th (place): since this place of the *dōdecátropos* canonically symbolizes enmities (see § 30), enmities are the specific field of life to which Hadrian applied the aforementioned qualities bestowed on him by Hermes (Mercury) and Kronos (Saturn). The line of thought implies that Hadrian did not overcome his enemies with physical violence because that would be the domain of the god of war, Ares (Mars).

(36) prostrated themselves: not a historical reality in Hadrian's life in Rome but a typical feature of kingship in oriental societies, especially among the Persians. Antigonus wrote somewhere in the East of the Roman Empire, maybe in Alexandria, for readers that were used to prostration before kings.

Zeus: a benefic planetary deity; see § 34.

beneficent: more than any of his predecessors, Hadrian cultivated the public image of a munificent ruler.

(37) on a center: the first place of the *dōdecátropos*, to which the ascending degree belongs.

This paragraph explains why Hadrian was munificent to many: the highest possible numbers of spear-bearing planetary deities around Zeus in the sky, all in ideal positions and order, signifies the largest possible multitude of peoples subject to the man born with such a nativity.

familiarly … conveniently: on the general sense of the former, see § 26 'familiar'. The specific sense of both terms is here that in the daily rotation the Sun-god Helios is preceded by his spear-bearers, the Moon-goddess Selene is followed by hers (see §§ 26–27).

centers: see § 29; here in the literal meaning of geometrical points.

(38) at (their astrologically defined) morning rising: i.e., in the phase of their morning visibility. See section 1.8 of the introduction (especially p. 518f.).

not well intentioned but treacherous: the only negative trait in Antigonus' picture of Hadrian. It may have been dictated by both astrological rationale and historical reality. The late antique *Historia Augusta*, at least, mentions Hadrian's deadly *insidias* (Vita Hadr. 23.8).

(39)–(48) This section is devoted to family issues and falls into five parts: marriage (§§ 39–40), siblings (§§ 41–45), children (§ 46), family conflicts (§ 47), adoption (§ 48). One standard topic of family issues in horoscopic analyses, namely parents, is missing. Maybe that is because the astronomical parameters did not suit the biographical facts, or because the topic of the adoption has, in this special case, replaced the generally expected topic of parents. The relative size of each topic is unusual: While Ptolemy and Valens, for example, devote by far the largest space to marriage and other partnerships, followed by parents, children, and siblings, Antigonus pays most of his attention to the topic that is usually treated more briefly than all others, siblings. The reason is probably that the astronomical data of Hadrian's birth match his biographical facts particularly nicely. For none of the family topics does Antigonus refer to the *dōdecâtropos* whose third, fourth, fifth and seventh places signify, respectively, siblings, parents, children, and wife (see § 30). One likely reason for this is that no planets are located in these places.

(39)–(40) Antigonus' explanation of the fact that Hadrian was married just once (not several times) has close resemblances with the relevant section of the long corresponding chapter of Ptolemy (Apotel. 4.5.1–3), probably because both of them drew on the lost relevant doctrine of Nechepsos and Petosiris. This doctrine implies a distinction between legalized marriage with a woman, which is indicated by the Moon, and all other forms of heterosexual partnerships with women, which are indicated by Venus. Both Antigonus and Ptolemy develop, independently of each other, a threefold theoretical distinction of possible cases, but they are different insofar as Ptolemy considers the full spectrum of possibilities, i.e. polygamy (in the sense of a series of several marriages), monogamy and celibacy, while Antigonus neglects celibacy and differentiates, instead, two alternative sets of premises for monogamy. Other astrologers had other doctrines on marriages, regarding not only their number but also their duration, quality, material advantages (dowry) and the question which partner would die first.

(39) under the rays of Helios: when a planet is invisible due to its proximity to the Sun, it is 'under the rays' and thus 'burnt'. This has almost always negative significance. The Moon is here 7° apart from the Sun and therefore invisible.

(40) Consider: lit. "be it considered by you"; the first of several direct addresses to Antigonus' imaginary student.

(dis)position (of the stars): see § 32.

on any center or following place: i.e. in any place of the *dōdecátropos* except the 3rd, 6th, 9th and 12th (see § 30 on 'twelfth animate figure' and § 32 on 'inoperative places').

following place: lit. "subsequent rising", i.e. the second place which houses the zodiacal sign that will rise next after the currently ascending sign. The term was extended from the 2nd place to all those that follow a center (5th, 8th, 11th). See the corresponding verb at the end of § 26.

other stars: i.e., other planets.

bear witness in support of her: i.e. have an aspect with her (on aspects see § 32 'sees the place').

those (stars): i.e., those planets.

the appearance of coming together (with Helios): i.e., the phase of New Moon (as in § 41). See the introduction (at the end of section 1.8).

any star: i.e., any planet.

just as in the present birth: the complicated last condition is fulfilled in Hadrian's nativity (= 'the present birth') because (1) the Moon and Venus are in neighboring zodiacal signs which are, by astrological definition, not related to each other by aspects (see § 32), (2) the Moon was close to conjunction with the Sun (§ 22) and (3) Venus was located together with one other planet (Mars) in her sign (Pisces).

(41)–(45) The discussion of siblings falls into a longer explanation of their number (§§ 41–44) and a brief one of their gender (§ 45). There are close parallels to Antigonus' tenets regarding siblings in the works of Dorotheus of Sidon (1st century CE) and Pseudo-Manetho (early 2nd century CE).

(41) will be explained: anticipation of the time when the imaginary student will master the art. If then a client will consult him regarding such a nativity, he will predict fewness of siblings and elucidate this prediction with recourse to the same argument put forth by Antigonus here. The same perspective is implied in the future tenses § 49 "will become manifest in advance", § 52 "will ... die", and (ibid.) "You will recognize".

the appearance of her coming together with Helios: i.e., the phase of New Moon (as in § 40). See the introduction (at the end of section 1.8).

(42) more (stars): i.e., more planets.

gluing: this metaphor stands for a nearby-conjunction which, according to the ancient astrological definition, occurs when a faster celestial body that is about to catch up with a slower moving one is no more than 3° distant from conjunction (in the fast moving Moon's case: no more than 13°, i.e. the average lunar motion during a 24-hour-day).

bearing witness: i.e. by aspect.

(geometrically defined) appearance: i.e., lunar phase. See the introduction (at the end of section 1.8).

any stars: i.e., any planets.

the same number of siblings: as planets in the Moon's way from its natal position to its next phase (here: to conjunction with the Sun).

those who are thus born: in view of the beginning of the sentence, these final words are syntactically abundant but an exact rendering of the anacoluthon in the Greek original.

(43) in accordance with ... depriving (the native of siblings): this parenthesis faithfully represents the original Greek grammar. It contains the general information which forms the basis for understanding the following, more specific point that Antigonus is going to make.

benefics: Jupiter, Venus, Moon (see on § 34 'malefics').

familiar ... unfamiliar: as in § 26, this refers to the planetary dignities.

deprivers (of siblings): an implicit reference to the high rate of infant mortality in ancient societies.

whenever they <. . .>: both the structure of the sentence and parallels of content in other astrological manuals indicate that a reference to the *dōdecátropos* was lost in the course of textual transmission. The sense of the missing words was probably this: 'whenever they appear on the centers without any appeasing aspect of the benefics'.

(44) This paragraph introduces a tenet which leads to a duplication of the predicted number of siblings in all zodiacal signs except three (♉, ♌, ♒). Since, however, Hadrian's Moon is located in Aquarius, one of these three, the tenet is not applicable to his nativity.

bicorporeal or tropical: these two qualities refer to the canonical subdivision of the zodiac into so-called tropical signs (♈, ♋, ♎, ♑ = 1st quadrant), solid signs (♉, ♌, ♏, ♒ = 2nd quadrant), and bicorporeal signs (♊, ♍, ♐, ♓ = 3rd quadrant). The first group comprises both the truly tropical signs and the equinoctial signs; each one of them marks the beginning of one of the four seasons. The middle signs of each season are 'solid' because the seasonal characteristics are most firmly and genuinely displayed in them. The last sign of each season already has a transitional character (with respect to the next season) which is indicated by its being 'bicorporeal'. For more details see Hübner (1982): 74–88.

abounding in seed: the zodiacal signs of the watery triangle (♋, ♏, ♓) are considered to be particularly fertile; see Hübner (1982): 156–164. Note that the water-pouring Aquarius, in which Hadrian's Moon is located, does, despite his name, not belong to the watery triangle but to the airy one (see § 26).

(45) From here through § 52, Antigonus structures his analysis as a fictitious dialogue between teacher and student, presumably to make the instruction more lively towards the end of this unusually long analysis of an individual nativity. This quick exchange of questions and answers in direct discourse is an extremely rare feature in Greco-Roman astrological and astronomical manuals.

A passage in Vettius Valens' *Anthologies* (2nd century CE, ch. 2.40.1) indicates that there was an old tradition going back to Petosiris, who is quoted twice in the immediate context (Vettius Valens, 2.39.4 and 2.41.2–4), of interpreting the Sun in the ascending sign as a cause of fewness of siblings. In addition to that, Antigonus specifies the gender of the siblings that will be few with reference to the astrological gender of the rising sign.

watches the hour: the Sun is 7° apart from the rising degree, but still located in the rising sign. In this latter sense, the condition is fulfilled.

in a male animate figure: Aquarius is male (see on § 29).

(46) Antigonus is in agreement with Ptolemy that the sun indicates few or no children (Ptol. Apotel. 4.6.1). This must be an old astrological tenet because Hephaestio (2.22.8) says that chapter 4.6 of Ptolemy goes back to Petosiris. Thus, we have here one specific confirmation of Hephaestio's general claim (§ 21) that Antigonus stands in the tradition of Nechepsos and Petosiris. However, Antigonus' emphasis on the rising position of the sun is, in this context, without parallel.

(47) That family conflicts were a standard topic of astrological manuals from early on is shown by John the Lydian (6th century CE) who, in *On celestial signs*, quotes extensively from the otherwise lost Roman author Campestrius (ca. 100 CE?) who in his turn drew on solar omens attributed to Petosiris. The reference to family conflicts is in *On celestial signs* ch. 9. However, Petosiris based his omen on the colour and appearance of the rising sun, an observational criterion that is profoundly different from Antigonus' reasoning which focuses on the astronomical positions of Mercury and Saturn in the twelfth place of the *dōdecátropos* which is that of enmities (see § 30). In Greek myth, Hermes and Kronos are grandson and grandfather. Hadrian's main family conflict was with his grandnephew Pedanius Fuscus, whom he put to death (see § 22). The correspondence between mythical and historical genealogy is thus imperfect because Pedanius was not the grandson of Hadrian but of Hadrian's sister, but since Hadrian himself was childless, it is astrologically satisfactory. For a similar genealogical reasoning, see the next paragraph.

(48) Adoption is, for ancient astrologers, a special feature of the broader topic 'inheritance'. Unlike modern practice in Western societies where the adoptee is usually a young child, in the societies of the Roman Empire the adoptee was in most cases a male adult and the adopter a senior childless male adult. Typical motives for an adoption were the perpetuation of the family name, the preservation of the patrimony, and the securing of proper performance of the traditional offerings and rituals after the adopter's death. In other words, the focus was largely on the needs of the adopter rather than the adoptee (Hugh Lindsay [2001]: 199–201). We have papyrus evidence from Roman Egypt that adoption both of and by a female individual were possible (Raphael Taubenschlag [1955]: 134), but these were rare exceptions from the rule. In view of this social reality, astrologers made predictions regarding both inheritance and adoption based on two male planetary deities that were, according to Greek myth, father and son: Kronos and Zeus (see the similar genealogical reasoning in § 47). Kronos has the mythical attributes of a rich, decrepit old man, Zeus those of a stately man in his best years. Among the few planetary deities there was one other couple that could have been chosen, Zeus and his youthful, almost boyish son Hermes, but this was never done, obviously because their age relation would not match the social reality of human adopters and adoptees. In view of the fewness of available father-son-couples among the planetary deities, two disturbing mythical details were purposely ignored by the astrologers, namely that Zeus was a biological son of Kronos and that he inherited his father's power by brutally overthrowing him. The astrological reasoning was necessarily selective. One ought to keep in mind, however, that the blood-relation between Kronos and Zeus is not a problem in the vast majority of cases which are about inheritance between fathers and their biological sons; it causes a symbolic imperfection only when it comes to the extension of the inheritance doctrine to adopted sons.

While the extant remarks on adoptions in ancient astrological texts are all somehow based on the astronomical positions of Saturn and Jupiter, they do not allow the reconstruction of one clear-cut doctrine. This is partly due to the fact that one can deal with the topic of adoption from different perspectives emphasizing, for example, the genealogical relationship or the adoptive son's inheritance of the patrimony or his social advancement that is made possible through the adoption. Each one of Antigonus' explanatory references to the conjunction of Jupiter with the Moon and to Jupiter's position in a house of Saturn has parallels in other astrological texts about adoption, but not together in one and the same text.

on the same center with Selene: in the ascendant.

in an animate figure of Kronos: in Aquarius, the night house of Saturn (see § 26).

(49)–(52) Unlike modern astrology, which devotes much of its attention to 'luxury questions' of romantic love and happiness, ancient astrologers were expected to address fears regarding the very existence of the average people in a world characterized by frequent wars and illnesses, high infant mortality, and all sorts of accidents (collapsing houses, robbers, wild animals, shipwreck, etc.). The most important questions to answer were those regarding an individual's life expectancy and his or her cause of death. Antigonus discusses first (§§ 49–51) the cause of Hadrian's death, and then its time (§ 52). The discussion of the cause of the emperor's death falls into two separate explanations that are complementary to each other. The first is based on the doctrine of 'hemming in' (§ 49), the second on the doctrine of the 3rd, 7th, and 40th days of the Moon (§§ 50–51).

(49) Antigonus distinguishes between a more general and a more specific effect of the fact that Saturn and Mars 'hemmed in' (see § 34) both luminaries in the ascending sign of Hadrian's nativity. The general effect is that such a configuration of the malefics always causes a 'bad death', as stated by Antigonus at the end of the present paragraph. The specific quality of this 'bad death' depends on the zodiacal signs. The symbolic correspondence between the qualities of these signs and the medical symptoms can be explained in two steps. First the medical side: On the one hand, dropsy (see § 24) was considered to be an excessive accumulation of water in the body; on the other hand, medical treatises from the Hippocratic writings onwards mention dry cough, shortness of breath, high fever, and burning thirst as possible symptoms of dropsy. The resulting paradox was proverbial: "There is nothing dryer than he who suffers from dropsy" (Pseudo-Longinus, *On the Sublime* 3.4). Among the typical symptoms, Antigonus mentions one that Hadrian suffered from, to the point of dying from it: shortness of breath. Now the astrological side: In Hadrian's chart, five planetary deities (Sun and Moon, the benefics Jupiter and Venus, and ambivalent Mercury; i.e., all except the two malefics Saturn and Mars) are located in very wet signs and hemmed in by the two malefics by way of physical presence. This would suffice for the astrological prediction of death by dropsy. In addition, the two malefics are hemming in – this time by way of aspects (specifically oppositions) – the setting point or descendant. This point, which often symbolizes death, falls in the sign of Leo which is astrologically associated with a dry, scorching, suffocating heat because the worst summer heat in the Mediterranean area coincides with a solar longitude in Leo. Hence, the enclosure of the setting point is particularly suitable to symbolize a death by shortness of breath. Altogether, then, both centers, the ascendant and the descendant, are enclosed or – to use a metaphor that is not in the text but familiar to antiquity – pressed hard by two 'pincer'-configurations of the malefics which cause a fatal distress characterized by excessive wetness and excessive dryness. In the following diagram, the two enclosures and the directions in which they exercise their respective pressures are visualized with dotted lines (the jaws of two pairs of pincers, if you will) and small arrows.

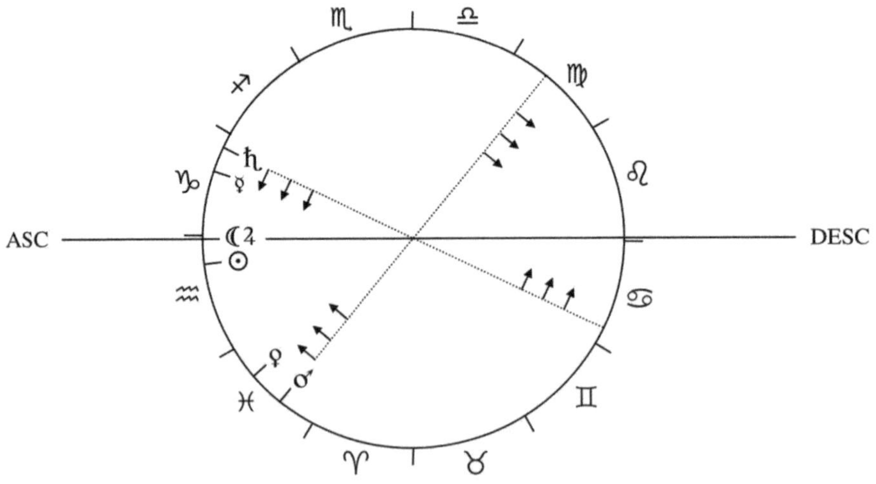

Fig. 3: The two enclosures in Antigonus' horoscope of Hadrian

all the stars: i.e., the two luminaries and the five planets.

very wet animate figures … living on dry land: another canonical way of classifying the 'animate figures', this time with reference to their natural habitat, either land or water. Wet signs are ♋, ♐, ♑, ♒, ♓, land signs are ♈, ♉, ♊, ♌, ♍, ♎, ♏. See Hübner (1982): 173. This system is different from the geometrically based system of the four triangles (see § 26).

hemmed in … figure: 'figure' means aspect (see § 32). In many single doctrines of ancient astrology the planetary deities exercise their effects either by being physically present in a certain part of the zodiac or by casting an aspect on it. The same principle applies to the specific doctrine of hemming in. In the present case, Mars and Saturn cast aspects (opposition) into Virgo and Cancer, thus enclosing the setting point of the ecliptic (1° Leo). Antigonus' emphasis on the aspects being of the same kind (and not, for example, a mix of opposition and square aspect), makes the configuration geometrically perfect and thus astrologically stronger.

those (stars) that cause destruction: a synonym for the malefics (i.e., Saturn and Mars).

a bad death: in a world without pain-killers and high tech medicine, this (Greek *kakothanasía*) was a wide-spread fear, including even the mightiest individuals. Suetonius reports in his biography of Augustus that this emperor frequently mentioned his hope for a quick and painless death which he (as an educated Roman) referred to by using the Greek term *euthanasía* ("good death", the antonym of *kakothanasía*).

(50) The doctrine of the 3rd, 7th, and 40th days of the Moon, which is attested from the first century CE onwards until late antiquity and beyond, is a simple form of continuous horoscopy. In other words, it is one of several ancient astrological techniques of – so to speak – 'turning the clock of life ahead' in order to predict the details of an individual's life in specific moments or periods. These are, in the present doctrine's case, three: youth, mature age, and death, associated respectively with the third, seventh, and fortieth days following the individual's birth. This means that the chronological interval that separates birth from death is, regardless of its extremely varied lengths in individual lives, speculatively reduced to a standardized number of days (40). At first sight, the choice of this number seems nonsensical with regard to the much shorter synodic and sidereal periods of the Moon. However, 40 was in various ancient cultures, including the Greek, and far beyond the realm of astrology, a symbol of completion and perfection. It was applied to time-spans of mourning, fasting, ritual impurity, pathogenesis (hence, medical quarantine), and many other fields. In the context of embryology and gynecology, which is particularly relevant to astrology, there is plenty of evidence from Greek and Roman sources that childbirth could be seen as taking not just one but forty days to be completed in all religious and medical respects, both for the mother and the child. There are important other details regarding the structural significance of the numbers 3, 7, and 40 in Greek physiological concepts of the development of the human body from conception to death that cannot be explained here. For details, see Heilen (2012).

The astronomically important point is that on the 3rd, 7th, and 40th days after birth the Moon will be respectively one, three, and five zodiacal signs apart from its natal position. More precisely, the respective distances will, by astrological definition, be exactly 30°, 90° and 150° (see Vettius Valens, *Anthologies*, ch. 1.14; this eliminates the problem of distinguishing between inclusive and exclusive reckoning of days). The Moon will thus establish new configurations regarding the much slower moving Sun and planets. Since the Moon is the astrological symbol of biological growth and development, these new configurations provide new opportunities to explain specific events at specific times in the biographies of deceased individuals (like Hadrian), or to make such chronologically differentiated predictions for living individuals. And since the number symbolism of time periods of 3, 7, and 40 days was deeply rooted in Greco-Roman culture, this astrological doctrine appealed to the ancient public's mentality. It is attested in manuals and in papyrus horoscopes.

The reason why this doctrine is named after the Moon alone although the Sun and the planets will, on the 3rd, 7th, and 40th days, also have moved away from their natal positions (even if not as much as the Moon), is partly the central prognostic importance of the Moon in this doctrine, partly the fact that this doctrine grew out of the older medical (especially Hippocratic) concept of the 7th day of the Moon as the most important 'critical day' in pathogenesis (more on this below, on § 52). This concept also came to play a central role in iatromathematics (medical astrology) from the 2nd century BCE onwards. Antigonus himself emphasizes (§ 51) that the present doctrine is not exclusively concerned with the Moon but rather with progressions of the entire birth chart (hence, 'continuous horoscopy', see above).

In Hadrian's case Antigonus had already referred (§ 26) to Jupiter's heliacal rising seven days after birth, which he interpreted as one reason why Hadrian became emperor. While the reemergence of the royal planet Jupiter from under the Sun's rays obviously symbolizes the attainment of royal dignity by the native, we now understand why Antigonus insisted there (probably against better astronomical knowledge, see above on § 26 'morning appearance') on the seventh day: because this indicates mature age (Hadrian was actually in his 42nd year). Now, at the end of the Emperor's horoscope, Antigonus draws a second time on this doctrine, and he does so explicitly (because this time the central Moon is at issue), to explain Hadrian's death.

on the fortieth day Selene is found in (the) Crab, Ares in (the) Ram, and Kronos in (the) Goat-Horn: the fortieth day is March 4, 76 CE (76 was a leap year), and the given positions in the zodiac are astronomically correct with respect to both ancient sidereal and modern tropical longitudes (see § 22).

Kronos from opposition and Ares from a right square: again true if one counts aspects not by degree but by whole signs which was a wide-spread practice in early Hellenistic astrology. The term 'right' refers to lower ecliptic longitude with respect to the Moon whose condition is crucial to the native's physiological development. Conversely, the Moon is 'left' of Mars. Since opposition and square are both negative aspects, and both Saturn and Mars are malefics, Antigonus concludes that this combined, very negative influence on the Moon on the important fortieth day indicates a bad death, thus confirming the dire prediction obtained earlier through application of another doctrine (that of 'hemming in') to the celestial alignment at the moment of birth (§ 49).

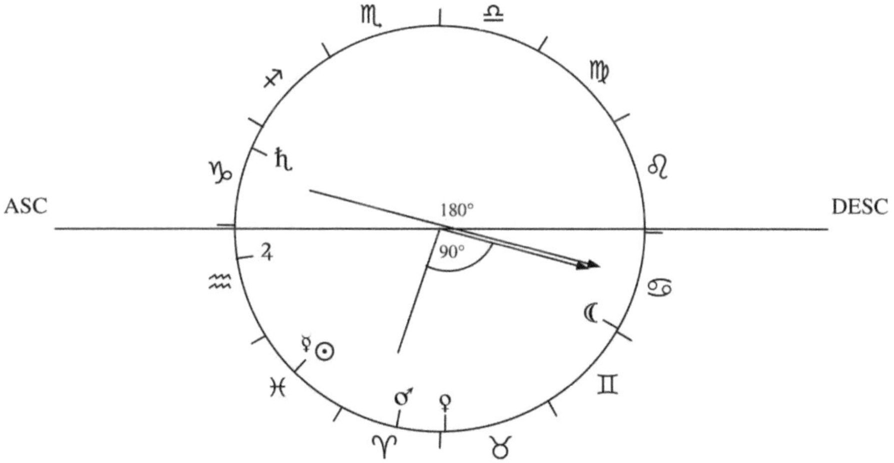

Fig. 4: The harmful aspects of Saturn and Mars on the Moon of the 40th day

(51) stars: i.e., the Sun and the five planets.

(52) Antigonus calculates the length of life in compliance with the method of Nechepsos and Petosiris. In modern terminology that method is a primary direction (see the historical survey in Martin Gansten [2009]: 11–32). The ancient Greek term for a primary direction is *áphesis*, "sending forth". The concept is that of sending a ray of life from a certain point in the zodiac to another point. The zodiacal arc between them must be converted into times of right ascension, and these into years of life. We shall see shortly how that works.

Before, it must be emphasized that Nechepsos and Petosiris wanted the aphetic procedure to cover invariably 90° (they called it the *tetartēmórion*, i.e. the fourth part of the entire zodiac) from the 'sender' in the direction of higher zodiacal longitudes (i.e. a 'left' square, see § 50). The resulting individual life-spans would nevertheless present much variety because the rising times of the degrees of the zodiac are uneven, the slowest rising degrees being those around 0° Aries, the fastest those around 0° Libra. Besides, the 'sending forth' of the ray of life can be interrupted, as both Antigonus and his pseudepigraphic Egyptian authorities have it, if one of the malefics or the Sun happen to be located (or to cast a negative aspect) along the way.

The act of sending forth can, as far as we know from extant testimonies regarding the method of Nechepsos and Petosiris (Firmicus, *Mathesis* 8.2, and Vettius Valens, *Anthologies* 3.2.2–3), be performed by either one of the luminaries or by the ascendant. The choice between these options seems to depend on which of them is in a central position (see § 29) and to whose 'sect' the nativity belongs (see § 26), i.e. whether it is a diurnal or nocturnal nativity. Hadrian's is a nocturnal nativity, and the night's luminary is located in a central place of the *dōdecátropos*, the first (i.e. in the ascending zodiacal sign). Therefore, Antigonus' choice of the Moon is straightforward and necessary.

This leads to the following scenario which will be illustrated with a diagram below: The Moon sends the 'aphetic' ray (see above on *áphesis*) from its own position (1° ♒) down to 1° ♉, and the time that it takes for this 90° segment of the zodiac to rise is equivalent to the time that the native will live. Depending on the geographical latitude this rising time will, of course, vary. With reference to the Babylonian system A of the 'seven *clímata*' (see above on § 22) Hadrian's life-span would, for the latitude of Rome (*clíma* Vb), be ca. 55 years and 4 months. The interested reader can verify this figure by adding up the respective values for Aquarius, Pisces, and Aries in the table given by Neugebauer and van Hoesen (1975): 732: 2 x 16° 40′ (for the two fastest rising signs, Pisces and Aries) + 22° (for Aquarius) = 55° 20′ of right ascension. This figure is by astrological definition equivalent to 55 years and 4 months of life.

In more southern *clímata* of the northern hemisphere Hadrian's life expectancy would be longer because Aquarius, Pisces and Aries would be rising more slowly. An interesting match with his real life-span (62½ years) is obtained for the *clíma* of Rhodes (IIIa) to which Italica belongs: 62° 32′ 40″. However, Antigonus who had computed Hadrian's midheaven using the *clíma* of Rome (Vb, see above p. 532) seems to be either unaware of or embarrassed by this coincidence. Otherwise his silence about it would be incomprehensible (he normally emphasizes nice matches between general rules and his specific case, see §§ 32, 40, 50), and his final reference to potentially deadly crises caused by the malefics before the direction comes to its end would be misleading.

There is, indeed, reason to believe that an average astrologer in the tradition of Nechepsos and Petosiris would have considered Saturn to cause a severe, probably deadly crisis by casting a square aspect into the primary direction, thus terminating the ray of life many years before it reaches the end of the *tetartēmórion* at 1°♉. The most important reasons for this assumption are one passage by Pliny the Elder (*Natural History* 7.160), one by Paul of Alexandria (*Introduction to Astrology* ch. 35), and a very similar horoscope for an anonymous birth on 27 Dec. 43 BCE discussed by the first century astrologer Balbillus in his astrological manual (the preserved excerpt was published by Cumont in CCAG vol. VIII.4 [1921]: 236.8–23; see Neugebauer and van Hoesen [1959]: 78; and especially Gansten [2012]: 593–597 and 601–602). With such a deadly square aspect by Saturn, Hadrian's natal alignment could be visualized thus (for details see Heilen [2015]: 1019):

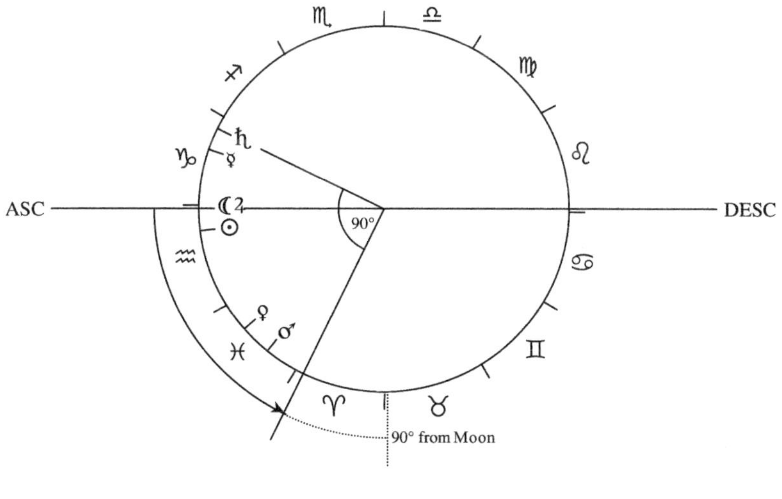

Fig. 5: The primary direction from the Moon in Antigonus' horoscope of Hadrian

It seems, therefore, that Antigonus phrased this paragraph so unusually briefly because the rules of Nechepsos and Petosiris for calculating the length of life, which he summarizes quite correctly, are not suitable for explaining the biographical facts in this individual case.

"rungs of the ladder": literal translation of Greek *klimaktḗres* (singular: *klimaktḗr*) from whose adjective *klimaktērikós* the English loan-word 'climacteric' derives. The metaphor is based on the wide use of ladders in ancient life. Their rungs can be fragile due to age or slippery due to rainy weather; hence, the association of rungs of the ladder with moments of danger.

Besides individual climacterics, which are meant here, ancient astrology pays attention to general climacterics, too (see Bouché-Leclercq [1899]: 526–532, and Franz Boll [1921]). They are older and seem to be relevant to Hadrian's case, too. General climacterics are of medical origin. Already Hippocrates had defined critical days on which the development of a disease was supposed to take a decisive turn either to the better (recovery) or worse (death). The numbers 7 and (less importantly) 9, which are both connected to the lunar cycle (subdivided in either 4 x 7 or 3 x 9 days), played a prominent role in these critical days. They were later extended to critical years and integrated into Hellenistic astrology. There were soon various views as to which critical year was the most dangerous, with an emphasis on the 49th (7 x 7), the 81st (9 x 9), and the 63rd (7 x 9): the latter (63rd) came to be considered the most dangerous of all and was given a special name, "man breaker" (*andróklas*). Both metaphorical terms (*andróklas* and *klimaktḗr*) seem to have originated with Nechepsos and Petosiris (see Firmicus Maternus, *Mathesis* 4.20.3, Pliny the Elder, *Natural History* 7.160–161, and Bouché-Leclercq [1899]: 530, n. 1). However, the astrological doctrine of general climacteric years preserved the original ambivalence of the critical days: Multiples of 7 up to (including) the 42nd year (6 x 7) could be turning points to the better or to the worse, and especially the 42nd year had a long tradition of being considered as the beginning of the best years (*akmḗ*) of a man's life (see Solon's [ca. 640–560 BCE] famous elegy frg. 27 West on the ten hebdomads of man's life, vv. 13–14, and Wilhelm Roscher [1909]: 74, n. 93); only from the 49th year onwards, i.e. from the square number of 7, the critical moments were expected to have negative effects (the typically more serious health problems in later years correspond to the higher danger involved in a fall from the upper rungs of a ladder). Hadrian's accession to power in his 42nd year and his death in the 63rd year nicely fit into this scheme. And these are the only years in Hadrian's life that Antigonus mentions in his short biography (§§ 23–24). Note, however, that he does not at any point explicitly refer to these general climacteric years which were thought to apply to all human biographies, regardless of individual planetary alignments. If the text as transmitted by Hephaestio of Thebes is correct, Antigonus finished his discussion of the present nativity with a brief reference to the individual, astrologically determined climacterics which call for attention in primary directions without clarifying their applicability to Hadrian's special case and without preventing the reader from associating the keyword 'climacterics' with the most infamous general climacteric, the *andróklas* (63rd year).

(53) the first birth: that of the unnamed emperor Hadrian which is, in Hephaestio's excerpts from the manual of Antigonus, immediately followed by analyses of a second and a third (equally anonymous) nativity.

as in an abridged form: note the comparison ('as') which makes perfect sense here. Antigonus had been characterized as a follower of Nechepsos and Petosiris in § 21. However, his discussion of one individual nativity with its *specific* astronomical and biographical parameters can obviously not in the literal sense of the word be an 'abridgement' of the *general* rules contained in the manual of those ancient authorities. What Hephaestio means is rather that Antigonus' elaborate analysis of a sample nativity with its attention to almost all relevant fields of human life nicely illustrates those ancient rules through a practical application, thus giving a representative yet concise idea of them.

The words 'as in an abridged form' cannot in any way mean that Hephaestio of Thebes is here abridging what Antigonus set out. Such an interpretation would be contrary to Greek grammar. (See also above, introduction, section 1.7, second to last paragraph).

Bibliography

a) Editions and (if available) translations of ancient authors

Balbillus

Excerpts of his astrological manual

Cumont, Franz (ed.). 1912. *Codices Parisini* (CCAG VIII.3). Brussels: Lamertin 103.10–104.27.

Cumont, Franz (ed.). 1921. *Codices Parisini* (CCAG VIII.4). Brussels: Lamertin: 233–238.

Dorotheus of Sidon

Dorothei Sidonii carmen astrologicum

Pingree, David (ed.). 1976. *Dorothei Sidonii carmen astrologicum. Interpretationem arabicam in linguam anglicam versam una cum Dorothei fragmentis et graecis et latinis edidit.* Leipzig: Teubner.

Firmicus Maternus

Mathēsis

Kroll, Wilhelm, Franz Skutsch, and Konrat Ziegler (eds.). 1897–1913. *Iulii Firmici Materni Matheseos libri VIII.* 2 vols. Leipzig: Teubner. [Reprint 1968 with addenda]

Holden, James Herschel. 2011. *Julius Firmicus Maternus. Mathesis. Edited and translated from the Latin by James Herschel Holden.* Tempe: American Federation of Astrologers.

Hephaestio of Thebes

Apotelesmatikά

Pingree, David (ed.). 1973–1974. *Hephaestionis Thebani Apotelesmaticorum libri tres.* 2 vols. Leipzig: Teubner.

Historia Augusta

Hohl, Ernst. (ed.). 1971. *Scriptores Historiae Augustae.* Vol. I. 3rd edition. Leipzig: Teubner.

Magie, David (transl.). 1960. *The Scriptores Historiae Augustae.* 3 vols. Cambridge et al.: Harvard University Press.

John the Lydian

De ostentis

Wachsmuth, Curt (ed.). 1897. *Ioannis Laurentii Lydi Liber de ostentis et calendaria Graeca omnia.* 2nd edition. Leipzig: Teubner.

Bandy, Anastasius C. 2013. *Ioannes Lydus. On celestial signs (De ostentis).* Lewiston: Edwin Mellen Press.

Ps.-Longinus

On the sublime

Russell, Donald Andrew (ed.). 1982. *'Longinus' On the sublime, ed. with introduction and commentary by D. A. Russell.* Oxford: Clarendon Press.

Fyfe, William Hamilton (transl.). 1953. *Aristotle, The poetics; 'Longinus' On the sublime. With an English Translation* (Loeb Classical Library, 199). Cambridge/London: Harvard University Press.

Pseudo-Manetho

Apotelesmatiká

Lopilato, Robert. 1998. *The Apotelesmatika of Manetho.* PhD thesis Providence/RI UMI Microform 9830484).

Nechepsos and Petosiris

Riess, Ernst (ed.). 1891–1893. *Nechepsonis et Petosiridis fragmenta magica* (Philologus, Supplemente, 6). Bonn: Georgi: 325–394. [Incomplete; see the addenda in Heilen (2015): 40–47]

Paul of Alexandria

Eisagogiká

Boer, Emilie (ed.). 1958. *Pauli Alexandrini elementa apotelesmatica. Interpretationes astronomicas addidit O. Neugebauer.* Leipzig: Teubner.

Greenbaum, Dorian Gieseler (transl.). 2001. *Late Classical Astrology: Paulus Alexandrinus and Olympiodorus, with the Scholia from Later Commentators.* Translated by Dorian Gieseler Greenbaum; edited by Robert Hand. Reston: Arhat.

Pliny the Elder

Naturalis historia

Mayhoff, Carl (ed.). 1909. *C. Plini Secundi Naturalis historia.* Vol. 2: *Libri VII – XV.* Stuttgart: Teubner. [Reprint 1967]

Rackham, Harris (transl.). 1947. *Pliny, Natural History.* Vol. 2: *Books 3–7* (Loeb Classical Library, 352). Cambridge et al.: Harvard University Press.

Ptolemy

Syntaxis (Almagest)

Heiberg, Johan L. (ed.). 1898–1903. *Claudii Ptolemaei Opera quae exstant omnia.* Vol. 1: *Syntaxis mathematica.* 2 vols. Leipzig: Teubner.

Toomer, Gerald J. (transl. and annotated). 1998. *Ptolemy's Almagest.* 2nd edition. Princeton: Princeton University Press.

Apotelesmatiká (Tetrábiblos)
Hübner, Wolfgang (ed.). 1998. *Claudii Ptolemaei Opera quae exstant omnia.* Vol. 3/1: *Ἀποτελεσματικά*. Stuttgart/Leipzig: Teubner.
Robbins, Frank E. (ed. and transl.). 1940. *Ptolemy, Tetrabiblos* (Loeb Classical Library, 435). Cambridge et al.: Harvard University Press. [Reprint 1980; the chapter count in Hübner's and Robbins' editions is not throughout the text identical; the authoritative count is that of Hübner].

Rhetorius

A critical edition of his work by the late David Pingree is being prepared for publication by Stephan Heilen.

Valens

Anthologies
Pingree, David (ed.). 1986. *Vettii Valentis Antiocheni Anthologiarum libri novem.* Leipzig: Teubner.
Riley, Mark T. (transl.). *Vettius Valens, Anthologies, Book I.* Online at: http://www.csus.edu/indiv/r/rileymt/Vettius%20Valens%20entire.pdf. [A "preliminary translation"]
Schönberger, Otto, and Eberhard Knobloch (transl.). 2004. *Vettius Valens, Blütensträuße* (Subsidia Classica, 7). St. Katharinen: Scripta-Mercaturae-Verlag. [German translation; to be used with extreme caution (see the review by Stephan Heilen in: *MHNH. Revista Internacional de Investigación sobre Magia y Astrología Antiguas* 5 [2005]: 373–381.)]

b) Secondary literature:

Baccani, Donata. 1992. *Oroscopi greci: Documentazione papirologica* (Ricerca Papirologica, 1). Messina: Sicania.
Barton, Tamsyn. 1994a. *Ancient Astrology* (Sciences of Antiquity). London/New York: Routledge.
Barton, Tamsyn S. 1994b. *Power and Knowledge: Astrology, Physiognomics, and Medicine under the Roman Empire.* Ann Arbor: University of Michigan Press. [Reprint 2002]
Beck, Roger. 2007. *A Brief History of Ancient Astrology.* Malden (Mass.)/Oxford: Blackwell
Bezza, Giuseppe. 1995. *Arcana mundi: antologia del pensiero astrologico antico.* 2 vols. Milano: Rizzoli.
Bezza, Giuseppe. 2007. "The Development of an Astrological Term – From Greek *hairesis* to Arabic *ḥayyiz*". *Culture and Cosmos* 11/1–2: 229–260.
Birley, Anthony R. 1997. *Hadrian. The Restless Emperor.* London/New York: Routledge.
Boll, Franz. 1894. "Studien über Claudius Ptolemäus. Ein Beitrag zur Geschichte der griechischen Philosophie und Astrologie". *Jahrbücher für classische Philologie*, Suppl. 21: 51–244.
Boll, Franz. 1903. *Sphaera. Neue griechische Texte und Untersuchungen zur Geschichte der Sternbilder.* Leipzig: Teubner. [Reprint Hildesheim 1967]
Boll, Franz. 1921. "Κλιμακτῆρες". In: Georg Wissowa (ed.), *Paulys Realencyclopädie der classischen Altertumswissenschaft.* Vol. 11/1. Stuttgart: Metzler: 843–844.

Bouché-Leclercq, Auguste. 1899. *L'astrologie grecque*. Paris: Leroux. [Reprints Brussels 1963; Aalen 1979; Cambridge 2014]

Calderón Dorda, Esteban. 2001. "Los compuestos de συν- en Gémino: su valor astrológico (y astronómico)". *MHNH. Revista Internacional de Investigación sobre Magia y Astrología Antiguas* 1: 205–217.

Canto, Alicia M. 2002. "Itálica, patria y ciudad natal de Adriano. (31 textos históricos y argumentos contra *Vita Hadr.* 1,3)". In: Santos Crespo Ortiz de Zárate et al. (eds.), *SCRIPTA ANTIQVA in honorem Ángel Montenegro Duque et José María Blázquez Martínez*. Valladolid: no publ.: 363–396.

Canto, Alicia M. 2004. "Itálica, *sedes natalis* de Adriano. 31 textos históricos y argumentos para una secular polémica". *Athenaeum* 92: 367–408.

CCAG = *Catalogus Codicum Astrologorum Graecorum*. 1898–1953. 12 vols. Brussels: Lamertin.
CCAG VI: Kroll, Guilelmus. 1903. *Codices Vindobonenses*.
CCAG VIII: Cumont, Franz. 1911–1921. *Codices Parisini*.

Clauss, Manfred. 1999. *Kaiser und Gott. Herrscherkult im römischen Reich*. München/Leipzig: Saur. [Reprint Leipzig 2001; Darmstadt 2002]

Cramer, Frederick H. 1954. *Astrology in Roman Law and Politics* (Memoirs of the American Philosophical Society, 37) Philadelphia: The American Philosophical Society. [Reprint Chicago 1996]

Cumont, Franz. 1937. *L'Égypte des astrologues*. Brussels: Fondation Égyptologique Reine Élisabeth. [Reprint Brussels 1982]

Denningmann, Susanne. 2005. *Die astrologische Lehre der Doryphorie. Eine soziomorphe Metapher in der antiken Planetenastrologie* (Beiträge zur Altertumskunde, 214). München/Leipzig: Saur.

DGE = Rodríguez Adrados, Francisco (ed.). 1980–. *Diccionario Griego-Español*. Madrid: CSIC.

Evans, James. 2004. "The Astrologer's Apparatus: A Picture of Professional Practice in Greco-Roman Egypt". *Journal for the History of Astronomy* 35: 1–44.

Feke, Jacqueline. 2009. *Ptolemy in Philosophical Context: A Study of the Relationships between Physics, Mathematics, and Theology*. PhD thesis Toronto. [Unpubl.]

Frommhold, Katrin. 2004. *Bedeutung und Berechnung der Empfängnis in der Astrologie der Antike* (Orbis antiquus, 38). Münster: Aschendorff.

Gansten, Martin. 2009. *Primary Directions. Astrology's Old Master Technique*. Bournemouth: The Wessex Astrologer.

Gansten, Martin. 2012. "Balbillus and the Method of *aphesis*". *Greek, Roman, and Byzantine Studies* 52: 587–602.

Greenbaum, Dorian G. 2016. *The Daimon in Hellenistic Astrology. Origins and Influence* (Ancient Magic and Divination, 11). Leiden/Boston: Brill.

Greenbaum, Dorian G., and Micah T. Ross. 2010. "The Role of Egypt in the Development of the Horoscope". In: Ladislav Bareš, Filip Coppens, and Květa Smoláriková (eds.), *Egypt in Transition. Social and Religious Development of Egypt in the First Millennium BCE. Proceedings of an International Conference. Prague, September 1–4, 2009*. Prague: Faculty of Arts, Charles University in Prague: 146–182.

Greenbaum, Dorian G., and Micah T. Ross. 2015. "Various Renderings of Πίναξ in Greek and Demotic at Medīnet Māḍi". In: Nicholas Campion and Dorian Gieseler Greenbaum (eds.), *Astrology in Time and Place: Cross-Cultural Questions in the History of Astrology*. Newcastle upon Tyne: Cambridge Scholars Publishing: 109–129.

Gundel, Hans Georg. 1992. *Zodiakos. Tierkreisbilder im Altertum. Kosmische Bezüge und Jenseitsvorstellungen im antiken Alltagsleben* (Kulturgeschichte der Antiken Welt, 54). Mainz: Zabern.

Gundel, Wilhelm, and Hans Georg Gundel. 1966. *Astrologumena. Die astrologische Literatur in der Antike und ihre Geschichte* (Sudhoffs Archiv, Beiheft, 6). Wiesbaden: Steiner.

Hegedus, Tim. 2007. *Early Christianity and Ancient Astrology* (Patristic Studies, 6). New York et al.: Peter Lang Publishing.

Heilen, Stephan. 2005. "The Emperor Hadrian in the Horoscopes of Antigonus of Nicaea". In: Günther Oestmann, H. Darrel Rutkin, and Kocku von Stuckrad (eds.), *Horoscopes and Public Spheres: Essays on the History of Astrology* (Religion and Society, 42). Berlin/New York: de Gruyter: 49–67.

Heilen, Stephan. 2006. "Italica o Roma? Nota alla riaccesa disputa sul luogo di nascita dell'imperatore Adriano". In: *Athenaeum* 94: 679–680.

Heilen, Stephan. 2010. "Problems in Translating Ancient Greek Astrological Texts". In: Annette Imhausen and Tanja Pommerening (eds.), *Writings of Early Scholars in the Ancient Near East, Egypt and Greece: Translating Ancient Scientific Texts* (Beiträge zur Altertumskunde, 286). Berlin/New York: de Gruyter: 299–329.

Heilen, Stephan. 2011. "Some Metrical Fragments from Nechepsos and Petosiris". In: Isabelle Boehm and Wolfgang Hübner (eds.), *La poésie astrologique dans l'Antiquité. Actes du colloque organisé les 7 et 8 décembre 2007 par J.-H. Abry avec la collaboration d'I. Boehm* (Collection du Centre d'Études et de Recherches sur l'Occident Romain, 38). Paris: 23–93.

Heilen, Stephan. 2012. "The Doctrine of the 3rd, 7th and 40th Days of the Moon in Ancient Astrology". *MHNH. Revista Internacional de Investigación sobre Magia y Astrología Antiguas* 12: 179–198.

Heilen, Stephan. 2015. *Hadriani genitura. Die astrologischen Fragmente des Antigonos von Nikaia*. 2 vols. (Texte und Kommentare, 43). Berlin/New York: de Gruyter.

Holden, James Herschel. 1996. *A History of Horoscopic Astrology: From the Babylonian Period to the Modern Age*. Tempe, Az.: American Federation of Astrologers.

Hübner, Wolfgang. 1982. *Die Eigenschaften der Tierkreiszeichen in der Antike: Ihre Darstellung und Verwendung unter besonderer Berücksichtigung des Manilius* (Sudhoffs Archiv, Beihefte, 22). Wiesbaden: Steiner.

Hübner, Wolfgang. 1984. "Manilius als Astrologe und Dichter." In: Hildegard Temporini and Wolfgang Haase (eds.), *Aufstieg und Niedergang der Römischen Welt: Geschichte und Kultur Roms im Spiegel der neueren Forschung*. Section II. Vol. 32.1. Berlin/New York: de Gruyter: 126–320.

Hübner, Wolfgang. 1989. *Die Begriffe 'Astrologie' und 'Astronomie' in der Antike. Wortgeschichte und Wissenschaftssystematik mit einer Hypothese zum Terminus 'Quadrivium'* (Abhandlungen der Akademie der Wissenschaften und der Literatur Mainz. Geistes- und sozialwissenschaftliche Klasse 1989, 7). Wiesbaden: Steiner.

Hübner, Wolfgang. 2001. "Zur Verwendung und Umschreibung des Terminus ὡροσκόπος in der astrologischen Lehrdichtung der Antike." *MHNH. Revista Internacional de Investigación sobre Magia y Astrología Antiguas* 1: 219–238.

Hübner, Wolfgang. 2005. "Δωδεκατημόριον". In: Sabine Harwardt and Johannes Schwind (eds.), *Corona Coronaria. Festschrift für Hans-Otto Kröner zum 75. Geburtstag*. Hildesheim: Olms: 189–217.

Hübner, Wolfgang. 2013. *Körper und Kosmos: Untersuchungen zur Ikonographie der zodiakalen Melothesie* (Gratia. Tübinger Schriften zur Renaissanceforschung und Kulturwissenschaft, 49). Wiesbaden: Harrassowitz.

Irby-Massie, Georgia L., and Paul T. Keyser. 2002. *Greek Science of the Hellenistic Era. A Sourcebook*. London/New York: Routledge.

Jones, Alexander. 1999. *Astronomical Papyri from Oxyrhynchus (P. Oxy. 4133–4300a)*. Edited with Translations and Commentaries. 2 vols. (Memoirs of the American Philosophical Society, 233). Philadelphia: American Philosophical Society.

Jones, Alexander. 2007. "Astrologers and their Astronomy". In: Alan K. Bowman et al. (eds.), *Oxyrhynchus. A City and its Texts* (Graeco-Roman Memoirs, 93), London: Egypt Exploration Society: 307–314.

Jones, Alexander, and John M. Steele. 2011. "A New Discovery of a Component of Greek Astrology in Babylonian Tablets: The 'Terms'". *ISAW Papers* 1. [online at: http://dlib.nyu.edu/awdl/isaw/isaw-papers/1/]

Jones, Alexander. 2015. "The Astronomical Resources for Ancient Astral Prognostications". In: Peter D. Barthel and George H. van Kooten (eds.), *The Star of Bethlehem and the Magi. Interdisciplinary Perspectives from Experts on the Ancient Near East, the Greco-Roman World, and Modern Astronomy* (Themes in Biblical Narrative, 19). Leiden/Boston: Brill: 171–198.

Komorowska, Joanna. 2007. "Philosophy among Astrologers". *Culture and Cosmos* 11/1–2: 69–86.

Lindsay, Hugh. 2001. "Adoption and its Function in Cross-Cultural Contexts". In: Suzanne Dixon (ed.), *Childhood, Class and Kin in the Roman World*. London: Routledge: 190–204.

LSJ = Liddell, Henry G., Robert Scott, and Henry S. Jones. 1992. *A Greek-English Lexicon. With a Supplement 1968. Compiled by Henry George Liddell and Robert Scott. Revised and Augmented throughout by Henry Stuart Jones with the Assistance of Roderick McKenzie*. 9th edition. Oxford: Clarendon Press. [Available online via Thesaurus Linguae Graecae: http://stephanus.tlg.uci.edu/lsj/#eid=1&context=lsj]

Long, Anthony A. 1982. "Astrology: Arguments Pro and Contra". In: Jonathan Barnes et al. (eds.), *Science and Speculation: Studies in Hellenistic Theory and Practice*. Cambridge: 165–192.

Magdalino, Paul. 2006. *L'orthodoxie des astrologues. La science entre le dogme et la divination à Byzance (VIIe–XIVe siècle)* (Réalités Byzantines, 12). Paris: Lethielleux.

Martin, Jean-Pierre. 1982. *Providentia deorum. Recherches sur certains aspects religieux du pouvoir impérial romain*. (Collection de l'École française de Rome, 61). Rome: École française.

Molnar, Michael R. 1999. *The Star of Bethlehem: The Legacy of the Magi*. New Brunswick/London: Rutgers University Press.

Neugebauer, Otto. 1951. "The Study of Wretched Subjects". *Isis* 42: 111. [Reprint: Neugebauer, Otto. 1983. *Astronomy and History: Selected Essays*. New York et al.: Springer: 3]

Neugebauer, Otto, and Henry B. van Hoesen. 1959. *Greek Horoscopes* (Memoirs of the American Philosophical Society, 48). Philadelphia: American Philosophical Society. [Reprint 1987]

Neugebauer, Otto. 1975. *A History of Ancient Mathematical Astronomy* (Studies in the History of Mathematics and Physical Sciences, 1). Berlin: Springer.

Nilsson, Martin P. 1974. *Geschichte der griechischen Religion*. Zweiter Band: *Die hellenistische und römische Zeit* (Handbuch der Altertumswissenschaft, Abt. 5, Teil 2). München: Beck.

North, John D. 1986. *Horoscopes and History* (Warburg Institute Surveys and Texts, 13). London: The Warburg Institute.

Orlando, Carmela, and Rita Torre. 1991. "Lessico astronomico-astrologico greco". In: Paola Radici Colace and Maria Caccamo Caltabiano (eds.), *Atti del 1 Seminario di Studi sui Lessici Tecnici Greci e Latini (Messina, 8–10 marzo 1990)* (Accademia Peloritana dei Pericolanti. Classe di Lettere, Filosofia e BB.AA., Supplementi, 66.1, Messina: Accad. Peloritana dei Pericolanti: 291–309.

Pérez Jiménez, Aurelio. 1999. "El mensajero Hermes y las propiedades astrológicas de su planeta Mercurio". In: Aurelio Pérez Jiménez and Gonzalo Cruz Andreotti (eds.), *Aladas Palabras. Correos y Comunicaciones en el Mediterráneo*. Madrid: Ediciones Clasicás: 95–122.

Pingree, David E. 1978. *The Yavanajātaka of Sphujidhvaja. Edited, translated and commented on by David E. Pingree*. 2 vols. (Harvard Oriental Series, 48). Cambridge: Harvard University Press.

Pingree, David E. 1997. *From Astral Omens to Astrology: From Babylon to Bīkāner* (Istituto Italiano per l'Africa e l'Oriente, Serie Orientale Roma, 78). Rome: Istituto Italiano per l'Africa e l'Oriente.

Price, Simon R. 1984. "Gods and Emperors: The Greek Language of the Roman Imperial Cult". *Journal of Hellenic Studies* 104: 79–95.

Radici Colace, Paola. 2002. "Astrologia come linguaggio e letteratura". In: Carlo Santini, Ida Mastrorosa, and Antonino Zumbo (eds.), *Letteratura scientifica e tecnica di Grecia e Roma*. (Studi superiori, 401). Rom: Carocci: 87–137.

Riedinger, Utto. 1956. *Die Heilige Schrift im Kampf der griechischen Kirche gegen die Astrologie. Von Origenes bis Johannes von Damaskos* (Studien zur Dogmengeschichte und zur Geschichte der Astrologie). Innsbruck: Universitätsverlag Wagner.

Rochberg-Halton, Francesca. 1988. "Elements of the Babylonian Contribution to Hellenistic Astrology". *Journal of the American Oriental Society* 108: 51–62. [Reprint: Rochberg, Francesca. 2010. *In the Path of the Moon. Babylonian Celestial Divination and its Legacy* (Studies in Ancient Magic and Divination, 6). Leiden/Boston: Brill: 143–165]

Roscher, Wilhelm. 1909. "Die Tessarakontaden und Tessarakontadenlehren der Griechen und anderer Völker. Ein Beitrag zur vergleichenden Religionswissenschaft, Volkskunde und Zahlenmystik sowie zur Geschichte der Medizin und Biologie". *Berichte über die Verhandlungen der Königlich Sächsischen Gesellschaft der Wissenschaften zu Leipzig, Philologisch-historische Klasse* 61: 17–206.

Ryholt, Kim. 2011. "New Light on the Legendary King Nechepsos of Egypt". *The Journal of Egyptian Archaeology* 97: 61–72.

Schmid, Alfred. 2005. *Augustus und die Macht der Sterne. Antike Astrologie und die Etablierung der Monarchie in Rom*. Köln/Weimar/Wien: Böhlau.

Schmidt, Robert. 1998. *Hephaistio of Thebes. Apote<le>smatics. Book II. Translated & Annotated* (Project Hindsight, Greek Track, 15). Cumberland: The Golden Hind Press.

Schmidt, Robert. 2009. *Antiochus, with Porphyry, Rhetorius, Serapio, Thrasyllus, Antigonus et al., Definitions and Foundations. Translation and Commentary* (The Astrological Record of the Early Sages, 2). Cumberland: The Golden Hind Press.

Taub, Liba Chaia. 1993. *Ptolemy's Universe: The Natural Philosophy and Ethical Foundations of Ptolemy's Astronomy*. Chicago: Open Court.

Taubenschlag, Raphael. 1955. *The Law of Greco-Roman Egypt in the Light of the Papyri 332 B.C.–640 A.D.* 2nd Edition. Revised and Enlarged. Warschau: Naukowe.

Tester, S. Jim. 1987. *A History of Western Astrology*. Woodbridge: The Boydell Press. [Reprint 1996]

Figures

Fig. 1–5: Stephan Heilen.

Appendix

A. Glossary[1]

Cuneiform A script involving incised wedge-shaped marks on clay (or imitations on other supports), used in the second and first millennia to write the principal languages of Mesopotamia (Akkadian, Sumerian) and surrounding areas (Hittite, Elamite, Urartian). The writing system is essentially syllabic, with the use, increasing with time, of logograms, and occasionally of determinatives.

Demotic A late stage of Egyptian, mostly written in its own script, which was developed from Hieratic in the middle of the 7th century BCE.

Determinative Signs used regularly in Egyptian scripts and occasionally in Akkadian to indicate the semantic group of a word; e.g. god name, toponym, tree, etc. In Egyptian determinatives are separated into classifiers and repeaters.

Hieratic A cursive Egyptian script, used as the standard writing system for texts written in ink. Most signs derived from the hieroglyphs.

Transcription A normalized rewriting of a text in the Latin alphabet which reconstructs, as far as possible, the actual Akkadian or Egyptian words, inserting spaces to indicate word separations. This involves *inter alia*:
Akkadian text: connecting together the syllabic components of the words; inserting, where necessary, unmarked duplication of consonants and lengthening of vowels; as well as replacing any Sumerian logogram by its Akkadian equivalent.
Egyptian text: replacing the Egyptian writings by a conventional representation in Latin letters, without reproducing determinatives. The Egyptian transcription alphabet consists of the letters *ꜣ*, *i*/*j*, *ꜥ*, *w*, *b*, *p*, *f*, *m*, *n*, *r*, *h*, *ḥ*, *ḫ*, *ẖ*, *z*, *s*, *š*, *ḳ*/*q*, *k*, *g*, *t*, *ṯ*, *d* und *ḏ*.

Transliteration The replacement of each sign in a text by a conventional and more easily readable equivalent:
Akkadian cuneiform text: phonetic representation in the Latin alphabet of each sign.
Egyptian hieroglyphic, demotic or hieratic text: standardized hieroglyphic equivalent of each sign (researchers' handwriting or font).

1 The descriptions given in this glossary indicate the way we use the respective terms. For the use in Egyptology cf. Schenkel (2012): 19 [Appendix D2]. Especially for transliteration and transcription other definitions can be found elsewhere.

B. Conventions in the usage of brackets

Egyptology and Assyriology / Papyrus-Editions in Classical Philology[2]

[ ] *Square brackets* indicate that the original text is broken at the point in question and one or more signs are missing. When the identity of the missing signs can be reasonably inferred, either by parallelism within the text or, as often in the case of algorithmic structure, by the adjacent operations and/or numerical values, the proposed signs are inserted between square brackets.

⌜ ⌝ *Half brackets* indicate partially damaged signs that are reconstructable starting from what remains of the sign or signs.

< > *Angle brackets* indicate that the scribe has clearly forgotten one or more signs at this place.

{ } *Curly braces* are used where the scribe has written down a superfluous sign or signs. This most often arises in cases of haplography, erroneous duplication when copying another section of the copied text.

( ) *Parentheses* indicate words and expressions not in the original text but are necessary in the target language to indicate meaning.

Classical Philology

[ ] *Square brackets* are used to indicate letters or words that are present in the manuscript(s) but considered inauthentic by the editor. By deleting such letters or words, the editor restores what he considers to be the original wording.

< > Pointed brackets indicate words that are not written in the manuscript(s) but considered necessary by the editor to restore the original wording.

(...) Parentheses indicate explanatory remarks, either by the ancient author himself or by the translator.

2 Equivalent to the Leiden Conventions.

C. Metrological Tables

Preliminary remarks

The charts of Old Babylonian (Fig. 1) and Astronomical (Fig. 2) Metrology use ***bold italic*** to represent Sumerian, *italic* for Akkadian and SMALL CAPITALS for unknown readings, given by the (modern) sign name. Modern approximate values are indicated for each unit. Larger values are to the left, with respective multiplicative factors between successive units noted over their connecting arrows.

The charts of Egyptian Metrology (Fig. 3 + 4) use *italic* for Egyptian names. Modern approximate values are indicated for each unit, as well as the literal English translation of the name of the unit. Multiplicative factors between successive units are noted over their connecting arrows.

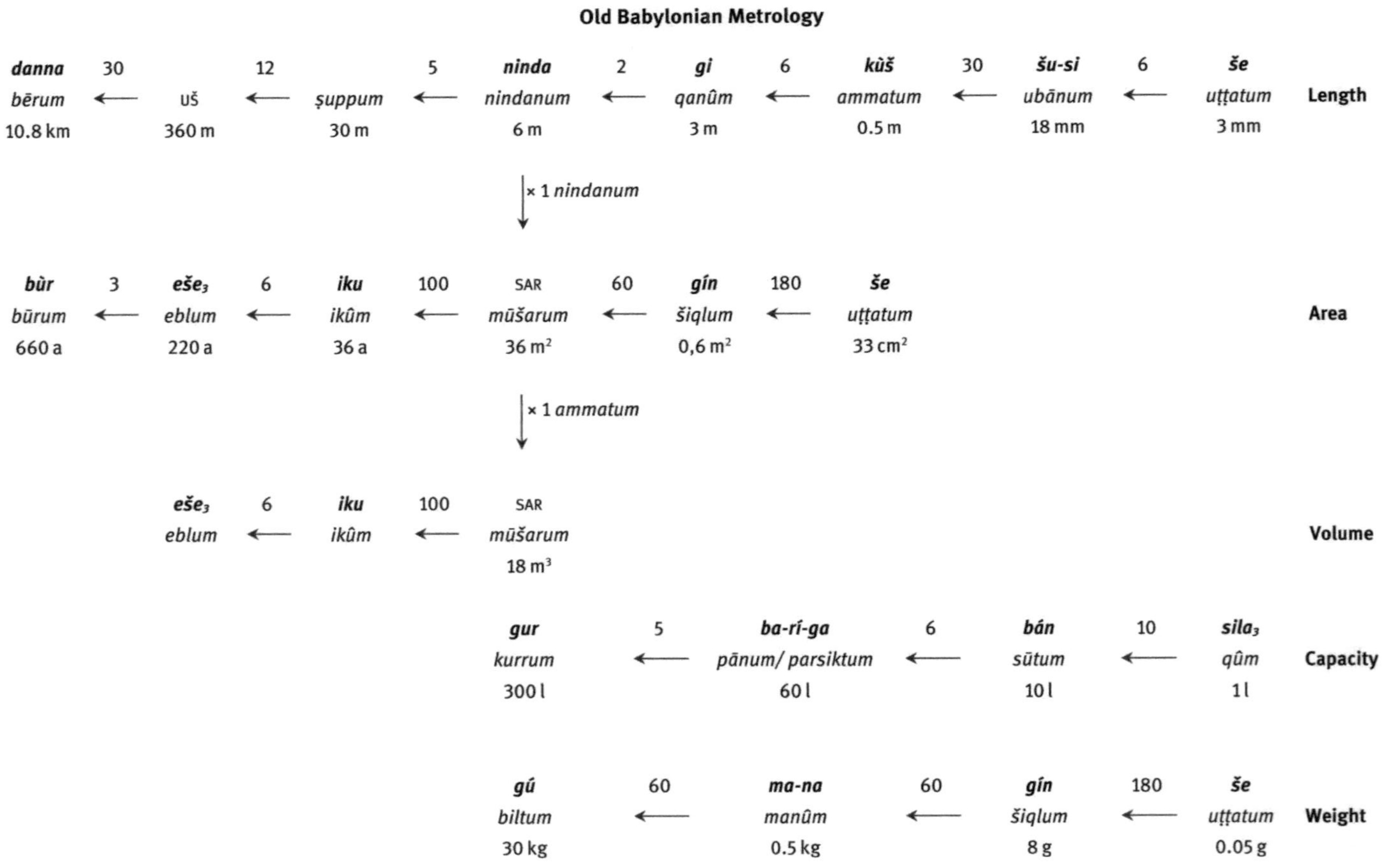

Fig.. 1: Diagram of Old Babylonian Metrology (Jim Ritter)

Astronomical Metrology

danna	30		60	***ninda***	2	***gi***	7	***kùš***	24	***šu-si***	6	***še***	
bēru	⟵	uš	⟵	*nindanu*	⟵	*qanû*	⟵	*ammatu*	⟵	*ubānu*	⟵	*uṭṭatu*	**LB Length**
13 km		420 m		7 m		3.5 m		0.5 m		21 mm		3.5 mm	
danna	30		60	***ninda***									
bēru	⟵	uš	⟵	*nindanu*									**Angle/Time**
30°		1°		4 arcmin									
2 hours		4 min		4 sec									
								kùš	24	***šu-si***	6	***še***	
								ammatu	⟵	*ubānu*	⟵	*uṭṭatu*	**Ecliptic**
								2°		5 arcmin		50 arcsec	

Fig.. 2: Diagram of Astronomical Metrology (Jim Ritter)

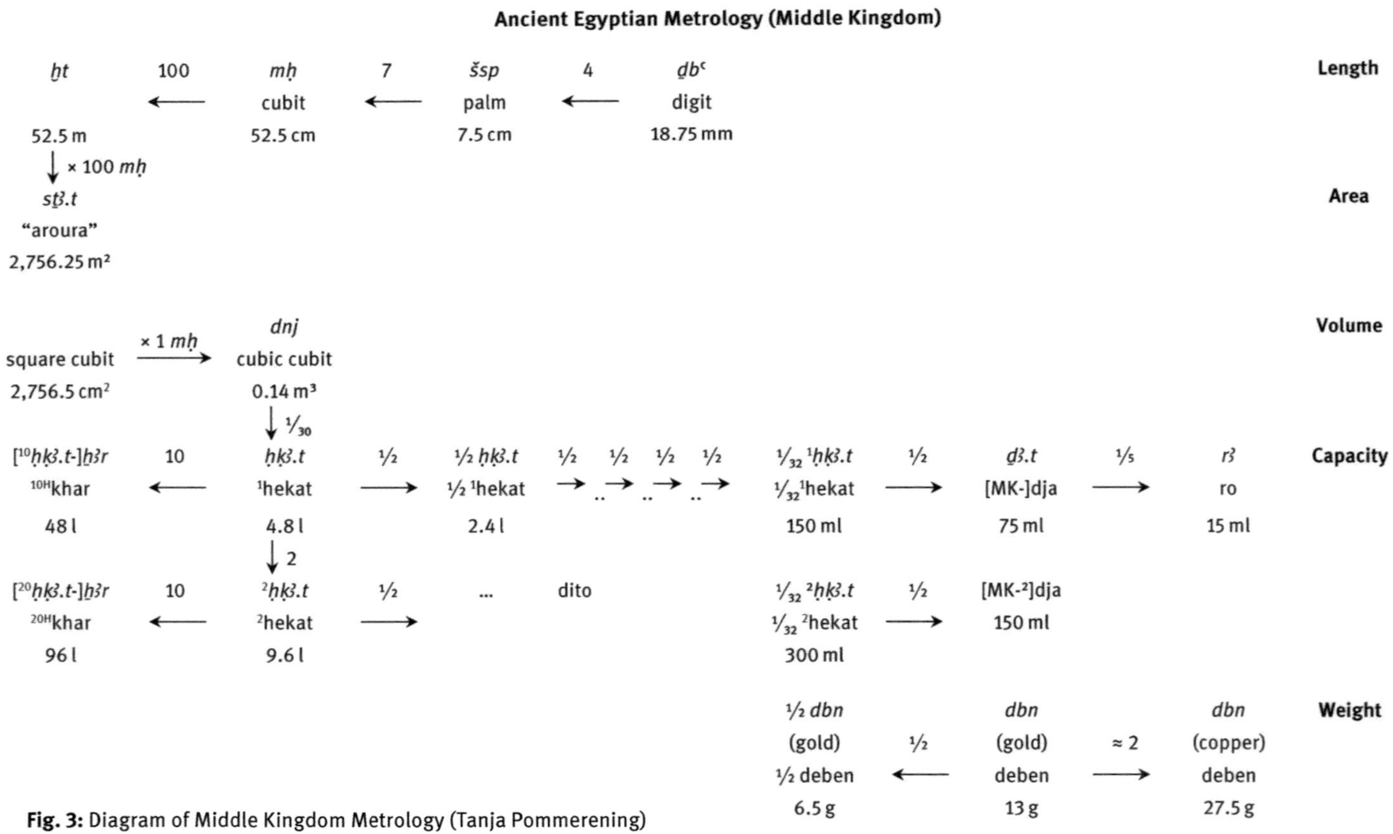

Fig. 3: Diagram of Middle Kingdom Metrology (Tanja Pommerening)

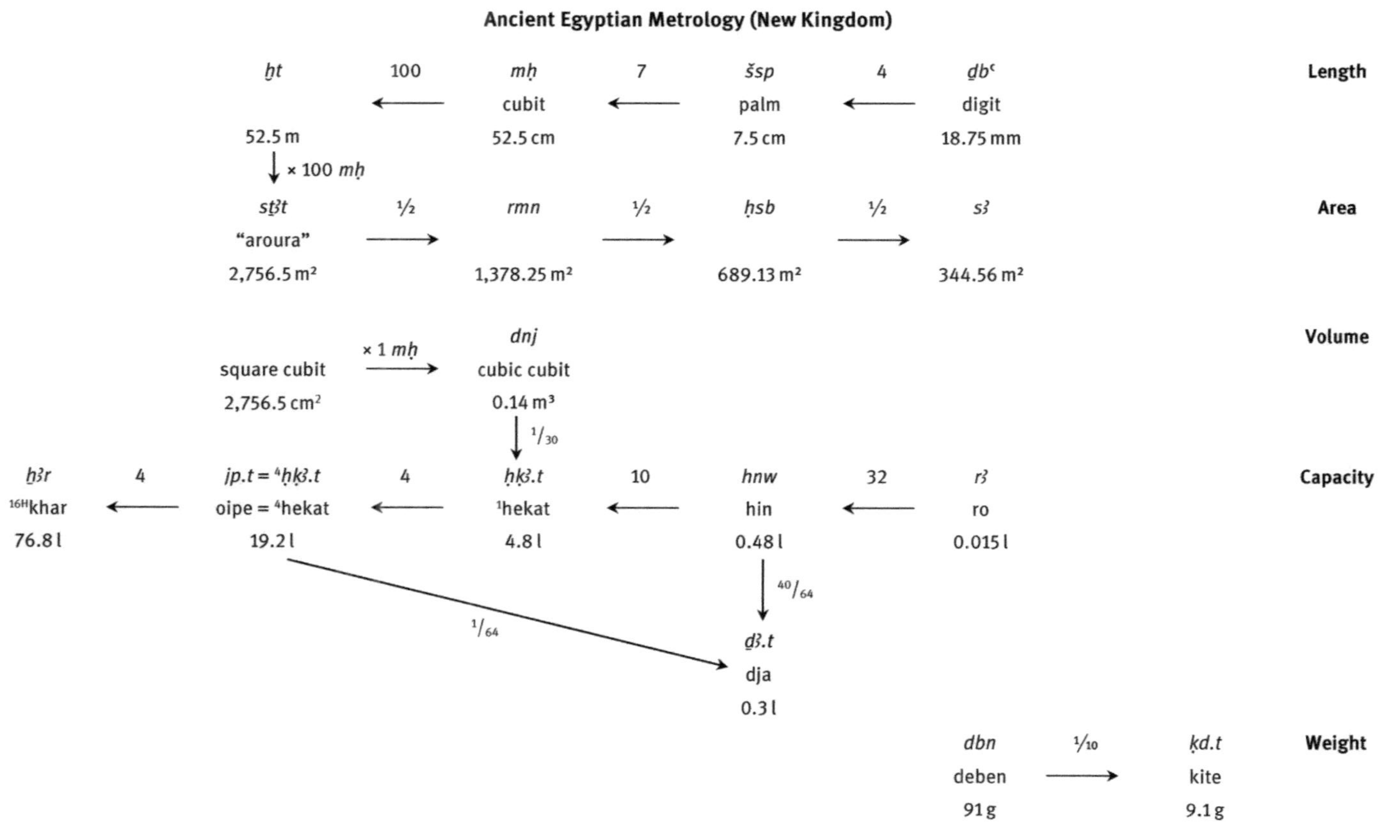

Fig.. 4: Diagram of New Kingdom Metrology (Tanja Pommerening)
Note: For submultiples of the *ḥkꜣ.t* and its multiples cf. the table of the Middle Kingdom Metrology (Fig. 3)

D. Introductory Literature on Writing and Language

Egyptian (including Demotic)

1. Overviews

Allen, James P. 2013. *The Ancient Egyptian Language. An Historical Study*. Cambridge: Cambridge University Press.

Loprieno, Antonio. 1995. *Ancient Egyptian: A Linguistic Introduction*. Cambridge: Cambridge University Press.

Ritner, Robert K. 1996. "Section 4. Egyptian Writing". In: Peter D. Daniels and William Bright (eds.), *The World's Writing Systems*. Oxford: Oxford University Press: 73–87.

2. Teaching Grammars

Allen, James P. 2010. *Middle Egyptian. An Introduction to the Language and Culture of Hieroglyphs*. Second Edition. Cambridge u.a.: Cambridge University Press.

Borghouts, J[oris] F. 2010. *Egyptian. An Introduction to the Writing and Language of the Middle Kingdom*. 2 vols. (Egyptologische Uitgaven, 24). Leuven/Leiden: Nederlands Inst. voor het Nabije Oosten.

Johnson, Janet H. 2000. *Thus Wrote 'Onchsheshonqy. An Introductory Grammar of Demotic*. 3rd edition (Studies in Ancient Oriental Civilization, 45). Chicago: Oriental Institute of the University of Chicago.

Junge, Friedrich. 2008. *Einführung in die Grammatik des Neuägyptischen*. 3rd revised edition. Wiesbaden: Harrassowitz.

Schenkel, Wolfgang. 2012. *Tübinger Einführung in die klassisch-ägyptische Sprache und Schrift*. Tübingen: W. Schenkel.

3. Reference Grammars

Edel, Elmar. 1955. *Altägyptische Grammatik* (Analecta Orientalia, 34; 39). Rom: Pontificium Institutum Biblicum.

Gardiner, Alan H. 1957. *Egyptian Grammar: Being an Introduction to the Study of Hieroglyphs*. 3rd edition. Oxford: Griffith Institute. [Sign list: p. 438–548]

4. The writing system

Altägyptische Kursivschriften: Internet-platform about Hieratic: http://www.hieratistik.uni-mainz.de/index.php / http://aku.uni-mainz.de/.

Erichsen, Wolja. 1937. *Demotische Lesestücke I. Literarische Texte mit Glossar und Schrifttafel*. Vol. 3: *Schrifttafel*. Leipzig: J. C. Hinrichs. [Demotic sign list]

Fischer, Henry George. 1988. *Ancient Egyptian Calligraphy. A Beginner's Guide to Writing Hieroglyphs*. 3rd edition. New York: Metropolitan Museum of Art. [Online: http://www.metmuseum.org/art/metpublications/Ancient_Egyptian_Calligraphy?Tag=&title=&author=Fischer&pt=0&tc=0&dept=0&fmt=0]

Möller, Georg. 1909–1936. *Hieratische Paläographie. Die aegyptische Buchschrift in ihrer Entwicklung von der fünften Dynastie bis zur römischen Kaiserzeit.* 3 vols. Leipzig: J. C. Hinrichs. [Online: http://ancientworldonline.blogspot.de/2014/02/mollers-hieratische-palaographie-online.html]

First introductions to Egyptian language / script for readers without prior philological training:
Altenmüller, Hartwig. 2010. *Einführung in die Hieroglyphenschrift.* 2nd edition. Hamburg: Buske.
Collier, Mark, and Bill Manley. 1998. *How to Read Egyptian Hieroglyphs: A Step-by-Step Guide to Teach Yourself.* Berkeley/Los Angeles: University of California Press.

5. Dictionaries

Erichsen, Wolja. 1954. *Demotisches Glossar.* Kopenhagen: Munksgaard.
Erman, Adolf, and Hermann Grapow. 1982. *Wörterbuch der aegyptischen Sprache.* 7 vols. / *Wörterbuch der aegyptischen Sprache. Die Belegstellen.* 5 vols. 4th edition. Berlin: Akademie-Verlag. [= Wb; Online: http://ancientworldonline.blogspot.de/2014/02/digitized-worterbuch-der-agytschen.html]
I–V: Erman, Adolf, and Hermann Grapow. *Wörterbuch der aegyptischen Sprache. Ägyptisch-Deutsch.*
VI: Erman, Adolf, and Hermann Grapow. *Deutsch-Aegyptisches Wörterverzeichnis.*
VII: Erman, Adolf, and Hermann Grapow. *Rückläufiges Wörterverzeichnis.* Bearbeitet von W. F. Reineke.
Belegstellen I–V: Erman, Adolf, and Hermann Grapow. *Wörterbuch der aegyptischen Sprache. Die Belegstellen.*
Hannig, Rainer. *Hannig-Lexika.* Mainz: Zabern.
I: Hannig, Rainer. 2015. *Großes Handwörterbuch Ägyptisch–Deutsch (2800 – 950 v. Chr.).* 6th edition (Kulturgeschichte der antiken Welt, 64).
II: Hannig, Rainer, and Petra Vomberg. 1999. *Wortschatz der Pharaonen in Sachgruppen: Kulturhandbuch Ägyptens* (Kulturgeschichte der antiken Welt, 72).
III: Hannig, Rainer. 2000. *Großes Handwörterbuch Deutsch-Ägyptisch: die Sprache der Pharaonen (2800 – 950 v. Chr.)* (Kulturgeschichte der antiken Welt, 86).
IV: Hannig, Rainer. 2003. *Ägyptisches Wörterbuch.* Vol. I: *Altes Reich und Erste Zwischenzeit* (Kulturgeschichte der antiken Welt, 98).
V: Hannig, Rainer. 2006. *Ägyptisches Wörterbuch.* Vol. II: *Mittleres Reich und Zweite Zwischenzeit.* 2 Bde. (Kulturgeschichte der antiken Welt, 112).
Hoffmann, Friedhelm. 2005. *Demotische Wortliste.* München. [Online: http://www.dwl.aegyptologie.uni-muenchen.de/].
Johnson, Janet H. (ed.). 2001. *The Demotic Dictionary of the Oriental Institute of the University of Chicago.* Chicago: University of Chicago. [Online: http://oi.uchicago.edu/research/publications/demotic-dictionary-oriental-institute-university-chicago].
Lüscher, Barbara (ed.). 1992 ff. *Wortdiskussionen.* Basel: Ägyptologisches Seminar. [Online: https://aegyptologie.unibas.ch/werkzeuge/wortdiskussionen/].
Meeks, Dimitri. 1980–1982. *Année lexicographique. Égypte ancienne.* 3 vols. Paris.
Thesaurus Linguae Aegyptiae (TLA): http://aaew.bbaw.de/tla/. Berlin: Berlin-Brandenburgische Akademie der Wissenschaften.

6. General reference works

Helck, Wolfgang, and Eberhart Otto [Vol. 1] (eds.) / Helck, Wolfgang, and Wolfhart Westendorf [Vol. 2 ff.] (eds.). 1975–1992. *Lexikon der Ägyptologie*. 7 vols. Wiesbaden: Harrassowitz.

Wendrich, Wendrich et al. (eds.). 2008–. *UCLA Encylopedia of Egyptology*. Los Angeles. [Online: https://uee.ats.ucla.edu/welcome/]

Akkadian

1. Overviews

Huehnergard, John, and Christopher Woods. 2004. "Akkadian and Eblaite". In: Roger D. Woodard (ed.), *The Cambridge Encyclopedia of the World's Ancient Languages*. Cambridge: Cambridge University Press.

Michalowski, Piotr, Jerrold S. Cooper, and Gene B. Gragg. 1996. "Section 3. Mesopotamian Cuneiform" (three chapters). In: Peter D. Daniels and William Bright (eds.), *The World's Writing Systems*. Oxford: Oxford University Press: 33–72.

Streck, Michael (ed.). 2006. *Sprachen des Alten Orients*. 2nd Revised Edition. Darmstadt: Wissenschaftliche Buchgesellschaft.

2. Teaching Grammars

Caplice, Richard. 1988. *Introduction to Akkadian* (Studia Pohl. Series Maior, 9). Rome: Biblical Institute Press.

Huehnergard, John. 1997. *A Grammar of Akkadian* (Harvard Semitic Studies, 45). Winona Lake: Eisenbrauns.

Huehnergard, John. 1997. *Key to A Grammar of Akkadian* (Harvard Semitic Studies, 46). Winona Lake: Eisenbrauns. [Revised reprinting 2000]

3. Reference Grammars

Buccellati, Giorgio. 1995. *Structural Grammar of Babylonian*. Wiesbaden: Harrassowitz.

Kouwenberg, N. J. C. 2010. *The Akkadian Verb and its Semitic Background* (Languages of the Ancient Near East, 2). Winona Lake: Eisenbrauns.

Soden, *Wolfram von. 1995. Grundriss der akkadischen Grammatik* (Analecta Orientalia, 33). 3rd edition. Rome: Pontificum Institutum Biblicum. [= GAG]

4. The writing system

Bord, Lucien-Jean, and Remo Mugnaioni. 2002. *L'Écriture cunéiforme: Syllabaire sumérien, babylonien, assyrien*. Paris: Paul Geuthner.

Borger, Rykle. 1988. *Assyrisch-babylonische Zeichenliste* (Alter Orient und Altes Testament, 33/33A). Kevelaer: Butzon & Bercker. [The publication also lists the most common logographic values of each sign]

Borger, Rykle. 2004. *Mesopotamisches Zeichenlexikon* (Alter Orient und Altes Testament, 305). Münster: Ugarit-Verlag.

Labat, René, and Florence Malbran-Labat. 1995. *Manuel d'épigraphie akkadienne*. 6th edition. Paris: Geuthner.

Soden, Wolfram von, and Wolfgang Röllig. 1991. *Das akkadische Syllabar* (Analecta Orientalia, 42). Rom: Pontificio Istituto Biblico.

5. Dictionaries

Oppenheim, Leo A. et al. (eds.). 1956-2010. *The Assyrian Dictionary of the Oriental Institute of the University of Chicago*, Chicago und Glückstadt: Oriental Institute and J. J. Augustin. [= CAD; Online: http://oi.uchicago.edu/research/publications/assyrian-dictionary-oriental-institute-university-chicago-cad]

Soden, Wolfram VON. 1965–1981. *Akkadisches Handwörterbuch*. 3 vols. Wiesbaden: Harrassowitz. [= AHw]

6. General reference works

Cuneiform Digital Library Initiative (CDLI) project: http://cdli.ucla.edu. University of California at Los Angeles/Max Planck Institute for the History of Sciences Berlin.

Ebeling, Erich et al. (eds.). 1928–. *Reallexikon der Assyriologie und vorderasiatischen Archäologie*. Berlin et al.: de Gruyter.

Classical philology

1. Overviews

Graf, Fritz (ed.). 1997. *Einleitung in die lateinische Philologie*. Berlin: Teubner.

Meier-Brügger, Michael. 1992. *Griechische Sprachwissenschaft*. 2 vols. Berlin et al.: de Gruyter.

Nesselrath, Heinz-Günther (ed.). 1997. *Einleitung in die griechische Philologie*. Stuttgart/Leipzig: Teubner.

Rodríguez Adrados, Francisco. 2002. *Geschichte der griechischen Sprache. Von den Anfängen bis heute*. Tübingen/Basel: Francke. [span. Orig.: Madrid 1999] [Beware of misprints!]

2. Reference grammars

Kühner, Raphael, and Friedrich Holzweissig. 1994. *Ausführliche Grammatik der Griechischen Sprache*. Vol. I: *Elementar-, Formen- und Wortlehre*. Darmstadt: Wissenschaftliche Buchgesellschaft. [Reprint of the 2nd edition Hannover 1912]

Kühner, Raphael, and Bernhard Gerth. 1997. *Ausführliche Grammatik der Griechischen Sprache*. Vol. II: *Satzlehre*. 2 vols. Darmstadt: Wissenschaftliche Buchgesellschaft. [Reprint of the 2nd revised edition Hannover 1914]

Leumann, Manu, Johann Baptist Hofmann, and Anton Szantyr. 1972–1977. Lateinische Grammatik. Vol. 1–2 (Handbuch der Altertumswissenschaft II. 2,1-2). München: Beck.
I: Leumann, Manu. 1977. *Lateinische Laut- und Formenlehre*. [Revised version of the 5th edition published in 1926–1928]
II: Hofmann, Johann Baptist. 1965. *Lateinische Syntax und Stilistik*. Revised by Anton Szantyr.

Schwyzer, Eduard. 2001. *Griechische Grammatik* (Handbuch der Altertumswissenschaft, Abt. 2, Teil 1). 4 vols. München: Beck. [Reprint of the 2nd revised edition 1960; various reprints of different editions]
I: Schwyzer, Eduard. *Allgemeiner Teil: Lautlehre, Wortbildung, Flexion.*
II: Schwyzer, Eduard, and Albert Debrunner. *Syntax und syntaktische Stilistik.*
III: Schwyzer, Eduard, and Demetrius J. Georgacas. *Register.*
IV: Schwyzer, Eduard, and Fritz Radt. *Stellenregister.*

3. The writing system and dialects

Schmitt, Rüdiger. 1977. *Einführung in die griechischen Dialekte*. Darmstadt: Wissenschaftliche Buchgesellschaft.

4. Dictionaries

Glare, Peter G. W. (ed.). 2012. *Oxford Latin Dictionary*. 2 vols. 2nd edition. Oxford: Oxford University Press.

Liddel, Henry G., Robert Scott, and Henry S. Jones. 1992. *A Greek-English Lexicon. With a Supplement 1968. Compiled by Henry George Liddel and Robert Scott. Revised and Augmented throughout by Henry Stuart Jones with the Assistance of Roderick McKenzie*. 9th edition. Oxford: Clarendon Press. [Online via Thesaurus Linguae Graecae: http://stephanus.tlg.uci.edu/lsj/#eid=1&context=lsj]

5. General reference works

Cancik, Hubert, Manfred Landfester, and Brigitte Egger (eds.). 1996–2003. *Der Neue Pauly. Enzyklopädie der Antike*. 16 vols. and 9 Supplement-vols. Stuttgart: Metzler. [Online: http://referenceworks.brillonline.com/browse/der-neue-pauly]

Wissowa, Georg, Wilhelm Kroll, and Konrat Ziegler (eds.). 1893 ff. *Paulys Realencyclopädie der classischen Altertumswissenschaften. Begründet von August Pauly*. 2 Series: *A–Q* and *R–Z*. Stuttgart: Metzler. [Recent reprints]
By 1978, 66 volumes and 15 volumes of supplements were available, several volumes of indexes were published subsequently. Cf. the Wikipedia entry „Pauly-Wissowa“ (https://de.wikipedia.org/wiki/Pauly-Wissowa), which gives free access to the older volumes.

List of contributors

Prof. Dr. Jochen Althoff
Johannes Gutenberg-Universität Mainz
Institut für Altertumswissenschaften, Klassische Philologie
Philosophicum, Jakob-Welder-Weg 18
D-55128 Mainz

Dr. Serafina Cuomo
Department of History, Classics and Archaeology
Birkbeck, University of London
28 Russell Square
London WC1B 5DQ
United Kingdom

Prof. Dr. Nils P. Heeßel
Julius-Maximilians-Universität Würzburg
Institut für Altertumswissenschaften
Lehrstuhl für Altorientalistik
Residenzplatz 2, Tor A
D-97070 Würzburg

Prof. Dr. Stephan Heilen
Universität Osnabrück
Fachbereich Sprach- und Literaturwissenschaft
Institut für Romanistik und Latinistik
Neuer Graben 40
D-49079 Osnabrück

Prof. Dr. Friedhelm Hoffmann
Ludwig-Maximilians-Universität München
Institut für Ägyptologie und Koptologie
Katharina-von-Bora-Str. 10
D-80333 München

Prof. Dr. Annette Imhausen (Warner)
Exzellenzcluster Normative Orders
Johann Wolfgang Goethe-Universität Frankfurt
Hauspostfach EXC-5
D-60629 Frankfurt am Main

Prof. Alexander Jones
New York University
Institute for the Study of the Ancient World
History of the Exact Sciences in Antiquity
15 East 84th St.
New York, NY 10028
USA

Prof. Dr. Dr. Mathieu Ossendrijver
Humboldt-Universität zu Berlin
Institut für Philosophie
Wissenschaftsgeschichte der Antike (II)
Unter den Linden 6
D-10099 Berlin

Prof. Dr. Tanja Pommerening
Johannes Gutenberg-Universität Mainz
Institut für Altertumswissenschaften, Ägyptologie
Hegelstr. 59
D-55122 Mainz

Prof. Dr. Jim Ritter
Institut de Mathématiques de Jussieu–Paris Rive Gauche
UMR 7586, Sorbonne Universités, UPMC-Univ Paris 06,
Univ Paris Diderot, Sorbonne Paris Cité, CNRS
Case 247, 4 place Jussieu,
75252 Paris Cedex 05
France

Dr. Sarah Symons
McMaster University
Department of Physics & Astronomy
1280 Main St. W
Hamilton, ON, L8S 4M1
Canada

Index[1]

Page numbers in *italics* refer to notes on that page.

I. Main Sources

Akkadian and Sumerian

Egyptian

Greek

Latin

1 Compiled by Nadine Gräßler.

II. Word Index

Akkadian and Sumerian

Egyptian

While the contributions use *i* (Hoffmann, Pommerening) or *j* (Imhausen) following different traditions, the index uses consistently *i*. Likewise the index uses *s* only (contributions *s* and *z*).

Greek

Latin

III. Subject

IV. Historical Persons

Spelling of names according to Hubert Cancik, Manfred Landfester, and Brigitte Egger (eds.). 1996–2003. *Der Neue Pauly. Enzyklopädie der Antike*. 16 vols. and 9 Supplement-vols. Stuttgart: Metzler.

Bei Fragen zur Produktsicherheit wenden Sie sich bitte an:
If you have any questions regarding product safety,
please contact:

Walter de Gruyter GmbH
Genthiner Straße 13
10785 Berlin
productsafety@degruyterbrill.com